国防科技图书出版基金

随机有限集目标跟踪

Target Tracking with Random Finite Sets

吴卫华　孙合敏　蒋苏蓉　江　晶　编著

国防工业出版社

·北京·

图书在版编目(CIP)数据

随机有限集目标跟踪 / 吴卫华等编著. —北京：国防工业出版社，2020.4
ISBN 978-7-118-11963-3

Ⅰ. ①随… Ⅱ. ①吴… Ⅲ. ①目标跟踪-研究 Ⅳ. ①TN953

中国版本图书馆 CIP 数据核字(2020)第 062239 号

※

国防工業出版社出版发行
(北京市海淀区紫竹院南路 23 号　邮政编码 100048)
三河市腾飞印务有限公司印刷
新华书店经售

*

开本 710×1000　1/16　**印张** 25¼　**字数** 426 千字
2020 年 4 月第 1 版第 1 次印刷　**印数** 1—2000 册　**定价** 129.00 元

国防书店:(010)88540777　发行邮购:(010)88540776
发行传真:(010)88540755　发行业务:(010)88540717

致　读　者

本书由中央军委装备发展部国防科技图书出版基金资助出版。

为了促进国防科技和武器装备发展，加强社会主义物质文明和精神文明建设，培养优秀科技人才，确保国防科技优秀图书的出版，原国防科工委于1988年初决定每年拨出专款，设立国防科技图书出版基金，成立评审委员会，扶持、审定出版国防科技优秀图书。这是一项具有深远意义的创举。

国防科技图书出版基金资助的对象是：

1. 在国防科学技术领域中，学术水平高，内容有创见，在学科上居领先地位的基础科学理论图书；在工程技术理论方面有突破的应用科学专著。

2. 学术思想新颖，内容具体、实用，对国防科技和武器装备发展具有较大推动作用的专著；密切结合国防现代化和武器装备现代化需要的高新技术内容的专著。

3. 有重要发展前景和有重大开拓使用价值，密切结合国防现代化和武器装备现代化需要的新工艺、新材料内容的专著。

4. 填补目前我国科技领域空白并具有军事应用前景的薄弱学科和边缘学科的科技图书。

国防科技图书出版基金评审委员会在中央军委装备发展部的领导下开展工作，负责掌握出版基金的使用方向，评审受理的图书选题，决定资助的图书选题和资助金额，以及决定中断或取消资助等。经评审给予资助的图书，由中央军委装备发展部国防工业出版社出版发行。

国防科技和武器装备发展已经取得了举世瞩目的成就，国防科技图书承担着记载和弘扬这些成就，积累和传播科技知识的使命。开展好评审工作，使有限的基金发挥出巨大的效能，需要不断摸索、认真总结和及时改进，更需要国防科技和武器装备建设战线广大科技工作者、专家、教授，以及社会各界朋友的热情支持。

让我们携起手来，为祖国昌盛、科技腾飞、出版繁荣而共同奋斗！

国防科技图书出版基金

评审委员会

前　言

在从事目标跟踪与信息融合研究过程中，作者深切感受到随机有限集（RFS）理论的巨大影响力。不同于传统方法将信息融合涉及的目标检测、跟踪识别、态势评估、传感器管理等一系列问题分解成独立的子问题单独来解决这一思路，RFS 理论为上述问题提供了统一的理论描述框架和解决方案，是一种自顶而下的科学方法。

RFS 理论起源于 20 世纪末，由罗纳德·马勒（Ronald Mahler）等人创立，并不断往前推进，然而，其创立的 RFS 理论抽象、复杂，一度并未获得学界的高度重视，真正受到广泛关注始于 B－N Vo 的开创性工作，其先后提出了概率假设密度（PHD）滤波器的序贯蒙特卡罗（SMC）实现和高斯混合（GM）实现，开辟了 RFS 理论的实现途径，且上述实现方法采用了目标跟踪与信息融合领域常用的术语和符号，极力地促进了 RFS 理论的发展。以此为基础，短短几年时间依次提出了带势概率假设密度（CPHD）、多伯努利（MB）滤波器的实现方法，特别是，于 2013 年提出了广义标签多伯努利（GLMB）等标签随机集滤波器，使得 RFS 理论日臻完善，引起了目标跟踪与信息融合领域国内外著名学者的广泛关注，相关研究成果呈井喷之势。某种程度上讲，RFS 理论俨然已成为目标跟踪与信息融合新的发展方向。然而，目前国内系统介绍该理论的著作几近空白，仅出版了由范红旗博士等翻译的两部 Mahler 撰写的著作，不过，如前所述，其书侧重于理论，初学者理解上有一定难度。那么，如何以一种易于让更多人接受的方式普及 RFS 理论，推动该理论在国内的蓬勃发展呢？这正是本书的目的所在。

本书采用目标跟踪与数据融合界常用的术语和符号，聚焦于系统介绍 RFS 理论在目标跟踪领域的具体实现，涵盖了当前该领域研究的几乎所有成果：概率假设密度（PHD）、带势概率假设密度（CPHD）、多伯努利（MB）、标签多伯努利（LMB）、广义标签多伯努利（GLMB）、δ－GLMB 和边缘 δ－GLMB（Mδ－GLMB）等滤波器。这些滤波器是目标跟踪领域的最新技术，为目标跟踪提供了全新的思路和有效的解决途径。在系统介绍上述滤波器后，详细介绍了它们的扩展和热点应用，包括机动目标跟踪、多普勒雷达目标跟踪、弱小目标检测前跟踪、非标准量测目标跟踪、分布式多传感器目标跟踪等。因而，本书具有条理清晰、内容系统全面、紧贴热点前沿的特点，非常适用于相关领域初学者、研究生与工程技术人员。鉴于作者的学习经历，建议读者可先阅览拙作，再学习 Mahler 原著或范红旗译著，这样相得益彰，学习效率可能会更高些。

在付梓之际，“遥想”自 2015 年底起笔以来，为不断吸纳国内外最新研究成果，数易其稿，终成如今模样，虽自知仍有不足，但仍深感欣慰，除此之外，还有诸多感谢。感谢 Mahler、Vo 等人的开创性工作，让作者得以如饥似渴地吮吸养分，在撰写过程中参考了他们的大量成果；感谢国家自然科学基金（No. 61601510）和国防科技图书出版基金提供的资助和大力支持；感谢空军预警学院马晓岩教授及刘维建博士、武汉大学孙洪教授、国防科技大学罗鹏飞教授等提出的宝贵修改意见和热忱帮助；感谢国防工业出版社编辑付出的辛勤劳动；感谢评审以及关心本书出版的各位专家学者。

本书系统、全面地介绍了 RFS 在跟踪领域的应用，其在更高级别的信息融合领域的应用也有着激动人心的广阔前景，由衷希望拙作能抛砖引玉，共同推动 RFS 理论发展到新的高度。尽管我们已做最大努力，但限于自身水平，难免出现不妥之处，殷切期望广大读者批评指正。

作者

2019 年 10 月于武汉

目　录

第1章　概论 …… 1
1.1　目标跟踪与随机有限集基本概念 …… 1
1.2　目标跟踪研究现状 …… 3
1.2.1　单目标跟踪 …… 4
1.2.2　经典多目标跟踪 …… 5
1.2.3　基于随机有限集的多目标跟踪 …… 6
1.3　章节安排与内容组织 …… 33
第2章　单目标跟踪算法 …… 36
2.1　引言 …… 36
2.2　贝叶斯递归 …… 37
2.3　共轭先验 …… 38
2.4　卡尔曼滤波 …… 39
2.5　扩展卡尔曼滤波 …… 40
2.6　不敏卡尔曼滤波 …… 41
2.7　容积卡尔曼滤波 …… 43
2.8　高斯和滤波 …… 44
2.9　粒子滤波 …… 47
2.10　小结 …… 50
第3章　随机有限集基础 …… 51
3.1　引言 …… 51
3.2　随机有限集统计 …… 51
3.2.1　随机有限集及其统计描述符 …… 51
3.2.2　随机有限集的强度和势 …… 54
3.3　随机有限集的主要类别 …… 55

3.3.1 泊松 RFS …… 55
3.3.2 独立同分布群 RFS …… 56
3.3.3 伯努利 RFS …… 56
3.3.4 多伯努利 RFS …… 56
3.3.5 标签 RFS …… 57
3.3.6 标签泊松 RFS …… 60
3.3.7 标签独立同分布群 RFS …… 62
3.3.8 标签多伯努利 RFS …… 62
3.3.9 广义标签多伯努利 RFS …… 64
3.3.10 δ -广义标签多伯努利 RFS …… 66
3.4 多目标系统的随机有限集描述 …… 68
3.4.1 多目标运动模型与多目标转移内核 …… 69
3.4.2 多目标量测模型与多目标量测似然 …… 72
3.5 多目标贝叶斯递归 …… 74
3.6 多目标形式化建模范式 …… 75
3.7 粒子多目标滤波器 …… 77
3.7.1 粒子多目标滤波器预测 …… 78
3.7.2 粒子多目标滤波器更新 …… 81
3.8 多目标跟踪性能度量 …… 82
3.8.1 豪斯多夫度量 …… 82
3.8.2 最优质量传递度量 …… 83
3.8.3 最优子模式分配度量 …… 84
3.8.4 并入标签误差的 OSPA 度量 …… 87
3.9 小结 …… 90
第4章 概率假设密度滤波器 …… 91
4.1 引言 …… 91
4.2 概率假设密度(PHD)递归 …… 91
4.3 SMC-PHD 滤波器 …… 93
4.3.1 预测步骤 …… 93
4.3.2 更新步骤 …… 94
4.3.3 重采样及多目标状态提取 …… 94
4.3.4 算法步骤 …… 95
4.4 GM-PHD 滤波器 …… 97

4.4.1 GM-PHD 递归模型假设 …… 97
4.4.2 GM-PHD 递归 …… 98
4.4.3 GM-PHD 滤波器修剪 …… 102
4.4.4 多目标状态提取 …… 103
4.5 GM-PHD 滤波器扩展 …… 103
4.5.1 扩展到指数混合存活概率和检测概率 …… 103
4.5.2 扩展到非线性高斯模型 …… 105
4.6 小结 …… 108
第5章 带势概率假设密度滤波器 …… 110
5.1 引言 …… 110
5.2 带势概率假设密度(CPHD)递归 …… 110
5.3 SMC-CPHD 滤波器 …… 112
5.3.1 SMC-CPHD 递归 …… 113
5.3.2 多目标状态估计 …… 114
5.4 GM-CPHD 滤波器 …… 115
5.4.1 GM-CPHD 递归 …… 115
5.4.2 多目标状态提取 …… 117
5.4.3 GM-CPHD 实现问题 …… 117
5.5 GM-CPHD 滤波器扩展 …… 118
5.5.1 扩展卡尔曼 CPHD 递归 …… 118
5.5.2 不敏卡尔曼 CPHD 递归 …… 119
5.6 小结 …… 120
第6章 多伯努利滤波器 …… 121
6.1 引言 …… 121
6.2 多目标多伯努利滤波器 …… 121
6.2.1 多目标多伯努利近似模型假设 …… 121
6.2.2 多目标多伯努利递归 …… 121
6.2.3 多目标多伯努利滤波器势偏问题 …… 124
6.3 势平衡多目标多伯努利滤波器 …… 125
6.3.1 多目标多伯努利滤波器势平衡 …… 125
6.3.2 势平衡多目标多伯努利递归 …… 126
6.3.3 CBMeMBer 滤波器航迹标识 …… 127
6.4 SMC-CBMeMBer 滤波器 …… 128

6.4.1 SMC－CBMeMBer 递归 …… 128
6.4.2 重采样与实现问题 …… 129
6.5 GM－CBMeMBer 滤波器 …… 130
6.5.1 GM－CBMeMBer 递归模型假设 …… 131
6.5.2 GM－CBMeMBer 递归 …… 131
6.5.3 GM－CBMeMBer 滤波器实现问题 …… 133
6.6 小结 …… 133
第 7 章 标签随机集滤波器 …… 134
7.1 引言 …… 134
7.2 广义标签多伯努利滤波器 …… 135
7.3 δ－广义标签多伯努利滤波器 …… 137
7.3.1 δ－广义标签多伯努利递归 …… 137
7.3.2 δ－广义标签多伯努利递归实现 …… 138
7.4 标签多伯努利滤波器 …… 151
7.4.1 标签多伯努利滤波器预测 …… 151
7.4.2 标签多伯努利滤波器更新 …… 153
7.4.3 多目标状态提取 …… 155
7.5 边缘 δ－广义标签多伯努利滤波器 …… 156
7.5.1 边缘 δ－广义标签多伯努利近似 …… 157
7.5.2 边缘 δ－广义标签多伯努利递归 …… 159
7.6 仿真比较 …… 162
7.6.1 线性高斯条件下仿真比较 …… 162
7.6.2 非线性高斯条件下仿真比较 …… 168
7.7 小结 …… 175
第 8 章 机动目标跟踪 …… 176
8.1 引言 …… 176
8.2 跳跃马尔科夫系统 …… 176
8.2.1 非线性跳跃马尔科夫系统 …… 176
8.2.2 线性高斯跳跃马尔科夫系统 …… 178
8.3 多模型 PHD 滤波器 …… 178
8.3.1 序贯蒙特卡罗多模型 PHD 滤波器 …… 178
8.3.2 高斯混合多模型 PHD 滤波器 …… 182
8.4 多模型 CBMeMBer 滤波器 …… 191

8.4.1 多模型 CBMeMBer 递归 …… 192
8.4.2 序贯蒙特卡罗多模型 CBMeMBer 滤波器 …… 194
8.4.3 高斯混合多模型 CBMeMBer 滤波器 …… 196
8.5 多模型 GLMB 滤波器 …… 199
8.6 小结 …… 201
第9章 多普勒雷达目标跟踪 …… 202
9.1 引言 …… 202
9.2 带多普勒量测的 GM - CPHD 滤波器 …… 202
9.2.1 多普勒量测模型 …… 203
9.2.2 带多普勒量测的序贯 GM - CPHD 算法 …… 203
9.2.3 仿真分析 …… 206
9.3 多普勒盲区存在下 GM - PHD 滤波器 …… 209
9.3.1 并入 MDV 的检测概率模型 …… 209
9.3.2 并入 MDV 和多普勒信息的 GM - PHD 滤波器 …… 211
9.3.3 仿真分析 …… 217
9.4 多普勒雷达组网时带配准误差的 GM - PHD 滤波器 …… 224
9.4.1 问题描述 …… 225
9.4.2 带配准误差的增广状态 GM - PHD 滤波器 …… 228
9.4.3 仿真分析 …… 234
9.5 小结 …… 239
第10章 弱小目标检测前跟踪 …… 241
10.1 引言 …… 241
10.2 多目标 TBD 量测模型 …… 241
10.2.1 TBD 量测似然及其可分离性 …… 241
10.2.2 典型的 TBD 量测模型 …… 243
10.3 多目标后验的解析特征 …… 245
10.3.1 泊松先验下闭合形式量测更新 …… 246
10.3.2 IIDC 先验下闭合形式量测更新 …… 246
10.3.3 多伯努利先验下闭合形式量测更新 …… 247
10.3.4 GLMB 先验下闭合形式量测更新 …… 248
10.4 基于多伯努利滤波器的检测前跟踪 …… 248
10.4.1 针对 TBD 量测模型的多伯努利滤波器 …… 249
10.4.2 序贯蒙特卡罗实现 …… 249

10.5 基于 Mδ - GLMB 滤波器的检测前跟踪 …… 250
10.6 小结 …… 251
第11章 非标准量测目标跟踪 …… 252
11.1 引言 …… 252
11.2 基于 GM - PHD 滤波器的扩展目标跟踪 …… 252
11.2.1 扩展目标跟踪问题 …… 253
11.2.2 适用于扩展目标跟踪的 GM - PHD 滤波器 …… 254
11.2.3 量测集分划 …… 257
11.3 基于 GGIW 分布的扩展目标跟踪 …… 261
11.3.1 扩展目标 GGIW 模型 …… 261
11.3.2 基于 GGIW 分布的单扩展目标贝叶斯滤波 …… 262
11.3.3 基于 GGIW 分布的 CPHD 滤波器 …… 266
11.3.4 基于 GGIW 分布的标签多伯努利滤波器 …… 273
11.4 合并量测目标跟踪 …… 276
11.4.1 合并量测的多目标量测似然模型 …… 277
11.4.2 合并量测跟踪器的一般形式 …… 278
11.4.3 可处理近似 …… 279
11.5 小结 …… 281
第12章 分布式多传感器目标跟踪 …… 283
12.1 引言 …… 283
12.2 分布式多目标跟踪问题描述 …… 284
12.2.1 系统模型 …… 284
12.2.2 求解目标 …… 284
12.3 分布式单目标滤波与融合 …… 286
12.3.1 单目标 KLA …… 287
12.3.2 一致性算法 …… 287
12.3.3 基于一致性的单目标次优分布式融合 …… 289
12.4 多目标密度融合 …… 290
12.4.1 多目标 KLA …… 290
12.4.2 CPHD 密度的加权 KLA …… 291
12.4.3 Mδ - GLMB 密度的加权 KLA …… 293
12.4.4 LMB 密度的加权 KLA …… 294
12.5 SMC - CPHD 滤波器的分布式融合 …… 294

12.5.1 局部信息融合表示 …… 295
12.5.2 SMC－CPHD 的连续近似 …… 296
12.5.3 指数混合密度构建 …… 297
12.5.4 加权参数确定 …… 298
12.5.5 Renyi 散度计算 …… 299
12.5.6 SMC－CPHD 分布式融合算法 …… 299
12.6 高斯混合随机集滤波器的分布式融合 …… 300
12.6.1 多目标背景下的一致性算法 …… 301
12.6.2 融合密度的高斯混合近似 …… 301
12.6.3 一致性 GM－CPHD 滤波器 …… 303
12.6.4 一致性 GM－Mδ－GLMB 滤波器 …… 304
12.6.5 一致性 GM－LMB 滤波器 …… 305
12.7 小结 …… 306
附录 …… 307
A. 高斯函数乘积公式 …… 307
B. 泛函导数和集合导数 …… 307
C. 概率生成函数和概率生成泛函 …… 308
D. 标签 RFS 相关公式的证明 …… 309
E. CPHD 递归的推导 …… 311
F. 多目标多伯努利后验势均值推导 …… 314
G. GLMB 递归的推导 …… 314
H. δ－GLMB 递归的推导 …… 316
I. LMB 预测的推导 …… 318
J. Mδ－GLMB 近似 …… 320
K. IIDC 先验下 TBD 量测更新 PGFl 的推导 …… 323
L. 量测集分划的唯一性 …… 324
M. 扩展目标量测似然的推导 …… 327
N. 合并量测跟踪器的推导 …… 328
O. 信息融合算子和加权算子 …… 331
P. 多目标密度的加权 KLA 的推导 …… 332
Q. PHD 后验的融合与伯努利后验的融合 …… 332
R. Mδ－GLMB 密度的加权 KLA …… 334
S. LMB 密度的加权 KLA …… 336

缩略词表 …… 340
符号列表 …… 343
参考文献 …… 344

Contents

Chapter 1 Introduction ······ 1
1.1 Basic Concepts of Target Tracking and the Random Finite Set ······ 1
1.2 Overview of Target Tracking ······ 3
1.2.1 Single Target Tracking ······ 4
1.2.2 Classical Multi – Target Tracking ······ 5
1.2.3 Multi – Target Tracking Based on the Random Finite Set ······ 6
1.3 Organization of the Book ······ 33
Chapter 2 Single Target Tracking Algorithms ······ 36
2.1 Introduction ······ 36
2.2 Bayesian Recursion ······ 37
2.3 Conjugate Priors ······ 38
2.4 Kalman Filtering ······ 39
2.5 Extended Kalman Filtering ······ 40
2.6 Unscented Kalman Filtering ······ 41
2.7 Cubature Kalman Filtering ······ 43
2.8 Gaussian Sum Filtering ······ 44
2.9 Particle Filtering ······ 47
2.10 Summary ······ 50
Chapter 3 Foundation of the Random Finite Set ······ 51
3.1 Introduction ······ 51
3.2 Random Finite Set Statistics ······ 51
3.2.1 Statistical Descriptors of Random Finite Sets (RFSs) ······ 51
3.2.2 The Intensity and Cardinality of RFSs ······ 54
3.3 Main Categories of RFSs ······ 55

3.3.1 Poisson RFSs ······ 55
3.3.2 Independent and Identically Distributed Cluster (IIDC) RFSs ······ 56
3.3.3 Bernoulli RFSs ······ 56
3.3.4 Multi-Bernoulli RFSs ······ 56
3.3.5 Labeled RFSs ······ 57
3.3.6 Labeled Poisson RFSs ······ 60
3.3.7 Labeled IIDC RFSs ······ 62
3.3.8 Labeled Multi-Bernoulli RFSs ······ 62
3.3.9 Generalized Labeled Multi-Bernoulli RFSs ······ 64
3.3.10 δ-Generalized Labeled Multi-Bernoulli RFSs ······ 66
3.4 RFS Formulation of Multi-Target System ······ 68
3.4.1 Multi-Target Motion Model and Multi-Target Transition Kernel ······ 69
3.4.2 Multi-Target Measurement Model and Multi-Target Measurement Likelihood ······ 72
3.5 Multi-Target Bayesian Recursion ······ 74
3.6 The Multi-Target Formal Modeling Paradigm ······ 75
3.7 The Particle Multi-Target Filter ······ 77
3.7.1 Prediction of the Particle Multi-Target Filter ······ 78
3.7.2 Update of the Particle Multi-Target Filter ······ 81
3.8 Performance Metrics of Multi-Target Tracking ······ 82
3.8.1 Hausdorff Metric ······ 82
3.8.2 Optimal Mass Transfer Metric ······ 83
3.8.3 Optimal Sub-Pattern Assignment (OSPA) Metric ······ 84
3.8.4 OSPA Metric Incorporating the Labeling Error ······ 87
3.9 Summary ······ 90
Chapter 4 The Probability Hypothesis Density Filter ······ 91
4.1 Introduction ······ 91
4.2 The Probability Hypothesis Density (PHD) Recursion ······ 91
4.3 The Sequential Monte Carlo PHD (SMC-PHD) Filter ······ 93
4.3.1 Prediction Step ······ 93
4.3.2 Update Step ······ 94

4. 3. 3 Resampling and Multi – Target State Extraction …………………… 94
4. 3. 4 Algorithm Steps ………………………………………………………… 95
4. 4 The Gaussian Mixture PHD (GM – PHD) Filter …………………… 97
4. 4. 1 Model Assumptions on the GM – PHD Recursion ……………… 97
4. 4. 2 The GM – PHD Recursion …………………………………………… 98
4. 4. 3 Pruning for the GM – PHD Filter ………………………………… 102
4. 4. 4 Multi – Target State Extraction ……………………………………… 103
4. 5 Extension of the GM – PHD Filter ………………………………… 103
4. 5. 1 Extension to Exponential Mixture Probabilities of Survival and Detection ……………………………………………… 103
4. 5. 2 Generalization to Nonlinear Gaussian Models ………………… 105
4. 6 Summary ……………………………………………………………… 108
Chapter 5 The Cardinalized Probability Hypothesis Density Filter ……………………………………………………… 110
5. 1 Introduction …………………………………………………………… 110
5. 2 The Cardinalized Probability Hypothesis Density (CPHD) Recursion ……………………………………………………… 110
5. 3 The Sequential Monte Carlo CPHD (SMC – CPHD) Filter …… 112
5. 3. 1 The SMC – CPHD Recursion ……………………………………… 113
5. 3. 2 Multi – Target State Estimation …………………………………… 114
5. 4 The Gaussian Mixture CPHD (GM – CPHD) Filter …………… 115
5. 4. 1 The GM – CPHD Recursion ………………………………………… 115
5. 4. 2 Multi – Target State Extraction …………………………………… 117
5. 4. 3 Implementation Issues of the GM – CPHD Filter ……………… 117
5. 5 Extension of the GM – CPHD Filter ……………………………… 118
5. 5. 1 The Extended Kalman CPHD Recursion ……………………… 118
5. 5. 2 The Unscented Kalman CPHD Recursion ……………………… 119
5. 6 Summary ……………………………………………………………… 120
Chapter 6 The Multi – Bernoulli Filter ………………………………… 121
6. 1 Introduction …………………………………………………………… 121
6. 2 The Multi – Target Multi – Bernoulli (MeMBer) Filter ………… 121
6. 2. 1 Model Assumptions on the MeMBer Approximation …………… 121
6. 2. 2 The MeMBer Recursion …………………………………………… 121

6.2.3 The Cardinality Bias Problem of the MeMBer Filter …… 124
6.3 The Cardinality Balanced MeMBer (CBMeMBer) Filter …… 125
6.3.1 The MeMBer Filter Cardinality Balancing …… 125
6.3.2 The CBMeMBer Recursion …… 126
6.3.3 Track Labeling for the CBMeMBer Filter …… 127
6.4 The Sequential Monte Carlo CBMeMBer (SMC – CBMeMBer) Filter …… 128
6.4.1 The SMC – CBMeMBer Recursion …… 128
6.4.2 Resampling and Implementation Issues …… 129
6.5 The Gaussian Mixture CBMeMBer(GM – CBMeMBer) Filter …… 130
6.5.1 Model Assumptions on the GM – CBMeMBer Recursion …… 131
6.5.2 The GM – CBMeMBer Recursion …… 131
6.5.3 Implementation Issues of the GM – CBMeMBer Filter …… 133
6.6 Summary …… 133
Chapter 7 Labeled RFS – Based Filters …… 134
7.1 Introduction …… 134
7.2 The Generalized Labeled Multi – Bernoulli (GLMB) Filter …… 135
7.3 The δ – GLMB Filter …… 137
7.3.1 The δ – GLMB Recursion …… 137
7.3.2 Implementation of the δ – GLMB Recursion …… 138
7.4 The Labeled Multi – Bernoulli (LMB) Filter …… 151
7.4.1 The LMB Prediction …… 151
7.4.2 The LMB Update …… 153
7.4.3 Multi – Target State Extraction …… 155
7.5 The Marginalized δ – GLMB (Mδ – GLMB) Filter …… 156
7.5.1 The Mδ – GLMB Approximation …… 157
7.5.2 The Mδ – GLMB Recursion …… 159
7.6 Simulation Comparison …… 162
7.6.1 Simulation Comparison Under Linear Gaussian Case …… 162
7.6.2 Simulation Comparison Under Nonlinear Gaussian Case …… 168
7.7 Summary …… 175
Chapter 8 Maneuvering Target Tracking …… 176
8.1 Introduction …… 176

8.2 The Jump Markov (JM) System ······ 176
8.2.1 The Nonlinear JM System ······ 176
8.2.2 The Linear Gaussian JM System ······ 178
8.3 The Multiple Model PHD (MM – PHD) Filter ······ 178
8.3.1 The Sequential Monte Carlo MM – PHD Filter ······ 178
8.3.2 The Gaussian Mixture MM – PHD Filter ······ 182
8.4 The Multiple Model CBMeMBer (MM – CBMeMBer) Filter ······ 191
8.4.1 The MM – CBMeMBer Recursion ······ 191
8.4.2 The Sequential Monte Carlo MM – CBMeMBer Filter ······ 194
8.4.3 The Gaussian Mixture MM – CBMeMBer Filter ······ 196
8.5 The Multiple Model GLMB Filter ······ 199
8.6 Summary ······ 201
Chapter 9 Target Tracking for Doppler Radars ······ 202
9.1 Introduction ······ 202
9.2 The GM – CPHD Filter with Doppler Measurements ······ 202
9.2.1 The Doppler Measurement Model ······ 203
9.2.2 The Sequential GM – CPHD Filter with Doppler Measurements ······ 203
9.2.3 Simulation Analysis ······ 206
9.3 The GM – PHD Filter in the Present of Doppler Blind Zone ······ 209
9.3.1 The Detection Probability Model with Incorporating the Minimum Detectable Velocity (MDV) Information ······ 209
9.3.2 The GM – PHD Filter with the MDV and Doppler Measurements ······ 211
9.3.3 Simulation Analysis ······ 217
9.4 The GM – PHD Filter with Registration Error for Netted Doppler Radars ······ 224
9.4.1 Problem Formulation ······ 225
9.4.2 The Augmented State GM – PHD Filter with Registration Error ······ 228
9.4.3 Simulation Analysis ······ 234
9.5 Summary ······ 239

Chapter 10 Track – Before – Detect for Dim Targets ······ 241
10.1 Introduction ······ 241
10.2 The Multi – Target Track – Before – Detect (TBD) Measurement Model ······ 241
10.2.1 The TBD Measurement Likelihood and Its Separablility ······ 241
10.2.2 Typical TBD Measurement Models ······ 243
10.3 Analytic Characterization of the Multi – Target Posterior ······ 245
10.3.1 Closed Form Measurement Update Under Poisson Priors ······ 246
10.3.2 Closed Form Measurement Update Under IIDC Priors ······ 246
10.3.3 Closed Form Measurement Update Under Multi – Bernoulli Priors ······ 247
10.3.4 Closed Form Measurement Update Under GLMB Priors ······ 248
10.4 Track – Before – Detect Based on the Multi – Bernoulli Filter ······ 248
10.4.1 The Multi – Bernoulli Filter for the TBD Measurement Model ······ 249
10.4.2 The Sequential Monte Carlo Implementation ······ 249
10.5 Track – Before – Detect Based on the Mδ – GLMB Filter ······ 250
10.6 Summary ······ 251
Chapter 11 Target Tracking with Non – Standard Measurements ······ 252
11.1 Introduction ······ 252
11.2 Extended Target Tracking Based on the GM – PHD Filter ······ 252
11.2.1 The Extended Target Tracking Problem ······ 253
11.2.2 The GM – PHD Filter for Extended Target Tracking ······ 254
11.2.3 Partitioning the Measurement Set ······ 257
11.3 Extended Target Tracking Based on the Gamma Gaussian Inverse Wishart (GGIW) Distribution ······ 261
11.3.1 The GGIW Model for Extended Target ······ 261
11.3.2 The Bayesian Filter for Single Extended Target Based on the GGIW Distribution ······ 262
11.3.3 The CPHD Filter Based on the GGIW Distribution ······ 266
11.3.4 The LMB Filter Based on the GGIW Distribution ······ 273

11.4 Target Tracking with Merged Measurements ······ 276
11.4.1 The Multi-Target Measurement Likelihood Model for Merged Measurements ······ 277
11.4.2 The General Form for the Merged Measurement Tracker ······ 278
11.4.3 Tractable Approximations ······ 279
11.5 Summary ······ 281
Chapter 12 Target Tracking for Multiple Distributed Sensors ······ 283
12.1 Introduction ······ 283
12.2 Formulation of the Distributed Multi-Target Tracking Problem ······ 284
12.2.1 System Models ······ 284
12.2.2 The Solving Objective ······ 284
12.3 Distributed Single Target Filtering and Fusion ······ 286
12.3.1 Single Target Kullback-Leibler Average (KLA) ······ 287
12.3.2 Consensus Algorithms ······ 287
12.3.3 Suboptimal Distributed Single Target Fusion via Consensus ······ 289
12.4 Fusion of Multi-Target Densities ······ 290
12.4.1 Multi-Target KLA ······ 290
12.4.2 The Weighted KLA of CPHD Densities ······ 291
12.4.3 The Weighted KLA of Mδ-GLMB Densities ······ 293
12.4.4 The Weighted KLA of LMB Densities ······ 294
12.5 Distributed Fusion of SMC-CPHD Filters ······ 294
12.5.1 Representation of Local Information Fusion ······ 295
12.5.2 Continuous Approximation of the SMC-CPHD ······ 296
12.5.3 Construction of the Exponential Mixture Densities (EMD) ······ 297
12.5.4 Determination of the Weighting Parameter ······ 298
12.5.5 Computation of the Rényi Divergence ······ 299
12.5.6 The Distributed Fusion Algorithm Based on SMC-CPHD Filters ······ 299

12.6 Distributed Fusion of Gaussian Mixture RFS Filters …… 300
12.6.1 Consensus Algorithms in the Multi – Target Context …… 301
12.6.2 Gaussian Mixture Approximation of the Fusion Density …… 301
12.6.3 The Consensus GM – CPHD Filter …… 303
12.6.4 The Consensus GM – Mδ – GLMB Filter …… 304
12.6.5 The Consensus GM – LMB Filter …… 305
12.7 Summary …… 306
Appendix …… 307
A. Product Formulas for Gaussian Functions …… 307
B. Functional Derivatives and Set Derivatives …… 307
C. Probability Generating Function and Probability Generating Functional (PGFl) …… 308
D. Proof of Related Formulas for Labeled RFS …… 309
E. Derivation of the GM – CPHD Recursion …… 311
F. Derivation of Mean MeMBer Posterior Cardinality …… 314
G. Derivation of the GLMB Recursion …… 314
H. Derivation of the δ – GLMB Recursion …… 316
I. Derivation of the LMB Prediction …… 318
J. Mδ – GLMB Approximation …… 320
K. Derivation of PGFL for TBD Measurement Update Under IIDC Priors …… 323
L. Uniqueness of Partitioning the Measurement Set …… 324
M. Derivation of Measurement Likelihood for Extended Targets …… 327
N. Derivation of the Merged Measurement Tracker …… 328
O. The Information Fusion and Weighting Operators …… 331
P. Derivation of the Weighted KLA of Multi – Target Densities …… 332
Q. Fusion of PHD Posteriors and Fusion of Bernoulli Posteriors …… 332
R. The Weighted KLA of Mδ – GLMB Densities …… 334
S. The Weighted KLA of LMB Densities …… 336
Abbreviations …… 340
Symbol List …… 343
References …… 344

第1章　概　　论

1.1　目标跟踪与随机有限集基本概念

目标跟踪是指根据传感器量测估计目标状态的过程。所谓目标,通常指感兴趣的对象,如车辆、舰船、飞机、导弹等,单目标对应目标数目为1的情况,而多目标对应2个及以上数目的目标情况;目标状态则指未知的感兴趣目标信息,典型地,状态包括笛卡儿坐标系中的位置和速度,但也可能包括其他目标特征,如身份、属性、幅度、大小、形状或相似性等。为了对未知的目标状态进行估计,需要利用传感器量测,典型的量测信息有时戳、距离、方位、俯仰、多普勒和幅度等。对不同类型的传感器而言,量测信息包含的内容不尽相同,比如:对有源雷达而言,量测信息主要有时戳、距离、方位等,当为3坐标雷达时,通常还包含俯仰;对机载多普勒雷达而言,一般还包含多普勒(或径向速度)信息;而对红外、电子支援量测(ESM)等无源传感器而言,量测通常为角度信息,如方位和俯仰。传感器量测可能源于感兴趣的目标,也可能源于不感兴趣的目标或杂波,即使来自于感兴趣目标,受限于传感器观测能力,目标量测可能被检测且存在一定的量测误差,也可能漏检。此外,传感器量测可能由单个传感器收集,也可能由同质或异质的多个传感器收集。

一般而言,目标跟踪常采用贝叶斯滤波算法,主流的贝叶斯滤波算法有卡尔曼滤波(Kalman Filtering,KF)、扩展卡尔曼滤波(Extended KF,EKF)、不敏卡尔曼滤波(Unscented KF,UKF)、容积卡尔曼滤波(Cubature KF,CKF)、高斯和滤波(Gaussian Sum Filtering,GSF)和粒子滤波(Particle Filtering,PF)等。贝叶斯滤波通常涉及"两个模型"和"两个步骤",两个模型指的是运动模型(也称为动态模型)和量测模型,两者统称为状态空间模型;两个步骤指的是预测和更新。运动模型描述目标状态随时间的演进关系,常用的运动模型有匀速(CV)、匀加速(CA)、协同转弯(CT)等。量测模型描述量测与目标状态之间的线性或非线性关系。预测步骤则利用运动模型预测目标状态,而更新步骤则根据量测模型利用收集的量测更新目标状态。

上述滤波器主要是为了降低噪声的影响,一般仅适用于单个目标始终存在且无杂波等理想条件，实际上，受限于传感器探测性能，除噪声干扰外，目标漏检情况时有发生，且不可避免伴随非目标——杂波以及其他目标的干扰，目标跟踪的真正挑战是杂波环境下的多目标跟踪(Multi - Target Tracking，MTT)。多目标跟踪指的是根据传感器观测估计未知时变数量的目标及其航迹。尽管术语“多目标跟踪”与“多目标滤波”(Multi - target Filtering)常常相互通用，两者实际存在细微区别。多目标滤波涉及根据传感器观测估计未知时变数量的目标及其独立状态；而对于多目标跟踪，目标航迹(实际的多目标跟踪系统需要航迹标签以区分不同目标)[1]也是感兴趣的内容之一。因而，多目标跟踪实质为可提供目标航迹估计的多目标滤波，故严格而言应被称为多目标跟踪滤波。

相比于(单目标)贝叶斯滤波算法，多目标跟踪主要困难在于不确定性的进一步增加，除了量测噪声、目标是否漏检带来的不确定性外，还有量测与杂波、各目标对应关系导致的关联不确定性。为克服关联不确定性，多目标跟踪算法通常在进行贝叶斯滤波前进行数据关联(Data Association，DA)，以确定量测是否为杂波，抑或属于哪个目标，于是，通过数据关联，多目标跟踪分解为多个单目标跟踪问题。有名的基于 DA 的 MTT 算法主要有联合概率数据关联(Joint Probabilistic Data Association，JPDA)和多假设跟踪(Multiple Hypothesis Tracking，MHT)算法等。然而，基于 DA 的 MTT 问题是非确定性多项式(Non - deterministic Polynomial，NP)难题，计算量较大，存在组合爆炸问题。另外，当多个目标距离较近，且考虑新生、衍生、合并、消亡等行为时，这些算法也难以给出满意的结果。本质上，这些算法将目标状态建模为随机变量(或随机矢量)，由于各目标的出生①、消亡过程，运动目标的数目与状态均具有时变未知特点，上述有限、时变数目的目标和量测集合实质难以用随机变量进行建模。为跟踪时变数目的多目标，除了数据关联外，完整且实用的多目标跟踪还应包括航迹管理，如航迹起始、航迹终止等，以适用目标出生、合并、消亡等行为。因而，从一定意义上讲，基于 DA 的 MTT 算法采用了分而治之、自下而上的解决思路。

近年来，一类基于随机有限集(Random Finite Set，RFS)的跟踪算法应运而生，受到极大关注。RFS 方法对多目标滤波/跟踪问题提供了多目标贝叶斯公式，其中，目标状态的集合(称为多目标状态)被视为一个有限集(Finite Set)。随机变量与 RFS 均具有随机性，区别在于，RFS 中集合的元素数量(被称为“势”)为随机的，且没有顺序。具体而言，随机变量在某个空间中按照一定概率分布取值，而随机集是一个集合，不同于传统的集合概念，RFS 中元素的数目是不确定的，即集合的势是一个随机变量，且集合中的每一个元素也是随机的，可

① 目标出生包括目标新生和目标衍生。

能存在，可能不存在，存在的话取值满足某种分布。因而，随机集是取值为集合的随机变量，是概率论中随机变量概念的推广，实际上就是元素及其个数都是随机变量的集合。随机变量处理的是随机点函数，而 RFS 处理的是随机集值函数。RFS 理论是点变量（向量）统计学向"集合变量"统计学（有限集统计学）的一种推广，RFS 理论又称为点过程理论，更准确地讲，是简单点过程理论①。

总之，不同于基于 DA 的跟踪算法，基于 RFS 的跟踪算法将多目标状态和多目标量测建模为 RFS，自然地并入了航迹起始、终止机制，可实现目标数量与状态的同时估计，是一种自顶而下的科学方法，除 MTT 应用外，它还为目标检测、跟踪和识别、态势评估、多传感器（Multi－sensor，MS）数据融合和传感器管理等问题提供了统一的理论描述框架和解决方案[2]。

由于 RFS 理论的系统性和科学性，在第1代概率假设密度（Probability Hypothesis Density，PHD）滤波器[3,4]提出后至今的短短10余年间，就已发展到第4代滤波器（这里，第2～4代滤波器分别指带势概率假设密度（Cardinalized PHD，CPHD）滤波器[5]、多伯努利（Multi－Bernoulli，MB）滤波器[6,7]、广义标签多伯努利（Generalized Labeled Multi－Bernoulli，GLMB）滤波器，具体内容详见后文），并迅速向跟踪界的各个应用领域渗透，展示了其顽强的生命力。本书在详细介绍这4代滤波器基础上，再分别介绍各滤波器的扩展和主要的应用领域，包括机动目标跟踪、多普勒雷达目标跟踪、弱小目标检测前跟踪（Track－Before－Detect，TBD）、非标准量测目标跟踪和分布式多传感器目标跟踪。

1.2 目标跟踪研究现状

目标跟踪的内容比较丰富，从目标数量上讲，有单目标跟踪与多目标跟踪之说；从目标运动模型看，有匀速模型、匀加速模型、协同转弯等；从目标所处环境看，有含杂波与无杂波之分；从传感器数量上看，有单传感器与多传感器之别；从传感器性质看，可分为有源传感器与无源传感器；从跟踪空间维度看，有二维传感器与三维传感器之分等。目标跟踪的主要过程一般包括数据预处理、航迹起始、滤波跟踪、航迹终止。其中，每一过程又有多种实现方法，尤其是滤波跟踪更是丰富多样。此外，目标跟踪与检测、识别、传感器管理、决策等融为一体，也是当前的研究热点，近年新兴的随机有限集为一体化发展提供了一种统一的理论框架，正在蓬勃发展。

下面首先简要介绍单目标跟踪和经典的多目标跟踪研究现状，然后重点介

① 简单有限点过程集合不允许重复元素，且仅包含有限数量的元素。

绍基于随机有限集的多目标跟踪发展现状。总体而言，国外以意大利的 Farnina[8]等，美国的 Blackman[9,10]、Bar－Shalom[11,12]、Mahler[13,14]等，澳大利亚的 B－N Vo、B－T Vo 等，以及德国的 Koch[15]等为代表，国内以海军航空工程学院的何友、王国宏[16,17]等，西北工业大学的周宏仁[18]、潘泉[19]等，西安交大的韩崇昭、朱洪艳[20]等，西安电子科技大学的吴顺君[21]、杨万海[22]等，江苏自动化研究所的董志荣[23]等，上海交通大学的朱自谦、胡士强[24]等，哈尔滨工业大学的权太范[25]等，海南大学的康耀红[26]等，北京航空航天大学的申功勋[27]等，海军工程大学的石章松[28]等，国防科学技术大学的占荣辉[29]等，海军潜艇学院的夏佩伦[30]等，华东船舶工业学院的刘同明[31]等，电科集团 28 所的赵宗贵[32]等为代表的研究成果集中体现了数据融合领域中目标跟踪的新思想、新方法和新进展。此外，成都电子科技大学、北京航空航天大学、北京理工大学、杭州电子科技大学、空军工程大学、空军预警学院[33]等院校也在这方面做了富有成效的工作。

1.2.1　单目标跟踪

主流的单目标跟踪算法主要有 KF[34,35]、EKF[36,37]、转换量测 KF（Converted Measurement KF，CMKF）[38,39]、UKF[40,41]、CKF[42,43]、PF[44,45]等。KF 是线性高斯（Linear Gaussian，LG）系统的最优解决方案，为滤波理论的发展做出了重要贡献，某种程度上可以讲，后续高级滤波器均是由其派生发展得到。不过，实际系统几乎都具有非线性、非高斯特性。比如，在跟踪问题中，斜距、方位、多普勒等量测值就是未知状态的非线性函数。对于非线性滤波问题，一般得不到最优解。EKF 一度成为解决非线性系统的“标配”，该方法通过对非线性系统线性化获得次优解。然而，EKF 方法需要求解雅可比（Jacobian）矩阵，限制了其应用范围，且对于高阶 EKF 而言，相比一阶 EKF，性能提升很小，却计算复杂度大增。量测转换 KF，顾名思义，是将量测进行转换后，重新构建线性量测方程，并推导相应的转换量测误差协方差，再进行滤波，已证明 CMKF 的性能（估计精度、鲁棒性、一致性等）对非线性量测系统而言要优于 EKF[38,39]。UKF 基于不敏变换（Unscented Transformation，UT）[46]，用有限的参数来近似随机量的统计特性。不同于 EKF 对非线性动态和（或）非线性量测模型线性化进行近似，UKF 是对状态矢量的概率密度函数（Probability Density Function，PDF）进行近似。由于 UKF 无须推导和计算复杂的雅可比矩阵或更高阶海塞（Hessian）矩阵，且估计精度可达 2 阶，因此得以广泛应用。CKF 是一种新的基于容积数值积分原则的滤波算法，对非线性高斯系统的估计能达 3 阶精度，具有数值精度高、鲁棒性强的优点。以上算法均假设 PDF 近似服从高斯或高斯混合（Gaussian Mixture，GM）分布，对于（非线性）非高斯系统，需要使用 PF 方法，其也被称为序贯蒙特卡罗（Sequential Monte Carlo,SMC)方法[47],已涌现出大量改进方法,使 PF 类算法取得了长足发展,但相比于前述滤波算法,计算量显著提高。

上述滤波算法主要为单目标单模型,当目标发生机动时,将导致运动模型与目标实际运动模型失配,使得滤波器发散。对于机动目标跟踪,大体上可分为具有机动检测的跟踪算法和自适应跟踪算法。前一类主要有可调白噪声模型[48]、变维滤波算法[49]以及输入估计算法[50]等,然而此类算法存在检测延迟以及检测可信度等问题;后一类主要有一阶时间相关噪声模型[51]、当前统计(CS)模型[18]、辛格(Singer)模型、加加速度(Jerk)模型[52]、多模型(Multiple Model,MM)或交互多模型(Interacting MM,IMM)[53]等。IMM 是一个次优滤波器,具有良好的费效比,除此之外,其还具有很强的扩展性,可方便将其与其他算法相结合,如 IMM 概率数据关联(Probabilistic Data Association,PDA)[54]、IMM - JPDA[55]、IMM - MHT[56]等,IMM 由于具有优异的性能,逐渐成为机动目标跟踪的主流。

1.2.2　经典多目标跟踪

单纯的滤波算法难以实现目标有效跟踪,因为实际环境比较复杂,跟踪器性能受杂波、传感器性能(如漏检)、多目标等因素影响。一般而言,经典跟踪器包含两个步骤:DA 和滤波。只有在正确的 DA 基础上进行的滤波才有意义。DA 是指确定量测与目标一一对应的过程,通过 DA 技术,将多目标跟踪问题分解为多个单目标跟踪问题,因此,关联是基于 DA 的 MTT 算法的核心和关键。主要分为两类:极大似然类数据关联和贝叶斯(Bayes)类数据关联。前者包括航迹分叉法[57]、联合极大似然法、0 - 1 整数规划法等,基本思想是使似然函数极大化,通常采取批处理形式;后者包括 PDA[58]、全局最近邻(Global Nearest Neighbor,GNN)[59]、S 维(S - Dimensional,S - D)分配[60]算法、一体化概率数据关联(Integrated PDA,IPDA)[61]、联合概率数据关联(JPDA)[62]、联合一体化概率数据关联(Joint IPDA,JIPDA)[63]、一体化航迹分裂(Integrated Track Splitting,ITS)[64,65]、基于和—积(sum - product)算法[66,67]的置信传播(Belief Propagation,BP)法[68,69]、马尔科夫链蒙特卡罗(Markov Chain Monte Carlo,MCMC)数据关联[70,71]、MHT[72]等,这类方法的优点是采用递归形式,可实时获取目标估计。如前所述,基于 DA 的 MTT 问题是 NP 难题,DA 具有组合爆炸的特点,计算量较大,在跟踪算法中,60% ~90% 的计算时间被数据关联消耗了[11],其中,极大似然类数据关联又通常大于贝叶斯类数据关联。因此,经典 MTT 算法的重要研究内容之一是降低计算量、提高实时性,如 m - best S - D 分配算法[73]、K - best MHT 方法[74],其通过限定最优的 m(或 K)个关联假设对假设数目进行约束。

1.2.3　基于随机有限集的多目标跟踪

首个利用 RFS 理论系统处理多传感器多目标滤波的是 Mahler 的有限集统计学(FInite Set STatistics,FISST)[13,14,75,76]。FISST 是多传感器多目标检测、跟踪和信息融合的一个系统的、统一的方法,可实现多平台、多源、多证据、多目标、多群问题中的检测、分类、跟踪、决策、传感器管理、群目标处理、专家系统理论(模糊逻辑、DS 理论)和性能评估等多方面的贝叶斯统一,具有以下优点:它是基于多传感器多目标系统的显式、全面、统一的统计模型;可将多目标跟踪的两个独立目的——目标检测和状态估计——联合成一个单个的、无缝的、贝叶斯最优步骤;是培育多源多目标跟踪和信息融合全新方法的丰富土壤,产生了新的多目标跟踪算法——PHD、CPHD、MB 滤波器等——它们不需要量测—航迹关联,但仍然实现了与常规多目标跟踪算法可比甚至更好的跟踪性能(体现在跟踪精度、执行效率上)[2]。

Mahler 建立的 RFS 理论的核心是多目标贝叶斯滤波器[77],该滤波模型类似于单目标贝叶斯滤波,也由预测和更新两步组成,尽管形式优雅简单,但源于多目标密度的组合本质和无穷维多目标状态空间的多重积分,基于 RFS 的最优多目标贝叶斯滤波并不实际。为此,Mahler 推导了多种原理性近似滤波器:PHD、CPHD 和 MB 滤波器。具体来说,首先通过对最优多目标贝叶斯滤波器的一阶矩近似获得了 PHD 滤波器。文献[78]基于经典的点过程理论(Point Process Theory)给出了 PHD 滤波器的另一种推导方法。随后,进一步放宽了目标数目的泊松假设条件,在仅需满足独立情况下,推导了对最优多目标滤波器进行二阶矩近似的 CPHD 滤波器,其不仅传递强度分布,同时传递势分布(目标数目的概率分布),以增加计算量为代价,具有比 PHD 更高的滤波精度和更精确的目标数目估计能力。另外,Mahler 还提出了 MB 滤波器,也被称为多目标多伯努利(Multi - target Multi - Bernoulli, MeMBer)滤波器[13,79-81],不同于 PHD、CPHD 对最优滤波器进行一、二阶矩近似,MeMBer 是最优滤波器的概率密度近似。

尽管做了近似处理,但上述 3 种滤波递推表达式中仍存在多重积分等复杂运算,导致在一般条件下不存在解析解。为此,Vo 开发了 PHD 在一般条件下的 SMC 实现(也被称为粒子实现)方法[82],记为 SMC - PHD,随后又在线性高斯条件下,推导了 PHD 递归的解析形式,开发了 PHD 的 GM 实现,记为 GM - PHD[83]。通过使用线性化和不敏变换技术,可将仅适用于线性模型的闭合形式递归公式扩展到适度非线性模型。在此基础上,Vo 开发了 CPHD 的两种实现方法[84],即 SMC - CPHD 和 GM - CPHD,并发现 Mahler 提出的 MeMBer 在估计目标数目时是有偏的,为此,提出了势平衡多目标多伯努利(Cardinality Balanced

MeMBer,CBMeMBer)滤波器,同样也开发了对应的两种版本,即 SMC－CBMeMBer[6] 和 GM－CBMeMBer[7]。上述近似算法已证明具有良好的收敛性质[85－88]。然而,这些滤波器原理上并不是多目标跟踪器,无法提供航迹标签[82]。为解决目标航迹输出问题,文献[89,90]引入了标签 RFS 的概念,利用 GLMB 族的共轭性(相对于标准量测模型),推导了多目标贝叶斯滤波器的首个 GLMB 解析实现,并提出了 GLMB 和 δ－GLMB 滤波器(也被称为 Vo－Vo 滤波器),通过仿真验证 δ－GLMB 滤波器优于多目标贝叶斯滤波器的近似。然而 δ－GLMB 滤波器计算量较大,为此,受 PHD 和 CPHD 的启发,分别开发了标签多伯努利(Labeled Multi－Bernoulli, LMB)[91] 和边缘 δ－GLMB(Marginalized δ－GLMB, Mδ－GLMB)滤波器[92],其中,LMB 滤波器仅匹配 δ－GLMB 后验的一阶统计矩,而 Mδ－GLMB 滤波器匹配了 δ－GLMB 后验的一阶矩和势分布。除这些滤波器外,在目标状态中并入标签的多目标跟踪器还包括粒子边缘(Particle Marginal) Metropolis－Hasting 跟踪器[93]。文献[13, 14]和文献[94,95]给出了该领域比较系统全面的介绍。值得指出的是,文献[96]首次在高虚警率、高漏检率和量测源高不确定性(由于目标距离非常近)严苛条件下,验证了 GLMB 滤波器在普通商用计算机上可对峰值达 100 万的多目标进行跟踪的能力。上述工作为基于 RFS 的跟踪算法的研究奠定了坚实基础。

总之,随着基于 RFS 的跟踪算法日趋成熟,其应用范围越来越广泛,如声呐图像跟踪[97,98]、音频信号跟踪[99]、视频跟踪[100,101]、机器人同时定位和构图(Simultaneous Localization and Mapping, SLAM)[102,103]、交通监视[104]、地面运动目标指示(Ground Moving Target Indication, GMTI)跟踪[105]、检测前跟踪[106]、多站无源雷达跟踪[107]、纯角度跟踪[108]、多输入多输出(Multiple Input Multiple Output, MIMO)雷达跟踪[109]、传感器网络和分布式估计[110－112]以及非标准量测模型的目标跟踪如不可分辨目标(或合并量测目标)跟踪[113,114]、扩展目标(Extended Target, ET)跟踪[115]、群目标跟踪[116,117]等。

1.2.3.1　概率假设密度滤波器

概率假设密度(PHD)滤波器递推传递多目标状态集合的后验强度(一阶矩),其将多目标状态集合的后验概率密度"损失最小"地投影到单目标状态空间上[3]。这样,PHD 滤波器仅需在单目标状态空间进行递推,显著地降低了计算复杂度。不过,通过贝叶斯规则计算后验概率需要对先验和似然函数的乘积进行积分以获得归一化常量,这个多重多维积分运算在实际执行时仍然非常困难,在非线性非高斯条件下一般没有闭合解析形式。因此,Mahler 和 Vo 等学者研究了 PHD 滤波器的实现方法,分别给出了适用于非线性非高斯条件的 SMC－PHD 滤波器[82] 和适用于线性高斯条件的 GM－PHD 滤波器[83]。

为改善 SMC－PHD 中粒子实现的有效性，文献[118]通过引入辅助随机变量，将量测信息并入到重要性函数中，提出了 PHD 的辅助（Auxiliary）粒子实现。文献[119]通过不敏信息滤波器，利用高斯混合表达式来近似重要性函数和预测密度函数，提出了高斯混合不敏 SMC－PHD。文献[120]对某些特定形式模型，调用 Rao－Blackwellisation 达成更为有效的 SMC 实现。为避免退化问题，且不受限于高斯系统，考虑到任意曲线都可由样条（Spline）表示，文献[121]提出了样条 PHD（Spline PHD，SPHD）滤波器，不过该算法运算复杂度很高，仅适合于严苛条件下的少数具有重要价值的目标跟踪。此外，考虑到大部分实际系统中噪声统计特性通常是未知的，因而，滤波器的鲁棒性非常重要。H_∞ 滤波器兼顾了非线性模型和不确定噪声统计未知特点，对模型误差和噪声不确定性比卡尔曼滤波器更为鲁棒，为此，文献[122]基于 H_∞ 滤波器，提出了 PHD 递归的全新 GM 实现。为解决多目标跟踪中近距离的目标遮蔽问题，考虑到 GM－PHD 滤波器中量测－目标的“一一对应”假设，文献[123]在 GM－PHD 递归中调用重归一化方案来重置分配到各个目标的权重，提出了竞争性 GM－PHD 方法。文献[124，125]将 PHD 滤波器应用于多目标联合检测、跟踪和分类（Joint Detection，Tracking and Classification，JDTC）问题，JDTC 的目的是同时估计目标时变数目、运动状态及其类别标签。

状态提取是 PHD 滤波器的必要步骤。对 SMC－PHD 而言，根据粒子空间分布通常采用 k 均值（k－mean）法[126,127]，或基于有限混合模型（Finite Mixture Model，FMM）[128]的聚类技术进行状态提取。文献[127]比较了 k 均值聚类和基于期望最大化（Expectation Maximization，EM）的 FMM 这两种技术的状态提取性能，表明相比 EM 方法，k 均值算法显著降低了计算复杂度。事实上，EM 为确定性方法，不适合用于估计复杂多模分布的参数，因此，文献[128]使用随机方法的马尔科夫链蒙特卡罗（MCMC）进行 FMM 的参数估计。除利用粒子空间分布外，还可利用粒子权重信息以更好地对相邻或较近的目标进行状态提取[129,130]。不同于 SMC－PHD，GM－PHD 无须计算量较大且可能导致不精确估计的聚类操作即可轻易提取状态估计，但是受限于线性高斯系统。为此，文献[131]提出 PHD 滤波器的 GM/SMC 混合实现方法，文献[132]基于 GM－PHD 给出了新的 PHD 粒子实现算法，其不需要通过聚类技术即可提取目标状态，又可适用于高度非线性非高斯模型。

标准的 PHD 滤波器并不能提供目标的航迹信息[82]。解决该问题的一种方法是采用估计－航迹关联[126,133]，其思路是将 PHD 滤波器输出的多目标状态估计作为另一基于数据关联的多目标跟踪器的“量测”输入，然后通过跟踪器进行估计－航迹关联得到各个目标航迹；除此之外，另一途径是将 PHD 作为杂波滤波器来消除量测集合中不太可能源于目标的杂波,然后再将余下的量测输入到跟踪器中[126],这可视为全局级别的波门操作,它消除了大部分杂波量测。上述两种方法都降低了用于数据关联的量测数目,不过航迹信息均由跟踪器输出,PHD 滤波器自身并未利用目标的航迹信息。除估计 - 航迹关联法外,一种称为标签法的方法也常用于输出航迹,其可用于 GM - PHD[134] 和 SMC - PHD[126,127,135]。标签法可有效地提供航迹信息,然而,在目标交叉或者较近条件下,容易造成目标误判。为此,文献[134]在目标较近或交叉时,利用估计 - 航迹关联方法进行状态关联,而在目标较远时利用标签法进行状态关联,文献[136]则将 PHD 与多帧关联相结合以进一步降低错误关联率。

1.2.3.2　带势概率假设密度滤波器

在 PHD 滤波器中,由于泊松(Possion)分布的均值与方差相等,因此,当目标数目较高时,在漏检或较高虚警密度下,易造成目标数目估计的强起伏,使得估计不可靠,产生丢失量测问题[84]。针对此问题,文献[137]指出对于 PHD 滤波器,不仅需要多目标一阶矩的传递,还需要更高阶的目标数目的传递。基于此,文献[5]利用概率生成泛函(Probability Generating Functional,PGFl)或泛函导数等 FISST 工具,提出了一种带有势分布的 CPHD 滤波器。CPHD 是 PHD 的更一般化,其不仅传递多目标状态集合的后验强度,还同时传递该集合的后验势分布,其递推公式更为复杂,具有三次方复杂度,但其仍比具有非多项式复杂度的 JPDA 等有更好性能[84]。不同于文献[5],文献[138]则通过对多目标预测和后验密度直接执行库尔贝克 - 莱布勒散度(Kullback - Leibler Divergence,KLD)最小化获得了 PHD 和 CPHD 滤波器的全新推导。由于势分布的引入,CPHD 改善了多目标数目及其状态估计的精度和稳定度,但也导致 CPHD 对目标出生和目标消亡的响应速度不如 PHD[84];另外,虽然 CPHD 整体势分布的更新公式是准确的,但当目标漏检时,将表现出局部奇异行为——“闹鬼效应”(Spooky Effect)[139],即无论两部分之间相距多远,PHD 的权重会从漏检部分转移到检测部分,从而导致漏检量测附近的局部目标数目被明显低估[139]。为此,文献[139]将监视区域分割为不同区域,然后依次对每个区域应用 CPHD,不过,这使得杂波密度在分割后需要修正,因而又可能增加势估计的不确定性。文献[140]通过动态重加权方案,降低权重漂移及估计误差的影响。

不像 PHD 滤波器,在 CPHD 滤波器的标准形式[84]中,预测步骤并没有包括目标衍生模型。尽管可采用具有新生目标的 CPHD 滤波器来解决衍生目标问题,但显然使用能考虑具体的衍生模型的方法更为合适。以驻留空间目标(Resident Space Object,RSO)为例,自然和人造地球轨道卫星由航天飞机、报废负载和残骸等组成。如果没有衍生模型,最佳选项是使用散布(Diffuse)型新生区域,然而,这需要庞大的新生区域以覆盖相应的空间体积。为改善 CPHD 滤波器跟踪衍生 RSO 的性能,文献[141]提出了可精确描述产生新 RSO 物理过程的衍生模型,获得了更好的精度和更快的新目标置信时间。文献[142]则在 CPHD 滤波器中并入了泊松或者伯努利衍生模型,而文献[143]则通过部分贝尔多项式(Partial Bell Polynomials)[144]推导了适用于任意衍生过程的 CPHD 预测方程,并且,对于 3 个特定模型(泊松、零膨胀(zero - inflated)泊松、伯努利模型),不需额外的近似即可获得适用于衍生目标的 GM - CPHD 滤波器。考虑衍生目标的 CPHD 滤波器的其他文献还包括文献[145]。

1.2.3.3　多伯努利滤波器

不同于 PHD/CPHD 递归传递后验多目标密度的矩(和势分布),伯努利 RFS 通过目标存在概率及目标存在时的 PDF 这两个“参数对”建模目标航迹[13],这与同时估计单个目标的存在概率及其状态的 IPDA 滤波器[61]具有一定的相似性。文献[146]使用伯努利 RFS 推导了单目标检测和跟踪问题的最优贝叶斯解,获得了伯努利滤波器,也被称为联合目标检测和跟踪(Joint Target Detection and Tracking,JoTT)滤波器[13,147 - 151],这里的 JoTT 指的是根据传感器量测联合估计目标的数量与状态。

多目标背景下的 JoTT 滤波器被称为多伯努利滤波器。顾名思义,多伯努利 RFS 是多个伯努利 RFS 的并集。本质上,多伯努利(MB)滤波器传递用于近似后验多目标 RFS 密度的 MB 分布的参数。文献[13]提出的多目标多伯努利(MeMBer)更新方程在目标数目估计上有显著的偏差(过高估计),仅在检测概率为 1 时该偏差现象才消失[6]。为此,文献[6]推导了 MeMBer 中“势偏”的解析表达式,利用准确的概率生成泛函计算更新的存在概率,通过修正量测更新的航迹参数来消除势偏问题,给出了无偏的势平衡 MeMBer/CBMeMBer 滤波器,以及两种实现方法:SMC - CBMeMBer 和 GM - CBMeMBer。然而,该滤波器为了计算有效的空间 PDF,对目标检测概率进行了严格的假设,为此,文献[152]通过引入伪造的伯努利目标来消除该偏差,无须任何严格假设,提出了改善的 MeMBer。文献[79]通过乘以丢失检测概率来平衡后验势分布,新算法相比 CBMeMBer 方法具有更优的性能,不过,新算法中丢失检测概率的近似建立在假设航迹满足可分离基础上。为解决近距离目标问题,文献[153]对文献[154]进行了扩展,给出了一个原理性、高度有效的近似方法,用于找出与完全 RFS 分布 KLD 最小化的多伯努利分布。为克服多伯努利滤波器中需先验已知杂波强度、检测概率和传感器视场(Field - of - View,FoV)等参数的问题,文献[80]和[81]分别提出了在未知检测概率和杂波强度条件,以及未知的非均匀杂波强度和传感器视场条件下的 MeMBer 滤波器。

对 PHD、CPHD 和 CBMeMBer 等近似算法而言，在线性高斯情况下，GM - CPHD 性能最佳，而 GM - CBMeMBer 与 GM - PHD 性能相当，GM - CBMeMBer 并未体现出优势；但在高度非线性非高斯条件下，多伯努利滤波器应是更好的选项，不像 PHD/CPHD 的粒子实现，需要对粒子群聚类以提取目标状态，计算量大且不可靠，SMC - CBMeMBer 不需额外的聚类操作，可直接提取多目标状态估计。在高信噪比（Signal - to - Noise Ratio，SNR）条件下，相比 SMC - PHD/CPHD，SMC - CBMeMBer 除了有更低的计算量，性能也更优。此外，多伯努利滤波器还提供了目标存在概率信息。因此，在线性高斯条件下，GM - CPHD 性能最优，而在非线性非高斯条件下，SMC - CBMeMBer 具有明显优势。

在计算量方面，文献[155]利用实际数据已验证了算法的实时性能。一般地，PHD、CPHD 和 MeMBer 的算法复杂度分别为 $\mathcal{O}(mn)$、$\mathcal{O}(m^3n)$、$\mathcal{O}(mn)$，其中，m 和 n 分别表示量测和目标数量，换言之，MeMBer 与 PHD 具有相同的线性复杂度，而 CPHD 具有较高的三次方复杂度。通过降低量测集合的势可降低算法计算量，文献[156,157]通过并入常规跟踪算法所使用的椭球波门技术来降低计算量，且并未造成任何明显的性能损失。另外，文献[158]基于较简单的杂波模型，提出了具有线性复杂度的 CPHD。

1.2.3.4 标签随机集滤波器

需要说明的是，上述滤波器本质上并不是多目标跟踪器，因为目标状态是不可区分的，这也是 RFS 框架一度饱受诟病的原因之一：由其得到的算法不能得到目标标签，此外，它们均是近似滤波器，即使假设特殊的观测模型，比如标准的点目标观测模型，它们也不是最优贝叶斯滤波器的闭合形式解。为此，文献[89]通过引入标签 RFS（Labeled RFS）的概念来解决目标航迹及其唯一性的问题，提出了一个全新的 RFS 分布类——GLMB 分布，它关于多目标观测似然是共轭的，且在多目标查普曼 - 柯尔莫哥洛夫（Chapman - Kolmogorov，C - K）方程下关于多目标转移内核是闭合的，从而为多目标推断和滤波问题提供了解析解决方案，即 δ - GLMB 滤波器，其利用了 GLMB 族的共轭性，随时间准确前向传递（标签）多目标滤波密度。它是多目标贝叶斯递归的一个准确的闭合形式解，产生了杂波、漏检和关联不确定性存在下的状态和标签（或航迹）的联合估计，是首个可处理的基于 RFS 的多目标跟踪滤波器，能以一种原理性方式产生航迹估计，反驳了 RFS 方法不能产生航迹估计的观点。文献[159]进一步将 GLMB 滤波器扩展到适用于衍生目标条件，文献[160,161]将其扩展到多帧滑窗处理，文献[162]则将 GLMB 滤波器推广到适用于相关多目标系统。针对文献[89]的推导过程较为复杂且冗长的问题，文献[163]使用概率生成泛函（PGFl）方法提供了 GLMB 滤波器的精简推导，并使用 PGFl 方法推导了另一个可处理且具有准确闭合形式的多目标跟踪器:标签多伯努利混合(Labeled Multi - Bernoulli Mixture, LMBM)滤波器,该滤波器可能更具实用性,因为 LMB 混合比 GLMB 分布计算更为简单。

然而,文献[89]和[163]并未给出 δ - GLMB 滤波器的具体实现,为此,文献[90]给出了 δ - GLMB 滤波器的有效且高度并行的实现方法,用实际算法完备了文献[89]的理论贡献。具体而言,δ - GLMB 滤波器每次迭代涉及多目标预测密度和滤波密度,两者均为多目标指数(Multi - object Exponential, MoE)的加权和。尽管这些加权和具有闭合形式,然而,由于在 δ - GLMB 滤波器中存在明确的数据关联,后验中的分量项数随着时间呈超指数(Super - exponentially)增长。如果采取先穷尽计算多目标密度的所有项再舍弃次要分量的剪枝策略,显然不具可行性。为此,文献[90]给出了无须穷尽计算多目标密度所有分量的剪枝策略,其中,多目标预测密度和滤波密度分别使用 K 最短路径和排序分配[164]算法进行剪枝,并使用从同一 RFS 框架导出的计算量相对较低的 PHD 滤波作为先行策略(Look Ahead Strategy)来显著降低 K 最短路径和排序分配算法的调用次数。

虽然文献[90]提出的两步实现是直观且高度并行的,具体而言,在预测步骤中,剪枝通过求解两个不同的 K 最短路径问题实现,一个针对现存航迹,另一个针对新生航迹,而在更新步骤中,剪枝通过为每个预测 δ - GLMB 分量求解一个排序分配问题实现,但是,两步实现方法在结构上又是低效的,因为在两步实现中,预测与更新 δ - GLMB 分量的剪枝是分别进行的,从而,很大比例的预测分量可能产生具有可忽略权重的更新分量。因此,大量计算浪费在求解大量排序分配问题上,而每个排序分配问题的求解与量测数量具有至少 3 次方复杂度。为此,文献[165,166]通过将预测和更新步骤联合成单个步骤,并且,基于 MCMC[167]方法,使用与量测数呈线性复杂度且具有指数收敛率的随机吉布斯(Gibbs)采样器来剪枝 GLMB 滤波密度(在剪枝应用中,不需抛弃老化(burn - in)阶段的样本,因而无须等待稳定分布的样本)。相比使用确定性的排序分配(以非增权重为顺序)进行剪枝策略而言,随机解决方案的优势有两点:首先,它消除了由分量排序引起的不必要的计算,将复杂度从与量测数的 3 次方降低到线性复杂度;其次,它通过利用分量权重的统计特征,自动调整了产生的显著分量的数量,从而获得了 GLMB 滤波器的更有效实现,运行速度得以显著改善,且无损滤波性能。需要指出的,该文推荐的 Gibbs 采样器,也为数据关联问题或更一般的排序分配问题提供了一个有效的解决方案。总之,新的实现方法是一个在线多目标跟踪器,与量测数量呈线性复杂度,而与假设航迹数量呈二次方复杂度,可适用于非线性动态和量测模型、非均匀存活概率、传感器视场和杂波强度等复杂场景。自提出以后，δ – GLMB 滤波器得到迅速推广和应用[103,106,114,168 – 171]，表明 GLMB 是一个通用的模型，并具有优异的性能。

除了使用上述加速策略外，部分学者寻求 δ – GLMB 滤波器的更廉价近似以改善运行性能，最有名的当属 Mδ – GLMB 滤波器[92]和 LMB 滤波器[91]。如前所述，δ – GLMB 滤波器的性能改善是以更高的计算复杂度为代价获得的，其计算复杂度主要来自于数据关联。对于某些应用，比如使用多传感器跟踪或者分布式估计，由于有限的计算资源，应用 δ – GLMB 滤波器不具可行性。受 Mahler 在 CPHD 滤波器中的独立同分布群（Independent and Identically Distributed Cluster，IIDC）近似的启发，文献[172]推导了一种特殊可处理类的 GLMB：边缘 δ – GLMB（Mδ – GLMB）密度，可用于定义表示多目标贝叶斯滤波器的真实后验的 δ – GLMB密度的原理性近似，由于 δ – GLMB 密度能用于最优近似任意标签多目标密度[172]，因而，Mδ – GLMB 密度为一般的标签 RFS 密度提供了一个可处理的多目标密度近似，其能捕获目标间的统计相关，特别是，其与感兴趣标签多目标分布（如真实 δ – GLMB 密度）的势分布和一阶矩（PHD）是匹配的，且最小化了可处理 GLMB 密度（如 Mδ – GLMB 密度）上的 Kullback – Leibler 散度（KLD）。在此基础上，文献[92]提出了 Mδ – GLMB 滤波器，因为其可解释为在由 δ – GLMB 滤波器产生的数据关联历程上执行边缘化。因此，Mδ – GLMB 滤波器比 δ – GLMB 滤波器计算更为廉价，同时保留了多目标后验的关键统计量，特别是，基于 Mδ – GLMB 滤波器更易开发有效的可处理的多传感器跟踪。

文献[91]给出了 δ – GLMB 滤波器的另一个有效近似方法——标签多伯努利（LMB）滤波器，它在每次迭代中使用 δ – GLMB 更新步骤，不过，它使用 LMB 分布近似每次更新步骤得到的 δ – GLMB 后验以降低计算复杂度。LMB 为多伯努利滤波器的一般化，除继承了多伯努利滤波器关于粒子实现和状态估计的优点外，也继承了 δ – GLMB 滤波器的优点，通过调用标签 RFS 的共轭先验（Conjugate Prior）形式，相比于多伯努利滤波器具有更精确的更新近似，没有表现出“势偏”问题，还可输出目标航迹（标签），性能显著优于 PHD、CPHD 和 MB 滤波器[173]，具有与 δ – GLMB 滤波器可比的性能，且解决了多伯努利滤波器只适用于高信噪比（低杂波和高检测概率）条件的问题。总之，LMB 滤波器即使在低检测概率和较高虚警等困难场景下，也能正式地估计航迹，且后验势分布是无偏的。该滤波器已用于自动汽车多传感器（雷达、激光雷达和视频传感器）环境感知系统[174]，证明了其实时性能和鲁棒性。文献[175]通过进一步近似提高了 LMB 滤波器的实时性能。

为综合 LMB 和 δ – GLMB 滤波器的优点（LMB 滤波器的低复杂度和 δ – GLMB 滤波器的精度），文献[176]提出了自适应标签多伯努利（ALMB）滤波器，它基于 KLD[177] 和熵[178]，自动在 LMB 和 δ - GLMB 间切换。针对多数方法为降低计算量，通常抛弃部分或者所有统计相关性的问题，文献[179]根据目标状态间的真实统计相关性分析，通过自适应分解标签多目标（Labeled Multi - Object，LMO）密度为几个独立子集的密度，提出了一个改善的 LMO 密度的近似。考虑到标签泊松 RFS 和标签 IIDC RFS 是 GLMB RFS 的特殊情况，文献[180]根据 GLMB 滤波器推导出标签 PHD 和标签 CPHD（LPHD 和 LCPHD）滤波器。当目标持续较长时间彼此接近然后分离，会产生混合标签问题[181]，此时，可使用对标签信息不感兴趣的标签切换改善（Label - Switching Improvement，LSI）方法[154]。该方法的基本思想是：由于仅对无标签集合的目标推断感兴趣，标签可被看作为辅助变量，此时，相当于有了一个额外的自由度，它可用于改善后验 PDF 的近似，这样可选择任何标签后验 PDF，只要对应的无标签后验 PDF 仍然是不变的。

1.2.3.5　航迹起始与参数自适应

航迹起始是多目标跟踪中相对简单却很重要的组成部分，如果一条航迹能以统计一致方式被初始化，则能避免滤波器发散，改善量测 - 航迹关联，降低虚假航迹数量，有助于多目标跟踪中的航迹管理。在随机集背景下，目标新生分布或强度，发挥着与常规跟踪器航迹起始类似的作用，具体而言，对于 PHD/CPHD 滤波器，由新生强度处理航迹起始过程，而对于 MB/LMB/GLMB 等滤波器，则由新生分布处理航迹起始过程。在大部分研究中，新生分布或强度总假设为先验已知，但这对实际应用过于严苛，事实上，目标可能任意时刻随机出现在任意位置。因而，当目标出现在预定义新生分布或强度未被覆盖的区域时，标准的随机集滤波器对目标的存在将完全“盲视”。一种自然的方法是将目标新生分布或强度建模为均匀密度，但为获得期望的均匀密度的合理近似需要大量的高斯分量，这显然是低效的，且会导致较高的短寿命虚假航迹的发生率和更长的真实航迹的置信时间。为此，文献[129，182 - 184]为 PHD/CPHD 滤波器提出了新生强度的自适应估计方法，文献[85]假设新生目标仅出现在量测周围的有限空间内，然后，从以量测分量为中心的高斯混合中抽取新生粒子。文献[186]基于每个量测可能源于新生目标且新生目标总能被检测的假设，提出了具有目标新生强度估计的 GM - PHD 滤波器。文献[114]假设在前两帧中没有漏检，再用连续帧构建新生密度。文献[187]利用伯努利 RFS 概念，严格推导了新生目标的后验随机集统计 PDF（即新生航迹的存在后验概率和相关状态分布），利用数据驱动重要性采样和树结构量测序列，提出了一个全新的新生航迹检测和状态估计方法。文献[91]和[188]分别为 LMB 滤波器和 GLMB 滤波器给出了量测驱动新生（Measurement Driven Birth，MDB）模型，该模型基于量测数据自适应目标新生过程，从而消除了对目标新生分布先验知识的依赖性。

尽管上述算法能一定程度上自适应估计新生目标，但大部分新生强度/分布估计算法仅考虑目标状态的可测量分量（如位置），而不可测部分（如速度）则视为先验信息[186]，或被建模为一个简单分布（如零均值高斯分布），不能足够有效地表示新生目标的初始状态。比如，文献[183]根据量测信息抽取具有等权重的新生粒子近似目标新生强度，但速度分量被设为0，文献[189]提出了使强度覆盖完整状态空间的简单解决方案，但计算量较高。文献[182]将状态空间划分为可量测空间和不可量测空间，再分别用高斯分布和均匀分布进行近似。考虑到单点航迹起始算法能快速定位新生目标的位置，而两点差分航迹起始算法能用于估计目标的速度，文献[190]提出了联合单点和两点差分航迹起始算法的目标新生强度自适应估计方法。

除了航迹起始外，杂波密度和检测概率的知识在多目标贝叶斯跟踪中也非常重要。在大量多目标跟踪研究中，通常假设它们是已知时不变的或者至少是均匀的，然而，在实际应用中，这些参数特别是杂波分布常常是未知且非均匀的，且其值随着环境改变发生时变。为此，文献[191,192]提出了杂波密度在线估计方法，不过，其假设杂波背景相比量测更新率不会变化太快，当杂波强度快速变化且杂波与目标量测数目在同一级别，性能可能严重恶化。文献[193]则提出了未知杂波和检测概率联合估计方法，但该算法的性能不如精确已知杂波密度的常规CPHD。为改善性能，文献[194]首先采用未知杂波和检测概率联合估计方法估计杂波密度，然后使用常规的CPHD滤波器估计真实目标的PHD和势分布，提出了自举（Bootstrap）滤波方法，该方法几乎与匹配杂波强度的GM-CPHD具有相同的性能。文献[195]基于RFS提出了一种适用于非线性动态和量测模型以及未知杂波率的改进多伯努利滤波器，该方法并入了幅度信息到状态空间和量测空间，以提高实际目标和杂波间的区别力。

1.2.3.6　机动目标跟踪应用

处理机动目标的方法较多，经典的机动目标跟踪算法包括Singer模型、“当前统计”模型以及多模型等方法。通过机动检测并识别相应模型的多模型方法，已被证明非常有效。这些多模型方法包括广义伪贝叶斯（Generalized Pseudo-Bayesian，GPB）[196]算法。阶为n的GPB（GPB_n）算法需要N_μ^n个滤波器，其中，N_μ为模型数量。在该方法中，有限数量的滤波器并行工作，且假设目标模型遵循跟踪器模型集中的某个模型。考虑到复杂度和性能的折中，交互多模型（IMM）方法已表现出在已知的多模型方法中最为有效，逐渐成为机动目标跟踪的主流算法。IMM估计器性能与2阶GPB（GPB_2）相近，但仅需要N_μ个并行滤波器，因而，其与GPB_1的计算复杂度一样，具有显著降低的复杂度。此外，IMM

估计器无须像变状态维度(Variable State Dimension,VSD)滤波器算法一样进行机动检测决策,而是基于更新模型概率在模型间进行软切换。

然而,上述经典的机动目标跟踪算法主要面向单目标情况,对于多个机动目标跟踪,涉及在噪声、杂波、目标机动、数据关联和检测不确定复杂条件下联合估计每一时刻的目标数目及其状态,因此,该问题在理论和实现上均极富挑战性。文献[197,198]在线性高斯条件下推导了跳跃马尔科夫(Jump Markov,JM)系统下 PHD 递归的闭合形式解,提出了多模型 PHD,并给出了 GM 实现(GM - MM - PHD),该算法具有比 IMM - JPDA 更好的性能,且运算量更低。文献[199]应用 GM - MM - PHD 对杂波中多个机动目标进行联合检测和跟踪。然而,使用的模型集假设每个目标在每个时刻都是相同的,因此,文献[200]给出了变结构 GM - MM - PHD(Variable Structure GM - MM - PHD,VSGM - MM - PHD)滤波器,通过调用可能模型集(Likely - Model Set,LMS)来确定不同时刻不同目标使用的模型集。上述多模型 GM - PHD 是非交互的[201],文献[201]解决了如何将"交互"的 IMM 并入 PHD 算法的问题,不需任何目标动态的假设,从 IMM 角度推导出了线性 JM 系统 PHD 滤波器。文献[202]通过在每步递归使用最佳拟合高斯(BFG)分布来近似多模型先验概率密度函数,使得线性 JM 系统的多模型估计转变为 LG 系统的单模型估计,然后,将 GM - PHD 应用于该近似的 LG 系统。该算法相比现有非交互的多模型 GM - PHD 滤波器有两个优势:一是具有更精确的估计,这是因为 BFG 近似与 IMM 估计器的性能非常接近;二是具有更低的计算量,原因在于得到的滤波器是单模型估计。文献[203]提出了 GM - MM - CPHD 来改善精度,不过,计算量显著增加,计算复杂度为 $\mathcal{O}(m^3nr^2)^9$,其中,m 和 n 分别表示量测和目标数量,r 为模型数目。文献[204]针对时移细胞显微成像系统的特点,解决杂波率和检测概率等参数自适应估计的 CPHD 滤波器[193,194]和多模型方法,用于跟踪杂波率和检测概率未知时变条件下的多个机动对象跟踪。

针对非线性非高斯问题,文献[205]通过不敏变换,将文献[198]推导的结果扩展到适度非线性 JM 系统,文献[206]则基于虚拟线性分式变换模型框架,给出了非线性 JM 系统的 PHD 滤波器。文献[207]提出了多模型样条(Spline)PHD(MM - SPHD)滤波器,其是样条 PHD(SPHD)滤波器的多模型推广,该方法的 MM 实现类似于文献[208]的 MM - PHD 滤波器。文献[208,209]则提出了 SMC - MM - PHD 算法,其能处理高度非线性非高斯模型,然而,由于需要粒子聚类计算,该方法中目标数目估计不够精确,且需较高的计算代价。

值得指出的是,文献[210]针对不同目标应各有独立运动模型的实际,指出现有大部分方法假设多目标必须以相同模型机动的问题,解决了怎样将 JM 模型正确地推广到多目标系统的问题,推导了多传感器多目标贝叶斯滤波器及其近似滤波器(PHD 和 CPHD 滤波器)的 JM 版本,并将导出的结果与现有 PHD 滤波器的不同 MM 方法[203, 208, 209]进行了比较,明确指出,只有文献[197, 198, 205]的 JM 系统 PHD 滤波器是唯一理论严格的 MM – PHD 滤波器。

在(多)伯努利滤波器框架下,文献[211]给出了联合目标检测和跟踪(JoTT)滤波器的多模型扩展,并给出了 SMC 和 GM 实现。文献[212,213]基于 JM 系统提出了多模型 CBMeMBer(MM – CBMeMBer)及其 SMC 实现(SMC – MM – CBMeMBer)和 GM 实现(GM – MM – CBMeMBer),文献[214]在 SMC – MM – CBMeMBer 算法中引入粒子标签技术来获得目标航迹,性能优于 SMC – MM – PHD 和 SMC – MM – CPHD,而文献[215]基于 LMB 滤波器和跳跃马尔科夫系统,提出了多模型 LMB(MM – LMB)滤波器。

然而,这些滤波器仅是针对机动目标的多目标贝叶斯滤波器的近似解,因此,文献[216]基于 GLMB 滤波器,使用 JM 系统提出了针对机动目标的多目标贝叶斯滤波器的解析解。此外,文献[217]也提出了处理时变动态机动目标的自适应 GLMB 滤波器,并给出了 GM 实现。

1.2.3.7 多普勒雷达目标跟踪应用

多普勒雷达测量目标的多普勒、斜距、方位(和俯仰),多普勒量测是非常重要的信息。在传统多目标跟踪算法中,多普勒信息作为额外的量测区分源,能提高航迹起始[218]和航迹置信[219]的收敛速度,以及数据关联的正确性[220]等,其对跟踪性能的改善一直备受重视。文献[220]指出多普勒量测能显著改善跟踪精度,但没有指明这是由于数据关联的改善还是更多的量测信息所导致的。文献[221]综合比较了位置量测、多普勒、幅度 SNR 量测对滤波精度的改善能力。从信息论观点来看,更多的量测信息有助于改善滤波精度,不过,文献[222]研究表明改善能力有限,文献[223]比较了 EKF、UKF、PF 等不同的非线性滤波器,结果表明,不同的滤波器具有几乎类似的性能。另外,通过利用目标相对平台的量测角度[224]或者估计的方向余弦[225],非线性多普勒量测可近似作为线性量测处理。

上述方法通常假设多普勒与斜距的量测误差是统计不相关的[218 – 220,226]。然而,对于某些波形,多普勒量测与斜距可能存在相关性[227]。当两者存在相关性时,忽视相关性将丧失一定的性能,而合理利用相关性条件可提高性能。文献[227]在简化的一维坐标系和线性量测函数条件下,定量分析了考虑相关性因素后的性能改善度。不过,其模型较为简单。为贴近实际,文献[228]基于地心地固(Earth – centered Earth – fixed, ECEF)坐标系,考虑多普勒和斜距的相关性影响,提出了带多普勒量测的序贯转换量测滤波方法,可应用于具有时变姿态的运动机载平台。

在航迹起始方面,不同于常规雷达使用两点差分方法[218,229-231],多普勒雷达则多采用单点起始方式[223,218]。文献[223]使用斜距和方位量测及其相关协方差获得二维(2D)位置估计及其对应的协方差,而二维速度估计被设为0,并基于最大可能的目标速度设置一个较大的先验协方差,然后,基于线性最小均方误差(Linear Minimum Mean Square Error,LMMSE)估计器,使用多普勒量测(其为目标位置和速度的函数)更新目标状态。文献[218]的单点起始算法类似于文献[223],只是使用文献[232]的方法获得相应的位置量测及其协方差,通过 LMMSE 估计器使用多普勒量测更新速度估计,而位置和速度分量间的互协方差被设为0。然而,径向速度量测仅包含沿雷达视线的目标速度分量,不能测量垂线速度分量。因此,前述航迹起始算法将产生速度的有偏估计,为此,文献[233]纠正了文献[218]的两个错误,并基于运动方向参数化多模型(Heading-Parameterized Multiple Model,HPMM)方法,给出了一个改进的航迹起始算法,该方法综合使用了多普勒量测的正负性、目标最大速度的先验知识和最小可检测速度(Minimum Detectable Velocity,MDV)等信息。

在多普勒雷达目标跟踪中,一个不可回避的现实问题是多普勒盲区(Doppler Blind Zone,DBZ)的影响。多普勒盲区源于传感器的物理限制,当目标径向速度的幅值低于某个特定的阈值——最小可检测速度(MDV),传感器将探测不到目标[234,235]。盲区宽度通常由 MDV 决定,一般而言,盲区宽度在单站侧视雷达情形下是一个不变的传感器参数,然而,文献[236]已证明在收发分置双站配置下,该宽度不再是常量。

由 DBZ 引起的目标遮蔽将导致一系列的漏检,显著恶化跟踪性能,严重影响跟踪精度和航迹一致性。不像常规的漏检,跟踪算法通过指定检测概率 $P_D<1$ 来表示,这种额外的漏检可能提供与目标有关的"有用"的动态信息,如目标"看起来"正在盲区中运动[235]。为解决因 DBZ 引起的挑战,一种自然选择是调用粒子滤波,因为在状态空间和非线性量测空间中的硬约束易于并入到该框架下[237]。文献[238]提出了交互多模型粒子滤波来跟踪多普勒盲区下的机动目标。为降低粒子滤波的计算量,文献[239]基于目标状态条件密度的高斯混合近似,得到了多普勒盲区约束下的解析方法。文献[240]开发了改善的粒子滤波方法,其中,重要性分布利用了文献[239]的噪声相关多普勒盲区(Noise-Related Doppler Blind,NRDB)滤波算法。另一个与文献[239]类似的高斯混合跟踪算法由 Koch 提出[234,235],它引入伪造量测来代表漏检,通过构造合适的状态依赖检测概率,使其在 DBZ 里的检测概率值较低。然而,由此得到的高斯混合近似可能有负的权值,易造成数值不稳定性。

上述方法通过修正量测模型考虑多普勒盲区漏检问题，此外，部分方法则通过修正运动模型来考虑该问题。文献[224]提出用包含额外停止模型的变结构 IMM 估计器来解决该问题，当目标状态进入到 DBZ 内，将停止模型添加进模型集，一旦状态离开 DBZ，即移除停止模型。考虑到在实际场景中目标最大减速度总是有限的，不能从高速立即切换到停止模型，文献[241]通过利用状态依赖的模型转移概率开发了相应的处理方法。

然而，以上算法并没有解决数据关联问题，因此，不能直接用于杂波环境下的多目标跟踪。为此，文献[242]提出了“两伪造点”(two - dummy)分配方法，其中，一个伪造量测代表对应 $P_D < 1$ 的常规漏检，另一个额外的伪造量测代表由于 DBZ 引起的漏检。为解决 DBZ 引起的断续航迹问题，文献[218]基于二维分配方法，通过对来自于同一目标的不同时间段航迹（老的或终止航迹与新的或年轻航迹）进行关联，提出了航迹段关联(Track Segment Association，TSA)方法。文献[226]进一步将上述方法与文献[241]的状态依赖模型转移概率进行结合。

如前所述，上述 MTT 算法涉及量测与目标的数据关联，由于其组合特征，相应的计算量非常大。作为一种可替代传统基于数据关联算法的方法，基于随机有限集的多目标跟踪算法有着显著优势，如 PHD 或者 CPHD 仅在单目标状态空间中执行，避免了复杂的数据关联。在随机集框架下，文献[243]基于 GM - PHD 滤波器[83]研究了利用多普勒信息进行航迹起始及杂波抑制的问题，表明多普勒信息可显著改善多目标跟踪性能。文献[244]研究了基于 GM - CPHD 的机载多普勒雷达多目标跟踪算法。文献[245]和[246]分别利用 GM - PHD 滤波器和 δ - GLMB 滤波器，研究了被动多站雷达系统中仅利用多普勒量测跟踪多目标的问题。

当考虑多普勒盲区目标跟踪时，通过用目标状态依赖的检测概率对多普勒盲区效应进行建模[235]，文献[247]和[105，248]通过建模检测概率为目标状态的函数，分别将 GM - PHD 和 GM - CPHD 滤波器应用到 DBZ 中的 GMTI 跟踪，获得了更稳定的目标数量估计。不过，这些文献没有提供严格的推导和具体的实现步骤，且仅利用了与多普勒盲区有关的最小可检测速度(MDV)知识，并未利用多普勒信息。为此，文献[249]基于并入 MDV 的检测概率模型，通过将其代入标准 GM - PHD 更新式中，推导了 DBZ 存在下的 GM - PHD 更新公式，提出了多普勒盲区下带 MDV 的 GM - PHD 多目标跟踪算法(GM - PHD - D&MDV)，该算法充分利用了 MDV 及多普勒信息，有效改善跟踪性能。此外，针对多机载多普勒雷达组网受系统误差影响，易产生“目标分裂”问题，即由于系统偏差的存在，使得多个雷达对同一目标的量测在统一态势下形成多个目标的现象，文献[250]提出了带配准误差的多普勒雷达增广状态 GM－PHD 多目标跟踪算法。

1.2.3.8 弱小目标检测前跟踪应用

在目标跟踪中，跟踪器处理的通常是点迹量测（过阈值检测的数据）。从存储量和计算需求角度而言，将观测数据压缩成有限集合的点迹是有效的，然而，该方法可能不适用于低信噪比条件，因为由于检测过程引起的信息损失此时变得非常重要，容易导致较低的检测概率和大量的虚警，因此，有必要充分利用原始观测数据中包含的所有信息（如幅度或能量信息）来改善跟踪性能。实际上，目标回波幅度通常强于来自虚警的幅度，因此，幅度信息是一个有价值的信息源，以确定量测是来自虚警还是来自真实目标，从而，通过并入幅度信息可获得更精确的目标似然和虚警似然，进而改善多目标状态估计。对于常规跟踪滤波器（如 PDA[251] 和 MHT[252]），已证明目标幅度特征改善了数据关联性能，可获得低信噪比条件下更优的目标跟踪性能。除此之外，检测前跟踪（TBD）是一种近来非常受欢迎的非相干能量积累技术，通过联合处理连续几帧未经过阈值处理（或低阈值处理）的量测，形成由某度量（典型的与似然函数或者信号强度有关）索引的候选航迹集合，仅当该度量超过一个给定的阈值才触发检测，随着检测判决的同时返回航迹的估计。

始于文献[253]，已提出许多 TBD 技术，主要包括基于霍夫变换（Hough Transform，HT）[254]、粒子滤波[255]、动态规划（Dynamic Programming，DP）[256]和最大似然[257]的 TBD 方法，详情可参阅综述[258]。使用目标幅度信息的 TBD 方法通常假设目标的 SNR 是已知的，文献[259]利用 Fisher 信息和克拉姆罗下界（Cramer－Rao Lower Bound，CRLB），表明需要大量的量测数据才能可靠估计出瑞利（Rayleigh）分布目标的 SNR，因此，在实际中不大可能得到 SNR 的可靠估计，所以，文献[259]构建了一个幅度似然，通过在一定范围可能值上边缘化似然，获得了瑞利目标似然的解析解，为 SNR 未知场景提出了一个可能的方法。

上述算法主要针对单目标情况，对于多目标，文献[255，260]提出了基于 PF 的多目标 TBD 解决方案；文献[261，262]则通过拼接几个独立目标状态矢量为多目标状态，然后，在扩维状态空间中搜索航迹估计，提出了基于 DP－TBD 的 MTT 算法。尽管该实现原理上是直观的，但存在两个主要问题：首先，这涉及高维最大化求解，这在多目标条件下计算不具可行性；其次，难以适用于未知数量目标的跟踪。为此，文献[262]基于多路径维特比（Viterbi）算法[263]，开发了次优算法来解决高维最优化问题，尽管一定程度上降低了计算量，但跟踪性能会严重受目标邻近干扰的影响（此时，强目标可能遮蔽弱目标）。文献[264，265]为雷达系统中的多帧检测提出了全新的两阶段架构，该架构由检测和点迹提取器

(Detector and Plot - Extractor, DPE)与TBD处理器组成,DPE与常规的DPE一样,通过一个处理链(包括聚类、恒虚警滤波和阈值操作等)从原始量测提取候选检测(或点迹)集合,只是此时阈值更低以获得更多的候选点迹,TBD处理器则利用不同帧间候选点迹的空时相关性,联合处理多帧量测并确认可靠点迹。因为TBD处理器只是置于DPE和后续跟踪模块之间的一个附加模块,故该架构具有以下显著优势:无须修改任何硬件或DPE的操作模式,此外,不同于文献[261, 262],该方法不需要对空间离散化,而是直接操作在点迹列表。在此基础上,文献[266]进一步将文献[261, 262]的连续航迹对消(Successive Track Cancellation, STC)技术应用到前述TBD处理器,改善了多个近距离目标条件下的性能。文献[267]使用航海和岸基雷达获得的重(海)杂波环境下实测数据进行了检验,结果表明两阶段架构在海杂波抑制中非常有效。

随着RFS理论的兴起,TBD技术在该框架下的研究也获得了广泛的关注。对于单目标场景,文献[268]通过伯努利滤波器获得了TBD平滑器的最优解,文献[269]利用实际的MIMO雷达数据,验证了基于伯努利滤波器的TBD方法的实用性,文献[150]综述了伯努利滤波器的理论、不同量测模型下(TBD量测模型、标准点目标量测模型和后文介绍的非标准量测模型)的实现及其应用。对于更复杂的多目标场景,文献[259]解释了怎样将幅度信息并入一般的多目标贝叶斯滤波器及其计算可行的近似方法——PHD/CPHD滤波器中,验证了并入幅度信息的PHD和CPHD滤波器相比仅使用位置量测的性能有了显著改善。

本质上,在TBD解决方案中,关键是获得观测似然函数,它对特定的多目标分布是共轭先验。比如,对于TBD和非标准量测模型等广义观测模型(Generic Observation Model, GOM),GLMB密度不一定是共轭先验,即多目标后验密度不再是一个GLMB。因而,在涉及广义量测模型的应用中,多目标密度通常不可数值处理。一个显著降低数值复杂度的简单策略是假设量测似然具有可分离形式,此时,泊松、IIDC、MB和GLMB关于量测似然是共轭的。

文献[270]基于独立目标影响的观测区域不相重叠的假设(此时,量测似然具有可分离形式),对不同先验分布(泊松、IIDC、MB)推导了相应后验分布的解析特征,其中,基于MB的RFS方法是TBD数据上多目标滤波的贝叶斯最优方法,已成功应用于TBD[271]和计算机视觉领域[100, 101]。然而,该方法本质上是多目标滤波,并不是多目标跟踪。借鉴文献[89]和[270]的结论,文献[272]在目标不相重叠(即目标在量测空间中不太靠近)时,给出了多目标TBD问题的首个标签RFS解决方案,具体而言,该文使用了文献[89]的GLMB分布族来建模多目标状态,并用文献[270]的可分离量测似然函数建模量测数据,量测似然函数的可分离性确保了GLMB分布族在贝叶斯递归下是闭合的。文献[172]提出使用 Mδ – GLMB 密度近似乘积标签多目标(Product – Labeled Multi – Object,P – LMO)密度,其为标签集的联合存在概率和以相应标签为条件的状态的联合概率密度的乘积。在此基础上,文献[273]提出了针对广义观测模型的广义 LMB 滤波器,其是乘积标签多目标(P – LMO)滤波器的原理性近似,不仅继承了多伯努利滤波器[270]的优点,具有多伯努利 RFS 的直观数学结构,还以更少的计算负担拥有 P – LMO 滤波器的精度。文献[274]和[275]对于具有特定可分离形式的似然函数,分别应用 GLMB 和 LMB 滤波器解决多目标视觉跟踪。文献[276]聚焦于红外焦平面阵列中的点目标跟踪,提出了多模型标签多伯努利(MM – LMB)的 TBD 方法。

尽管可分离近似简化了相应滤波器的开发,但当违背可分离假设(如近距离目标等)时,通常会导致有偏估计。对于近距离目标的多目标 TBD 问题,可归结为更一般的"叠加量测"模型,所谓叠加量测,指的是量测为监视局域内存在目标贡献之和的函数。例如,在不可分辨或合并量测目标跟踪、近距离目标的多目标 TBD 等问题中,传感器输出即为各独立源贡献之和的函数。针对目标较长时间交叉问题,文献[277]基于 MCMC 方法[278]和标签切换改善(LSI)算法,为广义 TBD 量测模型给出了 LMB 的 SMC 实现。为了缓解 SMC 方法在高维空间中采样产生的退化问题,文献[106]根据叠加近似 CPHD(Superpositional Approximate CPHD,SA – CPHD)滤波器[279]构建出 LMB 和 GLMB 密度,然后使用这些密度为 RFS 多目标粒子滤波器设计有效的建议分布,提出了有效的多目标采样策略。

在许多实际应用中,通常可获取关于环境和(或)目标的额外信息,且能以目标动态约束进行描述。例如,在跟踪地面目标中,额外的信息可能是代表路面网络约束的多边形,类似地,一个多边形也可能被用于描述航海应用中的海峡/河流和港口区域。文献[280]考虑了 δ – GLMB 滤波器应用于具有额外信息的地面和(或)航海多目标 TBD 问题。具体来讲,目标动态约束被用于建模关于监视区域的额外信息,根据状态约束的可得集合推导了广义似然函数,并在 δ – GLMB 滤波器的更新步骤中施加约束,由于描述额外信息约束的非线性,一般采用 SMC 方法近似后验密度[281]。仿真结果表明,当目标在量测空间不重叠时,所提的约束 δ – GLMB 滤波器是多目标贝叶斯滤波器的闭合形式解,而对于近距离目标,从最小化关于后验密度的 KLD 角度而言,该滤波器是一个最优近似解。

1.2.3.9　非标准目标跟踪应用

大多数跟踪器使用所谓的标准量测模型,也就是熟知的"点目标"模型——其假设每个目标在给定时刻产生最多一个量测,且每个量测至多由一个目标产生——该模型简化了多目标跟踪器的开发,但是在某些条件下这可能是实际量测过程的非真实表示。比如，随着传感器分辨率越来越高，当目标尺寸较大，传感器与目标之间的距离较近，存在多径效应等时，传感器的多个分辨单元被一个目标所占据，传感器可能观测到单个目标的多个量测值，甚至观测到目标的形状。一般地，在一个给定时刻产生多个量测的目标通常被称为扩展目标[282]。后文，为方便描述，将扩展目标具有的大小、形状、朝向等统称为“形态”，而将常规的目标位置、速度等称为运动状态（或“动态”）。扩展目标跟踪的例子包括使用地面或航海雷达（高分辨 X 波段雷达）对较近的飞机和航船的跟踪，以及使用摄像机、激光雷达（Light Detection and Ranging，LIDAR）和红绿蓝深（Red - Green - Blue - Depth，RGB - D）传感器[283]的车辆和行人跟踪。另外，由于大部分雷达和声呐系统将量测空间划分为离散检测单元，当传感器分辨力较低时，一旦多个目标由于距离较近落入相同单元之内，传感器不能为各目标产生可分离检测，多个目标的量测对传感器而言将合并在一起，不可分辨，这种情况下，目标被称为合并量测（Merged Measurement）目标或不可分辨（Unresolved）目标[114]；另一个发生合并量测的例子是计算机视觉，此时，对于在一个图像中彼此接近或者遮蔽的目标群，检测算法常常产生合并量测。在这些情况下，传感器常常产生比存活目标数量更少的量测。如果跟踪算法假设每个目标产生彼此独立的一个量测，它将常常推断出一些目标已经消失，此时，这些量测实际上已经被合并。

上述量测模型对多目标跟踪算法带来了挑战，因为它们违背了标准量测模型的重要假设。此时，需要使用非标准量测模型，非标准量测模型放宽了上述假设，可处理更一般的量测过程，不过，这通常以增加计算量为代价。

在非标准目标跟踪中，扩展目标跟踪领域日趋活跃。扩展目标通常被建模为具有一定空间形态的目标。为了充分利用所有可得信息，并实现精确的估计，需要能表示目标形态的量测模型和能处理更为复杂的航迹 - 量测关联问题的算法。扩展目标量测模型典型地需要两个部分：一个模型用于建模每个目标产生的量测数量，另一个模型用于建模量测的空间分布。这两部分强烈地依赖于传感器特性以及被跟踪目标的类型。例如，在雷达跟踪中，由于一些目标具有许多散射点，它们可能产生许多分离的检测。然而，一些目标大部分能量也有可能未反射回接收机，导致非常少的检测，甚至根本没有。一般地，当目标与传感器相距较远时，目标的检测常常表征为点群，表现出不可识别的几何结构。在这些情况下，常用的扩展目标量测模型是非同质泊松点过程（Poisson Point Process，PPP）[282,284]，在每一时刻，量测数量利用泊松分布进行建模，而量测空间分布则简单假设围绕目标中心分布。

为更好地估计扩展目标形态，可通过假设形态为某个参量形状，再基于量测的空间分布估计相应参数来实现。对于空间分布，常用的模型有随机矩阵模型[285,286]，该模型假设量测围绕目标的质量中心呈高斯分布，更具体地，其假设目标为椭圆形状，且多维高斯参数可由具有逆威希特（Inverse Wishart，IW）分布的随机协方差矩阵表征，因而，也被称为高斯逆威希特（Gaussian Inverse Wishart，GIW）方法，该方法不需要先验指定即可在线估计目标形态。文献[287]将文献[285]的模型集成到概率多假设跟踪（Probabilistic MHT，PMHT）框架。除了随机矩阵模型外，另一个是随机超曲面模型[288]。文献[289]在单目标假设下，比较了随机矩阵和随机超曲面模型，估计目标形态的其他方法则可参见文献[290，291]。

基于 RFS 的多目标滤波器已被应用于扩展目标跟踪。文献[292]首次提出在检测不确定和杂波条件下，使用 CPHD 来解决跟踪单个扩展目标的跟踪问题。文献[293]提出了适用于扩展目标的伯努利滤波器，然而，它受限于杂波中最多一个目标。对于多个扩展目标的跟踪，文献[294]基于 PPP 扩展目标模型[282, 284]，详细推导了扩展目标 PHD 滤波器。在此基础上，文献[115]给出了扩展目标 PHD 滤波器的高斯混合实现。在多个扩展目标跟踪中，量测集分划是一个重要步骤。最优滤波器需要处理所有可能的量测集分划，这显然不具可行性。实际上，并不需要考虑量测集的所有可能分划，相反，考虑分划的一个子集就足够，只要该子集包含最可能的分划[115]，这可通过计算量测间的马氏（Mahalanobis）距离并对在一定阈值内的量测分群，以限制考虑的分划数量。文献[295]校正了文献[115]的距离分划唯一性证明的错误。文献[296]针对天波超视距雷达（Over－The－Horizon Radar，OTHR）目标跟踪问题，基于 PHD 滤波器，推导了一般的多检测 PHD（MD－PHD）滤波器，给出了其 GM 实现，并且，通过合理的近似，所提 MD－PHD 滤波器可转化为扩展目标 PHD（ET－PHD）和多传感器 PHD（Multi－Sensor PHD，MS－PHD）滤波器，甚至，可推广到多传感器多检测情况。然而，所提 MD－PHD 滤波器具有很高的计算复杂度，一般只适用于跟踪挑战性条件下少数高价值目标。

需要说明的是，上述算法仅对目标质心的动态属性进行估计，忽略了目标形态的估计。受常规扩展目标跟踪算法使用 GIW 方法估计目标形态的启发，在 RFS 框架下涌现了大量 GIW 方法。文献[297]在杂波和丢失量测存在下，通过用对称正定随机矩阵来表示目标椭圆形态，对未知数目的扩展目标动态和形态进行同时估计，开发了基于 GIW 模型的 PHD（GIW－PHD）滤波器，文献[298]使用 X 波段航海雷达实测数据验证了所提算法。文献[299]为扩展目标推导了相应的 CPHD 滤波，不过，并未给出具体实现。为处理高密度杂波和近距离扩展目标，文献[300]进一步修正了 GIW 模型，使其可估计目标量测比率，该方法将泊松 PDF 的比率参数（其表征了一个目标产生的平均量测数量）看作为随机变量,且其分布被建模为伽马(gamma)PDF,再将修正的GIW模型并入到CPHD滤波器中,因而,该算法被称为伽马高斯逆威希特CPHD(Gamma Gaussian Inverse Wishart CPHD,GGIW－CPHD)滤波器[300]。文献[301]给出了针对扩展目标的泊松多伯努利混合(Poisson Multi－Bernoulli Mixture,PMBM)共轭先验,它与点目标PMBM[302]非常类似,其允许一个目标集分解成两个不相交子集——已被检测的目标和尚未被检测的目标,且PMBM已经产生了计算有效的算法[302]。文献[303]基于随机矩阵模型,为多个扩展目标跟踪提出了PMBM滤波器的GGIW实现,给出了GGIW－PMBM密度参数的更新和预测,对于数量服从泊松分布、空间呈高斯分布的量测,GGIW密度是单个扩展目标的共轭先验,而对于数量服从泊松分布的现存目标、新生目标和杂波量测,PMBM密度是多目标共轭先验。具体来说,GGIW－PMBM多目标密度的泊松部分表示漏检目标的分布,而GGIW－PMBM多目标密度的多伯努利混合部分则表示至少被检测一次的目标的分布。此外,GGIW分布也已被应用于标签随机集滤波器。文献[168,304]将多目标状态建模为GLMB RFS,其中,扩展目标使用GGIW分布建模,同时,基于LMB滤波器,给出了所提算法的廉价版本,并通过自动驾驶应用中的激光雷达传感器获得的实际数据集检验了所提的GGIW－GLMB和GGIW－LMB算法。文献[305]将文献[291]提出的高斯过程(GP)量测模型集成进扩展目标LMB滤波器中,与文献[168]相比,GP量测模型允许同时跟踪具有不同形状的多个扩展目标。此外,文献[290,306,307]利用随机超曲面模型给出了椭圆、矩形或更一般形状的扩展目标估计方法。文献[308]给出了扩展目标跟踪问题的清晰定义,讨论了它与其他类型目标跟踪的界限,提供了当前扩展目标跟踪研究的详细综述。

除了扩展目标跟踪外,合并量测目标跟踪是在非标准目标跟踪中另一个重要的研究内容。目前,已经提出了许多多目标贝叶斯跟踪算法来处理合并量测。一种方法是联合概率数据关联(JPDA),它首先被应用于有限分辨力传感器模型[309]。该方法使用基于格子的模型来计算两个目标的合并概率,然后将其并入到JPDA更新中,因而,该技术限制于在某个时刻最多两个目标合并的情况。文献[310,311]将该分辨力模型应用到多模型JPDA,文献[312]定义了更一般的分辨力模型,将上述方法扩展到能处理任意数量的合并目标,该方法对成对合并概率进行组合,从而提供了不同分辨事件概率的一个可处理近似,然后再将它并入到JPDA更新中。在JPDA中引入分辨力模型已表明可改善性能,然而,这些方法的根本限制是JPDA隐性假设目标数量是已知且固定的。文献[313]提出了基于多假设跟踪(MHT)的方法,在合并量测存在条件下,其利用了一个"两目标"分辨力模型来保持航迹。此外,也开发了针对合并量测的诸多数据关联技术,比如 PDA[314]、MCMC[315]、概率多假设跟踪(Probabilistic MHT, PM-HT)[316]、线性多目标一体化 PDA(Linear Multitarget IPDA, LM - IPDA)[317]和一体化航迹分裂(ITS)[318]等。这些都是有用的技术,然而,除了 LM - IPDA(为降低复杂度牺牲了性能)外,它们仅能处理少量目标。此外,这些算法难以建立任何关于最小化后验贝叶斯风险意义上的贝叶斯最优性的结论。

RFS 理论为合并量测目标跟踪提供了新的技术手段。Mahler 首次将 PHD 滤波器应用到不可分辨目标跟踪[113],它基于连续目标数目概念,为不可分辨目标模型推导了相应 PHD 滤波器的量测更新方程,尽管它在理论上是准确的,但计算上难以处理。文献[137]研究了 PHD 在多传感器多个不可分辨目标跟踪中的性能。文献[319]为扩展目标和不可分辨目标推导了 CPHD 滤波器,然而,该推导基于较严苛的假设:即相对于传感器分辨率,扩展目标和未分辨目标不能过于接近,以及杂波密度不能过大。文献[106, 114]将 GLMB 滤波器推广到包含合并量测的传感器模型,从而使它适用于更广泛的实际应用。

1.2.3.10　多传感器融合应用

多传感器多目标跟踪系统可获得在鲁棒性、空时覆盖度、模糊性、空间分辨率和系统可靠性等方面的性能改善。无线传感器网络技术的快速发展使得调用监视区域内具有感知、通信和处理能力的大量低成本和低能耗的传感器和通信设备进行分布式目标跟踪系统成为可能。多传感器分布式组网的主要目标是联合来自不同独立节点(通常具有有限观测性)的信息,通过使用合适的信息融合步骤,以一种可伸缩、灵活且可靠的方式,提供更完整的态势图像,它们与从多传感器量测获得的所有信息达成最大一致性。

为了最大化利用多传感器性能,考虑到以下问题,需要重新设计多目标跟踪器的结构和算法:①受限于能量损耗,单个节点具有有限的感知和通信能力,且具有有限的数据传输容量;②应以与中心节点没有协同的分布式方式且与传感器规模成可伸缩的方式实施;③每个节点对其自身信息和从其他节点接收信息之间的关联度是未知的。

根据处理结构的不同,典型地分为集中式处理结构和分布式结构。可伸缩要求排除了集中式融合,相比集中式融合结构,分布式多目标跟踪由于具有较低通信代价、可伸缩性、灵活性、稳健性和容错性等优势,已经变得日益重要。在分布式架构中,独立节点需在无中心融合节点或者无网络中信息流知识条件下工作。

相对于网络规模的可伸缩性、缺乏融合中心和网络拓扑知识,需要采用一致性(Consensus)方法[320,321],通过在临近节点间迭代局部融合步骤,来实现整体网络上的信息融合。一致性已成为网络上分布式计算的强有力工具。此外,分布式多传感器多目标跟踪的显著问题之一是根据不同传感器的估计存在未知水平的相关性,节点间公共信息的计算代价难以接受,可能使得分布式多传感器多目标跟踪最优解决方案在许多实际应用中不具可行性,需要求助于稳健的次优信息融合规则。实际上,一致性问题和“数据乱伦”(Data Incest)问题(其导致了信息的重复计算(Double Counting)),要求需采用广义协方差交叉(Generalized Covariance Intersection,GCI)[322,323]法,用于融合由网络的不同节点计算的多目标密度,GCI是协方差交叉(Covariance Intersection,CI)[324]的广义化,CI仅利用均值和协方差,因而局限于高斯后验。GCI的优点是能次优地融合来自不同传感器相关性完全未知的高斯和非高斯的多目标分布。GCI融合也被称为切尔诺夫(Chernoff)融合规则[325]、库尔贝克—莱布勒平均(Kullback - Leibler Average,KLA)规则[112,326]、指数混合密度(Exponential Mixture Density,EMD)融合规则[322],其实质为几何平均运算。最终,由于使用数据链传输,有限的处理—通信能力排除了在网络节点中执行复杂的多目标跟踪算法,要求多目标信息尽可能地“吝啬”表示。

FISST数学工具可用于推导多传感器多目标跟踪问题的概念解及其原理近似。尽管RFS为多传感器融合提供了理论框架[14],但是其具体实现仍然富有挑战性。比如,标准的PHD和CPHD滤波器的多传感器扩展版本具有一些缺陷:较高的计算复杂度、依赖于传感器顺序和数值不稳定。文献[327,328]首次为两传感器情况推导了PHD滤波器的多传感器扩展版本,详细介绍了仅两个目标两个传感器的PHD算法。文献[329]建议通过重复应用双传感器PHD滤波器来实现多传感器PHD滤波器。文献[330]进一步将滤波方程推广到包含任意数量的传感器,但其准确实现几乎不具可行性。文献[331]研究了静态多目标情况下多传感器PHD在传感器数量趋于无穷极限情况下的渐进性能。文献[332]推导了多传感器PHD(Multi - Sensor PHD,MS - PHD)和多传感器CPHD(Multi - Sensor CPHD,MS - CPHD)滤波器的更新方程。多传感器PHD/CPHD滤波器更新方程的形式类似于针对扩展目标的单传感器PHD/CPHD滤波器的更新方程[294],与针对扩展目标的更新方程需要单传感器量测集的分划类似,其准确实现涉及在不同传感器量测的所有分划上的求和,需要将所有传感器量测分划成不相交子集,一个分划的子集是不相交的,并组成了所有的传感器量测,每个子集包括每个传感器的至多一个量测,其对应于所有传感器对一个潜在目标产生的量测。求解所有分划和子集是不切实际的,它的准确滤波器更新方程仅能适用于目标数较少情况。文献[332]基于GM实现,将可能量测子集与来自于预测PHD函数的独立目标密度关联起来,提出了一种计算可处理近似实现的两步贪婪分划方法。为了降低多传感器PHD滤波器的组合复杂度,文献

[333]在不同传感器视场具有有限重叠情况时,对该多传感器更新式进行近似,推导了滤波器更新方程的简化版本。

在算法具体实现时,一种简单的方式是采用多传感器序贯更新[334]。文献[328]提出的迭代—校正(Iterated - corrector)PHD 滤波器以序贯方式处理不同传感器的信息,但是,该方法受传感器处理顺序的严重影响[335]。文献[336]开发了计算廉价的多传感器 PHD/CPHD 迭代校正策略。此外,依赖传感器顺序的问题可使用近似乘积多传感器 PHD 和 CPHD 滤波器[337]得到一定的缓解。尽管最终的结果与传感器顺序独立,文献[338]表明近似乘积多传感器 PHD 滤波器的 SMC 实现是不稳定的,且随着传感器数量的增加,问题更加恶化。

除了基于 PHD/CPHD 外,文献[339,340]利用伯努利滤波器研究了多普勒频移传感器网络上的分布式检测和跟踪。文献[341]为多目标跟踪推导了多传感器多伯努利(Multi - Sensor Multi - Bernoulli, MSMB)滤波器, MSMB 更新步骤的准确实现在计算上难以处理,通过利用贪婪量测分划机制,提出了有效的近似实现。相比多传感器 CPHD 滤波器, MSMB 滤波器在线性高斯和非线性模型下均具有改善的精度和更低的计算量,特别是在低检测概率条件下。

上述算法主要适用于集中式多传感器融合结构。如前所述,在大规模多传感器融合中,一般使用分布式融合结构。文献[324]在单目标情况下证明了切尔诺夫融合对信息的重复计算具有内在免疫力,验证了其在分布式配置中的应用。尽管多目标跟踪的挑战在分布式结构中更为复杂,在 RFS 表示中多目标概率密度的概念使得对分布式状态估计的一致性可直接应用于多目标系统中[111, 112,342]。文献[342]将文献[324]的方法扩展到多目标情况,基于切尔诺夫融合,提出了一致性 PHD/CPHD 滤波器。文献[343,344]提出了"部分一致性"(Partial Consensus)的概念,比较了(当前主流的)几何平均和(简单却常被忽视的)算术平均(Arithmetic Average)的区别和相对优势。文献[322,345,346]研究了实际情况下相关性未知时的稳健式融合,具体来说,文献[322]首次在多目标融合背景下推广了协方差交叉,在此基础上,文献[345]为 PHD 函数和势分布的 GCI 融合推导了显式表达式。利用这些结论,文献[111]为 PHD 滤波器的 GCI 融合提出了 SMC 实现。文献[112,347]利用了一致性算法和待融合 PDF 的 KLD 概念,提出了一致性 GM - CPHD 滤波器,为具有感知、通信和处理能力的异质节点网络上的分布式多目标跟踪问题提供了完全分布式、可伸缩且计算有效的解决方案。相比于 PHD/CPHD 滤波器[13, 83, 84, 139],多伯努利滤波器[6, 88, 270]是伯努利滤波器[150]的扩展,在需要粒子实现或者目标独立存在概率的问题中更为有用。

随着标签随机集滤波器的优势,将它们推广到分布式环境非常有意义。针对多传感器多目标跟踪复杂度与传感器数量呈超指数增长的问题,文献[348,349]基于 Gibbs 抽样技术,调用联合 GLMB 预测和更新步骤,给出了多传感器 GLMB 滤波器的有效实现,其复杂度与每个传感器的量测数之积成正比,而与假设目标数的平方成比例。文献[169]基于 Mδ-GLMB 密度类,为多传感器多目标跟踪提出了全新算法,该算法复杂度关于传感器数量是线性可缩放的。文献[350]基于标签 RFS,为传感器网络提出了完全分布式多目标估计方法,推导了使用 Mδ-GLMB 和 LMB 后验进行 GCI 融合的闭合形式解,在此基础上,开发了两个一致性跟踪滤波器,即一致性 Mδ-GLMB 和一致性 LMB 跟踪滤波器。基于标签 RFS 的滤波器避免了所谓的"闹鬼"效应,且可输出目标航迹。然而,上述方法是基于不同传感器"共享相同标签空间"的假设:不同传感器的标签空间不仅要是相同的,而且,不同传感器的相同元素具有相同的物理含义,或者实际上表示相同的目标。该假设在实际情况很难成立,文献[351]将其称为"标签空间失配"问题,这意味着来自不同传感器标签空间抽取的相同实现不一定具有相同的含义。

克服标签失配的一个方法是使用 GLMB 分布族的无标签版本进行 GCI 融合。文献[352,353]首先为具有标签集后验的分布式融合推荐了稳健的策略,其中,标签集后验先被变换成对应的无标签版本,接着,推导了 GLMB 族中公共标签集分布的无标签版本的数学表达式,且证明它们都属于相同的(无标签)RFS 族,并将其称为广义多伯努利(Generalized Multi-Bernoulli,GMB)族,然后使用无标签后验进行 GCI 融合。然而,两个(G)MB 后验分布的 GCI 融合不再具有精确的闭式表达式,为了解决该问题,受 PHD、CPHD 滤波器扩展到 LMB、Mδ-GLMB 滤波器的启发,推导了 GMB 族进行 GCI 融合的两个有效的近似,一个是通过使用匹配一阶矩(PHD)的多伯努利分布近似每个 GMB 后验,这个近似的 MB 分布也被称为 GMB 分布的一阶近似(First-Order Approximation of GMB,FO-GMB)[352],另一个是保留了 PHD 和势分布,被称为 GMB 密度的二阶近似(Second-Order Approximation of GMB,SO-GMB)[354],这为 GLMB 滤波器族(包括 GLMB、δ-GLMB、Mδ-GLMB 和 LMB 滤波器)的分布式融合提供了基础。

在多传感器数据融合问题中,配准是成功融合的前提。传统的基于关联的方法对数据关联和配准问题单独进行解决。即常规配准算法首先通过经典的关联方法,获得关联关系,然后根据估计的关联结果,对来自于同一目标的量测利用配准算法对传感器偏差和目标状态进行估计。不过,它们实际相互影响,数据关联影响传感器配准,而传感器配准反过来也直接影响着数据关联,换言之,配准需要正确的关联数据,而带传感器偏差的数据将导致错误的关联[355]。文献

[356]考虑到非线性非高斯条件,基于偏差矢量扩维目标状态空间的 SMC - PHD 滤波器,给出了三个异质但同步的传感器跟踪多个目标的配准结果,该方法不需进行数据关联,可以联合估计出目标的数目、状态及传感器的偏差。文献[357]利用随机集框架以更一般的形式给出了联合配准和跟踪方法,该算法除了不需要多传感器量测—目标关联的先验知识,还可应用到可能漏检的异步传感器、动态目标随机出现消失环境中。文献[358]对非合作目标,给出了对包括传感器偏差在内的参数矢量进行贝叶斯估计的方法,该方法极具一般性,除了传感器偏差的校正外,还能应用于目标动态模型和传感器测量模型中任何参数的校正,包括过程噪声水平、环境特征(杂波属性、传播损失)或传感器参数(增益、传感器偏差、检测概率)等,不过,该方法是批处理形式的。为开发出递归版本的配准技术,文献[359]研究了多目标动态状态和多传感器偏差构成的复合状态的序贯贝叶斯估计问题。尽管这些滤波器不需量测和目标关联的先验信息,可联合估计出目标的数量、状态及传感器的偏差,但它们继承了 SMC - PHD 的缺点,比如较高的计算量和聚类操作的不可靠问题。为克服上述问题,文献[360]应用 GM - PHD 滤波器来解决带配准误差的多传感器多目标跟踪。除多传感器配准这一问题外,乱序量测(Out of Sequence Measurement, OoSM)也是多传感器融合需要考虑的现实问题,文献[361]将 GM - PHD 扩展到适用于 OoSM 问题,给出了相应的闭合形式的递归解。

1.2.3.11 传感器管理应用

基于 RFS 框架的传感器管理主要表现在传感器控制和传感器选择应用中。在多目标跟踪背景中,传感器控制通常需解决两个主要问题:多目标滤波和序贯决策。传感器控制的目的是从可允许控制指令集中找出最优控制指令引导传感器获得未知数量目标的最大可观测性,以得到最精确的目标状态及其数量的估计。一般地,不同控制指令引导传感器到不同的新状态,将产生不同的量测集。每个产生的量测集包含了不同于其他集合的信息,得到的信息可由一个决策过程(如最大化目标函数)进行分析,从而确定出最佳控制指令。该问题的复杂性主要由状态空间和量测空间中的不确定性导致,需要使用随机控制理论进行解决,其中,目标的数量可能随时间而变化。在贝叶斯滤波范式中,控制指令影响量测,似然函数仅出现在贝叶斯滤波方案的更新步骤中。因此,最常用方法是首先定义一个准则,基于该准则,对不同的控制命令导致的更新多目标密度质量相互比较,然后,选择出最佳控制命令,以期望使用传感器量测更新先验(预测)密度后得到最佳的更新密度。

在传感器选择方面,由于传感器网络的带宽和能量是受限的,直接使用传感器节点的所有信息进行目标的检测和跟踪代价较高,因此,需要进行传感器选择。此时,传感器选择问题变为使用有限的计算和通信资源选取使观测性最大化的传感器节点。一般而言,传感器选择也由两部分组成:多目标滤波过程和最优决策方法。因而,传感器选择问题本质上类似于传感器控制问题,也是在随机不确定性下的序贯决策过程。这些不确定性源于多目标跟踪过程或者源于选取不同传感器节点的影响,而决策过程的最常见方法是通过目标函数的最优化选择传感器节点。实际上,传感器选择中的目标函数对应于传感器控制中的准则。

由上可知,在传感器管理应用中,目标函数的选择非常关键。目标函数大体可分为两类,任务驱动(task - driven)目标函数和信息驱动(information - driven)目标函数。在后一类型中,目标函数被描述为代价函数:它常取决于状态和势估计的方差等性能度量或其他与分布依赖的度量。常用的任务驱动目标函数主要包括目标后验期望数量(Posterior Expected Number of Targets,PENT)[362,363]、势和状态的后验期望误差(Posterior Expected Error of Cardinality and States,PEECS)[170,364,365]。在后一类型中,目标函数是奖励函数:它与多目标分布的信息内容直接相关。在信息理论和统计分析中,随机变量间的相似性/差异性可由Renyi等信息论散度度量[366],与此类似,对于随机有限集,也开发了相应的信息驱动目标函数[367],常见的有Renyi散度(Renyi Divergence,RD)[363,368,369]、柯西—许瓦尔兹(Cauchy - Schwarz)散度[370,371]等。

1.2.3.12 多目标跟踪性能评估指标

在设计、参数优化和跟踪系统的比较中,跟踪算法的性能评估非常重要。在单目标情况下,后验克拉姆罗下界(Posterior CRLB,PCRLB)是常用的跟踪性能评估指标之一。文献[372]给出了评估非线性滤波器性能的递归PCRLB,文献[373]给出了单传感器漏检情况下单目标误差界的递归形式,但仅适用于无杂波条件下,文献[374 - 376]将其推广到杂波和漏检存在情况。不过,这些PCRLB几乎不能应用于多目标跟踪问题,因为它们仅考虑了单个目标状态的估计误差,并没有考虑目标数量的估计误差。文献[377]将文献[373]的结果推广到单传感器多目标情况,但限制于既无杂波也无漏检的更严苛条件。注意到,由于严格限制了传感器的观测模型,目标数量实际上可由量测数量完全确定,因而,文献[377]的误差界实际上并没有包含由目标数量不确定性造成的检测误差。为此,文献[378]给出了杂波和漏检同时存在下单传感器多目标误差界。

当前,对随机集滤波器的多目标估计性能评估最常用的测度是最优子模式分配(Optimal Sub - Pattern Assignment,OSPA),其起源于豪斯多夫(Hausdorff)测度,然而,豪斯多夫测度的缺点是对真实状态集合和估计状态集合的势(集合中元素的数量)的差异不敏感。基于沃瑟斯坦(Wasserstein)距离,Hoffman和Mahler推荐新的最优质量传递(Optimal MAss Transfer,OMAT)测度[379],相比豪斯多夫测度,其对势差异更为敏感,且在两个目标状态势相同时有物理直观的解释,然而,当势不同时,它没有物理一致的解释,并且受到其他许多严重的限制。为此,文献[380]提出了 OSPA 测度,它并入了势误差和状态误差,即使两个集合的势不一样,也有自然物理解释。文献[381]进一步并入了标签误差。文献[382]针对交叉目标容易导致目标身份模糊,即混合标签(Mixed Labeling)问题,基于标签 RFS 概念,提出具有明晰物理解释(如标签概率和标签误差)的标签不确定性度量。文献[383]进一步并入了质量信息,提出了称为基于质量的 OSPA(Q - OSPA),可提供更精确的多目标估计算法的性能测度。如果估计质量不可得,通过对估计分配相等的质量,则 Q - OSPA 退化到 OSPA。OSPA 主要针对每个时间步骤的状态滤波误差,为比较一段时间上航迹的相似性,文献[384]提出了 $OSPA^{(2)}$ 测度。

然而,需要注意的是,OSPA 使用的前提条件是可获得多目标状态的真实值。某种程度上讲,OSPA 对应于单目标跟踪性能指标——归一化估计误差平方(Normalized Estimation Error Square,NEES),NEES 常用于跟踪器的一致性检验,其使用前提也需获得目标的真实状态。换言之,如果没有真实的目标状态,不能计算 NEES。此时,一般使用归一化新息平方(Normalized Innovation Square,NIS)代替,NIS 决定预测量测和实际量测间的残差是否在有卡尔曼滤波器的新息协方差矩阵给定的不确定范围内,因而,NIS 等收敛检测器被用于检测假设的运动模型或者量测模型是否严重偏离被跟踪目标或者传感器的实际行为。受此启发,文献[385]将单目标广义 NIS 扩展到多目标广义 NIS(Multi - target Generalized NIS,MGNIS),并为 PHD 滤波器和 CPHD 滤波器推导了 MGNIS,文献[386]则为 δ - GLMB 滤波器的 GM 实现推导了 MGNIS。

1.2.3.13 其他有关问题

前述单目标或多目标滤波器均是在线估计目标状态。相比滤波,平滑通过使用时间滞后的数据延时决策时间,可显著改善估计精度[387]。对于单目标问题,已经提出了许多类型的平滑器,在线性高斯动态和量测模型情况中,卡尔曼平滑器[388]提供了准确的解析解;对于线性高斯混合模型,文献[387]提出了闭式的前向后向平滑器;对于非线性模型,基于 SMC 方法已出现了许多平滑器;对于最大可能一个目标但其是否存在不确定的情况,文献[151, 387]给出了基于伯努利目标模型的平滑器。相比单目标情况,由于目标数量的时变性、量测源的不确定性、杂波量测和漏检的存在,多目标平滑更为复杂。在 RFS 框架下,已提出的近似多目标平滑算法包括 PHD 平滑器[389 - 391],CPHD 平滑器[392]、MB 平滑器[393]等。为估计目标航迹,文献[394]基于 GLMB 多目标模型,给出了多目标前向后向平滑递归的解析形式,证明了 GLMB 族对于标准的多目标系统模型

(标准的多目标运动模型和标准的量测模型)在后向平滑操作下也是闭合的。

作为全新的多目标跟踪算法,基于 RFS 的跟踪算法实际上与传统成熟算法有着一定的联系。文献[395]表明随机矢量框架和随机集框架在数学上具有密切联系,在理想条件下,对检测和杂波统计做一定的假设,可推导出两种框架的等价性。文献[302]指出尽管(无标签)RFS 框架避免了显式建模数据关联的需要,但数据关联实际在完全贝叶斯滤波器中是隐式存在的。并且,通过近似隐式的数据关联的离散分布,获得了面向航迹的边缘伯努利/泊松滤波器和面向量测的边缘伯努利/泊松滤波器,前者与 JITS 和 JPDA 非常类似。因此,通过适当修改,可从 RFS 框架导出 JITS 和 JIPDA 算法及其扩展算法。文献[137]表明 IPDA 能从 RFS 公式中推导,实际上,在均匀传感器视场、均匀杂波、高斯混合后验密度合并成单个高斯分量假设下,伯努利滤波器退化为 IPDA 滤波器[149]。文献[105]证明在单目标情形下,GM - CPHD 等价于用序贯似然比检验进行航迹提取的 MHT。文献[396]将 PHD 表面离散成无穷小的"箱体",预测和更新每个箱子包含一个目标的概率,从另一个直观形象、简单易懂角度给出了 PHD/CPHD 的物理空间解释,避免了复杂的 RFS 知识,便于工程技术人员理解掌握。文献[397]辨析了 RFS 框架和 MHT 框架下的量测—航迹关联的概念,文献[398]比较了使用高斯混合的两个方法:PHD 和 ITS,文献[399]比较了 GM - CPHD 与 MHT 算法,文献[400]则联合 MHT 和 GM - CPHD 对多目标进行跟踪。

1.3 章节安排与内容组织

全书主要介绍新兴的基于 RFS 的多目标跟踪算法,包括概率假设密度(PHD)滤波器、带势概率假设密度(CPHD)滤波器、多伯努利滤波器、标签随机集滤波器以及这些算法的应用等。全书的整体结构安排如图 1.1 所示,具体内容组织如下。

全书共分 12 章。第 1 章是概述。给出随机有限集(RFS)与目标跟踪的基本概念,介绍目标跟踪领域国内外研究发展现状,为读者提供对本书的概貌认识。

第 2 章介绍单目标跟踪常用的主流滤波算法。除经典的卡尔曼滤波、扩展卡尔曼滤波和不敏卡尔曼滤波外,还包括前沿的容积卡尔曼滤波、高斯和(GSF)滤波以及粒子滤波等。这些内容不仅是经典多目标跟踪算法的基础,也是基于 RFS 的多目标跟踪算法基础,特别是其中的 GSF 滤波以及粒子滤波,分别是 RFS 多目标跟踪算法的高斯混合(GM)和序贯蒙特卡罗(SMC)实现的基础。

第 3 章为 RFS 基础知识。介绍 RFS 统计描述、RFS 的强度和势分布、RFS

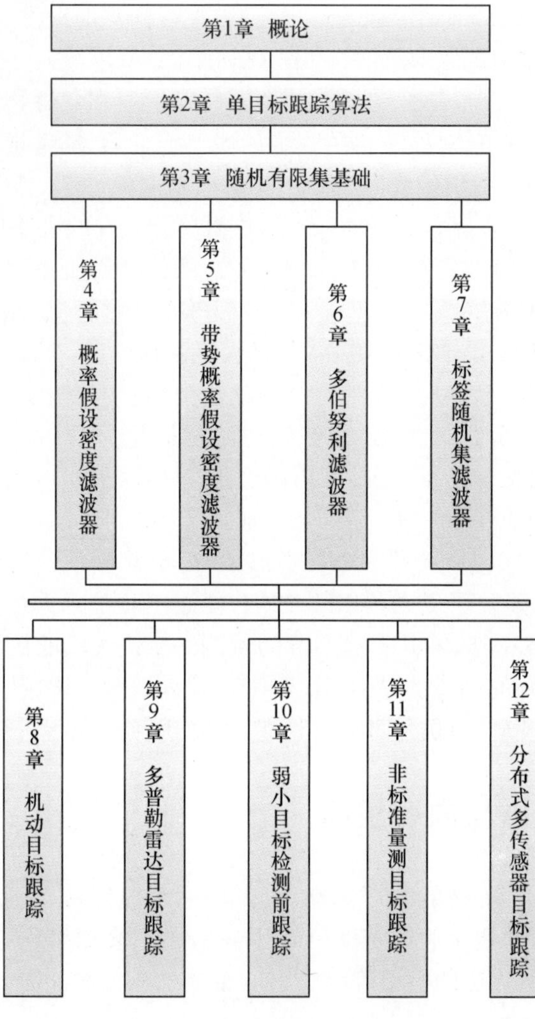

图 1.1 全书整体框架与章节安排

主要类型、多目标系统模型——多目标运动模型和多目标量测模型、后续滤波器的基石——多目标贝叶斯滤波、多目标贝叶斯递归及其粒子实现——粒子多目标滤波器、多目标形式化建模范式,以及多目标跟踪性能评估指标等。

第 4 章介绍概率假设密度(PHD)滤波器。首先给出 PHD 递归公式,在此基础上,分别给出 SMC 和 GM 两种实现方法,即 SMC - PHD 和 GM - PHD,此外,还介绍了 GM - PHD 滤波器的扩展。

第 5 章介绍带势概率假设密度(CPHD)滤波器。与第 4 章类似,先给出 CPHD 递归公式,然后分别给出 SMC 和 GM 两种实现方法,即 SMC - CPHD 和

GM - CPHD,以及 GM - CPHD 滤波器的扩展。

第 6 章为多伯努利滤波器。着重介绍势平衡多目标多伯努利(CBMeMBer)滤波器,并分别给出 SMC 和 GM 两种实现方法,即 SMC - CBMeMBer 和 GM - CBMeMBer。

第 7 章为标签随机集滤波器。分别介绍了 4 个滤波器:广义标签多伯努利(GLMB)滤波器、δ - GLMB 滤波器、标签多伯努利(LMB)滤波器以及边缘 δ - GLMB(Mδ - GLMB)滤波器,并分别给出了相应的实现方法。

后续章节为上述滤波器的扩展和具体应用。

第 8 章为机动目标跟踪。在跳跃马尔科夫系统基础上,以 PHD、CBMeMBer、GLMB 滤波器为例,分别给出了它们的多模型版本。

第 9 章为多普勒雷达目标跟踪。为充分利用多普勒量测,给出了带多普勒量测的 GM - CPHD 滤波器,然后,进一步介绍更为复杂的多普勒盲区存在下的 GM - PHD 滤波器,最后,介绍了多普勒雷达组网时带配准误差的增广状态 GM - PHD滤波器。

第 10 章为弱小目标检测前跟踪。首先介绍多目标 TBD 量测模型,然后分别介绍了不同先验下多目标后验的解析特征,最后,基于 MB 和 Mδ - GLMB 滤波器,分别介绍了相应的 TBD 方法。

第 11 章为非标准量测目标跟踪,包括扩展目标跟踪和合并量测目标跟踪。首先给出相对简单的未考虑形态估计的扩展目标 GM - PHD 滤波器,然后,基于 GGIW 分布,介绍了估计目标形态的扩展目标跟踪方法,最后,介绍了合并量测目标跟踪方法。

第 12 章为分布式多传感器目标跟踪。首先描述了分布式多目标跟踪问题,接着,介绍了相对简单的分布式单目标滤波与融合,最后,在给出多目标密度融合相关结论基础上,分别介绍了随机集滤波器分布式融合的 SMC 实现和 GM 实现方法。

第2章　单目标跟踪算法

2.1　引言

目标跟踪指的是根据具有不确定性的量测对目标数目及其状态进行估计的过程。量测的不确定性包括噪声污染、杂波干扰、检测不确定以及数据关联不确定等，其中，检测不确定主要由传感器检测能力造成，不能确保百分之百检测到目标，通常由检测概率来表征，而数据关联不确定指的是对跟踪器而言，不能确切判断各量测与各目标之间的对应关系。

对单目标跟踪而言，量测的不确定性通常仅考虑噪声污染这一不确定因素，换言之，无杂波干扰、目标检测概率为1且不存在数据关联问题。此时，目标数目自然先验已知，主要关注点落在目标状态上，目标状态通常包括目标的位置、速度、身份（航迹）、属性等与感兴趣目标有关的信息。因而，单目标跟踪也被称为单目标滤波，主要致力于通过使用一定的滤波算法提高估计精度。

滤波算法的选择主要取决于系统模型和后验分布（后验密度）。所谓的系统模型，主要包括（目标）运动模型和（传感器）量测模型。根据系统模型的线性性和后验分布的高斯性，通常可分为线性高斯模型、非线性高斯模型以及非线性非高斯模型三大类。众所周知，对线性高斯模型，卡尔曼滤波（KF）是最优解决方案；对非线性高斯模型，主流解决方案包括扩展卡尔曼滤波（EKF）、不敏卡尔曼滤波（UKF）和容积卡尔曼滤波（CKF）等；对非线性非高斯模型，由于模型和分布的复杂性，通常不存在解析解，但可采用高斯和滤波（GSF）和粒子滤波（PF）进行近似解决，GSF使用高斯混合分布（高斯密度的加权和）近似任意非线性密度，其是卡尔曼滤波的推广，而PF则使用随机样本（粒子）来近似任意非线性密度。

从某种程度上讲，上述各算法均派生于（单目标）贝叶斯递归方程，即贝叶斯递归是各滤波算法的理论基础。因此，本章首先介绍贝叶斯递归，在此基础上，分别介绍KF、EKF、UKF、CKF、GSF和PF。需要说明的是，本章内容也是后文将介绍的各RFS跟踪算法的基础，特别是，其中的GSF和PF与各RFS跟踪算法的高斯混合（GM）实现和序贯蒙特卡罗（SMC）实现有着较强的可比性。

2.2 贝叶斯递归

贝叶斯递归基于目标动态模型(目标运动模型)和传感器观测模型。目标的动态模型可由离散时间模型或者连续时间随机差分方程进行描述,这里仅考虑离散时间模型。一般地,设目标状态 $\boldsymbol{x}_k$ 根据下述状态转移方程演变

$$\boldsymbol{x}_k = f_{k|k-1}(\boldsymbol{x}_{k-1}, \boldsymbol{v}_{k-1}) \tag{2.2.1}$$

式中:$f_{k|k-1}(\cdot,\cdot)$为非线性状态变换;$\boldsymbol{v}_{k-1}$为过程噪声。状态转移方程也可由马尔科夫(Markov)转移密度 $\phi_{k|k-1}(\cdot|\cdot)$进行描述①

$$\phi_{k|k-1}(\boldsymbol{x}_k|\boldsymbol{x}_{k-1}) \tag{2.2.2}$$

式(2.2.2)表示 $k-1$ 时刻状态 $\boldsymbol{x}_{k-1}$转移到 k 时刻状态 $\boldsymbol{x}_k$的概率密度。注意,对于每个 $\boldsymbol{x}\in\mathbb{X}$,$\phi_{k|k-1}(\cdot|\boldsymbol{x})$为状态空间$\mathbb{X}$上的概率密度。一些常用的动态模型有常速(CV)、常加速(CA),协同转弯(CT)等,更详细的内容请参考文献[401]。

在 k 时刻,状态 $\boldsymbol{x}_k$根据下述量测方程产生量测 $\boldsymbol{z}_k$

$$\boldsymbol{z}_k = h_k(\boldsymbol{x}_k, \boldsymbol{n}_k) \tag{2.2.3}$$

式中:$\boldsymbol{z}_k = h_k(\cdot,\cdot)$为非线性量测变换;$\boldsymbol{n}_k$为量测噪声。量测方程也可由以下似然函数 $g_k(\cdot|\cdot)$描述

$$g_k(\boldsymbol{z}_k|\boldsymbol{x}_k) \tag{2.2.4}$$

式(2.2.4)表示给定状态 $\boldsymbol{x}_k$时接收到量测 $\boldsymbol{z}_k\in\mathbb{Z}$ 的概率密度。记 $\boldsymbol{z}_{l:k}=(\boldsymbol{z}_l,\cdots,\boldsymbol{z}_k)$表示时刻 l 到时刻 k 的量测历程,类似地,$\boldsymbol{x}_{l:k}=(\boldsymbol{x}_l,\cdots,\boldsymbol{x}_k)$表示时刻 l 到时刻 k 的状态历程,并假设以 $\boldsymbol{x}_{1:k}=(\boldsymbol{x}_1,\cdots,\boldsymbol{x}_k)$为条件的量测历程 $\boldsymbol{z}_{1:k}$的概率密度具有可分离形式,即

$$g_{1:k}(\boldsymbol{z}_{1:k}|\boldsymbol{x}_{1:k}) = g_k(\boldsymbol{z}_k|\boldsymbol{x}_k)g_{k-1}(\boldsymbol{z}_{k-1}|\boldsymbol{x}_{k-1})\cdots g_1(\boldsymbol{z}_1|\boldsymbol{x}_1) \tag{2.2.5}$$

后验密度 $p_{0:k}(\boldsymbol{x}_{0:k}|\boldsymbol{z}_{1:k})$封装了直到 k 时刻的状态历程的所有信息。起始于初始先验 $p_0\overset{\text{def}}{=}p_0(\boldsymbol{x}_0|\boldsymbol{z}_0)=p_0(\boldsymbol{x}_0)$($\boldsymbol{z}_0$表示无量测),对于任意 $k\geqslant1$,后验密度可通过以下贝叶斯递归进行递归计算

$$p_{0:k}(\boldsymbol{x}_{0:k}|\boldsymbol{z}_{1:k}) \propto g_k(\boldsymbol{z}_k|\boldsymbol{x}_k)\phi_{k|k-1}(\boldsymbol{x}_k|\boldsymbol{x}_{k-1})p_{0:k-1}(\boldsymbol{x}_{0:k-1}|\boldsymbol{z}_{1:k-1}) \tag{2.2.6}$$

滤波密度(或更新密度)$p_k(\boldsymbol{x}_k|\boldsymbol{z}_{1:k})$是后验密度 $p_{0:k}(\boldsymbol{x}_{0:k}|\boldsymbol{z}_{1:k})$的边缘密度,其表示给定量测历程 $\boldsymbol{z}_{1:k}$下 k 时刻状态 $\boldsymbol{x}_k$的概率密度。在目标跟踪问题中,

① 为便于表述,本书未区分随机变量与其实现。

主要对滤波密度感兴趣，后文也将滤波密度称为后验密度。

根据贝叶斯观点，k 时刻滤波密度可由初始密度 p_0，通过贝叶斯公式递归计算。具体而言，其由查普曼—柯尔莫哥洛夫（C－K）方程表示的预测步骤和贝叶斯更新这两步组成

$$p_{k|k-1}(\boldsymbol{x}_k \mid z_{1:k-1}) = \int \phi_{k|k-1}(\boldsymbol{x}_k \mid \boldsymbol{x}) p_{k-1}(\boldsymbol{x} \mid z_{1:k-1}) \mathrm{d}\boldsymbol{x} \tag{2.2.7}$$

$$p_k(\boldsymbol{x}_k \mid z_{1:k}) = \frac{g_k(z_k \mid \boldsymbol{x}_k) p_{k|k-1}(\boldsymbol{x}_k \mid z_{1:k-1})}{\int g_k(z_k \mid \boldsymbol{x}) p_{k|k-1}(\boldsymbol{x} \mid z_{1:k-1}) \mathrm{d}\boldsymbol{x}} \tag{2.2.8}$$

式中：$p_{k|k-1}(\boldsymbol{x}_k \mid z_{1:k-1})$ 为预测密度。后验密度 $p_k(\boldsymbol{x}_k \mid z_{1:k})$ 封装了 k 时刻状态 $\boldsymbol{x}_k$ 的所有信息，该时刻的状态估计可利用最小均方误差（Minimum Mean Squared Error，MMSE）或者最大后验（Maximum A Posteriori，MAP）准则[①]得到。后验密度的另一种边缘密度为平滑密度 $p_{k|k+l}(\boldsymbol{x}_k \mid z_{1:k+l})$，$l>0$，其表示给定量测历程 $z_{1:k+l}$ 时 k 时刻状态 $\boldsymbol{x}_k$ 的概率密度。

2.3 共轭先验

由式（2.2.8）可知，在贝叶斯递归中，后验的计算需要对先验和似然函数的乘积积分以获得分母的归一化常量，该积分的求解非常困难，这是贝叶斯方法的重要研究主题之一。通常有两个求解方法：一是利用廉价而功能强大的计算机对该积分进行数值近似（如第 2.9 节介绍的粒子滤波）；另一种方法是利用使得归一化常量可具有可处理解析形式的成对似然函数和先验分布。对于给定的似然函数，如果后验与先验属于相同族，称先验与后验是共轭分布，且该先验被称为共轭先验。例如，高斯族相对于高斯似然函数是共轭的，在指数族中，其他有名的似然－先验组合包括二项式—贝塔（binomial－beta）、泊松－伽马（Poisson－gamma）和伽马－伽马（gamma－gamma）模型。这些先验分布族在贝叶斯推断中发挥了重要作用。由于在归一化常量中积分的原因，计算后验一般是难以处理的，这在后验可能非常复杂的非参数推断中更为突出，因为维数灾难和问题的内在组合本质使得计算非共轭 RFS 先验的后验不可处理。而共轭先验便于代数处理，其提供了后验的闭合形式，避免了困难的数值积分问题。此外，与先验具有相同函数形式的后验通常继承了对分析和解释非常重要的期望性质。

---

① 这些准则不一定可应用于多目标情况。

2.4 卡尔曼滤波

卡尔曼滤波(KF)是线性高斯模型下贝叶斯递归的闭合形式解。具体来说，动态模型和量测模型均为线性变换，且相应的过程噪声和量测噪声均为加性高斯噪声，即

$$\boldsymbol{x}_k = \boldsymbol{F}_{k|k-1}\boldsymbol{x}_{k-1} + \boldsymbol{v}_{k-1} \tag{2.4.1}$$

$$\boldsymbol{z}_k = \boldsymbol{H}_k\boldsymbol{x}_k + \boldsymbol{n}_k \tag{2.4.2}$$

式中：$\boldsymbol{F}_{k|k-1}$为状态转移矩阵；$\boldsymbol{H}_k$为量测矩；$\boldsymbol{v}_{k-1}$和 $\boldsymbol{n}_k$分别为相互独立的零均值高斯噪声，对应的协方差分别记为 $\boldsymbol{Q}_{k-1}$ 和 $\boldsymbol{R}_k$。此时，转移密度和似然函数可分别写成

$$\phi_{k|k-1}(\boldsymbol{x}_k \mid \boldsymbol{x}_{k-1}) = \mathcal{N}(\boldsymbol{x}_k; \boldsymbol{F}_{k|k-1}\boldsymbol{x}_{k-1}, \boldsymbol{Q}_{k-1}) \tag{2.4.3}$$

$$g_k(\boldsymbol{z}_k \mid \boldsymbol{x}_k) = \mathcal{N}(\boldsymbol{z}_k; \boldsymbol{H}_k\boldsymbol{x}_k, \boldsymbol{R}_k) \tag{2.4.4}$$

式中：$\mathcal{N}(\cdot; \boldsymbol{m}, \boldsymbol{P})$为均值 $\boldsymbol{m}$、协方差 $\boldsymbol{P}$ 的高斯密度。

在上述假设下，假设初始先验是高斯分布 $p_0 = \mathcal{N}(\cdot; \boldsymbol{m}_0, \boldsymbol{P}_0)$，则后续所有滤波密度均是高斯形式。具体而言，如果 $k-1$ 时刻的滤波密度是高斯形式

$$p_{k-1}(\boldsymbol{x}_{k-1} \mid \boldsymbol{z}_{1:k-1}) = \mathcal{N}(\boldsymbol{x}_{k-1}; \boldsymbol{m}_{k-1}, \boldsymbol{P}_{k-1}) \tag{2.4.5}$$

则 k 时刻的预测密度也为高斯形式

$$p_{k|k-1}(\boldsymbol{x}_k \mid \boldsymbol{z}_{1:k-1}) = \mathcal{N}(\boldsymbol{x}_k; \boldsymbol{m}_{k|k-1}, \boldsymbol{P}_{k|k-1}) \tag{2.4.6}$$

其中，

$$\boldsymbol{m}_{k|k-1} = \boldsymbol{F}_{k|k-1}\boldsymbol{m}_{k-1} \tag{2.4.7}$$

$$\boldsymbol{P}_{k|k-1} = \boldsymbol{F}_{k|k-1}\boldsymbol{P}_{k-1}\boldsymbol{F}_{k|k-1}^{\mathrm{T}} + \boldsymbol{Q}_{k-1} \tag{2.4.8}$$

此时，k 时刻的滤波(更新)密度也是高斯形式

$$p_k(\boldsymbol{x}_k \mid \boldsymbol{z}_{1:k}) = \mathcal{N}(\boldsymbol{x}_k; \boldsymbol{m}_k(\boldsymbol{z}_k), \boldsymbol{P}_k) \tag{2.4.9}$$

其中，

$$\boldsymbol{m}_k(\boldsymbol{z}_k) = \boldsymbol{m}_{k|k-1} + \boldsymbol{G}_k(\boldsymbol{z}_k - \boldsymbol{H}_k\boldsymbol{m}_{k|k-1}) \tag{2.4.10}$$

$$\boldsymbol{P}_k = (\boldsymbol{I} - \boldsymbol{G}_k\boldsymbol{H}_k)\boldsymbol{P}_{k|k-1} \tag{2.4.11}$$

$$\boldsymbol{G}_k = \boldsymbol{P}_{k|k-1}\boldsymbol{H}_k^{\mathrm{T}}\boldsymbol{S}_k^{-1} \tag{2.4.12}$$

$$\boldsymbol{S}_k = \boldsymbol{H}_k\boldsymbol{P}_{k|k-1}\boldsymbol{H}_k^{\mathrm{T}} + \boldsymbol{R}_k \tag{2.4.13}$$

式中：$\boldsymbol{I}$ 为单位矩阵；残差 $\boldsymbol{z}_k - \boldsymbol{H}_k\boldsymbol{m}_{k|k-1}$也被称为新息；矩阵 $\boldsymbol{G}_k$和 $\boldsymbol{S}_k$分别为卡尔

曼增益和新息协方差。

在许多实际跟踪问题(如纯角度跟踪、雷达跟踪和视频跟踪等)中,动态模型和(或)量测模型通常是非线性的,过程噪声和(或)量测噪声也可能是非加性和非高斯的。此时,一般无法得到闭合形式的解,卡尔曼滤波不能适用。因而,发展了许多近似滤波算法,如 EKF、UKF、CKF、GSF、PF 等。

2.5 扩展卡尔曼滤波

扩展卡尔曼滤波(EKF)利用线性化技术将非线性滤波问题转化为一个近似的线性滤波问题,再套用 KF 进行求解,是一种次优解决方案。常用的线性化方法是泰勒(Taylor)级数展开法,根据保留的泰勒级数项数的不同,可分为一阶 EKF 和高阶(如二阶)EKF,这里仅介绍一阶 EKF。总之,标准的 EKF 基于泰勒级数展开线性化,是 KF 的一阶近似。

考虑如下离散时间非线性系统模型

$$\boldsymbol{x}_k = f_{k|k-1}(\boldsymbol{x}_{k-1}) + \boldsymbol{v}_{k-1} \tag{2.5.1}$$

$$\boldsymbol{z}_k = h_k(\boldsymbol{x}_k) + \boldsymbol{n}_k \tag{2.5.2}$$

式中:$f_{k|k-1}(\cdot)$为非线性状态变换;$h_k(\cdot)$为非线性量测变换;$\boldsymbol{v}_{k-1}$和$\boldsymbol{n}_k$分别为相互独立的零均值加性高斯噪声,前者为过程噪声,后者为量测噪声,对应的协方差分别记为$\boldsymbol{Q}_{k-1}$和$\boldsymbol{R}_k$,并假设$\boldsymbol{v}_{k-1}$、$\boldsymbol{n}_k$与初始状态独立。

在上述假设下,若初始先验是高斯分布$p_0 = \mathcal{N}(\cdot;\boldsymbol{m}_0,\boldsymbol{P}_0)$,则后续所有滤波密度均是(近似)高斯形式。具体而言,设$k-1$时刻的滤波密度是如下高斯形式:

$$p_{k-1}(\boldsymbol{x}_{k-1} | \boldsymbol{z}_{1:k-1}) = \mathcal{N}(\boldsymbol{x}_{k-1};\boldsymbol{m}_{k-1},\boldsymbol{P}_{k-1}) \tag{2.5.3}$$

则k时刻的预测密度也是高斯形式

$$p_{k|k-1}(\boldsymbol{x}_k | \boldsymbol{z}_{1:k-1}) \approx \mathcal{N}(\boldsymbol{x}_k;\boldsymbol{m}_{k|k-1},\boldsymbol{P}_{k|k-1}) \tag{2.5.4}$$

其中,

$$\boldsymbol{m}_{k|k-1} = f_{k|k-1}(\boldsymbol{m}_{k-1}) \tag{2.5.5}$$

$$\boldsymbol{P}_{k|k-1} = \boldsymbol{F}_{k|k-1}\boldsymbol{P}_{k-1}\boldsymbol{F}_{k|k-1}^{\mathrm{T}} + \boldsymbol{Q}_{k-1} \tag{2.5.6}$$

式中:$\boldsymbol{F}_{k|k-1}$为$f_{k|k-1}(\cdot)$的雅可比矩阵

$$\boldsymbol{F}_{k|k-1} = \frac{\partial}{\partial \boldsymbol{x}} f_{k|k-1}(\boldsymbol{x}) \bigg|_{\boldsymbol{x}=m_{k-1}} \tag{2.5.7}$$

并且,k时刻的滤波密度也是高斯形式

$$p_k(\boldsymbol{x}_k \mid \boldsymbol{z}_{1:k}) \approx \mathcal{N}(\boldsymbol{x}_k;\boldsymbol{m}_k(\boldsymbol{z}_k),\boldsymbol{P}_k) \tag{2.5.8}$$

其中,

$$\boldsymbol{m}_k(\boldsymbol{z}_k) = \boldsymbol{m}_{k|k-1} + \boldsymbol{G}_k(\boldsymbol{z}_k - h_k(\boldsymbol{m}_{k|k-1})) \tag{2.5.9}$$

$$\boldsymbol{P}_k = (\boldsymbol{I} - \boldsymbol{G}_k\boldsymbol{H}_k)\boldsymbol{P}_{k|k-1} \tag{2.5.10}$$

$$\boldsymbol{G}_k = \boldsymbol{P}_{k|k-1}\boldsymbol{H}_k^{\mathrm{T}}\boldsymbol{S}_k^{-1} \tag{2.5.11}$$

$$\boldsymbol{S}_k = \boldsymbol{H}_k\boldsymbol{P}_{k|k-1}\boldsymbol{H}_k^{\mathrm{T}} + \boldsymbol{R}_k \tag{2.5.12}$$

式中:残差 $\boldsymbol{z}_k - h_k(\boldsymbol{m}_{k|k-1})$ 为新息;矩阵 $\boldsymbol{G}_k$ 和 $\boldsymbol{S}_k$ 分别为增益和新息协方差;$\boldsymbol{H}_k$ 为 $h_k(\cdot)$ 的雅可比矩阵

$$\boldsymbol{H}_k = \frac{\partial}{\partial \boldsymbol{x}} h_k(\boldsymbol{x}) \bigg|_{\boldsymbol{x}=\boldsymbol{m}_{k|k-1}} \tag{2.5.13}$$

2.6　不敏卡尔曼滤波

不敏卡尔曼滤波(UKF)利用不敏变换(UT)技术对非线性滤波问题进行近似求解。因此,在介绍不敏卡尔曼滤波前,首先介绍不敏变换。

UT 的基本思想是选择固定数量的确定性 σ 点来准确捕获 $\boldsymbol{x}$ 的原始分布的均值和协方差,然后使用经过非线性变换传播的 σ 点来估计变换后变量的均值和协方差。注意 UT 与粒子滤波使用的蒙特卡罗技术有着本质区别,因为这些 σ 点是确定性选取的。

UT 用于对随机变量 $\boldsymbol{x} \in \mathbb{R}^N$ 和 $\boldsymbol{z} \in \mathbb{R}^M$ 的联合分布进行高斯近似,即假设联合变量 $[\boldsymbol{x}\ \boldsymbol{z}]^{\mathrm{T}}$ 的分布为高斯分布

$$\begin{bmatrix}\boldsymbol{x}\\ \boldsymbol{z}\end{bmatrix} \sim \mathcal{N}\left(\begin{bmatrix}\boldsymbol{x}\\ \boldsymbol{z}\end{bmatrix};\begin{bmatrix}\bar{\boldsymbol{x}}\\ \bar{\boldsymbol{z}}\end{bmatrix},\begin{bmatrix}\boldsymbol{P}_x & \boldsymbol{P}_{xz}\\ \boldsymbol{P}_{zx} & \boldsymbol{P}_z\end{bmatrix}\right) \tag{2.6.1}$$

式中:$\boldsymbol{x}$ 为统计特性已知的高斯变量,为

$$\boldsymbol{x} \sim \mathcal{N}(\boldsymbol{x};\bar{\boldsymbol{x}},\boldsymbol{P}_x) \tag{2.6.2}$$

$\boldsymbol{z}$ 为其非线性变换,即

$$\boldsymbol{z} = h(\boldsymbol{x}) \tag{2.6.3}$$

现在的目标是使用 UT 求解式(2.6.1)中的待求量 $\bar{\boldsymbol{z}}$、$\boldsymbol{P}_z$ 和 $\boldsymbol{P}_{xz}$($\boldsymbol{P}_{zx} = \boldsymbol{P}_{xz}^{\mathrm{T}}$),具体求解步骤如下。

(1) 根据 $N \times N$ 矩阵 $\sqrt{(N+\lambda)\boldsymbol{P}_x}$ 计算 $2N+1$ 个 σ 点

$$\boldsymbol{x}^{(n)}=\begin{cases}\bar{\boldsymbol{x}}, & n=0\\ \bar{\boldsymbol{x}}+[\sqrt{(N+\lambda)\boldsymbol{P}_{\boldsymbol{x}}}]_n, & n=1,2,\cdots,N\\ \bar{\boldsymbol{x}}-[\sqrt{(N+\lambda)\boldsymbol{P}_{\boldsymbol{x}}}]_{n-N}, & n=n+1,n+2,\cdots,2N\end{cases}$$

及相关的一阶权重 $w_{\mathrm{m}}^{(n)}$ 和二阶权重 $w_{\mathrm{c}}^{(n)}$

$$w_{\mathrm{m}}^{(n)}=\begin{cases}\dfrac{\lambda}{N+\lambda}, & n=0\\ \dfrac{0.5}{N+\lambda}, & n=1,2,\cdots,2N\end{cases},$$

$$w_{\mathrm{c}}^{(n)}=\begin{cases}\dfrac{\lambda}{(N+\lambda)+(1-\alpha^2+\beta)}, & n=0\\ \dfrac{0.5}{N+\lambda}, & n=1,2,\cdots,2N\end{cases}$$

其中，$\lambda=\alpha^2(N+\tau)-n$，$\alpha$ 决定 σ 点的散布程度，通常取一小的正值（如 0.001），τ 通常取为 0；β 用来描述 $\boldsymbol{x}$ 的分布信息（高斯情况下 β 的最优值为 2）；$[\sqrt{(N+\lambda)\boldsymbol{P}_{\boldsymbol{x}}}]_n$ 表示矩阵 $(N+\lambda)\boldsymbol{P}_{\boldsymbol{x}}$ 的平方根矩阵的第 n 列。

（2）对每个 σ 点计算经非线性变换后的值

$$\boldsymbol{z}^{(n)}=h(\boldsymbol{x}^{(n)}),n=0,1,\cdots,2N \tag{2.6.4}$$

（3）计算 $\bar{z}$、$\boldsymbol{P}_z$ 和 $\boldsymbol{P}_{xz}$

$$\bar{\boldsymbol{z}}=\sum_{n=0}^{2N}w_{\mathrm{m}}^{(n)}\boldsymbol{z}^{(n)} \tag{2.6.5}$$

$$\boldsymbol{P}_z=\sum_{n=0}^{2N}w_{\mathrm{c}}^{(n)}(\boldsymbol{z}^{(n)}-\bar{\boldsymbol{z}})(\boldsymbol{z}^{(n)}-\bar{\boldsymbol{z}})^{\mathrm{T}} \tag{2.6.6}$$

$$\boldsymbol{P}_{xz}=\sum_{n=0}^{2N}w_{\mathrm{c}}^{(n)}(\boldsymbol{x}^{(n)}-\bar{\boldsymbol{x}})(\boldsymbol{z}^{(n)}-\bar{\boldsymbol{z}})^{\mathrm{T}} \tag{2.6.7}$$

由上可知，UT 变换可视为由 $(h,\bar{\boldsymbol{x}},\boldsymbol{P}_x)$ 到 $(\bar{\boldsymbol{z}},\boldsymbol{P}_z,\boldsymbol{P}_{xz})$ 的函数，即

$$(\bar{\boldsymbol{z}},\boldsymbol{P}_z,\boldsymbol{P}_{xz})=\mathrm{UT}(h,\bar{\boldsymbol{x}},\boldsymbol{P}_x) \tag{2.6.8}$$

UKF 使用 UT 变换的确定性采样规则来传递预测密度和更新密度的一阶、二阶矩。针对式（2.5.1）、式（2.5.2）给出的非线性问题，基于 UT 变换，UKF 的预测和更新步骤如下：

设 $k-1$ 时刻的先验密度是高斯形式

$$p_{k-1}(\boldsymbol{x}_{k-1}\mid \boldsymbol{z}_{1:k-1})=\mathcal{N}(\boldsymbol{x}_{k-1};\boldsymbol{m}_{k-1},\boldsymbol{P}_{k-1}) \tag{2.6.9}$$

则 k 时刻的预测密度也是高斯形式

$$p_{k|k-1}(\boldsymbol{x}_k\mid \boldsymbol{z}_{1:k-1})\approx\mathcal{N}(\boldsymbol{x}_k;\boldsymbol{m}_{k|k-1},\boldsymbol{P}_{k|k-1}) \tag{2.6.10}$$

其中，

$$(\boldsymbol{m}_{k|k-1},\boldsymbol{P}'_{k|k-1},\sim)=\mathrm{UT}(f_{k|k-1}(\cdot),\boldsymbol{m}_{k-1},\boldsymbol{P}_{k-1}) \tag{2.6.11}$$

$$\boldsymbol{P}_{k|k-1}=\boldsymbol{P}'_{k|k-1}+\boldsymbol{Q}_{k-1} \tag{2.6.12}$$

并且,k 时刻的滤波密度也为高斯形式

$$p_k(\boldsymbol{x}_k \mid z_{1:k})\approx N(\boldsymbol{x}_k;\boldsymbol{m}_k(z_k),\boldsymbol{P}_k) \tag{2.6.13}$$

其中,

$$\boldsymbol{m}_k(z_k)=\boldsymbol{m}_{k|k-1}+\boldsymbol{G}_k(z_k-\boldsymbol{m}_{z,k}) \tag{2.6.14}$$

$$\boldsymbol{P}_k=\boldsymbol{P}_{k|k-1}-\boldsymbol{G}_k\boldsymbol{S}_k\boldsymbol{G}_k^{\mathrm{T}} \tag{2.6.15}$$

$$(\boldsymbol{m}_{z,k},\boldsymbol{P}_{z,k},\boldsymbol{P}_{xz,k})=\mathrm{UT}(h_k(\cdot),\boldsymbol{m}_{k|k-1},\boldsymbol{P}_{k|k-1}) \tag{2.6.16}$$

$$\boldsymbol{G}_k=\boldsymbol{P}_{xz,k}\boldsymbol{S}_k^{-1} \tag{2.6.17}$$

$$\boldsymbol{S}_k=\boldsymbol{P}_{z,k}+\boldsymbol{R}_k \tag{2.6.18}$$

2.7 容积卡尔曼滤波

容积卡尔曼滤波(CKF)与 UKF 类似,都是通过一组具有权重的采样点集经过非线性变换来计算滤波所需的一、二阶矩,避免了对非线性模型的线性化处理,适用于任何形式的非线性模型,但两者还是有本质的区别:CKF 采用偶数并具有相同权值的点集,UKF 则选用奇数和不同权值的点集;在高维系统中,UKF 的 σ 点权值容易出现负值情况,而 CKF 权值永远为正,因而,高维情况下其数值稳定性和滤波精度优于 UKF。总之,相比于 EKF、UKF 等非线性滤波算法,CKF 算法具备更优的非线性逼近性能、数值精度以及滤波稳定性,且 CKF 实现简单,计算量小,滤波精度较高,因而,CKF 一经提出就广泛应用于各个领域的估计问题中。

CKF 采用一组等权重的容积点集解决贝叶斯滤波的积分问题,即使用容积数值积分原则计算非线性变换后的随机变量的均值和协方差[42]。具体而言,其使用 M 个带权重的容积点 $\{w_i,\boldsymbol{\xi}_i\}$ 来近似如下高斯加权积分:

$$\int_{\mathbb{R}^n} g(\boldsymbol{x})\mathcal{N}(\boldsymbol{x};\boldsymbol{0},\boldsymbol{I})\,\mathrm{d}\boldsymbol{x}\approx\sum_{i=1}^{M} w_i g(\boldsymbol{\xi}_i) \tag{2.7.1}$$

式中:$\boldsymbol{\xi}_i$ 和 w_i 分别为第 i 个容积点及其权重;$\mathcal{N}(\boldsymbol{x};\boldsymbol{0},\boldsymbol{I})$ 为具有零均值和单位协方差的标准正态分布;$g(\boldsymbol{x})$ 为一般的非线性函数;n 为状态矢量的维度。对于 3 自由度球面径向规则,容积点总数为 $M=2n$,以及

$$\boldsymbol{\xi}_i=\sqrt{n}[1]_i \tag{2.7.2}$$

$$w_i = 1/(2n), i = 1, 2, \cdots, 2n \tag{2.7.3}$$

式(2.7.2)中，符号[1]表示对 n 维单位矢量的元素进行全排列和改变元素符号获得的点的完全对称集合，比如，$[1] \in \mathbb{R}^2$ 代表以下点集

$$\left\{ \begin{pmatrix} 1 \\ 0 \end{pmatrix}, \begin{pmatrix} 0 \\ 1 \end{pmatrix}, \begin{pmatrix} -1 \\ 0 \end{pmatrix}, \begin{pmatrix} 0 \\ -1 \end{pmatrix} \right\}$$

而 $[1]_i$ 则表示点集[1]中的第 i 个点。

设 $\boldsymbol{x} \in \mathbb{R}^n$ 是统计特性已知的高斯变量，服从分布 $\boldsymbol{x} \sim \mathcal{N}(\boldsymbol{x}; \bar{\boldsymbol{x}}, \boldsymbol{P}_x)$，$\boldsymbol{z}$ 为其非线性变换 $\boldsymbol{z} = h(\boldsymbol{x})$。根据上述容积数值积分原则，使用容积变换求解式(2.6.1)中的待求量 $\bar{z}$、$\boldsymbol{P}_z$ 和 $\boldsymbol{P}_{xz}$（$\boldsymbol{P}_{zx} = P_{xz}^{\mathrm{T}}$），具体步骤如下：

(1) 根据协方差 $\sqrt{\boldsymbol{P}_x}$ 计算 $2n$ 个容积点

$$\boldsymbol{x}^{(i)} = \bar{\boldsymbol{x}} + \sqrt{\boldsymbol{P}_x}\boldsymbol{\xi}_i, i = 1, 2, \cdots, 2n \tag{2.7.4}$$

(2) 计算经过非线性量测方程传递后的容积点

$$\boldsymbol{z}^{(i)} = h(\boldsymbol{x}^{(i)}), i = 1, 2, \cdots, 2n \tag{2.7.5}$$

(3) 计算 $\bar{z}$、$\boldsymbol{P}_z$ 和 $\boldsymbol{P}_{xz}$

$$\bar{\boldsymbol{z}} = \sum_{i=1}^{2n} w_i \boldsymbol{z}^{(i)} \tag{2.7.6}$$

$$\boldsymbol{P}_z = \sum_{i=1}^{2n} w_i \boldsymbol{z}^{(i)} (\boldsymbol{z}^{(i)})^{\mathrm{T}} - \bar{\boldsymbol{z}}\bar{\boldsymbol{z}}^{\mathrm{T}} \tag{2.7.7}$$

$$\boldsymbol{P}_{xz} = \sum_{i=1}^{2n} w_i \boldsymbol{x}^{(i)} (\boldsymbol{z}^{(i)})^{\mathrm{T}} - \bar{\boldsymbol{x}}\bar{\boldsymbol{z}}^{\mathrm{T}} \tag{2.7.8}$$

由上可知，容积变换（CuT）可视为由 $(h, \bar{\boldsymbol{x}}, \boldsymbol{P}_x)$ 到 $(\bar{z}, \boldsymbol{P}_z, \boldsymbol{P}_{xz})$ 的函数，即

$$(\bar{\boldsymbol{z}}, \boldsymbol{P}_z, \boldsymbol{P}_{xz}) = \mathrm{CuT}(h, \bar{\boldsymbol{x}}, \boldsymbol{P}_x) \tag{2.7.9}$$

CKF 使用容积变换的确定性采样规则来传递预测密度和更新密度的一阶、二阶矩。针对式(2.5.1)、式(2.5.2)给出的非线性问题，基于容积变换，CKF 的预测和更新步骤同 UKF，只是将式(2.6.11)和式(2.6.16)中的 UT(·)替换为 CuT(·)，在此不再赘述。

除标准的 CKF 之外，文献[42]还给出了更为稳健的均方根容积卡尔曼滤波器（Square - Root CKF，SR - CKF），感兴趣读者可参考文献[42]。

2.8　高斯和滤波

高斯和滤波（GSF），也被称为高斯混合滤波（Gaussian Mixture Filter，GMF），它使用高斯混合分布替代卡尔曼滤波中的高斯分布，在此意义上讲，它可视作卡

尔曼滤波的推广。这里简要介绍 GSF,详细描述可参考文献[402]。

GSF 假设马尔科夫转移密度和似然函数都是非线性的,但这种非线性密度可用下述高斯密度的加权和(即高斯混合密度)进行近似

$$\phi_{k|k-1}(\boldsymbol{x}\mid\boldsymbol{x}') \approx \sum_{i=1}^{I_{k-1}} \varpi_{k-1}^{(i)}\mathcal{N}(\boldsymbol{x};\boldsymbol{F}_{k-1}^{(i)}\boldsymbol{x}',\boldsymbol{Q}_{k-1}^{(i)}) \tag{2.8.1}$$

$$g_k(\boldsymbol{z}\mid\boldsymbol{x}) \approx \sum_{j=1}^{J_k} \omega_k^{(j)}\mathcal{N}(\boldsymbol{z};\boldsymbol{H}_k^{(j)}\boldsymbol{x},\boldsymbol{R}_k^{(j)}) \tag{2.8.2}$$

其中,$\varpi_{k-1}^{(i)}\geqslant 0,\omega_k^{(j)}\geqslant 0,\ \sum_{i=1}^{I_{k-1}}\varpi_{k-1}^{(i)}=1,\sum_{j=1}^{J_k}\omega_k^{(j)}=1$。此外,GSF 假设后验分布 $p_{k-1}(\boldsymbol{x}_{k-1}\mid\boldsymbol{z}_{1:k-1})$ 和 $p_{k|k-1}(\boldsymbol{x}_{k-1}\mid\boldsymbol{z}_{1:k-1})$ 也均为高斯混合分布,即

$$p_{k-1}(\boldsymbol{x}_{k-1}\mid\boldsymbol{z}_{1:k-1}) = \sum_{n=1}^{N_{k-1}} w_{k-1}^{(n)}\mathcal{N}(\boldsymbol{x}_{k-1};\boldsymbol{m}_{k-1}^{(n)},\boldsymbol{P}_{k-1}^{(n)}) \tag{2.8.3}$$

$$p_{k|k-1}(\boldsymbol{x}_k\mid\boldsymbol{z}_{1:k-1}) = \sum_{n=1}^{N_{k|k-1}} w_{k|k-1}^{(n)}N(\boldsymbol{x}_k;\boldsymbol{m}_{k|k-1}^{(n)},\boldsymbol{P}_{k|k-1}^{(n)}) \tag{2.8.4}$$

从而,GSF 按照递归贝叶斯滤波方程随时间传递后验分量($w_k^{(n)},\boldsymbol{m}_k^{(n)},\boldsymbol{P}_k^{(n)}$),即

$$\begin{aligned}
&(w_0^{(n)},\boldsymbol{m}_0^{(n)},\boldsymbol{P}_0^{(n)})_{n=1,2,\cdots,N_0}\to(w_{1|0}^{(n)},\boldsymbol{m}_{1|0}^{(n)},\boldsymbol{P}_{1|0}^{(n)})_{n=1,2,\cdots,N_{1|0}}\\
&\quad\to(w_1^{(n)},\boldsymbol{m}_1^{(n)},\boldsymbol{P}_1^{(n)})_{n=1,2,\cdots,N_1}\to\cdots\to\\
&(w_{k-1}^{(n)},\boldsymbol{m}_{k-1}^{(n)},\boldsymbol{P}_{k-1}^{(n)})_{n=1,2,\cdots,N_{k-1}}\to(w_{k|k-1}^{(n)},\boldsymbol{m}_{k|k-1}^{(n)},\boldsymbol{P}_{k|k-1}^{(n)})_{n=1,2,\cdots,N_{k|k-1}}\\
&\quad\to(w_k^{(n)},\boldsymbol{m}_k^{(n)},\boldsymbol{P}_k^{(n)})_{n=1,2,\cdots,N_k}\to\cdots
\end{aligned} \tag{2.8.5}$$

1) GSF 预测(时间更新)

根据式(2.2.7)和附录 A 中引理 4,可得 GSF 的预测方程为

$$\begin{aligned}
p_{k|k-1}(\boldsymbol{x}_k\mid\boldsymbol{z}_{1:k-1}) &= \int\phi_{k|k-1}(\boldsymbol{x}\mid\boldsymbol{x}')p_{k-1}(\boldsymbol{x}'\mid\boldsymbol{z}_{1:k-1})\mathrm{d}\boldsymbol{x}'\\
&= \sum_{i=1}^{I_{k-1}}\sum_{n=1}^{N_{k-1}}\varpi_{k-1}^{(i)}w_{k-1}^{(n)}\int\mathcal{N}(\boldsymbol{x}_k;\boldsymbol{F}_{k-1}^{(i)}\boldsymbol{x}',\boldsymbol{Q}_{k-1}^{(i)})\mathcal{N}(\boldsymbol{x}';\boldsymbol{m}_{k-1}^{(n)},\boldsymbol{P}_{k-1}^{(n)})\mathrm{d}\boldsymbol{x}'\\
&= \sum_{i=1}^{I_{k-1}}\sum_{n=1}^{N_{k-1}}w_{k|k-1}^{(n,i)}\mathcal{N}(\boldsymbol{x}_k;\boldsymbol{m}_{k|k-1}^{(n,i)},\boldsymbol{P}_{k|k-1}^{(n,i)})\\
&= \sum_{n=1}^{N_{k|k-1}}w_{k|k-1}^{(n)}\mathcal{N}(\boldsymbol{x}_k;\boldsymbol{m}_{k|k-1}^{(n)},\boldsymbol{P}_{k|k-1}^{(n)})
\end{aligned} \tag{2.8.6}$$

其中,

$$w_{k|k-1}^{(n,i)} = \varpi_{k-1}^{(i)}w_{k-1}^{(n)} \tag{2.8.7}$$

$$\boldsymbol{m}_{k|k-1}^{(n,i)} = \boldsymbol{F}_{k-1}^{(i)}\boldsymbol{m}_{k-1}^{(n)} \tag{2.8.8}$$

$$\boldsymbol{P}_{k|k-1}^{(n,i)}=\boldsymbol{F}_{k-1}^{(i)}\boldsymbol{P}_{k-1}^{(n)}(\boldsymbol{F}_{k-1}^{(i)})^{\mathrm{T}}+\boldsymbol{Q}_{k-1}^{(i)} \tag{2.8.9}$$

因此，$p_{k|k-1}(\boldsymbol{x}_k|\boldsymbol{z}_{1:k-1})$为$N_{k|k-1}=I_{k-1}N_{k-1}$个分量的高斯混合分布，这表明预测分布$p_{k|k-1}(\boldsymbol{x}_k|\boldsymbol{z}_{1:k-1})$的高斯分量会随时间组合式增长，仅在$I_{k-1}=1$（即$\varpi_{k-1}^{1}=1$）时，有$N_{k|k-1}=N_{k-1}$，$w_{k|k-1}^{(n,1)}=w_{k-1}^{(n)}$。

2）GSF更新（量测更新）

基于预测分布式（2.8.6），根据贝叶斯滤波校正方程式（2.2.8）和附录A中引理5，经推导整理后，可得更新的后验分布也为高斯混合形式

$$\begin{aligned}
p_k(\boldsymbol{x}_k|\boldsymbol{z}_{1:k}) &= \frac{g_k(\boldsymbol{z}_k|\boldsymbol{x}_k)p_{k|k-1}(\boldsymbol{x}_k|\boldsymbol{z}_{1:k-1})}{\int g_k(\boldsymbol{z}_k|\boldsymbol{x})p_{k|k-1}(\boldsymbol{x}|\boldsymbol{z}_{1:k-1})\mathrm{d}\boldsymbol{x}}\\
&= c^{-1}\sum_{j=1}^{J_k}\sum_{n=1}^{N_{k|k-1}}\boldsymbol{\omega}_k^{(j)}w_{k|k-1}^{(n)}\mathcal{N}(\boldsymbol{z}_k;\boldsymbol{H}_k^{(j)}\boldsymbol{x}_k,\boldsymbol{R}_k^{(j)})\mathcal{N}(\boldsymbol{x}_k;\boldsymbol{m}_{k|k-1}^{(n)},\boldsymbol{P}_{k|k-1}^{(n)})\\
&= c^{-1}\sum_{j=1}^{J_k}\sum_{n=1}^{N_{k|k-1}}\boldsymbol{\omega}_k^{(j)}w_{k|k-1}^{(n)}\mathcal{N}(\boldsymbol{z}_k;\hat{\boldsymbol{z}}_{k|k-1}^{(n,j)},\boldsymbol{S}_k^{(n,j)})\mathcal{N}(\boldsymbol{x}_k;\boldsymbol{m}_{k|k}^{(n,j)},\boldsymbol{P}_{k|k}^{(n,j)})\\
&= \sum_{j=1}^{J_k}\sum_{n=1}^{N_{k|k-1}}w_k^{(n,j)}\mathcal{N}(\boldsymbol{x}_k;\boldsymbol{m}_{k|k}^{(n,j)},\boldsymbol{P}_{k|k}^{(n,j)}) = \sum_{n=1}^{N_k}w_k^{(n)}\mathcal{N}(\boldsymbol{x}_k;\boldsymbol{m}_k^{(n)},\boldsymbol{P}_k^{(n)})
\end{aligned} \tag{2.8.10}$$

其中，

$$w_k^{(n,j)}=c^{-1}\boldsymbol{\omega}_k^{(j)}w_{k|k-1}^{(n)}\mathcal{N}(\boldsymbol{z}_k;\hat{\boldsymbol{z}}_{k|k-1}^{(n,j)},\boldsymbol{S}_k^{(n,j)}) \tag{2.8.11}$$

$$\boldsymbol{m}_k^{(n,j)}=\boldsymbol{m}_{k|k-1}^{(n)}+\boldsymbol{G}_k^{(n,j)}(\boldsymbol{z}_k-\hat{\boldsymbol{z}}_{k|k-1}^{(n,j)}) \tag{2.8.12}$$

$$\boldsymbol{P}_k^{(n,j)}=\boldsymbol{P}_{k|k-1}^{(n)}-\boldsymbol{G}_k^{(n,j)}\boldsymbol{S}_k^{(n,j)}(\boldsymbol{G}_k^{(n,j)})^{\mathrm{T}} \tag{2.8.13}$$

$$\hat{\boldsymbol{z}}_{k|k-1}^{(n,j)}=\boldsymbol{H}_k^{(j)}\boldsymbol{m}_{k|k-1}^{(n)} \tag{2.8.14}$$

$$\boldsymbol{S}_k^{(n,j)}=\boldsymbol{H}_k^{(j)}\boldsymbol{P}_{k|k-1}^{(n)}(\boldsymbol{H}_k^{(j)})^{\mathrm{T}}+\boldsymbol{R}_k^{(j)} \tag{2.8.15}$$

$$\boldsymbol{G}_k^{(n,j)}=\boldsymbol{P}_{k|k-1}^{(n)}(\boldsymbol{H}_k^{(j)})^{\mathrm{T}}(\boldsymbol{S}_k^{(n,j)})^{-1} \tag{2.8.16}$$

$$c=\sum\nolimits_{j=1}^{J_k}\sum\nolimits_{n=1}^{N_{k|k-1}}\boldsymbol{\omega}_k^{(j)}w_{k|k-1}^{(n)}\mathcal{N}(\boldsymbol{z}_k;\hat{\boldsymbol{z}}_{k|k-1}^{(n,j)},\boldsymbol{S}_k^{(n,j)}) \tag{2.8.17}$$

显然，后验分布$p_k(\boldsymbol{x}_k|\boldsymbol{z}_{1:k})$的高斯分量数$N_k=J_kN_{k|k-1}$会随时间组合式增长，仅在$J_k=1$（即$\boldsymbol{\omega}_k^1=1$）时，有$N_k=N_{k|k-1}$，$w_k^{(n,1)}=w_k^{(n)}$。

由上可知，对于转移密度和（或）似然函数是高斯混合形式的更一般情形，准确表示滤波密度的高斯数量将随时间指数增长，因此，需采用高斯混合剪枝技术（如剔除小权重分量、合并相似分量等）来管理内存和计算量[403,404]。

3）GSF 状态估计

得到后验分布 $p_k(\boldsymbol{x}_k \mid \boldsymbol{z}_{1:k})$ 后，可得状态的期望后验（Expected A Posteriori，EAP）估计为

$$\hat{\boldsymbol{x}}_k^{\mathrm{EAP}} = \int \boldsymbol{x} \cdot p_k(\boldsymbol{x}_k \mid \boldsymbol{z}_{1:k})\mathrm{d}\boldsymbol{x} = \sum_{n=1}^{N_k} w_k^{(n)} \boldsymbol{m}_k^{(n)} \tag{2.8.18}$$

然而，当 $p_k(\boldsymbol{x}_k \mid \boldsymbol{z}_{1:k})$ 具有显著的多峰形态时，EAP 估计器的性能将不尽如人意。此时，应采用最大后验（MAP）估计器，这需要确定高斯加权和的最大值位置。在采用分量剔除与合并技术后，MAP 估计可近似为

$$\hat{\boldsymbol{x}}_k^{\mathrm{MAP}} \approx \boldsymbol{m}_k^{(n_*)} \tag{2.8.19}$$

式中：$\boldsymbol{m}_k^{(n_*)}$ 为最大混合系数 $w_k^{(n_*)}$ 所对应高斯分量的均值。如果 $\boldsymbol{m}_k^{(n)}$ 彼此间隔较远，则这种近似是非常精确的。

2.9　粒子滤波

粒子滤波（PF）也称序贯蒙特卡罗（SMC）方法，其基本原理是使用随机样本（粒子）来近似感兴趣的概率分布，是对贝叶斯递归数值近似的一类解决方案，可应用于非线性非高斯动态模型和量测模型。

用 $\boldsymbol{x}^{(i)} \sim p(\boldsymbol{x})$ 表示从概率密度 $p(\boldsymbol{x})$ 中抽取独立同分布（Independently and Identically Distributed，IID）样本。对于任意函数 $h(\boldsymbol{x})$，其（有限）期望可用 N 个 IID 样本 $\{\boldsymbol{x}^{(i)}\}_{i=1}^{N}$ 通过经验期望进行近似，即

$$\int h(\boldsymbol{x}) p(\boldsymbol{x}) \mathrm{d}\boldsymbol{x} \approx \frac{1}{N} \sum_{i=1}^{N} h(\boldsymbol{x}^{(i)}) \tag{2.9.1}$$

当 N 趋于无穷，上述经验期望无偏且趋于真实期望，并且，收敛率与积分维度无关，主要取决于独立样本的数量 N[405]。因而，可将样本 $\{\boldsymbol{x}^{(i)}\}_{i=1}^{N}$ 看作 p 的点质量近似，即

$$p(\boldsymbol{x}) \approx \frac{1}{N} \sum_{i=1}^{N} \delta_{\boldsymbol{x}^{(i)}}(\boldsymbol{x}) \tag{2.9.2}$$

式中：δ 为狄拉克（Dirac）德耳塔（delta）函数。

在贝叶斯递归中，归一化常量一般难以计算，通常考虑 $p(\boldsymbol{x}) \propto \tilde{p}(\boldsymbol{x})$ 的情况。由于难以从密度 p 中抽样，故可从一个已知密度 q（该密度被称为建议密度或重要性密度）中抽取 N 个 IID 样本 $\{\boldsymbol{x}^{(i)}\}_{i=1}^{N}$，然后对这些样本赋予相应的权重，从而获得 p 的加权点质量近似。更准确地讲，对于任意函数 h，其（有限）期望可通过以下经验期望进行近似

$$\int h(\boldsymbol{x})p(\boldsymbol{x})\mathrm{d}\boldsymbol{x} \approx \sum_{i=1}^{N} w^{(i)} h(\boldsymbol{x}^{(i)}) \tag{2.9.3}$$

其中，

$$\boldsymbol{x}^{(i)} \sim q(\boldsymbol{x}) \tag{2.9.4}$$

$$w^{(i)} = \tilde{w}^{(i)} \Big/ \sum_{j=1}^{N} \tilde{w}^{(j)} \tag{2.9.5}$$

$$\tilde{w}^{(i)} = p(\boldsymbol{x}^{(i)}) / q(\boldsymbol{x}^{(i)}) \tag{2.9.6}$$

式中：$\tilde{w}$ 和 $w^{(i)}$ 分别称为重要性权重和归一化重要性权重。一个较好的建议分布应满足所有权重 $\{w^{(i)}\}_{i=1}^{N}$ 大致相等。对于上述重要性采样近似，该经验期望是有偏的。不过，当 N 趋向无穷，其几乎必然地趋于真实期望。因而，可认为加权粒子 $\{w^{(i)}, \boldsymbol{x}^{(i)}\}_{i=1}^{N}$ 是 p 的加权点质量近似，即

$$p(\boldsymbol{x}) \approx \sum_{i=1}^{N} w^{(i)} \delta_{\boldsymbol{x}^{(i)}}(\boldsymbol{x}) \tag{2.9.7}$$

假设 $k-1$ 时刻后验密度 $p_{0:k-1}$ 由加权粒子集 $\{w_{k-1}^{(i)}, \boldsymbol{x}_{0:k-1}^{(i)}\}_{i=1}^{N}$ 表示，即

$$p_{0:k-1}(\boldsymbol{x}_{0:k-1} \mid \boldsymbol{z}_{1:k-1}) \approx \sum_{i=1}^{N} w_{k-1}^{(i)} \delta_{\boldsymbol{x}_{0:k-1}^{(i)}}(\boldsymbol{x}_{0:k-1}) \tag{2.9.8}$$

给定一个易于从中采样的建议密度 $q_k(\cdot \mid \boldsymbol{x}_{k-1}^{(i)}, \boldsymbol{z}_k)$，那么，$k$ 时刻后验密度 $p_{0:k}$ 可由新的加权粒子集 $\{w_k^{(i)}, \boldsymbol{x}_{0:k}^{(i)}\}_{i=1}^{N}$ 表示，即

$$p_{0:k}(\boldsymbol{x}_{0:k} \mid \boldsymbol{z}_{1:k}) \approx \sum_{i=1}^{N} w_k^{(i)} \delta_{\boldsymbol{x}_{0:k}^{(i)}}(\boldsymbol{x}_{0:k}) \tag{2.9.9}$$

其中，

$$\boldsymbol{x}_{0:k}^{(i)} = (\boldsymbol{x}_{0:k-1}^{(i)}, \boldsymbol{x}_k^{(i)}) \tag{2.9.10}$$

$$\boldsymbol{x}_k^{(i)} \sim q_k(\cdot \mid \boldsymbol{x}_{k-1}^{(i)}, \boldsymbol{z}_k) \tag{2.9.11}$$

$$w_k^{(i)} = \tilde{w}_k^{(i)} \Big/ \sum_{j=1}^{N} \tilde{w}_k^{(j)} \tag{2.9.12}$$

$$\tilde{w}_k^{(i)} = w_{k-1}^{(i)} \frac{g_k(\boldsymbol{z}_k \mid \boldsymbol{x}_k^{(i)}) \phi_{k|k-1}(\boldsymbol{x}_k^{(i)} \mid \boldsymbol{x}_{k-1}^{(i)})}{q_k(\boldsymbol{x}_k^{(i)} \mid \boldsymbol{x}_{k-1}^{(i)}, \boldsymbol{z}_k)} \tag{2.9.13}$$

如果仅对滤波密度感兴趣，则仅需保存最新时刻的样本，即滤波密度由加权样本 $\{w_k^{(i)}, \boldsymbol{x}_k^{(i)}\}_{i=1}^{N}$ 表示。

粒子滤波中关键步骤是序贯应用重要性采样来递归近似后验密度，这就是熟知的序贯重要性采样（Sequential Importance Sampling，SIS）方法。然而，使用该方法存在不可避免的样本退化（Sample Degeneracy）或粒子耗竭（Particle Depletion）问题：经过若干次迭代以后，除了少数几个粒子（权重较大）以外，大量粒子的权重已经微小到可以忽略（近似为 0）的地步（即随着时间的推进，粒子权重

的方差不断减小)，因而，大量计算浪费在对后验贡献很小的粒子更新上。为克服该问题，可选取更好的建议密度，关于最优建议密度的选择以及构建较好建议密度的实际策略可参考文献[406,407]；此外，更一般的是采用重采样方法，即对加权粒子$\{w_k^{(i)},\boldsymbol{x}_k^{(i)}\}_{i=1}^N$进行重采样以产生更多具有较高权重的粒子副本，并淘汰掉较低权重的粒子。需要说明的是，重采样缓解了样本退化的问题，但也引入了新的样本贫化(Sample Impoverishment)问题：高权重的样本多次被选取，丧失了样本的多样性。这可采用马尔科夫链蒙特卡罗(Markov Chain Monte Carlo, MCMC)步骤来丰富粒子的多样性[408]。

下面总结了只关注滤波密度的粒子滤波递归的完整步骤。

1）预测

给定$\{w_{k-1}^{(i)},\boldsymbol{x}_{k-1}^{(i)}\}_{i=1}^N$，对于$i=1,2,\cdots,N$，抽样$\tilde{\boldsymbol{x}}_k^{(i)}\sim q_k(\cdot\mid\boldsymbol{x}_{k-1}^{(i)},\boldsymbol{z}_k)$，并计算预测权重

$$w_{k|k-1}^{(i)}=w_{k-1}^{(i)}\frac{\phi_{k|k-1}(\boldsymbol{x}_k^{(i)}\mid\boldsymbol{x}_{k-1}^{(i)})}{q_k(\boldsymbol{x}_k^{(i)}\mid\boldsymbol{x}_{k-1}^{(i)},\boldsymbol{z}_k)}\tag{2.9.14}$$

2）更新

更新权重

$$w_k^{(i)}=w_{k|k-1}^{(i)}g_k(\boldsymbol{z}_k\mid\boldsymbol{x}_k^{(i)}),i=1,2,\cdots,N\tag{2.9.15}$$

归一化权重

$$\tilde{w}_k^{(i)}=w_k^{(i)}\Big/\sum_{j=1}^N w_k^{(j)},i=1,2,\cdots,N\tag{2.9.16}$$

3）重采样

重采样$\{\tilde{w}_k^{(i)},\tilde{\boldsymbol{x}}_k^{(i)}\}_{i=1}^N$得到$\{w_k^{(i)},\boldsymbol{x}_k^{(i)}\}_{i=1}^N$。

实现重采样步骤的方法较多，包括多项式重采样、分层重采样、残差重采样等，不同策略的选择影响计算量以及粒子近似的质量[409,410]。相比多项式重采样，有效的分层重采样具有更好的统计属性。大部分重采样方法在约束$\sum_{i=1}^N n_k^{(i)}=N$下对每个粒子$\tilde{\boldsymbol{x}}_k^{(i)}$复制$n_k^{(i)}$个副本以获得$\{\tilde{\boldsymbol{x}}_k^{(i)}\}_{i=1}^N$，这可选择满足条件$E[n_k^{(i)}]=N\omega_k^{(i)}$的(随机)重采样机制，其中，$\omega_k^{(i)}>0$，$\sum_{i=1}^N\omega_k^{(i)}=1$是一系列由用户设置的权重。典型地，可令$\omega_k^{(i)}=\tilde{w}_k^{(i)}$，但是，也可选择$\omega_k^{(i)}\propto(\tilde{w}_k^{(i)})^\tau$，其中，$\tau\in(0,1)$。然后，再将新权重设为$w_k^{(i)}\propto\tilde{w}_k^{(i)}/\omega_k^{(i)}$，$\sum_{i=1}^N w_k^{(i)}=1$。

为改善性能，已提出大量改进的粒子滤波算法。对于特定类型的状态空间模型，可将 Rao-Blackwellization 技术并入到粒子滤波中[405]，其核心思想是将状态矢量分解成线性高斯分量和非线性非高斯分量，然后，前者通过使用卡尔曼滤

波解析求解,而后者使用粒子滤波,从而降低问题维度,减小计算量,这样的例子有混合卡尔曼滤波(Mixture Kalman Filter,MKF)[411]。另外,通过内核平滑技术可获得后验密度的连续近似,使用该方法的例子有卷积(Convolution)粒子滤波或规则化(Regularized)粒子滤波[405],其他相关的方法还有高斯粒子[412]和高斯和粒子滤波[413]等。

2.10 小结

遵循由易而难的复杂性、自先而后的发展史,本章依次介绍了贝叶斯递归、卡尔曼滤波、扩展卡尔曼滤波、不敏卡尔曼滤波、容积卡尔曼滤波、高斯和滤波和粒子滤波等单目标跟踪所广泛采用的滤波算法。同时,本章也作为一个引子,切入更为复杂的随机有限集多目标跟踪算法,后文将看到,本章所介绍的大部分单目标滤波算法都将有对应的随机有限集多目标版本。

第3章 随机有限集基础

3.1 引言

如前章所言,多目标滤波/跟踪中重要的挑战包括杂波、检测不确定性(Detection Uncertainty)和数据关联不确定性(Data Association Uncertainty)。直至目前,多目标跟踪算法涌现了三种主流解决方案:多假设跟踪(MHT)、联合概率数据关联(JPDA),以及新兴的随机有限集(RFS)。前两种方案发展较早,比较成熟,相关的参考资料不胜枚举,而随机有限集的资料比较欠缺,这也是本书的主旨:致力于详细介绍 RFS 目标跟踪算法。

考虑到读者对 RFS 内容相对陌生,同时,为便于快速入门,本章内容设计如下:首先介绍随机有限集的统计描述符、矩和常用类型等初步知识,这部分内容将被后文频繁使用,是理解各随机有限集算法的基础;然后,分别介绍多目标系统模型和多目标贝叶斯递归,并给出多目标形式化建模范式,这些内容可与单目标情况进行比较学习,特别是其中的多目标贝叶斯递归,是后文各 RFS 算法的核心公式;最后,针对复杂的多目标贝叶斯递归方程,给出了极具一般性的粒子多目标滤波实现方法,并介绍了多目标跟踪性能测度,为衡量各算法的优劣提供了具体评价标准,此外,其也是更高级别的传感器管理所必需的要素。

3.2 随机有限集统计

本节旨在简要介绍随机有限集相关的重要概念,如随机有限集、有限集统计描述符、随机有限集的强度(一阶矩)和势等。

3.2.1 随机有限集及其统计描述符

RFS 是随机矢量的自然推广,为多源多目标信息融合提供了一种自然的处理方式。RFS 与随机变量的区别在于:点的数量是随机的,此外,点自身也是随机且无序的。通俗地讲,一个 RFS 是一个随机(空间)点模式,比如雷达屏幕上的量测。实际上,一个 RFS X 仅是一个有限集值的随机变量,其可由一个离散概率分布和一族联合概率密度进行完全描述[414-416]，其中，离散分布表征了 RFS X 的势，而对于给定的势，联合概率密度表征了 RFS X 中元素的联合分布。

RFS 的第一个描述符是多目标概率密度函数，它是随机矢量的概率密度函数的自然推广。RFS 的概率密度函数是在 $\mathcal{F}(\mathbb{X})$ 的非负函数 π，满足对于任何区域 $S\subseteq\mathbb{X}$，有

$$P(X \subseteq S) = \int_S \pi(X)\delta X \tag{3.2.1}$$

式(3.2.1)建立了多目标概率密度 $\pi(X)$ 与多目标概率分布之间的关系。对于任意 X，$\pi(X)\geqslant 0$，且在整个定义空间$\mathbb{X}$ 上积分为 1，即

$$\int_{\mathbb{X}} \pi(X)\delta X = 1 \tag{3.2.2}$$

注意：式(3.2.1)和式(3.2.2)中的积分为式(3.2.3)定义的“集合积分”(Set Integral)[3, 414]，即

$$\begin{aligned}\int \pi(X)\delta X &= \sum_{i=0}^{\infty} \frac{1}{i!}\int \pi(\{\boldsymbol{x}_1,\cdots,\boldsymbol{x}_i\})\mathrm{d}\boldsymbol{x}_1\cdots\mathrm{d}\boldsymbol{x}_i \\ &= \pi(\phi) + \sum_{i=1}^{\infty} \frac{1}{i!}\int \pi(\{\boldsymbol{x}_1,\cdots,\boldsymbol{x}_i\})\mathrm{d}\boldsymbol{x}_1\cdots\mathrm{d}\boldsymbol{x}_i\end{aligned} \tag{3.2.3}$$

集合积分有时也采用以下形式

$$\int \pi(X)\delta X = \sum_{i=0}^{\infty} \frac{1}{i!}\int \pi(\{\boldsymbol{x}_1,\cdots,\boldsymbol{x}_i\})\mathrm{d}(\boldsymbol{x}_1,\cdots,\boldsymbol{x}_i) \tag{3.2.4}$$

全书默认集合积分存在并且是有限的。由于 $\pi(\phi)$ 是一个无量纲的概率，为使式(3.2.3)中的求和运算具有良好定义，这要求式(3.2.3)中每个求和的积分项也必须是无量纲的。在该形式中，$\mathrm{d}\boldsymbol{x}_1\cdots\mathrm{d}\boldsymbol{x}_i$ 的量纲为 K^i，因而，$\pi(\{\boldsymbol{x}_1,\cdots,\boldsymbol{x}_i\})$ 的量纲为 K^{-i}。根据上述分析可知，尽管 π 不是概率密度，但函数 $\pi(X)K^{|X|}$ 是概率密度，其中，$|X|$ 表示 RFS X 的势(X 中元素的数量)。

多目标分布的集合表示 $\pi(\{\boldsymbol{x}_1,\cdots,\boldsymbol{x}_n\})$ 也可以表示为矢量形式 $\pi(\boldsymbol{x}_1,\cdots,\boldsymbol{x}_n)$，两种表示间的关系为

$$\pi(\{\boldsymbol{x}_1,\cdots,\boldsymbol{x}_n\}) = n!\ \pi(\boldsymbol{x}_1,\cdots,\boldsymbol{x}_n) \tag{3.2.5}$$

这是因为，有限集$\{\boldsymbol{x}_1,\cdots,\boldsymbol{x}_n\}$的概率在 $n!$ 个可能的矢量$(\boldsymbol{x}_{\sigma(1)},\cdots,\boldsymbol{x}_{\sigma(n)})$上等分布，其中，$\sigma$ 为数字 $1,2,\cdots,n$ 的一个排列。

RFS 的另一个基本描述符是概率生成泛函(PGFl)，X 的概率生成泛函(PGFl)$G[\cdot]$定义为[414, 416]

$$G[h] \overset{\text{def}}{=} \mathrm{E}[h^X] \tag{3.2.6}$$

式中：E[·]表示期望算子；h 为$\mathbb{X}$ 上满足 $0 \leqslant h(\boldsymbol{x}) \leqslant 1$ 的任意实值函数；h^X 为多目标指数(MoE)，即

$$h^X \overset{\text{def}}{=} \prod_{\boldsymbol{x} \in X} h(\boldsymbol{x}) \tag{3.2.7}$$

并规定 $h^\phi = 1$。

对于 RFS，除了多目标概率密度函数和概率生成泛函外，还有一种基本描述方式：信任质量函数。RFS 的信任质量函数是随机矢量的概率质量函数(Probability Mass Function，PMF)的自然推广。对于定义在空间$\mathbb{X}$ 上的随机矢量 $\boldsymbol{x}$ 而言，其概率质量函数定义为

$$P(S) = P(\boldsymbol{x} \in S) \tag{3.2.8}$$

式中：S 为空间$\mathbb{X}$ 上的任意闭集。

类似地，对于 RFS X 而言，其信任质量函数定义为

$$\beta(S) = P(X \subseteq S) = \int_S \pi(X)\delta X \tag{3.2.9}$$

信任质量函数实际上是 PGFl 的一种特殊情形，具有如下关系：

$$\beta(S) = \int_S \pi(X)\delta X = \int 1_S^X \pi(X)\delta X = G[1_S] \tag{3.2.10}$$

式中：$1_Y(X)$ 为广义指示函数(Generalized Indicator Function，GIF)，也被称为广义示性函数或包含函数(Inclusion Function)，定义为

$$1_Y(X) \overset{\text{def}}{=} \begin{cases} 1, & 若 X \subseteq Y \\ 0, & 其他 \end{cases} \tag{3.2.11}$$

当 $X = \{\boldsymbol{x}\}$ 时，简写成 $1_Y(\{\boldsymbol{x}\}) \overset{\text{abbr.}}{=} 1_Y(\boldsymbol{x})$。

此外，信任质量函数与多目标概率密度函数具有如下关系：

$$\beta(S) = \int_S \pi(X)\delta X, \pi(X) = \frac{\partial \beta}{\partial X}(\phi) \tag{3.2.12}$$

利用上述广义微积分基本定理，可确定非可加集合函数的密度，也可建立集合积分和集合导数间的联系，附录 B 从更一般的泛函导数层面给出了集合导数的严格定义。

总之，根据式(3.2.10)和式(3.2.12)可知，概率密度函数、概率生成泛函和信任质量函数这三种随机有限集统计描述符实际包含相同的信息，利用多目标微积分法则，其中的任何一个都可由其他任何一个推导得到。不过，虽然三者在数学意义上是等价的，但它们各自侧重于多目标问题中的不同方面。

多目标概率密度函数是多目标贝叶斯滤波器的核心所在，而后者则是多目

标检测、跟踪、定位与识别的理论基础。多目标贝叶斯滤波器随时间传递不同时刻的多目标概率密度,该时刻的多目标概率分布包含了相应时刻与目标数和状态相关的全部信息。

概率生成泛函则类似于积分变换,主要用于将较为困难的数学问题转化为简单问题。利用概率生成泛函,可方便地处理多目标预测器、多伯努利分布和多目标优先级等[13]。

而信任质量函数是多源多目标形式化贝叶斯建模(详见第3.6节)的核心。特别地,对于根据多目标运动模型构造多目标马尔科夫密度函数,以及根据多目标量测模型构造真实多目标似然函数等问题,它起着至关重要的作用。例如,给定多目标量测模型,可构造出信任质量函数的具体表达式,由此可进一步得到多目标似然函数。

需要说明的是,除了上述三种 RFS 统计描述符外,还存在其他的描述符,如空概率泛函(或简称为空概率)[415, 416,417]等,在此不再详述。

3.2.2 随机有限集的强度和势

在跟踪领域,强度函数[3, 82]也被称为概率假设密度(PHD),该专业术语首次由文献[418]引入。强度(PHD)v 可根据多目标密度 $\boldsymbol{\pi}$ 得到[3]

$$v(\boldsymbol{x}) = \int \boldsymbol{\pi}(\{\boldsymbol{x}\} \cup X)\delta X \tag{3.2.13}$$

此外,PHD 也可通过对 RFS 的 PGFl 求微分获得。强度 v 在任何区域 S 上的积分给出了在 S 里 RFS X 中元素的期望数 $\bar{n}$,即

$$\bar{n} = \mathrm{E}[\,|X \cap S|\,] = \int_S v(\boldsymbol{x})\mathrm{d}\boldsymbol{x} \tag{3.2.14}$$

换言之,对于给定的点 $\boldsymbol{x}$,强度 $v(\boldsymbol{x})$ 为在 $\boldsymbol{x}$ 处每单位体积内目标期望数量的密度。

PHD 实际为 RFS 的一阶矩,它类似于随机矢量的期望。不过,因为不存在集合相加的概念,RFS 的期望是没有意义的。因而,不存在类似于单目标期望后验(EAP)估计器的多目标 EAP 版本。不过,由于强度 v 的局部极大值是 S 中具有期望数量元素的最高局部浓度的点,因此,可用来产生 X 中元素的估计。一个简单的多目标估计器——PHD 滤波器(详见第4章)可按以下步骤获得:首先对 $\bar{n}$ 四舍五入以确定估计的状态数量 $\hat{n}$,再选择 PHD v 的 $\hat{n}$ 个极大点为待估计状态。也就是说,令 $\hat{n}$ 为最接近 $\bar{n}$ 的整数,如果 $\hat{\boldsymbol{x}}_1,\cdots,\hat{\boldsymbol{x}}_{\hat{n}}$ 的 PHD 值为 $v(\hat{\boldsymbol{x}}_1),\cdots,v(\hat{\boldsymbol{x}}_{\hat{n}})$ 的 $\hat{n}$ 个极大值,则 $\hat{X}=\{\hat{\boldsymbol{x}}_1,\cdots,\hat{\boldsymbol{x}}_{\hat{n}}\}$ 为多目标状态估计。

RFS 的势也是一个非常重要的概念,RFS X 的势 $|X|$,为离散随机变量,其

概率分布(即势分布)ρ 定义为

$$\rho(|X|)=\frac{1}{|X|!}\int_{\mathbb{X}^{|X|}}\pi(\{\boldsymbol{x}_1,\cdots,\boldsymbol{x}_{|X|}\})\mathrm{d}(\boldsymbol{x}_1,\cdots,\boldsymbol{x}_{|X|}) \tag{3.2.15}$$

势 $|X|$ 的概率生成函数(Probability Generating Function,PGF)为

$$G(z)=\sum_{j=0}^{\infty}\rho(j)z^j \tag{3.2.16}$$

由式(3.2.16)可知,势分布 ρ 实际是 PGF $G(\cdot)$ 的逆 Z 变换,$G(\cdot)$ 可通过代入常函数 $h(\boldsymbol{x})=z$ 到 PGFl(见式(3.2.6))中得到。注意:PGF $G(\cdot)$ 和 PGFl $G[\cdot]$ 之间的区别由参数上的圆括号和方括号进行区分,附录 C 从积分变换角度对两者进行了阐释。

根据势分布可获得另一个多目标估计器——CPHD 滤波器(详见第 5 章),其与前述 PHD 滤波器步骤基本相同,不过,状态数量估计方法可能不同,其可使用期望后验势估计 $\hat{n}=\mathrm{E}[|X|]$ 或最大后验势估计 $\hat{n}=\arg_n\max\rho(n)$ 作为目标数目的估计,再使用 PHD 的 $\hat{n}$ 个最高局部峰值作为目标状态估计。

3.3 随机有限集的主要类别

根据 RFS 是否包含标签信息,RFS 可分为无标签 RFS 和标签 RFS。在无标签 RFS 中,主要的类型有泊松 RFS、独立同分布(IIDC)RFS、伯努利 RFS、多伯努利 RFS 等;在标签 RFS 中,常用的类型包括标签泊松 RFS、标签 IIDC RFS、标签多伯努利 RFS、广义标签多伯努利(GLMB)RFS、δ-GLMB RFS 等。

3.3.1 泊松 RFS

如果$\mathbb{X}$ 上的 RFS X 的势 $|X|$ 服从均值为 $\langle v,1\rangle$ 的泊松分布,并且,对于任意有限势,X 中的元素依据概率密度 $v(\cdot)/\langle v,1\rangle$ 独立同分布(IID),则称 X 是定义在$\mathbb{X}$ 上具有强度函数 v 的泊松 RFS[414, 416],其中,$\langle f,g\rangle$ 为内积(Inner Product),对连续函数,有 $\langle f,g\rangle \overset{\text{def}}{=} \int f(\boldsymbol{x})g(x)\mathrm{d}\boldsymbol{x}$;对离散序列,有 $\langle f,g\rangle \overset{\text{def}}{=} \sum_{i=0}^{\infty}f(i)g(i)$。泊松 RFS 是一种非常重要的 RFS 类型,具有独特的属性,其可由强度函数 v 进行完全描述,即泊松 RFS 的概率密度可由 v 明确表示为[13]

$$\pi(X)=\exp(-\langle v,1\rangle)\cdot v^X \tag{3.3.1}$$

具有强度函数 v 的泊松 RFS 的 PGFl 为[13]

$$G[h]=\exp(\langle v,h-1\rangle) \tag{3.3.2}$$

若 RFS 的元素依据概率密度 v/N 独立同分布,但具有任意的势分布,这样

的 RFS 则被称为独立同分布群 RFS。泊松 RFS 是具有泊松势的独立同分布群 RFS 的特例。

3.3.2　独立同分布群 RFS

独立同分布群(IIDC)RFS X 中包含的元素依据概率密度 p 独立同分布,可由概率密度 p 和势分布 ρ 进行完全表征[414]

$$\pi(\{\boldsymbol{x}_1,\cdots,\boldsymbol{x}_n\}) = n!\rho(n)\prod_{i=1}^{n}p(\boldsymbol{x}_i) \tag{3.3.3}$$

式中,规定 $\pi(\phi)=\rho(0)$。式(3.3.3)也可写成更简洁的形式①

$$\pi(X) = |X|!\ \rho(|X|)p^X \tag{3.3.4}$$

IIDC RFS 的 PGFl $G[\cdot]$为[13]

$$\begin{aligned} G[h] &= G(\langle p,h\rangle) = G(\langle v,h\rangle/\langle v,1\rangle) \\ &= \sum_{n=0}^{\infty}(\langle v,h\rangle/\langle v,1\rangle)^n\rho(n) \end{aligned} \tag{3.3.5}$$

式(3.3.5)利用了关系:$p=v/\langle v,1\rangle$。此外,v 和 ρ 之间存在关系:$\sum_{n=0}^{\infty}n\rho(n)=\langle v,1\rangle$。注意,式(3.3.5)中的 $G(\cdot)$ 为式(3.2.16)定义的 PGF。

3.3.3　伯努利 RFS

一个定义在$\mathbb{X}$上的伯努利 RFS,其为空集的概率为 $1-\varepsilon$,而为孤元(单个元素)的概率为 ε(即存在概率),且该元素服从(定义在)$\mathbb{X}$ 上概率密度为 p 的分布,即伯努利 RFS 的势分布是具有参数 ε 的伯努利分布,而概率密度为[13]

$$\pi(X) = \begin{cases} 1-\varepsilon; & X=\phi \\ \varepsilon\cdot p(\boldsymbol{x}); & X=\{\boldsymbol{x}\} \end{cases} \tag{3.3.6}$$

伯努利 RFS 的 PGFl 为[13]

$$G[h]=1-\varepsilon+\varepsilon\langle p,h\rangle \tag{3.3.7}$$

3.3.4　多伯努利 RFS

多伯努利(MB)RFS 是多个独立的伯努利 RFS 的并集。具体而言,一个定义在$\mathbb{X}$上的多伯努利 RFS,是 M 个独立伯努利 RFS $X^{(i)}$, $i=1,2,\cdots,M$ 的并集,即

$$X=\cup_{i=1}^{M}X^{(i)} \tag{3.3.8}$$

多伯努利 RFS X 的概率密度为[13]

---

① 全书多目标概率密度用 π 表示,而单目标概率密度用 p 表示。

$$\pi(\{x_1,\cdots,x_{|X|}\}) = \pi(\phi)\sum_{1\leqslant i_1\neq\cdots\neq i_{|X|}\leqslant M}\prod_{j=1}^{|X|}\frac{\varepsilon^{(i_j)}p^{(i_j)}(\boldsymbol{x}_j)}{1-\varepsilon^{(i_j)}} \tag{3.3.9}$$

其中，$\pi(\phi) = \prod_{j=1}^{M}(1-\varepsilon^{(j)})$，$\varepsilon^{(i)} \in (0,1)$ 和 $p^{(i)}$ 分别对应伯努利 RFS $X^{(i)}$ 的存在概率和概率密度。多伯努利 RFS 的势是具有参数 $\varepsilon^{(1)},\cdots,\varepsilon^{(M)}$ 的离散多伯努利随机变量，势均值为 $\sum_{i=1}^{M}\varepsilon^{(i)}$，势分布也具有多伯努利形式，即[13]

$$\rho(|X|) = \pi(\phi)\sum_{1\leqslant i_1\neq\cdots\neq i_{|X|}\leqslant M}\prod_{j=1}^{|X|}\frac{\varepsilon^{(i_j)}}{1-\varepsilon^{(i_j)}} \tag{3.3.10}$$

多伯努利 RFS 的 PHD 为

$$v(\boldsymbol{x}) = \sum_{i=1}^{M}\varepsilon^{(i)}p^{(i)}(\boldsymbol{x}) \tag{3.3.11}$$

利用 $X^{(i)}$ 的独立性，可得多伯努利 RFS 的 PGFl 为[13]

$$G[h] = \prod_{i=1}^{M}(1-\varepsilon^{(i)}+\varepsilon^{(i)}\langle p^{(i)},h\rangle) \tag{3.3.12}$$

式(3.3.9)和式(3.3.12)均表明多伯努利 RFS 可由多伯努利参数集 $\{(\varepsilon^{(i)},p^{(i)})\}_{i=1}^{M}$ 完全描述。为方便，后文简写形如式(3.3.9)的概率密度为 $\pi = \{(\varepsilon^{(i)},p^{(i)})\}_{i=1}^{M}$，也称形如式(3.3.9)的多目标密度或者形如式(3.3.12)的 PGFl为多伯努利。

3.3.5　标签 RFS

3.3.5.1　标签与标签状态

随机有限集理论在跟踪领域一度饱受诟病的原因是不能为多目标估计提供身份(航迹)信息，该问题的存在驱动了标签 RFS 的发展。为在多目标贝叶斯滤波框架中并入目标航迹，目标可由从离散可数空间 $\mathbb{L} = \{\alpha_i : i \in \mathbb{N}\}$ 中抽取的标签进行唯一标识，其中，$\mathbb{N}$ 表示正整数集，α_i 互不相同。对于目标跟踪而言，一种较好的标签方式是通过有序整数对 $\ell = (k,i)$ 来区分目标，其中，k 是新生时间，$i \in \mathbb{N}$ 是区分相同时刻新生目标的唯一索引。从而，在 k 时刻新生目标的标签空间为 $\mathbb{L}_k = \{k\} \times \mathbb{N}$，$k$ 时刻目标的标签空间(包括 k 时刻之前出生目标的标签空间)记为 $\mathbb{L}_{0:k}$，由于 $\mathbb{L}_{0:k-1}$ 和 $\mathbb{L}_k$ 是互斥的，因而 $\mathbb{L}_{0:k}$ 可由 $\mathbb{L}_{0:k} = \mathbb{L}_{0:k-1} \cup \mathbb{L}_k$ 递归构造。k 时刻出生目标的状态为 $\mathbf{x} = (\boldsymbol{x},\ell) \in \mathbb{X} \times \mathbb{L}_k$，其由状态 $\boldsymbol{x}$ 和标签 ℓ 组成，这表明用标签 ℓ 对状态 $\boldsymbol{x}$ 进行扩维，因而，$\mathbf{x}$ 本质为增广状态。

为简便起见，在不致混淆时，忽略标签集合的时戳索引 k，简记 $\pi \overset{\text{def}}{=} \pi_k$，$\pi_+ \overset{\text{def}}{=} \pi_{k|k-1}$，$g \overset{\text{def}}{=} g_k$，$\phi \overset{\text{def}}{=} \phi_{k|k-1}$，令 $\mathbb{L}$ 表示当前时刻的标签空间，$\mathbb{B}$ 表示下一时刻新生目标的标签空间，$\mathbb{L}_+ \overset{\text{def}}{=} \mathbb{L} \cup \mathbb{B}$ 表示下一时刻的标签空间，注意，$\mathbb{L}$ 和 $\mathbb{B}$ 是互斥的，因而，$\mathbb{L} \cap \mathbb{B} = \phi$。

3.3.5.2　相关符号约定

为区分标签 RFS 和无标签 RFS，采用如下约定：航迹标签用 ℓ 表示，单目标状态用小写字母表示，如 $\boldsymbol{x}$ 和 $\mathbf{x}$，而多目标状态用大写字母表示，如 X 和 X，且无标签的单目标状态、多目标状态分别用斜体 $\boldsymbol{x}$、X 表示，而对应的标签状态分别用正体 $\mathbf{x}$、X 表示。从而，k 时刻（包括 k 时刻之前）的多目标状态 X 为笛卡儿积 $\mathbb{X}\times\mathbb{L}_{0:k}$ 的有限子集。此外，标签状态对应的（单目标或多目标）分布/统计的符号与无标签版本相同，但可根据相应的参数进行区分，如无标签版本的单目标概率密度、多目标密度、概率假设密度（或多目标强度）、单目标状态转移密度、单目标似然函数、多目标状态转移密度、多目标似然函数、多目标势分布分别用 $p(\boldsymbol{x})$、$\pi(X)$、$v(\boldsymbol{x})$、$\phi(\boldsymbol{x}|\boldsymbol{x}')$、$g(\boldsymbol{z}|\boldsymbol{x})$、$\phi(X|X')$、$g(Z|X)$、$\rho(|X|)$ 表示，而对应的标签版本分别用 $p(\mathbf{x})$、$\pi(\mathrm{X})$、$v(\boldsymbol{x})$、$\phi(\mathbf{x}|\mathbf{x}')$、$g(\boldsymbol{z}|\mathbf{x})$、$\phi(\mathrm{X}|\mathrm{X}')$、$g(Z|\mathrm{X})$、$\rho(|\mathrm{X}|)$ 表示，式中，z 表示观测矢量，而 Z 表示观测集合。此外，各类空间用黑板粗体表示，如状态空间 $\mathbb{X}$、量测空间 $\mathbb{Z}$、标签空间 $\mathbb{L}$、自然数空间 $\mathbb{N}$、模型空间 $\mathbb{M}$ 等。

3.3.5.3　标签 RFS 与相关公式

定义 1：令 $\mathcal{L}:\mathbb{X}\times\mathbb{L}\to\mathbb{L}$ 为标签投影函数 $\mathcal{L}(\boldsymbol{x},\ell)=\ell$，$\mathcal{L}(\mathrm{X})=\{\mathcal{L}(\mathbf{x}):\mathbf{x}\in\mathrm{X}\}$ 表示 X 中标签的集合，具有状态空间 $\mathbb{X}$ 和标签空间 $\mathbb{L}$ 的标签 RFS 是 $\mathbb{X}\times\mathbb{L}$ 上满足每个实现 X 具有标签互异条件的 RFS，即

$$|\mathcal{L}(\mathrm{X})|=|\mathrm{X}| \tag{3.3.13}$$

式（3.3.13）表明，当且仅当 X 及其标签集合 $\mathcal{L}(\mathrm{X})=\{\mathcal{L}(\mathbf{x}):\mathbf{x}\in\mathrm{X}\}$ 具有相同的势（即 $\delta_{|\mathrm{X}|}(\mathcal{L}(\mathrm{X}))=1$）时，在空间 $\mathbb{X}\times\mathbb{L}$ 上的有限子集 X 具有互不相同的标签。$\delta_y(x)$ 为式（2.9.2）定义的狄拉克德耳塔函数，记 $\delta_Y(X)$ 为广义克罗内克德耳塔（Generalized Kronecker delta）函数，定义为

$$\delta_Y(X)\overset{\text{def}}{=}\begin{cases}1, & 若\ X=Y\\0, & 其他\end{cases} \tag{3.3.14}$$

称函数 $\Delta(\mathrm{X})$ 为标签互异指示器（Distinct Label Indicator，DLI），定义为

$$\Delta(\mathrm{X})\overset{\text{def}}{=}\delta_{|\mathrm{X}|}(|\mathcal{L}(\mathrm{X})|) \tag{3.3.15}$$

即，如果 X 的标签互异，取值为 1；反之，取值为 0。

标签 RFS 的无标签版本是从 $\mathbb{X}\times\mathbb{L}$ 到 $\mathbb{X}$ 的投影，可通过简单丢弃标签 RFS 的标签获得。实际上，服从 π 分布的标签 RFS 的无标签版本服从如下边缘分布

$$\begin{aligned}\pi(\{\boldsymbol{x}_1,\cdots,\boldsymbol{x}_n\}) &= \sum_{(\ell_1,\cdots,\ell_n)\in\mathbb{L}^n}\pi(\{\mathbf{x}_1,\cdots,\mathbf{x}_n\})\\ &= \sum_{(\ell_1,\cdots,\ell_n)\in\mathbb{L}^n}\pi(\{(\boldsymbol{x}_1,\ell_1),\cdots,(\boldsymbol{x}_n,\ell_n)\})\end{aligned} \tag{3.3.16}$$

在标签 RFS 背景下,集合积分也将不同于式(3.2.3)定义的无标签 RFS 的集合积分,需要进行适当修正。由于标签空间$\mathbb{L}$是离散的,函数$f:\mathbb{X}\times\mathbb{L}\to\mathbb{R}$的积分修正为

$$\int f(\mathbf{x})\mathrm{d}\mathbf{x} = \sum_{\ell\in\mathbb{L}}\int_{\mathbb{X}} f(\boldsymbol{x},\ell)\mathrm{d}\boldsymbol{x} \tag{3.3.17}$$

类似地,函数$f:\mathcal{F}(\mathbb{X}\times\mathbb{L})\to\mathbb{R}$的“集合积分”变为

$$\begin{aligned}\int f(\mathrm{X})\delta\mathrm{X} &= \sum_{n=0}^{\infty}\frac{1}{n!}\int f(\{\mathbf{x}_1,\cdots,\mathbf{x}_n\})\mathrm{d}(\mathbf{x}_1,\cdots,\mathbf{x}_n)\\ &= \sum_{n=0}^{\infty}\frac{1}{n!}\sum_{(\ell_1,\cdots,\ell_n)\in\mathbb{L}^n}\int_{\mathbb{X}^n} f(\{(\boldsymbol{x}_1,\ell_1),\cdots,(\boldsymbol{x}_n,\ell_n)\})\mathrm{d}(\boldsymbol{x}_1,\cdots,\boldsymbol{x}_n)\end{aligned} \tag{3.3.18}$$

在计算涉及标签 RFS 的集合积分时,经常使用下述引理 2,在介绍该引理之前,首先介绍在标签 RFS 处理时常用的引理 1。

引理 1:如果$f:\mathbb{L}^n\to\mathbb{R}$是对称函数,即其在任意$n$元组参数处的值与其在该$n$元组的任何排列处的值相同,则有

$$\sum_{(\ell_1,\cdots,\ell_n)\in\mathbb{L}^n}\delta_n(|\{\ell_1,\cdots,\ell_n\}|)f(\ell_1,\cdots,\ell_n) = n!\sum_{\{\ell_1,\cdots,\ell_n\}\in\mathcal{F}_n(\mathbb{L})}f(\ell_1,\cdots,\ell_n) \tag{3.3.19}$$

由于项$\delta_n(|\{\ell_1,\cdots,\ell_n\}|)$的存在,式中求和变成在具有不同分量的$\mathbb{L}^n$中的索引上求和。$f$的对称性意味着$(\ell_1,\cdots,\ell_n)$的所有$n!$个排列具有相同的函数值$f(\ell_1,\cdots,\ell_n)$。此外,具有不同分量的$(\ell_1,\cdots,\ell_n)$的所有$n!$个排列定义了一个等价式$\{\ell_1,\cdots,\ell_n\}\in\mathcal{F}_n(\mathbb{L})$,其中,$\mathcal{F}_n(\mathbb{L})$表示正好含有$n$个元素的$\mathbb{L}$的有限子集的集合。

引理 2:令$\Delta(\mathrm{X})$表示标签互异指示器$\delta_{|\mathrm{X}|}(|\mathcal{L}(\mathrm{X})|)$,则对于$\mathbb{X}$上的可积函数$h:\mathcal{F}(\mathbb{X})\to\mathbb{L}$和$g:\mathbb{X}\times\mathbb{L}\to\mathbb{R}$,有(证明见附录 D)

$$\int\Delta(\mathrm{X})h(\mathcal{L}(\mathrm{X}))g^{\mathrm{X}}\delta\mathrm{X} = \sum_{L\subseteq\mathbb{L}}h(L)\left[\int g(\boldsymbol{x},\cdot)\mathrm{d}\boldsymbol{x}\right]^L \tag{3.3.20}$$

更一般地,当g不具可分离形式时,可得引理 3。

引理 3:令$\mathbb{X}$为状态空间,$\mathbb{L}$为离散标签空间,那么,对于函数$h:\mathcal{F}(\mathbb{L})\to\mathbb{R}$

和可积函数 $g:\mathcal{F}(\mathbb{X}\times\mathbb{L})\to\mathbb{R}$，有

$$\begin{aligned}\int\Delta(\mathrm{X})h(\mathcal{L}(\mathrm{X}))g(\mathrm{X})\delta\mathrm{X} &= \int\delta_{|\mathrm{X}|}(|\mathcal{L}(\mathrm{X})|)h(\mathcal{L}(\mathrm{X}))g(\mathrm{X})\delta\mathrm{X}\\ &= \sum_{n=0}^{\infty}\frac{1}{n!}\sum_{(\ell_1,\cdots,\ell_n)\in\mathbb{L}^n}\delta_n(|\{\ell_1,\cdots,\ell_n\}|)h\\ &\quad(\{\ell_1,\cdots,\ell_n\})\int g(\{(\boldsymbol{x}_1,\ell_1),\cdots,(\boldsymbol{x}_n,\ell_n)\})\mathrm{d}\boldsymbol{x}_{1:n}\\ &= \sum_{n=0}^{\infty}\sum_{\{\ell_1,\cdots,\ell_n\}\in\mathcal{F}_n(\mathbb{L})}h(\{\ell_1,\cdots,\ell_n\})g_{\{\ell_{1:n}\}}\\ &= \sum_{L\subseteq\mathbb{L}}h(L)g_L\end{aligned}\tag{3.3.21}$$

其中，$\{\ell_{1:n}\}\stackrel{\text{def}}{=}\{\ell_1,\cdots,\ell_n\}$，

$$g_{\{\ell_{1:n}\}}=\int g(\{(\boldsymbol{x}_1,\ell_1),\cdots,(\boldsymbol{x}_n,\ell_n)\})\mathrm{d}\boldsymbol{x}_{1:n}\tag{3.3.22}$$

引理 3 将引理 2 推广到 g 是不可分离的情况。

与无标签 RFS 类似，标签 RFS 的两个重要统计量是 PHD 和势分布。

标签 RFS 的 PHD 为[172]

$$\begin{aligned}v(\mathbf{x}) = v(\boldsymbol{x},\ell) &= \int\pi(\{\mathbf{x}\}\cup\mathrm{X})\delta\mathrm{X}\\ &= \int\pi(\{(\boldsymbol{x},\ell)\}\cup\mathrm{X})\delta\mathrm{X}\end{aligned}\tag{3.3.23}$$

并且，标签 RFS 的 PHD 与其无标签 RFS 的 PHD 有如下关系：

$$v(\boldsymbol{x})=\sum\nolimits_{\ell\in\mathbb{L}}v(\mathbf{x})=\sum\nolimits_{\ell\in\mathbb{L}}v(\boldsymbol{x},\ell)\tag{3.3.24}$$

$\mathbb{X}\times\mathbb{L}$ 上任意 RFS X 的势分布为[13]

$$\rho(|\mathrm{X}|)=\frac{1}{|\mathrm{X}|!}\int_{(\mathbb{X}\times\mathbb{L})^{|\mathrm{X}|}}\pi(\{\mathbf{x}_1,\cdots,\mathbf{x}_{|\mathrm{X}|}\})\mathrm{d}(\mathbf{x}_1,\cdots,\mathbf{x}_{|\mathrm{X}|})\tag{3.3.25}$$

根据式(3.3.16)易得标签 RFS 的势分布 $\rho(|\mathrm{X}|)$ 等于其无标签版本 $\rho(|X|)$（见式(3.2.15)）。

下面介绍主要的标签 RFS 类型。

3.3.6　标签泊松 RFS

具有状态空间 $\mathbb{X}$ 和标签空间 $\mathbb{L}=\{(\alpha_i:i\in\mathbb{N})\}$ 的标签泊松 RFS X，是附加有标签 $\alpha_i\in\mathbb{L}$ 并具有在 $\mathbb{X}$ 上定义的强度为 v 的泊松 RFS，可通过表 3.1 所列步骤产生标签泊松 RFS 的样本。

表 3.1　抽取标签泊松 RFS 样本

1:	初始化：$X=\phi$
2:	抽样 $n\sim\mathcal{PS}(\cdot;\langle v,1\rangle)$
3:	for $i=1:n$
4:	抽样 $\boldsymbol{x}\sim v(\cdot)/\langle v,1\rangle$
5:	设置 $X=X\cup\{(\boldsymbol{x},\alpha_i)\}$
6:	end

该过程总是产生具有不同标签的增广状态的有限集合。直观上，上述过程所产生的无标签状态集合是具有强度 v 的泊松 RFS。然而，标签状态的集合并不是$\mathbb{X}\times\mathbb{L}$上的泊松 RFS，事实上，其密度为

$$\pi(\{\mathbf{x}_1,\cdots,\mathbf{x}_n\})=\pi(\{(\boldsymbol{x}_1,\ell_1),\cdots,(\boldsymbol{x}_n,\ell_n)\})\cdot$$
$$=\delta_{\mathbb{L}(n)}(\{\ell_1,\cdots,\ell_n\})\mathcal{PS}(n;\langle v,1\rangle)\prod_{i=1}^{n}v(\boldsymbol{x}_i)/\langle v,1\rangle \tag{3.3.26}$$

式中：$\mathcal{PS}(n;\lambda)=\exp(-\lambda)\lambda^n/n!$ 为具有比率 λ 的泊松分布，$\mathbb{L}(n)=\{\alpha_i\in\mathbb{L}\}_{i=1}^{n}$。

为验证标签泊松 RFS 的密度式(3.3.26)，注意上述过程以一定顺序产生的点$(\boldsymbol{x}_1,\ell_1),\cdots,(\boldsymbol{x}_n,\ell_n)$的似然（概率密度）为

$$p((\boldsymbol{x}_1,\ell_1),\cdots,(\boldsymbol{x}_n,\ell_n))=\delta_{(\alpha_1,\cdots,\alpha_n)}((\ell_1,\cdots,\ell_n))$$
$$\mathcal{PS}(n;\langle v,1\rangle)\prod_{i=1}^{n}v(\boldsymbol{x}_i)/\langle v,1\rangle \tag{3.3.27}$$

根据文献[414]，$\pi(\{(\boldsymbol{x}_1,\ell_1),\cdots,(\boldsymbol{x}_n,\ell_n)\})$与在$\{1,2,\cdots,n\}$所有排列 σ 上的 $p((\boldsymbol{x}_1,\ell_1),\cdots,(\boldsymbol{x}_n,\ell_n))$对称，即

$$\pi(\{(\boldsymbol{x}_1,\ell_1),\cdots,(\boldsymbol{x}_n,\ell_n)\})=\sum_{\sigma}p((\boldsymbol{x}_{\sigma(1)},\ell_{\sigma(1)}),\cdots,(\boldsymbol{x}_{\sigma(n)},\ell_{\sigma(n)}))$$
$$=\mathcal{PS}(n;\langle v,1\rangle)\sum_{\sigma}\left(\prod_{i=1}^{n}\frac{v(\boldsymbol{x}_{\sigma(i)})}{\langle v,1\rangle}\right)\cdot$$
$$\delta_{(\alpha_1,\cdots,\alpha_n)}((\ell_{\sigma(1)},\cdots,\ell_{\sigma(n)})) \tag{3.3.28}$$

式中，在排列 σ 上的求和均为0，唯一的例外情况是$\{\ell_1,\cdots,\ell_n\}=\{\alpha_1,\cdots,\alpha_n\}$，此时，存在排列 σ 使得$(\ell_{\sigma(1)},\cdots,\ell_{\sigma(n)})=(\alpha_1,\cdots,\alpha_n)$。从而，可得式(3.3.26)。

为了验证标签泊松 RFS 的无标签版本确实为泊松 RFS，将式(3.3.26)代入式(3.3.16)，并对标签上的求和进行化简可得式(3.3.1)。

说明：通过移除势的泊松假设，并指定任意势分布，可将标签泊松 RFS 推广

到标签独立同分布群(IIDC)RFS。

3.3.7 标签独立同分布群 RFS

标签独立同分布群 RFS 将标签泊松 RFS 势的泊松假设推广到一般的势分布 $\rho(|X|)$,服从以下分布

$$\begin{aligned}\pi(\mathrm{X}) &= \pi(\{\mathrm{x}_1,\cdots,\mathrm{x}_{|\mathrm{X}|}\}) = \pi(\{(\boldsymbol{x}_1,\ell_1),\cdots,(\boldsymbol{x}_{|\mathrm{X}|},\ell_{|\mathrm{X}|})\}) \\ &= \delta_{\mathbb{L}(|\mathrm{X}|)}(\{\ell_1,\cdots,\ell_{|\mathrm{X}|}\})\rho(|\mathrm{X}|)\prod_{i=1}^{|\mathrm{X}|}v(\boldsymbol{x}_i)/\langle v,1\rangle\end{aligned} \tag{3.3.29}$$

3.3.8 标签多伯努利 RFS

类似于多伯努利(MB)RFS,一个标签多伯努利(LMB)RFS 可用具有索引集 C 的参数集 $\{\varepsilon^{(c)},p^{(c)}:c\in C\}$ 进行完全描述。具有状态空间为$\mathbb{X}$ 、标签空间为$\mathbb{L}$和(有限)参数集$\{\varepsilon^{(c)},p^{(c)}:c\in C\}$的标签多伯努利 RFS X,为$\mathbb{X}$ 上对应(非空)伯努利分量且附加标签的多伯努利 RFS。因而,如果伯努利分量$\{\varepsilon^{(c)},p^{(c)}\}$产生非空集合,则对应状态的标签由 $\alpha(c)$ 给出,其中,$\alpha:C\to\mathbb{L}$ 是一一映射。表 3.2 说明了如何产生标签多伯努利 RFS 样本,表中,$\mathcal{U}$ 表示均匀分布。

表 3.2　抽取标签多伯努利 RFS 样本

1:	初始化:$X=\phi$
2:	for $c\in C$
3:	抽样 $u\sim\mathcal{U}[0,1]$
4:	if $u\leqslant\varepsilon^{(c)}$
5:	抽样 $\boldsymbol{x}\sim p^{(c)}(\cdot)$ 　　　　设置 $\mathrm{X}=\mathrm{X}\cup\{(\boldsymbol{x},\alpha(c))\}$
6:	end
7:	end

显然,上述过程总是产生具有不同标签的增广状态的有限集合。直观上,无标签状态的集合为多伯努利 RFS。然而,标签状态的集合并不是$\mathbb{X}\times\mathbb{L}$ 上的多伯努利 RFS,实际上,其密度为

$$\begin{aligned}\pi(\{\mathbf{x}_1,\cdots,\mathbf{x}_n\}) &= \pi(\{(\boldsymbol{x}_1,\ell_1),\cdots,(\boldsymbol{x}_n,\ell_n)\}) \\ &= \delta_n(|\{\ell_1,\cdots,\ell_n\}|)\prod_{c\in C}(1-\varepsilon^{(c)})\cdot \\ &\quad\prod_{j=1}^{n}\frac{1_{\alpha(C)}(\ell_j)\varepsilon^{(\alpha^{-1}(\ell_j))}p^{(\alpha^{-1}(\ell_j))}(\boldsymbol{x}_j)}{1-\varepsilon^{(\alpha^{-1}(\ell_j))}}\end{aligned} \tag{3.3.30}$$

为验证标签多伯努利 RFS 的密度见式(3.3.30),考虑上述过程以一定顺序产生的点$(\boldsymbol{x}_1,\ell_1),\cdots,(\boldsymbol{x}_n,\ell_n)$的似然(概率密度)

$$p((\boldsymbol{x}_1,\ell_1),\cdots,(\boldsymbol{x}_n,\ell_n)) = \delta_n(|\{\ell_1,\cdots,\ell_n\}|)\mathrm{ord}(\ell_1,\cdots,\ell_n)\prod_{c\in C}(1-\varepsilon^{(c)})\cdot \prod_{j=1}^{n}\frac{1_{\alpha(C)}(\ell_j)\varepsilon^{(\alpha^{-1}(\ell_j))}p^{(\alpha^{-1}(\ell_j))}(\boldsymbol{x}_j)}{1-\varepsilon^{(\alpha^{-1}(\ell_j))}} \tag{3.3.31}$$

其中,当$\ell_1<\cdots<\ell_n$时,$\mathrm{ord}(\ell_1,\cdots,\ell_n)$为1,否则为0,这是因为$\mathbb{L}$是离散的,所以总能定义其元素的顺序。根据文献[414],$\pi(\{(\boldsymbol{x}_1,\ell_1),\cdots,(\boldsymbol{x}_n,\ell_n)\})$与在$\{1,2,\cdots,n\}$的所有排列$\sigma$上的$p((\boldsymbol{x}_1,\ell_1),\cdots,(\boldsymbol{x}_n,\ell_n))$对称,即

$$\pi(\{(\boldsymbol{x}_1,\ell_1),\cdots,(\boldsymbol{x}_n,\ell_n)\}) = \sum_{\sigma}\delta_n(|\{\ell_{\sigma(1)},\cdots,\ell_{\sigma(n)}\}|)\cdot \mathrm{ord}(\ell_{\sigma(1)},\cdots,\ell_{\sigma(n)})\prod_{c\in C}(1-\varepsilon^{(c)})\cdot \prod_{j=1}^{n}\frac{1_{\alpha(C)}(\ell_{\sigma(j)})\varepsilon^{(\alpha^{-1}(\ell_{\sigma(j)}))}p^{(\alpha^{-1}(\ell_{\sigma(j)}))}(\boldsymbol{x}_{\sigma(j)})}{1-\varepsilon^{(\alpha^{-1}(\ell_{\sigma(j)}))}} \tag{3.3.32}$$

如果标签互异,则仅存在一个具有正确顺序的排列,使得σ上的求和退化为一项。此外,由于$\delta_n(|\{\ell_1,\cdots,\ell_n\}|)$和$n$上的乘积关于$(\boldsymbol{x}_1,\ell_1),\cdots,(\boldsymbol{x}_n,\ell_n)$是对称(排列不变)的,从而可得式(3.3.30)。

通过整理,可得标签多伯努利密度的另一种紧凑形式

$$\pi(\mathrm{X}) = \Delta(\mathrm{X})1_{\alpha(C)}(\mathcal{L}(\mathrm{X}))[\Phi(\mathrm{X};\cdot)]^{C} \tag{3.3.33}$$

式中:$\Delta(\mathrm{X})$为式(3.3.15)定义的标签互异指示器;$\mathcal{L}(\mathrm{X})$为X的标签;$1_Y(X)$为式(3.2.11)定义的广义指示函数;

$$\begin{aligned}\Phi(\mathrm{X};c) &= \sum_{(\boldsymbol{x},\ell)\in\mathrm{X}}\delta_{\alpha(c)}(\ell)\varepsilon^{(c)}p^{(c)}(\boldsymbol{x}) + [1-1_{\mathcal{L}(\mathrm{X})}(\alpha(c))](1-\varepsilon^{(c)})\\ &= \begin{cases}1-\varepsilon^{(c)}, \alpha(c)\notin\mathcal{L}(\mathrm{X})\\ \varepsilon^{(c)}p^{(c)}(\boldsymbol{x}), (\boldsymbol{x},\alpha(c))\in\mathrm{X}\end{cases}\end{aligned} \tag{3.3.34}$$

说明:注意到上述求和只有一个非零项,当$\alpha(c)\notin\mathcal{L}(\mathrm{X})$时,$\Phi(\mathrm{X};\cdot)$为$1-\varepsilon^{(c)}$,或者当$(\boldsymbol{x},\alpha(c))\in\mathrm{X}$时,$\Phi(\mathrm{X};\cdot)$为$\varepsilon^{(c)}p^{(c)}(x)$,因而,$\Phi(\mathrm{X};\cdot)$的两个表达式是等价的。$\Phi(\mathrm{X};\cdot)$的第1个表达式常用于多目标查普曼—柯尔莫哥洛夫(C-K)方程。

为方便,式(3.3.30)给出的标签多伯努利(LMB)RFS 密度常使用缩写形式$\pi=\{\varepsilon^{(c)},p^{(c)}\}_{c\in C}$表示。尽管标签多伯努利 RFS 公式允许标签的一般映射α,

在目标跟踪中，通常假设 α 是一个身份映射。因此，表示分量索引的上标直接对应于标签 ℓ。从而，具有参数集 $\pi=\{\varepsilon^{(\ell)},p^{(\ell)}\}_{\ell\in\mathbb{L}}$ 的标签多伯努利 RFS 密度具有如下更为紧凑的形式

$$\pi(\mathrm{X})=\Delta(\mathrm{X})w(\mathcal{L}(\mathrm{X}))p^{\mathrm{X}} \tag{3.3.35}$$

其中，

$$w(L)=\prod_{\ell'\in\mathbb{L}}(1-\varepsilon^{(\ell')})\prod_{\ell\in L}\frac{1_{\mathbb{L}}(\ell)\varepsilon^{(\ell)}}{1-\varepsilon^{(\ell)}} \tag{3.3.36}$$

$$p(\boldsymbol{x},\ell)=p^{(\ell)}(\boldsymbol{x}) \tag{3.3.37}$$

为了验证标签多伯努利 RFS 的无标签版本确实为多伯努利 RFS，将式(3.3.30)代入式(3.3.16)并对标签上的求和进行化简将得到式(3.3.9)。

3.3.9 广义标签多伯努利 RFS

广义标签多伯努利(GLMB)是标签多伯努利(LMB)的推广，其关于多目标转移内核闭合，且关于多目标似然函数共轭。

定义 2：广义标签多伯努利 RFS 是具有状态空间$\mathbb{X}$ 和(离散)标签空间$\mathbb{L}$，且服从如下分布的标签 RFS

$$\pi(\mathrm{X})=\Delta(\mathrm{X})\sum_{c\in\mathbb{C}}w^{(c)}(\mathcal{L}(\mathrm{X}))[p^{(c)}]^{\mathrm{X}} \tag{3.3.38}$$

其中，$\mathbb{C}$ 是离散索引集，非负权重 $w^{(c)}(L)$ 和概率密度 $p^{(c)}$ 分别满足

$$\sum_{L\subseteq\mathbb{L}}\sum_{c\in\mathbb{C}}w^{(c)}(L)=\sum_{(L,c)\in\mathcal{F}(\mathbb{L})\times\mathbb{C}}w^{(c)}(L)=1 \tag{3.3.39}$$

$$\int p^{(c)}(\boldsymbol{x},\ell)\mathrm{d}\boldsymbol{x}=1 \tag{3.3.40}$$

GLMB 可以理解为多目标指数(MoE)的混合[89]。混合(见式(3.3.38))中每一项由权重 $w^{(c)}(\mathcal{L}(\mathrm{X}))$ 和多目标指数 $[p^{(c)}]^{\mathrm{X}}$ 组成，其中，权重仅取决于多目标状态的标签，而多目标指数依赖于整个多目标状态。广义标签多伯努利 RFS 的元素并非统计独立。

以下结论给出了广义标签多伯努利 RFS 的 PHD 和势分布，证明见附录 D。

命题 1：广义标签多伯努利 RFS 的 PHD 为

$$v(\boldsymbol{x},\ell)=\sum_{c\in\mathbb{C}}p^{(c)}(\boldsymbol{x},\ell)\sum_{L\subseteq\mathbb{L}}1_L(\ell)w^{(c)}(L) \tag{3.3.41}$$

对应的无标签版本的 PHD 则为

$$v(\boldsymbol{x})=\sum_{c\in\mathbb{C}}\sum_{\ell\in\mathbb{L}}p^{(c)}(\boldsymbol{x},\ell)\sum_{L\subseteq\mathbb{L}}1_L(\ell)w^{(c)}(L) \tag{3.3.42}$$

注意到,每个 $p^{(c)}(\cdot,\ell)$ 的积分为 1,且 $\sum_{L\subseteq\mathbb{L}}$ 等价于 $\sum_{|X|=0}^{\infty}\sum_{L\in\mathcal{F}_{|X|}(\mathbb{L})}$,再交换求和的顺序,可得

$$\int v(\boldsymbol{x})\mathrm{d}\boldsymbol{x} = \sum_{|X|=0}^{\infty}\sum_{c\in\mathbb{C}}\sum_{L\in\mathcal{F}_{|X|}(\mathbb{L})}\Big[\sum_{\ell\in\mathbb{L}}1_L(\ell)\Big]w^{(c)}(L)$$
$$= \sum_{|X|=0}^{\infty}\sum_{c\in\mathbb{C}}\sum_{L\in\mathcal{F}_{|X|}(\mathbb{L})}|X|\cdot w^{(c)}(L) = \sum_{|X|=0}^{\infty}|X|\cdot\rho(|X|) \tag{3.3.43}$$

式(3.3.43)表明 PHD 质量等于平均势。

命题 2:广义标签多伯努利 RFS 的势分布为

$$\rho(|X|) = \sum_{L\in\mathcal{F}_{|X|}(\mathbb{L})}\sum_{c\in\mathbb{C}}w^{(c)}(L) = \sum_{L\in\mathcal{F}(\mathbb{L})}\sum_{c\in\mathbb{C}}\delta_{|X|}(|L|)w^{(c)}(L) \tag{3.3.44}$$

根据式(3.3.39)容易验证式(3.3.44)确实为概率分布,有

$$\sum_{|X|=0}^{\infty}\rho(|X|) = \sum_{|X|=0}^{\infty}\sum_{L\in\mathcal{F}_{|X|}(\mathbb{L})}\sum_{c\in\mathbb{C}}w^{(c)}(L) = \sum_{L\subseteq\mathbb{L}}\sum_{c\in\mathbb{C}}w^{(c)}(L) = 1 \tag{3.3.45}$$

此外,式(3.3.38)中概率密度的积分为 1,即

$$\int\pi(X)\delta(X) = \sum_{|X|=0}^{\infty}\frac{1}{|X|!}\int_{(\mathbb{L}\times\mathbb{X})^{|X|}}\pi(\{\mathbf{x}_1,\cdots,\mathbf{x}_{|X|}\})\mathrm{d}(\mathbf{x}_1,\cdots,\mathbf{x}_{|X|})$$
$$= \sum_{|X|=0}^{\infty}\rho(|X|) = 1 \tag{3.3.46}$$

由于 $\Delta(X)=\delta_{|X|}(|\mathcal{L}(X)|)$ 为标签互异指示器,因此,式(3.3.38)定义的 RFS 确实是标签 RFS。

广义标签多伯努利 RFS 实际包含了标签泊松 RFS 和标签多伯努利 RFS。对于标签泊松 RFS 密度(式(3.3.26)),注意到 $\delta_{\mathbb{L}(|X|)}(\mathcal{L}(X)) = \Delta(X)\delta_{\mathbb{L}(|\mathcal{L}(X)|)}\cdot(\mathcal{L}(X))$,从而有

$$\pi(X) = \Delta(X)\delta_{\mathbb{L}(|\mathcal{L}(X)|)}(\mathcal{L}(X))\mathcal{PS}(|\mathcal{L}(X)|;\langle v,1\rangle)\prod_{(\boldsymbol{x},\ell)\in X}v(\boldsymbol{x})/\langle v,1\rangle \tag{3.3.47}$$

因此,标签泊松 RFS 是具有下述权重和密度的广义标签多伯努利 RFS 的特例

$$w^{(c)}(L) = \delta_{\mathbb{L}(|L|)}(L)\mathcal{PS}(|L|;\langle v,1\rangle) \tag{3.3.48}$$

$$p^{(c)}(\boldsymbol{x},\ell)=v(\boldsymbol{x})/\langle v,1\rangle \tag{3.3.49}$$

服从式(3.3.30)分布的标签多伯努利 RFS 也是具有以下权重和密度的广义标签多伯努利 RFS 的特例

$$w^{(c)}(L) = \prod_{\ell'\in\mathbb{L}}(1-\varepsilon^{(\ell')})\prod_{\ell\in L}\frac{1_{\mathbb{L}}(\ell)\varepsilon^{(\ell)}}{1-\varepsilon^{(\ell)}} \tag{3.3.50}$$

$$p^{(c)}(\boldsymbol{x},\ell)=p^{(\ell)}(\boldsymbol{x}) \tag{3.3.51}$$

注意到,在式(3.3.49)和式(3.3.51)中,索引空间$\mathbb{C}$仅有一个元素,说明标签泊松密度和标签多伯努利密度是仅带一项的 GLMB 密度的特例,此时,上标(c)是不必要的。

3.3.10　δ -广义标签多伯努利 RFS

尽管 GLMB 族在贝叶斯递归下是闭合的,然而数值实现并不容易。δ-GLMB RFS 是 GLMB RFS 类的特例,其在查普曼-柯尔莫哥洛夫方程和贝叶斯规则下也是闭合的,利用δ-GLMB RFS 可进一步降低预测和更新步骤所需的计算量和存储量,且具有易于数值实现的表达式,非常适用于多目标跟踪。

定义 3:具有状态空间$\mathbb{X}$和(离散)标签空间$\mathbb{L}$的δ-GLMB RFS,是具有以下参数的 GLMB 的特例

$$\mathbb{C}=\mathcal{F}(\mathbb{L})\times\Xi \tag{3.3.52}$$

$$w^{(c)}(L)=w^{(I,\vartheta)}(L)=w^{(I,\vartheta)}\delta_I(L) \tag{3.3.53}$$

$$p^{(c)}=p^{(I,\vartheta)}=p^{(\vartheta)} \tag{3.3.54}$$

式中:Ξ为离散空间;ϑ为离散索引;ϑ的物理意义可参考后文。因而,δ-GLMB RFS 的分布为

$$\pi(\mathrm{X}) = \Delta(\mathrm{X})\sum_{(I,\vartheta)\in\mathcal{F}(\mathbb{L})\times\Xi}w^{(I,\vartheta)}\delta_I(\mathcal{L}(\mathrm{X}))[p^{(\vartheta)}]^{\mathrm{X}} \tag{3.3.55}$$

注意到,对于具有$\mathbb{C}=\mathcal{F}(\mathbb{L})\times\Xi$的 GLMB RFS,需要储存/计算$w^{(c)}$和$p^{(c)}$的数量分别为$|\mathcal{F}(\mathbb{L})\times\Xi|$和$|\mathcal{F}(\mathbb{L})\times\Xi|$,而对于$\delta$-GLMB RFS,需要储存/计算$w^{(c)}$和$p^{(c)}$的数量分别为$|\mathcal{F}(\mathbb{L})\times\Xi|$和$|\Xi|$。实际上,通过用较小子集(由具有较大权重的可行假设组成)近似$\mathcal{F}(\mathbb{L})\times\Xi$和$\Xi$,可进一步降低计算/存储量。

根据命题 1,δ-GLMB RFS 的无标签版本的 PHD 为

$$v(\boldsymbol{x}) = \sum_{(I,\vartheta)\in\mathcal{F}(\mathbb{L})\times\Xi}\sum_{\ell\in\mathbb{L}}p^{(\vartheta)}(\boldsymbol{x},\ell)\sum_{L\in\mathbb{L}}1_L(\ell)w^{(I,\vartheta)}\delta_I(L)$$

$$= \sum_{\ell \in \mathbb{L}} \sum_{(I,\vartheta) \in \mathcal{F}(\mathbb{L}) \times \Xi} w^{(I,\vartheta)} 1_I(\ell) p^{(\vartheta)}(\boldsymbol{x},\ell) \tag{3.3.56}$$

式中,内层求和(即在包含航迹 ℓ 的所有假设上的航迹 ℓ 密度的加权和)可解释为航迹 ℓ 的 PHD。因而,总的 PHD 为所有航迹的 PHD 之和,可将其进一步简化为

$$v(\boldsymbol{x}) = \sum_{(I,\vartheta) \in \mathcal{F}(\mathbb{L}) \times \Xi} w^{(I,\vartheta)} \sum_{\ell \in I} p^{(\vartheta)}(\boldsymbol{x},\ell) \tag{3.3.57}$$

航迹 ℓ 的存在概率可通过对应的标签集和离散索引二元组的权重求和获得,即

$$\varepsilon^{(\ell)} = \sum_{(I,\vartheta) \in \mathcal{F}(\mathbb{L}) \times \Xi} w^{(I,\vartheta)} 1_I(\ell) \tag{3.3.58}$$

根据命题 2,可得 δ - GLMB RFS 的势分布为

$$\rho(|\mathrm{X}|) = \sum_{(I,\vartheta) \in \mathcal{F}(\mathbb{L}) \times \Xi} \sum_{L \in \mathcal{F}_{|\mathrm{X}|}(\mathbb{L})} w^{(I,\vartheta)} \delta_I(L) = \sum_{(I,\vartheta) \in \mathcal{F}_{|\mathrm{X}|}(\mathbb{L}) \times \Xi} w^{(I,\vartheta)} \tag{3.3.59}$$

因此,$n = |\mathrm{X}|$ 条航迹的概率是恰好拥有 n 条航迹的假设的权重之和。

在目标跟踪中,可用 δ - GLMB 表示 k 时刻的多目标预测密度和多目标滤波密度,即

$$\pi_{k|k-1}(\mathrm{X}_k | Z^{k-1}) = \Delta(\mathrm{X}_k) \sum_{(I,\vartheta) \in \mathcal{F}(\mathbb{L}_{0:k}) \times \Theta_{0:k-1}} w_{k|k-1}^{(I,\vartheta)} \delta_I(\mathcal{L}(\mathrm{X}_k)) [p_{k|k-1}^{(\vartheta)}(\cdot | Z^{k-1})]^{\mathrm{X}_k} \tag{3.3.60}$$

$$\pi_k(\mathrm{X}_k | Z^k) = \Delta(\mathrm{X}_k) \sum_{(I,\vartheta) \in \mathcal{F}(\mathbb{L}_{0:k}) \times \Theta_{0:k}} w_k^{(I,\vartheta)} \delta_I(\mathcal{L}(\mathrm{X}_k)) [p_k^{(\vartheta)}(\cdot | Z^k)]^{\mathrm{X}_k} \tag{3.3.61}$$

式中,$Z^k = (Z_1, \cdots, Z_k)$,每个 $I \in \mathcal{F}(\mathbb{L}_{0:k})$ 代表 k 时刻的航迹标签集,每个 $\vartheta \overset{\text{def}}{=} (\theta_0, \theta_1, \cdots, \theta_{k-1}) \in \Theta_{0:k-1} \overset{\text{def}}{=} \Theta_0 \times \Theta_1 \times \cdots \times \Theta_{k-1}$ 代表直到 $k-1$ 时刻的关联映射历程,其中,关联映射 θ_k 是 k 时刻航迹标签到量测索引的映射函数,其严格定义详见第 3.4.2 节,$\Theta = \Theta_k$ 表示 k 时刻的关联映射空间,定义域为 L 的所有关联映射的子集记为 $\Theta(L) = \Theta_k(L)$,离散空间 Ξ 为关联映射历程空间 $\Theta_{0:k-1}$,即 $\Xi = \Theta_{0:k-1}$。对于预测密度,每个 $\vartheta \in \Xi$ 表示直到 $k-1$ 时刻的关联映射历程,即 $\vartheta = (\theta_0, \theta_1, \cdots, \theta_{k-1})$;对于滤波密度,每个 ϑ 表示直到 k 时刻的关联映射历程,即 $\vartheta = (\theta_0, \theta_1, \cdots, \theta_k)$。二元组 $(I,\vartheta) \in \mathcal{F}(\mathbb{L}_{0:k}) \times \Theta_{0:k}$ 表示航迹集合 I 具有关联映射历程 ϑ 时的假设,与之相关的权重 $w_k^{(I,\vartheta)}$ 可被解释为该假设 (I,ϑ) 为真的概

率,而$(I,\vartheta)\in\mathcal{F}(\mathbb{L}_{0:k})\times\Theta_{0:k-1}$被称为预测假设,对应的概率(权重)为$w_{k|k-1}^{(I,\vartheta)}$。值得注意的是,并非所有假设都是可行的,即并非所有的二元组(I,ϑ)是一致的,对于不可行的二元对,其权重为0。$p^{(\vartheta)}(\cdot,\ell)$为以关联映射历程$\vartheta$为条件时航迹$\ell$对应的运动状态的概率密度,密度$p_{k|k-1}^{(\vartheta)}(\cdot,\ell|Z^{k-1})$和$p_{k}^{(\vartheta)}(\cdot,\ell|Z^{k})$分别表示在关联历程$\vartheta$下航迹$\ell$对应的运动状态的预测和滤波密度。

例如,对于初始多目标先验为$\Xi=\phi$时的δ-GLMB,具有以下形式

$$\pi_0(\mathrm{X}) = \Delta(\mathrm{X})\sum_{I\in\mathcal{F}(\mathbb{L}_0)} w_0^{(I)}\delta_I(\mathcal{L}(\mathrm{X}))[p_0]^{\mathrm{X}} \tag{3.3.62}$$

式中:每个$I\in\mathcal{F}(\mathbb{L}_0)$为在0时刻出生的航迹标签集合;$w_0^{(I)}$为$I$是0时刻航迹标签的集合这一假设的权重;$p_0(\cdot,\ell)$为航迹$\ell\in I$对应的运动状态的概率密度。假设存在以下两种可能性:

(1) 存在1个标签为(0,2)的目标的可能性为0.3,且密度为$p_0(\cdot,(0,2))=\mathcal{N}(\cdot;\boldsymbol{m},\boldsymbol{P}_2)$。

(2) 存在2个标签分别为(0,1)和(0,2)的目标的可能性为0.7,且对应的密度分别为$p_0(\cdot,(0,1))=\mathcal{N}(\cdot;\boldsymbol{0},\boldsymbol{P}_1)$和$p_0(\cdot,(0,2))=\mathcal{N}(\cdot;\boldsymbol{m},\boldsymbol{P}_2)$。

那么,δ-GLMB表达式为

$$\pi_0(\mathrm{X})=0.3\delta_{\{(0,2)\}}(\mathcal{L}(\mathrm{X}))[p_0]^{\mathrm{X}}+0.7\delta_{\{(0,1),(0,2)\}}(\mathcal{L}(\mathrm{X}))[p_0]^{\mathrm{X}} \tag{3.3.63}$$

3.4　多目标系统的随机有限集描述

在单目标系统中,k时刻的状态和量测建模为两个可能不同维数的矢量。这些矢量随时间变化,但它们的维数是固定不变的。然而,在多目标系统中,多目标状态和多目标量测应是各个目标和量测的集合。此时,多目标状态和多目标量测随时间演变,各个目标和量测的数量可能改变,即多目标状态和多目标量测的维数也可能随时间变化。另外,多目标状态和多目标量测中的元素是没有顺序的。在许多实际系统中,尽管传感器报告带有具体的量测顺序,但是目标跟踪算法的结果与该顺序的排列无关。因此,建模量测为与顺序无关的集合元素是一种自然的方式。

对于多目标场景,假设$k-1$时刻存在N_{k-1}个目标,它们的状态为$\{\boldsymbol{x}_{k-1,1},\boldsymbol{x}_{k-1,2},\cdots,\boldsymbol{x}_{k-1,N_{k-1}}\}$,其中,$N_{k-1}$为$k-1$时刻目标数量,下一时刻,现存目标可能消亡或继续存活,存活目标将演变成新的状态,或衍生出新的目标,同时独立的新目标也可能出现,该过程将得到N_k个新状态$\{\boldsymbol{x}_{k,1},\boldsymbol{x}_{k,2},\cdots,\boldsymbol{x}_{k,N_k}\}$。假设传感

器在 k 时刻接收到 M_k 个量测 $\{z_{k,1},z_{k,2},\cdots,z_{k,M_k}\}$，这些量测只有部分实际由目标产生，其他可能来自于杂波或虚警，且目标产生量测与杂波对传感器而言并无区别，换言之，对传感器而言量测源是未知的，因此，它们出现的先后顺序并不重要。即使在理想情况下，传感器观测到所有目标且没有接收到杂波，由于没有关于哪个目标产生哪个量测的信息，仍不能应用单目标滤波方法。多目标跟踪的目的则是根据这些具有不确定源的量测联合估计目标的数量及其状态。

注意到 k 时刻对应的目标状态集合和量测集合的无序性，它们可自然地表示成有限集合（或简称有限集），即

$$X_k=\{\boldsymbol{x}_{k,1},\boldsymbol{x}_{k,2},\cdots,\boldsymbol{x}_{k,N_k}\}\in\mathcal{F}(\mathbb{X})\tag{3.4.1}$$

$$Z_k=\{\boldsymbol{z}_{k,1},\boldsymbol{z}_{k,2},\cdots,\boldsymbol{z}_{k,M_k}\}\in\mathcal{F}(\mathbb{Z})\tag{3.4.2}$$

式中：$\mathcal{F}(\mathbb{X})$ 和 $\mathcal{F}(\mathbb{Z})$ 分别为 $\mathbb{X}$ 和 $\mathbb{Z}$ 的所有有限子集的集合。随机有限集描述的核心是将目标集合 X_k 和量测集合 Z_k 分别当作多目标状态（Multi－target State）和多目标量测（Multi－target Measurement）。

在标签随机有限集背景下，多目标状态和多目标量测则分别表示为

$$\mathbf{X}_k=\{\mathbf{x}_{k,1},\mathbf{x}_{k,2},\cdots,\mathbf{x}_{k,N_k}\}\tag{3.4.3}$$

$$Z_k=\{\boldsymbol{z}_{k,1},\boldsymbol{z}_{k,2},\cdots,\boldsymbol{z}_{k,M_k}\}\tag{3.4.4}$$

式中：$\mathbf{x}_{k,1},\mathbf{x}_{k,2},\cdots,\mathbf{x}_{k,N_k}$ 为 k 时刻 N_k 个在（含标签）状态空间 $\mathbb{X}\times\mathbb{L}$ 上取值的目标状态。注意：式(3.4.4)和式(3.4.2)表示的多目标量测虽是相同的，但是，式(3.4.3)和式(3.4.1)表示的多目标状态却有区别，前者表示标签多目标状态集合，而后者为无标签多目标状态集合。

总之，在单目标系统中，不确定性通过将状态 $\boldsymbol{x}_k$ 和量测 $\boldsymbol{z}_k$ 建模为随机矢量来描述。类似地，在多目标系统中，不确定性通过建模多目标状态 X_k（或 $\mathbf{X}_k$）和多目标量测 Z_k 分别为（单目标）状态空间 $\mathbb{X}$（或 $\mathbb{X}\times\mathbb{L}$）和量测空间 $\mathbb{Z}$ 上的随机有限集来描述。

通过建模多目标状态和多目标量测为 RFS，多目标滤波问题可视为（多目标）状态空间和量测空间分别为 $\mathcal{F}(\mathbb{X})$（或 $\mathcal{F}(\mathbb{X}\times\mathbb{L})$）和 $\mathcal{F}(\mathbb{Z})$ 的贝叶斯滤波问题。

3.4.1　多目标运动模型与多目标转移内核

下面为多目标状态的时间演变描述相应的 RFS 模型，其并入了目标运动、出生和消亡过程。对于给定的 $k-1$ 时刻多目标状态 X_{k-1}，每个 $\boldsymbol{x}_{k-1}\in X_{k-1}$ 在 k 时刻或者以概率 $1-p_{S,k}(\boldsymbol{x}_{k-1})$ 消亡，或者继续以概率 $p_{S,k}(\boldsymbol{x}_{k-1})$ 存在，并以概率密度 $\phi_{k|k-1}(\boldsymbol{x}_k\mid\boldsymbol{x}_{k-1})$ 转移到新状态 $\boldsymbol{x}_k$。因此，对于给定的 $k-1$ 时刻状态

$\boldsymbol{x}_{k-1} \in X_{k-1}$，其在下一时刻的行为可建模为 RFS：$S_{k|k-1}(\boldsymbol{x}_{k-1})$，当目标消亡时，取为 ϕ，而当目标存活时，其取为 $\{\boldsymbol{x}_k\}$。k 时刻新目标可能是新生目标（其与任何存活目标相独立）或者由 $k-1$ 时刻的目标衍生。因而，给定 $k-1$ 时刻多目标状态 X_{k-1}，k 时刻多目标状态 X_k 由存活目标、衍生目标和新生目标的并集给出，即

$$\begin{aligned} X_k &= [\cup_{\xi \in X_{k-1}} S_{k|k-1}(\xi)] \cup [\cup_{\xi \in X_{k-1}} Q_{k|k-1}(\xi)] \cup B_k \\ &= S_{k|k-1}(X_{k-1}) \cup Q_{k|k-1}(X_{k-1}) \cup B_k \\ &= S_{k|k-1}(X_{k-1}) \cup \Gamma_{k|k-1}(X_{k-1}) \end{aligned} \tag{3.4.5}$$

式中：$S_{k|k-1}(X_{k-1})$ 为 k 时刻存活目标 RFS；$Q_{k|k-1}(X_{k-1})$ 和 B_k 分别为 k 时刻由 X_{k-1} 衍生的目标 RFS 和新生目标的 RFS，$Q_{k|k-1}(\cdot)$ 和 B_k 的具体形式取决于具体问题，$\Gamma_{k|k-1}(X_{k-1})$ 表示 k 时刻新出现目标（出生目标）的 RFS，包括新生目标和衍生目标，即

$$\Gamma_{k|k-1}(X_{k-1}) = Q_{k|k-1}(X_{k-1}) \cup B_k \tag{3.4.6}$$

假设组成并集式(3.4.5)的 RFS 彼此独立。根据在不同的假设下各个目标动态、目标出生和消亡模型，可具体确定 $S_{k|k-1}(X_{k-1})$、$Q_{k|k-1}(X_{k-1})$ 和 B_k[13, 414]。RFS X_k 封装了多目标运动信息的所有方面，如目标的时变数量、各目标的运动、目标新生、衍生和目标交互等。

式(3.4.5)建模的 RFS X_k 的统计行为也可由以下马尔科夫多目标转移密度描述①

$$\phi_{k|k-1}(X_k \mid X_{k-1}) \tag{3.4.7}$$

即给定多目标状态 X_{k-1}，由其演变到 X_k 的概率密度，其封装了运动、出生和消亡等潜在模型。在不同假设下，利用 FISST，根据多目标转移方程可推导出多目标转移密度 $\phi_{k|k-1}(\cdot \mid \cdot)$，详细推导过程请参考文献[13, 414]。一般地，根据多目标动态模型式(3.4.5)可得以下多目标马尔科夫转移概率

$$\phi_{k|k-1}(X_k \mid X_{k-1}) = \sum_{W \subseteq X_k} \pi_S(W \mid X_{k-1}) \pi_\Gamma(X_k - W \mid X_{k-1}) \tag{3.4.8}$$

式中：$\pi_S(\cdot \mid X_{k-1})$ 为存活目标 RFS $S_{k|k-1}(X_{k-1})$ 的 FISST 密度；$\pi_\Gamma(\cdot \mid X_{k-1})$ 为出生目标 RFS $\Gamma_{k|k-1}(X_{k-1})$ 的 FISST 密度。注意，式(3.4.8)中的“减”号表示集合差分。

下面以标签 RFS 背景为例，给出多目标马尔科夫转移概率式(3.4.8)的具

---

① 为简便，对多目标转移函数式(3.4.7)与单目标转移函数式(2.2.2)使用了相同的符号 $\phi_{k|k-1}$（其余符号类似），这不会造成混淆，根据函数括弧内的参数容易区分，因为在单目标情况下参数为矢量，而在多目标情况，参数是有限集。

体公式。为简洁表达,在不引起混淆时,省略了下标时戳 k。令 X 表示 $k-1$ 时刻目标的标签 RFS,标签空间为$\mathbb{L}$。给定前一时刻的多目标状态 X,每个状态 $(\boldsymbol{x},\ell)\in \mathrm{X}$ 或者以概率 $q_S(\boldsymbol{x},\ell)=1-p_S(\boldsymbol{x},\ell)$ 消亡,或者以概率 $p_S(\boldsymbol{x},\ell)$ 在下一时刻继续存在,并根据概率密度 $\phi_+(\boldsymbol{x}_+,\ell_+|\boldsymbol{x},\ell)=\phi(\boldsymbol{x}_+|\boldsymbol{x},\ell)\delta_\ell(\ell_+)$ 演进到新状态 $(\boldsymbol{x}_+,\ell_+)$,其中,$\phi(\boldsymbol{x}_+|\boldsymbol{x},\ell)$ 为单目标转移内核。因此,下一时刻存活目标集合 S 的分布为

$$\pi_S(\mathrm{S}|\mathrm{X})=\Delta(\mathrm{S})\Delta(\mathrm{X})1_{\mathcal{L}(\mathrm{X})}(\mathcal{L}(\mathrm{S}))[\Phi(\mathrm{S};\cdot)]^{\mathrm{X}} \tag{3.4.9}$$

其中,

$$\begin{aligned}\Phi(\mathrm{S};\boldsymbol{x},\ell) &= \sum_{(\boldsymbol{x}_+,\ell_+)\in \mathrm{S}}\delta_\ell(\ell_+)p_S(\boldsymbol{x},\ell)\phi(\boldsymbol{x}_+|\boldsymbol{x},\ell) \\ &\quad + (1-1_{\mathcal{L}(\mathrm{S})}(\ell))q_S(\boldsymbol{x},\ell) \\ &= \begin{cases} p_S(\boldsymbol{x},\ell)\phi(\boldsymbol{x}_+|\boldsymbol{x},\ell), & (\boldsymbol{x}_+,\ell)\in \mathrm{S} \\ q_S(\boldsymbol{x},\ell), & \ell\notin\mathcal{L}(\mathrm{S}) \end{cases}\end{aligned} \tag{3.4.10}$$

令 B 表示新生目标的标签 RFS,标签空间为$\mathbb{B}$,采取如下标记方案:每个新生目标标签用二元组(k,n)进行标记,其中,k 为当前时刻,n 为区分同一时刻出生目标的唯一索引。因为每帧时间都在变化,新生标签空间$\mathbb{B}$ 与存活标签空间$\mathbb{L}$ 总是互斥的,即$\mathbb{L}\cap\mathbb{B}=\phi$。由于新生目标具有不同的标签,并假设其状态是独立的,可将 B 建模成标签多伯努利(LMB)分布,即

$$\pi_\gamma(\mathrm{B})=\Delta(\mathrm{B})w_\gamma(\mathcal{L}(\mathrm{B}))p_\gamma^{\mathrm{B}} \tag{3.4.11}$$

式中:w_γ和 p_γ为定义在$\mathbb{X}\times\mathbb{B}$ 上的多目标新生密度(Multi - target Birth Density) π_γ的给定参数,具体而言,$w_\gamma(\cdot)$是新生权重,$p_\gamma(\cdot,\ell)$是单目标新生密度。注意,若 B 包含满足 $\mathcal{L}(\mathbf{b})\notin\mathbb{B}$ 的任意元素 $\mathbf{b}$,则 $\pi_\gamma(\mathrm{B})=0$。新生模型式(3.4.11)可包括标签泊松、标签 IIDC、标签多伯努利(LMB)以及广义标签多伯努利(GLMB)模型[89]。这里采用 LMB 新生模型,然而,易于推广到 GLMB 新生模型情形。

若忽略目标衍生情况,下一时刻多目标状态 X_+ 是存活目标 S 和新生目标 B 的并集,即 $\mathrm{X}_+=\mathrm{S}\cup\mathrm{B}$。由于标签空间$\mathbb{L}$ 和$\mathbb{B}$ 是互斥的,新生目标的状态与存活目标也是独立的,因此,S 和 B 相互独立。根据 FISST 可得多目标转移内核 $\phi(\cdot|\cdot):\mathcal{F}(\mathbb{X}\times\mathbb{L})\times\mathcal{F}(\mathbb{X}\times\mathbb{L})\to[0,\infty)$为

$$\phi(\mathrm{X}_+|\mathrm{X}) = \sum_{\mathrm{S}\subseteq \mathrm{X}_+}\pi_S(\mathrm{S}|\mathrm{X})\pi_\gamma(\mathrm{X}_+-\mathrm{S}) \tag{3.4.12}$$

考虑 X_+ 由存活目标组成的子集 $\mathrm{X}_+\cap(\mathbb{X}\times\mathbb{L})=\{\mathbf{x}_+\in\mathrm{X}_+:\mathcal{L}(\mathbf{x}_+)\in\mathbb{L}\}$,对于任意 $\mathrm{S}\subseteq\mathrm{X}_+$,如果 S 不是存活目标的子集,即 $\mathrm{S}\not\subseteq\mathrm{X}_+\cap(\mathbb{X}\times\mathbb{L})$,那么,S 的

标签(集合)将不是当前标签空间的子集,即 $\mathcal{L}(\mathrm{S}) \not\subseteq \mathbb{L}$,则 $1_{\mathcal{L}(\mathrm{X})}(\mathcal{L}(\mathrm{S}))=0$,因而,根据式(3.4.9)有 $\pi_S(\mathrm{S}\mid\mathrm{X})=0$。因此,仅需要考虑 $\mathrm{S}\subseteq\mathrm{X}_+\cap(\mathbb{X}\times\mathbb{L})$ 情形。进一步,对于任意非空 S,如果 $\mathrm{S}\subset\mathrm{X}_+\cap(\mathbb{X}\times\mathbb{L})$,则存在 $\mathbf{x}_+\in\mathrm{X}_+-\mathrm{S}$ 使得 $\mathcal{L}(\mathbf{x}_+)\in\mathbb{L}$,因为$\mathbb{B}$ 和$\mathbb{L}$ 是互斥的,有 $\mathcal{L}(\mathbf{x}_+)\notin\mathbb{B}$,从而 $\pi_\gamma(\mathrm{X}_+-\mathrm{S})=0$。根据上述分析,多目标转移密度(转移内核)最终退化为存活目标转移密度和新生目标密度的乘积,即

$$\phi(\mathrm{X}_+\mid\mathrm{X})=\pi_S(\mathrm{X}_+\cap(\mathbb{X}\times\mathbb{L})\mid\mathrm{X})\pi_\gamma(\mathrm{X}_+-(\mathbb{X}\times\mathbb{L})) \quad (3.4.13)$$

3.4.2 多目标量测模型与多目标量测似然

下面描述 RFS 量测模型,其考虑了检测不确定性和杂波。由于漏检和杂波干扰,k 时刻多目标量测 Z_k是量测空间$\mathbb{Z}$ 的有限子集。在多目标量测模型中,一个给定目标 $\boldsymbol{x}_k\in\mathrm{X}_k$要么以概率 $1-p_{D,k}(\boldsymbol{x}_k)$ 被漏检,或者以概率 $p_{D,k}(\boldsymbol{x}_k)$ 被检测,并产生似然为 $g_k(\boldsymbol{z}_k\mid\boldsymbol{x}_k)$ 的量测 $\boldsymbol{z}_k$。因此,在 k 时刻,每个状态 $\boldsymbol{x}_k\in\mathrm{X}_k$产生 RFS $D_k(\boldsymbol{x}_k)$,当目标漏检时,其取为 ϕ,或者当目标被检测时,取为$\{\boldsymbol{z}_k\}$。除了源于目标的量测,传感器也会接收到虚警量测或杂波的集合 K_k。因此,给定 k 时刻的多目标状态 X_k,传感器接收的多目标量测 Z_k由源于目标的量测和杂波的并集给出,即

$$Z_k=[\cup_{\boldsymbol{x}_k\in X_k}D_k(\boldsymbol{x}_k)]\cup K_k=D_k(X_k)\cup K_k \quad (3.4.14)$$

式中,假设组成并集式(3.4.14)的 RFS 彼此独立。K_k的实际形式取决于具体问题,根据潜在的传感器物理模型可确定 $D_k(X_k)$和 K_k[13, 414]。RFS Z_k封装了所有传感器特征,如目标检测、量测噪声、传感器视场(即状态依赖的检测概率)和虚警等。

式(3.4.14)建模的 RFS Z_k的统计行为也可由以下多目标似然进行描述

$$g_k(Z_k\mid X_k) \quad (3.4.15)$$

即量测 Z_k由多目标状态 X_k产生的似然度。在不同假设下,由潜在的传感器物理模型可推导出多目标似然 $g_k(Z_k\mid X_k)$,详细推导过程可参考文献[13, 414]。一般地,根据多目标量测模型式(3.4.14)可得以下多目标似然

$$g_k(Z_k\mid X_k)=\sum_{D\subseteq Z_k}\pi_D(D\mid \mathrm{X}_k)\pi_C(Z_k-D) \quad (3.4.16)$$

式中:$\pi_D(\cdot\mid X_k)$为目标产生的量测 RFS $D_k(X_k)$的 FISST 密度;$\pi_C(\cdot)$为虚警 RFS K_k的 FISST 密度。

下面同样以标签 RFS 背景为例,给出多目标似然式(3.4.16)的具体公式。令 X 表示量测时刻存活目标的标签 RFS。一个特定目标 $\mathbf{x}=(\boldsymbol{x},\ell)\in\mathrm{X}$ 或者以

概率 $q_D(\mathbf{x})=1-p_D(\mathbf{x})=1-p_D(\boldsymbol{x},\ell)$ 漏检，或者以概率 $p_D(\mathbf{x})=p_D(\boldsymbol{x},\ell)$ 被检测并产生似然为 $g(z|\mathbf{x})=g(z|\boldsymbol{x},\ell)$ 的量测 z，因而，$\mathbf{x}$ 产生具有参数 $\{(p_D(\mathbf{x}),g(\cdot|\mathbf{x}))\}$ 的伯努利 RFS。令 D 表示目标检测集合（非杂波量测），假设 D 的元素是条件独立的，则 D 是具有参数集 $\{(p_D(\mathbf{x}),g(z|\mathbf{x})):\mathbf{x}\in\mathrm{X}\}$ 的多伯努利 RFS，其概率密度为

$$\pi_D(D|\mathrm{X})=\{(p_D(\mathbf{x}),g(z|\mathbf{x})):\boldsymbol{x}\in\mathrm{X}\}_{z\in D} \tag{3.4.17}$$

令 K 表示杂波量测的集合，其与目标量测独立。将 K 建模为具有强度 $\kappa(\cdot)$ 的泊松 RFS，因此，K 服从如下分布：

$$\pi_C(K)=\exp(-\langle\kappa,1\rangle)\kappa^K \tag{3.4.18}$$

对于给定的 k 时刻多目标状态 X，多目标量测 $Z=\{z_1,z_2,\cdots,z_{|Z|}\}$ 是目标量测 D 和杂波量测 K 的并集，即 $Z=D\cup K$。由于 D 和 K 是独立的，多目标似然为 π_D 和 π_C 的卷积，即

$$g(Z|\mathrm{X})=\sum_{D\subseteq Z}\pi_D(D|\mathrm{X})\pi_C(Z-D) \tag{3.4.19}$$

式中：$Z-D$ 为集合 Z 和集合 D 的差集。

式(3.4.19)可等价表示为[13]

$$g(Z|\mathrm{X})=\exp(-\langle\kappa,1\rangle)\kappa^Z\sum_{\theta\in\Theta(\mathcal{L}(\mathrm{X}))}[\varphi_Z(\cdot;\theta)]^{\mathrm{X}} \tag{3.4.20}$$

式中：Θ 为映射 $\theta:\mathbb{L}\rightarrow\{0:|Z|\}\overset{\text{def}}{=}\{0,1,\cdots,|Z|\}$ 的空间；$\Theta(I)$ 为具有定义域 I 的关联映射的子集；$\Theta(\mathcal{L}(\mathrm{X}))$ 为从 X 中标签到 Z 中量测索引的所有一一映射 $\theta:\mathcal{L}(\mathrm{X})\rightarrow\{0,1,\cdots,|Z|\}$ 的集合，且 θ 满足 $\theta(i)=\theta(j)>0\Rightarrow i=j$，即当值域被限制为正整数时，$\theta$ 是一一对应的。一个关联映射 θ 描述了哪条航迹产生哪个量测，即航迹 ℓ 产生量测 $z_{\theta(\ell)}\in Z$，并将整数 0 分配给漏检航迹。条件"$\theta(i)=\theta(j)>0\Rightarrow i=j$"意味着任意时刻一条航迹产生至多一个量测，且一个量测被分配给最多一条航迹。此外，

$$\begin{aligned}\varphi_Z(\boldsymbol{x},\ell;\theta)&=\delta_0(\theta(\ell))(1-p_D(\boldsymbol{x},\ell))\\&\quad+(1-\delta_0(\theta(\ell)))p_D(\boldsymbol{x},\ell)g(z_{\theta(\ell)}|\boldsymbol{x},\ell)/\kappa(z_{\theta(\ell)})\\&=\begin{cases}p_D(\boldsymbol{x},\ell)g(z_{\theta(\ell)}|\boldsymbol{x},\ell)/\kappa(z_{\theta(\ell)}), & \theta(\ell)>0\\1-p_D(\boldsymbol{x},\ell), & \theta(\ell)=0\end{cases}\end{aligned} \tag{3.4.21}$$

当考虑关联门时，$\varphi_Z(\boldsymbol{x},\ell;\theta)$ 需要并入门概率 p_G，变为

$$\varphi_Z(\boldsymbol{x},\ell;\theta)=\begin{cases}p_Gp_D(\boldsymbol{x},\ell)g(z_{\theta(\ell)}|\boldsymbol{x},\ell)/\kappa(z_{\theta(\ell)}), & \theta(\ell)>0\\1-p_Gp_D(\boldsymbol{x},\ell), & \theta(\ell)=0\end{cases} \tag{3.4.22}$$

3.5　多目标贝叶斯递归

在贝叶斯估计中,感兴趣目标是后验概率密度,$\mathbb{X}$ 的有限子集空间并未继承常用的欧氏积分和欧氏密度概念。因此,针对随机矢量的标准工具不再适用于RFS,将贝叶斯推理应用多目标估计需要合适的针对 RFS 的概率密度概念。Mahler 提出的 FISST 提供了实用的强有力数学工具来处理 RFS,FISST 通过集合积分和集合导数[414]引入了"密度"的非测度论概念。

以多目标量测历程 $Z^k = Z_{1:k} = \{Z_1, \cdots, Z_k\}$ 为条件的多目标后验密度(Multi - target Posterior Density)捕获了目标状态集合的所有信息,可由下式递归计算

$$\pi_{0:k}(X_{0:k} \mid Z_{1:k}) \propto g_k(Z_k \mid X_k)\phi_{k|k-1}(X_k \mid X_{k-1})\pi_{0:k-1}(X_{0:k-1} \mid Z_{1:k-1}) \tag{3.5.1}$$

式中:$X_{0:k} = \{X_0, X_1, \cdots, X_k\}$,$\phi_{k|k-1}(\cdot \mid \cdot)$为 $k-1$ 时刻到 k 时刻的多目标转移密度(Multi - target Transition Density);$g_k(\cdot \mid \cdot)$为 k 时刻多目标似然(Multi - target Likelihood)函数。多目标后验密度捕获了目标数量与状态的所有信息,多目标转移密度封装了目标运动、新生和消亡等潜在模型,而多目标似然函数封装了目标检测和虚警等潜在模型。

FISST 理论和常规概率理论之间存在一定的联系,具体而言,RFS 的信任质量函数的集合导数与其概率密度有着密切关系[82]。对于任意闭合子集 $S \subseteq \mathbb{X}$ 和 $T \subseteq \mathbb{Z}$,令 $\beta_{k|k}(S \mid Z_{1:k}) \overset{\text{def}}{=} P(X_k \subseteq S \mid Z_{1:k})$ 表示给定直到 k 时刻的所有量测集 $Z_{1:k} = \{Z_1, Z_2, \cdots, Z_k\}$ 时,RFS X_k 的(后验)信任质量函数,$\beta_{k|k-1}(S \mid X_{k-1}) \overset{\text{def}}{=} P(X_k \subseteq S \mid X_{k-1})$ 表示由式(3.4.5)建模的 RFS X_k 的(预测)信任质量函数,$\beta_k(T \mid X_k) \overset{\text{def}}{=} P(Z_k \subseteq T \mid X_k)$表示由式(3.4.14)建模的 RFS Z_k 的信任质量函数,则多目标后验密度 $\pi_k(\cdot \mid Z_{1:k})$、多目标转移密度 $\phi_{k|k-1}(\cdot \mid X_{k-1})$和多目标似然$g_k(\cdot \mid X_k)$分别是 $\beta_{k|k}(\cdot \mid Z_{1:k})$、$\beta_{k|k-1}(\cdot \mid X_{k-1})$和 $\beta_k(\cdot \mid X_k)$的集合导数。

多目标滤波关注的是当前时刻多目标后验密度的边缘密度。令 $\pi_{k|k-1}(X_k \mid Z_{1:k-1})$表示到 k 时刻的多目标预测密度(Multi - target Prediction Density),$\pi_k(X_k \mid Z_{1:k})$表示 k 时刻的多目标滤波密度(Multi - target Filtering Density)。多目标滤波密度捕获了当前时刻多目标状态(包括目标数量与状态)的所有信息。多目标贝叶斯滤波器(Multi - target Bayes Filter)根据下述预测和更新方程随时间传递滤波密度 π_k[3, 414]

$$\pi_{k|k-1}(X_k \mid Z_{1:k-1}) = \int \phi_{k|k-1}(X_k \mid X)\pi_{k-1}(X \mid Z_{1:k-1})\delta X \tag{3.5.2}$$

$$\pi_k(X_k \mid Z_{1:k}) = \frac{g_k(Z_k \mid X_k)\pi_{k|k-1}(X_k \mid Z_{1:k-1})}{\int g_k(Z_k \mid X)\pi_{k|k-1}(X \mid Z_{1:k-1})\delta X} \tag{3.5.3}$$

多目标贝叶斯滤波器是 RFS 方法的核心[13]，它随时间前向递归传递多目标状态的滤波密度。递归式(3.5.1)～式(3.5.3)和标准的(无杂波)单目标滤波式(2.2.6)～式(2.2.8)的主要区别在于随着 k 的改变，X_k 和 Z_k 的维度是可变的。此外，需要引起注意的是：式(3.5.2)、式(3.5.3)中的积分为式(3.2.3)定义的集合积分，这个多重多维积分使得多目标贝叶斯滤波器一般得不到闭合解析形式。此外，式(3.5.2)、式(3.5.3)的相关函数是有量纲的，具体而言，$\pi_k(X \mid Z_{1:k})$、$\pi_{k-1}(X \mid Z_{1:k-1})$、$\pi_{k|k-1}(X \mid Z_{1:k-1})$ 和 $\phi_{k|k-1}(X \mid X_{k-1})$ 具有量纲 $K_x^{-|X|}$，$g_k(Z_k \mid X_k)$ 具有量纲 $K_z^{-|Z_k|}$，其中，K_x 和 K_z 分别表示在空间 $\mathbb{X}$ 和 $\mathbb{Z}$ 中体积的量纲。然而，式(2.2.7)、式(2.2.8)中对应的函数，即 $p_k(\boldsymbol{x} \mid \boldsymbol{z}_{1:k})$、$p_{k-1}(\boldsymbol{x} \mid \boldsymbol{z}_{1:k-1})$、$p_{k|k-1}(\boldsymbol{x} \mid \boldsymbol{z}_{1:k-1})$、$\phi_{k|k-1}(\boldsymbol{x} \mid \boldsymbol{x}_{k-1})$ 和 $g_k(\boldsymbol{z}_k \mid \boldsymbol{x}_k)$ 均无量纲。

对于标签 RFS，式(3.5.2)、式(3.5.3)的多目标贝叶斯滤波器修正为

$$\pi_{k|k-1}(\mathrm{X}_k \mid Z_{1:k-1}) = \int \phi_{k|k-1}(\mathrm{X}_k \mid \mathrm{X}_{k-1})\pi_{k-1}(\mathrm{X}_{k-1} \mid Z_{1:k-1})\delta \mathrm{X}_{k-1} \tag{3.5.4}$$

$$\pi_k(\mathrm{X}_k \mid Z_{1:k}) = \frac{g_k(Z_k \mid \mathrm{X}_k)\pi_{k|k-1}(\mathrm{X}_k \mid Z_{1:k-1})}{\int g_k(Z_k \mid \mathrm{X})\pi_{k|k-1}(\mathrm{X} \mid Z_{1:k-1})\delta \mathrm{X}} \tag{3.5.5}$$

需要注意的是，式中的积分为式(3.3.18)定义的针对标签 RFS 的"集合积分"。

3.6 多目标形式化建模范式

适用于单目标的形式化贝叶斯建模(Formal Bayes Modeling)范式为单目标滤波算法开发提供了一套系统的通用程序：首先分别构建描述传感器行为且与具体实现无关的量测模型和描述目标动态的运动模型；然后，根据构建的模型，推导出相应的概率质量函数；再利用常规微积分，推导出能如实反映原始模型概率密度函数的真实似然函数和真实马尔科夫转移密度的具体表达式；由此得到随时间传递后验密度的贝叶斯滤波器递归，如图 3.1(a)所示。

类似于单目标形式化贝叶斯建模，可将建模程序推广到多源多目标系统[13, 14]：首先分别构建描述传感器行为且与具体实现无关的多目标量测模型和描述多目标动态的多目标运动模型；根据构建的模型，推导出相应的信任质量函

数;再利用专门针对 RFS 的 FISST 工具,推导出能如实反映多目标量测模型的真实多目标似然函数和如实反映多目标运动模型的真实多目标马尔科夫转移密度的具体表达式;由此得到随时间传递后验多目标密度的多目标贝叶斯滤波器递归,如图 3.1(b)所示。上述多源多目标形式化贝叶斯建模范式具备与特定实现无关的属性,从而方便建立通用的数学表示。

注意:在单目标形式化贝叶斯建模中,状态和量测变量使用随机矢量进行建模,而在多源多目标形式化贝叶斯建模中,状态和量测变量则使用随机有限集进行建模。因而,需要一套专门针对 RFS 的 FISST 工具。

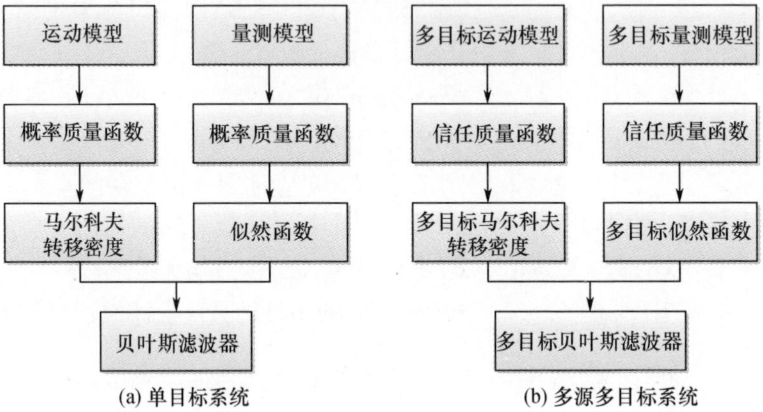

图 3.1 形式化建模过程

由上可知,在单传感器单目标统计学中和多传感器多目标统计学之间,存在许多直接的数学对应,一般的统计学方法在适当处理后便可直接从单传感器单目标情形“移植”到多传感器多目标情形。也就是说,可将这种对应关系看作一本词典。该词典在随机矢量语境下的单词语法与在随机有限集语境下同义词和语法之间建立了一种直接的映射关系。因此,以随机矢量语境表述的任何“语句”(任何概念或算法)原则上都可直接“翻译”为随机集语境下的对应“语句”。这种处理过程可视为解决多源多目标信息融合问题的通用策略。例如,真实多目标似然函数和真实多目标马尔科夫密度都可直接类比于单目标情形下的似然函数和马尔科夫密度;与单目标情形下的固定增益卡尔曼滤波器的类比,则直接激发了 PHD 和 CPHD 近似技术等。

虽然在滤波理论和信息论中的一些统计概念和技术可方便地在 RFS 范式下移植[2,16],但是,在移植过程中,词典间的对应关系并非精确的一一对应,比如,矢量可进行加减运算而有限集却不能;又比如,常规的单目标估计器(如最大后验估计器和期望后验估计器)对基于 RFS 的多目标估计器而言是没有定义的[13]。

3.7　粒子多目标滤波器

本节介绍多目标贝叶斯滤波器的序贯蒙特卡罗(SMC)实现。SMC 滤波技术允许递归传播近似后验密度的加权粒子集,该技术的核心思想是利用随机样本近似感兴趣的积分。由于无量纲 FISST 多目标密度实际是概率密度[82],可利用随机样本来构建感兴趣积分的蒙特卡罗近似。因此,可将单目标粒子滤波器直接推广到多目标情况。然而,在多目标条件下,每个粒子是有限集,因此,粒子自身具有可变维度。多目标后验密度随时间递归传递涉及多重集合积分的计算,其计算量远大于单目标滤波。

假设 $k-1$ 时刻可得表示多目标后验 π_{k-1} 的加权粒子集 $\{(w_{k-1}^{(i)}, X_{k-1}^{(i)})\}_{i=1}^{\nu}$,即

$$\pi_{k-1}(X_{k-1} \mid Z_{1:k-1}) \approx \sum_{i=1}^{\nu} w_{k-1}^{(i)} \delta_{X_{k-1}^{(i)}}(X_{k-1}) \tag{3.7.1}$$

式中:ν 为粒子总数。粒子多目标滤波器通过新的加权粒子集 $\{(w_k^{(i)}, X_k^{(i)})\}_{i=1}^{\nu}$ 近似 k 时刻多目标后验 π_k,具体步骤如下:

1）预测

采样 $\tilde{X}_k^{(i)} \sim q_k(\cdot \mid X_{k-1}^{(i)}, Z_k)$,$i=1,2,\cdots,\nu$,并计算预测权重

$$w_{k|k-1}^{(i)} = \frac{\phi_{k|k-1}(\tilde{X}_k^{(i)} \mid X_{k-1}^{(i)})}{q_k(\tilde{X}_k^{(i)} \mid X_{k-1}^{(i)}, Z_k)} w_{k-1}^{(i)} \tag{3.7.2}$$

2）更新

更新权重:

$$w_k^{(i)} = w_{k|k-1}^{(i)} g_k(Z_k \mid \tilde{X}_k^{(i)}) \tag{3.7.3}$$

归一化权重:

$$\tilde{w}_k^{(i)} = w_k^{(i)} / \sum_{j=1}^{N} w_k^{(j)}, i = 1,2,\cdots,N \tag{3.7.4}$$

3）重采样

重采样 $\{(\tilde{w}_k^{(i)}, \tilde{X}_k^{(i)})\}_{i=1}^{\nu}$ 得到 $\{(w_k^{(i)}, X_k^{(i)})\}_{i=1}^{\nu}$。

在上述步骤中,默认 $\sup_{X,X'} |\phi_{k|k-1}(X \mid X') / q_k(X \mid X', Z_k)|$ 是有限的,因而

权重是良好定义的，$\widetilde{X}_k^{(i)}$是来自 RFS 或点过程的样本，从点过程中进行抽样的具体内容可参考空间统计领域[414, 416]，重要性采样密度 $q_k(\cdot \mid X_{k-1}^{(i)}, Z_k)$ 可简单设为多目标转移密度，不过需要说明的是：与单目标情况相比，选择多目标转移密度这一动态先验作为建议密度存在更严重的问题。如果目标数量较多，则需要在高维度空间里实施重要性采样，这通常难以找到一个有效的重要性密度。对于固定数量的粒子，重要性密度的常规选择，比如 $q_k(\cdot \mid X_{k-1}^{(i)}, Z_k) = \phi_{k|k-1}(\cdot \mid X_{k-1}^{(i)})$，通常将导致算法的有效性随目标数呈指数骤减[82]。另外，由于多目标马尔科夫转移式(3.4.8)和多目标似然式(3.4.16)的组合特征，权重更新计算量也较大。因此，简单的自举方法仅在少量目标存在时才能较好工作。

上述算法形式上看似与第 2.9 节的粒子滤波类似，然而，多目标粒子系统复杂程度实际上远超单目标粒子系统。设用于表示 n 个目标的粒子数为 $\tilde{\nu}_n$，此外，对应 n 个目标的粒子最大编号记为 ν_n。可按照递增目标数对 $X_k^{(0)}, X_k^{(1)}, \cdots, X_k^{(\nu)}$ 进行如下排序。首个多目标粒子 $X_k^{(0)} = \phi$ 表示无目标(0 个目标)时的样本($\tilde{\nu}_0 = 1$)，后续 $\tilde{\nu}_1$ 个多目标粒子 $X_k^{(1)} = \{\boldsymbol{x}_1^{(1)}\}, \cdots, X_k^{(\nu_1)} = \{\boldsymbol{x}_1^{(\nu_1)}\}$ 表示 1 个目标时的样本(因而，有 $\tilde{\nu}_1 = \nu_1$)，再接下来 $\tilde{\nu}_2$ 个多目标粒子 $X_k^{(\nu_1+1)} = \{\boldsymbol{x}_1^{(\nu_1+1)}, \boldsymbol{x}_2^{(\nu_1+1)}\}, \cdots, X_k^{(\nu_2)} = \{\boldsymbol{x}_1^{(\nu_2)}, \boldsymbol{x}_2^{(\nu_2)}\}$ 表示 2 个目标时的样本(因而，有 $\tilde{\nu}_2 = \nu_2 - \nu_1$)，一般地，$\tilde{\nu}_n$ 个多目标粒子 $X_k^{(\nu_{n-1}+1)} = \{\boldsymbol{x}_1^{(\nu_{n-1}+1)}, \cdots, \boldsymbol{x}_n^{(\nu_{n-1}+1)}\}, \cdots, X_k^{(\nu_n)} = \{\boldsymbol{x}_1^{(\nu_n)}, \cdots, \boldsymbol{x}_n^{(\nu_n)}\}$ 表示 n 个目标时的样本(因而，有 $\tilde{\nu}_n = \nu_n - \nu_{n-1}$)。一直到 $\tilde{\nu}_{\widehat{n}}$ 个多目标粒子 $X_k^{(\nu_{\widehat{n}-1}+1)} = \{\boldsymbol{x}_1^{(\nu_{\widehat{n}-1}+1)}, \cdots, \boldsymbol{x}_{\widehat{n}}^{(\nu_{\widehat{n}-1}+1)}\}, \cdots, X_{k|k}^{(\nu_{\widehat{n}})} = \{\boldsymbol{x}_1^{(\nu_{\widehat{n}})}, \cdots, \boldsymbol{x}_n^{(\nu_{\widehat{n}})}\}$ 表示 $\widehat{n}$ 个目标时的样本(因而，有 $\tilde{\nu}_{\widehat{n}} = \nu_{\widehat{n}} - \nu_{\widehat{n}-1}$)，其中，$\widehat{n}$ 表示最大可能的目标数。因此，总的样本数目为

$$\nu = \tilde{\nu}_0 + \tilde{\nu}_1 + \cdots + \tilde{\nu}_{\widehat{n}} = 1 + \nu_1 + (\nu_2 - \nu_1) + \cdots + (\nu_{\widehat{n}} - \nu_{\widehat{n}-1}) = 1 + \nu_{\widehat{n}}$$

3.7.1　粒子多目标滤波器预测

假设先验多目标粒子系统为

$$\begin{aligned}\pi_{k-1}(X_{k-1} \mid Z_{1:k-1}) &\approx \omega_{k-1}^{(0)} \delta_{\phi}(X_{k-1}) + \frac{1 - \omega_{k-1}^{(0)}}{\nu} \sum_{i=1}^{\nu} \delta_{X_{k-1}^{(i)}}(X_{k-1}) \\ &= \sum_{i=0}^{\nu} w_{k-1}^{(i)} \delta_{X_{k-1}^{(i)}}(X_{k-1}) \end{aligned} \quad (3.7.5)$$

其中，$X_{k-1}^{(0)} = \phi, w_{k-1}^{(0)} = \omega_{k-1}^{(0)}, w_{k-1}^{(i)} = (1 - \omega_{k-1}^{(0)})/\nu, i = 1, 2, \cdots, \nu, \omega_{k-1}^{(0)}$ 表示无目标时的权重。

说明:通常假设所有粒子具有相等的重要性权重,即 $w_{k-1}^{(i)}=1/\nu, i=1,2,\cdots,\nu$。等权重假设等价于将粒子视为均匀分布的随机抽样,换言之,在状态空间中较大区域内将抽取更多的粒子,反之则抽取更少的粒子,因此,等权重的采样过程实际上等价于概率加权。但在粒子多目标滤波器中,需要谨慎处理空粒子 $X_{k-1}^{(0)}=\phi$ 的权重 $w_{k-1}^{(0)}$[2],由于 ϕ 是一个离散状态,因此,从多目标密度 $\pi_{k-1}(X_{k-1}|Z_{1:k-1})$ 采样将得到 ϕ 的多个副本。如果将这些副本合并成单个粒子,$w_{k-1}^{(0)}$ 应有别于其他粒子的权重。实际上,这里采用该意义上的"等权重"概念。

与单目标情形类似,可从多目标动态先验中抽取单个多目标随机样本,即 $X_{k|k-1}^{(i)}\sim\phi_{k|k-1}(\cdot|X_{k-1}^{(i)}), i=0,1,\cdots,\nu_{\hat{n}}$,但是,由于多目标马尔科夫密度集成了目标存活、新生、衍生和消亡模型,表达式 $X_{k|k-1}^{(i)}\sim\phi_{k|k-1}(\cdot|X_{k-1}^{(i)})$ 蕴含的复杂度远超直观理解。根据多目标运动模型,预测的多目标粒子具有如下形式:

$$X_{k|k-1}^{(i)}=X_{s,+}^{(i)}\cup X_{\beta,+}^{(i)}\cup X_{\gamma,+}^{(i)} \tag{3.7.6}$$

式中:$X_{s,+}^{(i)}$、$X_{\beta,+}^{(i)}$ 和 $X_{\gamma,+}^{(i)}$ 分别为存活目标、衍生目标和新生目标集合,下面分别进行介绍。

3.7.1.1 目标存活与消亡

根据标准多目标运动模型,$k-1$ 时刻状态为 $\boldsymbol{x}'$ 的目标在 k 时刻继续存在的概率为 $p_s(\boldsymbol{x}')$,这意味着 $X_{s,+}^{(i)}$ 的多目标概率分布是形如式(3.3.9)的多目标多伯努利分布。令 $X_{k-1}^{(i)}=\{\boldsymbol{x}'^{(i)}_1,\cdots,\boldsymbol{x}'^{(i)}_{n_i}\}$ 为 $k-1$ 时刻表示目标数 n_i 的多目标粒子,记 $p_{s,j}^{(i)}=p_s(\boldsymbol{x}'^{(i)}_j)$,则状态为 $\{\boldsymbol{x}'^{(i)}_1,\cdots,\boldsymbol{x}'^{(i)}_{n_i}\}$ 的目标全部存活的概率为 $\prod_{j=1}^{n_i}p_{s,j}^{(i)}$,全部消亡的概率为 $\prod_{j=1}^{n_i}(1-p_{s,j}^{(i)})$。更一般地,含有 $m\leqslant n_i$ 个元素的子集 $\{\boldsymbol{x}'^{(i)}_{j_1},\cdots,\boldsymbol{x}'^{(i)}_{j_m}\}(1\leqslant j_1<\cdots j_m\leqslant m)$ 的存活概率为

$$p_{n_i}(m,j_1,\cdots,j_m)=\frac{p_{s,j_1}^{(i)}\cdots p_{s,j_m}^{(i)}}{(1-p_{s,j_1}^{(i)})\cdots(1-p_{s,j_m}^{(i)})}\prod_{j=1}^{n_i}(1-p_{s,j}^{(i)}) \tag{3.7.7}$$

然后,根据上述分布抽取一个样本

$$(\tilde{m},\tilde{j}_1,\cdots,\tilde{j}_{\tilde{m}})\sim p_{n_i}(\cdot,\cdot,\cdots,\cdot) \tag{3.7.8}$$

再对每个 $\tilde{j}_1,\cdots,\tilde{j}_{\tilde{m}}$ 抽取如下粒子:

$$\begin{gathered}\boldsymbol{x}_{\tilde{j}_1}^{(i)}\sim\phi_{k|k-1}(\cdot|\boldsymbol{x}'^{(i)}_{\tilde{j}_1})\\ \vdots\\ \boldsymbol{x}_{\tilde{j}_{\tilde{m}}}^{(i)}\sim\phi_{k|k-1}(\cdot|\boldsymbol{x}'^{(i)}_{\tilde{j}_{\tilde{m}}})\end{gathered} \tag{3.7.9}$$

最后,得到存活的多目标粒子集为

$$X_{s,+}^{(i)} = \{\boldsymbol{x}_{\tilde{j}_1}^{(i)},\cdots,\boldsymbol{x}_{\tilde{j}_{\tilde{m}}}^{(i)}\} \tag{3.7.10}$$

对于 $i=1,2,\cdots,\nu_{\hat{n}}$,重复上述过程。

3.7.1.2 目标新生

根据标准多目标运动模型,多目标概率密度 $q_{\gamma,k}(X)$ 建模了新出现但非现有目标衍生的目标。根据已知的 $q_{\gamma,k}^{(i)}(X)$ 抽取 $X_{\gamma,+}^{(i)}$ 的最简单方法如下。令 $\rho_{\gamma,k}^{(i)}(n)$ 为 $q_{\gamma,k}^{(i)}(X)$ 的势分布,其由式(3.2.15)定义。从势分布中抽取一个目标数样本

$$\tilde{n} \sim \rho_{\gamma,k}^{(i)}(\cdot) \tag{3.7.11}$$

然后从以下分布抽取一个多目标状态样本

$$q_{\gamma,k}^{(i)}(\boldsymbol{x}_1^{(i)},\cdots,\boldsymbol{x}_{\tilde{n}}^{(i)}) = q_{\gamma,k}^{(i)}(\{\boldsymbol{x}_1^{(i)},\cdots,\boldsymbol{x}_{\tilde{n}}^{(i)}\})/\tilde{n}! \tag{3.7.12}$$

即

$$(\tilde{\boldsymbol{x}}_1^{(i)},\cdots,\tilde{\boldsymbol{x}}_{\tilde{n}}^{(i)}) \sim q_{\gamma,k}^{(i)}(\cdot,\cdots,\cdot) \tag{3.7.13}$$

最后,得到新生多目标粒子集为

$$X_{\gamma,+}^{(i)} = \{\tilde{\boldsymbol{x}}_1^{(i)},\cdots,\tilde{\boldsymbol{x}}_{\tilde{n}}^{(i)}\} \tag{3.7.14}$$

对于 $i=1,2,\cdots,\nu_{\hat{n}}$,重复上述过程。

3.7.1.3 目标衍生

概率密度 $q_{\beta,+}^{(i)}(X|\boldsymbol{x}')$ 建模了由 $k-1$ 时刻状态 $\boldsymbol{x}'$ 的现存目标衍生得到的目标集。与从 $q_{\gamma,k}^{(i)}(X)$ 中抽取 $X_{\gamma,+}^{(i)}$ 的方法一样,可从 $q_{\beta,+}^{(i)}(X|\boldsymbol{x}')$ 中抽取样本 $X_{\beta,+}^{(i)}$。

令 $\rho_{\beta,+}^{(i)}(n|\boldsymbol{x}')$ 为 $q_{\beta,+}^{(i)}(X|\boldsymbol{x}')$ 的势分布,$X_{k-1}^{(i)} = \{\boldsymbol{x}'^{(i)}_1,\cdots,\boldsymbol{x}'^{(i)}_{n'}\}$ 表示 $k-1$ 时刻的多目标粒子。从势分布中抽取各状态对应的目标数样本

$$\begin{aligned}\tilde{n}_1 &\sim \rho_{\beta,+}^{(i)}(\cdot\,|\,\boldsymbol{x}'^{(i)}_1)\\ &\vdots\\ \tilde{n}_{n'} &\sim \rho_{\beta,+}^{(i)}(\cdot\,|\,\boldsymbol{x}'^{(i)}_{n'})\end{aligned} \tag{3.7.15}$$

然后,对 $j=1,2,\cdots,n'$,从以下分布抽取一个多目标状态样本

$$q_{\beta,+}^{(i,j)}(\boldsymbol{x}_1^{(i)},\cdots,\boldsymbol{x}_{\tilde{n}_j}^{(i)}) = q_{\beta,+}^{(i)}(\{\boldsymbol{x}_1^{(i)},\cdots,\boldsymbol{x}_{\tilde{n}_j}^{(i)}\}\,|\,\boldsymbol{x}'^{(i)}_j)/\tilde{n}_j! \tag{3.7.16}$$

即

$$\begin{aligned}(\tilde{\boldsymbol{x}}_1^{(i,1)},\cdots,\tilde{\boldsymbol{x}}_{\tilde{n}_1}^{(i,1)}) &\sim q_{\beta,+}^{(i,1)}(\cdot,\cdots,\cdot)\\ &\vdots\\ (\tilde{\boldsymbol{x}}_1^{(i,n')},\cdots,\tilde{\boldsymbol{x}}_{\tilde{n}_{n'}}^{(i,n')}) &\sim q_{\beta,+}^{(i,n')}(\cdot,\cdots,\cdot)\end{aligned} \tag{3.7.17}$$

最后,得到衍生多目标粒子集为

$$X_{\beta,+}^{(i)} = \{\tilde{\boldsymbol{x}}_1^{(i,1)},\cdots,\tilde{\boldsymbol{x}}_{\tilde{n}_1}^{(i,1)},\cdots,\tilde{\boldsymbol{x}}_1^{(i,n')},\cdots,\tilde{\boldsymbol{x}}_{\tilde{n}_{n'}}^{(i,n')}\} \tag{3.7.18}$$

对于 $i=1,2,\cdots,\nu_{\widehat{n}}$,重复上述过程。

3.7.2　粒子多目标滤波器更新

假设预测的多目标粒子系统为

$$\begin{aligned}\pi_{k|k-1}(X_k \mid Z_{1:k-1}) &\approx w_+^{(0)}\delta_\phi(X_k) + \frac{1-w_+^{(0)}}{\nu}\sum_{i=1}^{\nu}\delta_{X_{k|k-1}^{(i)}}(X_k)\\ &= \sum_{i=0}^{\nu} w_{k|k-1}^{(i)}\delta_{X_{k|k-1}^{(i)}}(X_k)\end{aligned} \tag{3.7.19}$$

其中,$X_{k|k-1}^{(0)}=\phi$, $w_{k|k-1}^{(0)}=w_+^{(0)}$, $w_{k|k-1}^{(i)}=(1-w_+^{(0)})/\nu$。根据式(3.7.2),当 $q_k(\tilde{X}_k^{(i)} \mid X_{k-1}^{(i)},Z_k)$采用动态先验 $\phi_{k|k-1}(\tilde{X}_k^{(i)} \mid X_{k-1}^{(i)})$时,有 $w_{k|k-1}^{(i)}=w_{k-1}^{(i)}, i=0,1,\cdots,\nu$。

将式(3.7.19)代入多目标贝叶斯递归归一化因子中,可得

$$\begin{aligned}\int g_k(Z_k \mid X)\pi_{k|k-1}(X \mid Z_{1:k-1})\delta X &= \int g_k(Z_k \mid X)\left[\sum_{i=0}^{\nu} w_{k|k-1}^{(i)}\delta_{X_{k|k-1}^{(i)}}(X_k)\right]\delta X\\ &= \sum_{i=0}^{\nu} w_{k|k-1}^{(i)} g_k(Z_k \mid X_{k|k-1}^{(i)})\end{aligned} \tag{3.7.20}$$

从而,多目标贝叶斯更新后的多目标分布为

$$\begin{aligned}\pi_k(X_k \mid Z_{1:k}) &= \frac{\sum_{i=0}^{\nu} g_k(Z_k \mid X_{k|k-1}^{(i)}) w_{k|k-1}^{(i)}\delta_{X_{k|k-1}^{(i)}}(X_k)}{\sum_{i=0}^{\nu} w_{k|k-1}^{(i)} g_k(Z_k \mid X_{k|k-1}^{(i)})}\\ &= \sum_{i=0}^{\nu} w_k^{(i)}\delta_{X_k^{(i)}}(X_k)\end{aligned} \tag{3.7.21}$$

其中,$X_k^{(i)}=X_{k|k-1}^{(i)}$,对应的权重为

$$w_k^{(i)} = \frac{g_k(Z_k \mid X_{k|k-1}^{(i)}) w_{k|k-1}^{(i)}}{\sum_{i=0}^{\nu} w_{k|k-1}^{(i)} g_k(Z_k \mid X_{k|k-1}^{(i)})}, i=0,1,\cdots,\nu \tag{3.7.22}$$

现在,粒子具有不等的权重,因此,必须用等权重的新粒子系统进行替换。但替换后的粒子应能反映出 $w_k^{(i)}$ 的影响,这可通过剔除小权重粒子同时复制大权重的粒子等重采样技术实现,这样便可得到新的后验粒子系统 $\tilde{X}_k^{(0)},\tilde{X}_k^{(1)},\cdots,\tilde{X}_k^{(\nu)}$ 和新的近似

$$\pi_k(X_k \mid Z_{1:k}) = \omega_k^{(0)}\delta_{\varnothing}(X_k) + \frac{1-\omega_k^{(0)}}{\nu}\sum_{i=1}^{\nu}\delta_{X_k^{(i)}}(X_k) \quad (3.7.23)$$

在重采样步骤以后,由于重采样复制了相同的粒子副本,因而会导致“粒子贫化”,使得除少量粒子外,其余粒子的权重几乎可忽略。为增加重采样粒子的统计多样性,与单目标情况类似,可选用马尔科夫链蒙特卡罗(MCMC)步骤以增加粒子多样性[419]。因为粒子属于不同维度的空间,需要使用可逆跳跃 MCMC 步骤[420]。在标准假设下,SMC 近似的均方误差与粒子数成反比[82]。

获得后验密度后,还需考虑多目标状态估计问题。给定 π_k 的粒子近似 $\{(w_k^{(i)},X_k^{(i)})\}_{i=0}^{\nu}$,$v_k$的粒子近似可由下式得到

$$v_k(\boldsymbol{x}) \approx \sum_{i=0}^{\nu} w_k^{(i)}\left[\sum\nolimits_{\boldsymbol{x}'\in X_k^{(i)}}\delta_{\boldsymbol{x}'}(\boldsymbol{x})\right] = \sum_{i=0}^{\nu}\sum_{\boldsymbol{x}'\in X_k^{(i)}} w_k^{(i)}\delta_{\boldsymbol{x}'}(\boldsymbol{x}) \quad (3.7.24)$$

从而,可根据 v_k的峰值提供各目标的状态估计,具体细节可参考第 4.4.4 节。

3.8　多目标跟踪性能度量

在滤波/控制问题中,参考量与其估计值/控制值之间的距离误差(Miss - distance)是个重要概念,有时简称为误差,下面详细介绍多目标距离误差。从数学观点来看,允许一致性距离可测的基本必要条件是距离误差为目标有限集合空间上的度量(Metric)。令 $\mathcal{X}$ 是任意的非空集合,如果一个函数 $d:\mathcal{X}\times\mathcal{X}\to\mathbb{R}_+=[0,\infty)$满足以下 3 个条件,则称该函数为度量。

(1) 同一性:当且仅当 $\boldsymbol{x}=\boldsymbol{y}$,有 $d(\boldsymbol{x},\boldsymbol{y})=0$。

(2) 对称性:对所有 $\boldsymbol{x},\boldsymbol{y}\in X$,有 $d(\boldsymbol{x},\boldsymbol{y})=d(\boldsymbol{y},\boldsymbol{x})$。

(3) 三角不等式:对所有 $\boldsymbol{x},\boldsymbol{y},\boldsymbol{z}\in\mathcal{X}$,有 $d(\boldsymbol{x},\boldsymbol{z})\leqslant d(\boldsymbol{x},\boldsymbol{y})+d(\boldsymbol{y},\boldsymbol{z})$。

在多目标距离误差背景中,固定一个闭合且有界的观测窗口 $W\subset\mathbb{R}^N$,并选择 $\mathcal{X}$ 为 W 的有限子集的集合。在本节,d 总是表示 W 上的度量(如典型的欧几里得(Euclidean)度量 $d(\boldsymbol{x},\boldsymbol{y})=\|\boldsymbol{x}-\boldsymbol{y}\|$),而对于 $\mathcal{X}$ 上考虑的不同度量,附加了相应的上下标以便区分,如 d_H、d_p或 $\bar{d}_p^c$。

3.8.1　豪斯多夫度量

豪斯多夫(Hausdorff)度量因其理论优势在随机几何中历史悠久。它产生了在 W 的闭合子集集合上的标准拓扑[421],在有限集统计(FISST)背景中,该拓扑常被称为 Matheron 拓扑[13],可用于定义随机集合。对于 W 的有限非空子集 X 和 Y,豪斯多夫度量 d_H定义为

$$d_H(X,Y) = \max\{\max_{x \in X}\min_{y \in Y} d(\boldsymbol{x},\boldsymbol{y}), \max_{y \in Y}\min_{x \in X} d(\boldsymbol{x},\boldsymbol{y})\} \tag{3.8.1}$$

文献[379]给出了 d_H 为度量的证明，该文也讨论了其在多目标滤波中的一些优点和困难。这里仅强调最重要的几点。首先，豪斯多夫度量传统上被用作二值图像间差异性的度量，比如，非常适用于描述光学抑制中两个图像间的差别。然而，它对有限集合势的差异非常不敏感（如图3.2中场景C－F所示），而这对多目标滤波器的性能评估显然是不希望的。此外，它对逸出值（Outlier）惩罚过重（见场景B），并且，如果一个集合为空集时，不能给出合理的结果（见场景A），此时，部分研究将这种情况简单设定为∞。

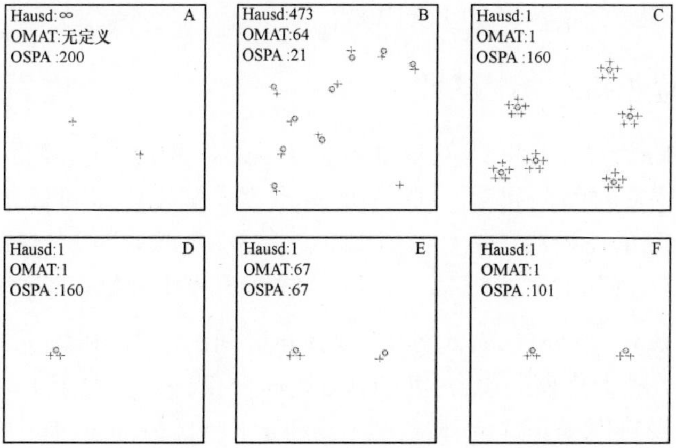

图3.2　不同场景下多目标跟踪性能度量的优缺点[380]

o代表目标，+表示估计。A两个虚假估计；B几个精确估计伴随一个逸出值；C每个目标对应多个估计；D～F估计与目标间分配平衡与不平衡的比较。

3.8.2　最优质量传递度量

为克服豪斯多夫度量在多目标滤波性能评估中的问题，Hoffman和Mahler于2004年引入了新的度量：最优质量传递（OMAT）[379]。

对于 $1 \leqslant p < \infty$ 以及 W 的有限非空子集 $X = \{\boldsymbol{x}_1, \cdots, \boldsymbol{x}_m\}$ 和 $Y = \{\boldsymbol{y}_1, \cdots, \boldsymbol{y}_n\}$，定义

$$d_p(X,Y) \overset{\text{def}}{=} \min_{\boldsymbol{C}} \left\{ \sum_{i=1}^{m} \sum_{j=1}^{n} \boldsymbol{C}_{i,j} [d(\boldsymbol{x}_i, \boldsymbol{y}_j)]^p \right\}^{1/p} \tag{3.8.2}$$

$$d_\infty(X,Y) \overset{\text{def}}{=} \min_{\boldsymbol{C}} \max_{1 \leqslant i \leqslant m, 1 \leqslant j \leqslant n} \tilde{\boldsymbol{C}}_{i,j} d(\boldsymbol{x}_i, \boldsymbol{y}_j) \tag{3.8.3}$$

其中，取最小符号min（·）遍历所有 $m \times n$ 传递矩阵 $\boldsymbol{C} = (\boldsymbol{C}_{i,j})$，如果 $\boldsymbol{C}_{i,j} \neq 0$，有 $\tilde{\boldsymbol{C}}_{i,j} = 1$；反之，$\tilde{\boldsymbol{C}}_{i,j} = 0$。若 $m \times n$ 矩阵 $\boldsymbol{C}$ 的所有元素非负，且如果对 $1 \leqslant i \leqslant m$，有

$\sum_{j=1}^{n} C_{i,j} = 1/m$，以及对 $1 \leqslant j \leqslant n$，有 $\sum_{i=1}^{m} C_{i,j} = 1/n$，则称 C 为传递矩阵。

式(3.8.2)实际上定义了点模式 X 和 Y 的经验分布之间的 p 阶沃瑟斯坦(Wasserstein)度量，所以 Hoffman 和 Mahler 也将其称为沃瑟斯坦度量。由于后续介绍的最优子模式分配(OSPA)度量也是基于沃瑟斯坦度量，为避免潜在的混淆，将函数 d_p 称作阶为 p 的 OMAT 度量。

OMAT 度量的优点在于其部分地解决了豪斯多夫度量不希望的势行为(见图 3.2 中场景 E)，且通过引入参数 p 能处理逸出值问题(见图 3.2 中场景 B)。不过，OMAT 度量仍存在一致性、直观解释、几何依赖、零势、数学理论兼容等诸多问题，这些问题的描述详见文献[380]。

3.8.3　最优子模式分配度量

最优子模式分配(OSPA)度量也是基于沃瑟斯坦度量构建得到，但完全克服了 OMAT 度量的前述问题。OSPA 度量正逐步被用作多目标估计的性能测度，已经在全新的滤波器和估计器(比如，集合 JPDA 滤波器[422]、最小平均 OSPA 估计器[423]以及随机有限集框架下的各滤波器)开发中发挥了重要作用。

记 $d^{(c)}(\boldsymbol{x},\boldsymbol{y}) \overset{\text{def}}{=} \min(c, d(\boldsymbol{x},\boldsymbol{y}))$ 为 $\boldsymbol{x},\boldsymbol{y} \in W$ 间的距离，其截止于 $c>0$，用 Ω_k 表示 $\{1,2,\cdots,k\}$ 上排列的集合，其中，$k \in \mathbb{N} = \{1,2,\cdots\}$。对于 $1 \leqslant p < \infty$，$c>0$，以及 W 的任意有限子集 $X=\{\boldsymbol{x}_1,\cdots,\boldsymbol{x}_m\}$ 和 $Y=\{\boldsymbol{y}_1,\cdots,\boldsymbol{y}_n\}$，其中，$m,n \in \mathbb{N}_0 = \{0,1,2,\cdots\}$。如果 $m \leqslant n$，定义

$$\bar{d}_p^{(c)}(X,Y) \overset{\text{def}}{=} \left\{ n^{-1}\left[\min_{\sigma \in \Omega_n} \sum_{i=1}^{m} \left(d^{(c)}(\boldsymbol{x}_i, \boldsymbol{y}_{\sigma(i)}) \right)^p + c^p(n-m) \right] \right\}^{1/p} \tag{3.8.4}$$

反之，如果 $m>n$，则 $\bar{d}_p^{(c)}(X,Y) \overset{\text{def}}{=} \bar{d}_p^{(c)}(Y,X)$。此外，

$$\bar{d}_\infty^{(c)}(X,Y) \overset{\text{def}}{=} \begin{cases} \min\limits_{\sigma \in \Omega_n} \max\limits_{1 \leqslant i \leqslant n} d^{(c)}(\boldsymbol{x}_i, \boldsymbol{y}_{\sigma(i)}), & m=n \\ c, & m \neq n \end{cases} \tag{3.8.5}$$

而如果 $m=n=0$，令 $\bar{d}_\infty^{(c)}(X,Y)=0$。称函数 $\bar{d}_p^{(c)}$ 为具有截止值 c 的 p 阶 OSPA 度量，文献[380]已证明 OSPA 满足度量公理。

对于 $p<\infty$，并假设 $m \leqslant n$，两个点模式 X 和 Y 之间的 OSPA 距离通过以下 3 个步骤求解。

(1) 从 p 阶沃瑟斯坦度量(即 p 阶 OMAT 度量)的角度，找出与 X 最接近的 Y 的 m 个点的子模式(由 m 个元素构成的子集)，获得最优点分配。

(2) 对于 Y 的每个点 $\boldsymbol{y}_j$，如果没有点分配给它，令 α_j 为截止值 c；否则，令 α_j

为其与 X 中分配点的距离和 c 这两者的最小值。

（3）计算 $\alpha_1,\alpha_2,\cdots,\alpha_n$ 的 p 阶均值 $(n^{-1}\sum_{j=1}^{n}\alpha_j^p)^{1/p}$。

另一个略有差异的 OSPA 度量计算方法如下：首先填补具有较小势的点模式 X（其势为 m），令 $n-m$ 个“伪造”点位于相距 Y 中任何点距离大于等于 c 处（为此通常需要扩展窗口 W），然后，计算获得的点模式之间的 p 阶沃瑟斯坦度量。第一个方法更适用于实际使用，而第二个方法便于理论推导。

计算图 3.3(a) 中两个点模式之间的 OSPA 距离，假设窗口为 1000m × 1000m，$p=1$，$c=200$。检查 Y（具有更大势的点模式）的每个点 +，可得 3 个 α_j 等于截止值 200m，7 个 α_j 等于虚线长度 90m。因此，有 $\bar{d}_1^{(c)}(X,Y)=10^{-1}(3\cdot 200+7\cdot 90)\text{m}=123\text{m}$。对于图 3.3(a)，通过观察法易得最优点分配，这是因为，对于任何其他分配，点线（虚线）的平均长度将更大。然而，图 3.3(b) 更为复杂，通过观察法难以直接得到最优点分配，需要使用匈牙利（Hungarian）方法。

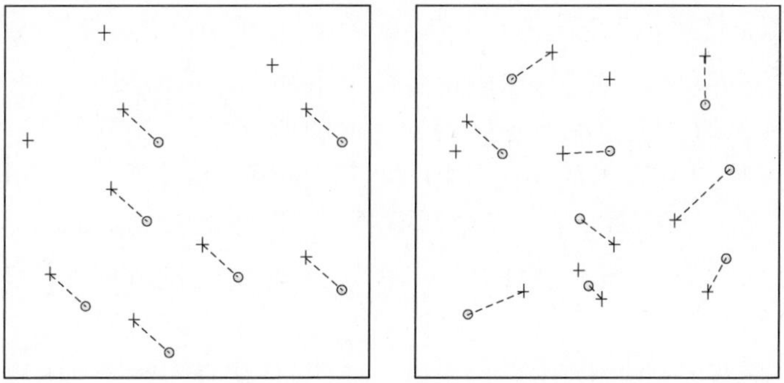

(a)　　　　(b)

图 3.3　最优子模式分配[380]

通过利用 Hungarian 方法计算最优点分配，可有效地计算 OSPA 度量 $\bar{d}_p^{(c)}$。对于 $p<\infty$ 以及两个点模式 $X=\{\boldsymbol{x}_1,\cdots,\boldsymbol{x}_m\}$ 和 $Y=\{\boldsymbol{y}_1,\cdots,\boldsymbol{y}_n\}$，其中，$m\leqslant n$，利用距离矩阵 $\boldsymbol{D}=\{\boldsymbol{D}_{i,j}\}_{1\leqslant i,j\leqslant n}$，其中，如果 $1\leqslant i\leqslant m$ 且 $1\leqslant j\leqslant n$，则 $\boldsymbol{D}_{i,j}=(d^{(c)}(\boldsymbol{x}_i,\boldsymbol{y}_j))^p$；否则，$\boldsymbol{D}_{i,j}=c^p$。这对应于引入 $n-m$ 个与 Y 中任意点距离大于等于 c 处的“伪造”点。匈牙利方法的复杂度与距离矩阵的维度呈 3 次方关系，因而，计算 OSPA 距离的复杂度为 $\mathcal{O}(\max(m,n)^3)$。

3.8.3.1　OSPA 度量在多目标估计中的应用

在多目标性能评估背景中，可将 OSPA 距离解释成“每个目标”（Per - object)的 p 阶误差①。该误差由两部分组成,分别为"定位"(Localization)误差和"势"(Cardinality)误差。准确地讲,对于 $p<\infty$,如果 $m\leqslant n$,两个分量分别为

$$\bar{e}^{(c)}_{p,\text{loc}}(X,Y)\overset{\text{def}}{=}\{n^{-1}\min_{\sigma\in\Omega_n}\sum_{i=1}^{m}[d^{(c)}(\boldsymbol{x}_i,\boldsymbol{y}_{\sigma(i)})]^p\}^{1/p} \tag{3.8.6}$$

$$\bar{e}^{(c)}_{p,\text{card}}(X,Y)\overset{\text{def}}{=}[n^{-1}(n-m)c^p]^{1/p} \tag{3.8.7}$$

反之,如果 $m>n$,$\bar{e}^{(c)}_{p,\text{loc}}(X,Y)\overset{\text{def}}{=}\bar{e}^{(c)}_{p,\text{loc}}(Y,X)$,$\bar{e}^{(c)}_{p,\text{card}}(X,Y)\overset{\text{def}}{=}\bar{e}^{(c)}_{p,\text{card}}(Y,X)$。因此,可将两分量分别解释成纯粹由定位(在最优子模式分配之内)和纯粹由势(在最大距离处的惩罚)导致的距离误差。需要注意函数 $\bar{e}^{(c)}_{p,\text{loc}}$ 和 $\bar{e}^{(c)}_{p,\text{card}}$ 并不是在有限子集空间上的度量。不过,$\bar{e}^{(c)}_{p,\text{loc}}$ 可被考虑成具有固定势(即一旦确定最优分配)的有限子集空间上的度量,而 $\bar{e}^{(c)}_{p,\text{card}}$ 可被考虑成在非负整数空间上(即仅利用集合的势)的度量。另外,需要说明的是,在性能评估时,通常不必将OSPA度量分解成单独分量,但是通过分解可能提供有价值的额外信息。

3.8.3.2 参数 p 和 c 的意义

阶参数 p 扮演的角色类似于其在 OMAT 度量中的角色。保持 c 固定,随着 p 的增大,度量 $\bar{d}^{(c)}_p$ 更难接受与任何真实目标不接近的逸出估计。因为 p 越大,p 阶均值将更大的权重分配给 α_j 中的异常大的值。然而,注意到,在 OSPA 度量中,该行为得到一定程度的遏制,因为两点间的距离截止于 c,这也是当一个点被认为是"无法分配"时,该点应受到的惩罚。利用赫尔德(Hölder)不等式,易知 OSPA 距离随着 p 值增大而递增,即对于 $1\leqslant p_1<p_2<\infty$ 和 $c>0$,有

$$\bar{d}^{(c)}_{p_1}(X,Y)\leqslant\bar{d}^{(c)}_{p_2}(X,Y)$$

因而,阶参数 p 控制了分配给逸出估计(与任何真实航迹均不接近的估计)的惩罚。p 的值决定了 $\bar{d}^{(c)}_p$ 对逸出估计的灵敏度,较高的 p 值提高了对逸出值的敏感度。这里注意 p 的两个重要选择。对于 $p=1$,OSPA 度量"每个目标"的一阶误差,此时,定位分量和势分量之和等于总的度量,这便于直接解释 OSPA 总度量及其分量。然而,$p=2$ 通常是更实际的选择,因为,此时可得平滑的距离曲线,而这正是其他度量构建 p 阶均值时面临的典型问题。在后续部分,将不再关注选择不同 p 的影响,默认 $p=2$。

截止参数 c 决定了作为总误差一部分的势误差分量相对定位误差分量的相对权重。较小的 c 值倾向于突出定位误差,从而使得度量对势误差敏感度降低,而较大的 c 值主要强化势误差而弱化了定位误差。选择截止值 c 可采取以下原

① 严格说来,当势被高估时,"每个目标"误差是"每个估计目标"误差,而当势被低估时,为"每个真实目标"误差。

则:对应于典型定位误差幅度的 c 值,可认为是较小的 c 值,其强调了定位误差的影响;对应于目标间最大距离的较大 c 值,可认为是较大的 c 值,其强调了势误差的影响;而显著大于典型定位误差却显著小于目标间最大距离的任何 c 值,可认为是适中的,其在两分量间进行了折中。注意到,势误差是 X 和 Y 中元素数量不相等的结果,因而,也可将 c 解释为分配给漏检或者虚警的惩罚。

根据 OSPA 度量的定义,对任意 $c>0$,显然有

$$\bar{d}_p^{(c)}(X,Y)\in[0,c] \tag{3.8.8}$$

以及对 $0<c_1<c_2<\infty$,有

$$\bar{d}_p^{(c_1)}(X,Y)\leqslant\bar{d}_p^{(c_2)}(X,Y) \tag{3.8.9}$$

式(3.8.8)可用于调整 $\bar{d}_p^{(c)}$。

3.8.4 并入标签误差的 OSPA 度量

OSPA 度量并未考虑航迹标签误差,为解决该问题,需要在包含航迹信息的有限集合空间上定义一个新度量。航迹定义在离散时间支撑点 $\mathcal{T}=(t_1,t_2,\cdots,t_K)$上,在 $\mathcal{T}$ 上的一条航迹 $\mathbf{x}$ 是长度为 K 的带标签序列

$$\mathbf{x}=(\mathbf{x}_1,\mathbf{x}_2,\cdots,\mathbf{x}_K) \tag{3.8.10}$$

式中:$\mathbf{x}_k$为空集或元素为$(\ell,\boldsymbol{x}_k)$的孤元。这里,$\ell\in\mathbb{L}$ 是航迹标签,其通常不随时间改变,而 $\boldsymbol{x}_k$则是时变状态矢量,对应在 N 维状态空间 W:$\boldsymbol{x}_k\in W\subseteq\mathbb{R}^N$上的一个点。

为方便起见,引入指示器 e_k,其定义为:如果目标在 t_k时刻存在,e_k取值为 1;否则,取值为 0,即

$$\mathbf{x}_k=\begin{cases}\{(\ell,\boldsymbol{x}_k)\}, & e_k=1\\ \phi, & e_k=0\end{cases} \tag{3.8.11}$$

为了定义特定时刻 t_k,$k=(1,2,\cdots,K)$的度量,令 $\mathcal{T}$ 上指定 t_k时刻的所有航迹集合记为$\mathbb{X}_k$(即 $\boldsymbol{x}_k\in\mathbb{X}_k$),记$\mathbb{X}_k$的有限子集的集合为 $\mathcal{X}_k$,定义一个度量空间$(\mathcal{X}_k,d)$,其中,函数 $d:\mathcal{X}_k\times\mathcal{X}_k\to\mathbb{R}_+=[0,\infty)$满足同一性、对称性、三角不等式这 3 个度量公理。

如果用 $\mathrm{X}_k\in\mathcal{X}_k$表示 t_k时刻真实航迹的集合,用 $\mathrm{Y}_k\in\mathcal{X}_k$表示 t_k时刻由算法得到的估计航迹的集合,度量 $d(\mathrm{X}_k,\mathrm{Y}_k)$应量化跟踪算法 t_k时刻的总估计误差,并应以数学严格的方式将不同方面的跟踪性能(如实时性、跟踪精度、连续性、数据关联、虚假航迹等)集成到该度量中。

这里介绍的多目标跟踪度量(记为 OSPA - L 度量)基于 OSPA 度量,在 $\mathcal{X}_k$

上的 OSPA－L 度量是任意两个目标集合间的距离，此时，目标是 t_k时刻航迹，两个集合为

$$\mathrm{X}_k=\{(\ell_1,\boldsymbol{x}_{k,1}),\cdots,(\ell_m,\boldsymbol{x}_{k,m})\} \tag{3.8.12}$$

$$\mathrm{Y}_k=\{(\ell'_1,\boldsymbol{y}_{k,1}),\cdots,(\ell'_n,\boldsymbol{y}_{k,n})\} \tag{3.8.13}$$

式中：$\mathrm{X}_k\in\mathcal{X}_k$和 $\mathrm{Y}_k\in\mathcal{X}_k$分别为 t_k时刻存在的真实航迹和跟踪器产生的航迹。根据式(3.8.11)，集合 X_k和 Y_k的势分别是与 k 有关的 m 和 n。当 $m\leqslant n$ 时，定义 X_k和 Y_k间的 OSPA－L 距离为

$$\bar{d}_p^{(c)}(\mathrm{X}_k,\mathrm{Y}_k)\overset{\text{def}}{=}\{n^{-1}[\min_{\sigma\in\Omega_n}\sum\nolimits_{i=1}^{m}(d^{(c)}(\mathbf{x}_{k,i},\mathbf{y}_{k,\sigma(i)}))^p+c^p(n-m)]\}^{1/p} \tag{3.8.14}$$

式中：$\mathbf{x}_{k,i}=(\ell_i,\boldsymbol{x}_{k,i})$，$\mathbf{y}_{k,\sigma(i)}=(\ell'_{\sigma(i)},\boldsymbol{y}_{k,\sigma(i)})$，$d^{(c)}(\mathbf{x},\mathbf{y})=\min(c,d(\mathbf{x},\mathbf{y}))$为 t_k时刻两条航迹间的截止距离，$c>0$ 为截止参数；$d(\mathbf{x},\mathbf{y})$为 t_k时刻两条航迹的基准距离；Ω_n为$\{1,2,\cdots,n\}$上排列的集合；p 是 OSPA 度量的阶参数，满足条件 $1\leqslant p<\infty$。参数 c 和 p 的选择原则与原始 OSPA 度量一致。

对于 $m>n$ 的情形，定义 $\bar{d}_p^{(c)}(\mathrm{X}_k,\mathrm{Y}_k)\overset{\text{def}}{=}\bar{d}_p^{(c)}(\mathrm{Y}_k,\mathrm{X}_k)$。如果 X_k和 Y_k均是空集(即 $m=n=0$)，OSPA－L 距离为 0。

为了确定适用于航迹的 OSPA－L 度量，需要定义 $\mathbf{x}=(\ell,\boldsymbol{x})$和 $\mathbf{y}=(\ell',\boldsymbol{y})$之间的基准距离 $d(\mathbf{x},\mathbf{y})$。

3.8.4.1 两标签矢量间的基准距离

基准距离 $d(\mathbf{x},\mathbf{y})$是空间$\mathbb{R}^N\times\mathbb{L}$上的度量，定义为

$$d(\mathbf{x},\mathbf{y})=(d^{p'}(\boldsymbol{x},\boldsymbol{y})+d^{p'}(\ell,\ell'))^{1/p'} \tag{3.8.15}$$

式中：$1\leqslant p'<\infty$ 是基准距离的阶参数；$d(\boldsymbol{x},\boldsymbol{y})$为定位基准距离，是定义在$\mathbb{R}^N$上的度量，常取为 p'范数：$d(\boldsymbol{x},\boldsymbol{y})=\|\boldsymbol{x}-\boldsymbol{y}\|_{p'}$；$d(\ell,\ell')$为标签误差，是定义在$\mathbb{L}$上的度量，可取为 $d(\ell,\ell')=\alpha\bar{\delta}[\ell,\ell']$，其中，$\bar{\delta}[\ell,\ell']$是克罗内克(Kronecker)德耳塔的补，即如果 $\ell=\ell'$，那么 $\bar{\delta}[\ell,\ell']=0$；否则，$\bar{\delta}[\ell,\ell']=1$，参数 $\alpha\in[0,c]$控制分配给标签误差 $d(\ell,\ell')$相对于定位距离误差 $d(\boldsymbol{x},\boldsymbol{y})$的惩罚度。情形 $\alpha=0$表示不分配惩罚，而 $\alpha=c$ 则分配最重的惩罚，α 的具体选择可参考文献[381]。容易证明式(3.8.15)定义的基准距离满足度量公理[381]。

定义了基准距离式(3.8.15)后，仍然不能确定适用于航迹的 OSPA－L 度量，还需确定估计航迹的标签。

3.8.4.2 估计航迹的标签

在航迹评估时，有必要将跟踪器输出分配给真实航迹。为了解释对估计航

迹进行标签的必要性，考虑图 3.4 所示的解释性例子。图中，包含 2 条标签为 ℓ_1 和 ℓ_2 的真实航迹（实线所示）以及标签为 $\ell_1',\ell_2',\cdots,\ell_4'$ 的 4 条估计航迹（虚线）。为了确定适用于航迹的 OSPA－L 度量，有必要以全局最优的方式将真实航迹的标签（图中为 ℓ_1 和 ℓ_2）分配给一些估计航迹。对于图中情形，期望将 ℓ_1 分配给航迹 ℓ_1'，因为，估计航迹 ℓ_1' 是 ℓ_1 的最佳近似。同理，应该将 ℓ_2 分配给 ℓ_3'，并且也要确保将不同于 ℓ_1 和 ℓ_2 的标签分配给其他的两条估计航迹。

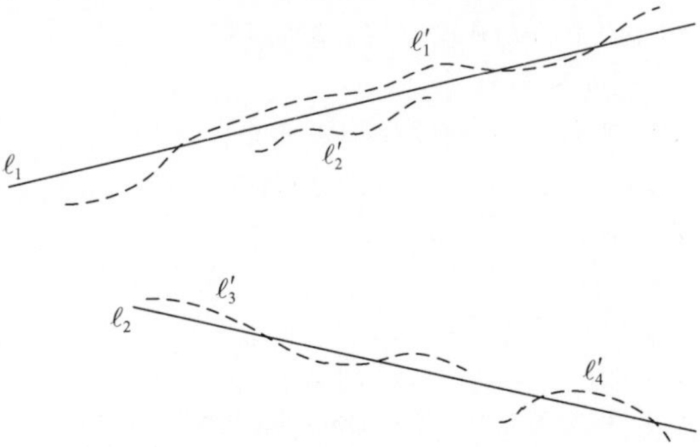

图 3.4　两条真实航迹 ℓ_1,ℓ_2（实线）与 4 条估计航迹 $\ell_1',\ell_2',\ell_3',\ell_4'$（虚线）[381]

一种简单的分配方式是利用现有的两维分配算法，如 Munkres 法、Jonker－Volgenant－Castanon（JVC）法、拍卖（Auction）法等。假设真实航迹与估计航迹的集合分别为 $\{\mathbf{x}_1,\cdots,\mathbf{x}_m\}$ 和 $\{\mathbf{y}_1,\cdots,\mathbf{y}_n\}$。记航迹 $\mathbf{x}_\ell$ 在 t_k 时刻的状态为 $\mathbf{x}_{k,\ell}$，利用式（3.8.11）定义的针对航迹的存在指示器，当 $m\leqslant n$ 时，最优全局分配 σ^* 可通过下式得到

$$\sigma^* = \arg\min_{\sigma\in\Omega_n}\sum_{\ell=1}^{m}\sum_{k=1}^{K}\left[e_k^\ell e_k^{\sigma(\ell)}\min(\Delta,\|\boldsymbol{x}_{k,\ell}-\boldsymbol{y}_{k,\sigma(\ell)}\|_2)\right.$$
$$\left.+(1-e_k^\ell)e_k^{\sigma(\ell)}\Delta+e_k^\ell(1-e_k^{\sigma(\ell)})\Delta\right] \tag{3.8.16}$$

式中：Δ 对应分配给漏检或者虚假航迹的惩罚，该值对 OSPA－L 的结果相对不灵敏[381]；e_k^ℓ 和 $e_k^{\sigma(\ell)}$ 分别为真实航迹和 σ－分配所得估计航迹的存在指示器。对于 $m>n$ 的情形，对式（3.8.16）进行适当修正即可。

仔细检查式（3.8.16），可看出方括号里的项实际是 $p=2$ 和 $c=\Delta$ 时 $\mathbf{x}_{k,\ell}$ 和 $\mathbf{y}_{k,\sigma(\ell)}$ 间的 OSPA 距离，根据式（3.8.11），这两个集合或是空集或是孤元，因此是式（3.8.16）的形式。从而，通过使离散时间点 $\mathcal{T}$ 上累积的成对航迹间总体 OSPA距离最小化，获得估计航迹到真实航迹的分配。较大的 Δ 值将有助于将持续时间较长的估计航迹分配给真实航迹。如果一条估计航迹通过 σ^*－分配对应于标签为 ℓ 的真实航迹，那么，将其标签也设置成 ℓ。根据 σ^*－分配，余下未

被分配的估计航迹被赋予与所有真实航迹标签均不相同的标签。

表 3.3 总结了 OSPA－L 度量计算的基本步骤。

表 3.3　OSPA－L 度量计算的基本步骤

函数 OSPA－L ($\{\mathbf{x}_1,\cdots,\mathbf{x}_m\}$, $\{\mathbf{y}_1,\cdots,\mathbf{y}_n\}$)
% 对估计航迹进行标签
for $j=1,2,\cdots,n$
　　label$[\mathbf{y}^{(i)}]=I$(初始值,与所有真实航迹标签均不相同)
end
找出航迹 $\{\mathbf{x}_1,\cdots,\mathbf{x}_m\}$ 到 $\{\mathbf{y}_1,\cdots,\mathbf{y}_n\}$ 的全局最优分配 σ^*
for $i=1,2,\cdots,m$
　　label$[\mathbf{y}^{(\sigma^*(i))}]=$label$[\mathbf{x}^{(i)}]$
end
% 计算距离
for $k=1,2,\cdots,K$
　　根据式(3.8.12)和式(3.8.13),形成 t_k 时刻的标签集合 X_k 和 Y_k
　　基于基准距离式(3.8.15),根据式(3.8.14)计算 t_k 时刻的 OSPA 距离
end

3.9　小结

本章详细介绍了基于 RFS 的目标跟踪算法涉及的基础知识,包括 RFS 的统计描述符以及重要的一阶矩(PHD)、二阶矩(势)概念,给出了与后文各算法相关的常见 RFS 类型,主要有泊松 RFS、IIDC RFS、伯努利 RFS、多伯努利 RFS 等无标签 RFS,以及标签泊松 RFS、LMB RFS、GLMB RFS、δ－GLMB RFS 等标签 RFS。然后,在给出多目标系统模型(多目标运动模型和多目标量测模型)基础上,介绍了多目标贝叶斯递归方程,梳理了多目标形式化建模范式,并提供了一般的粒子多目标滤波器实现方法,有助于更好、更全面地理解 RFS 目标跟踪算法。最后,介绍了衡量 RFS 目标跟踪算法性能优劣的多目标跟踪性能度量。

第4章 概率假设密度滤波器

4.1 引言

第3章介绍的粒子多目标滤波器虽然为多目标贝叶斯递归提供了一般的解决方案,但是,由于多目标贝叶斯递归面临的组合复杂性,计算负荷过重,通常仅适用于比较理想的情形,如要求目标数量较少、信噪比较高等。为了缓解多目标贝叶斯滤波器计算无法处理的问题,最初由 Mahler 利用有限集统计(FISST)推导,开发了完全多目标贝叶斯滤波器的一阶矩近似——PHD 滤波器[3],更具体地讲,类似于传播单目标状态一阶矩(均值)的常增益卡尔曼滤波器,PHD 滤波器不是随时间传递多目标后验密度,而是传递后验多目标状态的一阶统计矩——后验强度,由于其具有无须航迹—量测关联、自然并入航迹起始和航迹终止,且可在线估计目标的时变数量的优点,一经实现,就立即获得学界的广泛关注,掀起了随机有限集跟踪算法的研究热潮。

本章首先给出 PHD 递归,在此基础上,分别介绍 PHD 递归的序贯蒙特卡罗(SMC)实现和高斯混合(GM)实现,即 SMC - PHD 滤波器和 GM - PHD 滤波器,两者分别适用于非线性非高斯和线性高斯系统模型。最后,给出了 GM - PHD 滤波器的扩展,可分别适用于指数混合形式的存活概率(和检测概率)以及适度非线性高斯模型。

4.2 概率假设密度(PHD)递归

如前所述,PHD 滤波器不是传递多目标滤波密度 $\pi_k(\cdot \mid Z^k)$,而是传递其一阶矩,即目标 RFS 的后验强度 PHD $v_k(\cdot \mid Z^k)$,且不需要数据关联计算。在多目标状态空间模型中,PHD 递归假设虚警为泊松分布,还假设更新和预测的多目标 RFS 也是泊松分布。泊松假设是一种数学简化,允许 PHD 滤波器的更新步骤具有闭合形式表达式。具体而言,PHD 滤波器基于以下假设。

A.1:每一目标彼此独立演进并产生独立量测;

A.2:杂波是泊松的,且与源于目标的量测相互独立;

A. 3:由多目标预测密度 $\pi_{k|k-1}$ 支配的预测多目标 RFS 是泊松类型。

假设 A. 1 和 A. 2 在大部分跟踪算法中被普遍采用[9],而假设 A. 3 在目标间交互可忽略条件下也是合理的近似[3]。实际上,当不存在衍生目标且 RFS X_{k-1} 和 B_k 是泊松类型时,能完全满足假设 A. 3,其中,X_{k-1} 和 B_k 分别表示式(3. 4. 5)定义的存活目标和新生目标 RFS。

令 $v_{k|k-1}$ 和 v_k 分别表示与递归式(3. 5. 2)、式(3. 5. 3)中多目标预测密度 $\pi_{k|k-1}$ 和多目标后验密度 π_k 相对应的强度,PHD 滤波器根据预测步骤和更新步骤随时间递归传递强度函数 v_k。基于假设 A. 1 ~ A. 3,利用 FISST 或经典概率工具可得后验强度按以下 PHD 递归随时间进行传递:

$$v_{k|k-1}(\boldsymbol{x}) = \int p_{S,k}(\boldsymbol{\xi})\phi_{k|k-1}(\boldsymbol{x} \mid \boldsymbol{\xi})v_{k-1}(\boldsymbol{\xi})\mathrm{d}\boldsymbol{\xi} + \int v_{\beta,k}(\boldsymbol{x} \mid \boldsymbol{\xi})v_{k-1}(\boldsymbol{\xi})\mathrm{d}\boldsymbol{\xi} + v_{\gamma,k}(\boldsymbol{x}) \tag{4.2.1}$$

$$v_k(\boldsymbol{x}) = [1 - p_{D,k}(\boldsymbol{x})]v_{k|k-1}(\boldsymbol{x}) + \sum_{z \in Z_k} \frac{p_{D,k}(\boldsymbol{x})g_k(\boldsymbol{z} \mid \boldsymbol{x})v_{k|k-1}(\boldsymbol{x})}{\kappa_k(\boldsymbol{z}) + \int p_{D,k}(\boldsymbol{\xi})g_k(\boldsymbol{z} \mid \boldsymbol{\xi})v_{k|k-1}(\boldsymbol{\xi})\mathrm{d}\boldsymbol{\xi}} \tag{4.2.2}$$

$v_k(\cdot)$的另一种表达式可写为

$$v_k(\boldsymbol{x}) = \left[(1 - p_{D,k}(\boldsymbol{x})) + \sum_{z \in Z_k} \frac{\psi_{k,z}(\boldsymbol{x})}{\kappa_k(\boldsymbol{z}) + \langle \psi_{k,z}, v_{k|k-1} \rangle}\right]v_{k|k-1}(\boldsymbol{x}) \tag{4.2.3}$$

式中,

$$\psi_{k,z}(\boldsymbol{x}) = p_{D,k}(\boldsymbol{x})g_k(\boldsymbol{z} \mid \boldsymbol{x}) \tag{4.2.4}$$

$$\langle f,h \rangle = \int f(\boldsymbol{x})h(\boldsymbol{x})\mathrm{d}\boldsymbol{x} \tag{4.2.5}$$

在式(4. 2. 1)、式(4. 2. 2)中,$v_{\gamma,k}(\cdot)$为 k 时刻新生 RFS B_k 的强度,$v_{\beta,k}(\cdot \mid \boldsymbol{\xi})$为由前一状态为 $\boldsymbol{\xi}$ 的目标衍生的 k 时刻 RFS $Q_{k|k-1}(\boldsymbol{\xi})$(见式(3. 4. 5))的强度,$p_{S,k}(\boldsymbol{\xi})$为给定前一状态 $\boldsymbol{\xi}$ 下目标 k 时刻仍存在的概率,$\phi_{k|k-1}(\cdot \mid \cdot)$表示目标转移概率密度;$p_{D,k}(\boldsymbol{x})$为 k 时刻状态 $\boldsymbol{x}$ 的检测概率,$g_k(\cdot \mid \boldsymbol{x})$为给定当前状态 $\boldsymbol{x}$ 时,k 时刻单目标量测似然,$\kappa_k(\cdot)$为 k 时刻(泊松)杂波 RFS C_k(见式(3. 4. 14))的强度函数,$\kappa_k(\cdot)$也可写为 $\kappa_k(\cdot) = \lambda_{C,k}p_{C,k}(\cdot)$,其中,$\lambda_{C,k} = \int \kappa_k(z)\mathrm{d}z$ 为杂波量测的期望数(也被称为杂波比率),$p_{C,k}(\cdot) = \kappa_k(\cdot)/\lambda_{C,k}$为监视区域上杂波的空间分布。

显然,根据式(4.2.1)和式(4.2.2),PHD 滤波器避免了由量测与目标的未知关联产生的组合计算。此外,由于后验强度是在单目标状态空间$\mathbb{X}$上的函数,PHD 递归的计算量远比在$\mathcal{F}(\mathbb{X})$上操作的多目标贝叶斯递归(式(3.5.2)、式(3.5.3))要小。然而,PHD 递归(式(4.2.1)、式(4.2.2))仍然涉及多重积分,一般而言,并无闭合形式表达式,且数值积分面临"维数灾难"问题。下面分别描述 PHD 递归的 SMC 实现(SMC-PHD)和 GM 实现(GM-PHD)。

4.3 SMC-PHD 滤波器

对于高度非线性非高斯问题,v_k可由加权粒子集$\{w_k^{(i)},\boldsymbol{x}_k^{(i)}\}_{i=1}^{L_k}$进行近似。序贯蒙特卡罗 PHD(SMC-PHD)滤波器的基本思想是利用加权粒子集传递多目标后验的强度函数(PHD)。

4.3.1 预测步骤

将 PHD 预测式(4.2.1)改写成下式

$$v_{k|k-1}(\boldsymbol{x}_k) = \int \boldsymbol{\Phi}_{k|k-1}(\boldsymbol{x}_k,\boldsymbol{x}_{k-1})v_{k-1}(\boldsymbol{x}_{k-1})\mathrm{d}\boldsymbol{x}_{k-1} + v_{\gamma,k}(\boldsymbol{x}_k) \tag{4.3.1}$$

式中,

$$\boldsymbol{\Phi}_{k|k-1}(\boldsymbol{x},\boldsymbol{\xi}) = p_{S,k}(\boldsymbol{\xi})\phi_{k|k-1}(\boldsymbol{x}|\boldsymbol{\xi}) + v_{\beta,k}(\boldsymbol{x}|\boldsymbol{\xi}) \tag{4.3.2}$$

给定v_{k-1}的粒子表示,即

$$v_{k-1}(\boldsymbol{x}_{k-1}) \approx \sum_{i=1}^{L_{k-1}} w_{k-1}^{(i)}\delta_{\boldsymbol{x}_{k-1}^{(i)}}(\boldsymbol{x}_{k-1}) \tag{4.3.3}$$

则

$$v_{k|k-1}(\boldsymbol{x}_k) = \sum_{i=1}^{L_{k-1}} w_{k-1}^{(i)}\boldsymbol{\Phi}_{k|k-1}(\boldsymbol{x}_k,\boldsymbol{x}_{k-1}^{(i)}) + v_{\gamma,k}(\boldsymbol{x}_k) \tag{4.3.4}$$

式中,$v_{k|k-1}$的粒子近似可通过对每一项应用重要性采样得到。给定重要性(或建议)密度$q_k(\cdot|\boldsymbol{x}_{k-1},Z_k)$和$q_{\gamma,k}(\cdot|Z_k)$,两者分别满足$\boldsymbol{\Phi}_{k|k-1}(\boldsymbol{x}_k,\boldsymbol{x}_{k-1})>0$时有$q_k(\boldsymbol{x}_k|\boldsymbol{x}_{k-1},Z_k)>0$以及$v_{\gamma,k}(\boldsymbol{x}_k)>0$时有$q_{\gamma,k}(\cdot|Z_k)>0$,则式(4.3.4)可重写为

$$v_{k|k-1}(\boldsymbol{x}_k) = \sum_{i=1}^{L_{k-1}} w_{k-1}^{(i)}\frac{\boldsymbol{\Phi}_{k|k-1}(\boldsymbol{x}_k,\boldsymbol{x}_{k-1}^{(i)})}{q_k(\boldsymbol{x}_k|\boldsymbol{x}_{k-1}^{(i)},Z_k)}q_k(\boldsymbol{x}_k|\boldsymbol{x}_{k-1}^{(i)},Z_k) + \frac{v_{\gamma,k}(\boldsymbol{x}_k)}{q_{\gamma,k}(\boldsymbol{x}_k|Z_k)}q_{\gamma,k}(\boldsymbol{x}_k|Z_k) \tag{4.3.5}$$

从而,可获得以下粒子近似

$$v_{k|k-1}(\boldsymbol{x}_k) \approx \sum_{i=1}^{L_{k-1}+L_{\gamma,k}} w_{k|k-1}^{(i)} \delta_{\boldsymbol{x}_k^{(i)}}(\boldsymbol{x}_k) \tag{4.3.6}$$

其中，

$$\boldsymbol{x}_k^{(i)} \sim \begin{cases} q_k(\cdot \mid \boldsymbol{x}_{k-1}^{(i)}, Z_k), & i=1,2,\cdots,L_{k-1} \\ q_{\gamma,k}(\cdot \mid Z_k), & i=L_{k-1}+1,\cdots,L_{k-1}+L_{\gamma,k} \end{cases} \tag{4.3.7}$$

$$w_{k|k-1}^{(i)} = \begin{cases} \dfrac{\boldsymbol{\Phi}_{k|k-1}(\boldsymbol{x}_k^{(i)}, \boldsymbol{x}_{k-1}^{(i)}) w_{k-1}^{(i)}}{q_k(\boldsymbol{x}_k^{(i)} \mid \boldsymbol{x}_{k-1}^{(i)}, Z_k)}, & i=1,2,\cdots,L_{k-1} \\ \dfrac{v_{\gamma,k}(\boldsymbol{x}_k^{(i)})}{L_{\gamma,k} q_{\gamma,k}(\boldsymbol{x}_k^{(i)} \mid Z_k)}, & i=L_{k-1}+1,\cdots,L_{k-1}+L_{\gamma,k} \end{cases} \tag{4.3.8}$$

注意到，起始于具有 L_{k-1} 个粒子的 v_{k-1}（式(4.3.3)），通过内核 $\boldsymbol{\Phi}_{k|k-1}$ 前向预测到另一个具有 L_{k-1} 个粒子的集合；此外，新生过程产生 $L_{\gamma,k}$ 个新粒子。新粒子的数量 $L_{\gamma,k}$ 可以是 k 的函数，以适应每一时刻数量变化的新生目标。假设 $v_{\gamma,k}$ 的总质量具有闭合形式，则通常可选择 $L_{\gamma,k}$ 正比于该质量，即 $L_{\gamma,k} = \alpha\int v_{\gamma,k}(\boldsymbol{x})\mathrm{d}\boldsymbol{x}$，使得每个新生目标对应平均 α 个粒子。

4.3.2 更新步骤

对于更新步骤，基于预测步骤得到的由 $\{w_{k|k-1}^{(i)}, \boldsymbol{x}_k^{(i)}\}_{i=1}^{L_{k-1}+L_{\gamma,k}}$ 表征的 $v_{k|k-1}$，应用更新方程（式(4.2.3)）可得

$$v_k(\boldsymbol{x}) \approx \sum_{i=1}^{L_{k-1}+L_{\gamma,k}} w_k^{(i)} \delta_{\boldsymbol{x}_k^{(i)}}(\boldsymbol{x}) \tag{4.3.9}$$

式中，

$$w_k^{(i)} = \left[(1-p_{D,k}(\boldsymbol{x}_k^{(i)})) + \sum_{z\in Z_k} \frac{\psi_{k,z}(\boldsymbol{x}_k^{(i)})}{\kappa_k(z) + \sum_{j=1}^{L_{k-1}+L_{\gamma,k}} \psi_{k,z}(\boldsymbol{x}_k^{(j)}) w_{k|k-1}^{(j)}}\right] w_{k|k-1}^{(i)} \tag{4.3.10}$$

由式(4.3.10)可知，通过修正这些粒子的权重，更新步骤将粒子 $\{w_{k|k-1}^{(i)}, \boldsymbol{x}_k^{(i)}\}_{i=1}^{L_{k-1}+L_{\gamma,k}}$ 表示的强度函数映射成粒子 $\{w_k^{(i)}, \boldsymbol{x}_k^{(i)}\}_{i=1}^{L_{k-1}+L_{\gamma,k}}$ 表示的强度函数。根据单目标状态空间的给定区域 S 内的粒子浓度可得在该空间里目标的期望数量，即 $\mathrm{E}[\,|\mathbb{X}_k \cap S|\,|Z_{1:k}] \approx \sum_{i=1}^{L_{k-1}+L_{\gamma,k}} 1_S(\boldsymbol{x}_k^{(i)}) w_k^{(i)}$。

4.3.3 重采样及多目标状态提取

利用 SMC - PHD 递归，$k>0$ 时刻强度函数的粒子近似可从前一时刻的粒子

近似中获得。注意到，由于 $v_{k|k}$ 有 $L_k = L_{k-1} + L_{\gamma,k}$ 个粒子，即使目标数量未增加，粒子的数量 L_k 仍可能随时间不断增加。这导致效率非常低下，因为计算资源可能浪费在目标不存在的区域。另外，如果 L_k 固定，则粒子数相对于目标数的比率将随着目标数量的改变而起伏。因此，有时候可能没有足够数量的粒子来处理目标，而另外，在目标数较少或者根本没有目标的情况仍可能存在过多的粒子。因而，更为有效的计算策略是每一时刻为每个目标自适应分配 α 个粒子。

由于目标期望数 $N_{k|k} = \int v_{k|k}(\boldsymbol{x})\mathrm{d}\boldsymbol{x}$ 可通过 $\hat{N}_{k|k} = \sum_{i=1}^{L_k} w_k^{(i)} = \sum_{i=1}^{L_{k-1}+L_{\gamma,k}} w_k^{(i)}$ 估计得到，直观地选择是使粒子数量满足 $L_k \approx \alpha \hat{N}_{k|k}$。另外，也可消除低权重的粒子并复制高权重的粒子，使得粒子集中于重要区域。这可通过从 $\{w_k^{(i)}, \boldsymbol{x}_k^{(i)}\}_{i=1}^{L_k}$ 中重采样 $L_k \approx \alpha \hat{N}_{k|k}$ 个粒子并在这 L_k 个重采样粒子中重新分配总质量 $\hat{N}_{k|k}$ 来实现。

得到后验强度 v_k 后，下一个任务是提取多目标状态估计，该任务一般并不容易。对于 SMC - PHD（或粒子 PHD）滤波器[82]，多目标状态提取需要额外的粒子聚类。在 SMC - PHD 滤波器中，目标数估计 $\hat{N}_k$ 由表示 v_k 的粒子的总质量得到，然后，利用标准聚类算法将这些粒子分组成 $\hat{N}_k$ 个聚来获得估计状态。聚类技术可利用 k 均值算法或期望最大化（EM）算法实施。当后验强度 v_k 自然形成为 $\hat{N}_k$ 个聚时，SMC - PHD 性能较好。相反，当 $\hat{N}_k$ 与形成的聚数量不相同时，状态估计将变得不可靠。量测驱动粒子 PHD[183] 和辅助粒子 PHD[424] 给出了部分解决方案。

4.3.4 算法步骤

根据以上内容可得 PHD 递归的序贯蒙特卡罗（SMC）实现算法，被称为 SMC - PHD（或粒子 PHD）滤波器，具体步骤如下。

1）预测

（1）对于 $i = 1, 2, \cdots, L_{k-1}$，抽样 $\tilde{\boldsymbol{x}}_k^{(i)} \sim q_k(\cdot \mid \boldsymbol{x}_{k-1}^{(i)}, Z_k)$，并计算预测权重

$$w_{k|k-1}^{(i)} = \frac{\boldsymbol{\Phi}_{k|k-1}(\tilde{\boldsymbol{x}}_k^{(i)}, \boldsymbol{x}_{k-1}^{(i)})}{q_k(\tilde{\boldsymbol{x}}_k^{(i)} \mid \boldsymbol{x}_{k-1}^{(i)}, Z_k)} w_{k-1}^{(i)} \tag{4.3.11}$$

（2）对于 $i = L_{k-1}+1, \cdots, L_{k-1}+L_{\gamma,k}$，抽样 $\tilde{\boldsymbol{x}}_k^{(i)} \sim q_{\gamma,k}(\cdot \mid Z_k)$，并计算新生粒子的权重

$$w_{k|k-1}^{(i)} = \frac{v_{\gamma,k}(\tilde{\boldsymbol{x}}_k^{(i)})}{L_{\gamma,k} q_{\gamma,k}(\tilde{\boldsymbol{x}}_k^{(i)} \mid Z_k)} \tag{4.3.12}$$

2）更新

对于 $i=1,2,\cdots,L_{k-1}+L_{\gamma,k}$，更新权重

$$\tilde{w}_k^{(i)}=\left[(1-p_{D,k}(\tilde{\boldsymbol{x}}_k^{(i)}))+\sum_{z\in Z_k}\frac{\psi_{k,z}(\tilde{\boldsymbol{x}}_k^{(i)})}{\kappa_k(z)+\sum_{j=1}^{L_{k-1}+L_{\gamma,k}}\psi_{k,z}(\tilde{\boldsymbol{x}}_k^{(j)})w_{k|k-1}^{(j)}}\right]w_{k|k-1}^{(i)}$$

（4.3.13）

3）重采样

（1）计算总质量 $\hat{N}_{k|k}=\sum_{i=1}^{L_{k-1}+L_{\gamma,k}}\tilde{w}_k^{(i)}$。

（2）重采样 $\{\tilde{w}_k^{(i)}/\hat{N}_{k|k},\tilde{\boldsymbol{x}}_k^{(i)}\}_{i=1}^{L_{k-1}+L_{\gamma,k}}$ 得到 $\{w_k^{(i)}/\hat{N}_{k|k},\boldsymbol{x}_k^{(i)}\}_{i=1}^{L_k}$。

（3）将权重乘以 $\hat{N}_{k|k}$ 得到 $\{w_k^{(i)},\boldsymbol{x}_k^{(i)}\}_{i=1}^{L_k}$。

在上述算法的预测步骤中，默认

$$\sup_{\boldsymbol{x},\boldsymbol{\xi}}\left|\frac{\Phi_{k|k-1}(\boldsymbol{x},\boldsymbol{\xi})}{q_k(\boldsymbol{x}\mid\boldsymbol{\xi},Z_k)}\right|\leqslant\zeta_k \tag{4.3.14}$$

$$\sup_{\boldsymbol{x}}\left|\frac{v_{\gamma,k}(\boldsymbol{x})}{q_{\gamma,k}(\boldsymbol{x}\mid Z_k)}\right|\leqslant\sigma_k \tag{4.3.15}$$

其中，sup 表示上确界，ζ_k 和 σ_k 是有限的，因而，权重（见式（4.3.11）、式（4.3.12））是严格定义的。

在执行 SMC－PHD 滤波器的重采样步骤时需要引起注意。此时，新权重 $\{w_k^{(i)}\}_{i=1}^{L_k}$ 并未归一化到1，相反地，权重之和为 $\hat{N}_{k|k}=\sum_{i=1}^{L_{k-1}+L_{\gamma,k}}w_k^{(i)}$。类似于标准粒子滤波，在约束条件 $\sum_{i=1}^{L_{k-1}+L_{\gamma,k}}n_k^{(i)}=L_k$ 下，每个粒子 $\tilde{\boldsymbol{x}}_k^{(i)}$ 被复制 $n_k^{(i)}$ 次，最终获得 $\{\boldsymbol{x}_k^{(i)}\}_{i=1}^{L_k}$。这可选择满足条件 $\mathrm{E}[n_k^{(i)}]=L_k\omega_k^{(i)}$ 的随机采样方法，其中，$\omega_k^{(i)}>0$，$\sum_{i=1}^{L_{k-1}+L_{\gamma,k}}\omega_k^{(i)}=1$ 是一系列由用户设置的权重。然后，将新权重设置为 $w_k^{(i)}\propto\tilde{w}_k^{(i)}/\omega_k^{(i)}$，其中，$\sum_{i=1}^{L_k}w_k^{(i)}=\hat{N}_{k|k}$ 而不是 $\sum_{i=1}^{L_k}w_k^{(i)}=1$。典型地，令 $\omega_k^{(i)}=\tilde{w}_k^{(i)}/\hat{N}_{k|k}$，此外，也可选择 $\omega_k^{(i)}\propto(\tilde{w}_k^{(i)})^{\tau}$，其中，$\tau\in(0,1)$。

至于初始化，可应用重要性采样来获得初始强度函数的粒子近似。如果没有先验信息，初始强度函数也可设为0，因此不需要粒子。在这种情况下，算法在下一次迭代过程时从新生过程开始抽样。更好的策略是根据量测来预估目标数量 $\hat{N}_0$，并设置初始强度函数为总质量为 $\hat{N}_0$ 的均匀强度。

当仅有一个目标且没有出生、消亡、无杂波以及检测概率为 1 时，SMC－PHD 将退化为标准粒子滤波器。在标准粒子滤波背景下，选择使得权重的（条件）方差最小化的重要性分布是重要的，而在 PHD 滤波器背景下，这变得非常困

难,需要进一步研究。

4.4　GM - PHD 滤波器

在特定类型的线性高斯多目标(Linear Gaussian Multi - target, LGM)模型下,可获得具有闭合形式解的 PHD 递归,所得的多目标滤波器即为高斯混合 PHD(GM - PHD)滤波器。

4.4.1　GM - PHD 递归模型假设

PHD 递归(式(4.2.1)、式(4.2.2))的闭合形式解除了需要 A.1 ~ A.3 的假设外,还需要 LGM 模型。该模型除了包括各目标的标准线性高斯模型外,还包括对目标出生、消亡和目标检测的一些假设,具体如下。

A.4:每个目标遵循线性高斯动态模型,并且,传感器具有线性高斯量测模型,即

$$\phi_{k|k-1}(\boldsymbol{x}_k \mid \boldsymbol{x}_{k-1}) = \mathcal{N}(\boldsymbol{x}_k; \boldsymbol{F}_{k-1}\boldsymbol{x}_{k-1}, \boldsymbol{Q}_{k-1}) \tag{4.4.1}$$

$$g_k(z_k \mid \boldsymbol{x}_k) = \mathcal{N}(z_k; \boldsymbol{H}_k\boldsymbol{x}_k, \boldsymbol{R}_k) \tag{4.4.2}$$

式中:$\mathcal{N}(\cdot; \boldsymbol{m}, \boldsymbol{P})$为具有均值 $\boldsymbol{m}$ 和协方差 $\boldsymbol{P}$ 的高斯密度;$\boldsymbol{F}_{k-1}$为状态转移矩阵;$\boldsymbol{Q}_{k-1}$为过程噪声协方差;$\boldsymbol{H}_k$为量测矩阵;$\boldsymbol{R}_k$为量测噪声协方差。

A.5:存活概率和检测概率均与状态独立,即

$$p_{S,k}(\boldsymbol{x}) = p_{S,k} \tag{4.4.3}$$

$$p_{D,k}(\boldsymbol{x}) = p_{D,k} \tag{4.4.4}$$

A.6:新生和衍生目标 RFS 的强度均为高斯混合形式,即

$$v_{\gamma,k}(\boldsymbol{x}) = \sum_{i=1}^{J_{\gamma,k}} w_{\gamma,k}^{(i)} \mathcal{N}(\boldsymbol{x}; \boldsymbol{m}_{\gamma,k}^{(i)}, \boldsymbol{P}_{\gamma,k}^{(i)}) \tag{4.4.5}$$

$$v_{\beta,k}(\boldsymbol{x} \mid \boldsymbol{\xi}) = \sum_{i=1}^{J_{\beta,k}} w_{\beta,k}^{(i)} \mathcal{N}(\boldsymbol{x}; \boldsymbol{F}_{\beta,k-1}^{(i)}\boldsymbol{\xi} + \boldsymbol{d}_{\beta,k-1}^{(i)}, \boldsymbol{P}_{\beta,k-1}^{(i)}) \tag{4.4.6}$$

式中:$J_{\gamma,k}$、$w_{\gamma,k}^{(i)}$、$\boldsymbol{m}_{\gamma,k}^{(i)}$、$\boldsymbol{P}_{\gamma,k}^{(i)}$, $i=1,2,\cdots,J_{\gamma,k}$为给定的模型参数,决定了新生强度的形状,其中,$w_{\gamma,k}^{(i)}$、$\boldsymbol{m}_{\gamma,k}^{(i)}$和 $\boldsymbol{P}_{\gamma,k}^{(i)}$分别表示新生强度的第 i 个混合分量的权重、均值和协方差,$J_{\gamma,k}$为分量总数。类似地,$J_{\beta,k}$、$w_{\beta,k}^{(i)}$、$\boldsymbol{F}_{\beta,k-1}^{(i)}$、$\boldsymbol{d}_{\beta,k-1}^{(i)}$、$\boldsymbol{P}_{\beta,k-1}^{(i)}$, $i=1,2,\cdots,J_{\beta,k}$决定了由前一状态 $\boldsymbol{\xi}$ 衍生的目标强度形状。

注 1:假设 A.4 和 A.5 常被大部分跟踪算法采用[9]。为便于阐述,本节暂时仅关注与状态独立的 $p_{S,k}$和 $p_{D,k}$,第 4.5.1 节再介绍一般情形下的闭合形式 PHD 递归。

注 2:在假设 A. 6 中,$\boldsymbol{m}_{\gamma,k}^{(i)}$,$i=1,2,\cdots,J_{\gamma,k}$是式(4.4.5)中新生目标强度的峰值处,这些点对应新生目标最有可能出现的位置,例如,航空基地或机场等。协方差矩阵 $\boldsymbol{P}_{\gamma,k}^{(i)}$决定了新生强度在峰值处 $\boldsymbol{m}_{\gamma,k}^{(i)}$附近的离散程度。权重 $w_{\gamma,k}^{(i)}$给出了源于 $\boldsymbol{m}_{\gamma,k}^{(i)}$的新目标期望数。对于式(4.4.6)表示的前一状态 $\boldsymbol{\xi}$ 的目标的衍生强度,除了第 i 个峰值 $\boldsymbol{F}_{\beta,k-1}^{(i)}\boldsymbol{\xi}+\boldsymbol{d}_{\beta,k-1}^{(i)}$是 $\boldsymbol{\xi}$ 的仿射函数外,可应用与式(4.4.5)类似的解释。一般而言,将衍生目标建模在其父状态的临近区域,例如,$\boldsymbol{\xi}$ 可能对应于 $k-1$ 时刻的航空载体的状态,而 $\boldsymbol{F}_{\beta,k-1}^{(i)}\boldsymbol{\xi}+\boldsymbol{d}_{\beta,k-1}^{(i)}$是 k 时刻衍生航空载体的期望状态。

4.4.2　GM－PHD 递归

对于线性高斯多目标模型,以下两个命题给出了 PHD 递归(见式(4.2.1)、式(4.2.2))的闭合形式解。更准确地讲,这些命题展示了后验强度的高斯分量如何解析地传递到下一时刻。

命题 3:假设 A. 4 ~ A. 6 成立,且 $k-1$ 时刻的后验强度 v_{k-1}为如下高斯混合形式:

$$v_{k-1}(\boldsymbol{x}) = \sum_{i=1}^{J_{k-1}} w_{k-1}^{(i)}\mathcal{N}(\boldsymbol{x};\boldsymbol{m}_{k-1}^{(i)},\boldsymbol{P}_{k-1}^{(i)}) \tag{4.4.7}$$

则 k 时刻预测强度 $v_{k|k-1}$也为高斯混合形式,即

$$v_{k|k-1}(\boldsymbol{x}) = v_{S,k|k-1}(\boldsymbol{x}) + v_{\beta,k|k-1}(\boldsymbol{x}) + v_{\gamma,k}(\boldsymbol{x}) \tag{4.4.8}$$

其中,$v_{\gamma,k}(\cdot)$为 k 时刻新生目标强度,由式(4.4.5)给出,

$$v_{S,k|k-1}(\boldsymbol{x}) = p_{S,k}\sum_{i=1}^{J_{k-1}} w_{k-1}^{(i)}\mathcal{N}(\boldsymbol{x};\boldsymbol{m}_{S,k|k-1}^{(i)},\boldsymbol{P}_{S,k|k-1}^{(i)}) \tag{4.4.9}$$

$$\boldsymbol{m}_{S,k|k-1}^{(i)} = \boldsymbol{F}_{k-1}\boldsymbol{m}_{k-1}^{(i)} \tag{4.4.10}$$

$$\boldsymbol{P}_{S,k|k-1}^{(i)} = \boldsymbol{F}_{k-1}\boldsymbol{P}_{k-1}^{(i)}\boldsymbol{F}_{k-1}^{\mathrm{T}} + \boldsymbol{Q}_{k-1} \tag{4.4.11}$$

$$v_{\beta,k|k-1}(\boldsymbol{x}) = \sum_{i=1}^{J_{k-1}}\sum_{j=1}^{J_{\beta,k}} w_{k-1}^{(i)}w_{\beta,k}^{(j)}\mathcal{N}(\boldsymbol{x};\boldsymbol{m}_{\beta,k|k-1}^{(i,j)},\boldsymbol{P}_{\beta,k|k-1}^{(i,j)}) \tag{4.4.12}$$

$$\boldsymbol{m}_{\beta,k|k-1}^{(i,j)} = \boldsymbol{F}_{\beta,k-1}^{(j)}\boldsymbol{m}_{k-1}^{(i)} + \boldsymbol{d}_{\beta,k-1}^{(j)} \tag{4.4.13}$$

$$\boldsymbol{P}_{\beta,k|k-1}^{(i,j)} = \boldsymbol{F}_{\beta,k-1}^{(j)}\boldsymbol{P}_{k-1}^{(i)}(\boldsymbol{F}_{\beta,k-1}^{(j)})^{\mathrm{T}} + \boldsymbol{P}_{\beta,k-1}^{(j)} \tag{4.4.14}$$

注意:请区分式(4.4.6)的 $v_{\beta,k}(\boldsymbol{x}\mid\boldsymbol{\xi})$和式(4.4.12)的 $v_{\beta,k|k-1}(\boldsymbol{x})$。

命题 4:假设 $A.4$ ~ $A.6$ 成立,且 k 时刻预测强度 $v_{k|k-1}$为如下高斯混合形式:

$$v_{k|k-1}(\boldsymbol{x}) = \sum_{i=1}^{J_{k|k-1}} w_{k|k-1}^{(i)} \mathcal{N}(\boldsymbol{x};\boldsymbol{m}_{k|k-1}^{(i)},\boldsymbol{P}_{k|k-1}^{(i)}) \tag{4.4.15}$$

则 k 时刻后验(或更新)强度 v_k 也为高斯混合形式,即

$$v_k(\boldsymbol{x}) = (1-p_{D,k})v_{k|k-1}(\boldsymbol{x}) + \sum_{z\in Z_k} v_{D,k}(\boldsymbol{x};\boldsymbol{z}) \tag{4.4.16}$$

式中,

$$v_{D,k}(\boldsymbol{x};\boldsymbol{z}) = \sum_{i=1}^{J_{k|k-1}} w_k^{(i)}(\boldsymbol{z})\mathcal{N}(\boldsymbol{x};\boldsymbol{m}_{k|k}^{(i)}(\boldsymbol{z}),\boldsymbol{P}_{k|k}^{(i)}) \tag{4.4.17}$$

$$w_k^{(i)}(\boldsymbol{z}) = \frac{p_{D,k}w_{k|k-1}^{(i)}q_k^{(i)}(\boldsymbol{z})}{\kappa_k(\boldsymbol{z}) + p_{D,k}\sum_{j=1}^{J_{k|k-1}} w_{k|k-1}^{(j)}q_k^{(j)}(\boldsymbol{z})} \tag{4.4.18}$$

$$\boldsymbol{m}_{k|k}^{(i)}(\boldsymbol{z}) = \boldsymbol{m}_{k|k-1}^{(i)} + \boldsymbol{G}_k^{(i)}(\boldsymbol{z}-\boldsymbol{\eta}_{k|k-1}^{(i)}) \tag{4.4.19}$$

$$\boldsymbol{P}_{k|k}^{(i)} = [\boldsymbol{I}-\boldsymbol{G}_k^{(i)}\boldsymbol{H}_k]\boldsymbol{P}_{k|k-1}^{(i)} \tag{4.4.20}$$

$$\boldsymbol{G}_k^{(i)} = \boldsymbol{P}_{k|k-1}^{(i)}\boldsymbol{H}_k^{\mathrm{T}}[\boldsymbol{S}_{k|k-1}^{(i)}]^{-1} \tag{4.4.21}$$

$$q_k^{(i)}(\boldsymbol{z}) = \mathcal{N}(\boldsymbol{z};\boldsymbol{\eta}_{k|k-1}^{(i)},\boldsymbol{S}_{k|k-1}^{(i)}) \tag{4.4.22}$$

$$\boldsymbol{\eta}_{k|k-1}^{(i)} = \boldsymbol{H}_k\boldsymbol{m}_{k|k-1}^{(i)} \tag{4.4.23}$$

$$\boldsymbol{S}_{k|k-1}^{(i)} = \boldsymbol{H}_k\boldsymbol{P}_{k|k-1}^{(i)}\boldsymbol{H}_k^{\mathrm{T}} + \boldsymbol{R}_k \tag{4.4.24}$$

命题3 和命题4 可通过应用附录 A 的高斯函数乘积公式推导得到。将式(4.4.1)、式(4.4.3)和式(4.4.5)～式(4.4.7)代入 PHD 预测方程式(4.2.1)中,并利用附录 A 中引理4 给出的合适高斯函数替换形如式(A.1)的积分,可得到命题3。类似地,将式(4.4.2)、式(4.4.4)和式(4.4.15)代入 PHD 更新方程式(4.2.3)中,并利用引理 4 和引理 5 给出的合适高斯函数分别替换形如式(A.1)的积分和形如式(A.2)的高斯函数的乘积,即可得到命题4。

命题3 和命题4 分别是 PHD 递归在线性高斯多目标模型下的预测和更新步骤,因此,称为高斯混合 PHD(Gaussian Mixture PHD,GM-PHD)递归。根据命题3 和命题4,如果初始强度 v_0 是高斯混合(包括 $v_0=0$ 的情况),则所有后续预测强度 $v_{k|k-1}$ 和后验强度 v_k 均是高斯混合。命题3 提供了由 v_{k-1} 的均值、协方差和权重来计算 $v_{k|k-1}$ 的均值、协方差和权重的闭合表达式。一旦获得新的量测集,命题4 则提供了由 $v_{k|k-1}$ 的均值、协方差和权重来计算 v_k 的均值、协方差和权重的闭合表达式。为完整起见,表4.1 总结了 GM-PHD 滤波器的关键步骤。

表 4.1　　GM – PHD 滤波器的关键步骤

1：　% 给定 $\{w_{k-1}^{(i)}, \boldsymbol{m}_{k-1}^{(i)}, \boldsymbol{P}_{k-1}^{(i)}\}_{i=1}^{J_{k-1}}$ 及量测集 Z_k

2：　% 步骤 1. 出生目标预测

3：　$i = 0$，

4：　for $j = 1, 2, \cdots, J_{\gamma,k}$

5：　　$i \leftarrow i + 1$，

6：　　$w_{k|k-1}^{(i)} = w_{\gamma,k}^{(j)}$，$\boldsymbol{m}_{k|k-1}^{(i)} = \boldsymbol{m}_{\gamma,k}^{(j)}$，$\boldsymbol{P}_{k|k-1}^{(i)} = \boldsymbol{P}_{\gamma,k}^{(j)}$

7：　end

8：　for $j = 1, 2, \cdots, J_{\beta,k}$

9：　　for $n = 1, 2, \cdots, J_{k-1}$

10：　　　$i \leftarrow i + 1$

11：　　　$w_{k|k-1}^{(i)} = w_{\beta,k}^{(j)} w_{k-1}^{(n)}$

12：　　　$\boldsymbol{m}_{k|k-1}^{(i)} = \boldsymbol{F}_{\beta,k-1}^{(j)} \boldsymbol{m}_{k-1}^{(n)} + \boldsymbol{d}_{\beta,k-1}^{(j)}$

13：　　　$\boldsymbol{P}_{k|k-1}^{(i)} = \boldsymbol{F}_{\beta,k-1}^{(j)} \boldsymbol{P}_{k-1}^{(n)} (\boldsymbol{F}_{\beta,k-1}^{(j)})^{\mathrm{T}} + \boldsymbol{P}_{\beta,k-1}^{(j)}$

14：　　end

15：　end

16：　% 步骤 2. 存活目标预测

17：　for $j = 1, 2, \cdots, J_{k-1}$

18：　　$i \leftarrow i + 1$

19：　　$w_{k|k-1}^{(i)} = p_{S,k} w_{k-1}^{(j)}$

20：　　$\boldsymbol{m}_{k|k-1}^{(i)} = \boldsymbol{F}_{k-1} \boldsymbol{m}_{k-1}^{(j)}$，$\boldsymbol{P}_{k|k-1}^{(i)} = \boldsymbol{F}_{k-1} \boldsymbol{P}_{k-1}^{(j)} \boldsymbol{F}_{k-1}^{\mathrm{T}} + \boldsymbol{Q}_{k-1}$

21：　end

22：　$J_{k|k-1} = i$

23：　% 步骤 3. 构建 PHD 更新分量

24：　for $j = 1, 2, \cdots, J_{k|k-1}$

25：　　$\boldsymbol{\eta}_{k|k-1}^{(j)} = \boldsymbol{H}_k \boldsymbol{m}_{k|k-1}^{(j)}$，$\boldsymbol{S}_{k|k-1}^{(j)} = \boldsymbol{H}_k \boldsymbol{P}_{k|k-1}^{(j)} \boldsymbol{H}_k^{\mathrm{T}} + \boldsymbol{R}_k$

26：　　$\boldsymbol{G}_k^{(j)} = \boldsymbol{P}_{k|k-1}^{(j)} \boldsymbol{H}_k^{\mathrm{T}} [\boldsymbol{S}_{k|k-1}^{(j)}]^{-1}$

　　　　$\boldsymbol{P}_{k|k}^{(j)} = [\boldsymbol{I} - \boldsymbol{K}_k^{(j)} \boldsymbol{H}_k] \boldsymbol{P}_{k|k-1}^{(j)}$

27：　end

28：　% 步骤 4. 更新

29：　for $j = 1, 2, \cdots, J_{k|k-1}$

30：　　$w_k^{(j)} = (1 - p_{D,k}) w_{k|k-1}^{(j)}$

31：　　$\boldsymbol{m}_k^{(j)} = \boldsymbol{m}_{k|k-1}^{(j)}$，$\boldsymbol{P}_k^{(j)} = \boldsymbol{P}_{k|k-1}^{(j)}$

32：　end

33：　$n = 0$

（续）

for $z \in Z_k$

　　$n \leftarrow n+1$

　　for $j=1,2,\cdots,J_{k|k-1}$

　　　　$w_k^{(nJ_{k|k-1}+j)}=p_{D,k}w_{k|k-1}^{(j)}\mathcal{N}(\boldsymbol{z};\boldsymbol{\eta}_{k|k-1}^{(j)},\boldsymbol{S}_{k|k-1}^{(j)})$

　　　　$\boldsymbol{m}_k^{(nJ_{k|k-1}+j)}=\boldsymbol{m}_{k|k-1}^{(j)}+\boldsymbol{G}_k^{(j)}(\boldsymbol{z}-\boldsymbol{\eta}_{k|k-1}^{(j)})$

　　　　$\boldsymbol{P}_k^{(nJ_{k|k-1}+j)}=\boldsymbol{P}_{k|k}^{(j)}$

　　end

　　for $j=1,2,\cdots,J_{k|k-1}$

　　　　$w_k^{(nJ_{k|k-1}+j)}=\dfrac{w_k^{(nJ_{k|k-1}+j)}}{\kappa_k(\boldsymbol{z})+\sum_{i=1}^{J_{k|k-1}}w_k^{(nJ_{k|k-1}+i)}}$

　　end

end

$J_k=(n+1)J_{k|k-1}=nJ_{k|k-1}+J_{k|k-1}$

% 输出：$\{w_k^{(i)},\boldsymbol{m}_k^{(i)},\boldsymbol{P}_k^{(i)}\}_{i=1}^{J_k}$

注 3：在命题 3 中，预测强度 $v_{k|k-1}$ 由分别对应于存活目标、衍生目标和新生目标的 $v_{S,k|k-1}$、$v_{\beta,k|k-1}$ 和 $v_{\gamma,k}$ 三项组成。类似地，在命题 4 中，更新后验强度 v_k 由漏检项 $(1-p_{D,k})v_{k|k-1}$ 和 $|Z_k|$ 个检测项 $v_{D,k}(\cdot;\boldsymbol{z})$（每个量测 $\boldsymbol{z}\in Z_k$ 对应一项）组成。$v_{S,k|k-1}$ 和 $v_{\beta,k|k-1}$ 的均值和协方差的递归对应卡尔曼预测，而 $v_{D,k}(\cdot;\boldsymbol{z})$ 的均值和协方差的递归对应卡尔曼更新。

给定高斯混合强度 $v_{k|k-1}$ 和 v_k，对应的目标期望数量 $\hat{N}_{k|k-1}$ 和 $\hat{N}_k$ 可对相应的权重求和得到。由命题 3 和命题 4 可得 $\hat{N}_{k|k-1}$ 和 $\hat{N}_k$ 的闭合形式递归。

推论 1：在命题 3 前提下，预测的目标数量均值为

$$\hat{N}_{k|k-1}=\hat{N}_{k-1}\left(p_{S,k}+\sum_{i=1}^{J_{\beta,k}}w_{\beta,k}^{(i)}\right)+\sum_{i=1}^{J_{\gamma,k}}w_{\gamma,k}^{(i)} \tag{4.4.25}$$

推论 2：在命题 4 前提下，更新的目标数量均值为

$$\hat{N}_k=\hat{N}_{k|k-1}(1-p_{D,k})+\sum_{z\in Z_k}\sum_{j=1}^{J_{k|k-1}}w_k^{(j)}(z) \tag{4.4.26}$$

在推论 1 中，预测目标数量的均值通过对存活目标数量均值、衍生目标数量均值和新生目标数量均值相加得到。根据推论 2 可得到类似的解释，当没有杂波时，更新目标数量的均值是量测数量加上漏检目标数量的均值。

4.4.3　GM－PHD 滤波器修剪

从 GM－PHD 滤波器和第 2.8 节的高斯和滤波器(GSF)均随时间传递高斯混合角度来看,GM－PHD 滤波器类似于 GSF。与 GSF 一样,GM－PHD 滤波器也面临着随时间递增高斯分量数量不断增加的计算问题。实际上,在 k 时刻,GM－PHD 滤波器中表示 v_k 所需的高斯分量数目为

$$[J_{k-1}(1+J_{\beta,k})+J_{\gamma,k}](1+|Z_k|)=\mathcal{O}(J_{k-1}|Z_k|) \tag{4.4.27}$$

式中:J_{k-1} 为 v_{k-1} 的分量数。这表明在后验强度中的分量数将无限增长。

为管理不断增长的高斯混合分量数目,需采用如剪枝次要分量和合并类似分量等高斯混合修剪技术。通过剪枝具有较小权重 $w_k^{(i)}$ 的分量可获得以下高斯混合后验强度的较好近似

$$v_k(\boldsymbol{x}) = \sum_{i=1}^{J_k} w_k^{(i)}\mathcal{N}(\boldsymbol{x};\boldsymbol{m}_k^{(i)},\boldsymbol{P}_k^{(i)}) \tag{4.4.28}$$

这可通过舍弃权重低于某个预设阈值的分量或者仅保留一定数量最大权重的分量来实现。另外,一些足够接近的高斯分量可由单个高斯分量来精确近似,因此,可合并这些分量。这些思想导致了简单的启发修剪算法,如表 4.2 所列。

表 4.2　GM－PHD 滤波器修剪步骤

1:　给定 $\{w_k^{(i)},\boldsymbol{m}_k^{(i)},\boldsymbol{P}_k^{(i)}\}_{i=1}^{J_k}$,剪枝阈值 T,合并阈值 U,最大可允许高斯项数 $J_{\max}$
2:　设定 $n=0$ 以及 $I=\{i=1,2,\cdots,J_k \mid w_k^{(i)}>T\}$
3:　repeat
4:　　$n\leftarrow n+1$
5:　　$j=\arg_{i\in I}\max w_k^{(i)}$
6:　　$L=\{i\in I \mid (\boldsymbol{m}_k^{(i)}-\boldsymbol{m}_k^{(j)})^{\mathrm{T}}(\boldsymbol{P}_k^{(i)})^{-1}(\boldsymbol{m}_k^{(i)}-\boldsymbol{m}_k^{(j)})\leqslant U\}$
7:　　$\tilde{w}_k^{(n)}=\sum_{i\in L}w_k^{(i)}$
8:　　$\tilde{\boldsymbol{m}}_k^{(n)}=\frac{1}{\tilde{w}_k^{(n)}}\sum_{i\in L}w_k^{(i)}\boldsymbol{m}_k^{(i)}$
9:　　$\widetilde{\boldsymbol{P}}_k^{(n)}=\frac{1}{\tilde{w}_k^{(n)}}\sum_{i\in L}w_k^{(i)}(\boldsymbol{P}_k^{(i)}+(\tilde{\boldsymbol{m}}_k^{(n)}-\boldsymbol{m}_k^{(i)})(\tilde{\boldsymbol{m}}_k^{(n)}-\boldsymbol{m}_k^{(i)})^{\mathrm{T}})$
10:　　$I\leftarrow I\backslash L$
11:　until $I=\phi$
12:　如果 $n>J_{\max}$,则仅保留 $\{\tilde{w}_k^{(i)},\tilde{\boldsymbol{m}}_k^{(i)},\widetilde{\boldsymbol{P}}_k^{(i)}\}_{i=1}^{n}$ 中具有最大权重的 $J_{\max}$ 个高斯分量
13:　输出剪枝后的高斯分量:$\{\tilde{w}_k^{(i)},\tilde{\boldsymbol{m}}_k^{(i)},\widetilde{\boldsymbol{P}}_k^{(i)}\}_{i=1}^{n}$

4.4.4 多目标状态提取

不同于 SMC－PHD 滤波器在多目标状态提取时需要额外的粒子聚类步骤，且具有性能不稳定的缺点。对于 GM－PHD 滤波器，根据后验强度 v_k 的高斯混合表达，易于提取多目标状态估计，注意到在剪枝步骤后（见表4.2），近距离的高斯分量将被合并，而当高斯分量均值相距较远时，这些均值实际上就是 v_k 的局部极值。因为每个峰值的高度依赖于权重和协方差，选择 v_k 的 $\hat{N}_k$ 个最高峰值可能得到对应于小权重分量的状态估计。这是不希望的结果，因为即使峰值较高，但这些峰值对应的目标的期望数量可能较小。一个更好的方法是选择权重大于某个阈值（如0.5）的高斯分量的均值。总之，在 GM－PHD 滤波器中，多目标状态估计首先根据权重之和估计出目标数目，然后从 PHD 中提取出对应数量的最大权重的分量作为状态估计。表4.3中总结了 GM－PHD 滤波器的状态估计步骤，表中，round(·)表示四舍五入操作。

表4.3 GM－PHD 滤波器多目标状态提取

给定 $\{w_k^{(i)}, \boldsymbol{m}_k^{(i)}, \boldsymbol{P}_k^{(i)}\}_{i=1}^{J_k}$
设定 $\hat{X}_k = \phi$
for $i = 1, 2, \cdots, J_k$
if $w_k^{(i)} > 0.5$
for $j = 1, 2, \cdots, \mathrm{round}(w_k^{(i)})$
更新 $\hat{X}_k \leftarrow \{\hat{X}_k, \boldsymbol{m}_k^{(i)}\}$
end
end
end
输出多目标状态估计：$\hat{X}_k$

4.5 GM－PHD 滤波器扩展

在 GM－PHD 滤波器推导过程中，假设存活概率和检测概率与目标状态相互独立（见假设 A.7）。实际上，对于更一般的指数混合形式的存活概率和检测概率，采用类似的推导方法，可得到 GM－PHD 滤波器的一般形式。此外，也可利用 EKF 和 UKF 类似的方法，将 GM－PHD 推广到兼容适度非线性高斯模型。

4.5.1 扩展到指数混合存活概率和检测概率

对于一定类型与状态相关的存活概率和检测概率，仍能获得 PHD 递归的闭合形式解。实际上，命题 3 和命题 4 容易推广到处理如下指数混合（Exponential Mixture）形式的 $p_{S,k}(\boldsymbol{x})$ 和 $p_{D,k}(\boldsymbol{x})$

$$p_{S,k}(\boldsymbol{\xi}) = w_{S,k}^{(0)} + \sum_{i=1}^{J_{S,k}} w_{S,k}^{(i)} \mathcal{N}(\boldsymbol{\xi};\boldsymbol{m}_{S,k}^{(i)},\boldsymbol{P}_{S,k}^{(i)}) \tag{4.5.1}$$

$$p_{D,k}(\boldsymbol{\xi}) = w_{D,k}^{(0)} + \sum_{i=1}^{J_{D,k}} w_{D,k}^{(i)} \mathcal{N}(\boldsymbol{\xi};\boldsymbol{m}_{D,k}^{(i)},\boldsymbol{P}_{D,k}^{(i)}) \tag{4.5.2}$$

其中，$J_{S,k}$、$w_{S,k}^{(0)}$、$w_{S,k}^{(i)}$、$\boldsymbol{m}_{S,k}^{(i)}$、$\boldsymbol{P}_{S,k}^{(i)}$，$i=1,2,\cdots,J_{S,k}$ 和 $J_{D,k}$、$w_{D,k}^{(0)}$、$w_{D,k}^{(i)}$、$\boldsymbol{m}_{D,k}^{(i)}$、$\boldsymbol{P}_{D,k}^{(i)}$，$i=1,2,\cdots,J_{D,k}$ 是给定的模型参数，满足条件：对于所有的 $\boldsymbol{x}$，$p_{S,k}(\boldsymbol{x})$ 和 $p_{D,k}(\boldsymbol{x})$ 在 0 和 1 之间取值。

通过应用附录 A 中的引理 5，将 $p_{S,k}(\boldsymbol{\xi})v_{k-1}(\boldsymbol{\xi})$ 转换成高斯混合形式，再利用附录 A 中的引理 4 将其与转移密度 $\phi_{k|k-1}(\boldsymbol{x}\mid\boldsymbol{\xi})$ 的乘积进行积分，可得到闭合形式的预测强度 $v_{k|k-1}$；通过对 $p_{D,k}(\boldsymbol{x})v_{k|k-1}(\boldsymbol{x})$ 和 $p_{D,k}(\boldsymbol{x})g_k(\boldsymbol{z}\mid\boldsymbol{x})v_{k|k-1}(\boldsymbol{x})$ 分别应用 1 次和 2 次引理 5，从而将这些乘积转换成高斯混合形式，可得到闭合形式的更新强度 v_k。具体而言，以下命题给出了 $v_{k|k-1}$ 和 v_k 的高斯混合表达式，限于篇幅，不再给出实现步骤。

命题 5：在命题 3 前提下，将式(4.5.1)的 $p_{S,k}(\boldsymbol{x})$ 替换式(4.4.3)的 $p_{S,k}(\boldsymbol{x})$，预测强度 $v_{k|k-1}$ 由式(4.4.8)给出，不过，$v_{S,k|k-1}$ 被替换为

$$v_{S,k|k-1}(\boldsymbol{x}) = \sum_{i=1}^{J_{k-1}} \sum_{j=0}^{J_{S,k}} w_{k-1}^{(i)} w_{S,k}^{(j)} q_{k-1}^{(i,j)} \mathcal{N}(\boldsymbol{x};\boldsymbol{m}_{S,k|k-1}^{(i,j)},\boldsymbol{P}_{S,k|k-1}^{(i,j)}) \tag{4.5.3}$$

式中，

$$\boldsymbol{m}_{S,k|k-1}^{(i,j)} = \boldsymbol{F}_{k-1}\boldsymbol{m}_{k-1}^{(i,j)} \tag{4.5.4}$$

$$\boldsymbol{P}_{S,k|k-1}^{(i,j)} = \boldsymbol{F}_{k-1}\boldsymbol{P}_{k-1}^{(i,j)}\boldsymbol{F}_{k-1}^{\mathrm{T}} + \boldsymbol{Q}_{k-1} \tag{4.5.5}$$

$$q_{k-1}^{(i,j)} = \mathcal{N}(\boldsymbol{m}_{S,k}^{(j)};\boldsymbol{m}_{k-1}^{(i)},\boldsymbol{P}_{S,k}^{(j)} + \boldsymbol{P}_{k-1}^{(i)}),\ q_{k-1}^{(i,0)} = 1 \tag{4.5.6}$$

$$\boldsymbol{m}_{k-1}^{(i,j)} = \boldsymbol{m}_{k-1}^{(i)} + \boldsymbol{G}_{k-1}^{(i,j)}(\boldsymbol{m}_{S,k}^{(j)} - \boldsymbol{m}_{k-1}^{(i)}),\ \boldsymbol{m}_{k-1}^{(i,0)} = \boldsymbol{m}_{k-1}^{(i)} \tag{4.5.7}$$

$$\boldsymbol{P}_{k-1}^{(i,j)} = (\boldsymbol{I} - \boldsymbol{G}_{k-1}^{(i,j)})\boldsymbol{P}_{k-1}^{(i)},\ \boldsymbol{P}_{k-1}^{(i,0)} = \boldsymbol{P}_{k-1}^{(i)} \tag{4.5.8}$$

$$\boldsymbol{G}_{k-1}^{(i,j)} = \boldsymbol{P}_{k-1}^{(i)}(\boldsymbol{P}_{k-1}^{(i)} + \boldsymbol{P}_{S,k}^{(j)})^{-1} \tag{4.5.9}$$

命题 6：在命题 4 前提下，将式(4.5.2)的 $p_{D,k}(\boldsymbol{x})$ 替换式(4.4.4)的 $p_{D,k}(\boldsymbol{x})$，式(4.4.16)的更新强度 v_k 变为

$$v_k(\boldsymbol{x}) = v_{k|k-1}(\boldsymbol{x}) - v_{D,k}(\boldsymbol{x}) + \sum_{\boldsymbol{z}\in Z_k} v_{D,k}(\boldsymbol{x};\boldsymbol{z}) \tag{4.5.10}$$

其中，

$$v_{D,k}(\boldsymbol{x}) = \sum_{i=1}^{J_{k|k-1}} \sum_{j=0}^{J_{D,k}} w_{k|k-1}^{(i,j)} \mathcal{N}(\boldsymbol{x};\boldsymbol{m}_{k|k-1}^{(i,j)},\boldsymbol{P}_{k|k-1}^{(i,j)}) \tag{4.5.11}$$

$$w_{k|k-1}^{(i,j)} = w_{D,k}^{(j)} w_{k|k-1}^{(i)} q_{k|k-1}^{(i,j)} \tag{4.5.12}$$

$$q_{k|k-1}^{(i,j)} = \mathcal{N}(\boldsymbol{m}_{D,k}^{(j)};\boldsymbol{m}_{k|k-1}^{(i)},\boldsymbol{P}_{D,k}^{(j)}+\boldsymbol{P}_{k|k-1}^{(i)}),q_{k|k-1}^{(i,0)}=1 \tag{4.5.13}$$

$$\boldsymbol{m}_{k|k-1}^{(i,j)} = \boldsymbol{m}_{k|k-1}^{(i)} + \boldsymbol{G}_{k|k-1}^{(i,j)}(\boldsymbol{m}_{D,k}^{(j)} - \boldsymbol{m}_{k|k-1}^{(i)}),\boldsymbol{m}_{k|k-1}^{(i,0)} = \boldsymbol{m}_{k|k-1}^{(i)} \tag{4.5.14}$$

$$\boldsymbol{P}_{k|k-1}^{(i,j)} = [\boldsymbol{I} - \boldsymbol{G}_{k|k-1}^{(i,j)}]\boldsymbol{P}_{k|k-1}^{(i)},\boldsymbol{P}_{k|k-1}^{(i,0)} = \boldsymbol{P}_{k|k-1}^{(i)} \tag{4.5.15}$$

$$\boldsymbol{G}_{k|k-1}^{(i,j)} = \boldsymbol{P}_{k|k-1}^{(i)}(\boldsymbol{P}_{k|k-1}^{(i)} + \boldsymbol{P}_{D,k}^{(j)})^{-1} \tag{4.5.16}$$

$$v_{D,k}(\boldsymbol{x};\boldsymbol{z}) = \sum_{i=1}^{J_{k|k-1}}\sum_{j=0}^{J_{D,k}} w_k^{(i,j)}(\boldsymbol{z})\mathcal{N}(\boldsymbol{x};\boldsymbol{m}_{k|k}^{(i,j)}(\boldsymbol{z}),\boldsymbol{P}_{k|k}^{(i,j)}) \tag{4.5.17}$$

$$w_k^{(i,j)}(\boldsymbol{z}) = \frac{w_{k|k-1}^{(i,j)} q_k^{(i,j)}(\boldsymbol{z})}{\kappa_k(\boldsymbol{z}) + \sum_{r=1}^{J_{k|k-1}}\sum_{s=0}^{J_{D,k}} w_{k|k-1}^{(r,s)} q_k^{(r,s)}(\boldsymbol{z})} \tag{4.5.18}$$

$$q_k^{(i,j)}(\boldsymbol{z}) = \mathcal{N}(\boldsymbol{z};\boldsymbol{\eta}_{k|k-1}^{(i,j)},\boldsymbol{S}_{k|k-1}^{(i,j)}) \tag{4.5.19}$$

$$\boldsymbol{m}_{k|k}^{(i,j)}(\boldsymbol{z}) = \boldsymbol{m}_{k|k-1}^{(i,j)} + \boldsymbol{G}_k^{(i,j)}(\boldsymbol{z} - \boldsymbol{\eta}_{k|k-1}^{(i,j)}) \tag{4.5.20}$$

$$\boldsymbol{P}_{k|k}^{(i,j)} = (\boldsymbol{I} - \boldsymbol{G}_k^{(i,j)}\boldsymbol{H}_k)\boldsymbol{P}_{k|k-1}^{(i,j)} \tag{4.5.21}$$

$$\boldsymbol{G}_k^{(i,j)} = \boldsymbol{P}_{k|k-1}^{(i,j)}\boldsymbol{H}_k^{\mathrm{T}}[\boldsymbol{S}_{k|k-1}^{(i,j)}]^{-1} \tag{4.5.22}$$

$$\boldsymbol{\eta}_{k|k-1}^{(i,j)} = \boldsymbol{H}_k\boldsymbol{m}_{k|k-1}^{(i,j)} \tag{4.5.23}$$

$$\boldsymbol{S}_{k|k-1}^{(i,j)} = \boldsymbol{H}_k\boldsymbol{P}_{k|k-1}^{(i,j)}\boldsymbol{H}_k^{\mathrm{T}} + \boldsymbol{R}_k \tag{4.5.24}$$

由上可知,GM - PHD 滤波器易于推广到兼容指数混合形式的存活概率。然而,对于指数混合的检测概率,尽管更新强度自身非负(因而,权重之和非负),但是,更新强度包含负权重和正权重的高斯分量,因此,在具体实现时必须注意要确保剪枝和合并后强度函数的非负性。

4.5.2 扩展到非线性高斯模型

除可推广到指数混合形式的存活概率和检测概率外,GM - PHD 滤波器还可推广到非线性高斯运动模型和量测模型。具体而言,模型假设 A.5 和 A.6 仍是必要的,但是状态过程和量测过程可放宽为式(2.2.1)和式(2.2.3)给出的非线性模型,即

$$\boldsymbol{x}_k = f_k(\boldsymbol{x}_{k-1},\boldsymbol{v}_{k-1}) \tag{4.5.25}$$

$$\boldsymbol{z}_k = h_k(\boldsymbol{x}_k,\boldsymbol{n}_k) \tag{4.5.26}$$

式中:$f_{k|k-1}$和 h_k分别为非线性状态和量测函数;高斯噪声 $\boldsymbol{v}_{k-1}$和 $\boldsymbol{n}_k$分别为零均值的过程噪声和量测噪声,对应的协方差矩阵分别为 $\boldsymbol{Q}_{k-1}$和 $\boldsymbol{R}_k$。由于状态函数 $f_{k|k-1}$和量测函数 h_k为非线性函数,后验强度不再是高斯混合形式。不过,可修

正 GM－PHD 滤波器使其适用于非线性高斯模型。

在单目标滤波中，非线性贝叶斯滤波器的解析近似主要包括扩展卡尔曼滤波器（EKF）和不敏卡尔曼滤波器（UKF）[40]。EKF 利用单个高斯来近似后验密度，该高斯分量随时间的传递通过将卡尔曼递归应用于非线性映射 $f_{k|k-1}$ 和 h_k 的局部线性化。UKF 也通过单个高斯来近似后验密度，但不是利用线性化模型，而是利用不敏变换来计算下一时刻后验密度的高斯近似。

在非线性模型下，PHD 递归（见式（4.2.1）、式（4.2.2））传递的多目标状态的后验强度是不同非高斯函数的加权和。采用与 EKF 和 UKF 类似的方式，可对每个这样的非高斯构成函数使用单个高斯进行近似。若采取 EKF 的方法，下一时刻后验强度的近似可通过将 GM－PHD 递归应用于局部线性化目标模型，而采用 UKF 类似的方式，可使用不敏变换计算下一时刻后验强度的高斯混合近似的分量。在这两种情况中，这些分量的权重均是近似的。

基于上述分析，可得到两种非线性高斯混合 PHD 滤波器，即扩展卡尔曼 PHD（Extended Kalman PHD，EK－PHD）滤波器和不敏卡尔曼 PHD（Unscented Kalman PHD，UK－PHD）滤波器。表 4.4 和表 4.5 分别总结了这两个滤波器关键步骤。

表 4.4　EK－PHD 滤波器关键步骤

给定 $\{w_{k-1}^{(i)}, \boldsymbol{m}_{k-1}^{(i)}, \boldsymbol{P}_{k-1}^{(i)}\}_{i=1}^{J_{k-1}}$ 及量测集 Z_k
步骤 1. 出生目标预测
同表 4.1 中步骤 1
步骤 2. 存活目标预测
for $j=1,2,\cdots,J_{k-1}$
$i \leftarrow i+1$
$w_{k\|k-1}^{(i)} = p_{S,k} w_{k-1}^{(j)}$，$\boldsymbol{m}_{k\|k-1}^{(i)} = f_{k\|k-1}(\boldsymbol{m}_{k-1}^{(j)}, \boldsymbol{0})$
$\boldsymbol{F}_{k-1}^{(j)} = \left.\dfrac{\partial f_{k\|k-1}(\boldsymbol{x}_{k-1}, \boldsymbol{0})}{\partial \boldsymbol{x}_{k-1}}\right\|_{\boldsymbol{x}_{k-1}=\boldsymbol{m}_{k-1}^{(j)}}$，$\boldsymbol{V}_{k-1}^{(j)} = \left.\dfrac{\partial f_{k\|k-1}(\boldsymbol{m}_{k-1}^{(j)}, \boldsymbol{v}_{k-1})}{\partial \boldsymbol{v}_{k-1}}\right\|_{\boldsymbol{v}_{k-1}=\boldsymbol{0}}$
$\boldsymbol{P}_{k\|k-1}^{(i)} = \boldsymbol{F}_{k-1}^{(j)} \boldsymbol{P}_{k-1}^{(j)} (\boldsymbol{F}_{k-1}^{(j)})^{\mathrm{T}} + V_{k-1}^{(j)} \boldsymbol{Q}_{k-1} (\boldsymbol{V}_{k-1}^{(j)})^{\mathrm{T}}$
end
$J_{k\|k-1} = i$
步骤 3. 构建 PHD 更新分量
for $j=1,2,\cdots,J_{k\|k-1}$
$\boldsymbol{\eta}_{k\|k-1}^{(j)} = h_k(\boldsymbol{m}_{k\|k-1}^{(j)}, \boldsymbol{0})$
$\boldsymbol{H}_k^{(j)} = \left.\dfrac{\partial h_k(\boldsymbol{x}_k, \boldsymbol{0})}{\partial \boldsymbol{x}_k}\right\|_{\boldsymbol{x}_k=\boldsymbol{m}_{k-1}^{(j)}}$，$\boldsymbol{N}_k^{(j)} = \left.\dfrac{\partial h_k(\boldsymbol{m}_{k\|k-1}^{(j)}, \boldsymbol{n}_k)}{\partial n_k}\right\|_{\boldsymbol{n}_k=0}$

（续）

$\boldsymbol{S}_{k|k-1}^{(j)}=\boldsymbol{H}_k^{(j)}\boldsymbol{P}_{k|k-1}^{(j)}(\boldsymbol{H}_k^{(j)})^{\mathrm{T}}+\boldsymbol{N}_k^{(j)}\boldsymbol{R}_k(\boldsymbol{N}_k^{(j)})^{\mathrm{T}}$

$\boldsymbol{G}_k^{(j)}=\boldsymbol{P}_{k|k-1}^{(j)}(\boldsymbol{H}_k^{(j)})^{\mathrm{T}}(\boldsymbol{S}_{k|k-1}^{(j)})^{-1}$

$\boldsymbol{P}_{k|k}^{(j)}=(I-K_k^{(j)}\boldsymbol{H}_k^{(j)})\boldsymbol{P}_{k|k-1}^{(j)}$

end

步骤4. 更新

同表4.1中步骤4

输出：$\{w_k^{(i)},\boldsymbol{m}_k^{(i)},\boldsymbol{P}_k^{(i)}\}_{i=1}^{J_k}$

表4.5　UK－PHD滤波器

给定$\{w_{k-1}^{(i)},\boldsymbol{m}_{k-1}^{(i)},\boldsymbol{P}_{k-1}^{(i)}\}_{i=1}^{J_{k-1}}$及量测集$Z_k$

步骤1. 构建出生目标分量

同表4.1中步骤1

for $j=1,2,\cdots,i$

设置$\boldsymbol{u}=[(\boldsymbol{m}_{k|k-1}^{(j)})^{\mathrm{T}}\quad \boldsymbol{0}]^{\mathrm{T}}$，$\boldsymbol{\Sigma}=\mathrm{blkdiag}(\boldsymbol{P}_{k|k-1}^{(j)},\boldsymbol{R}_k)$

利用不敏变换，根据均值$\boldsymbol{u}$和协方差$\boldsymbol{\Sigma}$生成一系列σ点及其权重，记为$\{\boldsymbol{y}_k^{(n)},\omega^{(n)}\}_{n=0}^{N}$

对$n=0,1,\cdots,N$，分割$\boldsymbol{y}_k^{(n)}=[(\boldsymbol{x}_{k|k-1}^{(n)})^{\mathrm{T}},(\boldsymbol{n}_k^{(n)})^{\mathrm{T}}]^{\mathrm{T}}$

$\boldsymbol{z}_{k|k-1}^{(n)}=h_k(\boldsymbol{x}_{k|k-1}^{(n)},\boldsymbol{n}_k^{(n)})$，$n=0,1,\cdots,N$

$\boldsymbol{\eta}_{k|k-1}^{(j)}=\sum_{n=0}^{N}\omega^{(n)}\boldsymbol{z}_{k|k-1}^{(n)}$

$\boldsymbol{S}_{k|k-1}^{(j)}=\sum_{n=0}^{N}\omega^{(n)}(\boldsymbol{z}_{k|k-1}^{(n)}-\boldsymbol{\eta}_{k|k-1}^{(j)})(\boldsymbol{z}_{k|k-1}^{(n)}-\boldsymbol{\eta}_{k|k-1}^{(j)})^{\mathrm{T}}$

$\boldsymbol{C}_k^{(j)}=\sum_{n=0}^{L}\omega^{(n)}(\boldsymbol{x}_{k|k-1}^{(n)}-\boldsymbol{m}_{k|k-1}^{(j)})(\boldsymbol{z}_{k|k-1}^{(n)}-\boldsymbol{\eta}_{k|k-1}^{(j)})^{\mathrm{T}}$

$\boldsymbol{G}_k^{(j)}=\boldsymbol{C}_k^{(j)}(\boldsymbol{S}_{k|k-1}^{(j)})^{-1}$

$\boldsymbol{P}_{k|k}^{(j)}=\boldsymbol{P}_{k|k-1}^{(j)}-\boldsymbol{G}_k^{(j)}(\boldsymbol{S}_{k|k-1}^{(j)})^{-1}(\boldsymbol{G}_k^{(j)})^{\mathrm{T}}$

end

步骤2. 构建存活目标分量

for $j=1,2,\cdots,J_{k-1}$

$i\leftarrow i+1$

$w_{k|k-1}^{(i)}=p_{S,k}w_{k-1}^{(j)}$

设置$\boldsymbol{u}=[(\boldsymbol{m}_{k-1}^{(i)})^{\mathrm{T}}\ \boldsymbol{0}\ \boldsymbol{0}]^{\mathrm{T}}$，$\boldsymbol{\Sigma}=\mathrm{blkdiag}(\boldsymbol{P}_{k-1}^{(j)},\boldsymbol{Q}_{k-1},\boldsymbol{R}_k)$

利用不敏变换，根据均值$\boldsymbol{u}$和协方差$\boldsymbol{\Sigma}$生成一系列σ点及其权重，记为$\{\boldsymbol{y}_k^{(n)},\omega^{(n)}\}_{n=0}^{N}$

对$n=0,1,\cdots,N$，分割$\boldsymbol{y}_k^{(n)}=[(\boldsymbol{x}_{k-1}^{(n)})^{\mathrm{T}},(\boldsymbol{v}_{k-1}^{(n)})^{\mathrm{T}},(\boldsymbol{n}_k^{(n)})^{\mathrm{T}}]^{\mathrm{T}}$

$\boldsymbol{x}_{k|k-1}^{(n)}=f_{k|k-1}(\boldsymbol{x}_{k-1}^{(n)},\boldsymbol{v}_{k-1}^{(n)})$，$n=0,1,\cdots,N$

（续）

$z_{k|k-1}^{(n)} = h_k(x_{k|k-1}^{(n)}, n_k^{(n)}), n = 0, 1, \cdots, N$

$\quad m_{k|k-1}^{(i)} = \sum_{n=0}^{N} \omega^{(n)} x_{k|k-1}^{(n)}$

$\quad P_{k|k-1}^{(i)} = \sum_{n=0}^{N} \omega^{(n)} (x_{k|k-1}^{(n)} - m_{k|k-1}^{(j)})(x_{k|k-1}^{(n)} - m_{k|k-1}^{(j)})^{\mathrm{T}}$

$\quad \eta_{k|k-1}^{(i)} = \sum_{n=0}^{N} \omega^{(n)} z_{k|k-1}^{(n)}$

$\quad S_{k|k-1}^{(i)} = \sum_{n=0}^{N} \omega^{(n)} (z_{k|k-1}^{(n)} - \eta_{k|k-1}^{(j)})(z_{k|k-1}^{(n)} - \eta_{k|k-1}^{(j)})^{\mathrm{T}}$

$\quad C_k^{(i)} = \sum_{n=0}^{N} \omega^{(n)} (x_{k|k-1}^{(n)} - m_{k|k-1}^{(j)})(z_{k|k-1}^{(n)} - \eta_{k|k-1}^{(j)})^{\mathrm{T}}$

$\quad G_k^{(i)} = C_k^{(i)} (S_{k|k-1}^{(i)})^{-1}$

$\quad P_{k|k}^{(i)} = P_{k|k-1}^{(i)} - G_k^{(i)} (S_{k|k-1}^{(i)})^{-1} (G_k^{(i)})^{\mathrm{T}}$

end

$J_{k|k-1} = i$

步骤3. 更新

　　同表4.1中步骤4

输出：$\{w_k^{(i)}, m_k^{(i)}, P_k^{(i)}\}_{i=1}^{J_k}$

注4：类似于单目标情况，EK－PHD滤波器仅能应用于可微非线性模型。此外，雅可比矩阵的计算可能冗长且易错。相反，UK－PHD滤波器不会面临这些限制，甚至能应用于非连续模型。

注5：不像SMC－PHD滤波器，随着粒子数趋于无穷，粒子近似（从一定意义上）收敛到后验强度[82, 87]，而EK－PHD和UK－PHD滤波器并不能保证收敛到后验强度。不过，对于适度非线性问题，EK－PHD和UK－PHD滤波器提供了较好的近似，且计算量比SMC－PHD滤波器更低，此外，SMC－PHD滤波器还需要大量的粒子和额外的聚类操作来提取多目标状态估计。

4.6 小结

本章在PHD递归的基础上，分别给出了适用于非线性非高斯模型和线性高斯模型的SMC－PHD和GM－PHD滤波器，并详细介绍了GM－PHD滤波器的扩展，包括更为复杂的适用于指数混合形式的存活概率和检测概率的GM－PHD滤波器，以及PHD滤波器的扩展卡尔曼实现和不敏卡尔曼实现。需要注意的是，在提取目标状态时，SMC－PHD滤波器需要额外的粒子群聚类技术，而GM－PHD滤波器更为简易且更可靠。

PHD滤波器的主要不足是缺乏高阶势信息，因为PHD递归是一阶近似，其仅利用单个参数传递势信息,通过均值匹配的泊松分布来有效近似势分布。由于泊松分布的均值和协方差相等,在目标的数量较多时,PHD 滤波器估计的势方差相应较大。此外,在无高阶势分布时,只能使用目标数量的均值作为有效的期望后验(EAP)估计,此时,在低信噪比(SNR)条件下,由杂波引起的次模式(Minor Mode)易使估计变得古怪奇异。

第5章　带势概率假设密度滤波器

5.1　引言

尽管PHD滤波器具有计算量低的显著优点，但是其潜在的假设后验多目标分布近似服从泊松分布，该近似不可避免有损完全多目标分布的大量信息，使得在虚警尤其是目标漏检时的估计极不稳定（即方差较大）。为解决PHD递归的缺陷，可提高多目标近似矩的阶数。完全二阶多目标矩滤波指的是滤波器不仅传递一阶矩——PHD，还传递二阶多目标矩——多目标协方差密度，然而，在目标数较多情况下，完全二阶多目标矩滤波的计算难以实现。与完全二阶多目标矩滤波传递协方差密度不同，带势概率假设密度（CPHD）滤波器[5]联合传递强度函数（PHD）和势分布（目标数量的概率分布），因此，严格地讲，CPHD滤波器为部分二阶多目标矩滤波，其是PHD滤波器的一般化[5]。相比传递协方差密度而言，CPHD滤波器通过传递势分布在很大程度上缓解了计算负荷的压力，另外，相比PHD滤波器而言，由于CPHD可直接获得势分布，从而以更高的计算复杂度为代价获得了更优的性能，因此，CPHD滤波器是在一阶多目标矩近似的信息损耗与完全二阶矩近似计算复杂度之间的折中。PHD/CPHD滤波器可应用于联合估计杂波参数、检测概率和多目标状态[193,425]，也已经扩展到多模型、扩展目标、不可分辨量测以及分布式多传感器多目标滤波。更详细的PHD/CPHD滤波进展请参考文献[14]。

类似于前章，本章首先给出CPHD递归，在此基础上，分别介绍CPHD递归的序贯蒙特卡罗（SMC）实现和高斯混合（GM）实现，即SMC-CPHD滤波器和GM-CPHD滤波器，两者分别适用于非线性非高斯和线性高斯系统模型。最后，给出了GM-CPHD滤波器的两种扩展版本，即扩展卡尔曼CPHD（Extended Kalman CPHD，EK-CPHD）滤波器和不敏卡尔曼CPHD（Unscented Kalman CPHD，UK-CPHD）滤波器，可适用于适度非线性高斯模型。

5.2　带势概率假设密度（CPHD）递归

CPHD滤波器不是传递多目标滤波密度 $\pi_k(\cdot \mid Z^k)$，而是传递其（部分）二阶矩，具体而言，传递的是目标 RFS 的后验 PHD 强度 v_k 和势分布 ρ_k。CPHD 递归依赖以下关于目标动态和量测的假设：

（1）每个目标彼此独立演进并产生量测。

（2）新生 RFS 和存活 RFS 彼此独立。

（3）杂波 RFS 是独立同分布群（IIDC）过程，且与目标量测 RFS 独立。

（4）先验与预测多目标 RFS 是 IIDC 过程。

注意，上述假设与第 4.2 节中 PHD 递归的假设类似，只是泊松过程放宽为 IIDC 过程。

令 $v_{k|k-1}$ 和 $\rho_{k|k-1}$ 分别表示与预测多目标状态有关的强度和势分布，v_k 和 ρ_k 分别表示与后验多目标状态有关的强度和势分布。以下两个命题（证明见附录 E）明确展示了后验强度和后验势分布是怎样随时间进行联合传递的。这里采用文献[84]给出的 CPHD 递归形式，因为其更便于实现。

命题 7：给定 $k-1$ 时刻后验强度 v_{k-1} 和后验势分布 ρ_{k-1}，则预测强度 $v_{k|k-1}$ 和预测势分布 $\rho_{k|k-1}$ 分别为①

$$v_{k|k-1}(\boldsymbol{x}) = \int p_{S,k}(\boldsymbol{\xi})\phi_{k|k-1}(\boldsymbol{x}|\boldsymbol{\xi})v_{k-1}(\boldsymbol{\xi})\mathrm{d}\boldsymbol{\xi} + v_{\gamma,k}(\boldsymbol{x}) \tag{5.2.1}$$

$$\boldsymbol{\rho}_{k|k-1}(n) = \sum\nolimits_{j=0}^{n} \boldsymbol{\rho}_{\gamma,k}(n-j)\boldsymbol{\Psi}_{k|k-1}[v_{k-1},\boldsymbol{\rho}_{k-1}](j) \tag{5.2.2}$$

式中：$p_{S,k}(\boldsymbol{\xi})$ 为给定前一状态 $\boldsymbol{\xi}$ 时目标 k 时刻存在概率；$\phi_{k|k-1}(\cdot|\boldsymbol{\xi})$ 表示以前一状态 $\boldsymbol{\xi}$ 为条件，k 时刻的单目标转移密度；$v_{\gamma,k}(\cdot)$ 为 k 时刻新生目标强度；$\boldsymbol{\rho}_{\gamma,k}(\cdot)$ 为 k 时刻新生目标势分布；$\boldsymbol{\Psi}_{k|k-1}[v_{k-1},\boldsymbol{\rho}_{k-1}](j)$ 由下式计算

$$\boldsymbol{\Psi}_{k|k-1}[v,\boldsymbol{\rho}](j) = \sum_{i=j}^{n} \mathrm{C}_j^i \frac{\langle p_{S,k},v\rangle^j\langle 1-p_{S,k},v\rangle^{i-j}}{\langle 1,v\rangle^i}\boldsymbol{\rho}(i) \tag{5.2.3}$$

式中，$\mathrm{C}_j^n = n!/[j!(n-j)!]$ 表示组合系数（或二项式系数）。

命题 8：给定 k 时刻预测强度 $v_{k|k-1}$ 和预测势分布 $\boldsymbol{\rho}_{k|k-1}$，则更新强度 v_k 和更新势分布 $\boldsymbol{\rho}_k$ 分别为

$$\begin{aligned} v_k(\boldsymbol{x}) = & \frac{\langle \boldsymbol{Y}_k^{(1)}[v_{k|k-1},Z_k],\boldsymbol{\rho}_{k|k-1}\rangle}{\langle \boldsymbol{Y}_k^{(0)}[v_{k|k-1},Z_k],\boldsymbol{\rho}_{k|k-1}\rangle}[1-p_{D,k}(\boldsymbol{x})]v_{k|k-1}(\boldsymbol{x}) \\ & + \sum_{z\in Z_k}\frac{\langle \boldsymbol{Y}_k^{(1)}[v_{k|k-1},Z_k-\{z\}],\boldsymbol{\rho}_{k|k-1}\rangle}{\langle \boldsymbol{Y}_k^{(0)}[v_{k|k-1},Z_k],\boldsymbol{\rho}_{k|k-1}\rangle}\varphi_{k,z}(\boldsymbol{x})v_{k|k-1}(\boldsymbol{x}) \end{aligned} \tag{5.2.4}$$

① 注意，这里未考虑衍生目标情况。一般地，多目标滤波的 RFS 框架包括目标衍生，具体细节可参考文献[83]。考虑衍生目标的 CPHD 滤波器可参考文献[143]。

$$\rho_k(n)=\frac{\Upsilon_k^{(0)}[v_{k|k-1},Z_k](n)\rho_{k|k-1}(n)}{\langle\Upsilon_k^{(0)}[v_{k|k-1},Z_k],\rho_{k|k-1}\rangle} \tag{5.2.5}$$

式中

$$\Upsilon_k^{(u)}[v,Z](n)=\sum_{j=0}^{\min(|Z|,n)}(|Z|-j)!\rho_{C,k}(|Z|-j)\cdot P_{j+u}^{n}\frac{\langle 1-p_{D,k},v\rangle^{n-(j+u)}}{\langle 1,v\rangle^{n}}e_j(\alpha_k(v,Z)) \tag{5.2.6}$$

$$\varphi_{k,z}(\boldsymbol{x})=\frac{\langle 1,\kappa_k\rangle}{\kappa_k(z)}p_{D,k}(\boldsymbol{x})g_k(z\mid\boldsymbol{x}) \tag{5.2.7}$$

$$\alpha_k(v,Z)=\{\langle v,\varphi_{k,z}\rangle:z\in Z\} \tag{5.2.8}$$

式中：Z_k为k时刻量测集合；$g_k(\cdot\mid\boldsymbol{x})$为给定当前状态$\boldsymbol{x}$时，$k$时刻单目标量测似然函数；$p_{D,k}(\boldsymbol{x})$为给定当前状态$\boldsymbol{x}$时，$k$时刻目标检测概率；$\kappa_k(\cdot)$为$k$时刻杂波量测的强度；$\rho_{C,k}(\cdot)$为$k$时刻杂波势分布；$P_j^n=n!/(n-j)!$为排列系数；$e_j(\cdot)$为$j$阶基本对称函数(Elementary Symmetric Function,ESF)，对于实数的有限集合Z，其定义为

$$e_j(Z)=\sum_{S\subseteq Z,|S|=j}\left(\prod_{\zeta\in S}\zeta\right) \tag{5.2.9}$$

并规定$e_0(Z)=1$。

命题7和命题8分别是CPHD递归的预测和更新步骤。在不考虑衍生目标情况时，CPHD强度预测(式(5.2.1))与PHD预测(式(4.2.1))完全相同。CPHD势预测(式(5.2.2))是新生和存活目标的势分布的卷积，这是因为预测势是新生和存活目标的势之和。注意到，CPHD强度和势预测(式(5.2.1)、式(5.2.2))是解耦的，而CPHD强度和势更新(式(5.2.4)、式(5.2.5))却是耦合的。不过，CPHD强度更新(式(5.2.4))与PHD更新(式(4.2.2))是类似的，两者都由1个漏检项和$|Z_k|$个检测项组成。势更新(式(5.2.5))并入了杂波势、量测集合、预测强度和预测势分布。实际上，式(5.2.5)为贝叶斯更新，其中，$\Upsilon_k^{(0)}[v_{k|k-1},Z_k](n)$是给定$n$个目标时多目标量测$Z_k$的似然，而$\langle\Upsilon_k^{(0)}[v_{k|k-1},Z_k],\rho_{k|k-1}\rangle$为归一化常量。

5.3　SMC-CPHD滤波器

PHD滤波器的SMC实现易于推广到CPHD情形。对于一般的非线性非高斯多目标模型，遵循PHD递归的SMC实现方法，可得到CPHD递归的SMC实现

(即 SMC - CPHD 滤波器),其基本思想是随时间递归传递表示后验强度以及后验势分布的一系列加权样本。

5.3.1　SMC - CPHD 递归

给定 $k-1$ 时刻后验强度 v_{k-1} 和后验势分布 ρ_{k-1},且

$$v_{k-1}(\boldsymbol{x}) = \sum_{j=1}^{L_{k-1}} w_{k-1}^{(j)} \delta_{\boldsymbol{x}_{k-1}^{(j)}}(\boldsymbol{x}) \tag{5.3.1}$$

此外,给定满足 $\text{support}(v_k) \subseteq \text{support}(q_k)$ 和 $\text{support}(v_{\gamma,k}) \subseteq \text{support}(q_{\gamma,k})$ 的重要性(或者建议)密度 $q_k(\cdot \mid \boldsymbol{x}_{k-1}, Z_k)$ 和 $q_{\gamma,k}(\cdot \mid Z_k)$,其中,$\text{support}(\cdot)$ 表示支集,则根据式(5.2.1)、式(5.2.2),可得预测强度 $v_{k|k-1}$ 和预测势分布 $\rho_{k|k-1}$ 分别为

$$v_{k|k-1}(\boldsymbol{x}) \approx \sum_{j=1}^{L_{k-1}+L_{\gamma,k}} w_{k|k-1}^{(j)} \delta_{\boldsymbol{x}_k^{(j)}}(\boldsymbol{x}) \tag{5.3.2}$$

$$\rho_{k|k-1}(n) \approx \sum_{j=0}^{n} \rho_{\gamma,k}(n-j) \sum_{i=j}^{\infty} \mathrm{C}_j^i \frac{\langle p_{S,k}^{(1:L_{k-1})}, w_{k-1}\rangle^j \langle 1 - p_{S,k}^{(1:L_{k-1})}, w_{k-1}\rangle^{i-j}}{\langle 1, w_{k-1}\rangle^i} \rho_{k-1}(i) \tag{5.3.3}$$

式中

$$\boldsymbol{x}_k^{(j)} \sim \begin{cases} q_k(\cdot \mid \boldsymbol{x}_{k-1}^{(j)}, Z_k), & j=1,2,\cdots,L_{k-1} \\ q_{\gamma,k}(\cdot \mid Z_k), & j=L_{k-1}+1,\cdots,L_{k-1}+L_{\gamma,k} \end{cases} \tag{5.3.4}$$

$$w_{k|k-1}^{(j)} = \begin{cases} \dfrac{p_{S,k}(\boldsymbol{x}_{k-1}^{(j)}) \phi_{k|k-1}(\boldsymbol{x}_k^{(j)} \mid \boldsymbol{x}_{k-1}^{(j)})}{q_k(\boldsymbol{x}_k^{(j)} \mid \boldsymbol{x}_{k-1}^{(j)}, Z_k)} w_{k-1}^{(j)}, & j=1,2,\cdots,L_{k-1} \\ \dfrac{v_{\gamma,k}(\boldsymbol{x}_k^{(j)})}{L_{\gamma,k} q_{\gamma,k}(\boldsymbol{x}_k^{(j)} \mid Z_k)}, & j=L_{k-1}+1,\cdots,L_{k-1}+L_{\gamma,k} \end{cases} \tag{5.3.5}$$

$$w_{k-1} = [w_{k-1}^{(1)}, \cdots, w_{k-1}^{(L_{k-1})}]^{\mathrm{T}} \tag{5.3.6}$$

$$p_{S,k}^{(1:L_{k-1})} = [p_{S,k}(\boldsymbol{x}_{k-1}^{(1)}), \cdots, p_{S,k}(\boldsymbol{x}_{k-1}^{(L_{k-1})})]^{\mathrm{T}} \tag{5.3.7}$$

其中,$v_{\gamma,k}(\cdot)$ 为 k 时刻新生目标强度。

给定 k 时刻预测强度 $v_{k|k-1}$ 和预测势分布 $\rho_{k|k-1}$,且

$$v_{k|k-1}(\boldsymbol{x}) = \sum_{j=1}^{L_{k|k-1}} w_{k|k-1}^{(j)} \delta_{\boldsymbol{x}_k^{(j)}}(\boldsymbol{x}) \tag{5.3.8}$$

则根据式(5.2.4)、式(5.2.5),可得更新强度 v_k 和更新势分布 ρ_k 分别为

$$v_k(\boldsymbol{x}) = \sum_{j=1}^{L_{k|k-1}} w_k^{(j)} \delta_{\boldsymbol{x}_k^{(j)}}(\boldsymbol{x}) \tag{5.3.9}$$

$$\rho_k(n) = \frac{\Upsilon_k^{(0)}[w_{k|k-1}, Z_k](n)\rho_{k|k-1}(n)}{\langle \Upsilon_k^{(0)}[w_{k|k-1}, Z_k], \rho_{k|k-1}\rangle} \tag{5.3.10}$$

其中，

$$w_k^{(j)} = w_{k|k-1}^{(j)}\left[(1 - p_{D,k}(\boldsymbol{x}_k^{(j)}))\frac{\langle \Upsilon_k^{(1)}[w_{k|k-1}, Z_k], \rho_{k|k-1}\rangle}{\langle \Upsilon_k^{(0)}[w_{k|k-1}, Z_k], \rho_{k|k-1}\rangle} + \right.$$

$$\left.\sum_{z\in Z_k}\varphi_{k,z}(\boldsymbol{x}_k^{(j)})\frac{\langle \Upsilon_k^{(1)}[w_{k|k-1}, Z_k - \{z\}], \rho_{k|k-1}\rangle}{\langle \Upsilon_k^{(0)}[w_{k|k-1}, Z_k], \rho_{k|k-1}\rangle}\right] \tag{5.3.11}$$

$$\Upsilon_k^{(u)}[w, Z](n) = \sum_{j=0}^{\min(|Z|, n)}(|Z| - j)!\rho_{C,k}(|Z| - j)P_{j+u}^n \frac{\langle 1 - p_{D,k}^{(1:L_{k|k-1})}, w\rangle^{n-(j+u)}}{\langle 1, w\rangle^n} e_j(\alpha_k(w, Z)) \tag{5.3.12}$$

$$\alpha_k(w, Z) = \{\langle w, \varphi_{k,z}^{(1:L_{k|k-1})}\rangle : z \in Z\} \tag{5.3.13}$$

$$w_{k|k-1} = [w_{k|k-1}^{(1)}, \cdots, w_{k|k-1}^{(L_{k|k-1})}]^{\mathrm{T}} \tag{5.3.14}$$

$$p_{D,k}^{(1:L_{k|k-1})} = [p_{D,k}(\boldsymbol{x}_k^{(1)}), \cdots, p_{D,k}(\boldsymbol{x}_k^{(L_{k|k-1})})]^{\mathrm{T}} \tag{5.3.15}$$

$$\varphi_{k,z}^{(1:L_{k|k-1})} = [\varphi_{k,z}(\boldsymbol{x}_k^{(1)}), \cdots, \varphi_{k,z}(\boldsymbol{x}_k^{(L_{k|k-1})})]^{\mathrm{T}} \tag{5.3.16}$$

$$\varphi_{k,z}(\boldsymbol{x}_k^{(j)}) = \frac{\langle 1, \kappa_k\rangle}{\kappa_k(z)} p_{D,k}(\boldsymbol{x}_k^{(j)}) g_k(z \mid \boldsymbol{x}_k^{(j)}) \tag{5.3.17}$$

5.3.2　多目标状态估计

与 SMC－PHD 滤波器一样，在 SMC－CPHD 滤波器中，表示 k 时刻后验强度所需的粒子数 $L_k = L_{k-1} + L_{\gamma,k}$ 随时间将不断增长，因此，可采用 SMC－PHD 滤波器的粒子数自适应分配方案。此外，SMC－CPHD 滤波器也需要重采样和使用聚类技术进行状态提取，在根据后验强度进行重采样时，同样应将新权重缩放到 $\overline{N}_k = \sum_{j=1}^{L_{k|k-1}} w_k^{(j)}$ 而不是 1，而在状态提取时，利用一阶矩可视化技术可提取多目标状态，由于多了势分布信息，状态提取与 SMC－PHD 略有不同。

首先，利用 EAP 估计器 $\hat{N}_k = \sum_{n=0}^{\infty} n\rho_k(n)$ 或最大后验（MAP）估计器 $\hat{N}_k = \mathrm{argmax}_n \rho_k(n)$ 估计目标数量。需要注意的是：在低信噪比条件下，EAP 估计器容易起伏且不可靠，这是因为虚警和目标漏检容易诱发后验势中的次模式（Minor Mode），因此，均值可能随机性偏离目标对应的主模式（Primary Mode）。另外，MAP 估计器则忽视了次模式，直接锁定到目标对应的主模式，因而更为可靠。因此，MAP 估计器通常比 EAP 估计器更受欢迎[5]。然后，使用聚类技术将粒子群分组成给定数量(目标的估计数 $\hat{N}_k$)的聚,再选择聚的 $\hat{N}_k$ 个均值 $\boldsymbol{m}_k^{(1)},\cdots,\boldsymbol{m}_k^{(\hat{N}_k)}$ 作为多目标状态估计 $\hat{X}_k=\{\boldsymbol{m}_k^{(1)},\cdots,\boldsymbol{m}_k^{(\hat{N}_k)}\}$。

如前所述,使用聚类技术进行状态提取存在估计不可靠的问题,对于线性高斯多目标模型,可使用 5.4 节的高斯混合 CPHD(GM – CPHD)滤波器,而对于适度非线性,第 5.5 节的扩展卡尔曼 CPHD(EK – CPHD)和不敏卡尔曼 CPHD(UK – CPHD)近似计算量更低,且产生比 SMC 实现更优的性能,这是因为它们潜在的高斯混合表示避免了聚类的需要。

5.4　GM – CPHD 滤波器

在线性高斯多目标模型假设下(详见第 4.4.1 节的假设 A.4 ~ A.6,只是,由于这里没有考虑衍生目标,A.6 中无衍生目标假设),根据 CPHD 递归(参见式(5.2.1)、式(5.2.2)、式(5.2.4)和式(5.2.5)),可得到 CPHD 递归的闭合形式解。

5.4.1　GM – CPHD 递归

对于线性高斯多目标模型,以下两个命题给出了 CPHD 递归的闭合形式解。具体而言,这些命题展示了(高斯混合形式的)后验强度和后验势分布是怎样随时间解析传递的。

命题 9:给定 $k-1$ 时刻后验强度 v_{k-1} 和后验势分布 ρ_{k-1},且 v_{k-1} 为高斯混合形式

$$v_{k-1}(\boldsymbol{x}) = \sum_{i=1}^{J_{k-1}} w_{k-1}^{(i)}\mathcal{N}(\boldsymbol{x};\boldsymbol{m}_{k-1}^{(i)},\boldsymbol{P}_{k-1}^{(i)}) \tag{5.4.1}$$

则预测强度 $v_{k|k-1}$ 也为高斯混合形式,且 $v_{k|k-1}$ 和预测势分布 $\rho_{k|k-1}$ 分别为

$$v_{k|k-1}(\boldsymbol{x}) = v_{S,k|k-1}(\boldsymbol{x}) + v_{\gamma,k}(\boldsymbol{x}) \tag{5.4.2}$$

$$\rho_{k|k-1}(n) = \sum_{j=0}^{n}\left\{\rho_{\gamma,k}(n-j)\sum_{i=j}^{\infty} C_j^i \rho_{k-1}(i) p_{S,k}^j (1-p_{S,k})^{i-j}\right\} \tag{5.4.3}$$

式中:$v_{\gamma,k}(\cdot)$ 为 k 时刻新生目标强度,由式(4.4.5)给出,$v_{S,k|k-1}(\boldsymbol{x})$ 由式(4.4.9)给出。

命题 10:给定 k 时刻预测强度 $v_{k|k-1}$ 和预测势分布 $\rho_{k|k-1}$,且 $v_{k|k-1}$ 为高斯混合形式

$$v_{k|k-1}(\boldsymbol{x}) = \sum_{i=1}^{J_{k|k-1}} w_{k|k-1}^{(i)}\mathcal{N}(\boldsymbol{x};\boldsymbol{m}_{k|k-1}^{(i)},\boldsymbol{P}_{k|k-1}^{(i)}) \tag{5.4.4}$$

则更新强度 v_k 也为高斯混合形式，且 v_k 与更新势分布 ρ_k 分别为

$$v_k(\boldsymbol{x}) = \frac{\langle \Upsilon_k^{(1)}[w_{k|k-1}, Z_k], \rho_{k|k-1} \rangle}{\langle \Upsilon_k^{(0)}[w_{k|k-1}, Z_k], \rho_{k|k-1} \rangle}(1 - p_{D,k}) v_{k|k-1}(\boldsymbol{x}) + \sum_{z \in Z_k} \sum_{i=1}^{J_{k|k-1}} w_k^{(i)}(z) \mathcal{N}(\boldsymbol{x}; \boldsymbol{m}_{k|k}^{(i)}(z), \boldsymbol{P}_{k|k}^{(i)}) \tag{5.4.5}$$

$$\rho_k(n) = \frac{\Upsilon_k^{(0)}[w_{k|k-1}, Z_k](n) \rho_{k|k-1}(n)}{\langle \Upsilon_k^{(0)}[w_{k|k-1}, Z_k], \rho_{k|k-1} \rangle} \tag{5.4.6}$$

式中，

$$\Upsilon_k^{(u)}[w, Z](n) = \sum_{j=0}^{\min(|Z|, n)} (|Z| - j)! \rho_{C,k}(|Z| - j) \boldsymbol{P}_{j+u}^n \frac{(1 - p_{D,k})^{n-(j+u)}}{\langle 1, w \rangle^{j+u}} e_j(\Lambda_k(w, Z)) \tag{5.4.7}$$

$$\Lambda_k(w, Z) = \left\{ \frac{\langle 1, \kappa_k \rangle}{\kappa_k(z)} p_{D,k} w^{\mathrm{T}} q_k(z) : z \in Z \right\} \tag{5.4.8}$$

$$w_{k|k-1} = [w_{k|k-1}^{(1)}, \cdots, w_{k|k-1}^{(J_{k|k-1})}]^{\mathrm{T}} \tag{5.4.9}$$

$$q_k(z) = [q_k^{(1)}(z), \cdots, q_k^{(J_{k|k-1})}(z)]^{\mathrm{T}} \tag{5.4.10}$$

$$w_k^{(i)}(z) = p_{D,k} w_{k|k-1}^{(i)} q_k^{(i)}(z) \frac{\langle 1, \kappa_k \rangle}{\kappa_k(z)} \frac{\langle \Upsilon_k^{(1)}[w_{k|k-1}, Z_k - \{z\}], \rho_{k|k-1} \rangle}{\langle \Upsilon_k^{(0)}[w_{k|k-1}, Z_k], \rho_{k|k-1} \rangle} \tag{5.4.11}$$

式中，$\boldsymbol{m}_{k|k}^{(i)}(z)$、$\boldsymbol{P}_{k|k}^{(i)}$、$q_k^{(i)}(z)$ 分别见式(4.4.19)、式(4.4.20)、式(4.4.22)。

命题 9 和命题 10 分别是 CPHD 递归在线性高斯多目标模型下的预测和更新步骤。PHD 递归是 CPHD 递归的特例[5]，类似地，GM－PHD 递归是命题 9 和命题 10 给出的 GM－CPHD 递归的特例。

类似于 GM－PHD 滤波器的推导，通过应用高斯分布乘积公式可得命题 9 和命题 10。具体而言，命题 9 由下述过程导出：通过将式(4.4.1)、式(4.4.3)和式(5.4.1)代入 CPHD 强度预测式(5.2.1)，并用附录 A 中引理 4 给出的合适高斯替换涉及高斯乘积的积分，即可得强度预测，而通过利用式(4.4.3)的假设简化 CPHD 势预测(式(5.2.2))的表达式，可得势的预测；命题 10 由下述过程导出：首先，通过将式(4.4.2)、式(4.4.4)和式(5.4.4)代入式(5.2.6)中，并利用附录 A 中引理 5 简化得到的表达式，即可获得式(5.4.7)，然后，通过将式(4.4.2)、式(4.4.4)和式(5.4.4)以及式(5.4.7)的结果代入 CPHD 强度更新(式(5.2.4))中，并将引理 5 给出的合适高斯替换高斯乘积，即可得到强度更

新，而通过将式(5.4.7)的结果代入 CPHD 势更新(式(5.2.5))中，即可得势的更新。

根据命题 9 和命题 10 可知，如果初始强度 v_0 是高斯混合(包括 $v_0=0$ 的情况)，则所有后续预测强度 $v_{k|k-1}$ 和后验强度 v_k 也是高斯混合。命题 9 提供了由 v_{k-1} 的均值、协方差和权重来计算 $v_{k|k-1}$ 的均值、协方差和权重以及由势分布 ρ_{k-1} 计算 $\rho_{k|k-1}$ 的闭合表达式。当收集到新的量测集，命题 10 提供了由 $v_{k|k-1}$ 的均值、协方差和权重来计算 v_k 的均值、协方差和权重以及由势分布 $\rho_{k|k-1}$ 计算 ρ_k 的闭合表达式。

5.4.2　多目标状态提取

类似于 GM - PHD 滤波器，在 GM - CPHD 滤波器中状态提取涉及首先估计目标数量，然后从后验强度中提取对应数量的具有最大权重的混合分量作为状态估计。目标数量可通过 EAP 估计器 $\hat{N}_k=\mathrm{E}[\,|X_k|\,]$ 或者 MAP 估计器 $\hat{N}_k=\arg\max\rho_k(\cdot)$ 进行估计，如前所述，后者通常更受欢迎。实际上，因为 CPHD 直接估计了势分布，目标数量估计可通过最大后验估计(MAP)获得，即

$$\hat{N}_k=\arg_n\max\rho_k(n) \tag{5.4.12}$$

给定目标数量的 MAP 估计 $\hat{N}_k$，再利用 GM - PHD 滤波器相同的估计提取步骤获得状态估计。

5.4.3　GM - CPHD 实现问题

GM - CPHD 具体实现时存在以下问题：

(1) 计算势分布。势分布传递本质上涉及利用式(5.4.3)和式(5.4.6)递归预测和更新分布的质量。然而，如果势分布是无穷拖尾的，整个后验势的计算不具可实现性，因为这涉及计算无穷数量的项。实际上，如果势分布拖尾较短或适度拖尾，可通过限制 $n=N_{\max}$ 进行剪枝，并利用有限项数的 $\{\rho_k(n)\}_{n=0}^{N_{\max}}$ 进行近似。当 $n=N_{\max}$ 显著大于场景中任意时刻的目标数时，该近似是合理的。

(2) 计算基本对称函数(ESF)。直接根据定义式(5.2.9)，计算 ESF 显然是不可行的。根据组合理论(如著名的 Newton - Girard 公式或等价的 Vieta 理论)的基本结论，可利用文献[84]的步骤计算 ESF $e_j(\cdot)$。令 $r_1,r_2,\cdots,r_M$ 为多项式 $\alpha_M x^M+\alpha_{M-1}x^{M-1}+\cdots+\alpha_1 x+\alpha_0$ 的不同根，则 $j=0,1,\cdots,M$ 阶 $e_j(\cdot)$ 由 $e_j(r_1,r_2,\cdots,r_M)=(-1)^j\alpha_{M-j}/\alpha_M$ 给出。因此，通过展开由 Z 的元素给出的根所确定的多项式可得 $e_j(Z)$ 值，这可利用合适的递归或卷积实现。对于有限集 Z，$e_j(Z)$ 的计算复杂度为 $\mathcal{O}(|Z|^2)$。通过适当的分解和递归，该复杂度可进一

步降低到 $\mathcal{O}(|Z|\log^2|Z|)$[84]。

在 CPHD 递归中,每次量测更新步骤需要计算 $|Z|+1$ 个 ESF,即针对 Z 的每 1 个 ESF 和针对每个集合 $\{Z-\{z\}\}$ 的 1 个 ESF,其中 $z\in Z$。因此,CPHD 递归的复杂度为 $\mathcal{O}(|Z|^3)$。通过适当的分解和递归,CPHD 滤波器的复杂度可降为 $\mathcal{O}(|Z|^2\log^2|Z|)$。当 $|Z|$ 较大时,可适度节约运算量,复杂度的降低具有一定优势。此外,还可通过传统跟踪算法采用的波门技术[9]减少量测数量,从而进一步降低计算量。

相比复杂度与目标数目和量测数量均成正比的 PHD 滤波器而言,CPHD 滤波器的复杂度与目标数目成正比,但与量测数量的关系为 $\mathcal{O}(|Z|^2\log|Z|)$[84]。

(3) 管理混合分量。类似于 GM - PHD 滤波器,表示后验所需的高斯分量数将无限增加。为了缓解该问题,GM - PHD 滤波器采用的剪枝合并步骤可直接应用到 GM - CPHD 滤波器中,基本思想是舍弃次要权重的分量,合并接近的分量。

5.5 GM - CPHD 滤波器扩展

类似于 GM - PHD 滤波器的扩展,利用线性化和不敏变换技术可对 GM - CPHD 递归进行相应地扩展。可将单目标动态线性模型和量测线性模型放宽到关于状态和噪声变量的非线性函数见(式(4.5.25)、式(4.5.26))。

5.5.1 扩展卡尔曼 CPHD 递归

类似于扩展卡尔曼滤波器(EKF),对 f_k 和 h_k 应用局部线性化技术可得到 GM - CPHD 递归的非线性近似,即扩展卡尔曼 CPHD(EK - CPHD)递归。

在命题 9 中,通过对非线性方程利用一阶近似来预测存活目标的混合分量,对非线性目标运动模型式(4.5.25)进行如下近似处理执行预测步骤,即利用近似式(5.5.1)和式(5.5.2)替换原始公式(4.4.10)和式(4.4.11)

$$\boldsymbol{m}_{S,k|k-1}^{(i)}=f_k(\boldsymbol{m}_{k-1}^{(i)},\boldsymbol{0}) \tag{5.5.1}$$

$$\boldsymbol{P}_{S,k|k-1}^{(i)}=\boldsymbol{F}_{k-1}^{(i)}\boldsymbol{P}_{k-1}^{(i)}(\boldsymbol{F}_{k-1}^{(i)})^{\mathrm{T}}+\boldsymbol{V}_{k-1}^{(i)}\boldsymbol{Q}_{k-1}(\boldsymbol{V}_{k-1}^{(i)})^{\mathrm{T}} \tag{5.5.2}$$

其中,

$$\boldsymbol{F}_{k-1}^{(i)}=\left.\frac{\partial f_k(\boldsymbol{x},\boldsymbol{0})}{\partial \boldsymbol{x}}\right|_{\boldsymbol{x}=m_{k-1}^{(i)}} \tag{5.5.3}$$

$$\boldsymbol{V}_{k-1}^{(i)}=\left.\frac{\partial f_k(\boldsymbol{m}_{k-1}^{(i)},v)}{\partial v}\right|_{v=0} \tag{5.5.4}$$

在命题 10 中，通过对非线性方程进行一阶近似更新每个预测混合分量，对非线性量测模型式(4.5.26)进行如下近似处理可得到更新步骤，即使用近似式(5.5.5)和式(5.5.6)替换原始公式(4.4.23)和式(4.4.24)，并使用式(5.5.7)和式(5.5.8)的线性化结果计算式(4.4.20)和式(4.4.21)

$$\boldsymbol{\eta}_{k|k-1}^{(i)} = h_k(\boldsymbol{m}_{k|k-1}^{(i)}, \boldsymbol{0}) \tag{5.5.5}$$

$$\boldsymbol{S}_{k|k-1}^{(i)} = \boldsymbol{H}_k^{(i)} \boldsymbol{P}_{k|k-1}^{(i)} (\boldsymbol{H}_k^{(i)})^{\mathrm{T}} + \boldsymbol{N}_k^{(i)} \boldsymbol{R}_k (\boldsymbol{N}_k^{(i)})^{\mathrm{T}} \tag{5.5.6}$$

其中，

$$\boldsymbol{H}_k^{(i)} = \left.\frac{\partial h_k(\boldsymbol{x}, \boldsymbol{0})}{\partial \boldsymbol{x}}\right|_{\boldsymbol{x} = \boldsymbol{m}_{k|k-1}^{(i)}} \tag{5.5.7}$$

$$\boldsymbol{N}_k^{(i)} = \left.\frac{\partial h_k(\boldsymbol{m}_{k|k-1}^{(i)}, \boldsymbol{n})}{\partial \boldsymbol{n}}\right|_{\boldsymbol{n} = 0} \tag{5.5.8}$$

5.5.2　不敏卡尔曼 CPHD 递归

类似于不敏卡尔曼滤波器(UKF)，基于不敏变换(UT)可得到 GM－CPHD 递归的非线性近似，即不敏卡尔曼 CPHD(UK－CPHD)递归。这里采用的策略是使用 UT 来传递每个混合分量经过非线性变换 f_k 和 h_k 后的一阶、二阶矩，具体步骤如下。

首先，对后验强度的每个混合分量，设其均值和协方差分别为 $\boldsymbol{u}_k^{(i)}$ 和 $\boldsymbol{\Sigma}_k^{(i)}$，使用 UT 技术产生一系列的 σ 点(sigma 点) $\{\boldsymbol{y}_k^{(n)}\}_{n=0}^{N}$ 及对应的权重 $\{\omega^{(n)}\}_{n=0}^{N}$，其中，

$$\boldsymbol{u}_k^{(i)} = [\boldsymbol{m}_{k-1}^{(i)} \quad \boldsymbol{0} \quad \boldsymbol{0}]^{\mathrm{T}} \tag{5.5.9}$$

$$\boldsymbol{\Sigma}_k^{(i)} = \mathrm{blkdiag}(\boldsymbol{P}_{k-1}^{(j)}, \boldsymbol{Q}_{k-1}, \boldsymbol{R}_k) \tag{5.5.10}$$

然后，将 σ 点分割为

$$\boldsymbol{y}_k^{(n)} = [(\boldsymbol{x}_{k-1}^{(n)})^{\mathrm{T}}, (\boldsymbol{v}_{k-1}^{(n)})^{\mathrm{T}}, (\boldsymbol{n}_k^{(n)})^{\mathrm{T}}]^{\mathrm{T}}, n = 0, 1, \cdots, N \tag{5.5.11}$$

对于预测步骤，σ 点经非线性状态转移函数 $\boldsymbol{x}_{k|k-1}^{(n)} = f_k(\boldsymbol{x}_{k-1}^{(n)}, \boldsymbol{v}_{k-1}^{(n)})$，$n = 0, 1, \cdots, N$ 进行传递。那么，在命题 9 中，通过近似非线性运动模型可执行预测步骤，即利用近似式(5.5.12)和式(5.5.13)替换原始公式(4.4.10)和式(4.4.11)

$$\boldsymbol{m}_{S,k|k-1}^{(i)} = \sum_{n=0}^{N} \omega^{(n)} \boldsymbol{x}_{k|k-1}^{(n)} \tag{5.5.12}$$

$$\boldsymbol{P}_{S,k|k-1}^{(i)} = \sum_{n=0}^{N} \omega^{(n)} (\boldsymbol{x}_{k|k-1}^{(n)} - \boldsymbol{m}_{S,k|k-1}^{(i)})(\boldsymbol{x}_{k|k-1}^{(n)} - \boldsymbol{m}_{S,k|k-1}^{(i)})^{\mathrm{T}} \tag{5.5.13}$$

对于更新步骤，σ 点经非线性量测函数 $\boldsymbol{z}_{k|k-1}^{(n)}=h_k(\boldsymbol{x}_{k|k-1}^{(n)},\boldsymbol{n}_k^{(n)}),n=0,1,\cdots,N$ 进行传递。那么，在命题 10 中，通过近似非线性量测模型可执行更新步骤，即使用近似式(5.5.14)和式(5.5.15)替换原始公式(4.4.23)和式(4.4.24)，并使用式(5.5.16)和式(5.5.17)替换原始公式(4.4.20)和式(4.4.21)

$$\boldsymbol{\eta}_{k|k-1}^{(i)}=\sum_{n=0}^{N}\omega^{(n)}\boldsymbol{z}_{k|k-1}^{(n)} \tag{5.5.14}$$

$$\boldsymbol{S}_{k|k-1}^{(i)}=\sum_{n=0}^{N}\omega^{(n)}(\boldsymbol{z}_{k|k-1}^{(n)}-\boldsymbol{\eta}_{k|k-1}^{(i)})(\boldsymbol{z}_{k|k-1}^{(n)}-\boldsymbol{\eta}_{k|k-1}^{(i)})^{\mathrm{T}} \tag{5.5.15}$$

$$\boldsymbol{P}_k^{(i)}=\boldsymbol{P}_{k|k-1}^{(i)}-\boldsymbol{G}_k^{(i)}(\boldsymbol{S}_{k|k-1}^{(i)})^{-1}(\boldsymbol{G}_k^{(i)})^{\mathrm{T}} \tag{5.5.16}$$

$$\boldsymbol{G}_k^{(i)}=\boldsymbol{C}_k^{(i)}(\boldsymbol{S}_{k|k-1}^{(i)})^{-1} \tag{5.5.17}$$

$$\boldsymbol{C}_k^{(i)}=\sum_{n=0}^{N}\omega^{(n)}(\boldsymbol{x}_{k|k-1}^{(n)}-\boldsymbol{m}_{k|k-1}^{(i)})(\boldsymbol{z}_{k|k-1}^{(n)}-\boldsymbol{\eta}_{k|k-1}^{(i)})^{\mathrm{T}} \tag{5.5.18}$$

注意：EK－CPHD 和 UK－CPHD 递归有着与 EKF 和 UKF 类似的优缺点。EK－CPHD 递归需要计算雅可比矩阵，因此，仅能应用于状态模型和量测模型可微情形；而 UK－CPHD 完全避免了求导运算，甚至可应用于非连续模型。此外，在处理非线性问题上，EK－CPHD 和 UK－CPHD 近似相比 SMC 版本近似的计算量显著降低，且由于潜在的高斯混合实现，更易提取状态估计。

5.6　小结

本章在 CPHD 递归的基础上，分别给出了适用于非线性非高斯模型和线性高斯模型的 SMC－CPHD 和 GM－CPHD 滤波器，并详细介绍了 GM－CPHD 滤波器的两种扩展版本，即 CPHD 滤波器的扩展卡尔曼实现和不敏卡尔曼实现。也可仿照第 4.5.1 节内容，将 CPHD 递归推广到兼容指数混合形式的存活概率和检测概率。

与 SMC－PHD 滤波器和 GM－PHD 类似，在提取目标状态时，SMC－CPHD 滤波器同样需要额外的粒子群聚类技术，而 GM－CPHD 滤波器更为简易且更可靠。此外，需要注意的是，CPHD 滤波器并非 PHD 滤波器的简单推广，其强度函数(PHD)和势分布的传递尽管在预测步骤是解耦的，但在更新步骤中两者是相互耦合的。

第 6 章　多伯努利滤波器

6.1　引言

不同于 PHD 滤波器和 CPHD 滤波器分别是多目标贝叶斯递归的一阶和二阶矩近似，多伯努利（MB）滤波器则是完全多目标贝叶斯递归的概率密度近似，其在递推过程中传递有限但时变数量的假设航迹，其中，每条假设航迹由当前假设状态的存在概率和概率密度进行表征。MB 滤波器更为人熟知的名称为多目标多伯努利（MeMBer）滤波器[13]，最初由 Mahler 提出，但存在“势偏”问题——高估目标数量。为解决该问题，Vo 等提出了势平衡 MeMBer（CBMeMBer）滤波器。由于其具有线性复杂度且其 SMC 实现在多目标状态提取时无须聚类操作等优点，非常适用于非线性非高斯模型。

本章首先介绍 MeMBer 滤波器，给出了产生“势偏”的原因，在此基础上，给出了改进的 CBMeMBer 滤波器，然后，分别介绍该滤波器的 SMC 实现和 GM 实现。

6.2　多目标多伯努利滤波器

下面简要介绍 Mahler 提出的 MeMBer 递归，首先给出 MeMBer 递归的模型假设，然后分析更新步骤存在的“势偏”问题。

6.2.1　多目标多伯努利近似模型假设

MeMBer 递归的核心是利用多伯努利 RFS 近似每一时刻的多目标 RFS，其基于下述模型假设：

（1）每个目标独立演进且独立产生量测。

（2）新生目标为多伯努利 RFS，并与存活目标独立。

（3）杂波为稀疏泊松 RFS，且与目标产生的量测独立。

6.2.2　多目标多伯努利递归

命题 11 和命题 12 给出了 MeMBer 递归的明确表达式。

命题 11(MeMBer 预测):如果 $k-1$ 时刻后验多目标密度为如下的多伯努利形式:

$$\boldsymbol{\pi}_{k-1}=\{(\varepsilon_{k-1}^{(i)},p_{k-1}^{(i)})\}_{i=1}^{M_{k-1}} \tag{6.2.1}$$

则预测多目标密度也是多伯努利形式,即[①]

$$\boldsymbol{\pi}_{k|k-1}=\{(\varepsilon_{S,k|k-1}^{(i)},p_{S,k|k-1}^{(i)})\}_{i=1}^{M_{k-1}}\cup\{(\varepsilon_{\gamma,k}^{(i)},p_{\gamma,k}^{(i)})\}_{i=1}^{M_{\gamma,k}} \tag{6.2.2}$$

式中,

$$\varepsilon_{S,k|k-1}^{(i)}=\varepsilon_{k-1}^{(i)}\langle p_{S,k},p_{k-1}^{(i)}\rangle \tag{6.2.3}$$

$$p_{S,k|k-1}^{(i)}(\boldsymbol{x})=\langle p_{S,k}\phi_{k|k-1}(\boldsymbol{x}\mid\cdot),p_{k-1}^{(i)}\rangle/\langle p_{S,k},p_{k-1}^{(i)}\rangle \tag{6.2.4}$$

式中:$\phi_{k|k-1}(\cdot\mid\boldsymbol{\xi})$为给定前一状态 $\boldsymbol{\xi}$ 时,k 时刻的单目标转移密度;$p_{S,k}(\boldsymbol{\xi})$为给定 $\boldsymbol{\xi}$ 条件下 k 时刻的目标存在概率;$\{(\varepsilon_{\gamma,k}^{(i)},p_{\gamma,k}^{(i)})\}_{i=1}^{M_{\gamma,k}}$为 k 时刻新生多伯努利 RFS 的参数。

式(6.2.2)表明,预测多目标密度 $\boldsymbol{\pi}_{k|k-1}$的多伯努利参数集由存活目标(式(6.2.2)的第 1 项)和新生目标(式(6.2.2)的第 2 项)的多伯努利参数集的并集形成。从而,预测的假设航迹总数为 $M_{k|k-1}=M_{k-1}+M_{\gamma,k}$。

命题 12(MeMBer 更新):如果 k 时刻预测多目标密度是如下多伯努利形式:

$$\boldsymbol{\pi}_{k|k-1}=\{(\varepsilon_{k|k-1}^{(i)},p_{k|k-1}^{(i)})\}_{i=1}^{M_{k|k-1}} \tag{6.2.5}$$

则后验多目标密度可由以下多伯努利进行近似

$$\boldsymbol{\pi}_{k}\approx\{(\varepsilon_{L,k}^{(i)},p_{L,k}^{(i)})\}_{i=1}^{M_{k|k-1}}\cup\{(\varepsilon_{U,k}(\boldsymbol{z}),p_{U,k}(\cdot;\boldsymbol{z}))\}_{\boldsymbol{z}\in Z_k} \tag{6.2.6}$$

式中,

$$\varepsilon_{L,k}^{(i)}=\varepsilon_{k|k-1}^{(i)}\frac{1-\langle p_{k|k-1}^{(i)},p_{D,k}\rangle}{1-\varepsilon_{k|k-1}^{(i)}\langle p_{k|k-1}^{(i)},p_{D,k}\rangle} \tag{6.2.7}$$

$$p_{L,k}^{(i)}(\boldsymbol{x})=p_{k|k-1}^{(i)}(\boldsymbol{x})\frac{1-p_{D,k}(\boldsymbol{x})}{1-\langle p_{k|k-1}^{(i)},p_{D,k}\rangle} \tag{6.2.8}$$

$$\varepsilon_{U,k}(\boldsymbol{z})=\frac{\displaystyle\sum_{i=1}^{M_{k|k-1}}\frac{\varepsilon_{k|k-1}^{(i)}\langle p_{k|k-1}^{(i)},\psi_{k,\boldsymbol{z}}\rangle}{1-\varepsilon_{k|k-1}^{(i)}\langle p_{k|k-1}^{(i)},p_{D,k}\rangle}}{\displaystyle\kappa_k(\boldsymbol{z})+\sum_{i=1}^{M_{k|k-1}}\frac{\varepsilon_{k|k-1}^{(i)}\langle p_{k|k-1}^{(i)},\psi_{k,\boldsymbol{z}}\rangle}{1-\varepsilon_{k|k-1}^{(i)}\langle p_{k|k-1}^{(i)},p_{D,k}\rangle}} \tag{6.2.9}$$

---

① 注意,这里并未考虑衍生目标情况。

$$p_{U,k}(\boldsymbol{x};z)=\frac{\sum_{i=1}^{M_{k|k-1}}\frac{\varepsilon_{k|k-1}^{(i)}p_{k|k-1}^{(i)}(\boldsymbol{x})\psi_{k,z}(\boldsymbol{x})}{1-\varepsilon_{k|k-1}^{(i)}\langle p_{k|k-1}^{(i)},p_{D,k}\rangle}}{\sum_{i=1}^{M_{k|k-1}}\frac{\varepsilon_{k|k-1}^{(i)}\langle p_{k|k-1}^{(i)},\psi_{k,z}\rangle}{1-\varepsilon_{k|k-1}^{(i)}\langle p_{k|k-1}^{(i)},p_{D,k}\rangle}}\tag{6.2.10}$$

其中，Z_k为 k 时刻量测集合，$p_{D,k}(\boldsymbol{x})$为给定当前状态 $\boldsymbol{x}$ 时，k 时刻目标检测概率，$\psi_{k,z}(\boldsymbol{x})$由式(4.2.4)给出，$\kappa_k(\cdot)$为 k 时刻泊松杂波强度。上述式子默认假设 $p_{D,k}(\boldsymbol{x})$和 $\varepsilon_{k|k-1}^{(i)},i=1,2,\cdots,M_{k|k-1}$不能都等于 1。

式(6.2.6)表明，更新多目标密度 $\boldsymbol{\pi}_k$ 的多伯努利参数集由遗留航迹（式(6.2.6)中第 1 项）和量测更新航迹（式(6.2.6)中第 2 项）的多伯努利参数集的并集形成。因而，后验假设航迹的总数为 $M_k=M_{k|k-1}+|Z_k|$。

尽管 MeMBer 递归的时间预测步骤是准确的，但量测更新步骤则是基于对 k 时刻后验多目标状态的 PGFl 进行了如下近似[13]：

$$G_k[h]\approx\prod_{i=1}^{M_{k|k-1}}G_{L,k}^{(i)}[h]\prod_{z\in Z_k}G_{U,k}[h;z]\tag{6.2.11}$$

其中，

$$G_{L,k}^{(i)}[h]=\frac{1-\varepsilon_{k|k-1}^{(i)}+\varepsilon_{k|k-1}^{(i)}\langle p_{k|k-1}^{(i)},hq_{D,k}\rangle}{1-\varepsilon_{k|k-1}^{(i)}+\varepsilon_{k|k-1}^{(i)}\langle p_{k|k-1}^{(i)},q_{D,k}\rangle}\tag{6.2.12}$$

$$G_{U,k}[h;z]=\frac{\kappa_k(z)+\sum_{i=1}^{M_{k|k-1}}G_{U,k}^{(i)}[h;z]}{\kappa_k(z)+\sum_{i=1}^{M_{k|k-1}}G_{U,k}^{(i)}[1;z]}\tag{6.2.13}$$

$$G_{U,k}^{(i)}[h;z]=\frac{\varepsilon_{k|k-1}^{(i)}\langle p_{k|k-1}^{(i)},h\psi_{k,z}\rangle}{1-\varepsilon_{k|k-1}^{(i)}+\varepsilon_{k|k-1}^{(i)}\langle p_{k|k-1}^{(i)},hq_{D,k}\rangle}\tag{6.2.14}$$

$$q_{D,k}=1-p_{D,k}\tag{6.2.15}$$

当杂波稀疏（不太密集）时，上述近似是合理的。然而，注意到式(6.2.11)的第一个乘积虽是一个多伯努利，但第二个乘积并不是。事实上，第 2 个乘积的每个因子 $G_{U,k}[h;z]$不再是 RFS 的 PGFl。不过，可寻找 $G_{U,k}[\cdot;z]$的伯努利近似，允许式(6.2.11)的第 2 个乘积近似为多伯努利，从而使得式(6.2.11)的 $G_k[\cdot]$也为多伯努利近似。在 MeMBer 更新近似中，Mahler 将式(6.2.14)分母中的 h 简单设为 $h=1$[13]，即

$$G_{U,k}^{(i)}[h;z]=\frac{\varepsilon_{k|k-1}^{(i)}\langle p_{k|k-1}^{(i)},h\psi_{k,z}\rangle}{1-\varepsilon_{k|k-1}^{(i)}\langle p_{k|k-1}^{(i)},p_{D,k}\rangle}\tag{6.2.16}$$

再将其代入式(6.2.13)，得到以下伯努利近似

$$G_{U,k}[h;z] \approx 1-\varepsilon_{U,k}(z)+\varepsilon_{U,k}(z)\langle p_{U,k}(\cdot;z),h\rangle \tag{6.2.17}$$

其中，$\varepsilon_{U,k}(z)$和$p_{U,k}(\cdot;z)$分别由式(6.2.9)和式(6.2.10)给出。然而，上述近似将使得量测更新航迹的势产生偏差，进而导致后验势存在偏差。

6.2.3　多目标多伯努利滤波器势偏问题

根据命题11，预测多目标状态的势均值为

$$\overline{N}_{k|k-1} = \sum_{i=1}^{M_{k-1}} \varepsilon_{S,k|k-1}^{(i)} + \sum_{i=1}^{M_{\gamma,k}} \varepsilon_{\gamma,k}^{(i)} \tag{6.2.18}$$

根据命题12，后验多目标密度可近似为具有如下势均值的多伯努利：

$$\widetilde{N}_k = \sum_{i=1}^{M_{k|k-1}} \varepsilon_{L,k}^{(i)} + \sum_{z\in Z_k} \varepsilon_{U,k}(z) \tag{6.2.19}$$

然而，即使在近似式(6.2.11)中的等式成立，以上均值并不是后验多目标状态的势均值(简称后验势均值)。以下命题给出了假设式(6.2.11)等式成立时的后验势均值。

命题13(证明见附录F)：如果后验多目标密度的PGFl(见式(6.2.11))中的等式成立，则k时刻后验多目标状态的势均值为

$$\overline{N}_k = \sum_{i=1}^{M_{k|k-1}} \varepsilon_{L,k}^{(i)} + \sum_{z\in Z_k} \varepsilon_{U,k}^{*}(z) \tag{6.2.20}$$

其中，$\varepsilon_{L,k}^{(i)}$由式(6.2.7)给出，

$$\varepsilon_{U,k}^{*}(z) = \frac{\displaystyle\sum_{i=1}^{M_{k|k-1}} \frac{\varepsilon_{k|k-1}^{(i)}(1-\varepsilon_{k|k-1}^{(i)})\langle p_{k|k-1}^{(i)},\psi_{k,z}\rangle}{(1-\varepsilon_{k|k-1}^{(i)}\langle p_{k|k-1}^{(i)},p_{D,k}\rangle)^2}}{\kappa_k(z)+\displaystyle\sum_{i=1}^{M_{k|k-1}} \frac{\varepsilon_{k|k-1}^{(i)}\langle p_{k|k-1}^{(i)},\psi_{k,z}\rangle}{1-\varepsilon_{k|k-1}^{(i)}\langle p_{k|k-1}^{(i)},p_{D,k}\rangle}} \tag{6.2.21}$$

命题13推论：根据命题13，可得k时刻后验势偏差为

$$\widetilde{N}_k - \overline{N}_k = \sum_{z\in Z_k} \frac{\displaystyle\sum_{i=1}^{M_{k|k-1}} \frac{(\varepsilon_{k|k-1}^{(i)})^2(1-\langle p_{k|k-1}^{(i)},p_{D,k}\rangle)\langle p_{k|k-1}^{(i)},\psi_{k,z}\rangle}{(1-\varepsilon_{k|k-1}^{(i)}\langle p_{k|k-1}^{(i)},p_{D,k}\rangle)^2}}{\kappa_k(z)+\displaystyle\sum_{i=1}^{M_{k|k-1}} \frac{\varepsilon_{k|k-1}^{(i)}\langle p_{k|k-1}^{(i)},\psi_{k,z}\rangle}{1-\varepsilon_{k|k-1}^{(i)}\langle p_{k|k-1}^{(i)},p_{D,k}\rangle}} \tag{6.2.22}$$

式中，在z上求和的每一项均是非负值，且仅在$p_{D,k}=1$时等于0。因而，偏差也总是非负值，且仅在$p_{D,k}=1$时为0。

6.3 势平衡多目标多伯努利滤波器

针对 MeMBer 滤波器存在的势偏问题，下面介绍势无偏的 MeMBer 更新步骤，称为势平衡 MeMBer 更新，相应的多目标滤波器被称为 CBMeMBer 滤波器。

6.3.1 多目标多伯努利滤波器势平衡

类似于 Mahler 在文献[13]提出的方法，文献[7]提出用伯努利 $1-\varepsilon_{U,k}(z)+\varepsilon_{U,k}(z)\langle p_{U,k}(\cdot;z),h\rangle$ 近似 PGFl $G_{U,k}[h;z]$，并选择参数 $\varepsilon_{U,k}(z)$ 和 $p_{U,k}(\cdot;z)$ 使得所提的伯努利近似与原始 PGFl 具有相同的强度函数，因而具有相同的势均值，从而消除势偏问题。具体而言，令 $v_{U,k}(\cdot;z)$ 表示 $G_{U,k}[\cdot;z]$ 的强度函数，注意到该伯努利的强度函数为 $\varepsilon_{U,k}(z)p_{U,k}(\cdot;z)$，即

$$\varepsilon_{U,k}(z)p_{U,k}(\cdot;z)=v_{U,k}(\cdot;z) \tag{6.3.1}$$

对式(6.3.1)分别进行积分和归一化，可得伯努利参数

$$\varepsilon_{U,k}(z) = \int v_{U,k}(\boldsymbol{x};z)\mathrm{d}\boldsymbol{x} \tag{6.3.2}$$

$$p_{U,k}(\cdot;z) = v_{U,k}(\cdot;z)/\varepsilon_{U,k}(z) \tag{6.3.3}$$

如果 $G_{U,k}[\cdot;z]$ 确实为 RFS 的 PGFl，则该方法将得到近似 $G_{U,k}[\cdot;z]$ 的一阶矩的最佳伯努利。

通过沿 $\zeta=\delta_{\boldsymbol{x}}$ 方向在 $h=1$ 处取弗雷谢(Frechet)导数①(即在 $\boldsymbol{x}$ 处的泛函微分)，可得 PGFl $G_{U,k}[\cdot;z]$ 的强度函数 $v_{U,k}(\cdot;z)$ 为

$$v_{U,k}(\boldsymbol{x};z) = \frac{\sum_{i=1}^{M_{k|k-1}} v_{U,k}^{(i)}(\boldsymbol{x};z)}{\kappa_k(z) + \sum_{i=1}^{M_{k|k-1}} G_{U,k}^{(i)}(1;z)} \tag{6.3.4}$$

其中，

$$\begin{aligned} v_{U,k}^{(i)}(\boldsymbol{x};z) = {} & p_{k|k-1}^{(i)}(\boldsymbol{x})(1-\varepsilon_{k|k-1}^{(i)}\langle p_{k|k-1}^{(i)},p_{D,k}\rangle)^{-2}\times \\ & [(1-\varepsilon_{k|k-1}^{(i)}\langle p_{k|k-1}^{(i)},p_{D,k}\rangle)\varepsilon_{k|k-1}^{(i)}\psi_{k,z}(\boldsymbol{x})- \\ & (\varepsilon_{k|k-1}^{(i)})^2\langle p_{k|k-1}^{(i)},\psi_{k,z}\rangle(1-p_{D,k}(\boldsymbol{x}))] \end{aligned} \tag{6.3.5}$$

如果 $p_{D,k}(\boldsymbol{x})=0$，$v_{U,k}(\boldsymbol{x};z)$ 一般为负数，因而，式(6.3.3)给出的 $p_{U,k}(\cdot;z)$ 并不是有效的概率密度。不过，式(6.3.2)给出的 $\varepsilon_{U,k}(z)$ 与 $G_{U,k}[\cdot;z]$ 的势均

① 弗雷谢导数定义为 $\lim_{\lambda\to0^+}(G_{U,k}[h+\lambda\zeta;z]-G_{U,k}[h;z])/\lambda$，参见文献[13]。

值(式(6.2.21))是一致的。为获得有效的$p_{U,k}(\cdot;z)$,取近似$p_{D,k}(\boldsymbol{x})\approx 1$,从而消除式(6.3.5)中的负数项,即

$$p_{U,k}(\cdot;z)=\frac{\displaystyle\sum_{i=1}^{M_{k|k-1}}\frac{\varepsilon_{k|k-1}^{(i)}p_{k|k-1}^{(i)}(\boldsymbol{x})\psi_{k,z}(\boldsymbol{x})}{1-\varepsilon_{k|k-1}^{(i)}\langle p_{k|k-1}^{(i)},p_{D,k}\rangle}}{\displaystyle\sum_{i=1}^{M_{k|k-1}}\frac{\varepsilon_{k|k-1}^{(i)}(1-\varepsilon_{k|k-1}^{(i)})\langle p_{k|k-1}^{(i)},\psi_{k,z}\rangle}{(1-\varepsilon_{k|k-1}^{(i)}\langle p_{k|k-1}^{(i)},p_{D,k}\rangle)^2}}\tag{6.3.6}$$

此外,可得$\langle p_{k|k-1}^{(i)},p_{D,k}\rangle\approx 1$,因而,式(6.3.6)是有效的概率密度。

6.3.2　势平衡多目标多伯努利递归

得到的更新多目标密度的多伯努利近似由以下命题给出。

命题14(势平衡 MeMBer 更新):在命题13前提下,如果k时刻预测多目标密度为如下多伯努利形式

$$\boldsymbol{\pi}_{k|k-1}=\{(\varepsilon_{k|k-1}^{(i)},p_{k|k-1}^{(i)})\}_{i=1}^{M_{k|k-1}}\tag{6.3.7}$$

则后验多目标密度可近似为如下势无偏的多伯努利

$$\boldsymbol{\pi}_k\approx\{(\varepsilon_{L,k}^{(i)},p_{L,k}^{(i)})\}_{i=1}^{M_{k|k-1}}\cup\{(\varepsilon_{U,k}^{*}(z),p_{U,k}^{*}(\cdot;z))\}_{z\in Z_k}\tag{6.3.8}$$

其中,$\varepsilon_{L,k}^{(i)}$、$p_{L,k}^{(i)}(\boldsymbol{x})$和$\varepsilon_{U,k}^{*}(z)$分别由式(6.2.7)、式(6.2.8)和式(6.2.21)给出,且

$$p_{U,k}^{*}(\boldsymbol{x};z)=\frac{\sum_{i=1}^{M_{k|k-1}}\frac{\varepsilon_{k|k-1}^{(i)}}{1-\varepsilon_{k|k-1}^{(i)}}p_{k|k-1}^{(i)}(\boldsymbol{x})\psi_{k,z}(\boldsymbol{x})}{\sum_{i=1}^{M_{k|k-1}}\frac{\varepsilon_{k|k-1}^{(i)}}{1-\varepsilon_{k|k-1}^{(i)}}\langle p_{k|k-1}^{(i)},\psi_{k,z}\rangle}\tag{6.3.9}$$

命题11和命题14分别组成势平衡 MeMBer(CBMeMBer)滤波器的预测和更新步骤,该滤波器随时间前向传递后验多目标密度的多伯努利参数。

尽管 CBMeMBer 滤波器的时间预测步骤是准确的,但是,在量测更新过程中,通过两次使用概率生成泛函(PGFl)对后验进行了近似。第1个近似将后验 PGFl 表示成(不一定是多伯努利形式的)遗留项和更新项的乘积,见式(6.2.11)。第2个近似选取了与第1个近似 PGFl 的后验势均值相匹配的多伯努利 PGFl。这两步近似获得了计算量较低的多目标滤波器,但其基于传感器检测的高信噪比(杂波较稀疏且检测概率较高)假设。尽管在高信噪比条件下性能是可接受的,然而在低信噪比条件下将表现出显著的势偏现象,这主要由第1个 PGF1 近似所致。总之,尽管后验 PGF1 近似可能不是一个合适的 PGFl,但其与真实后验 PGFl 是接近的。因此,在高信噪比条件下,由命题14给出的近似是合理的。

CBMeMBer 递归的复杂度与目标数量和量测数量均呈线性关系，其与 PHD 滤波器有着类似的复杂度，相比与目标数量呈线性关系，而与量测数量成立方关系的 CPHD 滤波器而言，具有更低的复杂度。

后验多目标密度的多伯努利表示 $\pi_k=\{(\varepsilon_k^{(i)},p_k^{(i)})\}_{i=1}^{M_k}$ 具有直观的解释，易于提取多目标状态估计。存在概率 $\varepsilon_k^{(i)}$ 表示第 i 条假设航迹为真实航迹的可能性大小，而后验密度 $p_k^{(i)}$ 描述了待估计的当前航迹状态。因此，根据存在概率超过某个给定阈值（如 0.5）的假设航迹的后验密度，选取其均值或者模式（模式更受欢迎，因为其比均值更为稳定）即可获得多目标状态估计。此外，也可采用以下两步步骤：首先，根据后验势分布，通过取其均值或者模式来估计目标数量；然后，取对应数量具有最高存在概率的假设航迹，并根据各后验密度计算各自均值或者模式。

6.3.3　CBMeMBer 滤波器航迹标识

通过并入标签信息，可将 CBMeMBer 递归推广到传递航迹连续性。具体而言，给定多伯努利密度 $\pi=\{(\varepsilon^{(i)},p^{(i)})\}_{i=1}^{M}$，对每个伯努利分量 $(\varepsilon^{(i)},p^{(i)})$ 分配一个唯一的航迹标签 $\ell^{(i)}$ 以区分假设航迹，并称三元组集合 $\mathcal{T}=\{(\ell^{(i)},\varepsilon^{(i)},p^{(i)})\}_{i=1}^{M}$ 为航迹表。下面介绍一种简单的航迹标签传递策略。

预测：如果 $k-1$ 时刻后验航迹表为 $\mathcal{T}_{k-1}=\{(\ell_{k-1}^{(i)},\varepsilon_{k-1}^{(i)},p_{k-1}^{(i)})\}_{i=1}^{M_{k-1}}$，则 k 时刻预测航迹表为 $\mathcal{T}_{k|k-1}=\{(\ell_{S,k|k-1}^{(i)},\varepsilon_{S,k|k-1}^{(i)},p_{S,k|k-1}^{(i)})\}_{i=1}^{M_{k-1}}\cup\{(\ell_{\gamma,k}^{(i)},\varepsilon_{\gamma,k}^{(i)},p_{\gamma,k}^{(i)})\}_{i=1}^{M_{\gamma,k}}$，其中，$\ell_{S,k|k-1}^{(i)}=\ell_{k-1}^{(i)}$，$\ell_{\gamma,k}^{(i)}$ 为新的航迹标签，而 $\varepsilon_{S,k|k-1}^{(i)}$、$p_{S,k|k-1}^{(i)}$、$\varepsilon_{\gamma,k}^{(i)}$ 和 $p_{\gamma,k}^{(i)}$ 由命题 11 给出。换言之，存活分量仍然保留其原始标签，而新生分量被分配新的标签。

更新：如果 k 时刻预测航迹表为 $\mathcal{T}_{k|k-1}=\{(\ell_{k|k-1}^{(i)},\varepsilon_{k|k-1}^{(i)},p_{k|k-1}^{(i)})\}_{i=1}^{M_{k|k-1}}$，则 k 时刻更新航迹表为 $\mathcal{T}_k=\{(\ell_{L,k}^{(i)},\varepsilon_{L,k}^{(i)},p_{L,k}^{(i)})\}_{i=1}^{M_{k|k-1}}\cup\{(\ell_{U,k}(z),\varepsilon_{U,k}(z),p_{U,k}(\cdot,z))\}_{z\in Z_k}$，其中，$\ell_{L,k}^{(i)}=\ell_{k|k-1}^{(i)}$，$\ell_{U,k}(z)=\ell_{k|k-1}^{(n)}$，$n=\arg_i\max\varepsilon_{k|k-1}^{(i)}(1-\varepsilon_{k|k-1}^{(i)})\langle p_{k|k-1}^{(i)},\psi_{k,z}\rangle/(1-\varepsilon_{k|k-1}^{(i)}\langle p_{k|k-1}^{(i)},p_{D,k}\rangle)^2$，而 $\varepsilon_{L,k}^{(i)}$、$p_{L,k}^{(i)}$、$\varepsilon_{U,k}(z)$ 和 $p_{U,k}(\cdot,z)$ 由命题 14 给出。换言之，遗留航迹保留其原始标签，而将对当前量测更新存在概率（式(6.2.21)）贡献最大的预测航迹标签分配给量测更新分量。

尽管上述方法易于实现，但当目标彼此接近时，该方法性能较差，这可通过文献[134]的航迹关联策略改善性能。此外，注意区分这里介绍的并入标签的 CBMeMBer 滤波器和第 7 章将介绍的标签多伯努利滤波器。前者仅是一种简单的启发式方案，而后者则基于严格的标签 RFS 理论，具有扎实的理论基础。

下面分别介绍 CBMeMBer 滤波器在一般条件下的序贯蒙特卡罗实现

(SMC - CBMeMBer 滤波器)和线性高斯条件下的解析高斯混合实现(GM - CBMeMBer滤波器)。

6.4 SMC - CBMeMBer 滤波器

SMC - CBMeMBer 滤波器可适用于非线性动态和量测模型,以及状态依赖的存活概率和检测概率。

6.4.1 SMC - CBMeMBer 递归

SMC - CBMeMBer 递归由预测和更新两步组成。

1) 预测

假设 $k-1$ 时刻(多伯努利)后验多目标密度为 $\pi_{k-1}=\{(\varepsilon_{k-1}^{(i)},p_{k-1}^{(i)})\}_{i=1}^{M_{k-1}}$,且每个 $p_{k-1}^{(i)},i=1,2,\cdots,M_{k-1}$ 由加权样本集 $\{(w_{k-1}^{(i,j)},\boldsymbol{x}_{k-1}^{(i,j)})\}_{j=1}^{L_{k-1}^{(i)}}$ 组成,即

$$p_{k-1}^{(i)}(\boldsymbol{x})=\sum_{j=1}^{L_{k-1}^{(i)}}w_{k-1}^{(i,j)}\delta_{\boldsymbol{x}_{k-1}^{(i,j)}}(\boldsymbol{x}) \tag{6.4.1}$$

给定重要性密度(或者建议密度)$q_k^{(i)}(\cdot\mid\boldsymbol{x}_{k-1},Z_k)$ 和 $q_{\gamma,k}^{(i)}(\cdot\mid Z_k)$,则预测(多伯努利)多目标密度 $\pi_{k|k-1}=\{(\varepsilon_{S,k|k-1}^{(i)},p_{S,k|k-1}^{(i)})\}_{i=1}^{M_{k-1}}\cup\{(\varepsilon_{\gamma,k}^{(i)},p_{\gamma,k}^{(i)})\}_{i=1}^{M_{\gamma,k}}$ 可按以下式子计算:

$$\varepsilon_{S,k|k-1}^{(i)}=\varepsilon_{k-1}^{(i)}\sum_{j=1}^{L_{k-1}^{(i)}}w_{k-1}^{(i,j)}p_{S,k}(\boldsymbol{x}_{k-1}^{(i,j)}) \tag{6.4.2}$$

$$p_{S,k|k-1}^{(i)}(\boldsymbol{x})=\sum_{j=1}^{L_{k-1}^{(i)}}\tilde{w}_{S,k|k-1}^{(i,j)}\delta_{\boldsymbol{x}_{S,k|k-1}^{(i,j)}}(\boldsymbol{x}) \tag{6.4.3}$$

$$p_{\gamma,k}^{(i)}(\boldsymbol{x})=\sum_{j=1}^{L_{\gamma,k}^{(i)}}\tilde{w}_{\gamma,k}^{(i,j)}\delta_{\boldsymbol{x}_{\gamma,k}^{(i,j)}}(\boldsymbol{x}) \tag{6.4.4}$$

其中,$\varepsilon_{\gamma,k}^{(i)}$为新生模型的参数,

$$\boldsymbol{x}_{S,k|k-1}^{(i,j)}\sim q_k^{(i)}(\cdot\mid\boldsymbol{x}_{k-1}^{(i,j)},Z_k),j=1,2,\cdots,L_{k-1}^{(i)} \tag{6.4.5}$$

$$\tilde{w}_{S,k|k-1}^{(i,j)}=w_{S,k|k-1}^{(i,j)}\Big/\sum_{j=1}^{L_{k-1}^{(i)}}w_{S,k|k-1}^{(i,j)} \tag{6.4.6}$$

$$w_{S,k|k-1}^{(i,j)}=w_{k-1}^{(i,j)}\phi_{k|k-1}(\boldsymbol{x}_{S,k|k-1}^{(i,j)}\mid\boldsymbol{x}_{k-1}^{(i,j)})p_{S,k}(\boldsymbol{x}_{k-1}^{(i,j)})/q_k^{(i)}(\boldsymbol{x}_{S,k|k-1}^{(i,j)}\mid\boldsymbol{x}_{k-1}^{(i,j)},Z_k) \tag{6.4.7}$$

$$\boldsymbol{x}_{\gamma,k}^{(i,j)}\sim q_{\gamma,k}^{(i)}(\cdot\mid Z_k),j=1,2,\cdots,L_{\gamma,k}^{(i)} \tag{6.4.8}$$

$$\tilde{w}_{\gamma,k}^{(i,j)}=w_{\gamma,k}^{(i,j)}\Big/\sum_{j=1}^{L_{\gamma,k}^{(i)}}w_{\gamma,k}^{(i,j)} \tag{6.4.9}$$

$$w_{\gamma,k}^{(i,j)}=\frac{p_{\gamma,k}(\boldsymbol{x}_{\gamma,k}^{(i,j)})}{q_{\gamma,k}^{(i)}(\boldsymbol{x}_{\gamma,k}^{(i,j)}\mid Z_k)} \tag{6.4.10}$$

2）更新

假设 k 时刻预测（多伯努利）多目标密度为 $\boldsymbol{\pi}_{k|k-1}=\{(\varepsilon_{k|k-1}^{(i)},p_{k|k-1}^{(i)})\}_{i=1}^{M_{k|k-1}}$，且每个 $p_{k|k-1}^{(i)},i=1,2,\cdots,M_{k|k-1}$ 由加权样本集 $\{(w_{k|k-1}^{(i,j)},\boldsymbol{x}_{k|k-1}^{(i,j)})\}_{j=1}^{L_{k|k-1}^{(i)}}$ 组成，即

$$p_{k|k-1}^{(i)}(\boldsymbol{x})=\sum_{j=1}^{L_{k|k-1}^{(i)}}w_{k|k-1}^{(i,j)}\delta_{\boldsymbol{x}_{k|k-1}^{(i,j)}}(\boldsymbol{x}) \tag{6.4.11}$$

则更新多目标密度（的多伯努利近似）$\boldsymbol{\pi}_k=\{(\varepsilon_{L,k}^{(i)},p_{L,k}^{(i)}(\boldsymbol{x}))\}_{i=1}^{M_{k|k-1}}\cup\{(\varepsilon_{U,k}^{*}(\boldsymbol{z}),p_{U,k}^{*}(\cdot,\boldsymbol{z}))\}_{\boldsymbol{z}\in Z_k}$ 可按下述式子计算：

$$\varepsilon_{L,k}^{(i)}=\varepsilon_{k|k-1}^{(i)}\frac{1-\eta_{L,k}^{(i)}}{1-\varepsilon_{k|k-1}^{(i)}\eta_{L,k}^{(i)}} \tag{6.4.12}$$

$$p_{L,k}^{(i)}(\boldsymbol{x})=\sum_{j=1}^{L_{k|k-1}^{(i)}}\tilde{w}_{L,k}^{(i,j)}\delta_{\boldsymbol{x}_{k|k-1}^{(i,j)}}(\boldsymbol{x}) \tag{6.4.13}$$

$$\varepsilon_{U,k}^{*}(\boldsymbol{z})=\frac{\sum_{i=1}^{M_{k|k-1}}\dfrac{\varepsilon_{k|k-1}^{(i)}(1-\varepsilon_{k|k-1}^{(i)})\eta_{U,k}^{(i)}(\boldsymbol{z})}{(1-\varepsilon_{k|k-1}^{(i)}\eta_{L,k}^{(i)})^2}}{\kappa_k(\boldsymbol{z})+\sum_{i=1}^{M_{k|k-1}}\dfrac{\varepsilon_{k|k-1}^{(i)}\eta_{U,k}^{(i)}(\boldsymbol{z})}{1-\varepsilon_{k|k-1}^{(i)}\eta_{L,k}^{(i)}}} \tag{6.4.14}$$

$$p_{U,k}^{*}(\boldsymbol{x};\boldsymbol{z})=\sum_{i=1}^{M_{k|k-1}}\sum_{j=1}^{L_{k|k-1}^{(i)}}\tilde{w}_{U,k}^{*(i,j)}(\boldsymbol{z})\delta_{\boldsymbol{x}_{k|k-1}^{(i,j)}}(\boldsymbol{x}) \tag{6.4.15}$$

其中，

$$\eta_{L,k}^{(i)}=\sum_{j=1}^{L_{k|k-1}^{(i)}}w_{k|k-1}^{(i,j)}p_{D,k}(\boldsymbol{x}_{k|k-1}^{(i,j)}) \tag{6.4.16}$$

$$\tilde{w}_{L,k}^{(i,j)}=w_{L,k}^{(i,j)}\Big/\sum_{j=1}^{L_{k|k-1}^{(i)}}w_{L,k}^{(i,j)} \tag{6.4.17}$$

$$w_{L,k}^{(i,j)}=w_{k|k-1}^{(i,j)}(1-p_{D,k}(\boldsymbol{x}_{k|k-1}^{(i,j)})) \tag{6.4.18}$$

$$\eta_{U,k}^{(i)}(\boldsymbol{z})=\sum_{j=1}^{L_{k|k-1}^{(i)}}w_{k|k-1}^{(i,j)}\psi_{k,\boldsymbol{z}}(\boldsymbol{x}_{k|k-1}^{(i,j)}) \tag{6.4.19}$$

$$\tilde{w}_{U,k}^{*(i,j)}(\boldsymbol{z})=w_{U,k}^{*(i,j)}(\boldsymbol{z})\Big/\sum_{i=1}^{M_{k|k-1}}\sum_{j=1}^{L_{k|k-1}^{(i)}}w_{U,k}^{*(i,j)}(\boldsymbol{z}) \tag{6.4.20}$$

$$w_{U,k}^{*(i,j)}(\boldsymbol{z})=w_{k|k-1}^{(i,j)}\frac{\varepsilon_{k|k-1}^{(i)}}{1-\varepsilon_{k|k-1}^{(i)}}\psi_{k,\boldsymbol{z}}(\boldsymbol{x}_{k|k-1}^{(i,j)}) \tag{6.4.21}$$

6.4.2　重采样与实现问题

类似于标准粒子滤波，样本退化问题不可避免[405]。为缓解退化影响，在更

新步骤后对每条假设航迹进行重采样。这有效消除了低权重粒子,复制了高权重粒子,并使得粒子集中于(单目标)状态空间中重要区域。目前已存在许多重采样方案,不同重采样方案的选择将影响计算量和蒙特卡罗近似误差[405]。

注意到,由于在预测步骤中目标的新生以及在更新步骤中假设航迹的取平均,表示后验多目标密度所需的粒子数目将不断增加。为降低粒子数量,在每一时刻通过舍弃存在概率低于一定阈值 $\varepsilon_{\mathrm{Th}}$(如 10^{-3})的航迹,对假设航迹进行剪枝。对于余下的假设航迹,类似于 SMC - PHD/CPHD 滤波器,希望在航迹密度中分配的粒子数量与存活目标的期望数量成一定比例。因此,在每一时刻,重新分配每条假设航迹的粒子数量,使其与存在概率成比例,即在预测过程中,为每个新生项采样 $L_{\gamma,k}^{(i)}=\varepsilon_{\gamma,k}^{(i)}L_{\max}$ 个粒子,而在重采样过程中,为每条更新航迹重采样 $L_{k}^{(i)}=\varepsilon_{k}^{(i)}L_{\max}$ 个粒子。另外,对每条假设航迹,通常也需要限制粒子数量的最大值 $L_{\max}$ 和最小值 $L_{\min}$。

在 SMC - PHD/CPHD 滤波器中,多目标状态估计通过如下步骤计算得到:首先根据势均值或模式估计出目标数量;然后将强度粒子聚类,形成对应数量的聚;最后,每个聚的中心形成多目标状态的估计。显然,当估计的目标数量与粒子群中自然形成的聚数量不匹配时,聚类输出估计容易发生错误。此外,聚类运算计算量大,且其复杂度与目标数量无具体比例关系。与之相反,在 SMC - CB-MeMBer 滤波器中,基于后验密度的多伯努利形式,存在概率 $\varepsilon_{k}^{(i)}$ 表示第 i 条假设航迹为真实航迹的可能性大小,而后验密度 $p_{k}^{(i)}$ 描述了该航迹当前状态的估计统计量,因而,可按照如下方式获得直观的多目标状态估计:首先通过期望或者最大后验势估计获得目标的数量估计,然后,从具有最高存在概率的状态或者航迹密度中,选择对应数量的均值或者模式来估计各自状态。不过,由于根据粒子群通过计算模式难以获得各状态估计,可取相应后验密度的均值。计算各后验密度的均值非常简单,且复杂度与假设航迹数量呈线性关系。因而,相比 SMC - PHD/CPHD 滤波器,这是 SMC - CBMeMBer 的显著优势。

SMC - CBMeMBer 滤波器等价于并行运行许多粒子滤波器,其与目标数量呈线性关系。然而,因为航迹合并和移除需要计算各估计两两之间的距离,计算复杂度与目标数量呈二次方关系。不过,通过使用一定的计算策略,合并步骤的复杂度能降低到 $\mathcal{O}(n\log(n))$[270]。

6.5 GM - CBMeMBer 滤波器

GM - CBMeMBer 滤波器是 CBMeMBer 递归的闭合形式解,其适用于线性高斯多目标(LGM)模型。注意,在不同的 RFS 算法背景下,LGM 模型包含的具体内容并不完全相同。

6.5.1　GM－CBMeMBer 递归模型假设

线性高斯多目标模型假设各个目标的状态转移模型和量测模型为标准的线性高斯模型(详见假设 A.4),此外,对目标新生、消亡和检测还做了相应假设(详见 A.5 和 A.6),只是,由于这里没有考虑衍生目标,A.6 中无衍生目标假设,且 A.6 中新生模型(式(4.4.5))需如下适当修改。

新生模型是参数为$\{(\varepsilon_{\gamma,k}^{(i)},p_{\gamma,k}^{(i)})\}_{i=1}^{M_{\gamma,k}}$的多伯努利,其中,$p_{\gamma,k}^{(i)},i=1,2,\cdots,M_{\gamma,k}$为高斯混合形式

$$p_{\gamma,k}^{(i)}(\boldsymbol{x})=\sum_{j=1}^{J_{\gamma,k}^{(i)}}w_{\gamma,k}^{(i,j)}\mathcal{N}(\boldsymbol{x};\boldsymbol{m}_{\gamma,k}^{(i,j)},\boldsymbol{P}_{\gamma,k}^{(i,j)})\tag{6.5.1}$$

式中:$w_{\gamma,k}^{(i,j)}$、$\boldsymbol{m}_{\gamma,k}^{(i,j)}$和$\boldsymbol{P}_{\gamma,k}^{(i,j)}$分别为第$j$个分量的权重、均值和协方差。

6.5.2　GM－CBMeMBer 递归

基于 LGM 模型,可得 CBMeMBer 递归的闭合形式解,其展示了后验密度是怎样随时间解析传递的。

1）预测

给定$k-1$时刻(多伯努利)后验多目标密度$\pi_{k-1}=\{(\varepsilon_{k-1}^{(i)},p_{k-1}^{(i)})\}_{i=1}^{M_{k-1}}$,且每个概率密度$p_{k-1}^{(i)},i=1,2,\cdots,M_{k-1}$为高斯混合形式

$$p_{k-1}^{(i)}(\boldsymbol{x})=\sum_{j=1}^{J_{k-1}^{(i)}}w_{k-1}^{(i,j)}\mathcal{N}(\boldsymbol{x};\boldsymbol{m}_{k-1}^{(i,j)},\boldsymbol{P}_{k-1}^{(i,j)})\tag{6.5.2}$$

则预测(多伯努利)多目标密度$\pi_{k|k-1}=\{(\varepsilon_{S,k|k-1}^{(i)},p_{S,k|k-1}^{(i)})\}_{i=1}^{M_{k-1}}\cup\{(\varepsilon_{\gamma,k}^{(i)},p_{\gamma,k}^{(i)})\}_{i=1}^{M_{\gamma,k}}$可按如下式子计算

$$\varepsilon_{S,k|k-1}^{(i)}=p_{S,k}\varepsilon_{k-1}^{(i)}\tag{6.5.3}$$

$$p_{S,k|k-1}^{(i)}(\boldsymbol{x})=\sum_{j=1}^{J_{k-1}^{(i)}}w_{k-1}^{(i,j)}\mathcal{N}(\boldsymbol{x};\boldsymbol{m}_{S,k|k-1}^{(i,j)},\boldsymbol{P}_{S,k|k-1}^{(i,j)})\tag{6.5.4}$$

式中,

$$\boldsymbol{m}_{S,k|k-1}^{(i,j)}=\boldsymbol{F}_{k-1}\boldsymbol{m}_{k-1}^{(i,j)}\tag{6.5.5}$$

$$\boldsymbol{P}_{S,k|k-1}^{(i,j)}=\boldsymbol{F}_{k-1}\boldsymbol{P}_{k-1}^{(i,j)}\boldsymbol{F}_{k-1}^{\mathrm{T}}+\boldsymbol{Q}_{k-1}\tag{6.5.6}$$

而$\{(\varepsilon_{\gamma,k}^{(i)},p_{\gamma,k}^{(i)})\}_{i=1}^{M_{\gamma,k}}$由新生模型式(6.5.1)给出。

2）更新

给定k时刻预测(多伯努利)多目标密度$\pi_{k|k-1}=\{(\varepsilon_{k|k-1}^{(i)},p_{k|k-1}^{(i)})\}_{i=1}^{M_{k|k-1}}$,且每个$p_{k|k-1}^{(i)},i=1,2,\cdots,M_{k|k-1}$为如下高斯混合形式

$$p_{k|k-1}^{(i)}(\boldsymbol{x}) = \sum_{j=1}^{J_{k|k-1}^{(i)}} w_{k|k-1}^{(i,j)} \mathcal{N}(\boldsymbol{x};\boldsymbol{m}_{k|k-1}^{(i,j)},\boldsymbol{P}_{k|k-1}^{(i,j)}) \tag{6.5.7}$$

则更新多目标密度(的多伯努利近似)$\boldsymbol{\pi}_k = \{(\varepsilon_{L,k}^{(i)},p_{L,k}^{(i)}(\boldsymbol{x}))\}_{i=1}^{M_{k|k-1}} \cup \{(\varepsilon_{U,k}^{*}(\boldsymbol{z}),p_{U,k}^{*}(\cdot,\boldsymbol{z}))\}_{\boldsymbol{z}\in Z_k}$可按式子计算

$$\varepsilon_{L,k}^{(i)} = \varepsilon_{k|k-1}^{(i)} \frac{1-p_{D,k}}{1-\varepsilon_{k|k-1}^{(i)} p_{D,k}} \tag{6.5.8}$$

$$p_{L,k}^{(i)}(\boldsymbol{x}) = p_{k|k-1}^{(i)}(\boldsymbol{x}) \tag{6.5.9}$$

$$\varepsilon_{U,k}^{*}(\boldsymbol{z}) = \frac{\sum_{i=1}^{M_{k|k-1}} \frac{\varepsilon_{k|k-1}^{(i)}(1-\varepsilon_{k|k-1}^{(i)})\eta_{U,k}^{(i)}(\boldsymbol{z})}{(1-\varepsilon_{k|k-1}^{(i)} p_{D,k})^2}}{\kappa_k(\boldsymbol{z}) + \sum_{i=1}^{M_{k|k-1}} \frac{\varepsilon_{k|k-1}^{(i)} \eta_{U,k}^{(i)}(\boldsymbol{z})}{1-\varepsilon_{k|k-1}^{(i)} p_{D,k}}} \tag{6.5.10}$$

$$p_{U,k}^{*}(\boldsymbol{x};\boldsymbol{z}) = \frac{\sum_{i=1}^{M_{k|k-1}} \sum_{j=1}^{J_{k|k-1}^{(i)}} w_{U,k}^{(i,j)}(\boldsymbol{z}) \mathcal{N}(\boldsymbol{x};\boldsymbol{m}_{U,k}^{(i,j)},\boldsymbol{P}_{U,k}^{(i,j)})}{\sum_{i=1}^{M_{k|k-1}} \sum_{j=1}^{J_{k|k-1}^{(i)}} w_{U,k}^{(i,j)}(\boldsymbol{z})} \tag{6.5.11}$$

其中,

$$\eta_{U,k}^{(i)}(\boldsymbol{z}) = p_{D,k} \sum_{j=1}^{J_{k|k-1}^{(i)}} w_{k|k-1}^{(i,j)} q_k^{(i,j)}(\boldsymbol{z}) \tag{6.5.12}$$

$$q_k^{(i,j)}(\boldsymbol{z}) = \mathcal{N}(\boldsymbol{z};\boldsymbol{H}_k \boldsymbol{m}_{k|k-1}^{(i,j)},\boldsymbol{S}_k^{(i,j)}) \tag{6.5.13}$$

$$w_{U,k}^{(i,j)}(\boldsymbol{z}) = \frac{\varepsilon_{k|k-1}^{(i)}}{1-\varepsilon_{k|k-1}^{(i)}} p_{D,k} w_{k|k-1}^{(i,j)} q_k^{(i,j)}(\boldsymbol{z}) \tag{6.5.14}$$

$$\boldsymbol{m}_{U,k}^{(i,j)}(\boldsymbol{z}) = \boldsymbol{m}_{k|k-1}^{(i,j)} + \boldsymbol{G}_{U,k}^{(i,j)}(\boldsymbol{z} - \boldsymbol{H}_k \boldsymbol{m}_{k|k-1}^{(i,j)}) \tag{6.5.15}$$

$$\boldsymbol{P}_{U,k}^{(i,j)} = (\boldsymbol{I} - \boldsymbol{G}_{U,k}^{(i,j)} \boldsymbol{H}_k) \boldsymbol{P}_{k|k-1}^{(i,j)} \tag{6.5.16}$$

$$\boldsymbol{G}_{U,k}^{(i,j)} = \boldsymbol{P}_{k|k-1}^{(i,j)} \boldsymbol{H}_k^{\mathrm{T}} (\boldsymbol{S}_k^{(i,j)})^{-1} \tag{6.5.17}$$

$$\boldsymbol{S}_k^{(i,j)} = \boldsymbol{H}_k \boldsymbol{P}_{k|k-1}^{(i,j)} \boldsymbol{H}_k^{\mathrm{T}} + \boldsymbol{R}_k \tag{6.5.18}$$

推导闭合形式的预测和更新步骤涉及解析计算高斯乘积以及高斯积分运算,使用与 GM - PHD 和 GM - CPHD 滤波器推导相同的方法,具体推导过程可参考第 4.4 节和第 5.4 节。

利用标准近似方法,可将针对线性高斯模型的 CBMeMBer 递归闭合形式解推广到适用于非线性高斯动态模型和量测模型。具体来说,利用 EKF 和 UKF 采用的线性化和不敏变换类似策略,可分别得到扩展卡尔曼 CBMeMBer 滤波器和不敏卡尔曼 CBMeMBer 滤波器。由于这种扩展概念上直观,这里不再给出具

体方程,仅简要描述近似递归的基本方法。对于扩展卡尔曼 CBMeMBer(EK - CBMeMBer)滤波器,通过分别代入非线性动态模型和量测模型的局部线性近似,可得到各高斯分量预测和更新的闭合形式表达式;对于不敏卡尔曼 CBMeMBer(UK - CBMeMBer)滤波器,通过应用不敏变换来分别解析传递经非线性动态模型和量测模型的均值和协方差,可得到各高斯分量的预测和更新。此外,采用第 4.5.1 节类似的方法,易将 GM - CBMeMBer 闭合形式递归扩展到适用于指数混合形式的 $p_{S,k}(\boldsymbol{x})$ 和 $p_{D,k}(\boldsymbol{x})$。

6.5.3　GM - CBMeMBer 滤波器实现问题

(1) 假设航迹分量修剪。由于在预测过程中目标的新生以及在更新过程中假设航迹的取平均,准确表示多伯努利后验密度所需的高斯数量将无限增加。为降低分量数量,每一时刻需要对假设航迹进行剪枝,舍弃存在概率低于一定阈值 ε_{Th}(如 10^{-3})的假设航迹。对每条余下航迹,为降低组成空间密度的分量数,类似于 GM - PHD/CPHD,舍弃权重低于一定阈值 T 的分量,并合并在一定距离 U 之内的分量。另外,也需要对每条假设航迹限制最大 $J_{\max}$ 个分量。

(2) 多目标状态估计。类似于 CBMeMBer 递归的 SMC 实现,目标估计数量可为势均值或者模式,通常后者更受欢迎。与 SMC 实现不同的是,GM 实现可得到状态均值或者状态模式估计。例如,因为每个后验密度是高斯混合形式,如果高斯分量彼此距离较远,从而可计算出模式。为简单起见,可采用具有最高权重高斯分量的均值。

6.6　小结

本章在 MeMBer 滤波器基础上,介绍了改进的 CBMeMBer 滤波器,然后,分别给出了该滤波器的 SMC 实现和 GM 实现。CBMeMBer 滤波器与 PHD 滤波器具有相同的线性复杂度,显著低于 CPHD 滤波器具有的 3 次方复杂度。此外,不同于 SMC - PHD/CPHD 滤波器,SMC - CBMeMBer 滤波器在目标状态提取时不需进行聚类操作,使其特别适用于非线性非高斯情况。需要注意的是,在(CB)MeMBer滤波器的推导过程中,为得到后验分布的概率生成泛函的合理形式,潜在地利用了高信噪比假设,使得该滤波器的应用受到一定的限制。

第7章　标签随机集滤波器

7.1　引言

随机有限集(RFS)方法的核心是多目标贝叶斯滤波器(Bayes multi - target filter)[13, 14]，其随时间递归传递多目标状态的滤波密度。严格地讲，前面介绍的PHD、CPHD 和 CBMeMBer 滤波器均是多目标滤波器，并非多目标跟踪器，因为这些滤波器自身并不能提供目标身份(或航迹)的信息，这也一度成为 RFS 目标跟踪算法广受诟病的主要原因。为解决该问题，Vo 等将目标属性或标签并入到各目标状态，发展了一系列标签随机集滤波器，包括 GLMB 滤波器、δ - GLMB 滤波器、LMB 滤波器和 Mδ - GLMB 滤波器等，这些滤波器是可提供目标航迹估计的多目标贝叶斯滤波解决方案。

在多目标贝叶斯递归中，多目标密度捕获了目标数量及其状态的不确定性以及目标间的统计相关性。一般而言，多目标密度的准确计算是不可处理的，而可处理实现通常需要目标间统计独立的假设。例如，PHD、CPHD 和 CBMeMBer 滤波器就是基于多目标密度统计独立推导得到的。另外，MHT 和 JPDA 等经典多目标跟踪方法尽管能建模目标间的统计相关，然而，MHT 并没有多目标密度的概念，而 JPDA 仅具有已知数量目标的多目标密度概念。目前，只有 GLMB 族是能捕获目标间统计相关的可处理多目标密度族。不同于 PHD、CPHD 和 CBMeMBer滤波器均是完全多目标贝叶斯递归的近似，GLMB 滤波器是首个精确解，其利用了 GLMB 分布族的共轭特性，因此，可得到完全多目标贝叶斯递归的闭合解。作为 GLMB 滤波器的特殊形式之一的 δ - GLMB 滤波器，具有更适合于多目标跟踪的形式。然而，源于多目标贝叶斯递归的组合特性，准确的 GLMB 和 δ - GLMB 滤波器的计算量过大。为降低计算量，在 δ - GLMB 滤波器上，又发展了 LMB 滤波器，其已成功应用于严苛条件下的多目标跟踪。不过，相比 δ - GLMB滤波器，其以牺牲一定的跟踪性能为代价。借鉴 PHD 向 CPHD 滤波器演进的思路，Mδ - GLMB 滤波器则是跟踪性能(相对 LMB 滤波器)与计算量(相对 δ - GLMB 滤波器)之间的折中。

本章遵循标签随机集滤波器的发展历程，首先介绍具有理论意义的 GLMB

滤波器，然后给出 δ-GLMB 滤波器，并详细讲解了具体的实现过程。以此为基础，分别介绍 LMB 滤波器和 Mδ-GLMB 滤波器，最后，通过仿真综合比较了各随机有限集滤波器（包括前述章节介绍的非标签随机集滤波器）的跟踪性能与计算效率。

7.2　广义标签多伯努利滤波器

广义标签多伯努利（GLMB）滤波器是多伯努利滤波器的一般化，其在状态中并入了航迹标签信息，可输出目标航迹。

利用式（3.4.13）定义的转移内核，GLMB 密度在查普曼—柯尔莫哥洛夫（C-K）预测方程下是闭合的。

命题 15（证明见附录 G）：令 $p_S(\boldsymbol{x},\ell)$ 表示状态 $(\boldsymbol{x},\ell)$ 的目标在下一时刻存活的概率，$q_S(\boldsymbol{x},\ell)=1-p_S(\boldsymbol{x},\ell)$ 表示目标未存活的概率，新生密度是具有标签空间 $\mathbb{B}$、权重 $w_\gamma(\cdot)$ 以及单目标密度 $p_\gamma(\cdot,\ell)$ 的 LMB，如果当前多目标先验是形如式（3.3.38）具有标签空间 $\mathbb{L}$ 的 GLMB，那么，预测的多目标密度也是具有标签空间 $\mathbb{L}_+=\mathbb{L}\cup\mathbb{B}$ 的 GLMB，即

$$\pi_+(\mathrm{X}_+)=\Delta(\mathrm{X}_+)\sum_{c\in\mathbb{C}}w_+^{(c)}(\mathcal{L}(\mathrm{X}_+))\left[p_+^{(c)}\right]^{\mathrm{X}_+}\tag{7.2.1}$$

其中，

$$w_+^{(c)}(L)=w_S^{(c)}(L\cap\mathbb{L})w_\gamma(L-\mathbb{L})\tag{7.2.2}$$

$$\begin{aligned}w_S^{(c)}(L)&=\left[\boldsymbol{\eta}_S^{(c)}\right]^L\sum_{I\subseteq\mathbb{L}}1_I(L)\left[q_S^{(c)}\right]^{I-L}w^{(c)}(I)\\&=\left[\boldsymbol{\eta}_S^{(c)}\right]^L\sum_{I\supseteq L}\left[1-\boldsymbol{\eta}_S^{(c)}\right]^{I-L}w^{(c)}(I)\end{aligned}\tag{7.2.3}$$

$$p_+^{(c)}(\boldsymbol{x},\ell)=1_{\mathbb{L}}(\ell)p_{+,S}^{(c)}(\boldsymbol{x},\ell)+(1-1_{\mathbb{L}}(\ell))p_\gamma(\boldsymbol{x},\ell)\tag{7.2.4}$$

$$p_{+,S}^{(c)}(\boldsymbol{x},\ell)=\langle p_S(\cdot,\ell)\phi(\boldsymbol{x}\mid\cdot,\ell),p^{(c)}(\cdot,\ell)\rangle/\boldsymbol{\eta}_S^{(c)}(\ell)\tag{7.2.5}$$

$$\begin{aligned}\boldsymbol{\eta}_S^{(c)}(\ell)&=\int\langle p_S(\cdot,\ell)\phi(\boldsymbol{x}\mid\cdot,\ell),p^{(c)}(\cdot,\ell)\rangle\mathrm{d}\boldsymbol{x}\\&=\langle p_S(\cdot,\ell),p^{(c)}(\cdot,\ell)\rangle\end{aligned}\tag{7.2.6}$$

$$q_S^{(c)}(\ell)=\langle q_S(\cdot,\ell),p^{(c)}(\cdot,\ell)\rangle=1-\boldsymbol{\eta}_S^{(c)}(\ell)\tag{7.2.7}$$

命题 15 明确描述了怎样根据先验多目标密度的参数 $w^{(c)}(\cdot)$ 和 $p^{(c)}(\cdot,\cdot)$ 计算预测多目标密度的参数 $w_+^{(c)}(\cdot)$ 和 $p_+^{(c)}(\cdot,\cdot)$。对于一个给定的标签集合 L，权重 $w_+^{(c)}(L)$ 是新生标签 $L-\mathbb{L}=L\cap\mathbb{B}$ 的权重 $w_\gamma(L-\mathbb{L})$ 和存活标签 $L\cap\mathbb{L}$ 的权重 $w_S^{(c)}(L\cap\mathbb{L})$ 之积。权重 $w_S^{(c)}(L)$ 涉及在包含存活集合 L 的所有标签集合上

的先验权重的加权求和。对于一个给定的标签 ℓ，预测单目标密度 $p_{+}^{(c)}(\cdot,\ell)$ 或者是新生目标的密度 $p_{\gamma}(\cdot,\ell)$，或者是存活目标的密度 $p_{+,S}^{(c)}(\cdot,\ell)$，后者根据先验密度 $p^{(c)}(\cdot,\ell)$ 和由存活概率 $p_S(\cdot,\ell)$ 加权的转移密度 $\phi(\cdot\mid\cdot,\ell)$ 通过单目标预测计算得到。

利用式(3.4.20)定义的似然函数，GLMB 密度在贝叶斯更新下是闭合的。

命题 16（证明见附录 G）：如果先验分布是形如式(3.3.38)的 GLMB，那么，经多目标似然函数式(3.4.20)作用后，后验分布也是 GLMB，即

$$\pi(\mathrm{X}\mid Z)=\Delta(\mathrm{X})\sum_{c\in\mathbb{C}}\sum_{\theta\in\Theta}w_Z^{(c,\theta)}(\mathcal{L}(\mathrm{X}))\left[p^{(c,\theta)}(\cdot\mid Z)\right]^{\mathrm{X}} \tag{7.2.8}$$

其中，Θ 是映射 $\theta:\mathbb{L}\to\{0:|Z|\}\stackrel{\text{def}}{=}\{0,1,\cdots,|Z|\}$ 的空间，满足 $\theta(i)=\theta(i')>0$ 时有 $i=i'$，

$$w_Z^{(c,\theta)}(L)=\frac{\delta_{\theta^{-1}(\{0:|Z|\})}(L)\left[\eta_Z^{(c,\theta)}\right]^{L}w^{(c)}(L)}{\sum_{c\in\mathbb{C}}\sum_{\theta\in\Theta}\sum_{J\subseteq\mathbb{L}}\delta_{\theta^{-1}(\{0:|Z|\})}(J)\left[\eta_Z^{(c,\theta)}\right]^{J}w^{(c)}(J)} \tag{7.2.9}$$

$$p^{(c,\theta)}(\boldsymbol{x},\ell\mid Z)=p^{(c)}(\boldsymbol{x},\ell)\varphi_Z(\boldsymbol{x},\ell;\theta)/\eta_Z^{(c,\theta)}(\ell) \tag{7.2.10}$$

$$\eta_Z^{(c,\theta)}(\ell)=\langle p^{(c)}(\cdot,\ell),\varphi_Z(\cdot,\ell;\theta)\rangle \tag{7.2.11}$$

式中，$\varphi_Z(\boldsymbol{x},\ell;\theta)$ 由式(3.4.21)定义。

命题 16 明确描述了怎样根据先验多目标密度参数 $w^{(c)}(\cdot)$ 和 $p^{(c)}(\cdot,\cdot)$ 计算后验多目标密度的参数 $w_Z^{(c,\theta)}(\cdot)$ 和 $p^{(c,\theta)}(\cdot,\cdot\mid Z)$。映射 θ 的定义域是 $\theta^{-1}(\{0:|Z|\})$，即 $\{0:|Z|\}$ 的 θ 逆像，而式(7.2.9)中的项 $\delta_{\theta^{-1}(\{0:|Z|\})}(\mathcal{L}(\mathrm{X}))$ 意味着仅需考虑具有定义域 $\mathcal{L}(\mathrm{X})\subseteq\mathbb{L}$ 的那些映射。对于有效的标签集合 L，即 $\delta_{\theta^{-1}(\{0:|Z|\})}(L)=1$，更新的权重 $w_Z^{(c,\theta)}(L)$ 正比于先验权重 $w^{(c)}(L)$，且缩放因子为单目标归一化常量的乘积 $[\eta_Z^{(c,\theta)}]^L$。对于给定的标签 ℓ，通过贝叶斯规则，更新的单目标密度 $p^{(c,\theta)}(\cdot,\ell\mid Z)$ 根据先验单目标密度 $p^{(c)}(\cdot,\ell)$ 和似然函数 $\varphi_Z(\cdot,\ell;\theta)$ 进行计算。

在动态多目标估计背景下，命题 15 和命题 16 表明起始于 GLMB 初始先验，所有后续预测和后验密度也是 GLMB。这表明 GLMB 是相对于标准多目标转移内核（式(3.4.13)）和多目标量测似然（式(3.4.20)）的共轭先验（即密度形式在预测和更新过程中均保持一样）。GLMB 递归是首个多目标贝叶斯滤波器的准确闭合形式解。

与 PHD/CPHD 类似，为管理不断增长的分量数目，在 GLMB 滤波器中也需要对 GLMB 进行剪枝。文献[90]详细给出了基于舍弃次要分量的 GLMB 滤波器的实现步骤，其中表明剪枝操作使多目标密度的 L_1 误差最小化。最近，GLMB

滤波器已扩展到更实际和极具挑战性的合并量测多目标跟踪问题中[114]。此外,其已在自动安全系统的实时多目标跟踪器中得到开发[173]。

7.3 δ-广义标签多伯努利滤波器

δ-广义标签多伯努利(δ-GLMB)滤波器[89]基于GLMB分布族,也是多目标贝叶斯递归的解析解。本节详细介绍δ-GLMB多目标跟踪滤波器的有效实现。该滤波器每次迭代涉及预测和更新步骤,两个步骤均产生具有大量项数的多目标指数(MoE)的加权和。为降低加权和的项数,在预测和更新步骤中分别调用K最短路径[426]和排序分配(Ranked Assignment)算法以确定最重要的项数,从而无须穷尽计算所有项,更有效地将预测和更新两步合并成单个步骤并使用随机吉布斯(Gibbs)采样器来剪枝GLMB滤波密度的方法可参阅文献[166]。另外,通过使用在同一框架下其他的滤波器(如PHD滤波器),作为计算量相对较低的先行策略,可显著降低运算复杂度。

7.3.1 δ-广义标签多伯努利递归

δ-GLMB滤波器通过贝叶斯预测(式(3.5.4))和更新方程(式(3.5.5))随时间前向递归传递δ-GLMB滤波密度。δ-GLMB滤波器的预测和更新的闭合形式解由以下命题给出。

命题17(证明见附录H):如果当前时刻多目标滤波密度是形如式(3.3.55)给出的δ-GLMB,则下一时刻多目标预测密度也是δ-GLMB,即

$$\pi_{+}(\mathrm{X}_{+}) = \Delta(\mathrm{X}_{+}) \sum_{(I_{+},\vartheta)\in\mathcal{F}(\mathbb{L}_{+})\times\Xi} w_{+}^{(I_{+},\vartheta)}\delta_{I_{+}}(\mathcal{L}(\mathrm{X}_{+}))\left[p_{+}^{(\vartheta)}\right]^{\mathrm{X}_{+}} \tag{7.3.1}$$

其中,

$$w_{+}^{(I_{+},\vartheta)} = w_{S}^{(\vartheta)}(I_{+}\cap\mathbb{L})w_{\gamma}(I_{+}\cap\mathbb{B}) \tag{7.3.2}$$

$$\begin{aligned} w_{S}^{(\vartheta)}(L) &= \left[\eta_{S}^{(\vartheta)}\right]^{L}\sum_{I\subseteq\mathbb{L}}1_{I}(L)\left[q_{S}^{(\vartheta)}\right]^{I-L}w^{(I,\vartheta)} \\ &= \left[\eta_{S}^{(\vartheta)}\right]^{L}\sum_{I\supseteq L}\left[1-\eta_{S}^{(\vartheta)}\right]^{I-L}w^{(I,\vartheta)} \end{aligned} \tag{7.3.3}$$

$$p_{+}^{(\vartheta)}(\boldsymbol{x},\ell) = 1_{\mathbb{L}}(\ell)p_{+,S}^{(\vartheta)}(\boldsymbol{x},\ell) + 1_{\mathbb{B}}(\ell)p_{\gamma}(\boldsymbol{x},\ell) \tag{7.3.4}$$

$$p_{+,S}^{(\vartheta)}(\boldsymbol{x},\ell) = \left\langle p_{S}(\cdot,\ell)\phi(\boldsymbol{x}\mid\cdot,\ell),p^{(\vartheta)}(\cdot,\ell)\right\rangle/\eta_{S}^{(\vartheta)}(\ell) \tag{7.3.5}$$

$$\eta_{S}^{(\vartheta)}(\ell) = \int\left\langle p_{S}(\cdot,\ell)\phi(\boldsymbol{x}\mid\cdot,\ell),p^{(\vartheta)}(\cdot,\ell)\right\rangle\mathrm{d}\boldsymbol{x}$$

$$= \langle p_S(\cdot,\ell), p^{(\vartheta)}(\cdot,\ell) \rangle \quad (7.3.6)$$

$$q_S^{(\vartheta)}(\ell) = \langle q_S(\cdot,\ell), p^{(\vartheta)}(\cdot,\ell) \rangle \quad (7.3.7)$$

命题 15 说明预测的 GLMB 是在 $c \in \mathbb{C}$ 上的求和，而命题 17 是更具体的结论，其是在下一时刻的标签空间$(I_+,\vartheta) \in \mathcal{F}(\mathbb{L}_+) \times \Xi$ 上的求和，其中，$\mathbb{L}_+ = \mathbb{L} \cup \mathbb{B}$。预测的多目标密度涉及在索引$(I_+,\vartheta) \in \mathcal{F}(\mathbb{L}_+) \times \Xi$ 上新的二重和(Double Sum)，其包括在存活标签集 $I \subset \mathbb{L}$ 上的求和。从多目标跟踪视角来看，这更为直观，因为它展示了预测是怎样引入新目标标签的过程。

命题 18(证明见附录 H)：如果当前时刻多目标预测密度是形如式(3.3.55)给出的 δ - GLMB，则多目标滤波密度也是 δ - GLMB，即

$$\pi(\mathrm{X} \mid Z) = \Delta(\mathrm{X}) \sum_{(I,\vartheta) \in \mathcal{F}(\mathbb{L}) \times \Xi} \sum_{\theta \in \Theta(I)} w^{(I,\vartheta,\theta)}(Z) \delta_I(\mathcal{L}(\mathrm{X})) [p^{(\vartheta,\theta)}(\cdot \mid Z)]^{\mathrm{X}} \quad (7.3.8)$$

式中，

$$w^{(I,\vartheta,\theta)}(Z) = \frac{\delta_{\theta^{-1}(\{0:|Z|\})}(I) [\eta_Z^{(\vartheta,\theta)}]^I w^{(I,\vartheta)}}{\sum_{(I,\vartheta) \in \mathcal{F}(\mathbb{L}) \times \Xi} \sum_{\theta \in \Theta(I)} \delta_{\theta^{-1}(\{0:|Z|\})}(I) [\eta_Z^{(\vartheta,\theta)}]^I w^{(I,\vartheta)}} \propto [\eta_Z^{(\vartheta,\theta)}]^I w^{(I,\vartheta)} \quad (7.3.9)$$

$$\eta_Z^{(\vartheta,\theta)}(\ell) = \langle p^{(\vartheta)}(\cdot,\ell), \varphi_Z(\cdot,\ell;\theta) \rangle \quad (7.3.10)$$

$$p^{(\vartheta,\theta)}(\boldsymbol{x},\ell \mid Z) = p^{(\vartheta)}(\boldsymbol{x},\ell) \varphi_Z(\boldsymbol{x},\ell;\theta) / \eta_Z^{(\vartheta,\theta)}(\ell) \quad (7.3.11)$$

其中，$\Theta(I)$表示具有定义域 I 的当前关联映射的子集，$\varphi_Z(\boldsymbol{x},\ell;\theta)$由式(3.4.21)定义。

注意，根据命题 17 和命题 18，在计算过程中并未使用关联历程 ϑ 的实质值，仅将其用作索引变量。相反，在计算过程中需要使用标签集 I 的值。

7.3.2　δ - 广义标签多伯努利递归实现

δ - GLMB 可由参数集$\{(w^{(I,\vartheta)}, p^{(\vartheta)}) : (I,\vartheta) \in \mathcal{F}(\mathbb{L}) \times \Xi\}$完全表征。从实现角度看，可方便地将 δ - GLMB 参数集看作是所有假设及其相关的(正)权重和航迹密度$\{(I^{(h)}, \vartheta^{(h)}, w^{(h)}, p^{(h)})\}_{h=1}^{H}$的枚举，如表 7.1 所列，其中，$w^{(h)} \stackrel{\mathrm{def}}{=} w^{(I^{(h)},\vartheta^{(h)})}$和 $p^{(h)} \stackrel{\mathrm{def}}{=} p^{(\vartheta^{(h)})}$，分量 h 的假设为$(I^{(h)}, \vartheta^{(h)})$，而相关的权重和航迹密度分别为 $w^{(h)}$ 和 $p^{(h)}(\cdot,\ell)$，$\ell \in I^{(h)}$。从而，实现 δ - GLMB 滤波器等价于随时间前向递归传递 δ - GLMB 参数集。

表 7.1　δ - GLMB 参数集的枚举(整数索引变量 h 区别不同分量)

$I^{(1)}=\{\ell_1^{(1)},\cdots,\ell_{\lvert I^{(1)}\rvert}^{(1)}\}$	$I^{(2)}=\{\ell_1^{(2)},\cdots,\ell_{\lvert I^{(2)}\rvert}^{(2)}\}$	…	$I^{(h)}=\{\ell_1^{(h)},\cdots,\ell_{\lvert I^{(h)}\rvert}^{(h)}\}$	…
$\vartheta^{(1)}$	$\vartheta^{(2)}$	…	$\vartheta^{(h)}$	…
$w^{(1)}$	$w^{(2)}$	…	$w^{(h)}$	…
$p^{(1)}(\cdot,\ell_1^{(1)})$ ⋮ $p^{(1)}(\cdot,\ell_{\lvert I^{(1)}\rvert}^{(1)})$	$p^{(2)}(\cdot,\ell_1^{(2)})$ ⋮ $p^{(2)}(\cdot,\ell_{\lvert I^{(2)}\rvert}^{(2)})$	…	$p^{(h)}(\cdot,\ell_1^{(h)})$ ⋮ $p^{(h)}(\cdot,\ell_{\lvert I^{(h)}\rvert}^{(h)})$	…

由于假设数量随时间超指数增长,因而,每一时刻必须降低 δ - GLMB 参数集中的分量数量。一个简单的方案就是通过舍弃次要假设来剪枝 δ - GLMB 密度。然而,在 δ - GLMB 递归中,通过首先穷尽计算所有分量然后舍弃小权重分量的策略不具有可行性。下面给出无须计算所有分量的有效剪枝方法。

7.3.2.1　δ - GLMB 预测

这里给出 δ - GLMB 预测的具体实现,其利用 K 最短路径算法来剪枝预测的 δ - GLMB,无须计算所有的预测假设及其权重。

命题 17 给出的预测密度具有紧凑形式,但是由于在式(7.3.3)中需要对所有 L 的超集进行求和,因而实现较为困难。这里采用式(H.6)给出的等价形式[89]

$$\pi_+(\mathbf{X}_+)=\Delta(\mathbf{X}_+)\sum_{(I,\vartheta)\in\mathcal{F}(\mathbb{L})\times\Xi}w^{(I,\vartheta)}\sum_{J\in\mathcal{F}(I)}[\eta_S^{(\vartheta)}]^J[1-\eta_S^{(\vartheta)}]^{I-J}\sum_{L\in\mathcal{F}(\mathbb{B})}w_\gamma(L)\delta_{J\cup L}(\mathcal{L}(\mathbf{X}_+))[p_+^{(\vartheta)}]^{\mathbf{X}_+}\tag{7.3.12}$$

注意到,每个具有权重 $w^{(I,\vartheta)}$ 的当前假设 (I,ϑ) 产生具有权重 $w_S^{(I,\vartheta)}(J)w_\gamma(L)$ 的预测假设集 $(J\cup L,\vartheta)$,$J\subseteq I,L\subseteq\mathbb{B}$,其中,

$$w_S^{(I,\vartheta)}(J)=w^{(I,\vartheta)}[\eta_S^{(\vartheta)}]^J[1-\eta_S^{(\vartheta)}]^{I-J}\tag{7.3.13}$$

直观地,每个预测的标签集合 $J\cup L$ 由权重为 $w_S^{(I,\vartheta)}(J)$ 的存活标签集 J 和权重为 $w_\gamma(L)$ 的新生标签集 L 组成。可将权重 $w_S^{(I,\vartheta)}(J)$ 解释为当前标签集为 I,且 J 中的标签下一时刻存活而余下的标签 $I-J$ 消亡的概率。因为新生标签空间 $\mathbb{B}$ 不可能包含任何存活目标的标签,所以新生标签集和存活标签集是互斥的。由于 $J\cup L$ 的权重为乘积 $w_S^{(I,\vartheta)}(J)w_\gamma(L)$,因此对在 J 与 L 上的"二重和"剪枝等效于对 J 上的和与对 L 上的和分别进行剪枝。

下面介绍在剪枝 δ - GLMB 预测背景下的 K 最短路径问题,接着详细描述 δ - GLMB预测参数的计算,最后给出 δ - GLMB 预测算法。

1) K 最短路径问题

考虑一个给定的假设(I,ϑ),注意到,可将存活标签集 $J\subseteq I$ 的权重重写为

$$w_S^{(I,\vartheta)}(J)=w^{(I,\vartheta)}[1-\eta_S^{(\vartheta)}]^I[\eta_S^{(\vartheta)}/(1-\eta_S^{(\vartheta)})]^J \tag{7.3.14}$$

如果以$[\eta_S^{(\vartheta)}/(1-\eta_S^{(\vartheta)})]^J$非增(Non - increasing)顺序产生存活标签集 $J\subseteq I$,则可选择出假设(I,ϑ)产生的具有最高权重的存活集合,从而无须穷尽计算所有存活假设权重。这可通过求解图 7.1 所示有向图中的 K 最短路径问题完成,图中,S 和 E 分别表示起始和终止节点。

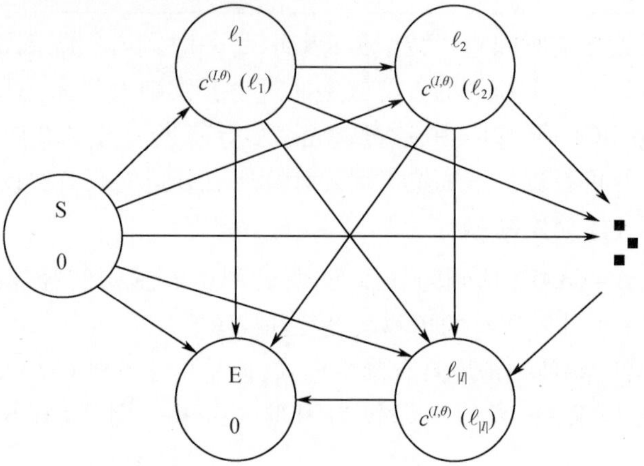

图 7.1 节点为 $\ell_1,\cdots,\ell_{|I|}\in I$ 及对应代价为 $c^{(I,\vartheta)}(\ell_1),\cdots,c^{(I,\vartheta)}(\ell_{|I|})$ 的有向图

定义代价矢量 $\boldsymbol{C}^{(I,\vartheta)}=[c^{(I,\vartheta)}(\ell_1),\cdots,c^{(I,\vartheta)}(\ell_{|I|})]$,其中,$c^{(I,\vartheta)}(\ell_j)$为节点 $\ell_j\in I$ 的代价,为

$$c^{(I,\vartheta)}(\ell_j)=-\ln[\eta_S^{(\vartheta)}(\ell_j)/(1-\eta_S^{(\vartheta)}(\ell_j))] \tag{7.3.15}$$

节点以非降(Non - decreasing)代价进行排序,并定义从节点 ℓ_i 到 ℓ_j 的距离为

$$d(\ell_i,\ell_j)=\begin{cases}c^{(I,\vartheta)}(\ell_j), & 若\ j>i\\ \infty, & 其他\end{cases} \tag{7.3.16}$$

因而,从 S 到 E 遍历了节点集合 $J\subseteq I$ 的一条路径,累加的总距离为

$$\begin{aligned}\sum\nolimits_{\ell\in J}c^{(I,\vartheta)}(\ell)&=-\sum\nolimits_{\ell\in J}\ln\{\eta_S^{(\vartheta)}(\ell)/[1-\eta_S^{(\vartheta)}(\ell)]\}\\&=-\ln\{[\eta_S^{(\vartheta)}/(1-\eta_S^{(\vartheta)})]^J\}\end{aligned} \tag{7.3.17}$$

从 S 到 E 的最短路径遍历了具有最短距离 $\sum\nolimits_{\ell\in J^*}c^{(I,\vartheta)}(\ell)$ 的节点 $J^*\subseteq I$ 的集合,且最大值为$[\eta_S^{(\vartheta)}/(1-\eta_S^{(\vartheta)})]^{J^*}$。$K$ 最短路径问题试图寻找 I 的 K 个

最短距离以非降顺序排列的子集。因此,求解 K 最短路径问题产生这样一个枚举:其起始于 J^*,并以 $[\eta_S^{(\vartheta)}/(1-\eta_S^{(\vartheta)})]^J$ 非增顺序排列的 I 的子集 J。

对于新生目标,采用标签多伯努利新生模型,即

$$w_\gamma(L) = \prod_{\ell\in\mathbb{B}}(1-\varepsilon_\gamma^{(\ell)})\prod_{\ell\in L}\frac{1_{\mathbb{B}}(\ell)\varepsilon_\gamma^{(\ell)}}{1-\varepsilon_\gamma^{(\ell)}} \tag{7.3.18}$$

$$p_\gamma(\boldsymbol{x},\ell) = p_\gamma^{(\ell)}(\boldsymbol{x}) \tag{7.3.19}$$

因此,求解代价矢量为 $\boldsymbol{C}_\gamma=[c_\gamma(\ell_1),\cdots,c_\gamma(\ell_{|\mathbb{B}|})]$ 的 K 最短路径问题,产生具有最佳新生权重的 $\mathbb{B}$ 的子集,其中,$c_\gamma(\ell_j)$ 是节点 ℓ_j 的代价,为

$$c_\gamma(\ell_j) = -\ln[\varepsilon_\gamma^{(\ell_j)}/(1-\varepsilon_\gamma^{(\ell_j)})] \tag{7.3.20}$$

通过将有向图扩展到包括具有合适代价的存活节点和新生节点,有可能获得总体 K 个最佳分量。不过,相比存活权重 $w_S^{(I,\vartheta)}(J)$,新生权重 $w_\gamma(L)$ 值太小,许多新生分量将被抛弃,使得新生目标可能难以被滤波器检测。而为了避免丢弃新航迹,则需要非常大的 K 值来保留新生假设。相反地,上面介绍的分离剪枝策略确保了存在一定的新生假设来处理新航迹,且具有高度并行性。

K 最短路径算法是下述组合问题的有名解决方案:在加权网络中从一个给定的源点到一个给定的终点,找出 K 条具有最小总体代价的路径。该算法的计算复杂度为 $\mathcal{O}(|I|\log(|I|)+K)$。在这里,节点有负的权值,因而需调用 Bellman – Ford 算法[427]。

2) 计算预测参数

下面计算 δ – GLMB 预测分量的参数 $\eta_S^{(\vartheta)}(\ell)$ 和 $p_+^{(\vartheta)}(\cdot,\ell)$。

(1) 高斯混合实现。对于线性高斯多目标模型,$p_S(\boldsymbol{x},\ell)=p_S$,$\phi(\boldsymbol{x}_+|\boldsymbol{x},\ell)=\mathcal{N}(\boldsymbol{x}_+;\boldsymbol{F}\boldsymbol{x},\boldsymbol{Q})$,其中,$\mathcal{N}(\cdot;\boldsymbol{m},\boldsymbol{P})$ 表示均值 $\boldsymbol{m}$、协方差 $\boldsymbol{P}$ 的高斯密度,$\boldsymbol{F}$ 为状态转移矩阵,$\boldsymbol{Q}$ 为过程噪声协方差,且新生密度参数 $p_\gamma^{(\ell)}(\boldsymbol{x})$ 是高斯混合形式。如果单目标密度 $p^{(\vartheta)}(\cdot,\ell)$ 为高斯混合形式,即

$$p^{(\vartheta)}(\cdot,\ell) = \sum_{i=1}^{J^{(\vartheta)}(\ell)}\omega_i^{(\vartheta)}(\ell)\mathcal{N}(\boldsymbol{x};\boldsymbol{m}_i^{(\vartheta)}(\ell),\boldsymbol{P}_i^{(\vartheta)}(\ell)) \tag{7.3.21}$$

则有

$$\eta_S^{(\vartheta)}(\ell) = p_S \tag{7.3.22}$$

$$p_+^{(\vartheta)}(\boldsymbol{x},\ell) = 1_{\mathbb{L}}(\ell)\sum_{i=1}^{J^{(\vartheta)}(\ell)}\omega_i^{(\vartheta)}(\ell)\mathcal{N}(\boldsymbol{x};\boldsymbol{m}_{S,i}^{(\vartheta)}(\ell),\boldsymbol{P}_{S,i}^{(\vartheta)}(\ell)) + 1_{\mathbb{B}}(\ell)p_\gamma^{(\ell)}(\boldsymbol{x}) \tag{7.3.23}$$

其中,

$$\boldsymbol{m}_{S,i}^{(\vartheta)}(\ell) = \boldsymbol{F}\boldsymbol{m}_i^{(\vartheta)}(\ell) \tag{7.3.24}$$

$$\boldsymbol{P}_{S,i}^{(\vartheta)}(\ell)=\boldsymbol{F}\boldsymbol{P}_{i}^{(\vartheta)}(\ell)\boldsymbol{F}^{\mathrm{T}}+\boldsymbol{Q} \tag{7.3.25}$$

当运动模型参数与标签有关时，仅需将 $p_S=p_S(\ell)$，$\boldsymbol{F}=\boldsymbol{F}(\ell)$，$\boldsymbol{Q}=\boldsymbol{Q}(\ell)$ 代入上述方程即可。

(2) 序贯蒙特卡罗实现。对于序贯蒙特卡罗近似，假设每个单目标密度 $p^{(\vartheta)}(\cdot,\ell)$ 由加权样本集 $\{\omega_i^{(\vartheta)}(\ell),\boldsymbol{x}_i^{(\vartheta)}(\ell)\}_{i=1}^{J^{(\vartheta)}(\ell)}$ 表示，且新生密度 $p_\gamma^{(\ell)}(\cdot)$ 可表示为加权样本集 $\{\omega_{\gamma,i}^{(\vartheta)}(\ell),\boldsymbol{x}_{\gamma,i}^{(\vartheta)}(\ell)\}_{i=1}^{J_\gamma^{(\vartheta)}(\ell)}$，则有

$$\boldsymbol{\eta}_S^{(\vartheta)}(\ell)=\sum_{i=1}^{J^{(\vartheta)}(\ell)}\omega_i^{(\vartheta)}(\ell)p_S(\boldsymbol{x}_i^{(\vartheta)}(\ell),\ell) \tag{7.3.26}$$

且 $p_+^{(\vartheta)}(\boldsymbol{x},\ell)$ 可表示为

$$\{1_{\mathbb{L}}(\ell)\tilde{\omega}_{S,i}^{(\vartheta)}(\ell),\boldsymbol{x}_{S,i}^{(\vartheta)}(\ell)\}_{i=1}^{J^{(\vartheta)}(\ell)}\cup\{1_{\mathbb{B}}(\ell)\omega_{\gamma,i}^{(\vartheta)}(\ell),\boldsymbol{x}_{\gamma,i}^{(\vartheta)}(\ell)\}_{i=1}^{J_\gamma^{(\vartheta)}(\ell)} \tag{7.3.27}$$

其中，

$$\boldsymbol{x}_{S,i}^{(\vartheta)}(\ell)\sim q^{(\vartheta)}(\cdot\mid\boldsymbol{x}_i^{(\vartheta)}(\ell),\ell,Z),i=1,2,\cdots,J^{(\vartheta)}(\ell) \tag{7.3.28}$$

$$\omega_{S,i}^{(\vartheta)}(\ell)=\frac{\omega_i^{(\vartheta)}(\ell)\phi(\boldsymbol{x}_{S,i}^{(\vartheta)}(\ell)\mid\boldsymbol{x}_i^{(\vartheta)}(\ell))p_S(\boldsymbol{x}_i^{(\vartheta)}(\ell),\ell)}{q^{(\vartheta)}(\boldsymbol{x}_{S,i}^{(\vartheta)}(\ell)\mid\boldsymbol{x}_i^{(\vartheta)}(\ell),\ell,Z)} \tag{7.3.29}$$

$$\tilde{\omega}_{S,i}^{(\vartheta)}(\ell)=\omega_{S,i}^{(\vartheta)}(\ell)\Big/\sum_{i=1}^{J^{(\vartheta)}(\ell)}\omega_{S,i}^{(\vartheta)}(\ell) \tag{7.3.30}$$

式中：$q^{(\vartheta)}(\cdot\mid\boldsymbol{x}_i^{(\vartheta)}(\ell),\ell,Z)$ 为建议密度。

利用式(7.3.22)或式(7.3.26)得到的 $\boldsymbol{\eta}_S^{(\vartheta)}(\ell)$，则可根据式(7.3.15)计算 K 最短路径问题的节点代价 $c^{(I,\vartheta)}(\ell)$。

3) 预测密度剪枝

给定具有枚举参数集 $\{(I^{(h)},\vartheta^{(h)},w^{(h)},p^{(h)})\}_{h=1}^{H}$ 的 δ - GLMB 滤波密度，则 δ - GLMB 预测密度(式(7.3.12))可写成

$$\boldsymbol{\pi}(\mathrm{X}_+)=\sum_{h=1}^{H}\boldsymbol{\pi}_+^{(h)}(\mathrm{X}_+) \tag{7.3.31}$$

其中，

$$\boldsymbol{\pi}_+^{(h)}(\mathrm{X}_+)=\Delta(\mathrm{X}_+)\sum_{J\subseteq I^{(h)}}\sum_{L\subseteq\mathbb{B}}w_S^{(I^{(h)},\vartheta^{(h)})}(J)w_\gamma(L)\delta_{J\cup L}(\mathcal{L}(\mathrm{X}_+))[p_+^{(\vartheta^{(h)})}]^{\mathrm{X}_+} \tag{7.3.32}$$

对于 δ - GLMB 预测，δ - GLMB 滤波分量 h 产生 $2^{|I^{(h)}|+|\mathbb{B}|}$ 个分量。

为剪枝预测 δ - GLMB $\boldsymbol{\pi}_+$，一个简单且高度并行的策略是按照下述方法剪枝每个 $\boldsymbol{\pi}_+^{(h)}$。对于每个 $h=1,2,\cdots,H$，求解具有代价矢量 $\boldsymbol{C}^{(I^{(h)},\vartheta^{(h)})}$ 的 K 最短路

径问题以获得 $J^{(h,j)}, j=1,2,\cdots,K^{(h)}$，其是 $I^{(h)}$ 的 $K^{(h)}$ 个具有最高存活权重的子集，如图 7.2 所示。图中，先验分量 h 产生 $I^{(h)}$ 的所有子集，即具有权重 $w_S^{(h,j)} \overset{\text{def}}{=} w_S^{(I^{(h)},\vartheta^{(h)})}(J^{(h,j)})$ 的 $J^{(h,j)}, j=1,2,\cdots,2^{|I^{(h)}|}$。而 K 最短路径算法确定 $K^{(h)}$ 个具有最大权重 $w_S^{(h,1)} \geqslant w_S^{(h,2)} \geqslant \cdots \geqslant w_S^{(h,K^{(h)})}$ 的子集。类似地，也可求解具有代价矢量 $\boldsymbol{C}_\gamma$ 的 K 最短路径问题以获得 $L^{(b)}, b=1,2,\cdots,K_\gamma$，其是 K_γ 个具有最高新生权重的新生子集。因此，对每个 h，$\pi_+^{(h)}$ 的剪枝版本为

$$\hat{\pi}_+^{(h)}(\mathrm{X}_+) = \Delta(\mathrm{X}_+) \sum_{j=1}^{K^{(h)}} \sum_{b=1}^{K_\gamma} w_+^{(h,j,b)} \delta_{J^{(h,j)} \cup L^{(b)}}(\mathcal{L}(\mathrm{X}_+)) [p_+^{(h)}]^{\mathrm{X}_+} \tag{7.3.33}$$

其中，

$$w_+^{(h,j,b)} \overset{\text{def}}{=} w_S^{(I^{(h)},\vartheta^{(h)})}(J^{(h,j)}) w_\gamma(L^{(b)}) \tag{7.3.34}$$

$$p_+^{(h)} \overset{\text{def}}{=} p_+^{(\vartheta^{(h)})} \tag{7.3.35}$$

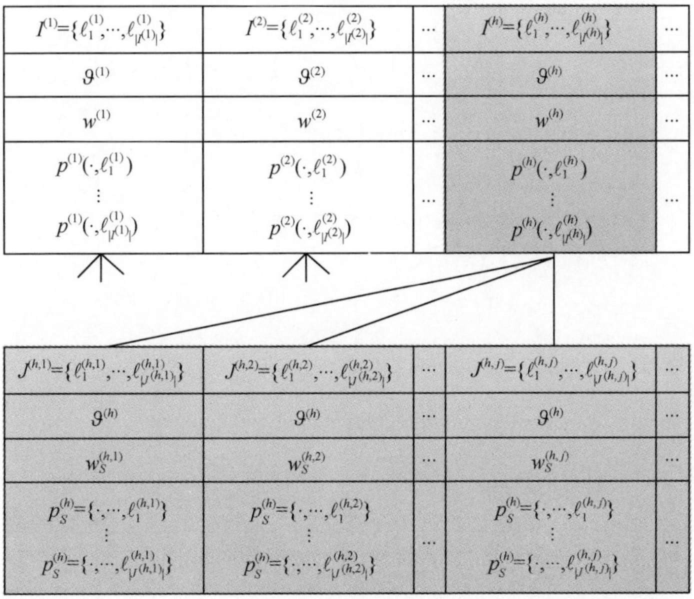

图 7.2　存活分量预测

由于(未剪枝)预测密度的权重之和为 1，得到的剪枝密度 $\hat{\pi}_+ = \sum_{h=1}^{H} \hat{\pi}_+^{(h)}$ 具有 $T = K_\gamma \sum_{h=1}^{H} K^{(h)}$ 个分量，导致剪枝误差 $1 - \sum_{h=1}^{H} \sum_{j=1}^{K^{(h)}} \sum_{b=1}^{K_\gamma} w_+^{(h,j,b)}$。最终的近似表达式通过归一化剪枝密度得到。表 7.2 给出了预测算法的伪代码，注意到

所有 3 个 for 循环均并行运行。

所需分量数目 $K^{(h)}$ 和 K_γ 的具体值一般由用户指定或者与特定应用有关。一般的策略是选择 $K^{(h)} = \lceil w^{(h)} J_{\max} \rceil$，其中 $J_{\max}$ 为期望的假设总数，对于 K_γ，可选择 K_γ 使得得到的剪枝可捕获新生密度的期望比例（如 99%）的概率质量。另一个策略是始终保留 π_+ 的 $T = J_{\max}$ 个权重最大分量，这虽产生比前述策略更小的剪枝误差[90]，然而，该策略不仅使问题的维数呈 $(H + K_\gamma)$ 倍增加，而且将丧失并行性。

表 7.2　δ - GLMB 预测算法伪代码

1：	● 输入：$\{(I^{(h)}, \vartheta^{(h)}, w^{(h)}, p^{(h)}, K^{(h)})\}_{h=1}^H$, K_γ, $\{(\varepsilon_\gamma^{(\ell)}, p_\gamma^{(\ell)})\}_{\ell \in \mathbb{B}}$
2：	● 输出：$\{(I_+^{(h,j,b)}, w_+^{(h,j,b)}, p_+^{(h)})\}_{(h,j,b)=(1,1,1)}^{(H,K^{(h)},K_\gamma)}$
3：	根据式（7.3.20）计算 C_γ
4：	$\{L^{(b)}\}_{b=1}^{K_\gamma} := $ k_shortest_path$(\mathbb{B}, C_\gamma, K_\gamma)$
5：	for $b = 1 : K_\gamma$
6：	$w_\gamma^{(b)} := \prod_{\ell \in L^{(b)}} \varepsilon_\gamma^{(\ell)} \prod_{\ell \in \mathbb{B} - L^{(b)}} (1 - \varepsilon_\gamma^{(\ell)})$
7：	end
8：	for $h = 1 : H$
9：	根据式（7.3.22）或式（7.3.26）计算 $\eta_S^{(h)} := \eta_S^{(\vartheta^{(h)})}$
10：	根据式（7.3.15）计算 $C^{(h)} := C^{(I^{(h)}, \vartheta^{(h)})}$
11：	$\{J^{(h,j)}\}_{j=1}^{K^{(h)}} := $ k_shortest_path$(I^{(h)}, C^{(h)}, K^{(h)})$
12：	for $(j, b) = (1,1) : (K^{(h)}, K_\gamma)$
13：	$w_+^{(h,j,b)} := w^{(h)} [\eta_S^{(h)}]^{J^{(h,j)}} [1 - \eta_S^{(h)}]^{I^{(h)} - J^{(h,j)}} w_\gamma^{(b)}$
14：	$I_+^{(h,j,b)} := J^{(h,j)} \cup L^{(b)}$
15：	end
16：	根据式（7.3.23）或式（7.3.27）计算 $p_+^{(h)} \overset{\text{def}}{=} p_+^{(\vartheta^{(h)})}$
17：	end
18：	归一化权重 $\{w_+^{(h,j,b)}\}_{(h,j,b)=(1,1,1)}^{(H,K^{(h)},K_\gamma)}$

7.3.2.2　δ - GLMB 更新

下面介绍 δ - GLMB 更新的可行实现方法，其通过排序分配算法对多目标滤波密度进行剪枝，无须计算所有假设及其权重。首先介绍在剪枝 δ - GLMB 滤波密度背景下的排序分配问题，然后详细给出更新 δ - GLMB 参数的计算，最后总结 δ - GLMB 更新算法。

1）排序分配问题

注意到，由 δ - GLMB 权重更新式（7.3.9）可知，每个具有权重 $w^{(I,\vartheta)}$ 的假设

(I,ϑ)产生具有权重$w^{(I,\vartheta,\theta)}(Z)\propto w^{(I,\vartheta)}[\boldsymbol{\eta}_Z^{(\vartheta,\theta)}]^I$的新假设集$(I,(\vartheta,\theta))$，$\theta\in\Theta(I)$。对于给定的假设$(I,\vartheta)$，如果能产生以$[\boldsymbol{\eta}_Z^{(\vartheta,\theta)}]^I$降序的关联映射$\theta\in\Theta(I)$，则无须穷尽计算所有新的假设及其权重，即可选择出最大权重的分量。这可通过求解以下的排序分配问题完成。

枚举出$I=\{\ell_1,\cdots,\ell_{|I|}\}$，$Z=\{z_1,\cdots,z_{|Z|}\}$，每个关联映射$\theta\in\Theta(I)$可由尺寸为$|I|\times|Z|$的分配矩阵(Assignment Matrix)$\boldsymbol{S}$进行描述，该矩阵由0和1组成，且满足每一行(或列)之和为0或1。对$i\in\{1,2,\cdots,|I|\}$，$j\in\{1,2,\cdots,|Z|\}$而言，当且仅当第j个量测分配给航迹ℓ_i时，即$\theta(\ell_i)=j$，有$s_{i,j}=1$。全零行i意味着航迹ℓ_i漏检，而全零列j意味着量测z_j为虚警，由$\boldsymbol{S}$到θ的转换可由$\theta(\ell_i)=\sum_{j=1}^{|Z|}j\delta_1(s_{i,j})$得到。

最优分配问题的代价矩阵(Cost Matrix)是$|I|\times|Z|$矩阵，为

$$\boldsymbol{C}_Z^{(I,\xi)}=\begin{bmatrix} c_{1,1} & \cdots & c_{1,|Z|} \\ \vdots & & \vdots \\ c_{|I|,1} & \cdots & c_{|I|,|Z|} \end{bmatrix} \tag{7.3.36}$$

其中，$c_{i,j}$表示第$j\in\{1,2,\cdots,|Z|\}$个量测分配给航迹ℓ_i，$i\in\{1,2,\cdots,|I|\}$的代价，为

$$c_{i,j}=-\ln\left[\frac{\langle p^{(\vartheta)}(\cdot,\ell_i),p_D(\cdot,\ell_i)g(z_j\mid\cdot,\ell_i)\rangle}{\langle p^{(\vartheta)}(\cdot,\ell_i),1-p_D(\cdot,\ell_i)\rangle\kappa(z_j)}\right] \tag{7.3.37}$$

$c_{i,j}$的数值计算详见下文的式(7.3.41)和式(7.3.49)。

分配矩阵$\boldsymbol{S}$的代价是每个量测到目标分配的总体代价，其可简洁地写成如下弗洛比尼斯(Frobenius)内积

$$\mathrm{tr}(\boldsymbol{S}^{\mathrm{T}}\boldsymbol{C}_Z^{(I,\xi)})=\sum_{i=1}^{|I|}\sum_{j=1}^{|Z|}c_{i,j}s_{i,j} \tag{7.3.38}$$

式中：$\mathrm{tr}(\cdot)$为矩阵的迹(矩阵对角线元素之和)。

将式(3.4.21)代入式(7.3.10)，可得$\boldsymbol{S}$(以及对应的关联映射θ)的代价与滤波假设权重$w^{(I,\vartheta,\theta)}(Z)\propto w^{(I,\vartheta)}[\boldsymbol{\eta}_Z^{(\vartheta,\theta)}]^I$有关，其中，

$$[\boldsymbol{\eta}_Z^{(\vartheta,\theta)}]^I=\exp(-\mathrm{tr}(\boldsymbol{S}^{\mathrm{T}}\boldsymbol{C}_Z^{(I,\vartheta)}))\prod_{\ell\in I}\langle p^{(\vartheta)}(\cdot,\ell),1-p_D(\cdot,\ell)\rangle \tag{7.3.39}$$

最优分配问题寻求使代价$\mathrm{tr}((\boldsymbol{S}^*)^{\mathrm{T}}\boldsymbol{C}_Z^{(I,\vartheta)})$最小的分配矩阵$\boldsymbol{S}^*$(及其对应的关联映射$\theta^*$)。排序分配问题则寻求按非降顺序排列的最小代价分配矩阵的枚举。因此，求解具有代价矩阵$\boldsymbol{C}_Z^{(I,\vartheta)}$的排序最优分配问题将产生这样的枚举：

起始于 θ^*，以非增 $[\eta_Z^{(\vartheta,\theta)}]^I$（或权重 $w^{(I,\vartheta,\theta)}(Z) \propto w^{(I,\vartheta)}[\eta_Z^{(\vartheta,\theta)}]^I$）为顺序排列的关联映射 θ 的枚举。

标准的排序分配公式涉及方形（行列数目相等）代价矩阵和分配矩阵，且分配矩阵的行或列之和为 1。对于非方阵（行列数目不相等的矩阵）的排序分配问题，可通过引入伪造变量将其重述为方阵问题。

最优分配问题是有名的组合问题，可通过具有多项式计算复杂度的匈牙利（Hungarian）算法进行求解[428]。排序分配问题将该问题一般化，其枚举 T 个最小代价分配，首次由 Murty 进行求解。Murty 算法需要有效的二分分配（Bipartite Assignment）算法，如 Munkres[428] 或 Jonker – Volgenant[429] 算法。在多目标跟踪背景下，具有复杂度 $\mathcal{O}(T|Z|^4)$ 的排序分配算法已应用于 MHT 中[10,430]，更有效的复杂度为 $\mathcal{O}(T|Z|^3)$ 算法可参阅文献[431,432]，这对于 $|Z|$ 较大情况将具有更高的效率。需要说明的是，K 最短路径问题可以通过排序分配算法进行求解，不过，对于 δ – GLMB 预测而言，K 最短路径算法更为有效。但是，由于每个目标仅能产生最多一个量测的约束，不能将关联映射的排序描述为 K 最短路径问题。

2）计算更新参数

下面计算排序分配问题的代价矩阵 $\boldsymbol{C}_Z^{(I,\vartheta)}$（式(7.3.36)）和 δ – GLMB 分量的更新参数 $\eta_Z^{(\vartheta,\theta)}(\ell)$、$p^{(\vartheta,\theta)}(\cdot,\ell|Z)$。

（1）高斯混合实现：对于线性高斯多目标模型，$p_D(\boldsymbol{x},\ell)=p_D$，$g(\boldsymbol{z}|\boldsymbol{x},\ell)=\mathcal{N}(\boldsymbol{z};\boldsymbol{Hx},\boldsymbol{R})$，$\boldsymbol{H}$ 为量测矩阵，$\boldsymbol{R}$ 为量测噪声协方差。高斯混合表达式为线性高斯模型提供了最为一般的配置。假定每个单目标密度 $p^{(\vartheta)}(\cdot,\ell)$ 为高斯混合形式

$$p^{(\vartheta)}(\cdot,\ell) = \sum_{n=1}^{J^{(\vartheta)}(\ell)} \omega_n^{(\vartheta)}(\ell)\mathcal{N}(\boldsymbol{x};\boldsymbol{m}_n^{(\vartheta)}(\ell),\boldsymbol{P}_n^{(\vartheta)}(\ell)) \tag{7.3.40}$$

则有

$$c_{i,j} = -\ln\left[\frac{p_D \sum_{n=1}^{J^{(\vartheta)}(\ell_i)} \omega_n^{(\vartheta)}(\ell_i) q_n^{(\vartheta)}(\boldsymbol{z}_j;\ell_i)}{(1-p_D)\kappa(\boldsymbol{z}_j)}\right] \tag{7.3.41}$$

此外，对于更新的关联历程 (ϑ,θ)，有

$$\eta_Z^{(\vartheta,\theta)}(\ell) = \sum_{n=1}^{J^{(\vartheta)}(\ell)} w_{Z,n}^{(\vartheta,\theta)}(\ell) \tag{7.3.42}$$

$$p^{(\vartheta,\theta)}(\boldsymbol{x},\ell|Z) = \sum_{n=1}^{J^{(\vartheta)}(\ell)} \frac{w_{Z,n}^{(\vartheta,\theta)}(\ell)}{\eta_Z^{(\vartheta,\theta)}(\ell)}\mathcal{N}(\boldsymbol{x};\boldsymbol{m}_{Z,n}^{(\vartheta,\theta)}(\ell),\boldsymbol{P}_n^{(\vartheta,\theta)}(\ell)) \tag{7.3.43}$$

其中，

$$w_{Z,n}^{(\vartheta,\theta)}(\ell)=\omega_n^{(\vartheta)}(\ell)\times\begin{cases}p_D q_n^{(\vartheta)}(z_{\theta(\ell)};\ell)/\kappa(z_{\theta(\ell)}), & \theta(\ell)>0\\(1-p_D), & \theta(\ell)=0\end{cases}\tag{7.3.44}$$

$$q_n^{(\vartheta)}(z;\ell)=\mathcal{N}(z;\boldsymbol{H}\boldsymbol{m}_n^{(\vartheta)}(\ell),\boldsymbol{H}\boldsymbol{P}_n^{(\vartheta)}(\ell)\boldsymbol{H}^{\mathrm{T}}+\boldsymbol{R})\tag{7.3.45}$$

$$\boldsymbol{m}_{Z,n}^{(\vartheta,\theta)}(\ell)=\begin{cases}\boldsymbol{m}_n^{(\vartheta)}(\ell)+\boldsymbol{G}_n^{(\vartheta,\theta)}(\ell)(z_{\theta(\ell)}-\boldsymbol{H}\boldsymbol{m}_n^{(\vartheta)}(\ell)), & \theta(\ell)>0\\\boldsymbol{m}_n^{(\vartheta)}(\ell), & \theta(\ell)=0\end{cases}\tag{7.3.46}$$

$$\boldsymbol{P}_n^{(\vartheta,\theta)}(\ell)=(\boldsymbol{I}-\boldsymbol{G}_n^{(\vartheta,\theta)}(\ell)\boldsymbol{H})\boldsymbol{P}_n^{(\vartheta)}(\ell)\tag{7.3.47}$$

$$\boldsymbol{G}_n^{(\vartheta,\theta)}(\ell)=\begin{cases}\boldsymbol{P}_n^{(\vartheta)}(\ell)\boldsymbol{H}^{\mathrm{T}}(\boldsymbol{H}\boldsymbol{P}_n^{(\vartheta)}(\ell)\boldsymbol{H}^{\mathrm{T}}+\boldsymbol{R})^{-1}, & \theta(\ell)>0\\\boldsymbol{0}, & \theta(\ell)=0\end{cases}\tag{7.3.48}$$

当量测模型参数与标签 ℓ 有依赖关系时，仅需将 $p_D=p_D(\ell)$，$\boldsymbol{H}=\boldsymbol{H}(\ell)$，$\boldsymbol{R}=\boldsymbol{R}(\ell)$代入上述方程即可。

（2）序贯蒙特卡罗实现：对于序贯蒙特卡罗近似，假设每个单目标密度 $p^{(\vartheta)}(\cdot,\ell)$由加权样本集$\{\omega_n^{(\vartheta)}(\ell),\boldsymbol{x}_n^{(\vartheta)}(\ell)\}_{n=1}^{J^{(\vartheta)}(\ell)}$表示，则有

$$c_{i,j}=-\ln\left[\frac{\sum_{n=1}^{J^{(\vartheta)}(\ell_i)}\omega_n^{(\vartheta)}(\ell_i)p_D(\boldsymbol{x}_n^{(\vartheta)}(\ell_i),\ell_i)g(z_j\mid\boldsymbol{x}_n^{(\vartheta)}(\ell_i),\ell_i)}{\sum_{n=1}^{J^{(\vartheta)}(\ell_i)}\omega_n^{(\vartheta)}(\ell_i)(1-p_D(\boldsymbol{x}_n^{(\vartheta)}(\ell_i),\ell_i))\kappa(z_j)}\right]\tag{7.3.49}$$

此外，对于给定的更新关联历程(ϑ,θ)，有

$$\eta_Z^{(\vartheta,\theta)}(\ell)=\sum_{n=1}^{J^{(\vartheta)}(\ell)}\omega_n^{(\vartheta)}(\ell)\varphi_Z(\boldsymbol{x}_n^{(\vartheta)}(\ell),\ell;\theta)\tag{7.3.50}$$

以及 $p^{(\vartheta,\theta)}(\cdot,\ell\mid Z)$由以下加权样本集表示

$$\left\{\frac{\varphi_Z(\boldsymbol{x}_n^{(\vartheta)}(\ell),\ell;\theta)\omega_n^{(\vartheta)}(\ell)}{\eta_Z^{(\vartheta,\theta)}(\ell)},\boldsymbol{x}_n^{(\vartheta)}(\ell)\right\}_{n=1}^{J^{(\vartheta)}(\ell)}\tag{7.3.51}$$

3）滤波密度剪枝

给定具有枚举参数集$\{(I^{(h)},\vartheta^{(h)},w^{(h)},p^{(h)})\}_{h=1}^{H}$的 δ - GLMB 预测密度，则 δ - GLMB 滤波密度（式(7.3.8)）可写成

$$\pi(\mathrm{X}\mid Z)=\sum_{h=1}^{H}\pi^{(h)}(\mathrm{X}\mid Z)\tag{7.3.52}$$

其中，

$$\pi^{(h)}(\mathrm{X} \mid Z) = \Delta(\mathrm{X}) \sum_{j=1}^{|\Theta(I^{(h)})|} w^{(h,j)} \delta_{I^{(h)}}(\mathcal{L}(\mathrm{X}))[p^{(h,j)}]^{\mathrm{X}} \tag{7.3.53}$$

$$w^{(h,j)} \stackrel{\text{def}}{=} w^{(I^{(h)},\vartheta^{(h)},\theta^{(h,j)})}(Z) \tag{7.3.54}$$

$$p^{(h,j)} \stackrel{\text{def}}{=} p^{(I^{(h)},\vartheta^{(h)},\theta^{(h,j)})}(\cdot \mid Z) \tag{7.3.55}$$

每个索引为 h 的 δ - GLMB 预测分量产生 $|\Theta(I^{(h)})|$ 个 δ - GLMB 滤波密度分量。

为剪枝滤波 δ - GLMB(式(7.3.52)),一个简单且高度并行的策略是剪枝 $\pi^{(h)}(\cdot \mid Z)$。对每个 $h=1,2,\cdots,H$,求解代价矩阵为 $\boldsymbol{C}_Z^{(I^{(h)},\vartheta^{(h)})}$ 的排序最优分配问题将产生 $T^{(h)}$ 个以非增顺序排列的具有最高权重的假设 $\theta^{(h,j)}, j=1,2,\cdots,T^{(h)}$,如图 7.3 所示。图中,先验分量 h 产生大量的后验分量,而排序分配算法确定 $T^{(h)}$ 个具有最大权重 $w^{(h,1)} \geqslant w^{(h,2)} \geqslant \cdots \geqslant w^{(h,T^{(h)})}$ 的分量。因此,$\pi^{(h)}(\cdot \mid Z)$ 的剪枝版本为

$$\hat{\pi}^{(h)}(\mathrm{X} \mid Z) = \Delta(\mathrm{X}) \sum_{j=1}^{T^{(h)}} w^{(h,j)} \delta_{I^{(h)}}(\mathcal{L}(\mathrm{X}))[p^{(h,j)}]^{\mathrm{X}} \tag{7.3.56}$$

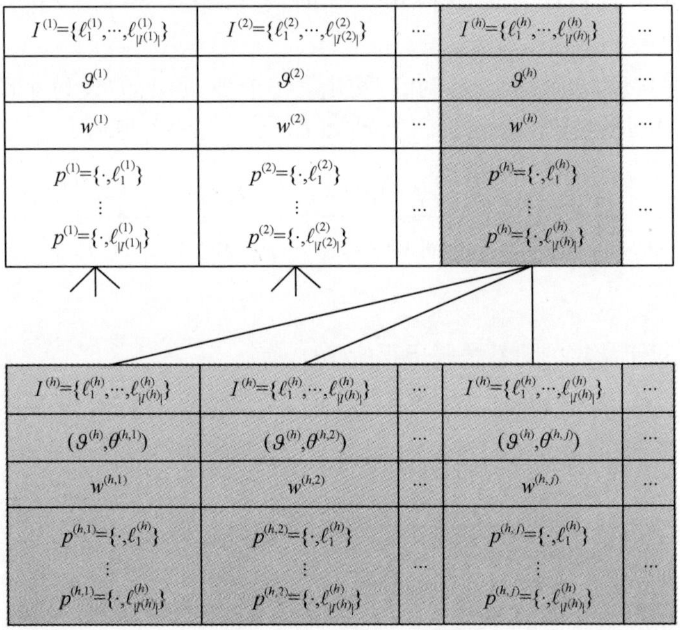

图 7.3 δ - GLMB 更新示意图

剪枝密度具有的分量总数为 $T = \sum_{h=1}^{H} T^{(h)}$,并由权重之和归一化得到剪枝后的滤波 δ - GLMB。表 7.3 总结了更新算法的伪代码。注意到内部和外部

的 for 循环均是并行的。

表 7.3　δ - GLMB 更新算法伪代码

1：　● 输入：$\left\{\left(I^{(h)},\vartheta^{(h)},w^{(h)},p^{(h)},T^{(h)}\right)\right\}_{h=1}^{H},Z$

2：　● 输出：$\left\{\left(I^{(h,j)},\vartheta^{(h,j)},w^{(h,j)},p^{(h,j)}\right)\right\}_{(h,j)=(1,1)}^{(H,T^{(h)})}$

3：　for $h=1:H$

4：　　　根据式(7.3.36)、式(7.3.41)或式(7.3.49)，计算 $\boldsymbol{C}_Z^{(h)}:=\boldsymbol{C}_Z^{(I^{(h)},\xi^{(h)})}$

5：　　　$\left\{\theta^{(h,j)}\right\}_{j=1}^{T^{(h)}}:=\text{ranked\_assignment}\left(Z,I^{(h)},\boldsymbol{C}_Z^{(h)},T^{(h)}\right)$

6：　　　for $j=1:T^{(h)}$

7：　　　　　根据式(7.3.42)或式(7.3.50)计算 $\eta_Z^{(h,j)}:=\eta_Z^{(\vartheta^{(h)},\theta^{(h,j)})}$

8：　　　　　根据式(7.3.43)或式(7.3.51)计算 $p^{(h,j)}:=p^{(\vartheta^{(h)},\theta^{(h,j)})}(\,\cdot\,\mid Z)$

9：　　　　　$w^{(h,j)}:=w^{(h)}\left\lceil\eta_Z^{(h,j)}\right\rceil^{I^{(h)}}$

10：　　　　 $I^{(h,j)}:=I^{(h)}$

11：　　　　 $\vartheta^{(h,j)}:=(\vartheta^{(h)},\theta^{(h,j)})$

12：　　　end

13：　end

14：　归一化权重 $\left\{w^{(h,j)}\right\}_{(h,j)=(1,1)}^{(H,T^{(h)})}$

所需分量数目 $T^{(h)}$ 的具体值一般由用户指定或者与特定应用有关。一般的策略是选择 $T^{(h)}=\lceil w^{(h)}J_{\max}\rceil$，其中 $J_{\max}$ 为期望的假设总数。另一个策略是始终保持 $\pi(\,\cdot\,\mid Z)$ 的 $T=J_{\max}$ 个权重最大分量。然而，该策略除了使排序分配问题的维数成 H 倍增加外，也将丧失并行性。

如前所述，在预测和更新计算中并不需要关联历程 $\vartheta^{(h)}$ 的实际值，它仅用作航迹密度 $p^{(\vartheta^{(h)})}$ 的索引。由于航迹密度可等价地由 h 进行索引，即 $p^{(h)}\stackrel{\text{def}}{=}p^{(\vartheta^{(h)})}$，实际上，并不需要传递 $\vartheta^{(h)}$。不过，为方便表述，在预测和更新伪代码中仍然保留了 $\vartheta^{(h)}$。

7.3.2.3　多目标状态估计

给定多目标滤波密度，可选用多个多目标状态估计器获得状态估计。存在两种贝叶斯最优估计器[13, 414]，第一个多目标状态估计器被称为边缘多目标(Marginal Multitarget, MaM)估计器，该估计器仅考虑了 FISST 密度中的势信息；第二个多目标状态估计器被称为联合多目标(Joint Multitarget, JoM)估计器，该估计器考虑了 FISST 密度中与多目标状态相关的势信息和空间分布信息。这两个估计器是贝叶斯最优的，即最小化了相应的贝叶斯风险函数[414]，JoM 估计器同时最小化了真实 RFS 和它的估计间的势和空间差异，而 MaM 估计器首先最小化势差异，然后根据相关的 FISST 后验概率密度提取出最大后验估计。因此，相比 MaM 估计器，JoM 估计器更合适用来获得多目标状态的估计，特别是当势估计与 FISST 概率密度中的空间信息有关时，比如，在低可观测条件下的目标状态[147]。

然而，尽管 JoM 估计器是贝叶斯最优的，但是难以计算[13]。对于 δ－GLMB 密度，一个简单直观的多目标估计器是多伯努利估计器，其选择存在概率(航迹 ℓ 的存在概率为所有包含航迹 ℓ 的假设的权重之和，即 $\sum_{(I,\vartheta)\in\mathcal{F}(\mathbb{L})\times\Xi} w^{(I,\vartheta)} 1_I(\ell)$[89]) 在某个阈值之上的航迹或标签的集合 $L\subseteq\mathbb{L}$，再根据密度 $p^{(\vartheta)}(\cdot,\ell),\ell\in L$ 的最大后验(MAP)或者期望后验估计航迹状态。此外，也可通过以下步骤获得易于处理的边缘多目标估计[89]：首先根据以下势分布找出最大后验(MAP)势估计[89]

$$\rho(n) = \sum_{(I,\vartheta)\in\mathcal{F}_n(\mathbb{L})\times\Xi} w^{(I,\vartheta)} \tag{7.3.57}$$

其中，$\mathcal{F}_n(\mathbb{L})$ 为一类具有 n 个元素的$\mathbb{L}$ 的有限子集；然后，从与 MAP 势估计具有相同势的最高权重的分量中找出标签和状态均值。表 7.4 给出了多目标状态估计的伪代码。

表 7.4 多目标状态估计的伪代码

```
1: • 输入：N_max, {(I^(h,j), ϑ^(h,j), w^(h,j), p^(h,j))}_{(h,j)=(1,1)}^{(H,T(h))}
2: • 输出：X̂
3: ρ(n) := Σ_{h=1}^{H} Σ_{j=1}^{T(h)} w^(h,j) δ_n(|I^(h,j)|); n = 0,1,…,N_max
4: N̂ := argmax ρ
5: (ĥ,ĵ) := argmax_(h,j) w^(h,j) δ_N̂(|I^(h,j)|)
6: X̂ := {(x̂,ℓ): ℓ ∈ I^(ĥ,ĵ), x̂ = ∫ x p^(ĥ,ĵ)(x,ℓ) dx}
```

表 7.5 的伪代码总结了完整的 δ－GLMB 滤波器算法。

表 7.5 δ－GLMB 滤波器算法

```
1: for k = 1:K
2:     预测
3:     更新
4:     多目标状态估计
5: end
```

7.4　标签多伯努利滤波器

多伯努利滤波器将后验近似为多伯努利 RFS，是多目标贝叶斯滤波器的近似版本。为了估计目标航迹，航迹标签通过后期处理被赋予各分量（见第 6.3.3 节）。尽管多伯努利滤波器的时间预测步骤是准确的，但是，在数据更新过程中，通过两次使用概率生成泛函（PGFl）对后验进行了近似，使得在较低信噪比环境下将表现出显著的“势偏”问题。而在 δ – GLMB 滤波器中，δ – GLMB 密度在多目标预测和更新操作下是闭合的[89]，并提供了航迹信息。虽然 δ – GLMB 滤波器优于 CPHD 和多伯努利滤波器，但是计算量显著增大，详细内容参阅文献[89, 90]。

标签多伯努利（LMB）滤波器的基本思想是将预测和后验多目标密度近似为标签多伯努利过程，随时间前向传递 LMB 多目标后验密度，其是 δ – GLMB 滤波器的近似。通过利用标签多伯努利 RFS，可调用多伯努利 RFS 的直观数学结构，却无多伯努利滤波器的缺点：不能正式产生航迹估计且表现势偏问题。究其原因，LMB 滤波器不是对多目标 PGFl 进行近似，而是采用可准确匹配一阶后验矩的 LMB 近似，因此，不存在“势偏”问题。不过，该跟踪滤波器也存在后验分量数量呈指数增长的缺点。为剪枝预测密度和后验密度，与 δ – GLMB 滤波器一样，可分别采用 K 最短路径和排序分配算法。

LMB 递归由预测和更新两步组成。下面介绍 LMB 滤波器的准确时间预测步骤和近似量测更新，它们将用于描述后文的标签多伯努利滤波器的完整实现。

7.4.1　标签多伯努利滤波器预测

如前所述，虽然预测 GLMB 表达式中的项数呈指数增长，GLMB（和 δ – GLMB）密度在预测步骤是闭合的[89]。尽管 LMB 是（只带一项的）GLMB 的特例，但 LMB 密度的预测是否仍为 LMB 密度需要严格证实。实际上，假设先验和新生目标分布均为 LMB，即

$$\pi(\mathbf{X}) = \Delta(\mathbf{X}) w(\mathcal{L}(\mathbf{X})) p^{\mathbf{X}} \tag{7.4.1}$$

$$\pi_\gamma(\mathbf{X}) = \Delta(\mathbf{X}) w_\gamma(\mathcal{L}(\mathbf{X})) p_\gamma^{\mathbf{X}} \tag{7.4.2}$$

其中，$\Delta(\cdot)$ 为式（3.3.15）定义的标签互异指示器（DLI），

$$w(L) = \prod_{i \in \mathbb{L}} (1 - \varepsilon^{(i)}) \prod_{\ell \in L} \frac{1_{\mathbb{L}}(\ell) \varepsilon^{(\ell)}}{1 - \varepsilon^{(\ell)}} \tag{7.4.3}$$

$$w_\gamma(L) = \prod_{i\in\mathbb{B}}(1-\varepsilon_\gamma^{(i)})\prod_{\ell\in L}\frac{1_{\mathbb{B}}(\ell)\varepsilon_\gamma^{(\ell)}}{1-\varepsilon_\gamma^{(\ell)}} \tag{7.4.4}$$

$$p(\boldsymbol{x},\ell)=p^{(\ell)}(\boldsymbol{x}) \tag{7.4.5}$$

$$p_\gamma(\boldsymbol{x},\ell)=p_\gamma^{(\ell)}(\boldsymbol{x}) \tag{7.4.6}$$

那么，根据命题 15，LMB 的预测是具有状态空间$\mathbb{L}$和(有限)标签空间$\mathbb{L}_+ = \mathbb{B}\cup\mathbb{L}\,(\mathbb{B}\cap\mathbb{L}=\phi)$的 GLMB，为

$$\pi_+(\mathrm{X}_+)=\Delta(\mathrm{X}_+)w_+(\mathcal{L}(\mathrm{X}_+))p_+^{\mathrm{X}_+} \tag{7.4.7}$$

其中，

$$w_+(I_+)=w_S(I_+\cap\mathbb{L})w_\gamma(I_+\cap\mathbb{B}) \tag{7.4.8}$$

$$p_+(\boldsymbol{x},\ell)=1_{\mathbb{L}}(\ell)p_{+,S}(\boldsymbol{x},\ell)+1_{\mathbb{B}}(\ell)p_\gamma(\boldsymbol{x},\ell) \tag{7.4.9}$$

$$p_{+,S}(\boldsymbol{x},\ell)=\langle p_S(\cdot,\ell)\phi(\boldsymbol{x}\mid\cdot,\ell),p(\cdot,\ell)\rangle/\eta_S(\ell) \tag{7.4.10}$$

$$\eta_S(\ell)=\langle p_S(\cdot,\ell),p(\cdot,\ell)\rangle \tag{7.4.11}$$

$$w_S(L) = \eta_S^L\sum_{I\supseteq L}[1-\eta_S]^{I-L}w(I) \tag{7.4.12}$$

式中：$p_S(\boldsymbol{x},\ell)$为状态依赖存活概率；$\eta_S(\ell)$为航迹 ℓ 的存活概率；$\phi(\boldsymbol{x}\mid\boldsymbol{\xi},\ell)$为航迹 ℓ 的单目标转移密度。

注意到 $w_\gamma(L)$是 LMB 的权重，然而，式(7.4.8)中的预测密度权重 $w_+(I_+)$看似并非为 LMB 的权重，因为，式(7.4.12)的 $w_S(L)$由在 L 的超集上的求和组成，而不是在 L 上的乘积(式(7.4.3))组成。不过，可将式(7.4.12)的和分解成乘积形式，利用附录 I 的引理 6 可重写成 LMB 的权重，从而有以下命题(证明见附录 I)。

命题 19：假设多目标后验密度是具有状态空间$\mathbb{X}$、(有限)标签空间$\mathbb{L}$以及参数集 $\pi=\{\varepsilon^{(\ell)},p^{(\ell)}\}_{\ell\in\mathbb{L}}$的 LMB，并且多目标新生模型是具有状态空间$\mathbb{X}$、(有限)标签空间$\mathbb{B}$以及参数集 $\pi_\gamma=\{\varepsilon_\gamma^{(\ell)},p_\gamma^{(\ell)}\}_{\ell\in\mathbb{B}}$的 LMB，则多目标预测密度也是具有状态空间$\mathbb{X}$、(有限)标签空间$\mathbb{L}_+=\mathbb{B}\cup\mathbb{L}\,(\mathbb{B}\cap\mathbb{L}=\phi)$和参数集 π_+的 LMB，其中，参数集具体表达式为

$$\boldsymbol{\pi}_+ = \{\varepsilon_\gamma^{(\ell)},p_\gamma^{(\ell)}\}_{\ell\in\mathbb{B}}\cup\{\varepsilon_{+,S}^{(\ell)},p_{+,S}^{(\ell)}\}_{\ell\in\mathbb{L}} \tag{7.4.13}$$

式中，第 1 个 LMB 表示标签多伯努利新生分量，其可由先验指定，对于新生航迹，标签 $\ell\in\mathbb{B}$ 是互异的新标签；第 2 个 LMB 表示式(7.4.14)和式(7.4.15)给出的前一时刻存活标签伯努利航迹，对于存活航迹，预测标签与之前的标签相同，而预测存在概率和空间分布分别由存活概率和转移密度进行再加权

$$\varepsilon_{+,S}^{(\ell)} = \eta_S(\ell)\varepsilon^{(\ell)} \tag{7.4.14}$$

$$p_{+,S}^{(\ell)}(\boldsymbol{x}) = \langle p_S(\cdot,\ell)\phi(\boldsymbol{x}\mid\cdot,\ell), p(\cdot,\ell)\rangle / \eta_S(\ell) \tag{7.4.15}$$

其中，$\eta_S(\ell)$ 见式(7.4.11)。

式(7.4.13)说明预测 LMB 是由预测存活航迹和新生航迹的并集组成，相比 GLMB 预测，LMB 预测计算量更低，因为，这不涉及式(7.2.3)中在$\mathbb{L}$的子集上求和运算。

对于标签多伯努利(LMB)，多目标预测实际与(无标签的)多伯努利滤波器预测是一致的，并可将多伯努利滤波器的分量索引解释为航迹标签。因此，为了执行 LMB 滤波器预测，只需根据式(7.4.13)前向预测参数，这与多伯努利滤波器预测是相同的，该结论可用于具体实现。

7.4.2 标签多伯努利滤波器更新

尽管 LMB 在预测步骤下是闭合的，但其在更新操作下不再闭合，换言之，多目标后验密度 $\pi(\cdot\mid Z)$ 通常不再是 LMB，而是 GLMB。借鉴多伯努利滤波器[6]，可寻求与多目标后验密度的一阶矩相匹配的 LMB 近似。与多伯努利滤波器更新步骤需要对多目标后验概率生成泛函(PGFl)进行两次近似相比，LMB 更新的重要优点在于并未涉及后验 PGFl 的近似，而是通过准确矩匹配对后验多目标密度进行直接近似，因而，仅涉及多目标后验密度的一次近似。因此，除了能产生目标航迹外，LMB 滤波器性能也优于多伯努利滤波器。

命题 20：假设多目标预测密度是具有状态空间$\mathbb{X}$、(有限)标签空间$\mathbb{L}_+$和参数集 $\pi_+ = \{\varepsilon_+^{(\ell)}, p_+^{(\ell)}\}_{\ell\in\mathbb{L}_+}$ 的 LMB，则准确匹配多目标后验密度一阶矩的 LMB 为 $\pi(\cdot\mid Z) = \{\varepsilon^{(\ell)}, p^{(\ell)}(\cdot)\}_{\ell\in\mathbb{L}_+}$，其中，

$$\varepsilon^{(\ell)} = \sum_{(I_+,\theta)\in\mathcal{F}(\mathbb{L}_+)\times\Theta(I_+)} 1_{I_+}(\ell)w^{(I_+,\theta)}(Z) \tag{7.4.16}$$

$$p^{(\ell)}(\boldsymbol{x}) = \frac{1}{\varepsilon^{(\ell)}}\sum_{(I_+,\theta)\in\mathcal{F}(\mathbb{L}_+)\times\Theta(I_+)} 1_{I_+}(\ell)w^{(I_+,\theta)}(Z)p^{(\theta)}(\boldsymbol{x},\ell\mid Z) \tag{7.4.17}$$

$$w^{(I_+,\theta)}(Z) \propto [\eta_Z^{(\theta)}]^{I_+} w_+(I_+) \tag{7.4.18}$$

$$\begin{aligned} w_+(I_+) &= \prod_{\ell\in\mathbb{L}_+}(1-\varepsilon_+^{(\ell)})\prod_{\ell'\in I_+}\frac{1_{\mathbb{L}_+}(\ell')\varepsilon_+^{(\ell')}}{1-\varepsilon_+^{(\ell')}} \\ &= \prod_{\ell'\in\mathbb{L}_+-I_+}(1-\varepsilon_+^{(\ell')})\prod_{\ell\in I_+}1_{\mathbb{L}}(\ell)\varepsilon_+^{(\ell)} \end{aligned} \tag{7.4.19}$$

$$p^{(\theta)}(\boldsymbol{x},\ell\mid Z) = p_+(\boldsymbol{x},\ell)\varphi_Z(\boldsymbol{x},\ell;\theta)/\eta_Z^{(\theta)}(\ell) \tag{7.4.20}$$

$$\eta_Z^{(\theta)}(\ell) = \langle p_+(\cdot, \ell), \varphi_Z(\cdot, \ell; \theta) \rangle \tag{7.4.21}$$

式中:$\Theta(I_+)$为映射$\theta: I_+ \to \{0,1,\cdots,|Z|\}$的空间,满足$\theta(\ell)=\theta(\ell')>0$时有$\ell=\ell'$,$\varphi_Z(\boldsymbol{x},\ell;\theta)$由式(3.4.21)定义。式(7.4.17)的物理意义是,对包含单个航迹标签的所有空间分布求和得到该航迹的空间分布。

为证明命题20,将LMB预测密度写成如下的δ-GLMB形式

$$\pi_+(\mathrm{X}) = \Delta(\mathrm{X}) \sum_{I_+ \in \mathcal{F}(\mathbb{L}_+)} \delta_{I_+}(\mathcal{L}(\mathrm{X})) w_+(I_+) p_+^{\mathrm{X}} \tag{7.4.22}$$

利用文献[89]的结论,多目标后验是具有状态空间$\mathbb{X}$、(有限)标签空间$\mathbb{L}_+$(以及$\Xi=\Theta(I_+)$)的δ-GLMB,即

$$\pi(\mathrm{X} | Z) = \Delta(\mathrm{X}) \sum_{(I_+,\theta) \in \mathcal{F}(\mathbb{L}_+) \times \Theta(I_+)} \delta_{I_+}(\mathcal{L}(\mathrm{X})) w^{(I_+,\theta)}(Z) [p^{(\theta)}(\cdot | Z)]^{\mathrm{X}} \tag{7.4.23}$$

根据式(3.3.57),完全后验的(无标签)概率假设密度(PHD)为

$$v(\boldsymbol{x}) = \sum_{(I_+,\theta) \in \mathcal{F}(\mathbb{L}_+) \times \Theta(I_+)} w^{(I_+,\theta)}(Z) \sum_{\ell \in I_+} p^{(\theta)}(\boldsymbol{x}, \ell | Z) \tag{7.4.24}$$

式(7.4.24)可解释为所有独立航迹的PHD的加权和。因此,可将完全后验(式(7.4.23))解释为包含由它们的存在概率加权的航迹分布。对于一个独立的航迹标签,在所有分量权重上的求和给出了该航迹的存在概率。类似地,在包含一个独立航迹标签的所有空间分布上的求和,给出了该独立航迹的空间分布。

将式(7.4.16)和式(7.4.17)代入式(3.3.11),可得LMB近似的无标签PHD,将所得结果与完全后验的无标签PHD(式(7.4.24))对比,易知两者是相同的。因此,从分解成独立航迹以及无标签一阶矩(即PHD)的角度而言,上述LMB近似与原始后验是匹配的。由于PHD质量给出了目标的平均数量(平均势),因而,LMB近似的平均势等于完全后验的平均势。不过,势分布并不相同,因为LMB近似的势分布遵循多伯努利RFS的势分布式(3.3.10),而完全后验的势分布由式(3.3.59)给出。因而,尽管LMB近似匹配了完全GLMB的PHD(即平均势),但未匹配其完整势分布。究其原因是LMB模型相比GLMB具有更小的自由度,因此,它的势分布形式更受限制。由于LMB滤波器在每次更新后进行近似,导致了势分布中的累积误差,从而使得估计误差比GLMB滤波器大。然而,δ-GLMB滤波器更新步骤需要传递大量的多目标指数和,而LMB滤波器更新仅需传递近似多目标指数和的一个分量。

尽管存在其他可能的后验近似选项,上面介绍的特定近似可获得直观的解

释，从其保留了每条航迹待估计的空间密度以及准确匹配一阶矩角度而言，该选项是原始分布的最佳近似。

基于上述标签多伯努利更新，下面给出具体的实现步骤。

1）将预测 LMB 表示为 δ - GLMB

因为预测多目标密度为 LMB，为了进行量测更新，需将预测密度表示成 δ - GLMB 形式。对于航迹标签集 $\mathbb{L}_+$，预测 δ - GLMB $\pi_+(\mathrm{X}) = \Delta(\mathrm{X})\sum_{I_+\in\mathcal{F}(\mathbb{L}_+)}\delta_{I_+}(\mathcal{L}(\mathrm{X}))w_+(I_+)p_+^{\mathrm{X}}$ 由式(7.4.22)给出，其中，$w_+(I_+)$ 由式(7.4.19)得到。因此，预测 δ - GLMB 由每个预测分量或者航迹分别决定。

枚举式(7.4.22)中求和项的一种暴力方法是产生标签集合 $\mathbb{L}_+$ 和势 $n=0,1,\cdots,|\mathbb{L}_+|$ 的所有可能组合。每个势的组合数量由二项式系数 $C(|\mathbb{L}_+|,n)=|\mathbb{L}_+|!/(n!(|\mathbb{L}_+|-n)!)$ 给出，而航迹标签集合的组合数量为 $2^{|\mathbb{L}_+|}$。因此，所有组合的显式计算仅在 $|\mathbb{L}_+|$ 较小时具有可行性。对于较大的 $|\mathbb{L}_+|$，通过利用 K 最短路径算法，该求和可近似为其 K 个最重要项，从而无须枚举所有可能项。因此，I_+ 仅包含最重要的假设。枚举和产生 K 个最重要项的另一种解决方案是利用(随机)采样方法，对于较大的目标或分量数量，这可能是计算速度更快的方法。该方法通过从均匀分布 $\mathcal{U}(\cdot)$ 中抽取独立同分布(IID)随机数 $a^{(\ell)}\sim\mathcal{U}([0,1])$，以及根据 $I_+=\{\ell\,|\,a^{(\ell)}<\varepsilon_+^{(\ell)},\forall\ell\in\mathbb{L}_+\}$ 测试每个标签伯努利航迹的接受度，从而获得期望数量的唯一标签 I_+ 样本。

2）δ - GLMB 更新

获得量测 Z 后，δ - GLMB 更新参见式(7.4.23)。因为更新具有组合特点，分量或者假设数量随航迹标签数量 $|\mathbb{L}_+|$ 呈指数增长。因此，对于较大的 $|\mathbb{L}_+|$，有必要剪枝后验分布(式(7.4.23))，这可利用排序分配算法来实现，该算法仅需计算 M 个最重要假设，从而无须计算所有可能的解[89, 90]。

3）将更新 δ - GLMB 近似为 LMB

量测更新后，还需将 δ - GLMB 形式转换回 LMB 形式

$$\pi(\cdot\,|\,Z)\approx\{(\varepsilon^{(\ell)},p^{(\ell)})\}_{\ell\in\mathbb{L}_+} \tag{7.4.25}$$

其中，$\varepsilon^{(\ell)}$ 和 $p^{(\ell)}(\boldsymbol{x})$ 分别由式(7.4.16)和式(7.4.17)得到。

7.4.3　多目标状态提取

因为更新后的航迹由标签多伯努利表示，航迹修剪可通过删除存在概率低于某个指定的较小阈值的航迹进行实现，然后，可按表 7.6 所列步骤提取多目标状态。

表 7.6　LMB 估计提取步骤

1:　● 输入: $n_{\max}$, $\boldsymbol{\pi} = \{(\varepsilon^{(\ell)}, p^{(\ell)})\}_{\ell \in \mathbb{L}_-}$

2:　● 输出: $\hat{X}$

3:　$\rho(n) = \sum_{I \in \mathcal{F}(\mathbb{L}), |I| = n} w(I)$, $n = 1, 2, \cdots, n_{\max}$

4:　$\hat{n} = \arg_n \max \rho(n)$, $\hat{\mathbb{L}} = \phi$

5:　$\hat{\mathbb{L}} = \hat{\mathbb{L}} \cup \arg_{\ell \in \mathbb{L} \backslash \hat{\mathbb{L}}} \max \varepsilon^{(\ell)}$, $n = 1, 2, \cdots, \hat{n}$

6:　$\hat{X} := \{(\hat{\boldsymbol{x}}, \hat{\ell}) : \hat{\ell} \in \hat{\mathbb{L}}, \hat{\boldsymbol{x}} = \arg_x \max p^{(\hat{\ell})}(\boldsymbol{x})\}$

航迹提取的另一种方案是挑选出存在概率大于某个指定的较大阈值的所有航迹,即

$$\hat{X} = \{(\hat{\boldsymbol{x}}, \ell) : \varepsilon^{(\ell)} > \varepsilon_{\mathrm{Th}}\} \tag{7.4.26}$$

其中, $\hat{\boldsymbol{x}} = \arg_x \max p^{(\ell)}(\boldsymbol{x})$。一方面,选择较高的 $\varepsilon_{\mathrm{Th}}$ 将以新生航迹的延时检测为代价显著降低杂波航迹的数量;另一方面,较低的 $\varepsilon_{\mathrm{Th}}$ 可快速报告新生航迹,但代价是产生了更多的杂波航迹。此外,选择较高的 $\varepsilon_{\mathrm{Th}}$,还要注意漏检问题。在 $p_D \approx 1$ 情况下,漏检显著降低了存在概率,从而,可能抑制之前 $\varepsilon^{(\ell)} \approx 1$ 的置信航迹的输出。

为缓解该问题,可采用如下滞后机制:如果航迹的最大存在概率 $\varepsilon_{\max}^{(\ell)}$ 一旦超过某个较大阈值 ε_U 且当前存在概率 $\varepsilon^{(\ell)}$ 大于某个较低阈值 ε_L 时才输出航迹,即

$$\hat{X} = \{(\hat{\boldsymbol{x}}, \ell) : \varepsilon_{\max}^{(\ell)} > \varepsilon_U \text{ 且 } \varepsilon^{(\ell)} > \varepsilon_L\} \tag{7.4.27}$$

更有效实际的考虑分组和自适应新生分布的 LMB 滤波器实现可参考文献 [172]。

7.5　边缘 δ - 广义标签多伯努利滤波器

边缘 δ - GLMB(Mδ - GLMB)滤波器基于文献[172]提出的 GLMB 近似技术,将其称为边缘 δ - GLMB 滤波器,是因为该结果可解释为对关联历程执行边缘化。关于该滤波器有两个重要的结论,即其是贝叶斯最优的 δ - GLMB 滤波器的有效近似,易于进行多传感器更新,以及 Mδ - GLMB 近似与 δ - GLMB 滤波密度的(标签)PHD 和势分布是精确匹配的。

7.5.1 边缘 δ -广义标签多伯努利近似

如前所述,影响 δ - GLMB 滤波器[90]的计算复杂度的主要因素之一是对先验更新时产生了在关联历程变量上的显式求和,从而假设数量呈指数增长,而在多传感器场景中,由于连续的更新步骤,关联历程的数量将进一步增加。Mδ - GLMB 滤波器的基本思想是构建 GLMB 后验密度 $\pi(\cdot)$ 的原则性近似 $\hat{\pi}(\cdot)$,这导致在关联历程上的边缘化,从而显著降低需要代表后验(或滤波)密度的分量数量。

定义 4:给定定义在 $\mathcal{F}(\mathbb{X}\times\mathbb{L})$ 上的标签多目标密度 π,以及任意正整数 n,定义标签集 $\{\ell_1,\cdots,\ell_n\}$ 的联合存在概率和定义在 $\mathbb{X}^n$ 上以 $\{\ell_1,\cdots,\ell_n\}$ 为条件的 $\boldsymbol{x}_1,\cdots,\boldsymbol{x}_n$ 的联合概率密度分别为

$$w(\{\ell_1,\cdots,\ell_n\}) \stackrel{\text{def}}{=} \int_{\mathbb{X}^n}\pi(\{(\boldsymbol{x}_1,\ell_1),\cdots,(\boldsymbol{x}_n,\ell_n)\})\mathrm{d}(\boldsymbol{x}_1,\cdots,\boldsymbol{x}_n) \tag{7.5.1}$$

$$p(\{(\boldsymbol{x}_1,\ell_1),\cdots,(\boldsymbol{x}_n,\ell_n)\}) \stackrel{\text{def}}{=} \frac{\pi(\{(\boldsymbol{x}_1,\ell_1),\cdots,(\boldsymbol{x}_n,\ell_n)\})}{w(\{\ell_1,\cdots,\ell_n\})} \tag{7.5.2}$$

对于 $n=0$,规定 $w(\phi)=\pi(\phi)$ 和 $p(\phi)=1$。这默认只要 $w(\mathcal{L}(\mathrm{X}))$ 为 0,则 $p(\mathrm{X})$ 为 0。从而,标签多目标密度可表示为

$$\pi(\mathrm{X}) = w(\mathcal{L}(\mathrm{X}))p(\mathrm{X}) \tag{7.5.3}$$

注意到,$\sum_{L\in\mathcal{F}(\mathbb{L})} w(L) = 1$,此外,根据引理 7,因为 π 关于其参数是对称的,从而,$w(\cdot)$ 关于 $\ell_1,\cdots,\ell_n$ 也是对称的,因此,$w(\cdot)$ 实际是 $\mathcal{F}(\mathbb{L})$ 上的概率分布。

Mδ - GLMB 是 GLMB 密度的一种可处理近似,用于近似式(7.5.3)给出的任意标签多目标密度 π。Mδ - GLMB 密度通过 δ - GLMB 形式进行数值计算,其中涉及标签集的显式枚举。由于对 π 的形式缺乏一般信息,一种自然的选项是如下形式的 δ - GLMB 类:

$$\hat{\pi}(\mathrm{X}) = \Delta(\mathrm{X})\sum_{I\in\mathcal{F}(\mathbb{L})}\delta_I(\mathcal{L}(\mathrm{X}))\hat{w}^{(I)}[\hat{p}^{(I)}]^{\mathrm{X}} \tag{7.5.4}$$

其中,每个 $\hat{p}^{(I)}(\cdot,\ell)$ 是 $\mathbb{X}$ 上的密度,每个非负权重 $\hat{w}^{(I)}$ 满足 $\sum_{I\subseteq\mathbb{L}}\hat{w}^{(I)} = 1$。实际上,上述 δ - GLMB 类具有较好的性质。

命题 21(证明见附录 J):给定任意标签多目标密度 π(式(7.5.3)),保留了 π 的势分布和 PHD,并与 π 的库尔贝克—莱布勒散度(KLD)最小的 δ - GLMB 密度由式(7.5.4)给出,其中,$\hat{\pi}$ 与 π 的参数有以下关系:

$$\hat{w}^{(I)} = w(I) \tag{7.5.5}$$

$$\hat{p}^{(I)}(\boldsymbol{x},\ell) = p_{I-\{\ell\}}(\boldsymbol{x},\ell) \tag{7.5.6}$$

其中,$w(I)$是式(7.5.1)定义的联合存在概率,

$$p_{\{\ell_1,\cdots,\ell_n\}}(\boldsymbol{x},\ell) = \int p(\{(\boldsymbol{x},\ell),(\boldsymbol{x}_1,\ell_1),\cdots,(\boldsymbol{x}_n,\ell_n)\})\mathrm{d}(\boldsymbol{x}_1,\cdots,\boldsymbol{x}_n) \tag{7.5.7}$$

式中:$p(\mathrm{X})$为式(7.5.2)定义的联合概率密度。

注意到,根据式(7.5.6)中$\hat{p}^{(I)}(\boldsymbol{x},\ell)$的定义,有

$$\hat{p}^{(\{\ell,\ell_1,\cdots,\ell_n\})}(\boldsymbol{x},\ell) = \int p(\{(\boldsymbol{x},\ell),(\boldsymbol{x}_1,\ell_1),\cdots,(\boldsymbol{x}_n,\ell_n)\})\mathrm{d}(\boldsymbol{x}_1,\cdots,\boldsymbol{x}_n) \tag{7.5.8}$$

因此,式(7.5.6)定义的$\hat{p}^{(\{\ell_1,\ell_2,\cdots,\ell_n\})}(\cdot,\ell_i),i=1,2,\cdots,n$是式(7.5.2)所给$\pi$的以标签为条件的联合密度$p(\{(\cdot,\ell_1),\cdots,(\cdot,\ell_n)\})$的边缘概率。因而,称形如式(7.5.4)的$\delta$-GLMB密度为边缘$\delta$-GLMB(M$\delta$-GLMB)密度。注意到,该$\delta$-GLMB由参数集$\{\hat{w}^{(I)},\hat{p}^{(I)}\}_{I\in\mathcal{F}(\mathbb{L})}$完全表征。

命题21说明,将标签多目标密度π的以标签为条件的联合密度$p(\{(\cdot,\ell_1),\cdots,(\cdot,\ell_n)\})$用它们的边缘概率$\hat{p}^{(\{\ell_1,\cdots,\ell_n\})}(\cdot,\ell_i)$的乘积进行替换,将产生形如式(7.5.4)的$\delta$-GLMB,其匹配了$\pi$的PHD和势分布,并与$\pi$的KLD最小。

上述匹配PHD和势分布的策略借鉴了Mahler在CPHD滤波器中的IIDC近似策略。该策略容易扩展到形如下式的任意标签多目标密度(也被称为标签RFS混合密度)

$$\pi(X) = \Delta(\mathrm{X})\sum_{c\in\mathbb{C}} w^{(c)}(\mathcal{L}(\mathrm{X}))p^{(c)}(\mathrm{X}) \tag{7.5.9}$$

式中:$p^{(c)}(\mathrm{X})$关于X的元素是对称的,$p^{(c)}(\{(\cdot,\ell_1),\cdots,(\cdot,\ell_n)\})$是$\mathbb{X}^n$上的联合PDF,权重$w^{(c)}(\cdot)$和密度$p^{(c)}(\cdot)$分别满足以下关系:

$$\sum_{L\subseteq\mathbb{L}}\sum_{c\in\mathbb{C}} w^{(c)}(L) = 1 \tag{7.5.10}$$

$$\int p^{(c)}(\{(\boldsymbol{x}_1,\ell_1),\cdots,(\boldsymbol{x}_n,\ell_n)\})\mathrm{d}(\boldsymbol{x}_1,\cdots,\boldsymbol{x}_n) = 1 \tag{7.5.11}$$

不过,对于形如式(7.5.9)这种非常一般的类型,难以建立与KLD有关的结论。但是,仿照命题21的证明过程,易得如下命题。

命题22:给定形如式(7.5.9)的任意标签多目标密度,保留了π的势分布和PHD的δ-GLMB为

$$\hat{\pi}(\mathrm{X}) = \Delta(\mathrm{X}) \sum_{(I,c)\in\mathcal{F}(\mathbb{L})\times\mathbb{C}} \delta_I(\mathcal{L}(\mathrm{X}))\hat{w}^{(I,c)}[\hat{p}^{(I,c)}]^{\mathrm{X}} \tag{7.5.12}$$

其中,

$$\hat{w}^{(I,c)} = w^{(c)}(I) \tag{7.5.13}$$

$$\hat{p}^{(I,c)}(\boldsymbol{x},\ell) = 1_I(\ell)p_{I-\{\ell\}}^{(c)}(\boldsymbol{x},\ell) \tag{7.5.14}$$

$$p_{\{\ell_1,\cdots,\ell_n\}}^{(c)}(\boldsymbol{x},\ell) = \int p^{(c)}(\{(\boldsymbol{x},\ell),(\boldsymbol{x}_1,\ell_1),\cdots,(\boldsymbol{x}_n,\ell_n)\})\mathrm{d}(\boldsymbol{x}_1,\cdots,\boldsymbol{x}_n) \tag{7.5.15}$$

对于由式(3.3.55)给出的 δ - GLMB 密度,相应的 Mδ - GLMB 密度由以下命题给出。

命题23(证明见附录J):与式(3.3.55)所给 δ - GLMB 密度的 PHD 和势分布匹配的 Mδ - GLMB 密度 $\pi(\cdot)$ 为

$$\pi(\mathrm{X}) = \Delta(\mathrm{X}) \sum_{I\in\mathcal{F}(\mathbb{L})} \delta_I(\mathcal{L}(\mathrm{X}))w^{(I)}[p^{(I)}]^{\mathrm{X}} \tag{7.5.16}$$

其中,

$$w^{(I)} = \sum_{\vartheta\in\Xi} w^{(I,\vartheta)} \tag{7.5.17}$$

$$p^{(I)}(\boldsymbol{x},\ell) = \frac{1_I(\ell)}{\sum_{\vartheta\in\Xi} w^{(I,\vartheta)}} \sum_{\vartheta\in\Xi} w^{(I,\vartheta)}p^{(\vartheta)}(\boldsymbol{x},\ell) = \frac{1_I(\ell)}{w^{(I)}} \sum_{\vartheta\in\Xi} w^{(I,\vartheta)}p^{(\vartheta)}(\boldsymbol{x},\ell) \tag{7.5.18}$$

注意,式(7.5.16)的 Mδ - GLMB 密度也可改写成下述等价形式

$$\pi(\mathrm{X}) = \Delta(\mathrm{X})w^{(\mathcal{L}(\mathrm{X}))}[p^{(\mathcal{L}(\mathrm{X}))}]^{\mathrm{X}} \tag{7.5.19}$$

7.5.2 边缘 δ -广义标签多伯努利递归

通过利用 δ - GLMB 预测公式进行前向预测并计算 δ - GLMB 更新后的 Mδ - GLMB 近似,可利用 Mδ - GLMB 密度构建有效的递归多目标跟踪滤波器。

7.5.2.1 Mδ - GLMB 预测

如果当前多目标先验密度是形如式(7.5.16)的 Mδ - GLMB 形式,根据命题17 的 δ - GLMB 预测公式,可得多目标预测密度也是 Mδ - GLMB,即[350]

$$\pi_+(\mathrm{X}_+) = \Delta(\mathrm{X}_+) \sum_{I\in\mathcal{F}(\mathbb{L}_+)} \delta_I(\mathcal{L}(\mathrm{X}_+))w_+^{(I)}[p_+^{(I)}]^{\mathrm{X}_+} \tag{7.5.20}$$

其中,

$$w_+^{(I)} = w_\gamma(I\cap\mathbb{B})w_S^{(I)}(I\cap\mathbb{L}) \tag{7.5.21}$$

$$\begin{aligned} w_S^{(I)}(L) &= [\boldsymbol{\eta}_S^{(I)}]^L \sum_{J\subseteq\mathbb{L}} 1_J(L)[1-\boldsymbol{\eta}_S^{(I)}]^{J-L}w^{(J)} \\ &= [\boldsymbol{\eta}_S^{(I)}]^L \sum_{J\supseteq L} [1-\boldsymbol{\eta}_S^{(I)}]^{J-L}w^{(J)} \end{aligned} \tag{7.5.22}$$

$$p_{+}^{(I)}(\boldsymbol{x},\ell)=1_{\mathbb{L}}(\ell)p_{+,S}^{(I)}(\boldsymbol{x},\ell)+1_{\mathbb{B}}(\ell)p_{\gamma}(\boldsymbol{x},\ell) \tag{7.5.23}$$

$$p_{+,S}^{(I)}(\boldsymbol{x},\ell)=\langle p_S(\cdot,\ell)\phi(\boldsymbol{x}\mid\cdot,\ell),p^{(I)}(\cdot,\ell)\rangle/\eta_S^{(I)}(\ell) \tag{7.5.24}$$

$$\eta_S^{(I)}(\ell)=\langle p_S(\cdot,\ell),p^{(I)}(\cdot,\ell)\rangle \tag{7.5.25}$$

式中：$p_S(\boldsymbol{x},\ell)$为状态依赖存活概率；$\phi(\boldsymbol{x}\mid\boldsymbol{\xi},\ell)$为航迹 ℓ 的单目标转移密度；$w_{\gamma},p_{\gamma}^{(\ell)}$为与新生密度相关的参数。

式(7.5.20)~式(7.5.25)明确描述了根据前一时刻多目标密度的参数计算预测多目标密度参数的过程[90]。实质上，上述式子与 δ - GLMB 预测式(7.3.1)具有对应关系，只是由于式(7.5.17)、式(7.5.18)的边缘化操作，这里未涉及前一时刻的关联历程(即 $\Xi=\phi$)，且用上标(I_+)替代了(ϑ)。

注：Mδ - GLMB 预测(式(7.5.20))得到的分量$(w_{+}^{(I)},p_{+}^{(I)})$数量为$|\mathcal{F}(\mathbb{L}_+)|$，而 δ - GLMB 预测(式(7.3.1))得到的分量$(\omega_{+}^{(I_+,\vartheta)},p_{+}^{(\vartheta)})$有$|\mathcal{F}(\mathbb{L}_+)\times\Xi|$个$\omega_{+}^{(I_+,\vartheta)}$和$|\Xi|$个$p_{+}^{(\vartheta)}$，因而，M$\delta$ - GLMB 的权重$w_{+}^{(I)}$数量显著低于 δ - GLMB 的$\omega_{+}^{(I_+,\vartheta)}$数量。此外，因关联历程$\vartheta\in\Xi$的增长，$\delta$ - GLMB 预测分量$p_{+}^{(\vartheta)}$增长率与时间具有超指数关系[89, 90]，而 Mδ - GLMB 预测分量$p_{+}^{(I)}$数量$|\mathcal{F}(\mathbb{L}_+)|$的增长率却受到很好的限制。

7.5.2.2 Mδ - GLMB 更新

假设当前多目标预测密度为形如式(7.5.16)的 Mδ - GLMB 形式，在式(3.4.19)定义的似然函数作用下，多目标后验密度通常不再是 Mδ - GLMB，而是如下的 δ - GLMB

$$\pi(\mathrm{X}\mid Z)=\Delta(\mathrm{X})\sum_{(I)\in\mathcal{F}(\mathbb{L})}\sum_{\theta\in\Theta(I)}w^{(I,\theta)}(Z)\delta_I(\mathcal{L}(\mathrm{X}))\left[p^{(I,\theta)}(\cdot\mid Z)\right]^{\mathrm{X}} \tag{7.5.26}$$

其中，

$$w^{(I,\theta)}(Z)\propto\left[\eta_Z^{(I,\theta)}\right]^I w^{(I)} \tag{7.5.27}$$

$$p^{(I,\theta)}(\boldsymbol{x},\ell\mid Z)=p^{(I)}(\boldsymbol{x},\ell)\varphi_Z(\boldsymbol{x},\ell;\theta)/\eta_Z^{(I,\theta)}(\ell) \tag{7.5.28}$$

$$\eta_Z^{(I,\theta)}(\ell)=\langle p^{(I)}(\cdot,\ell),\varphi_Z(\cdot,\ell;\theta)\rangle \tag{7.5.29}$$

式中，$\Theta(I)$为映射空间$\theta:I\rightarrow\{0,1,\cdots,|Z|\}$，满足$\theta(\ell)=\theta(\ell')>0$时有$\ell=\ell'$，$\varphi_Z(\boldsymbol{x},\ell;\theta)$由式(3.4.21)定义，$p_D(\boldsymbol{x},\ell)$为$(\boldsymbol{x},\ell)$处的检测概率。根据式(7.5.17)、式(7.5.18)，与式(7.5.26)的 δ - GLMB 密度相对应的 Mδ - GLMB 密度是形如式(7.5.16)的概率密度，此时，

$$w^{(I)}=\sum\nolimits_{\theta\in\Theta(I)}w^{(I,\theta)}(Z) \tag{7.5.30}$$

$$p^{(I)}(\boldsymbol{x},\ell)=\frac{1_I(\ell)}{w^{(I)}}\sum_{\theta\in\Theta(I)}w^{(I,\theta)}(Z)p^{(I,\theta)}(\boldsymbol{x},\ell\mid Z)\qquad(7.5.31)$$

由式(7.5.30)、式(7.5.31)提供的 Mδ-GLMB 密度保留了原始 δ-GLMB 密度(式(7.5.26))的 PHD 和势分布。

注 6:对于 δ-GLMB 后验,每个假设 $I\in\mathcal{F}(\mathbb{L})$ 产生 $|\Theta(I)|$ 个新的量测—航迹关联映射。δ-GLMB 更新后的假设 $(w^{(I,\vartheta,\theta)},p^{(\vartheta,\theta)})$ 有 $|\mathcal{F}(\mathbb{L})\times\Xi|\times\sum_{I\in\mathcal{F}(\mathbb{L})}|\Theta(I)|$ 个 $w^{(I,\vartheta,\theta)}$ 和 $|\Xi|\cdot\sum_{I\in\mathcal{F}(\mathbb{L})}|\Theta(I)|$ 个 $p^{(\vartheta,\theta)}$,而执行 δ-GLMB 更新步骤(式(7.5.26))后储存/计算的分量 $(w^{(I,\theta)},p^{(I,\theta)})$ 数量仅为 $|\mathcal{F}(\mathbb{L})|\times\sum_{I\in\mathcal{F}(\mathbb{L})}|\Theta(I)|$。进一步,在边缘化步骤(式(7.5.30)、式(7.5.31))后,因为由关联映射 $\Theta(I)$ 提供的所有新贡献都累加在单个分量中,假设数量仅为 $|\mathcal{F}(\mathbb{L})|$。注意到 $|\mathcal{F}(\mathbb{L})|$ 是预测步骤(式(7.5.20))产生的假设数量。因此,预测步骤决定了每个完整 Mδ-GLMB 更新步骤将保留的总假设上界。

因而,在 Mδ-GLMB 更新步骤后剩下的假设数量总保持为 $|\mathcal{F}(\mathbb{L})|$,而 δ-GLMB的假设数量却呈超指数增长,从信息储存和计算负担角度而言,易知 Mδ-GLMB 比 δ-GLMB 应更受欢迎。特别是在多传感器融合场合下,这一优势更为突出,因为 Mδ-GLMB 更新后的假设数量 $|\mathcal{F}(\mathbb{L})|$ 与多传感器收集的量测数量无关,而 δ-GLMB 受量测数(传感器数)影响严重。相比 δ-GLMB,Mδ-GLMB 极大地降低了修剪假设的需要,获得了原则性近似。特别是,在低信噪比(如高杂波强度、低检测概率等)和有限储存/计算能力的多传感器场景中,δ-GLMB 的剪枝操作可能导致较差的性能。因为,如果部分传感器不能检测一个或者更多目标,与真实航迹相关的假设可能由于剪枝而被删除。

总之,Mδ-GLMB 近似显著降低了后验密度中的假设数量,同时仍保留了后验 PHD 和势分布特征[172]。此外,Mδ-GLMB 非常适用于有效且可处理的信息融合(即多传感器处理)。

执行完 Mδ-GLMB 更新后,可按表 7.7 所列步骤提取多目标状态估计。

表 7.7　Mδ-GLMB 估计提取步骤

1:　• 输入:$n_{\max},\pi$
2:　• 输出:$\hat{X}$
3:　$\rho(n)=\sum_{I\in\mathcal{F}(\mathbb{L}),\lvert I\rvert=n}w^{(I)},n=1,2,\cdots,n_{\max}$
4:　$\hat{n}=\arg_n\max\rho(n)$
5:　$\hat{I}=\arg_{I\in\mathcal{F}_{\hat{n}}(\mathbb{L})}\max w^{(I)}$
6:　$\hat{X}:=\{(\hat{\boldsymbol{x}},\hat{\ell}):\hat{\ell}\in\hat{I},\hat{\boldsymbol{x}}=\arg_{\boldsymbol{x}}\max p^{(\hat{I})}(\boldsymbol{x},\hat{\ell})\}$

Mδ－GLMB 具体实现可直接采用 δ－GLMB 滤波器实现方法。具体而言，对于线性高斯多目标模型，假设：①单目标转移密度、似然和新生强度服从高斯分布；②存活概率和检测概率与状态无关；③每个单目标密度可表示成高斯混合。利用卡尔曼滤波器的标准高斯混合预测和更新公式可计算得到对应的高斯混合预测和更新密度。当为非线性单目标转移密度或似然时，可以借助于熟知的扩展或不敏卡尔曼滤波器。另外，对于（具有状态依赖的存活概率和检测概率的）非线性非高斯多目标模型，每个单目标密度可表示成加权粒子集，对应的预测和更新密度根据标准粒子（或者序贯蒙特卡罗）滤波器计算得到。

7.6 仿真比较

下面分别在线性高斯和非线性高斯条件下，从跟踪性能（主要体现在 CPEP 式（9.3.43）、势估计均值和标准差、OSPA 等指标上）和运行效率（主要体现在运行时间上）两个方面，综合比较 PHD（第 4 章）、CPHD（第 5 章）、CBMeMBer（第 6 章）、δ－GLMB（第 7.3 节，在后续仿真图中简记为 GLMB）、δ－GLMB 的预测和更新联合的单步 Gibbs 实现[166]（在后续仿真图中简记为 Joint－GLMB）、LMB（第 7.4 节）、LMB 预测和更新联合的单步 Gibbs 实现（简记为 Joint－LMB）等滤波器的性能，以期为读者选用滤波器时提供有益参考。各滤波器的 Matlab 源代码可从 Vo 个人网站 http://ba－tuong.vo－au.com/codes.html 处下载。

7.6.1 线性高斯条件下仿真比较

设传感器位于原点，获取目标和杂波的位置量测，传感器监视区域为 [－1000，1000]（m）×[－1000，1000]（m），采样间隔 $T_s=1$，在传感器 100 次采样时间内，共出现 $N=10$ 个目标，每个目标均做匀速直线运动，各目标初始状态及其起始、终止时间如表 7.8 所列，目标的真实航迹如图 7.4 所示。杂波在监视区域内服从均匀分布，杂波数量则服从均值为 $\lambda_C=30$ 的泊松分布。

表 7.8 各目标初始状态及其起始、终止时间

目标序号	起始时间	终止时间	初始状态 $[x_0\ \ y_0\ \ \dot{x}_0\ \ \dot{y}_0]^{\mathrm{T}}$
1	1	70	（0，0，0，－10）
2	1	100	（400，－600，－10，5）
3	1	70	（－800，－200，20，－5）
4	20	100	（400，－600，－7，－4）
5	20	100	（400，－600，－2.5，10）

（续）

目标序号	起始时间	终止时间	初始状态$[x_0 \quad y_0 \quad \dot{x}_0 \quad \dot{y}_0]^{\mathrm{T}}$
6	20	100	(0, 0, 7.5, -5)
7	40	100	(-800, -200, 12, 7)
8	40	100	(-200, 800, 15, -10)
9	60	100	(-800, -200, 3, 15)
10	60	100	(-200, 800, -3, -15)

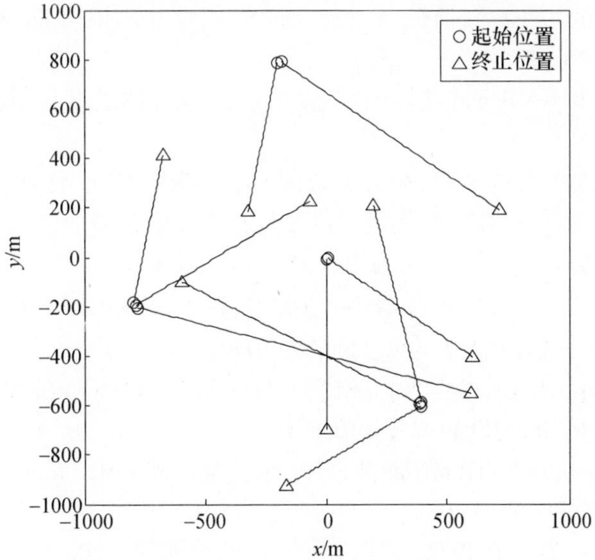

图 7.4　多目标运动真实航迹

在各滤波器中，假设目标在(0,0)，(400, -600)，(-800, -200)和(-200, 800)这 4 个固定位置新生，新生目标速度分量均设为 0，对应的协方差矩阵设为 $\mathrm{diag}([10^2, 10^2, 0^2, 0^2])$，对于高斯混合新生分布，权重设为 0.03；对于标签多伯努利新生分布，存在概率设为 0.03。目标存活概率设为 0.99，传感器检测概率设为 0.98，状态转移矩阵和过程噪声协方差矩阵分别为

$$\boldsymbol{F}=\begin{bmatrix}1 & 0 & T_s & 0\\ 0 & 0 & 1 & 0\\ 0 & 1 & 0 & T_s\\ 0 & 0 & 0 & 1\end{bmatrix},\quad \boldsymbol{Q}=5^2\begin{bmatrix}T_s^2/2 & 0\\ 0 & T_s^2/2\\ T_s & 0\\ 0 & T_s\end{bmatrix}\begin{bmatrix}T_s^2/2 & 0\\ 0 & T_s^2/2\\ T_s & 0\\ 0 & T_s\end{bmatrix}^{\mathrm{T}}$$

观测矩阵和观测噪声协方差矩阵分别为

$$\boldsymbol{H}=\begin{bmatrix}1&0&0&0\\0&1&0&0\end{bmatrix},\qquad \boldsymbol{R}=\begin{bmatrix}100&0\\0&100\end{bmatrix}$$

在 GM－PHD 滤波器中，状态提取过程中用到的合并参数（见表 4.2）有权值阈值 $T=10^{-5}$，合并阈值 $U=4\text{m}$，最大高斯分量数量 $J_{\max}=100$。

在 GM－CPHD 滤波器中，状态提取相关参数同 GM－PHD 滤波器，此外，设势分布截取参数[84] $N_{\max}=100$。

对于后续 CBMeMBer、LMB 和 δ－GLMB 滤波器等，在每条假设航迹中，高斯分量的最大数量为 10，高斯分量的剪枝阈值和合并阈值分别设为 $T=10^{-5}$ 和 $U=4\text{m}$。

在 GM－CBMeMBer 滤波器中，假设航迹的最大数量设为 100，航迹的剪枝阈值设为 10^{-3}。

在 GM－LMB 滤波器中，相关参数同 GM－CBMeMBer 滤波器。此外，更新步骤前由 LMB 到 GLMB 的转换过程中，对应新生假设、存活假设和 GLMB 更新后的假设的数量分别设为 5、1000 和 1000。

在 GM－Joint－LMB 滤波器中，相关参数同 GM－CBMeMBer 滤波器。此外，对应 GLMB 更新后的假设的数量设为 1000。

在 GM－δ－GLMB 滤波器中，相关参数同 GM－LMB 滤波器，此外，假设数量的上限设为 1000，假设的剪枝阈值为 10^{-15}。

在 GM－Joint－δ－GLMB 滤波器中，相关参数同 GM－Joint－LMB 滤波器，此外，假设的剪枝阈值为 10^{-15}。

性能指标相关参数设置如下：CPEP 半径设为 $r=20\text{m}$（见式（9.3.43）定义），OSPA 的阶参数和阈值参数分别设为 $p=1$ 和 $c=100\text{m}$。

在上述仿真配置下，单次跟踪典型结果如图 7.5 所示。由于 CPHD、CBMeMBer滤波器的估计结果与 PHD 结果类似，而 Joint－LMB、δ－GLMB 和 Joint－δ－GLMB 滤波器的估计结果与 LMB 结果类似，因此，为避免重复，图中仅给出了 PHD 和 LMB 滤波器的状态估计结果。从图中可直观看出，这些滤波器都给出了精确的状态估计，特别是标签随机集滤波器，由于包含了标签信息，它们还给出了正确的航迹标签估计。

为比较各滤波器的优劣，通过 100 次蒙特卡罗仿真统计各滤波器的势估计、OSPA 和 CPEP 性能。由图 7.6（a）可知，CBMeMBer 滤波器存在明显的势高估现象，而 GLMB 滤波器却存在一定的势低估，PHD 和 CPHD 滤波器性能较为接近，总体上，CPHD 滤波器优于 PHD 滤波器，不过，相比 PHD 滤波器，其对目标的新生过程响应更为迟缓。LMB、JointLMB 和 Joint－GLMB 滤波器三者性能相近，目标数目估计最精确，且对目标新生响应迅速（PHD 和 CBMeMBer 滤波器的响应

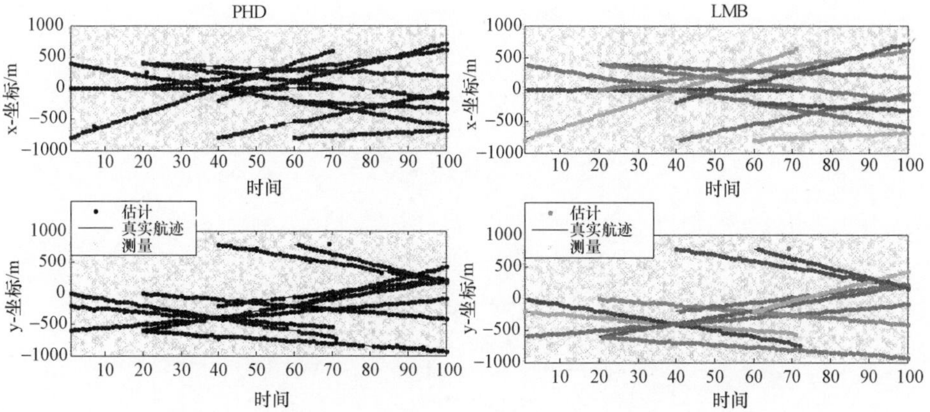

图7.5　多目标状态估计结果(见彩图)

速度最快)。上述现象表明,LMB、Joint－LMB 和 Joint－GLMB 滤波器的势估计最准确,且对目标新生响应迅速,CPHD 滤波器准确度稍差,但对目标新生响应迟缓,PHD 滤波器虽然响应很快,但准确性较差,而 GLMB 和 CBMeMBer 滤波器准确度相对而言最差。

在势估计标准差方面,由图7.6(b)可知,PHD 和 CBMeMBer 滤波器较为接近,估计标准差最大,CPHD 滤波器次之,LMB、Joint－LMB 和 Joint－GLMB 滤波器三者接近,标准差最小,而 GLMB 滤波器则表现出了出人意料的行为,其在 $k<40$ 时与三者性能接近,但此后标准差显著增大,甚至劣于 CPHD 滤波器,结合图7.6(a)、(c)、(d)可知,这主要归因于 GLMB 滤波器存在目标漏跟问题(尽管仿真发现该滤波器在绝大多数时候不存在该问题)。上述现象表明,LMB、Joint－LMB 和 Joint－GLMB 滤波器的势估计最稳定,GLMB、CPHD 滤波器次之,PHD 和 CBMeMBer 滤波器相对而言起伏较大。

在 OSPA 方面,由图7.6(c)可知,LMB、Joint－LMB 和 Joint－GLMB 滤波器的精度最高,OSPA 距离(OSPA Dist)达 10m 左右,GLMB 滤波器在 $k<40$ 时与三者接近,但此后逐渐增加,后期与 CPHD 滤波器接近,OSPA 距离保持在 14m 上下,而 PHD 和 CBMeMBer 滤波器精度相对而言最差,OSPA 距离约为 17m。

在 CPEP 方面,由于 CPEP 度量滤波器的目标漏跟性能,取值越小,表明滤波器性能越好,其最大值为1,表明无法跟踪目标,最小值为0,表示可完全跟踪上目标。由图7.6(d)可知,LMB、Joint－LMB 和 JointGLMB 滤波器三者比较接近,性能最优,CBMeMBer、CPHD、PHD 滤波器性能依次降低,而 GLMB 滤波器在 $k<40$ 时与 LMB、JointLMB 和 JointGLMB 滤波器性能接近,此后性能逐步降低。

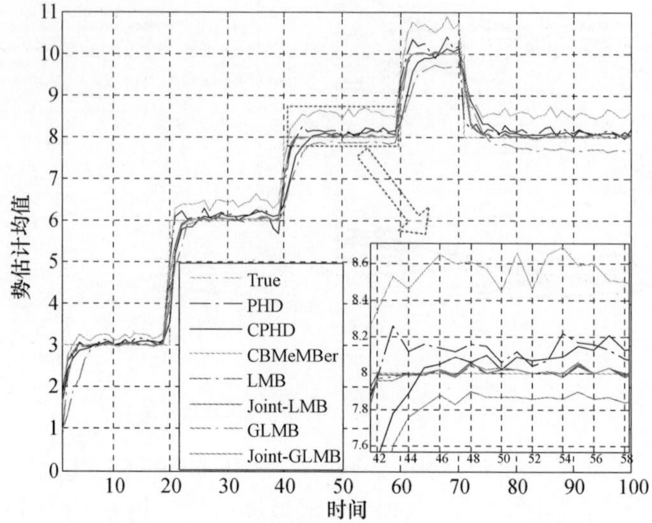

(a) 势估计均值

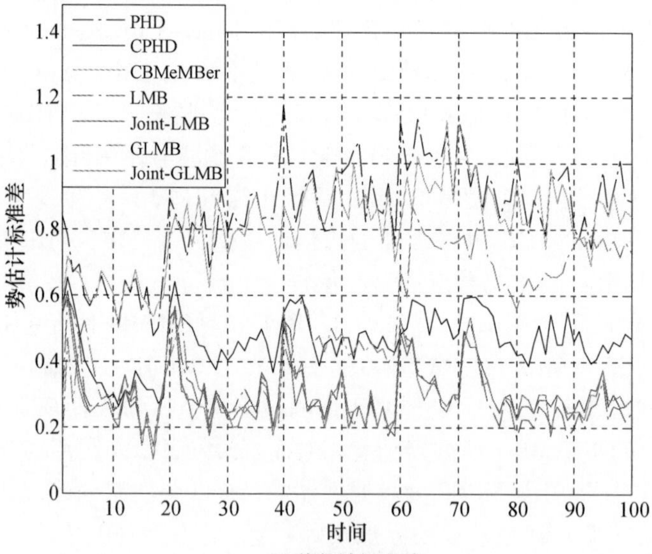

(b) 势估计标准差

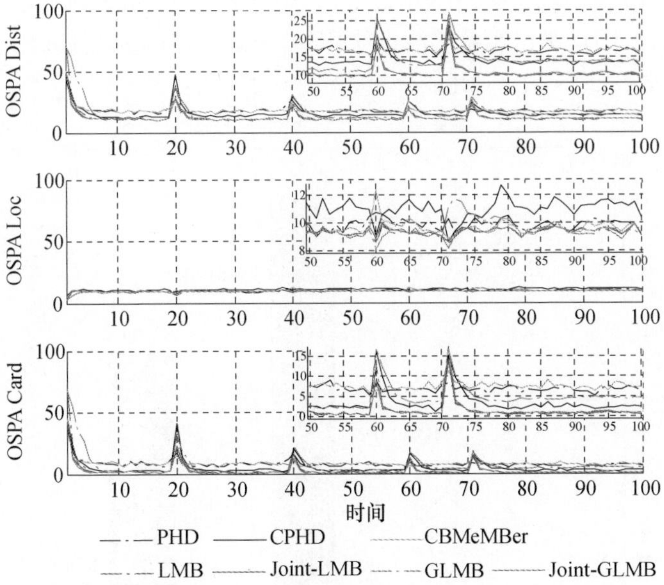

(c) OSPA

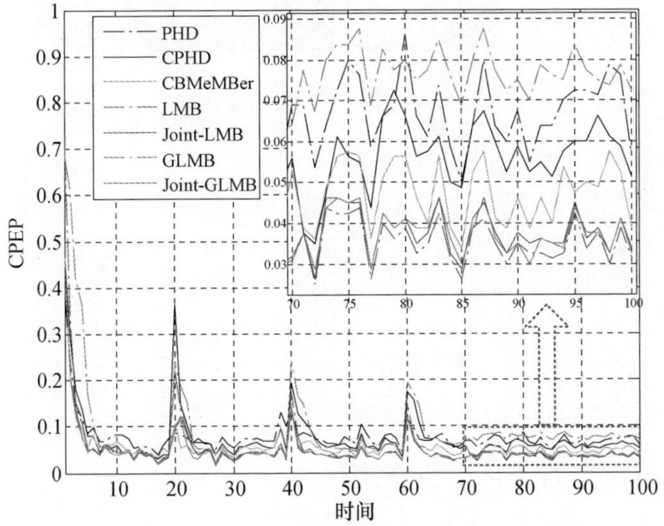

(d) CPEP

图 7.6 各滤波器多目标状态估计统计性能(见彩图)

图 7.7 比较了各滤波器的运算时间,图中,纵轴表示总运行时间(100 次采样间隔)的 100 次蒙特卡罗平均值,其中,PHD、CPHD、CBMeMBer、LMB、JointLMB、GLMB、JointGLMB 的平均运行时间分别为 0.58s、9.69s、0.87s、81.53s、11.60s、54.83s、14.63s。由此可知,PHD 和 CBMeMBer 滤波器的计算复

杂度最低，LMB 滤波器的运行效率最低，达到了不可忍受的 81.53s，GLMB 滤波器略有降低，但同样难以满足实时性能，而两个滤波器的联合 Gibbs 实现则显著提高了执行效率，达到了与 CPHD 滤波器可比的性能。

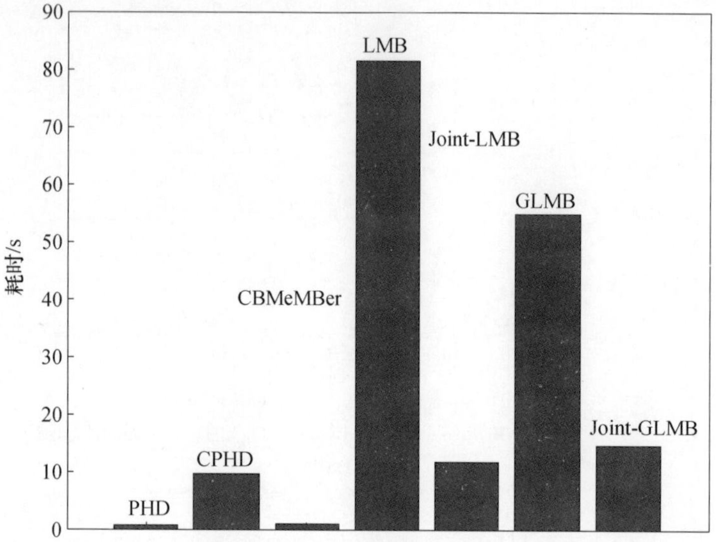

图 7.7 各滤波器运行时间比较

综上所述，在线性高斯条件下，Joint－LMB 和 Joint－GLMB 滤波器以增加一定的运算量为代价，在目标数量估计准确度、稳定度、跟踪精度等跟踪性能方面获得了最优表现，PHD、CBMeMBer 滤波器尽管运行效率最高，但在跟踪性能方面不尽如人意，CPHD 滤波器则在运行效率和跟踪性能之间取得了折中，LMB 尽管跟踪性能与 Joint－LMB 和 Joint－GLMB 滤波器类似，但运行效率过于低下，而 GLMB 滤波器不仅效率较低，且存在目标漏跟问题。因而，在线性高斯条件下，Joint－LMB 和 Joint－GLMB 滤波器可考虑为首选项。

7.6.2 非线性高斯条件下仿真比较

设传感器位于原点，获取目标和杂波的斜距 r(m)和方位 a(rad)量测。传感器监视范围为 $r\in[0,2000]$，$a\in[-\pi/2,\pi/2]$，采样间隔 $T_s=1$，在传感器 100 次采样时间内，共出现 $N=10$ 个目标，每个目标均做匀速转弯运动，转弯角速度为 ω(rad/s)，各目标初始状态及其起始、终止时间如表 7.9 所列，目标的真实航迹如图 7.8 所示。杂波在监视区域内服从均匀分布，杂波数量则服从均值为 $\lambda_C=10$的泊松分布。

表 7.9　各目标初始状态及其起始、终止时间

目标序号	起始时间	终止时间	初始状态$[x_0 \quad y_0 \quad \dot{x}_0 \quad \dot{y}_0]^{\mathrm{T}}$
1	1	100	(1000, 1500, −10, −10, π/720)
2	10	100	(−250, 1000, 20, 3, −π/270)
3	10	100	(−1500, 250, 11, 10, −π/180)
4	20	66	(−1500, 250, 43, 0, 0)
5	20	80	(250, 750, 11, 5, π/360)
6	40	100	(−250, 1000, −12, −12, π/180)
7	40	100	(1000, 1500, 0, −10, π/360)
8	40	80	(250, 750, −50, 0, −π/360)
9	60	100	(1000, 1500, −50, 0, −π/360)
10	60	100	(250, 750, −40, 25, −π/360)

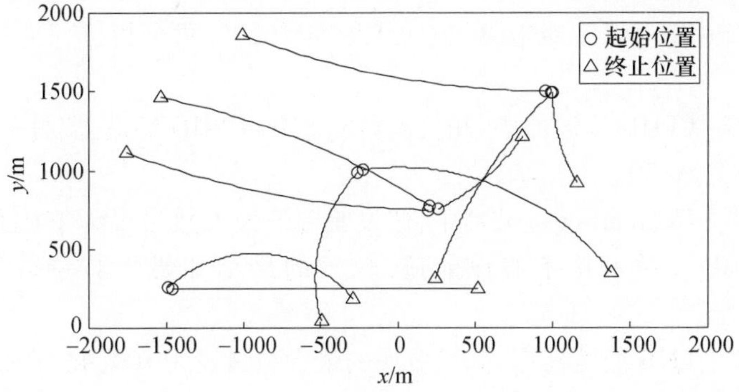

图 7.8　多目标运动真实航迹

在各滤波器中，假设目标在(−1500, 250)，(−250, 1000)，(250, 750)和(1000, 1500)这 4 个固定位置新生，新生目标速度分量和转弯角速度均设为 0，对应的协方差矩阵设为 $\mathrm{diag}([50^2, 50^2, 50^2, 50^2, (\pi/3)^2])$，对于高斯混合新生分布，权重设为 0.03，对于标签多伯努利新生分布，存在概率设为 0.03。目标存活概率设为 0.99，传感器检测概率设为 $p_{D,k}(\boldsymbol{x}) = 0.98\mathcal{N}([x_k, y_k]^{\mathrm{T}}; \boldsymbol{0}, 2000^2\boldsymbol{I}_2)$，状态转移矩阵和过程噪声协方差矩阵分别为

$$\boldsymbol{F} = \begin{bmatrix} 1 & 0 & \sin(\omega T_s)/\omega & -(1-\cos(\omega T_s))/\omega & 0 \\ 0 & 0 & \cos(\omega T_s) & -\sin(\omega T_s) & 0 \\ 0 & 1 & (1-\cos(\omega T_s))/\omega & \sin(\omega T_s)/\omega & 0 \\ 0 & 0 & \sin(\omega T_s)/\omega & \cos(\omega T_s) & 0 \\ 0 & 0 & 0 & 0 & 1 \end{bmatrix},$$

$$Q=\sigma_v^2\begin{bmatrix} T_s^2/2 & 0 & 0 \\ 0 & T_s^2/2 & 0 \\ T_s & 0 & 0 \\ 0 & T_s & 0 \\ 0 & 0 & \sigma_\omega T_s/\sigma_v \end{bmatrix}\begin{bmatrix} T_s^2/2 & 0 & 0 \\ 0 & T_s^2/2 & 0 \\ T_s & 0 & 0 \\ 0 & T_s & 0 \\ 0 & 0 & \sigma_\omega T_s/\sigma_v \end{bmatrix}^{\mathrm{T}}$$

其中，$\sigma_v=5\mathrm{m/s}^2$ 和 $\sigma_\omega=\pi/180\mathrm{rad/s}$ 分别为过程噪声标准差和转弯角速度变化标准差。非线性观测函数为

$$\boldsymbol{z}_k=\begin{bmatrix} \sqrt{x_k^2+y_k^2} \\ a\tan2(y_k,x_k) \end{bmatrix}+\boldsymbol{n}_k$$

其中，$\boldsymbol{n}_k$ 为零均值高斯噪声，对应的观测噪声协方差矩阵为 $\boldsymbol{R}=\mathrm{diag}([10^2,(\pi/90)^2])$。

在 SMC－PHD 滤波器中，最大粒子数量为 10^5，每个目标对应的粒子数设为 10^3。

在 SMC－CPHD 滤波器中，相关参数同 SMC－PHD 滤波器，此外，设势分布截取参数 $N_{\max}=100$。

在 SMC－CBMeMBer 滤波器中，假设航迹的最大数量设为 100，航迹的剪枝阈值设为 10^{-3}，对于每条假设航迹，粒子的最小和最大数量分别设为 300 和 1000。

在 SMC－LMB 滤波器中，假设航迹的最大数量设为 100，并为每条航迹分配 1000 个粒子，航迹的剪枝阈值设为 10^{-3}，此外，更新步骤前由 LMB 到 GLMB 的转换过程中，对应新生假设、存活假设和 GLMB 更新后的假设的数量分别设为 5、1000 和 1000，且保留的后验假设最大数量为 1000。重采样时粒子有效数量阈值设为 500。假设的剪枝阈值为 10^{-15}。

在 SMC－Joint－LMB 滤波器中，假设航迹的最大数量设为 100，并为每条航迹分配 1000 个粒子，航迹的剪枝阈值设为 10^{-3}，此外，对应 GLMB 更新后的假设的数量设为 1000。重采样时粒子有效数量阈值设为 500。

在 SMC－δ－GLMB 滤波器中，对应新生假设、存活假设和 GLMB 更新后的假设的数量分别设为 5、1000 和 1000，且保留的后验假设最大数量为 1000。为每条航迹分配 1000 个粒子，重采样时粒子有效数量阈值设为 500。假设的剪枝阈值为 10^{-15}。

在 SMC－Joint－δ－GLMB 滤波器中，对应 GLMB 更新后的假设的数量设为 1000，且保留的后验假设最大数量为 1000。为每条航迹分配 1000 个粒子，重采

样时粒子有效数量阈值设为 500。假设的剪枝阈值为 10^{-15}。

性能指标相关参数设置如下：CPEP 半径设为 $r=20$m，OSPA 的阶参数和阈值参数分别设为 $p=1$ 和 $c=100$m。

在上述仿真配置下，单次跟踪典型结果如图 7.9 所示。由于 CPHD 滤波器的估计结果与 PHD 结果类似，而 Joint－LMB、δ－GLMB 和 Joint－δ－GLMB 滤波器的估计结果与 LMB 结果类似，因此，为避免重复，图中仅给出了 PHD、CBMeMBer 和 LMB 滤波器的状态估计结果。从图中可直观看出，CBMeMBer 由于避免了提取状态估计的聚类操作，跟踪精度显著优于 PHD/CPHD 滤波器，而 LMB 等标签随机集滤波器无论在目标数量估计准确度还是跟踪精度上都优于 CBMeMBer 等非标签随机集滤波器，此外，由于包含了标签信息，它们还给出了准确的航迹估计。

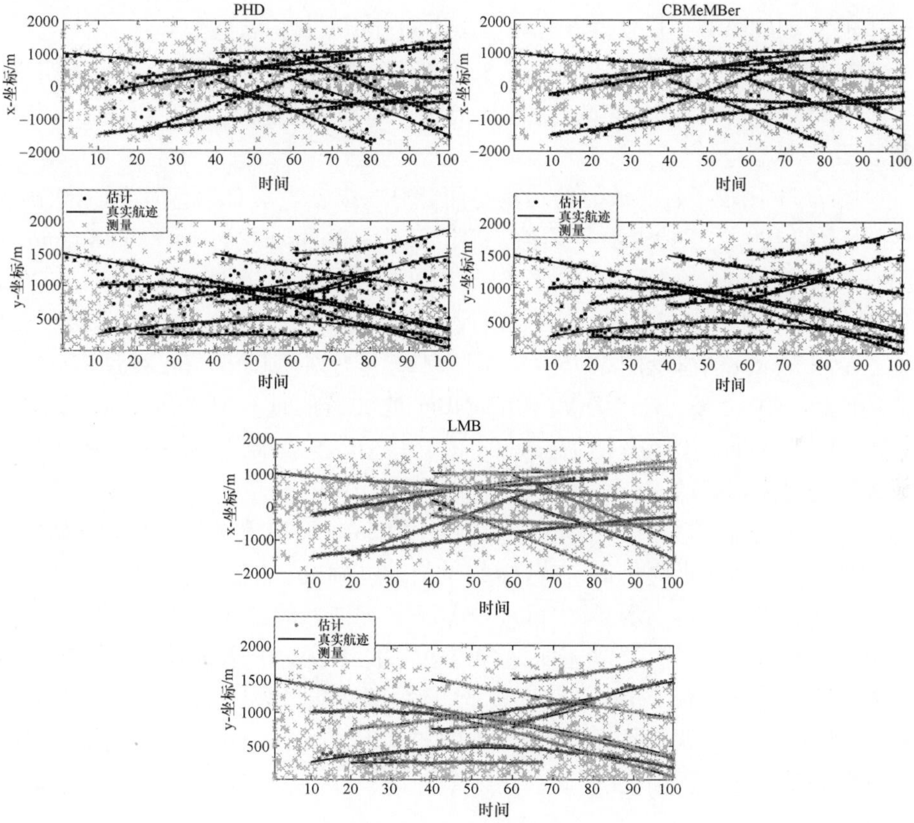

图 7.9　单次跟踪典型结果(见彩图)

为比较各滤波器的优劣，通过100次蒙特卡罗仿真统计各滤波器的势估计、OSPA和CPEP性能。由图7.10(a)可知，总体而言，这些滤波器都能比较准确地估计目标数量。由于杂波密度相对较低，CBMeMBer滤波器没有表现出明显的势高估问题，且对目标数量估计准确度优于PHD和CPHD滤波器，注意，此时带势分布的CPHD滤波器并没有发挥出优势，而LMB、JointLMB、GLMB和Joint-GLMB滤波器的性能比较相近，优于PHD、CPHD滤波器，且曲线平滑，无CB-MeMBer滤波器的"毛刺"现象。

在势估计标准差方面，由图7.10(b)可知，LMB、Joint - LMB、GLMB和Joint - GLMB滤波器四者性能比较相近，性能最佳，而CPHD、CBMeMBer和PHD滤波器性能逐渐下降。

在OSPA方面，由图7.10(c)可知，LMB、Joint - LMB、GLMB和Joint - GLMB滤波器的精度最高，CBMeMBer滤波器次之，但显著优于PHD和CPHD滤波器，这体现了CBMeMBer滤波器不需聚类操作即可提取目标状态的优势。

在CPEP方面，由图7.10(d)可知，LMB、Joint - LMB、GLMB和Joint - GLMB滤波器的性能最优，CBMeMBer滤波器与它们非常接近，显著优于PHD和CPHD滤波器。

图7.11比较了各滤波器的运算时间，图中，纵轴表示总运行时间(100次采样间隔)的100次蒙特卡罗平均值，其中，PHD、CPHD、CBMeMBer、LMB、Joint - LMB、GLMB、Joint - GLMB的平均运行时间分别为6.02s、81.30s、3.29s、3876.71s、69.69s、77.32s、24.48s。由此可知，LMB滤波器的运行效率最低，达到了令人完全无法忍受的3876.71s，图7.11(b)为剔除LMB滤波器后其他滤波器的比较，从中可看出，PHD和CBMeMBer滤波器的计算复杂度最低，GLMB、Joint - LMB、Joint - GLMB滤波器此时低于CPHD滤波器，特别是Joint - GLMB滤波器耗时大幅降低。

综上所述，在非线性高斯条件下，GLMB、Joint - LMB和Joint - GLMB滤波器以增加一定的运算量为代价，在目标数量估计准确度、稳定度、跟踪精度等跟踪性能方面获得了最佳表现，其中，Joint - GLMB滤波器的计算量最低。尽管LMB滤波器跟踪性能与三者类似，但运行效率过于低下。对于非标签随机集滤波器，CBMeMBer滤波器不仅计算复杂度较低，且跟踪性能显著优于PHD和CPHD滤波器，不过，需要说明的是，由理论分析可知，CBMeMBer滤波器在低信噪比条件存在势高估问题。因而，在非线性高斯条件下，Joint - GLMB滤波器可考虑为首选项。

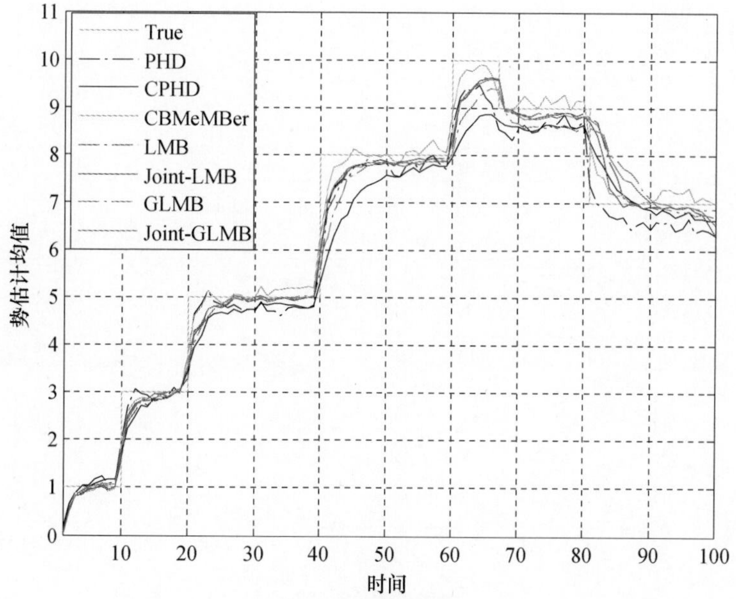

(a) 势估计均值

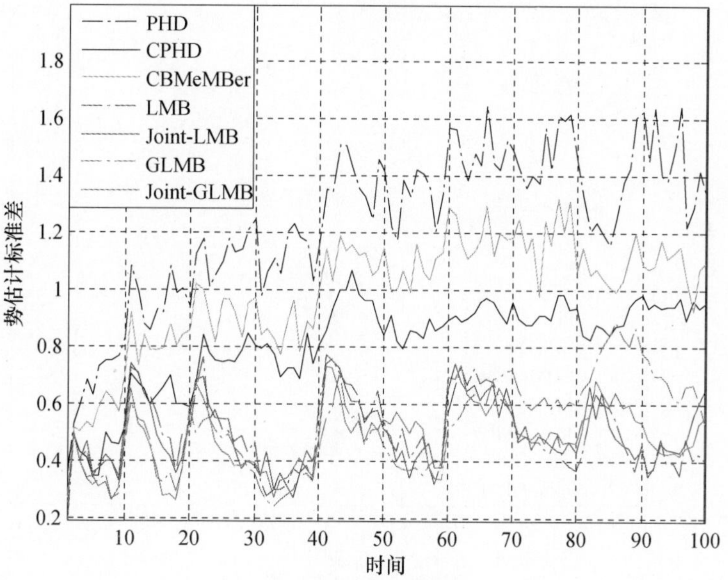

(b) 势估计标准差

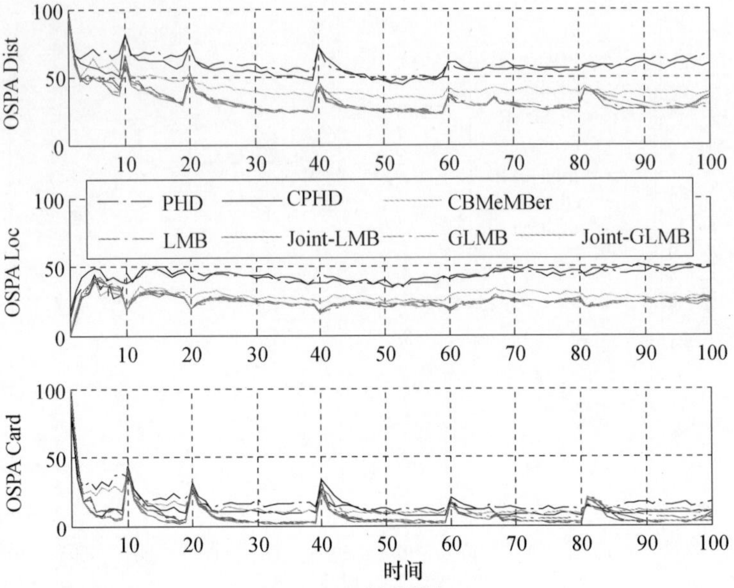

(c) OSPA

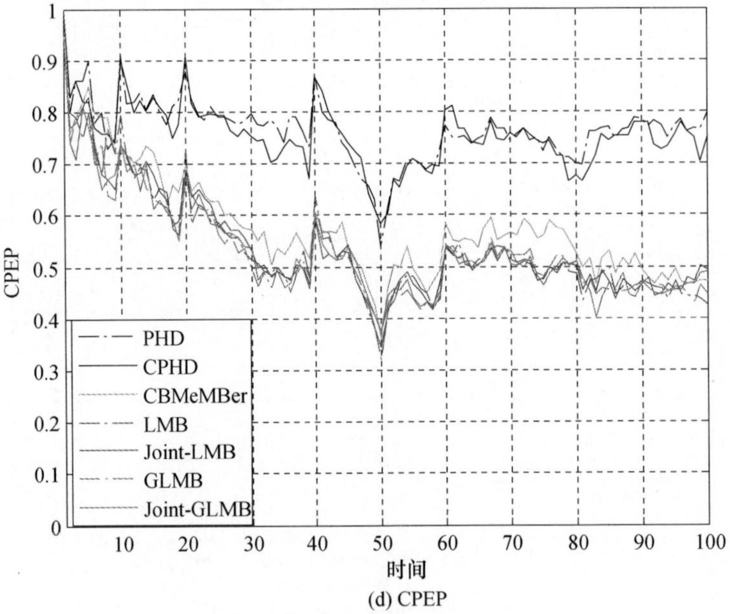

(d) CPEP

图 7.10 各滤波器多目标状态估计统计性能(见彩图)

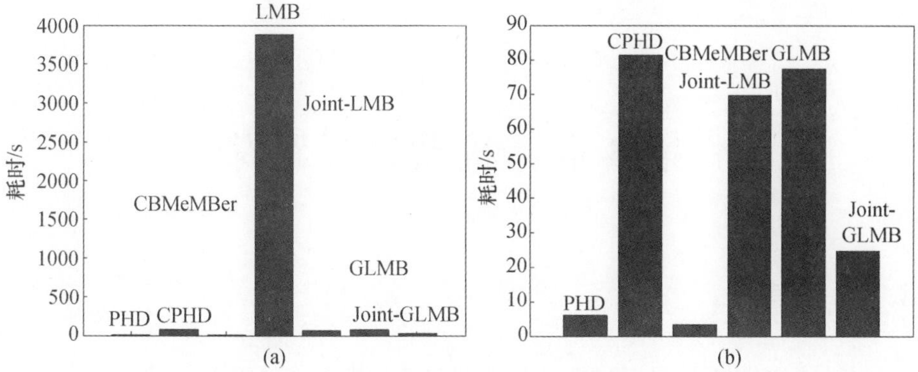

图 7.11　各滤波器运行时间比较

7.7　小结

本章在介绍一般性的 GLMB 滤波器基础上,先后给出了 δ - GLMB 滤波器、LMB 滤波器和 Mδ - GLMB 滤波器,并详细讲解了具体的实现过程。这些标签 RFS 滤波器是真正意义上的多目标跟踪器,可有效提供目标的航迹估计信息,其中,δ - GLMB 滤波器是完全多目标贝叶斯递归的闭合形式解决方案,而为了降低计算量,LMB 滤波器和边缘 δ - GLMB 滤波器均是 δ - GLMB 滤波器的近似解。最近,为了降低计算量而又不损失 δ - GLMB 滤波器的准确性,Vo 等开发了 δ - GLMB 滤波器的一步实现方案,即将原有的预测和更新两步合并为单个步骤,此外,还推荐使用 Gibbs 采样替代排序分配算法,从而使 δ - GLMB 滤波器计算量降低了两个数量级(相对于量测数目),根据仿真比较可知,联合 δ - GLMB 滤波器的 Gibbs 采样实现无论在线性高斯还是非线性高斯条件都表现出了优异的性能,不失为多目标跟踪滤波器的首选项。

第 8 章　机动目标跟踪

8.1　引言

目标跟踪的系统模型包括量测模型和运动模型。如第 2 章引言所述,量测不确定性是目标跟踪的主要挑战,事实上,还存在一个重要的难题:目标动态的不确定性。对实际的跟踪器而言,目标运动模型的选择直接影响其性能的优劣,与目标实际运动相匹配的运动模型将提高跟踪性能;反之,将恶化跟踪性能,甚至导致滤波发散,因为实际的误差可能落在误差协方差预测范围之外。由于实际跟踪系统缺乏对非合作目标运动模型的先验知识,即所谓的目标运动方程具有不确定性,使得跟踪器性能受模型的严重制约,需要使用机动目标跟踪算法进行解决。

在机动目标跟踪算法中,多模型(MM)滤波器是处理非合作快速机动目标的有名方法,比如,在车辆环境感知中,要求跟踪算法能跟踪车辆周边所有有关的对象(如汽车和行人),这些对象通常具有不同的行为特征,因此,多目标跟踪算法需要使用多模型来获得目标状态的最佳估计。多模型滤波器通常基于跳跃马尔科夫(JM)模型[433]。在该方法中,目标以马尔科夫方式在模型集间切换,其中,目标运动模型间的转移遵循马尔科夫链概率规则。从目标运动可使用不同运动模型进行建模的角度看,多个机动目标系统可被视为 JM 系统。

本章主要介绍随机有限集框架下的多模型机动目标跟踪算法,在介绍了 JM 系统基础上,分别介绍多模型 PHD 滤波器、多模型 CBMeMber 滤波器和多模型 δ - GLMB滤波器等,并给出具体的实现过程。

8.2　跳跃马尔科夫系统

8.2.1　非线性跳跃马尔科夫系统

利用 JM 系统模型表示机动目标的一个典型例子是飞机动态,飞机可以采用近似常速模型、加速/减速模型和转弯[12]飞行,此时,单个模型往往难以表征机动目标所有时刻的行为[401,434]。JM 系统通过一个参数化状态空间模型集合进行描述,模型的参数依据有限状态马尔科夫链随时间演变。具体而言,在 JM 系统框架下,在任意时刻以某个运动模型运动的目标假设以一定的概率遵循相同的运动模型,或者在下一时刻以某个概率切换到不同的运动模型(其属于预先选择的运动模型集合)。该系统已应用于信号处理中的诸多领域,提供了一种自然的方式来建模机动目标。

在 JM 系统模型中,目标运动模型根据马尔科夫链进行切换。考虑运动模型(也称为模式)的离散、有限集合 $\mathcal{M}$,假设 $\mu_k \in \mathcal{M}$ 为模型索引参数,其由一个潜在的马尔科夫过程支配,对应的模型转移概率(Model Transition Probability)为 $\tau_{k|k-1}(\mu_k|\mu_{k-1})$,它表示从模型 μ_{k-1} 切换到模型 μ_k 的概率。

在线性 JM 系统中,模型 μ_k 彼此间的转移概率为常量,这形成熟知的模型转移矩阵 $\mathcal{T}_k = [t_k^{(m,n)}]_{1 \leq m,n \leq |\mathcal{M}|}$,矩阵的每个元素代表两个模型间的转移概率,即

$$t_k^{(m,n)} = \tau_{k|k-1}(\mu_k = n | \mu_{k-1} = m) \tag{8.2.1}$$

马尔科夫转移概率矩阵描述了某个特定目标给定当前时刻的运动模型时,下一时刻改变/保持运动模型的概率。在马尔科夫转移概率矩阵中,给定当前模型时下一时刻所有可能运动模型的条件概率之和为 1,即

$$\sum_{\mu_k \in \mathcal{M}} \tau_{k|k-1}(\mu_k | \mu_{k-1}) = 1 \tag{8.2.2}$$

令 $\boldsymbol{\xi}_k \in \mathbb{R}^{n_\xi}$ 和 $\boldsymbol{z}_k \in \mathbb{R}^{n_z}$ 分别表示 k 时刻的运动状态(如目标位置和速度)和量测,对于一般的非线性模型,目标动态可由下述广义参数化非线性方程描述

$$\boldsymbol{\xi}_k = f_{k|k-1}(\boldsymbol{\xi}_{k-1}, \boldsymbol{v}_{k-1}, \mu_k) \tag{8.2.3}$$

式中:$\boldsymbol{\xi}_k$ 为 k 时刻目标状态矢量;$f_{k|k-1}(\cdot)$ 为一般的非线性函数;$\boldsymbol{v}_{k-1}$ 为模型依赖的过程噪声矢量,且假设统计特性已知。

量测由目标或杂波产生。设传感器接收到源自目标的量测为

$$\boldsymbol{z}_k = h_k(\boldsymbol{\xi}_k, \boldsymbol{n}_k, \mu_k) \tag{8.2.4}$$

式中:$h_k(\cdot)$ 为一般的非线性量测函数;$\boldsymbol{n}_k$ 为模型依赖量测噪声矢量,且统计特性已知。一些目标在 k 时刻可能漏检,记 k 时刻状态为 $\boldsymbol{\xi}_k$ 的目标检测概率为 $p_{D,k}(\boldsymbol{\xi}_k)$。除此之外,传感器还可能接收到杂波量测。$k$ 时刻的量测集合 Z_k 由目标量测和杂波量测组成。

为使用 JM 方法实现多模型跟踪,将随机状态变量推广到包含对应运动模型的离散状态变量,即 $\boldsymbol{x} = (\boldsymbol{\xi}, \mu)$。注意到,通过定义增广系统状态为 $\boldsymbol{x} = (\boldsymbol{\xi}, \mu)$,则 JM 系统模型可写成标准状态空间模型。通过在离散模型变量上参数化,扩维的随机状态的概率密度函数(PDF)与基本状态 PDF 具有如下关系:

$$p(\boldsymbol{\xi})=\int_{\mathcal{M}}p(\boldsymbol{\xi},\mu)\mathrm{d}\mu=\sum_{\mu}p(\mu)p(\boldsymbol{\xi}\mid\mu) \tag{8.2.5}$$

将随机状态推广到包含目标运动模型的 JM 方法改变了常规的目标随机模型,扩维的状态转移模型和量测似然模型变成与运动模型 μ 有关,即

$$\begin{aligned}\phi_{k|k-1}(\boldsymbol{x}_k\mid\boldsymbol{x}_{k-1})&=\phi_{k|k-1}(\boldsymbol{\xi}_k,\mu_k\mid\boldsymbol{\xi}_{k-1},\mu_{k-1})\\&=\tilde{\phi}_{k|k-1}(\boldsymbol{\xi}_k\mid\boldsymbol{\xi}_{k-1},\mu_k)\tau_{k|k-1}(\mu_k\mid\mu_{k-1})\end{aligned} \tag{8.2.6}$$

$$g_k(z_k\mid\boldsymbol{x}_k)=g_k(z_k\mid\boldsymbol{\xi}_k,\mu_k) \tag{8.2.7}$$

注意到,尽管量测似然函数(式(8.2.7))一般依赖于 JM 变量,但其通常与目标运动模型独立。因此,为简便,可假设独立于运动模型,即 $g_k(z_k\mid\boldsymbol{\xi}_k)$。

机动目标跟踪意味着根据一系列量测 $Z_{1:k}=\{Z_1,\cdots,Z_k\}$ 来估计 k 时刻的目标运动状态 $\boldsymbol{\xi}_k$ 或者增广状态 $\boldsymbol{x}_k$。JM 系统(或多模型)方法已表现出对机动目标跟踪的高度有效性。此外,JM 系统模型不仅可用于跟踪机动目标,也可用于未知杂波参数的估计[80, 193]。

8.2.2　线性高斯跳跃马尔科夫系统

线性高斯跳跃马尔科夫(Linear Gaussian Jump Markov,LGJM)系统是线性高斯模型下的 JM 系统,即以模型 μ_k 为条件,状态转移密度和量测似然分别为

$$\tilde{\phi}_{k|k-1}(\boldsymbol{\xi}_k\mid\boldsymbol{\xi}_{k-1},\mu_k)=\mathcal{N}(\boldsymbol{\xi}_k;\boldsymbol{F}_{k-1}(\mu_k)\boldsymbol{\xi}_{k-1},\boldsymbol{Q}_{k-1}(\mu_k)) \tag{8.2.8}$$

$$g_k(z_k\mid\boldsymbol{\xi}_k,\mu_k)=\mathcal{N}(z_k;\boldsymbol{H}_k(\mu_k)\boldsymbol{\xi}_k,\boldsymbol{R}_k(\mu_k)) \tag{8.2.9}$$

式中:$\boldsymbol{F}_{k-1}(\mu_k)$ 和 $\boldsymbol{H}_k(\mu_k)$ 分别为以模型 μ_k 为条件的转移矩阵和量测矩阵;$\boldsymbol{Q}_{k-1}(\mu_k)$ 和 $\boldsymbol{R}_k(\mu_k)$ 分别为以模型 μ_k 为条件的过程噪声和量测噪声的协方差矩阵。

8.3　多模型 PHD 滤波器

本节分别介绍多模型 PHD(MM - PHD)滤波器的序贯蒙特卡罗(SMC)实现和高斯混合(GM)实现,并将两者分别称为序贯蒙特卡罗多模型 PHD(SMC - MM - PHD)滤波器和高斯混合多模型 PHD(GM - MM - PHD)滤波器。

8.3.1　序贯蒙特卡罗多模型 PHD 滤波器

首先给出多模型 PHD(MM - PHD)递归公式,然后,介绍其 SMC 实现的详细步骤。

8.3.1.1　多模型 PHD 递归

在 MM - PHD 算法中采用的多模型方法与 IMM 估计器在“混合与综合”阶段有着类似的结构。当用 $|\mathcal{M}|$ 个模型描述目标动态时，MM - PHD 滤波器也仅需 $|\mathcal{M}|$ 个 PHD 滤波器并行工作。此外，MM - PHD 滤波器不需要机动检测决策，也是在模型间软切换。这里的多模型方法与 IMM 估计器所不同的是：在混合和综合阶段中后者仅使用目标密度的 1 阶和 2 阶统计量，这种技术不能应用于对模型依赖的 PHD 滤波器输出进行综合，因为密度不一定是高斯分布。事实上，表示多目标的密度可能是多模式的，因而，仅利用 1 阶和 2 阶统计来近似并不合理。因此，MM - PHD 滤波器在混合和更新阶段使用了分枝真实密度(Branched True Density)，即以每个模型为条件的完全密度。该方法可处理多模型目标密度，相比于 IMM 估计器，其代价是增加了一定的计算量。MM - PHD 递归由以下两个步骤组成。

1）预测

MM - PHD 滤波器预测步骤涉及模型预测以及状态预测。基于马尔科夫模型转移概率 $\tau_{k|k-1}(\mu_k|\mu_{k-1})$ 和模型依赖先验强度 $v_{k-1}(\boldsymbol{\xi}_{k-1},\mu_{k-1}|Z_{1:k-1})$，可计算出反馈给 PHD 滤波器并与模型 μ_k 匹配的初始强度 $\tilde{v}_{k|k-1}(\boldsymbol{\xi}_{k-1},\mu_k|Z_{1:k-1})$ 为

$$\tilde{v}_{k|k-1}(\boldsymbol{\xi}_{k-1},\mu_k|Z_{1:k-1}) = \sum_{\mu_{k-1}} v_{k-1}(\boldsymbol{\xi}_{k-1},\mu_{k-1}|Z_{1:k-1})\tau_{k|k-1}(\mu_k|\mu_{k-1}) \tag{8.3.1}$$

式(8.3.1)对应模型预测，此时并未考虑目标衍生、新生和消亡过程，它们仅在式(8.3.2)所示的状态步骤中考虑，文献[208]将式(8.3.1)对应的步骤称为混合步骤。式(8.3.1)的强度 $\tilde{v}_{k|k-1}(\cdot)$ 和 $v_{k-1}(\cdot)$ 类似于概率密度，但是它们的积分并不为 1。式(8.3.1)描述的混合则类似于全概率定理。

一旦计算得到与模型 μ_k 匹配的 PHD 滤波器初始强度，可得模型依赖的预测强度为(状态预测)

$$\begin{aligned} v_{k|k-1}(\boldsymbol{\xi}_k,\mu_k|Z_{1:k-1}) &= \int p_{S,k}(\boldsymbol{\xi}_{k-1})\phi_{k|k-1}(\boldsymbol{\xi}_k|\boldsymbol{\xi}_{k-1},\mu_k)\tilde{v}_{k|k-1}(\boldsymbol{\xi}_{k-1},\mu_k|Z_{1:k-1})\mathrm{d}\boldsymbol{\xi}_{k-1} \\ &\quad + \int v_{\beta,k}(\boldsymbol{\xi}_k|\boldsymbol{\xi}_{k-1},\mu_k)\tilde{v}_{k|k-1}(\boldsymbol{\xi}_{k-1},\mu_k|Z_{1:k-1})\mathrm{d}\boldsymbol{\xi}_{k-1} \\ &\quad + v_{\gamma,k}(\boldsymbol{\xi}_k,\mu_k) \end{aligned} \tag{8.3.2}$$

式中：$\phi_{k|k-1}(\boldsymbol{\xi}_k|\boldsymbol{\xi}_{k-1},\mu_k)$ 为以模型 μ_k 为条件的单目标马尔科夫转移密度。式(8.3.2)表明模型依赖的 PHD 预测不仅仅应用于与模型匹配的单模型 PHD 预测，实际上，新生目标 PHD $v_{\gamma,k}(\cdot)$ 和衍生目标 $v_{\beta,k}(\cdot|\cdot)$ 也是模型依赖的。

假设所有目标均遵循由模型μ_k描述的目标动态,在一定区域内的模型依赖 PHD $v_{k|k-1}(\boldsymbol{\xi}_k,\mu_k \mid Z_{1:k-1})$的积分给出了在该区域内目标期望(预测)数量。

2) 更新

利用获取的 k 时刻量测,模型匹配更新强度可按下式计算

$$v_k(\boldsymbol{\xi}_k,\mu_k \mid Z_{1:k}) = [1 - p_{D,k}(\boldsymbol{\xi}_k)]v_{k|k-1}(\boldsymbol{\xi}_k,\mu_k \mid Z_{1:k-1}) + \sum_{z \in Z_k} \frac{p_{D,k}(\boldsymbol{\xi}_k)g_k(z \mid \boldsymbol{\xi}_k,\mu_k)v_{k|k-1}(\boldsymbol{\xi}_k,\mu_k \mid Z_{1:k-1})}{\kappa_k(z) + \int p_{D,k}(\boldsymbol{\xi}_k)g_k(z \mid \boldsymbol{\xi}_k,\mu_k)v_{k|k-1}(\boldsymbol{\xi}_k,\mu_k \mid Z_{1:k-1})\mathrm{d}\boldsymbol{\xi}_k} \tag{8.3.3}$$

尽管在 MM－PHD 滤波器中没有明确的模型概率更新,但是更新步骤隐式地更新了模型概率。然而,在递归 MM－PHD 滤波器中并不必计算更新模型概率的数值,因为在混合阶段模型依赖强度作为一个整体已反馈给滤波器。

8.3.1.2 序贯蒙特卡罗实现

MM－PHD 滤波器的 SMC 实现利用一系列随机样本或者粒子来代表后验 MM－PHD,这些粒子由带权重的状态和模型信息组成。该实现的核心思想是在带权重的样本集合中并入模型索引参数来代表模型依赖后验密度。在 MM－PHD 滤波器中,多个 PHD 滤波器并行运行,每个滤波器匹配不同的目标动态。样本中的模型索引参数引导 MM－PHD 滤波器选择匹配相应目标模型的 PHD 滤波器。此外,对不同的模型,在每个 PHD 滤波器使用的样本数量不一定相同。由于模型概率在滤波器更新步骤中进行更新,匹配目标运动的 PHD 滤波器将包含更多数量的样本。相比使用相等数量的样本来代表匹配每一模型的 PHD 滤波器而言,计算更为有效。

本质上,MM－PHD 的 SMC 实现可认为是 SMC－PHD 经过适当修改后的特殊情况,目标状态用模型索引参数扩维,因而,需修改 SMC－PHD 算法的预测和更新操作以便包含目标运动模型的不确定性。

令后验 MM－PHD $v_{k-1}(\boldsymbol{\xi}_{k-1},\mu_{k-1} \mid Z_{1:k-1})$由粒子集$\{w_{k-1}^{(i)},\boldsymbol{\xi}_{k-1}^{(i)},\mu_{k-1}^{(i)}\}_{i=1}^{L_{k-1}}$进行表示,即

$$v_{k-1}(\boldsymbol{\xi}_{k-1},\mu_{k-1} \mid Z_{1:k-1}) = \sum_{i=1}^{L_{k-1}} w_{k-1}^{(i)}\delta_{\boldsymbol{\xi}_{k-1}^{(i)},\mu_{k-1}^{(i)}}(\boldsymbol{\xi}_{k-1},\mu_{k-1}) \tag{8.3.4}$$

式中:δ为狄拉克德耳塔函数。

1) 预测

如前所述,MM－PHD 滤波器预测步骤涉及模型预测以及状态预测。对存活目标,模型预测基于模型转移概率$\tau_{k|k-1}(\mu_k \mid \mu_{k-1})$进行,来自于模型预测后的 MM－PHD $\tilde{v}_{k|k-1}(\boldsymbol{\xi}_{k-1},\mu_k \mid Z_{1:k-1})$中的模型样本$\{\mu_{k|k-1}^{(i)}\}_{i=1}^{L_{k-1}}$根据建议分布

$q_{\mu,k}(\cdot\mid\boldsymbol{\mu}_{k-1}^{(i)})$进行重要性采样产生，而对应于新生目标的独立同分布（IID）模型样本$\{\boldsymbol{\mu}_{k|k-1}^{(i)}\}_{i=L_{k-1}+1}^{L_{k-1}+J_k}$则根据另一个建议密度$b_{\mu,k}(\cdot)$来产生，即

$$\boldsymbol{\mu}_{k|k-1}^{(i)}\sim\begin{cases}q_{\mu,k}(\cdot\mid\boldsymbol{\mu}_{k-1}^{(i)}), & i=1,2,\cdots,L_{k-1}\\ b_{\mu,k}(\cdot), & i=L_{k-1}+1,\cdots,L_{k-1}+J_k\end{cases}\tag{8.3.5}$$

式中：$q_{\mu,k}(\cdot\mid\boldsymbol{\mu}_{k-1}^{(i)})$和$b_{\mu,k}(\cdot)$为概率质量函数（PMF）。从而，模型预测后的 MM－PHD $\tilde{v}_{k|k-1}(\boldsymbol{\xi}_{k-1},\boldsymbol{\mu}_k\mid Z_{1:k-1})$的离散加权近似为

$$\tilde{v}_{k|k-1}(\boldsymbol{\xi}_{k-1},\boldsymbol{\mu}_k\mid Z_{1:k-1})=\sum_{i=1}^{L_{k-1}+J_k}\tilde{w}_{k|k-1}^{(i)}\delta_{\boldsymbol{\xi}_{k-1}^{(i)},\boldsymbol{\mu}_{k|k-1}^{(i)}}(\boldsymbol{\xi}_{k-1},\boldsymbol{\mu}_k)\tag{8.3.6}$$

其中，

$$\tilde{w}_{k|k-1}^{(i)}=\begin{cases}\dfrac{\tau_{k|k-1}(\boldsymbol{\mu}_{k|k-1}^{(i)}\mid\boldsymbol{\mu}_{k-1}^{(i)})w_{k-1}^{(i)}}{q_{\mu,k}(\boldsymbol{\mu}_{k|k-1}^{(i)}\mid\boldsymbol{\mu}_{k-1}^{(i)})}, & i=1,2,\cdots,L_{k-1}\\ \dfrac{p_{\mu,k}(\boldsymbol{\mu}_{k|k-1}^{(i)})}{J_k b_{\mu,k}(\boldsymbol{\mu}_{k|k-1}^{(i)})}, & i=L_{k-1}+1,\cdots,L_{k-1}+J_k\end{cases}\tag{8.3.7}$$

式中，概率质量函数$p_{\mu,k}(\cdot)$表示k时刻新生目标的模型分布，新生粒子数量J_k可为时间k的函数，以适应时变数量的目标。

然后，应用重要性采样来产生近似预测 MM－PHD $v_{k|k-1}(\boldsymbol{\xi}_k,\boldsymbol{\mu}_k\mid Z_{1:k-1})$的状态样本。根据建议密度$q_{\xi,k}(\cdot\mid\boldsymbol{\xi}_{k-1}^{(i)},\boldsymbol{\mu}_{k|k-1}^{(i)},Z_k)$产生状态样本$\{\boldsymbol{\xi}_{k|k-1}^{(i)}\}_{i=1}^{L_{k-1}}$，并根据另一个建议密度$b_{\xi,k}(\cdot\mid\boldsymbol{\mu}_{k|k-1}^{(i)},Z_k)$产生对应新生目标的 IID 状态样本$\{\boldsymbol{\xi}_{k|k-1}^{(i)}\}_{i=L_{k-1}+1}^{L_{k-1}+J_k}$，即

$$\boldsymbol{\xi}_{k|k-1}^{(i)}=\begin{cases}q_{\xi,k}(\cdot\mid\boldsymbol{\xi}_{k-1}^{(i)},\boldsymbol{\mu}_{k|k-1}^{(i)},Z_k), & i=1,2,\cdots,L_{k-1}\\ b_{\xi,k}(\cdot\mid\boldsymbol{\mu}_{k|k-1}^{(i)},Z_k), & i=L_{k-1}+1,\cdots,L_{k-1}+J_k\end{cases}\tag{8.3.8}$$

则预测 MM－PHD 的加权近似为

$$v_{k|k-1}(\boldsymbol{\xi}_k,\boldsymbol{\mu}_k\mid Z_{1:k-1})=\sum_{i=1}^{L_{k-1}+J_k}w_{k|k-1}^{(i)}\delta_{\boldsymbol{\xi}_{k|k-1}^{(i)},\boldsymbol{\mu}_{k|k-1}^{(i)}}(\boldsymbol{\xi}_k,\boldsymbol{\mu}_k)\tag{8.3.9}$$

其中，

$$w_{k|k-1}^{(i)}=\begin{cases}\dfrac{p_{S,k}(\boldsymbol{\xi}_{k|k-1}^{(i)})\phi_{k|k-1}(\boldsymbol{\xi}_{k|k-1}^{(i)}\mid\boldsymbol{\xi}_{k-1}^{(i)},\boldsymbol{\mu}_{k|k-1}^{(i)})+v_{\beta,k}(\boldsymbol{\xi}_{k|k-1}^{(i)}\mid\boldsymbol{\xi}_{k-1}^{(i)},\boldsymbol{\mu}_{k|k-1}^{(i)})}{q_{\xi,k}(\boldsymbol{\xi}_{k|k-1}^{(i)}\mid\boldsymbol{\xi}_{k-1}^{(i)},\boldsymbol{\mu}_{k|k-1}^{(i)},Z_k)}\tilde{w}_{k|k-1}^{(i)}, & i=1,2,\cdots,L_{k-1}\\ \dfrac{v_{\gamma,k}(\boldsymbol{\xi}_{k|k-1}^{(i)}\mid\boldsymbol{\mu}_{k|k-1}^{(i)})}{b_{\xi,k}(\boldsymbol{\xi}_{k|k-1}^{(i)}\mid\boldsymbol{\mu}_{k|k-1}^{(i)},Z_k)}\tilde{w}_{k|k-1}^{(i)}, & i=L_{k-1}+1,\cdots,L_{k-1}+J_k\end{cases}\tag{8.3.10}$$

在式(8.3.10)中,描述马尔科夫目标转移密度 $\phi_{k|k-1}(\cdot)$、目标衍生 $v_{\beta,k}(\cdot|\cdot)$ 和新生目标 $v_{\gamma,k}(\cdot)$ 的函数都以特定的运动模型为条件。因此,尽管模型没有由等式明确解释,实现时实际有 $|\mathcal{M}|$ 个 PHD 滤波器并行运行。

2) 更新

利用 k 时刻的量测集合 Z_k,更新的粒子权重按下式计算

$$\tilde{w}_k^{(i)} = \left[(1 - p_{D,k}(\boldsymbol{\xi}_{k|k-1}^{(i)})) + \sum_{z \in Z_k} \frac{\psi_{k,z}(\boldsymbol{\xi}_{k|k-1}^{(i)}, \boldsymbol{\mu}_{k|k-1}^{(i)})}{\kappa_k(z) + \sum_{i=1}^{L_{k-1}+J_k} \psi_{k,z}(\boldsymbol{\xi}_{k|k-1}^{(i)}, \boldsymbol{\mu}_{k|k-1}^{(i)}) w_{k|k-1}^{(i)}}\right] w_{k|k-1}^{(i)} \tag{8.3.11}$$

其中,

$$\psi_{k,z}(\boldsymbol{\xi}_{k|k-1}^{(i)}, \boldsymbol{\mu}_{k|k-1}^{(i)}) = p_{D,k}(\boldsymbol{\xi}_{k|k-1}^{(i)}) g_k(z | \boldsymbol{\xi}_{k|k-1}^{(i)}, \boldsymbol{\mu}_{k|k-1}^{(i)}) \tag{8.3.12}$$

在式(8.3.12)中,考虑到量测函数也可与模型有关的一般情形,量测似然函数 $g_k(\cdot)$ 写成了与模型相关的形式。

3) 重采样

由于在 PHD 滤波器中权重并未归一化为 1,为了实施重采样,目标期望数量通过对所有权重求和计算,即

$$\hat{N}_k = \sum_{i=1}^{L_{k-1}+J_k} \tilde{w}_k^{(i)} \tag{8.3.13}$$

再对更新的粒子集合 $\{\tilde{w}_k^{(i)}/\hat{N}_k, \boldsymbol{\xi}_{k|k-1}^{(i)}, \boldsymbol{\mu}_{k|k-1}^{(i)}\}_{i=1}^{L_{k-1}+J_k}$ 重采样得到 $\{w_k^{(i)}/\hat{N}_k, \boldsymbol{\xi}_k^{(i)}, \boldsymbol{\mu}_k^{(i)}\}_{i=1}^{L_k}$,最后将权重乘以 $\hat{N}_k$ 得到 $\{w_k^{(i)}, \boldsymbol{\xi}_k^{(i)}, \boldsymbol{\mu}_k^{(i)}\}_{i=1}^{L_k}$,这使得重采样后的总权重仍然是 $\hat{N}_k$。此时,k 时刻更新的后验 MM-PHD 的离散近似为

$$v_{k|k}(\boldsymbol{\xi}_k, \boldsymbol{\mu}_k | Z_{1:k}) = \sum_{i=1}^{L_k} w_k^{(i)} \delta_{\boldsymbol{\xi}_k^{(i)}, \boldsymbol{\mu}_k^{(i)}}(\boldsymbol{\xi}_k, \boldsymbol{\mu}_k) \tag{8.3.14}$$

MM-PHD 的序贯蒙特卡罗实现结构上类似于粒子滤波的采样重要性重采样(Sampling Importance Resampling,SIR)[44]。与粒子滤波不同之处,所有权重之和 $\sum_{i=1}^{L_{k-1}} w_{k-1}^{(i)}$ 并不等于 1,相反,其给出了 $k-1$ 时刻目标的期望数量。此外,模型依赖后验 PHD 易通过对基于模型索引参数的粒子分组进行区分,与特定目标对应的后验模型概率与对应于该目标的每个模型在索引集合 $\{\boldsymbol{\mu}_{k-1}^{(i)}\}_{i=1}^{L_{k-1}}$ 中总样本权重近似成比例。

8.3.2 高斯混合多模型 PHD 滤波器

高斯混合多模型 PHD(GM-MM-PHD)滤波器是多模型 PHD 的闭式解,其可适用于在线性高斯模型之间切换的目标。首先描述 LGJM 系统多目标模

型，在此基础上，给出对应的闭式多模型 PHD 递归，最后给出多模型 PHD 递归在一般条件下的广义闭合解。

8.3.2.1 线性高斯跳跃马尔科夫系统多目标模型

除了第4.2节的3个假设(A.1 ~ A.3)外，LGJM 系统多目标模型还包括第8.2.2节各目标的 LGJM 系统模型、与运动状态独立的存活概率和检测概率以及目标新生和衍生模型。首先重点介绍目标新生和衍生模型的建模过程。类似于运动模型，新生和衍生模型可自然地从运动状态角度进行描述。然而，尽管增广状态的分布可视为模型分布和以模型为条件的运动状态分布的乘积，即 $p(\boldsymbol{\xi},\mu)=p(\mu)p(\boldsymbol{\xi}\mid\mu)$，但是，该合理性不能扩展到新生和衍生强度。换言之，增广状态的强度不一定是模型强度和以模型为条件的运动状态强度的乘积。

为指定运动状态和模型的新生和衍生模型，使其在增广状态中产生有效的新生和衍生强度，借鉴点过程理论中熟知的结论，即针对标签点过程(Marked Point Process)的坎贝尔(Campbell)理论[416]。目标新生强度和衍生强度利用坎贝尔理论[416]进行建模。具体而言，该理论认为，在运动状态空间 $\mathbb{R}^{n_\xi}$ 上强度为 $\tilde{v}$ 的点过程和在模型空间 $\mathcal{M}$ 上的点过程的笛卡儿积形成在空间 $\mathbb{R}^{n_\xi}\times\mathcal{M}$ 上点过程的强度，即

$$v(\boldsymbol{\xi},\mu)=p(\mu\mid\boldsymbol{\xi})\tilde{v}(\boldsymbol{\xi}) \tag{8.3.15}$$

式中：$p(\cdot\mid\boldsymbol{\xi})$ 为给定乘积点过程(Product Point Process)的点具有运动状态 $\boldsymbol{\xi}$ 时的模型分布。此外，如果在 $\mathbb{R}^{n_\xi}$ 上的点过程为泊松类型，则在 $\mathbb{R}^{n_\xi}\times\mathcal{M}$ 上的乘积点过程也为泊松类型[435]。

1）出生模型1

在多目标出生模型背景下，k 时刻增广状态新生强度为

$$v_{\gamma,k}(\boldsymbol{\xi},\mu)=p_{\gamma,k}(\mu\mid\boldsymbol{\xi})\tilde{v}_{\gamma,k}(\boldsymbol{\xi}) \tag{8.3.16}$$

式中：$\tilde{v}_{\gamma,k}$ 为 k 时刻运动状态新生强度；$p_{\gamma,k}(\cdot\mid\boldsymbol{\xi})$ 为给定 k 时刻运动状态 $\boldsymbol{\xi}$ 时新生模型的概率分布。根据 LGJM 系统假设，模型转移概率 $\tau_{k|k-1}$ 并不是运动状态的函数，LGJM 系统多目标模型也假设新生模型分布并不依赖于运动状态，即 $p_{\gamma,k}(\mu\mid\boldsymbol{\xi})=p_{\gamma,k}(\mu)$。此外，还假设运动状态的新生强度 $\tilde{v}_{\gamma,k}$ 为高斯混合形式

$$\tilde{v}_{\gamma,k}(\boldsymbol{\xi}) = \sum_{i=1}^{J_{\gamma,k}} w_{\gamma,k}^{(i)}\mathcal{N}(\boldsymbol{\xi};\boldsymbol{m}_{\gamma,k}^{(i)},\boldsymbol{P}_{\gamma,k}^{(i)}) \tag{8.3.17}$$

式中：$J_{\gamma,k}$、$w_{\gamma,k}^{(i)}$、$\boldsymbol{m}_{\gamma,k}^{(i)}$、$\boldsymbol{P}_{\gamma,k}^{(i)}$，$i=1,2,\cdots,J_{\gamma,k}$ 为给定模型参数。

类似地，由 $k-1$ 时刻增广状态 $[\boldsymbol{\xi}'^{\mathrm{T}},\mu']^{\mathrm{T}}$ 的目标衍生的 k 时刻增广状态 $[\boldsymbol{\xi}^{\mathrm{T}},\mu]^{\mathrm{T}}$ 的强度为

$$v_{\beta,k|k-1}(\boldsymbol{\xi},\mu\mid\boldsymbol{\xi}',\mu')=p_{\beta,k|k-1}(\mu\mid\boldsymbol{\xi},\boldsymbol{\xi}',\mu')\tilde{v}_{\beta,k|k-1}(\boldsymbol{\xi}\mid\boldsymbol{\xi}',\mu') \tag{8.3.18}$$

式中：$\tilde{v}_{\beta,k|k-1}(\cdot\mid\boldsymbol{\xi}',\mu')$为由状态$[\boldsymbol{\xi}'^{\mathrm{T}},\mu']^{\mathrm{T}}$衍生的$k$时刻运动状态的强度；$p_{\beta,k|k-1}(\cdot\mid\boldsymbol{\xi},\boldsymbol{\xi}',\mu')$为给定衍生于状态$[\boldsymbol{\xi}'^{\mathrm{T}},\mu']^{\mathrm{T}}$的$k$时刻运动状态$\boldsymbol{\xi}$条件下模型的概率分布。与LGJM系统假设相一致，LGJM系统多目标模型假定衍生目标的模型分布与其运动状态和其父运动状态均不相关，即$p_{\beta,k|k-1}(\mu\mid\boldsymbol{\xi},\boldsymbol{\xi}',\mu')=p_{\beta,k|k-1}(\mu\mid\mu')$，并且，还假设衍生运动状态的强度$\tilde{v}_{\beta,k|k-1}(\cdot\mid\boldsymbol{\xi}',\mu')$为高斯混合形式

$$\begin{aligned}\tilde{v}_{\beta,k|k-1}(\boldsymbol{\xi}\mid\boldsymbol{\xi}',\mu') = \sum_{i=1}^{J_{\beta,k}(\mu')} w_{\beta,k}^{(i)}(\mu')\mathcal{N}(\boldsymbol{\xi};\boldsymbol{F}_{\beta,k-1}^{(i)}(\mu')\boldsymbol{\xi}' \\ + \boldsymbol{d}_{\beta,k-1}^{(i)}(\mu'),\boldsymbol{P}_{\beta,k-1}^{(i)}(\mu'))\end{aligned} \tag{8.3.19}$$

式中：$J_{\beta,k}(\mu')$、$w_{\beta,k}^{(i)}(\mu')$、$\boldsymbol{F}_{\beta,k-1}^{(i)}(\mu')$、$\boldsymbol{d}_{\beta,k-1}^{(i)}(\mu')$、$\boldsymbol{P}_{\beta,k-1}^{(i)}(\mu')$，$i=1,2,\cdots,J_{\beta,k}(\mu')$为给定的模型参数。通常，将衍生目标建模在其父目标的临近区域内。

2）出生模型2

通过互换PHD预测方程中运动状态空间和模型空间的变量，也可为新生目标和衍生目标推导出另一个一致性模型。此时，k时刻增广状态新生强度为

$$v_{\gamma,k}(\boldsymbol{\xi},\mu)=p_{\gamma,k}(\boldsymbol{\xi}\mid\mu)\tilde{v}_{\gamma,k}(\mu) \tag{8.3.20}$$

式中：$\tilde{v}_{\gamma,k}$为k时刻新生模型的强度；$p_{\gamma,k}(\cdot\mid\mu)$为给定模型$\mu$时新生运动状态的分布。注意：新生模型强度并不是运动状态的函数。在LGJM系统多目标模型中，假设新生运动状态的分布为高斯混合

$$p_{\gamma,k}(\boldsymbol{\xi}\mid\mu) = \sum_{i=1}^{J_{\gamma,k}(\mu)} w_{\gamma,k}^{(i)}(\mu)\mathcal{N}(\boldsymbol{\xi};\boldsymbol{m}_{\gamma,k}^{(i)}(\mu),\boldsymbol{P}_{\gamma,k}^{(i)}(\mu)) \tag{8.3.21}$$

式中：$J_{\gamma,k}(\mu)$、$w_{\gamma,k}^{(i)}(\mu)$、$\boldsymbol{m}_{\gamma,k}^{(i)}(\mu)$和$\boldsymbol{P}_{\gamma,k}^{(i)}(\mu)$，$i=1,2,\cdots,J_{\gamma,k}(\mu)$为给定的模型参数。注意：与新生模型1不同的是，此时这些模型参数与模型μ相关。

类似地，由$k-1$时刻增广状态$[\boldsymbol{\xi}'^{\mathrm{T}},\mu']^{\mathrm{T}}$衍生的$k$时刻增广状态$[\boldsymbol{\xi}^{\mathrm{T}},\mu]^{\mathrm{T}}$的强度为

$$v_{\beta,k|k-1}(\boldsymbol{\xi},\mu\mid\boldsymbol{\xi}',\mu')=p_{\beta,k|k-1}(\boldsymbol{\xi}\mid\mu,\boldsymbol{\xi}',\mu')\tilde{v}_{\beta,k|k-1}(\mu\mid\boldsymbol{\xi}',\mu') \tag{8.3.22}$$

式中：$\tilde{v}_{\beta,k|k-1}(\cdot\mid\boldsymbol{\xi}',\mu')$为模型衍生强度；$p_{\beta,k|k-1}(\cdot\mid\mu,\boldsymbol{\xi}',\mu')$为给定模型$\mu$条件下衍生运动状态的分布。LGJM系统多目标模型假设衍生模型强度与其父运动状态不相关，即$\tilde{v}_{\beta,k|k-1}(\mu\mid\boldsymbol{\xi}',\mu')=\tilde{v}_{\beta,k|k-1}(\mu\mid\mu')$，并且，还假设衍生运动状态的分布$p_{\beta,k|k-1}(\cdot\mid\mu,\boldsymbol{\xi}',\mu')$为高斯混合形式，即

$$\begin{aligned}p_{\beta,k|k-1}(\boldsymbol{\xi}\mid\mu,\boldsymbol{\xi}',\mu') = \sum_{i=1}^{J_{\beta,k}(\mu,\mu')} w_{\beta,k}^{(i)}(\mu,\mu')\mathcal{N}(\boldsymbol{\xi};\boldsymbol{F}_{\beta,k-1}^{(i)}(\mu,\mu')\boldsymbol{\xi}' \\ + \boldsymbol{d}_{\beta,k-1}^{(i)}(\mu,\mu'),\boldsymbol{P}_{\beta,k-1}^{(i)}(\mu,\mu'))\end{aligned} \tag{8.3.23}$$

式中：$J_{\beta,k}(\mu,\mu')$、$w_{\beta,k}^{(i)}(\mu,\mu')$、$\boldsymbol{F}_{\beta,k-1}^{(i)}(\mu,\mu')$、$\boldsymbol{d}_{\beta,k-1}^{(i)}(\mu,\mu')$和$\boldsymbol{P}_{\beta,k-1}^{(i)}(\mu,\mu')$，$i=1,2,\cdots,J_{\beta,k}(\mu,\mu')$为给定的模型参数，其依赖于当前模型$\mu$和前一时刻模型$\mu'$。注意，在出生模型 1 中，这些模型参数仅与模型$\mu'$相关。

从建模和应用的观点来看，模型 1 和模型 2 是不同的。不过，从算法或计算的角度来看，模型 1 可视为模型 2 的特殊情形，因而，这里采用模型 2。

总之，除了第 4.2 节的 3 个假设（A. 1 ~ A. 3）外，LGJM 系统多目标模型还包含以下假设。

A. 8：每个目标遵循 LGJM 系统模型，即增广状态的动态模型和量测模型有如下形式

$$\phi_{k|k-1}(\boldsymbol{\xi},\mu\mid\boldsymbol{\xi}',\mu')=\mathcal{N}(\boldsymbol{\xi};\boldsymbol{F}_{S,k-1}(\mu)\boldsymbol{\xi}',\boldsymbol{Q}_{S,k-1}(\mu))\tau_{k|k-1}(\mu\mid\mu') \tag{8.3.24}$$

$$g_k(z\mid\boldsymbol{\xi},\mu)=\mathcal{N}(z;\boldsymbol{H}_k(\mu)\boldsymbol{\xi},\boldsymbol{R}_k(\mu)) \tag{8.3.25}$$

式中：$\boldsymbol{F}_{S,k-1}(\mu)$和$\boldsymbol{Q}_{S,k-1}(\mu)$为以模型$\mu$为条件的线性目标动态模型参数；$\boldsymbol{H}_k(\mu)$和$\boldsymbol{R}_k(\mu)$为以模型$\mu$为条件的线性量测模型参数；$\tau_{k|k-1}(\mu\mid\mu')$为模型转移概率。具体而言，以模型$\mu$为条件，$\boldsymbol{F}_{S,k-1}(\mu)$为状态转移矩阵，$\boldsymbol{Q}_{S,k-1}(\mu)$为过程噪声协方差矩阵，$\boldsymbol{H}_k(\mu)$为量测矩阵，$\boldsymbol{R}_k(\mu)$为量测噪声协方差矩阵。

A. 9：目标存活概率和目标检测概率与运动状态独立，即

$$p_{S,k|k-1}(\boldsymbol{\xi}',\mu')=p_{S,k|k-1}(\mu') \tag{8.3.26}$$

$$p_{D,k}(\boldsymbol{\xi},\mu)=p_{D,k}(\mu) \tag{8.3.27}$$

假设 A. 8 和 A. 9 在机动目标跟踪算法中被普遍采用，如文献[9, 72]。

A. 10：新生和衍生 RFS 强度可表示为高斯混合形式

$$v_{\gamma,k}(\boldsymbol{\xi},\mu)=\tilde{v}_{\gamma,k}(\mu)\sum_{i=1}^{J_{\gamma,k}(\mu)}w_{\gamma,k}^{(i)}(\mu)\mathcal{N}(\boldsymbol{\xi};\boldsymbol{m}_{\gamma,k}^{(i)}(\mu),\boldsymbol{P}_{\gamma,k}^{(i)}(\mu)) \tag{8.3.28}$$

$$\begin{aligned}v_{\beta,k|k-1}(\boldsymbol{\xi},\mu\mid\boldsymbol{\xi}',\mu')=&\tilde{v}_{\beta,k|k-1}(\mu\mid\mu')\cdot\\&\sum_{i=1}^{J_{\beta,k}(\mu,\mu')}w_{\beta,k}^{(i)}(\mu,\mu')\mathcal{N}(\boldsymbol{\xi};\boldsymbol{F}_{\beta,k-1}^{(i)}(\mu,\mu')\boldsymbol{\xi}'\\&+\boldsymbol{d}_{\beta,k-1}^{(i)}(\mu,\mu'),\boldsymbol{P}_{\beta,k-1}^{(i)}(\mu,\mu'))\end{aligned} \tag{8.3.29}$$

式中：$J_{\gamma,k}(\mu)$、$w_{\gamma,k}^{(i)}(\mu)$、$\boldsymbol{m}_{\gamma,k}^{(i)}(\mu)$、$\boldsymbol{P}_{\gamma,k}^{(i)}(\mu)$，$i=1,2,\cdots,J_{\gamma,k}(\mu)$为以模型$\mu$为条件，$k$时刻新生目标运动状态的高斯混合密度参数；$\tilde{v}_{\gamma,k}(\mu)$为$k$时刻新生模型的强度。类似地，$J_{\beta,k}(\mu,\mu')$、$w_{\beta,k}^{(i)}(\mu,\mu')$、$\boldsymbol{F}_{\beta,k-1}^{(i)}(\mu,\mu')$、$\boldsymbol{d}_{\beta,k-1}^{(i)}(\mu,\mu')$、$\boldsymbol{P}_{\beta,k-1}^{(i)}(\mu,\mu')$，$i=1,2,\cdots,J_{\beta,k}(\mu,\mu')$为以模型$\mu$为条件，由$k-1$时刻增广状态$[\boldsymbol{\xi}'^{\mathrm{T}},\mu']^{\mathrm{T}}$

衍生的目标在 k 时刻运动状态的高斯混合密度参数，$\tilde{v}_{\beta,k|k-1}(\cdot|\mu')$ 为 $k-1$ 时刻模型 μ' 的目标衍生得到的 k 时刻模型的强度。

相比标准多目标跟踪算法采用的模型，LGJM 系统多目标模型更具一般性。大多数现有算法并未考虑新生和衍生过程，而这里的多目标模型包含了两者。当新生和衍生可能在不同模型间变化时，对于给定的模型 μ，出生模型兼容了不同强度的新生模型和衍生模型。类似地，LGJM 系统多目标模型还包含了给定模型 μ 下的目标消亡（存活）和目标检测模型。传统的多目标滤波技术对如此广义的模型在计算上是难以处理的。

8.3.2.2 高斯混合实现

利用附录 A 提供的两个引理，可推导出 LGJM 系统多目标模型的闭合形式 PHD 递归。

命题 24：对于 LGJM 多目标模型，如果 $k-1$ 时刻后验强度 v_{k-1} 为高斯混合形式

$$v_{k-1}(\boldsymbol{\xi}',\mu') = \sum_{i=1}^{J_{k-1}(\mu')} w_{k-1}^{(i)}(\mu')\mathcal{N}(\boldsymbol{\xi}';\boldsymbol{m}_{k-1}^{(i)}(\mu'),\boldsymbol{P}_{k-1}^{(i)}(\mu')) \tag{8.3.30}$$

则 k 时刻预测强度 $v_{k|k-1}$ 也为高斯混合形式，即

$$v_{k|k-1}(\boldsymbol{\xi},\mu) = v_{S,k|k-1}(\boldsymbol{\xi},\mu) + v_{\beta,k|k-1}(\boldsymbol{\xi},\mu) + v_{\gamma,k}(\boldsymbol{\xi},\mu) \tag{8.3.31}$$

式中：$v_{\gamma,k}(\cdot)$ 为 k 时刻新生强度，由式(8.3.28)给出，

$$v_{S,k|k-1}(\boldsymbol{\xi},\mu) = \sum_{\mu'}\sum_{j=1}^{J_{k-1}(\mu')} w_{S,k|k-1}^{(j)}(\mu,\mu')\mathcal{N}(\boldsymbol{\xi};\boldsymbol{m}_{S,k|k-1}^{(j)}(\mu,\mu'),\boldsymbol{P}_{S,k|k-1}^{(j)}(\mu,\mu')) \tag{8.3.32}$$

$$w_{S,k|k-1}^{(j)}(\mu,\mu') = \boldsymbol{\tau}_{k|k-1}(\mu|\mu')p_{S,k}(\mu')w_{k-1}^{(j)}(\mu') \tag{8.3.33}$$

$$\boldsymbol{m}_{S,k|k-1}^{(j)}(\mu,\mu') = \boldsymbol{F}_{S,k-1}(\mu)\boldsymbol{m}_{k-1}^{(j)}(\mu') \tag{8.3.34}$$

$$\boldsymbol{P}_{S,k|k-1}^{(j)}(\mu,\mu') = \boldsymbol{F}_{S,k-1}(\mu)\boldsymbol{P}_{k-1}^{(j)}(\mu')\boldsymbol{F}_{S,k-1}^{\mathrm{T}}(\mu) + \boldsymbol{Q}_{S,k-1}(\mu) \tag{8.3.35}$$

$$v_{\beta,k|k-1}(\boldsymbol{\xi},\mu) = \sum_{\mu'}\sum_{i=1}^{J_{k-1}(\mu')}\sum_{j=1}^{J_{\beta,k}(\mu,\mu')} w_{\beta,k|k-1}^{(i,j)}(\mu,\mu')\mathcal{N}(\boldsymbol{\xi};\boldsymbol{m}_{\beta,k|k-1}^{(i,j)}(\mu,\mu'),\boldsymbol{P}_{\beta,k|k-1}^{(i,j)}(\mu,\mu')) \tag{8.3.36}$$

$$w_{\beta,k|k-1}^{(i,j)}(\mu,\mu') = \tilde{v}_{\beta,k|k-1}(\mu|\mu')w_{k-1}^{(i)}(\mu')w_{\beta,k}^{(j)}(\mu,\mu') \tag{8.3.37}$$

$$\boldsymbol{m}_{\beta,k|k-1}^{(i,j)}(\mu,\mu') = \boldsymbol{F}_{\beta,k-1}^{(j)}(\mu,\mu')\boldsymbol{m}_{k-1}^{(i)}(\mu') + \boldsymbol{d}_{\beta,k-1}^{(j)}(\mu,\mu') \tag{8.3.38}$$

$$\boldsymbol{P}_{\beta,k|k-1}^{(i,j)}(\mu,\mu') = \boldsymbol{F}_{\beta,k-1}^{(j)}(\mu,\mu')\boldsymbol{P}_{k-1}^{(i)}(\mu')(\boldsymbol{F}_{\beta,k-1}^{(j)}(\mu,\mu'))^{\mathrm{T}} + \boldsymbol{P}_{\beta,k-1}^{(j)}(\mu,\mu') \tag{8.3.39}$$

证明：根据式(4.2.1)，由于目标新生、衍生和运动过程，预测强度分别由 $v_{\gamma,k}$、$v_{\beta,k|k-1}$ 和 $v_{S,k|k-1}$ 这 3 项组成。$v_{\gamma,k}$ 已由多目标模型给出，对于 $v_{\beta,k|k-1}$，将式(8.3.29)、式(8.3.30)代入 $\int v_{\beta,k|k-1}(\boldsymbol{x}\mid\boldsymbol{x}')v_{k-1}(\boldsymbol{x}')\mathrm{d}\boldsymbol{x}'$ 中，交换求和与积分顺序，对各项应用附录 A 中引理 4 可得式(8.3.36)。对于 $v_{S,k|k-1}$，将式(8.3.24)和式(8.3.30)代入 $\int \phi_{k|k-1}(\boldsymbol{x}\mid\boldsymbol{x}')v_{k-1}(\boldsymbol{x}')\mathrm{d}\boldsymbol{x}'$ 中，交换求和与积分的顺序，并对各项应用附录 A 中引理 4 可得式(8.3.32)。

命题 25：对于 LGJM 系统多目标模型，如果 k 时刻预测强度 $v_{k|k-1}$ 为高斯混合形式

$$v_{k|k-1}(\boldsymbol{\xi},\mu) = \sum_{i=1}^{J_{k|k-1}(\mu)} w_{k|k-1}^{(i)}(\mu)\mathcal{N}(\boldsymbol{\xi};\boldsymbol{m}_{k|k-1}^{(i)}(\mu),\boldsymbol{P}_{k|k-1}^{(i)}(\mu)) \tag{8.3.40}$$

则 k 时刻后验(更新)强度 v_k 也为高斯混合形式，为

$$\begin{aligned} v_k(\boldsymbol{\xi},\mu) &= (1-p_{D,k}(\mu))v_{k|k-1}(\boldsymbol{\xi},\mu) + \sum_{z\in Z_k} v_{D,k}(\boldsymbol{\xi},\mu;\boldsymbol{z}) \\ &= v_{k|k-1}(\boldsymbol{\xi},\mu) - v_{D,k}(\boldsymbol{\xi},\mu) + \sum_{z\in Z_k} v_{D,k}(\boldsymbol{\xi},\mu;\boldsymbol{z}) \end{aligned} \tag{8.3.41}$$

式中，

$$v_{D,k}(\boldsymbol{\xi},\mu;\boldsymbol{z}) = \sum_{j=1}^{J_{k|k-1}(\mu)} w_k^{(j)}(\mu;\boldsymbol{z})\mathcal{N}(\boldsymbol{\xi};\boldsymbol{m}_{k|k}^{(j)}(\mu;\boldsymbol{z}),\boldsymbol{P}_{k|k}^{(j)}(\mu)) \tag{8.3.42}$$

$$w_k^{(j)}(\mu;\boldsymbol{z}) = \frac{p_{D,k}(\mu)w_{k|k-1}^{(j)}(\mu)q_k^{(j)}(\mu;\boldsymbol{z})}{\kappa_k(\boldsymbol{z}) + \sum_{\mu} p_{D,k}(\mu)\sum_{i=1}^{J_{k|k-1}(\mu)} w_{k|k-1}^{(i)}(\mu)q_k^{(i)}(\mu;\boldsymbol{z})} \tag{8.3.43}$$

$$q_k^{(j)}(\mu;\boldsymbol{z}) = \mathcal{N}(\boldsymbol{z};\boldsymbol{\eta}_{k|k-1}^{(j)}(\mu),\boldsymbol{S}_{k|k-1}^{(j)}(\mu)) \tag{8.3.44}$$

$$\boldsymbol{m}_{k|k}^{(j)}(\mu;\boldsymbol{z}) = \boldsymbol{m}_{k|k-1}^{(j)}(\mu) + \boldsymbol{G}_k^{(j)}(\mu)(\boldsymbol{z}-\boldsymbol{\eta}_{k|k-1}^{(j)}(\mu)) \tag{8.3.45}$$

$$\boldsymbol{P}_{k|k}^{(j)}(\mu) = (\boldsymbol{I}-\boldsymbol{G}_k^{(j)}(\mu)\boldsymbol{H}_k(\mu))\boldsymbol{P}_{k|k-1}^{(j)}(\mu) \tag{8.3.46}$$

$$\boldsymbol{\eta}_{k|k-1}^{(j)}(\mu) = \boldsymbol{H}_k(\mu)\boldsymbol{m}_{k|k-1}^{(j)}(\mu) \tag{8.3.47}$$

$$\boldsymbol{S}_{k|k-1}^{(j)}(\mu) = \boldsymbol{H}_k(\mu)\boldsymbol{P}_{k|k-1}^{(j)}(\mu)\boldsymbol{H}_k^{\mathrm{T}}(\mu) + \boldsymbol{R}_k(\mu) \tag{8.3.48}$$

$$\boldsymbol{G}_k^{(j)}(\mu) = \boldsymbol{P}_{k|k-1}^{(j)}(\mu)\boldsymbol{H}_k^{\mathrm{T}}(\mu)(\boldsymbol{S}_{k|k-1}^{(j)}(\mu))^{-1} \tag{8.3.49}$$

证明：根据式(4.2.3)，更新强度由 3 部分组成。第 1 部分是给定的预测强

度 $v_{k|k-1}(\boldsymbol{\xi},\mu)$，第 2 部分是乘积 $p_{D,k}(\mu)v_{k|k-1}(\boldsymbol{\xi},\mu)$，记为 $v_{D,k}(\boldsymbol{\xi},\mu)$，第 3 部分为求和 $\sum_{z\in Z_k}v_{D,k}(\boldsymbol{\xi},\mu;z)$，其中，

$$v_{D,k}(\boldsymbol{\xi},\mu;z) = v_{D,k}(\boldsymbol{x};z) = \frac{p_{D,k}(\boldsymbol{x})g_k(z\mid\boldsymbol{x})v_{k|k-1}(\boldsymbol{x})}{\kappa_k(z)+\int p_{D,k}(\boldsymbol{x}')g_k(z\mid\boldsymbol{x}')v_{k|k-1}(\boldsymbol{x}')\mathrm{d}\boldsymbol{x}'} \tag{8.3.50}$$

对于 $v_{D,k}(\boldsymbol{\xi},\mu;z)$，首先将式(8.3.25)、式(8.3.40)代入式(8.3.50)中，并应用附录 A 引理 5 可得加权高斯的和。然后，对式(8.3.50)分母中的积分应用附录 A 中引理 4 可得式(8.3.43)分母中(二重)求和。联合式(8.3.50)分子和分母的结果可得式(8.3.42)。

命题 24 和命题 25 给出了在 LGJM 系统多目标模型假设下强度 $v_{k|k-1}$ 和 v_k 随时间解析传递的过程。$v_{S,k|k-1}(\cdot)$ 和 $v_{\beta,k|k-1}(\cdot)$ 的均值与协方差的递归对应卡尔曼预测，$v_{D,k}(\cdot)$ 的均值与协方差的递归对应卡尔曼更新。PHD 滤波器的复杂度为 $\mathcal{O}(J_{k-1}|Z_k|)$，其中，$J_{k-1}$ 为 $k-1$ 时刻固定模型 μ' 下表示 v_{k-1} 所用的高斯分量数量，$|Z_k|$ 表示 k 时刻的量测数量。

以上命题也表明预测和后验强度的分量数量随时间递增，需要应用与 GM－PHD滤波器类似的剪枝步骤进行处理。

根据命题 24 和命题 25，易得如下两个推论。

推论 3：在命题 24 的前提下，预测目标的期望数量为

$$\hat{N}_{k|k-1} = \hat{N}_{S,k|k-1} + \hat{N}_{\beta,k|k-1} + \hat{N}_{\gamma,k} \tag{8.3.51}$$

其中，

$$\hat{N}_{\gamma,k} = \sum_{\mu}\sum_{i=1}^{J_{\gamma,k}(\mu)}\tilde{v}_{\gamma,k}(\mu)w_{\gamma,k}^{(i)}(\mu) \tag{8.3.52}$$

$$\hat{N}_{\beta,k|k-1} = \sum_{\mu}\sum_{\mu'}\sum_{i=1}^{J_{k-1}(\mu')}\sum_{j=1}^{J_{\beta,k}(\mu,\mu')}\tilde{v}_{\beta,k|k-1}(\mu\mid\mu')w_{k-1}^{(i)}(\mu')w_{\beta,k}^{(j)}(\mu,\mu') \tag{8.3.53}$$

$$\hat{N}_{S,k|k-1} = \sum_{\mu}\sum_{\mu'}\sum_{i=1}^{J_{k-1}(\mu')}p_{S,k}(\mu')\tau_{k|k-1}(\mu\mid\mu')w_{k-1}^{(i)}(\mu') \tag{8.3.54}$$

推论 4：在命题 25 前提下，目标期望数量为

$$\hat{N}_k = \sum_{\mu}(1-p_{D,k}(\mu))\sum_{i=1}^{J_{k|k-1}(\mu)}w_{k|k-1}^{(i)}(\mu) + \sum_{z\in Z_k}\sum_{\mu}\sum_{i=1}^{J_{k|k-1}(\mu)}w_k^{(i)}(\mu;z) \tag{8.3.55}$$

给定 k 时刻的后验强度

$$v_k(\boldsymbol{\xi},\mu) = \sum_{i=1}^{J_k(\mu)} w_k^{(i)}(\mu)\mathcal{N}(\boldsymbol{\xi};\boldsymbol{m}_k^{(i)}(\mu),\boldsymbol{P}_k^{(i)}(\mu)) \tag{8.3.56}$$

强度的峰值对应目标期望数量最强局部浓度的点。为从 k 时刻后验强度 v_k 中提取目标状态，需要估计目标的数量 $\hat{N}_k$，这可通过对 $\sum_{i=1}^{J_k(\mu)} w_k^{(i)}(\mu)$ 进行四舍五入得到，而多目标状态的估计是 $\hat{N}_k$ 个具有最大权重 $w_k^{(i)}(\mu);\mu\in\mathcal{M},i=1,2,\cdots,J_k(\mu)$ 的均值和模型有序对 $(\boldsymbol{m}_k^{(i)}(\mu),\mu)$ 的集合。

8.3.2.3　多模型 PHD 递归广义解

除了线性高斯多目标模型和 LGJM 系统多目标模型外，在更一般条件下，也可得到多模型 PHD 递归的闭合形式解。

命题 26：设式(8.3.26)和式(8.3.24)的多目标状态转移模型的参数分别放宽为

$$\begin{aligned}p_{S,k|k-1}(\boldsymbol{\xi}',\mu') &= w_{S,k|k-1}^{(0)}(\mu') \\ &\quad + \sum_{j=1}^{J_{S,k|k-1}(\mu')} w_{S,k|k-1}^{(j)}(\mu')\mathcal{N}(\boldsymbol{\xi}';\boldsymbol{m}_{S,k|k-1}^{(j)}(\mu'),\boldsymbol{P}_{S,k|k-1}^{(j)}(\mu'))\end{aligned} \tag{8.3.57}$$

$$\begin{aligned}\phi_{k|k-1}(\boldsymbol{\xi},\mu\mid\boldsymbol{\xi}',\mu') = \sum_{j=1}^{J_{\phi,k|k-1}(\mu,\mu')} & w_{\phi,k|k-1}^{(j)}(\mu,\mu')\mathcal{N}(\boldsymbol{\xi};\boldsymbol{F}_{S,k-1}^{(j)}(\mu,\mu')\boldsymbol{\xi}', \\ & \boldsymbol{Q}_{S,k-1}^{(j)}(\mu,\mu'))\end{aligned} \tag{8.3.58}$$

如果 $k-1$ 时刻后验强度 v_{k-1} 为式(8.3.30)所给的高斯混合形式，则 k 时刻预测强度 $v_{k|k-1}$ 也为高斯混合形式，即

$$v_{k|k-1}(\boldsymbol{\xi},\mu) = v_{S,k|k-1}(\boldsymbol{\xi},\mu) + v_{\beta,k|k-1}(\boldsymbol{\xi},\mu) + v_{\gamma,k}(\boldsymbol{\xi},\mu) \tag{8.3.59}$$

式中：$v_{\gamma,k}(\cdot)$ 为 k 时刻新生目标强度，由式(8.3.28)给出；$v_{\beta,k|k-1}(\boldsymbol{\xi},\mu)$ 为衍生目标强度，由式(8.3.36)给出，

$$\begin{aligned}v_{S,k|k-1}(\boldsymbol{\xi},\mu) = \sum_{\mu'}\sum_{i=1}^{J_{k-1}(\mu')}\sum_{s=0}^{J_{S,k|k-1}(\mu')}\sum_{j=1}^{J_{\phi,k|k-1}(\mu,\mu')} & w_{S,k|k-1}^{(i,j,s)}(\mu,\mu')\mathcal{N}(\boldsymbol{\xi};\boldsymbol{m}_{S,k|k-1}^{(i,j,s)}(\mu,\mu'), \\ & \boldsymbol{P}_{S,k|k-1}^{(i,j,s)}(\mu,\mu'))\end{aligned} \tag{8.3.60}$$

$$w_{S,k|k-1}^{(i,j,s)}(\mu,\mu') = w_{\phi,k|k-1}^{(j)}(\mu,\mu')w_{S,k|k-1}^{(s)}(\mu')w_{k-1}^{(i)}(\mu')q_{S,k|k-1}^{(i,s)}(\mu') \tag{8.3.61}$$

$$\begin{aligned}q_{S,k|k-1}^{(i,s)}(\mu') &= \mathcal{N}(\boldsymbol{m}_{S,k|k-1}^{(s)}(\mu');\boldsymbol{m}_{k-1}^{(i)}(\mu'),\boldsymbol{P}_{S,k|k-1}^{(s)}(\mu')+\boldsymbol{P}_{k-1}^{(i)}(\mu')), \\ q_{S,k|k-1}^{(i,0)}(\mu') &= 1\end{aligned} \tag{8.3.62}$$

$$\boldsymbol{m}_{S,k|k-1}^{(i,j,s)}(\mu,\mu') = \boldsymbol{F}_{S,k-1}^{(j)}(\mu,\mu')\boldsymbol{m}_{S,k|k-1}^{(i,s)}(\mu') \tag{8.3.63}$$

$$\boldsymbol{m}_{S,k|k-1}^{(i,s)}(\mu') = \boldsymbol{m}_{k-1}^{(i)}(\mu') + \boldsymbol{G}_{k-1}^{(i,s)}(\mu')(\boldsymbol{m}_{S,k|k-1}^{(s)}(\mu') - \boldsymbol{m}_{k-1}^{(i)}(\mu')),$$
$$\boldsymbol{m}_{S,k|k-1}^{(i,0)}(\mu') = \boldsymbol{m}_{k-1}^{(i)}(\mu') \tag{8.3.64}$$

$$\boldsymbol{P}_{S,k|k-1}^{(i,j,s)}(\mu,\mu') = \boldsymbol{F}_{S,k-1}^{(j)}(\mu,\mu')\boldsymbol{P}_{S,k|k-1}^{(i,s)}(\mu')[\boldsymbol{F}_{S,k-1}^{(j)}(\mu,\mu')]^{\mathrm{T}} + \boldsymbol{Q}_{S,k-1}^{(j)}(\mu,\mu') \tag{8.3.65}$$

$$\boldsymbol{P}_{S,k|k-1}^{(i,s)}(\mu') = (\boldsymbol{I} - \boldsymbol{G}_{k-1}^{(i,s)}(\mu'))\boldsymbol{P}_{k-1}^{(i)}(\mu'), \boldsymbol{P}_{S,k|k-1}^{(i,0)}(\mu') = \boldsymbol{P}_{k-1}^{(i)}(\mu') \tag{8.3.66}$$

$$\boldsymbol{G}_{k-1}^{(i,s)}(\mu') = \boldsymbol{P}_{k-1}^{(i)}(\mu')(\boldsymbol{P}_{k-1}^{(i)}(\mu') + \boldsymbol{P}_{S,k|k-1}^{(s)}(\mu'))^{-1} \tag{8.3.67}$$

证明:对于 $v_{S,k|k-1}(\boldsymbol{\xi},\mu)$,首先将式(8.3.57)、式(8.3.30)代入 $p_{S,k|k-1}(\boldsymbol{x}')v_{k-1}(\boldsymbol{x}')$ 中,并应用附录 A 中的引理 5,可得加权高斯的(二重)求和。然后,将得到的高斯混合与式(8.3.58)代入 $\int p_{S,k|k-1}(\boldsymbol{x}')\phi_{k|k-1}(\boldsymbol{x}\mid\boldsymbol{x}')v_{k-1}(\boldsymbol{x}')\mathrm{d}\boldsymbol{x}'$ 中,交换求和与积分的顺序,并对各项应用附录 A 中的引理 4,可得式(8.3.60)。

命题 27:设式(8.3.27)和式(8.3.25)的多目标量测模型的参数分别放宽为

$$p_{D,k}(\boldsymbol{\xi},\mu) = w_{D,k}^{(0)}(\mu) + \sum_{j=1}^{J_{D,k}(\mu)} w_{D,k}^{(j)}(\mu)\mathcal{N}(\boldsymbol{\xi};\boldsymbol{m}_{D,k}^{(j)}(\mu),\boldsymbol{P}_{D,k}^{(j)}(\mu)) \tag{8.3.68}$$

$$g_k(\boldsymbol{z}\mid\boldsymbol{\xi},\mu) = \sum_{j=1}^{J_{g,k}(\mu)} w_{g,k}^{(j)}(\mu)\mathcal{N}(\boldsymbol{z};\boldsymbol{H}_k^{(j)}(\mu)\boldsymbol{\xi},\boldsymbol{R}_k^{(j)}(\mu)) \tag{8.3.69}$$

如果 k 时刻预测强度 $v_{k|k-1}$ 为式(8.3.40)所给的高斯混合形式,则 k 时刻后验(更新)强度 v_k 也为高斯混合形式,即

$$v_k(\boldsymbol{\xi},\mu) = v_{k|k-1}(\boldsymbol{\xi},\mu) - v_{D,k}(\boldsymbol{\xi},\mu) + \sum_{z\in Z_k} v_{D,k}(\boldsymbol{\xi},\mu;\boldsymbol{z}) \tag{8.3.70}$$

式中:

$$v_{D,k}(\boldsymbol{\xi},\mu) = \sum_{i=1}^{J_{k|k-1}(\mu)}\sum_{j=0}^{J_{D,k}(\mu)} w_{k|k-1}^{(i,j)}(\mu)\mathcal{N}(\boldsymbol{\xi};\boldsymbol{m}_{k|k-1}^{(i,j)}(\mu),\boldsymbol{P}_{k|k-1}^{(i,j)}(\mu)) \tag{8.3.71}$$

$$w_{k|k-1}^{(i,j)}(\mu) = w_{D,k}^{(j)}(\mu)w_{k|k-1}^{(i)}(\mu)q_{k|k-1}^{(i,j)}(\mu) \tag{8.3.72}$$

$$q_{k|k-1}^{(i,j)}(\mu) = \mathcal{N}(\boldsymbol{m}_{D,k}^{(j)}(\mu);\boldsymbol{m}_{k|k-1}^{(i)}(\mu),\boldsymbol{P}_{D,k}^{(j)}(\mu) + \boldsymbol{P}_{k|k-1}^{(i)}(\mu)), q_{k|k-1}^{(i,0)}(\mu) = 1 \tag{8.3.73}$$

$$\boldsymbol{m}_{k|k-1}^{(i,j)}(\mu) = \boldsymbol{m}_{k|k-1}^{(i)}(\mu) + \boldsymbol{G}_{k|k-1}^{(i,j)}(\mu)(\boldsymbol{m}_{D,k}^{(j)}(\mu) - \boldsymbol{m}_{k|k-1}^{(i)}(\mu)),$$

$$\boldsymbol{m}_{k|k-1}^{(i,0)}(\mu)=\boldsymbol{m}_{k|k-1}^{(i)}(\mu) \tag{8.3.74}$$

$$\boldsymbol{P}_{k|k-1}^{(i,j)}(\mu)=[\boldsymbol{I}-\boldsymbol{G}_{k|k-1}^{(i,j)}(\mu)]\boldsymbol{P}_{k|k-1}^{(i)}(\mu),\boldsymbol{P}_{k|k-1}^{(i,0)}(\mu)=\boldsymbol{P}_{k|k-1}^{(i)}(\mu) \tag{8.3.75}$$

$$\boldsymbol{G}_{k|k-1}^{(i,j)}(\mu)=\boldsymbol{P}_{k|k-1}^{(i)}(\mu)(\boldsymbol{P}_{k|k-1}^{(i)}(\mu)+\boldsymbol{P}_{D,k}^{(j)}(\mu))^{-1} \tag{8.3.76}$$

$$v_{D,k}(\boldsymbol{\xi},\mu;\boldsymbol{z})=\sum_{i=1}^{J_{k|k-1}(\mu)}\sum_{j=0}^{J_{D,k}(\mu)}\sum_{l=1}^{J_{g,k}(\mu)}w_k^{(i,l,j)}(\mu;\boldsymbol{z})\mathcal{N}(\boldsymbol{\xi};\boldsymbol{m}_{k|k}^{(i,l,j)}(\mu;\boldsymbol{z}),\boldsymbol{P}_{k|k}^{(i,l,j)}(\mu)) \tag{8.3.77}$$

$$w_k^{(i,l,j)}(\mu;\boldsymbol{z})=\frac{w_{k|k-1}^{(i,j)}(\mu)w_{g,k}^{(l)}(\mu)q_k^{(i,l,j)}(\mu;\boldsymbol{z})}{\kappa_k(\boldsymbol{z})+\sum\limits_{r=1}^{J_{k|k-1}(\mu)}\sum\limits_{s=0}^{J_{D,k}(\mu)}\sum\limits_{t=1}^{J_{g,k}(\mu)}w_{k|k-1}^{(r,s)}(\mu)w_{g,k}^{(t)}(\mu)q_k^{(r,s,t)}(\mu;\boldsymbol{z})} \tag{8.3.78}$$

$$q_k^{(i,l,j)}(\mu;\boldsymbol{z})=\mathcal{N}(\boldsymbol{z};\boldsymbol{\eta}_{k|k-1}^{(i,l,j)}(\mu),\boldsymbol{S}_{k|k-1}^{(i,l,j)}(\mu)) \tag{8.3.79}$$

$$\boldsymbol{m}_{k|k}^{(i,l,j)}(\mu;\boldsymbol{z})=\boldsymbol{m}_{k|k-1}^{(i,j)}(\mu)+\boldsymbol{G}_k^{(i,l,j)}(\mu)(\boldsymbol{z}-\boldsymbol{\eta}_{k|k-1}^{(i,l,j)}(\mu)) \tag{8.3.80}$$

$$\boldsymbol{P}_{k|k}^{(i,l,j)}(\mu)=(\boldsymbol{I}-\boldsymbol{G}_k^{(i,l,j)}(\mu)\boldsymbol{H}_k^{(l)}(\mu))\boldsymbol{P}_{k|k-1}^{(i,j)}(\mu) \tag{8.3.81}$$

$$\boldsymbol{\eta}_{k|k-1}^{(i,l,j)}(\mu)=\boldsymbol{H}_k^{(l)}(\mu)\boldsymbol{m}_{k|k-1}^{(i,j)}(\mu) \tag{8.3.82}$$

$$\boldsymbol{S}_{k|k-1}^{(i,l,j)}(\mu)=\boldsymbol{H}_k^{(l)}(\mu)\boldsymbol{P}_{k|k-1}^{(i,j)}(\mu)[\boldsymbol{H}_k^{(l)}(\mu)]^{\mathrm{T}}+\boldsymbol{R}_k^{(l)}(\mu) \tag{8.3.83}$$

$$\boldsymbol{G}_k^{(i,l,j)}(\mu)=\boldsymbol{P}_{k|k-1}^{(i,j)}(\mu)[\boldsymbol{H}_k^{(l)}(\mu)]^{\mathrm{T}}[\boldsymbol{S}_{k|k-1}^{(i,j)}(\mu)]^{-1} \tag{8.3.84}$$

证明:对于 $v_{D,k}(\boldsymbol{\xi},\mu)$,将式(8.3.68)、式(8.3.40)代入 $p_{D,k}(\boldsymbol{x})v_{k|k-1}(\boldsymbol{x})$ 中,并对各项应用附录 A 中的引理 5 可得式(8.3.71)。对于 $v_{D,k}(\boldsymbol{\xi},\mu;\boldsymbol{z})$,首先将式(8.3.69)、式(8.3.71)代入式(8.3.50)分子中,并应用附录 A 中的引理 5,可得加权高斯的(三重)求和。然后,对式(8.3.50)分母中的积分应用附录 A 中的引理 4,可得式(8.3.78)分母中的(三重)求和。联合式(8.3.50)中分子和分母的结果可得式(8.3.77)。

8.4 多模型 CBMeMBer 滤波器

本节首先给出多模型 CBMeMBer(MM – CBMeMBer)递归,在此基础上,分别介绍 MM – CBMeMBer 递归的序贯蒙特卡罗(SMC)实现和高斯混合(GM)实现,并将两者分别称为序贯蒙特卡罗多模型 CBMeMBer(SMC – MM – CBMeMBer)滤波器和高斯混合多模型 CBMeMBer(GM – MM – CBMeMBer)滤波器。

8.4.1 多模型 CBMeMBer 递归

利用类似于第 8.3 节介绍的多模型 PHD 技术,CBMeMBer 滤波器可推广到多模型跟踪,这通过将传统的伯努利 RFS 状态变量扩展到包含代表运动模型的离散随机变量来实现,令扩维的 RFS 为

$$\begin{aligned}(X,\mathcal{M}) &= \{(\boldsymbol{\xi},\mu)^{(1)},\cdots,(\boldsymbol{\xi},\mu)^{(M)}\}\\ &= \bigcup_{m=1}^{M}\{(\boldsymbol{\xi},\mu)^{(m)}\} = \bigcup_{m=1}^{M}(X,\mathcal{M})^{(m)}\end{aligned} \tag{8.4.1}$$

式中:M 为多伯努利分量数目,每个单元素$(X,\mathcal{M})^{(m)}$表示成伯努利集合$(\varepsilon^{(m)}, p^{(m)}(\boldsymbol{\xi},\mu))$,称其为多模型伯努利 RFS(MM－BRFS),对应的并集称为多模型多伯努利 RFS(MM－MBRFS)。

从而,k 时刻多目标 PDF 具有以下 MM－MBRFS 形式

$$\pi_k(X,\mathcal{M}) \sim \{(\varepsilon_k^{(i)},p_k^{(i)}(\boldsymbol{\xi},\mu))\}_{i=1}^{M_k} \tag{8.4.2}$$

类似于标准 CBMeMBer 滤波器方程,MM－MBRFS 经过预测和更新形成递归滤波器,该滤波器被称为多模型 CBMeMber(MM－CBMeMber)滤波器。

8.4.1.1 MM－CBMeMber 滤波器预测

MM－CBMeMber 滤波器的预测步骤非常类似于标准 CBMeMBer 预测。$k-1$时刻预测的多目标 PDF 具有 MM－MBRFS 形式 $\pi_{k|k-1}(X,\mathcal{M})$,可近似为以下两个 MM－MBRFS 集合的并集

$$\pi_{k|k-1}(X,\mathcal{M}) \approx \{(\varepsilon_{S,k|k-1}^{(i)},p_{S,k|k-1}^{(i)}(\boldsymbol{\xi},\mu))\}_{i=1}^{M_{k-1}} \cup \{(\varepsilon_{\gamma,k}^{(i)},p_{\gamma,k}^{(i)}(\boldsymbol{\xi},\mu))\}_{i=1}^{M_{\gamma,k}} \tag{8.4.3}$$

式中:$\{(\varepsilon_{\gamma,k}^{(i)},p_{\gamma,k}^{(i)}(\boldsymbol{\xi},\mu))\}_{i=1}^{M_{\gamma,k}}$为 k 时刻新生多模型多伯努利 RFS(MM－MBRFS)的参数,注意,其考虑了初始状态模型。类似于多模型 PHD 的新生状态强度公式 $v_{\gamma,k}(\boldsymbol{\xi},\mu)=p_{\gamma,k}(\boldsymbol{\xi}|\mu)\tilde{v}_{\gamma,k}(\mu)$(见式(8.3.20)),扩维的包含初始状态模型的新生状态分布为

$$p_{\gamma,k}(\boldsymbol{\xi},\mu)=p_{\gamma,k}(\boldsymbol{\xi}|\mu)p_{\mu,k}(\mu) \tag{8.4.4}$$

预测的 MM－MBRFS 可利用与基本 CBMeMBer 滤波器预测方程(式(6.2.3)、式(6.2.4))相类似的方程来计算,但需扩展到包含多模型变量。单模型随机方程被替换成模型依赖的转移方程,新的 MM－CBMeMBer 预测方程为

$$\varepsilon_{S,k|k-1}^{(i)}=\varepsilon_{k-1}^{(i)}\langle p_{k-1}^{(i)}(\cdot,\cdot),p_{S,k}(\cdot,\cdot)\rangle \tag{8.4.5}$$

$$p_{S,k|k-1}^{(i)}(\boldsymbol{\xi},\mu)=\frac{\langle \phi_{k|k-1}(\boldsymbol{\xi},\mu|\cdot,\cdot),p_{k-1}^{(i)}(\cdot,\cdot)p_{S,k}(\cdot,\cdot)\rangle}{\langle p_{k-1}^{(i)}(\cdot,\cdot),p_{S,k}(\cdot,\cdot)\rangle} \tag{8.4.6}$$

式中，需要强调的是，符号〈·，·〉表示在全状态变量(包括状态变量和模型变量)上的积分，即

$$\begin{aligned}\langle\alpha,\beta\rangle &= \int_{(X,\mathcal{M})}\alpha(\boldsymbol{\xi},\mu)\beta(\boldsymbol{\xi},\mu)\,\mathrm{d}\boldsymbol{\xi}\mathrm{d}\mu \\ &= \int_X\int_{\mathcal{M}}\alpha(\boldsymbol{\xi},\mu)\beta(\boldsymbol{\xi},\mu)\,\mathrm{d}\mu\mathrm{d}\boldsymbol{\xi} \\ &= \sum_{\mu}\int_X\alpha(\boldsymbol{\xi}\mid\mu)\beta(\boldsymbol{\xi}\mid\mu)\,\mathrm{d}\boldsymbol{\xi}\end{aligned} \tag{8.4.7}$$

8.4.1.2 MM-CBMeMBer 滤波器更新

MM-CBMeMBer 滤波器更新操作也非常类似于标准 CBMeMBer 更新。由式(8.4.2)给出的 k 时刻 MM-MBRFS 后验多目标 PDF $\pi_k(X,\mathcal{M})$，由以下两个 MM-MBRFS 集合的并集构成

$$\pi_k(X,\mathcal{M})\approx\{(\varepsilon_{L,k}^{(i)},p_{L,k}^{(i)}(\boldsymbol{\xi},\mu))\}_{i=1}^{M_{k|k-1}}\cup\{(\varepsilon_{U,k}(z),p_{U,k}(\boldsymbol{\xi},\mu;z))\}_{z\in Z_k} \tag{8.4.8}$$

式(8.4.8)的更新 MM-MBRFS 方程类似于式(6.3.8)中给出的标准 CBMeMBer更新方程，只是推广到并入多模型参数。类似于式(6.2.7)、式(6.2.8)，漏检(遗留)更新方程为

$$\varepsilon_{L,k}^{(i)}=\varepsilon_{k|k-1}^{(i)}\frac{1-\langle p_{k|k-1}^{(i)}(\cdot,\cdot),p_{D,k}(\cdot,\cdot)\rangle}{1-\varepsilon_{k|k-1}^{(i)}\langle p_{k|k-1}^{(i)}(\cdot,\cdot),p_{D,k}(\cdot,\cdot)\rangle} \tag{8.4.9}$$

$$p_{L,k}^{(i)}(\boldsymbol{\xi},\mu)=p_{k|k-1}^{(i)}(\boldsymbol{\xi},\mu)\frac{1-p_{D,k}(\boldsymbol{\xi},\mu)}{1-\langle p_{k|k-1}^{(i)}(\cdot,\cdot),p_{D,k}(\cdot,\cdot)\rangle} \tag{8.4.10}$$

最终，式(8.4.8)中的量测更新 MM-MBRFS 方程也类似于在式(6.2.21)和式(6.3.9)中的标准量测更新方程。不过，单目标量测似然函数被替换成模型依赖量测似然函数 $g_k(z\mid\boldsymbol{\xi},\mu)$，即

$$\varepsilon_{U,k}(z)=\frac{\displaystyle\sum_{i=1}^{M_{k|k-1}}\frac{\varepsilon_{k|k-1}^{(i)}\langle p_{k|k-1}^{(i)}(\cdot,\cdot),\psi_{k,z}(\cdot,\cdot)\rangle}{1-\varepsilon_{k|k-1}^{(i)}\langle p_{k|k-1}^{(i)}(\cdot,\cdot),p_{D,k}(\cdot,\cdot)\rangle}}{\kappa_k(z)+\displaystyle\sum_{i=1}^{M_{k|k-1}}\frac{\varepsilon_{k|k-1}^{(i)}\langle p_{k|k-1}^{(i)}(\cdot,\cdot),\psi_{k,z}(\cdot,\cdot)\rangle}{1-\varepsilon_{k|k-1}^{(i)}\langle p_{k|k-1}^{(i)}(\cdot,\cdot),p_{D,k}(\cdot,\cdot)\rangle}} \tag{8.4.11}$$

$$p_{U,k}(\boldsymbol{\xi},\mu;z)=\frac{\displaystyle\sum_{i=1}^{M_{k|k-1}}\frac{\varepsilon_{k|k-1}^{(i)}p_{k|k-1}^{(i)}(\boldsymbol{\xi},\mu)\psi_{k,z}(\boldsymbol{\xi},\mu)}{1-\varepsilon_{k|k-1}^{(i)}\langle p_{k|k-1}^{(i)}(\cdot,\cdot),p_{D,k}(\cdot,\cdot)\rangle}}{\displaystyle\sum_{i=1}^{M_{k|k-1}}\frac{\varepsilon_{k|k-1}^{(i)}\langle p_{k|k-1}^{(i)}(\cdot,\cdot),\psi_{k,z}(\cdot,\cdot)\rangle}{1-\varepsilon_{k|k-1}^{(i)}\langle p_{k|k-1}^{(i)}(\cdot,\cdot),p_{D,k}(\cdot,\cdot)\rangle}} \tag{8.4.12}$$

$$\psi_{k,z}(\boldsymbol{\xi},\mu) = p_{D,k}(\boldsymbol{\xi},\mu)g_k(z|\boldsymbol{\xi},\mu) \tag{8.4.13}$$

注意,在更新步骤中,不涉及多伯努利 RFS(MBRFS)的模型状态转移。

上述 MM - CBMeMBer 方程基于标准 CBMeMBer 方程。相比标准 CBMeMBer 方程,关键变化是添加了模型状态变量,在此基础上,分别对预测和更新步骤中的运动转移和量测更新方程适当扩展,从而捕获并估计目标运动的不确定性。上述预测和更新步骤形成了 MM - CBMeMBer 滤波器,以此为基础,可分别得到 SMC 和 GM 实现。

8.4.2 序贯蒙特卡罗多模型 CBMeMBer 滤波器

与标准 CBMeMBer 滤波器的 SMC 近似一样,MM - CBMeMBer 滤波器可利用粒子近似来实现。该实现涉及对每个粒子的状态—权重对(二元组)并入模型识别变量,该模型参数是当前粒子状态模型的离散表示。扩维的粒子集合具体描述如下:

$$\begin{aligned}(X_k,\mathcal{M}_k) &= \{(\varepsilon_k^{(i)},p_k^{(i)}(\boldsymbol{\xi},\mu))\}_{i=1}^{M_k}\\ &\approx \{(\varepsilon_k^{(i)},\{(\boldsymbol{\xi}_k^{(i,j)},\mu_k^{(i,j)},w_k^{(i,j)})\}_{j=1}^{L_k^{(i)}})\}_{i=1}^{M_k}\end{aligned} \tag{8.4.14}$$

类似于 SMC 近似,这形成了式(8.4.2)中多模型扩展伯努利 RFS(BRFS)的 PDF 近似,即

$$p_k^{(i)}(\boldsymbol{\xi},\mu) = \sum_{j=1}^{L_k^{(i)}} w_k^{(i,j)}\delta_{\boldsymbol{\xi}_k^{(i,j)},\mu_k^{(i,j)}}(\boldsymbol{\xi},\mu) \tag{8.4.15}$$

8.4.2.1 SMC - MM - CBMeMBer 滤波器预测

式(8.4.14)描述的扩维粒子集转移可利用 MM - CBMeMBer 预测方程在 SMC 实现方式下前向预测。这些方程类似于标准 SMC - CBMeMBer,只是考虑了额外的以模型为条件的粒子状态。

假设 $k-1$ 时刻后验多伯努利多目标密度为 $\pi_{k-1} = \{(\varepsilon_{k-1}^{(i)},p_{k-1}^{(i)}(\boldsymbol{\xi},\mu))\}_{i=1}^{M_{k-1}}$,每个 $p_{k-1}^{(i)}(\boldsymbol{\xi},\mu)$,$i=1,2,\cdots,M_{k-1}$ 由加权样本集 $\{(w_{k-1}^{(i,j)},\boldsymbol{\xi}_{k-1}^{(i,j)},\mu_{k-1}^{(i,j)})\}_{j=1}^{L_{k-1}^{(i)}}$ 组成,即

$$p_{k-1}^{(i)}(\boldsymbol{\xi},\mu) = \sum_{j=1}^{L_{k-1}^{(i)}} w_{k-1}^{(i,j)}\delta_{\boldsymbol{\xi}_{k-1}^{(i,j)},\mu_{k-1}^{(i,j)}}(\boldsymbol{\xi},\mu) \tag{8.4.16}$$

则预测的多模型(多伯努利)多目标密度 $\pi_{k|k-1} = \{(\varepsilon_{S,k|k-1}^{(i)},p_{S,k|k-1}^{(i)})\}_{i=1}^{M_{k-1}} \cup \{(\varepsilon_{\gamma,k}^{(i)},p_{\gamma,k}^{(i)})\}_{i=1}^{M_{\gamma,k}}$ 可按以下式子计算:

$$\varepsilon_{S,k|k-1}^{(i)} = \varepsilon_{k-1}^{(i)}\sum_{j=1}^{L_{k-1}^{(i)}} w_{k-1}^{(i,j)}p_{S,k}(\boldsymbol{\xi}_{k-1}^{(i,j)},\mu_{k-1}^{(i,j)}) \tag{8.4.17}$$

$$p_{S,k|k-1}^{(i)}(\boldsymbol{\xi},\boldsymbol{\mu}) = \sum_{j=1}^{L_{k-1}^{(i)}} \tilde{w}_{S,k|k-1}^{(i,j)} \delta_{\xi_{S,k|k-1}^{(i,j)},\mu_{S,k|k-1}^{(i,j)}}(\boldsymbol{\xi},\boldsymbol{\mu}) \tag{8.4.18}$$

$$\varepsilon_{\gamma,k}^{(i)} = \int_{(X,\mathcal{M})} b_{\xi,k}^{(i)}(\boldsymbol{\xi} \mid \mu, Z_k) b_{\mu,k}^{(i)}(\mu) \mathrm{d}\boldsymbol{\xi}\mathrm{d}\mu \tag{8.4.19}$$

$$p_{\gamma,k}^{(i)}(\boldsymbol{\xi},\boldsymbol{\mu}) = \sum_{j=1}^{L_{\gamma,k}^{(i)}} \tilde{w}_{\gamma,k}^{(i,j)} \delta_{\xi_{\gamma,k}^{(i,j)},\mu_{\gamma,k}^{(i,j)}}(\boldsymbol{\xi},\boldsymbol{\mu}) \tag{8.4.20}$$

其中，

$$\boldsymbol{\mu}_{S,k|k-1}^{(i,j)} \sim q_{\mu,k}^{(i)}(\cdot \mid \boldsymbol{\mu}_{k-1}^{(i,j)}), j=1,2,\cdots,L_{k-1}^{(i)} \tag{8.4.21}$$

$$\boldsymbol{\xi}_{S,k|k-1}^{(i,j)} \sim q_{\xi,k}^{(i)}(\cdot \mid \boldsymbol{\xi}_{k-1}^{(i,j)}, \boldsymbol{\mu}_{S,k|k-1}^{(i,j)}, Z_k), j=1,2,\cdots,L_{k-1}^{(i)} \tag{8.4.22}$$

$$\tilde{w}_{S,k|k-1}^{(i,j)} = w_{S,k|k-1}^{(i,j)} \Big/ \sum_{j=1}^{L_{k-1}^{(i)}} w_{S,k|k-1}^{(i,j)} \tag{8.4.23}$$

$$w_{S,k|k-1}^{(i,j)} = w_{k-1}^{(i,j)} \frac{\tilde{\phi}_{k|k-1}(\boldsymbol{\xi}_{S,k|k-1}^{(i,j)} \mid \boldsymbol{\xi}_{k-1}^{(i,j)}, \boldsymbol{\mu}_{S,k|k-1}^{(i,j)}) \tau(\boldsymbol{\mu}_{S,k|k-1}^{(i,j)} \mid \boldsymbol{\mu}_{k-1}^{(i,j)}) p_{S,k}(\boldsymbol{\xi}_{k-1}^{(i,j)}, \boldsymbol{\mu}_{k-1}^{(i,j)})}{q_{\xi,k}^{(i)}(\boldsymbol{\xi}_{S,k|k-1}^{(i,j)} \mid \boldsymbol{\xi}_{k-1}^{(i,j)}, \boldsymbol{\mu}_{S,k|k-1}^{(i,j)}, Z_k) q_{\mu,k}^{(i)}(\boldsymbol{\mu}_{S,k|k-1}^{(i,j)} \mid \boldsymbol{\mu}_{k-1}^{(i,j)})} \tag{8.4.24}$$

$$\boldsymbol{\mu}_{\gamma,k}^{(i,j)} \sim b_{\mu,k}^{(i)}(\cdot), j=1,2,\cdots,L_{\gamma,k}^{(i)} \tag{8.4.25}$$

$$\boldsymbol{\xi}_{\gamma,k}^{(i,j)} \sim b_{\xi,k}^{(i)}(\cdot \mid \boldsymbol{\mu}_{\gamma,k}^{(i,j)}, Z_k), j=1,2,\cdots,L_{\gamma,k}^{(i)} \tag{8.4.26}$$

$$\tilde{w}_{\gamma,k}^{(i,j)} = w_{\gamma,k}^{(i,j)} \Big/ \sum_{j=1}^{L_{\gamma,k}^{(i)}} w_{\gamma,k}^{(i,j)} \tag{8.4.27}$$

$$w_{\gamma,k}^{(i,j)} = \frac{p_{\gamma,k}(\boldsymbol{\xi}_{\gamma,k}^{(i,j)}, \boldsymbol{\mu}_{\gamma,k}^{(i,j)})}{b_k^{(i)}(\boldsymbol{\xi}_{\gamma,k}^{(i,j)}, \boldsymbol{\mu}_{\gamma,k}^{(i,j)} \mid Z_k)} = \frac{p_{\gamma,k}(\boldsymbol{\xi}_{\gamma,k}^{(i,j)} \mid \boldsymbol{\mu}_{\gamma,k}^{(i,j)}) p_{\mu,k}(\boldsymbol{\mu}_{\gamma,k}^{(i,j)})}{b_{\xi,k}^{(i)}(\boldsymbol{\xi}_{\gamma,k}^{(i,j)} \mid \boldsymbol{\mu}_{\gamma,k}^{(i,j)}, Z_k) b_{\mu,k}^{(i)}(\boldsymbol{\mu}_{\gamma,k}^{(i,j)})} \tag{8.4.28}$$

式中：$q_{\mu,k}^{(i)}$和 $q_{\xi,k}^{(i)}$分别为运动模型和运动状态的重要性采样分布。与标准CBMeMBer滤波器的核心区别是在式（8.4.21）和式（8.4.22）中对运动模型进行了抽样，并将其应用于权重式（8.4.24）的计算。概率质量函数（PMF）$p_{\mu,k}(\cdot)$表示 k 时刻新生目标的模型分布，$p_{\gamma,k}(\cdot \mid \mu)$表示给定模型 μ 条件下的状态分布，$b_{\mu,k}^{(i)}$和 $b_{\xi,k}^{(i)}$分别对应给定的重要性（或建议）密度，用于抽样模型变量（式（8.4.25））和状态变量（式（8.4.26））。

8.4.2.2 SMC－MM－CBMeMBer 滤波器更新

SMC－MM－CBMeMBer 滤波器更新类似于标准 SMC－CBMeMBer 更新。不过，单目标量测似然函数被替换成模型依赖的量测似然函数。更新步骤的操作类似于基本粒子滤波算法，只是这里是在 RFS 背景下。

假设 k 时刻预测多模型（多伯努利）多目标密度为 $\pi_{k|k-1} = \{(\varepsilon_{k|k-1}^{(i)}, p_{k|k-1}^{(i)}(\boldsymbol{\xi},\boldsymbol{\mu}))\}_{i=1}^{M_{k|k-1}}$，每个 $p_{k|k-1}^{(i)}(\boldsymbol{\xi},\boldsymbol{\mu})$，$i=1,2,\cdots,M_{k|k-1}$ 由加权样本集$\{(w_{k|k-1}^{(i,j)},$

$\boldsymbol{\xi}_{k|k-1}^{(i,j)},\boldsymbol{\mu}_{k|k-1}^{(i,j)})\}_{j=1}^{L_{k|k-1}^{(i)}}$组成,即

$$p_{k|k-1}^{(i)}(\boldsymbol{\xi},\boldsymbol{\mu}) = \sum_{j=1}^{L_{k|k-1}^{(i)}} w_{k|k-1}^{(i,j)} \delta_{\boldsymbol{\xi}_{k|k-1}^{(i,j)},\boldsymbol{\mu}_{k|k-1}^{(i,j)}}(\boldsymbol{\xi},\boldsymbol{\mu}) \tag{8.4.29}$$

则更新的多目标密度 $\pi_k = \{(\varepsilon_{L,k}^{(i)}, p_{L,k}^{(i)}(\boldsymbol{\xi},\boldsymbol{\mu}))\}_{i=1}^{M_{k|k-1}} \cup \{(\varepsilon_{U,k}^{*}(z), p_{U,k}^{*}(\boldsymbol{\xi},\boldsymbol{\mu};z))\}_{z\in Z_k}$的多伯努利近似可按下述式子计算:

$$\varepsilon_{L,k}^{(i)} = \varepsilon_{k|k-1}^{(i)} \frac{1-\eta_{L,k}^{(i)}}{1-\varepsilon_{k|k-1}^{(i)}\eta_{L,k}^{(i)}} \tag{8.4.30}$$

$$p_{L,k}^{(i)}(\boldsymbol{\xi},\boldsymbol{\mu}) = \sum_{j=1}^{L_{k|k-1}^{(i)}} \tilde{w}_{L,k}^{(i,j)} \delta_{\boldsymbol{\xi}_{k|k-1}^{(i,j)},\boldsymbol{\mu}_{k|k-1}^{(i,j)}}(\boldsymbol{\xi},\boldsymbol{\mu}) \tag{8.4.31}$$

$$\varepsilon_{U,k}^{*}(z) = \frac{\sum_{i=1}^{M_{k|k-1}} \frac{\varepsilon_{k|k-1}^{(i)}(1-\varepsilon_{k|k-1}^{(i)})\eta_{U,k}^{(i)}(z)}{(1-\varepsilon_{k|k-1}^{(i)}\eta_{L,k}^{(i)})^2}}{\kappa_k(z) + \sum_{i=1}^{M_{k|k-1}} \frac{\varepsilon_{k|k-1}^{(i)}\eta_{U,k}^{(i)}(z)}{1-\varepsilon_{k|k-1}^{(i)}\eta_{L,k}^{(i)}}} \tag{8.4.32}$$

$$p_{U,k}^{*}(\boldsymbol{\xi},\boldsymbol{\mu};z) = \sum_{i=1}^{M_{k|k-1}} \sum_{j=1}^{L_{k|k-1}^{(i)}} \tilde{w}_{U,k}^{*(i,j)}(z) \delta_{\boldsymbol{\xi}_{k|k-1}^{(i,j)},\boldsymbol{\mu}_{k|k-1}^{(i,j)}}(\boldsymbol{\xi},\boldsymbol{\mu}) \tag{8.4.33}$$

其中,

$$\eta_{L,k}^{(i)} = \sum_{j=1}^{L_{k|k-1}^{(i)}} w_{k|k-1}^{(i,j)} p_{D,k}(\boldsymbol{\xi}_{k|k-1}^{(i,j)},\boldsymbol{\mu}_{k|k-1}^{(i,j)}) \tag{8.4.34}$$

$$\tilde{w}_{L,k}^{(i,j)} = w_{L,k}^{(i,j)} \Big/ \sum_{j=1}^{L_{k|k-1}^{(i)}} w_{L,k}^{(i,j)} \tag{8.4.35}$$

$$w_{L,k}^{(i,j)} = w_{k|k-1}^{(i,j)}(1-p_{D,k}(\boldsymbol{\xi}_{k|k-1}^{(i,j)},\boldsymbol{\mu}_{k|k-1}^{(i,j)})) \tag{8.4.36}$$

$$\eta_{U,k}^{(i)}(z) = \sum_{j=1}^{L_{k|k-1}^{(i)}} w_{k|k-1}^{(i,j)} \psi_{k,z}(\boldsymbol{\xi}_{k|k-1}^{(i,j)},\boldsymbol{\mu}_{k|k-1}^{(i,j)}) \tag{8.4.37}$$

$$\tilde{w}_{U,k}^{*(i,j)}(z) = w_{U,k}^{*(i,j)}(z) \Big/ \sum_{i=1}^{M_{k|k-1}} \sum_{j=1}^{L_{k|k-1}^{(i)}} w_{U,k}^{*(i,j)}(z) \tag{8.4.38}$$

$$w_{U,k}^{*(i,j)}(z) = w_{k|k-1}^{(i,j)} \frac{\varepsilon_{k|k-1}^{(i)}}{1-\varepsilon_{k|k-1}^{(i)}} \psi_{k,z}(\boldsymbol{\xi}_{k|k-1}^{(i,j)},\boldsymbol{\mu}_{k|k-1}^{(i,j)}) \tag{8.4.39}$$

$$\psi_{k,z}(\boldsymbol{\xi},\boldsymbol{\mu}) = g_k(z|\boldsymbol{\xi},\boldsymbol{\mu}) p_{D,k}(\boldsymbol{\xi},\boldsymbol{\mu}) \tag{8.4.40}$$

与标准 SMC－CBMeMBer 滤波器的重要区别是对运动状态和运动模型均应用了粒子表示的检测概率,以及在式(8.4.37)和式(8.4.39)的更新权重计算中使用了以模型为条件的目标似然函数。

8.4.3　高斯混合多模型 CBMeMBer 滤波器

GM－CBMeMBer 滤波器也可推广到多模型滤波。类似地,每个高斯混合

(GM)分量扩展到包含模型参数,并应用 LGJM 模型来建模模型切换参数,这类似于 GM - PHD 滤波器推广到 LGJM 模型(详见第 8.3.2 节)。高斯混合 MM - MBRFS(GM - MM - MBRFS)可描述为

$$(X_k,\mathcal{M}_k)=\{(\varepsilon_k^{(i)},p_k^{(i)}(\boldsymbol{\xi},\mu))\}_{i=1}^{M_k}$$
$$\approx\{(\varepsilon_k^{(i)},\{(w_k^{(i,j)},\boldsymbol{m}_k^{(i,j)},\boldsymbol{P}_k^{(i,j)},\mu_k^{(i,j)})\}_{j=1}^{J_k^{(i)}})\}_{i=1}^{M_k} \tag{8.4.41}$$

其中,

$$p_k^{(i)}(\boldsymbol{\xi},\mu)=\sum_{j=1}^{J_k^{(i)}}w_k^{(i,j)}(\mu)\mathcal{N}(\boldsymbol{\xi};\boldsymbol{m}_k^{(i,j)}(\mu),\boldsymbol{P}_k^{(i,j)}(\mu)) \tag{8.4.42}$$

8.4.3.1 GM - MM - CBMeMBer 滤波器预测

给定 $k-1$ 时刻后验多模型多伯努利多目标密度 $\pi_{k-1}=\{(\varepsilon_{k-1}^{(i)},p_{k-1}^{(i)}(\boldsymbol{\xi},\mu))\}_{i=1}^{M_{k-1}}$,每个 $p_{k-1}^{(i)}(\boldsymbol{\xi},\mu),i=1,2,\cdots,M_{k-1}$为高斯混合形式

$$p_{k-1}^{(i)}(\boldsymbol{\xi},\mu)=\sum_{j=1}^{J_{k-1}^{(i)}}w_{k-1}^{(i,j)}(\mu)\mathcal{N}(\boldsymbol{\xi};\boldsymbol{m}_{k-1}^{(i,j)}(\mu),\boldsymbol{P}_{k-1}^{(i,j)}(\mu)) \tag{8.4.43}$$

则预测多模型(多伯努利)多目标密度 $\pi_{k|k-1}=\{(\varepsilon_{S,k|k-1}^{(i)},p_{S,k|k-1}^{(i)}(\boldsymbol{\xi},\mu))\}_{i=1}^{M_{k-1}}\cup\{(\varepsilon_{\gamma,k}^{(i)},p_{\gamma,k}^{(i)}(\boldsymbol{\xi},\mu))\}_{i=1}^{M_{\gamma,k}}$可按如下式子计算

$$\varepsilon_{S,k|k-1}^{(i)}=\varepsilon_{k-1}^{(i)}\sum_{\mu'}\sum_{j=1}^{J_{k-1}^{(i)}}p_{S,k}(\mu')w_{k-1}^{(i,j)}(\mu') \tag{8.4.44}$$

$$p_{S,k|k-1}^{(i)}(\boldsymbol{\xi},\mu)=\sum_{\mu'}\sum_{j=1}^{J_{k-1}^{(i)}}w_{S,k|k-1}^{(i,j)}(\mu|\mu')\mathcal{N}(\boldsymbol{\xi};\boldsymbol{m}_{S,k|k-1}^{(i,j)}(\mu|\mu'),\boldsymbol{P}_{S,k|k-1}^{(i,j)}(\mu|\mu')) \tag{8.4.45}$$

式中:

$$w_{S,k|k-1}^{(i,j)}(\mu|\mu')=p_{S,k}(\mu')\tau_{k|k-1}(\mu|\mu')w_{k-1}^{(i,j)}(\mu') \tag{8.4.46}$$

$$\boldsymbol{m}_{S,k|k-1}^{(i,j)}(\mu|\mu')=\boldsymbol{F}_{S,k-1}(\mu)\boldsymbol{m}_{k-1}^{(i,j)}(\mu') \tag{8.4.47}$$

$$\boldsymbol{P}_{S,k|k-1}^{(i,j)}(\mu|\mu')=\boldsymbol{F}_{S,k-1}(\mu)\boldsymbol{P}_{k-1}^{(i,j)}(\mu')\boldsymbol{F}_{S,k-1}^{\mathrm{T}}(\mu)+\boldsymbol{Q}_{k-1}(\mu) \tag{8.4.48}$$

式中:$\boldsymbol{F}_{S,k-1}(\mu)$为以运动模型$\mu$为条件的线性状态转移矩阵;类似地,$\boldsymbol{Q}_{k-1}(\mu)$为相同运动模型下的过程噪声矩阵。此外,$p_{S,k}(\mu)$表示模型依赖的存活概率。然而,在大部分情形下,该参数与模型无关,即 $p_{S,k}(\mu)=p_{S,k}$。相比标准 GM - CBMeMBer,GM - MM - CBMeMBer 重要扩展是在每个目标运动参数中并入了模型参数,特别地,在式(8.4.46)中新增了模型转移概率 $\tau_{k|k-1}(\mu|\mu')$。

新生 MBRFS 的集合$\{(\varepsilon_{\gamma,k}^{(i)},p_{\gamma,k}^{(i)}(\boldsymbol{\xi},\mu))\}_{i=1}^{M_{\gamma,k}}$利用多模型高斯混合来近似新生集合 PDF,即

$$p_{\gamma,k}^{(i)}(\boldsymbol{\xi},\mu) = \sum_{j=1}^{J_{\gamma,k}^{(i)}} w_{\gamma,k}^{(i,j)}(\mu)\mathcal{N}(\boldsymbol{\xi};\boldsymbol{m}_{\gamma,k}^{(i,j)}(\mu),\boldsymbol{P}_{\gamma,k}^{(i,j)}(\mu)) \quad (8.4.49)$$

式中：$\boldsymbol{m}_{\gamma,k}^{(i,j)}(\mu)$、$\boldsymbol{P}_{\gamma,k}^{(i,j)}(\mu)$和 $w_{\gamma,k}^{(i,j)}(\mu)$为多模型新生 RFS 的 PDF 的高斯混合近似，$\varepsilon_{\gamma,k}^{(i)}$为模型设定参数。

8.4.3.2 GM－MM－CBMeMBer 滤波器更新

假设 k 时刻预测多模型(多伯努利)多目标密度为 $\pi_{k|k-1}=\{(\varepsilon_{k|k-1}^{(i)},p_{k|k-1}^{(i)}(\boldsymbol{\xi},\mu))\}_{i=1}^{M_{k|k-1}}$，每个 $p_{k|k-1}^{(i)}(\boldsymbol{\xi},\mu),i=1,2,\cdots,M_{k|k-1}$为如下高斯混合形式

$$p_{k|k-1}^{(i)}(\boldsymbol{\xi},\mu) = \sum_{j=1}^{J_{k|k-1}^{(i)}} w_{k|k-1}^{(i,j)}(\mu)\mathcal{N}(\boldsymbol{\xi};\boldsymbol{m}_{k|k-1}^{(i,j)}(\mu),\boldsymbol{P}_{k|k-1}^{(i,j)}(\mu)) \quad (8.4.50)$$

则更新多模型多目标密度的多伯努利近似 $\pi_k=\{(\varepsilon_{L,k}^{(i)},p_{L,k}^{(i)}(\boldsymbol{\xi},\mu))\}_{i=1}^{M_{k|k-1}}\cup\{(\varepsilon_{U,k}^{*}(z),p_{U,k}^{*}(\boldsymbol{\xi},\mu,z))\}_{z\in Z_k}$可计算如下：

$$\varepsilon_{L,k}^{(i)} = \varepsilon_{k|k-1}^{(i)}\frac{1-p_{D,k}(\mu)}{1-\varepsilon_{k|k-1}^{(i)}p_{D,k}(\mu)} \quad (8.4.51)$$

$$p_{L,k}^{(i)}(\boldsymbol{\xi},\mu) = p_{k|k-1}^{(i)}(\boldsymbol{\xi},\mu) \quad (8.4.52)$$

$$\varepsilon_{U,k}^{*}(z) = \frac{\sum_{i=1}^{M_{k|k-1}}\frac{\varepsilon_{k|k-1}^{(i)}(1-\varepsilon_{k|k-1}^{(i)})\eta_{U,k}^{(i)}(z)}{(1-\varepsilon_{k|k-1}^{(i)}p_{D,k}(\mu))^2}}{\kappa_k(z)+\sum_{i=1}^{M_{k|k-1}}\frac{\varepsilon_{k|k-1}^{(i)}\eta_{U,k}^{(i)}(z)}{1-\varepsilon_{k|k-1}^{(i)}p_{D,k}(\mu)}} \quad (8.4.53)$$

$$p_{U,k}^{*}(\boldsymbol{\xi},\mu;z) = \frac{\sum_{i=1}^{M_{k|k-1}}\sum_{j=1}^{J_{k|k-1}^{(i)}} w_{U,k}^{(i,j)}(\mu;z)\mathcal{N}(\boldsymbol{\xi};\boldsymbol{m}_{U,k}^{(i,j)}(\mu;z),\boldsymbol{P}_{U,k}^{(i,j)}(\mu))}{\sum_{i=1}^{M_{k|k-1}}\sum_{j=1}^{J_{k|k-1}^{(i)}} w_{U,k}^{(i,j)}(\mu;z)} \quad (8.4.54)$$

其中，

$$\eta_{U,k}^{(i)}(z) = p_{D,k}(\mu)\sum_{j=1}^{J_{k|k-1}^{(i)}} w_{k|k-1}^{(i,j)}(\mu)q_k^{(i,j)}(\mu;z) \quad (8.4.55)$$

$$q_k^{(i,j)}(\mu;z) = \mathcal{N}(z;\boldsymbol{H}_k(\mu)\boldsymbol{m}_{k|k-1}^{(i,j)}(\mu),\boldsymbol{S}_k^{(i,j)}(\mu)) \quad (8.4.56)$$

$$w_{U,k}^{(i,j)}(\mu;z) = p_{D,k}(\mu)w_{k|k-1}^{(i,j)}(\mu)\frac{\varepsilon_{k|k-1}^{(i)}}{1-\varepsilon_{k|k-1}^{(i)}}q_k^{(i,j)}(\mu;z) \quad (8.4.57)$$

$$\boldsymbol{m}_{U,k}^{(i,j)}(\mu;z) = \boldsymbol{m}_{k|k-1}^{(i,j)}(\mu)+\boldsymbol{G}_{U,k}^{(i,j)}(\mu)(z-\boldsymbol{H}_k(\mu)\boldsymbol{m}_{k|k-1}^{(i,j)}(\mu)) \quad (8.4.58)$$

$$\boldsymbol{P}_{U,k}^{(i,j)}(\mu) = (\boldsymbol{I}-\boldsymbol{G}_{U,k}^{(i,j)}(\mu)\boldsymbol{H}_k(\mu))\boldsymbol{P}_{k|k-1}^{(i,j)}(\mu) \quad (8.4.59)$$

$$\boldsymbol{G}_{U,k}^{(i,j)}(\mu)=\boldsymbol{P}_{k|k-1}^{(i,j)}(\mu)\boldsymbol{H}_k^{\mathrm{T}}(\mu)(\boldsymbol{S}_k^{(i,j)}(\mu))^{-1} \tag{8.4.60}$$

$$\boldsymbol{S}_k^{(i,j)}(\mu)=\boldsymbol{H}_k(\mu)\boldsymbol{P}_{k|k-1}^{(i,j)}(\mu)\boldsymbol{H}_k^{\mathrm{T}}(\mu)+\boldsymbol{R}_k(\mu) \tag{8.4.61}$$

GM - MM - CBMeMBer 更新方程与标准 GM - CBMeMBer 滤波器更新方程的主要区别是使用了模型依赖的检测概率。然而,在大部分情况下,检测概率与模型相独立,即 $p_{D,k}(\mu)=p_{D,k}$。此外,量测似然模型也扩展到包含模型参数。

8.5　多模型 GLMB 滤波器

在前两节中,状态和运动模型的联合转移为如下形式

$$\phi(\boldsymbol{\xi},\mu|\boldsymbol{\xi}',\mu')=\tilde{\phi}(\boldsymbol{\xi}|\boldsymbol{\xi}',\mu)\tau(\mu|\mu') \tag{8.5.1}$$

式中:μ 和 μ' 分别为当前时刻和前一时刻的模型变量;$\tilde{\phi}(\boldsymbol{\xi}|\boldsymbol{\xi}',\mu)$ 为从前一时刻状态 $\boldsymbol{\xi}'$ 到当前时刻状态 $\boldsymbol{\xi}$ 的状态转移密度。此外,量测函数也可能依赖于模型 μ,因此,状态 $\boldsymbol{\xi}$ 产生量测 z 的似然记为 $g(z|\boldsymbol{\xi},\mu)$。

为将 GLMB 滤波器扩展到多模型版本,状态转移和量测似然模型除了包含模型变量 μ 外,还需考虑标签变量 ℓ。定义机动目标的(带标签)状态包含运动状态 $\boldsymbol{\xi}$、模型索引 μ 以及标签 ℓ,即 $\mathbf{x}=(\boldsymbol{x},\ell)=(\boldsymbol{\xi},\mu,\ell)$,其被建模为 JM 系统。注意到尽管目标标签是状态矢量的一部分,在整个生命周期中假设它保持不变。因此,标签为 ℓ 的目标的 JM 系统状态方程通过 ℓ 进行索引,即 $\tilde{\phi}^{(\ell)}(\boldsymbol{\xi}|\boldsymbol{\xi}',\mu)$ 和 $g^{(\ell)}(z|\boldsymbol{\xi},\mu)$。一个存活目标的新状态将由存活概率、前一模型到该模型的目标转移概率以及相关状态转移函数共同支配。因此,状态和模型索引的联合转移和似然函数变为

$$\phi(\boldsymbol{\xi},\mu|\boldsymbol{\xi}',\mu',\ell)=\tilde{\phi}^{(\ell)}(\boldsymbol{\xi}|\boldsymbol{\xi}',\mu)\tau(\mu|\mu') \tag{8.5.2}$$

$$g(z|\boldsymbol{\xi},\mu,\ell)=g^{(\ell)}(z|\boldsymbol{\xi},\mu) \tag{8.5.3}$$

注意到,由于 $\boldsymbol{x}=(\boldsymbol{\xi},\mu)$,对任意函数 $f(\cdot)$,有

$$\int f(\boldsymbol{x})\mathrm{d}\boldsymbol{x}=\sum_{\mu\in\mathcal{M}}\int f(\boldsymbol{\xi},\mu)\mathrm{d}\boldsymbol{\xi} \tag{8.5.4}$$

将式(8.5.2)和式(8.5.3)代入 GLMB 预测和更新方程中,可得适用于机动目标的 GLMB 滤波器。

为简便,假设目标新生模型、运动模型和量测模型均是线性高斯模型。给定 $k-1$ 时刻状态为 $\mathbf{x}=(\boldsymbol{\xi},\mu,\ell)$ 的后验密度(式(3.3.38)),GLMB 滤波器预测方程可写成如下表达式

$$\boldsymbol{\pi}_+(\mathrm{X}_+)=\Delta(\mathrm{X}_+)\sum_{c\in\mathbb{C}}w_+^{(c)}(\mathcal{L}(\mathrm{X}_+))[p_+^{(c)}]^{\mathrm{X}_+} \tag{8.5.5}$$

其中，

$$w_{+}^{(c)}(L)=w_{S}^{(c)}(L\cap\mathbb{L})w_{\gamma}(L-\mathbb{L}) \tag{8.5.6}$$

$$p_{+}^{(c)}(\boldsymbol{\xi},\mu,\ell)=1_{\mathbb{L}}(\ell)p_{+,S}^{(c)}(\boldsymbol{\xi},\mu,\ell)+(1-1_{\mathbb{L}}(\ell))p_{\gamma}(\boldsymbol{\xi},\mu,\ell) \tag{8.5.7}$$

$$w_{S}^{(c)}(L) = [\eta_{S}^{(c)}]^{L}\sum_{I\supseteq L}[1-\eta_{S}^{(c)}]^{I-L}w^{(c)}(I) \tag{8.5.8}$$

$$p_{+,S}^{(c)}(\boldsymbol{\xi},\mu,\ell) = \sum_{\mu'\in\mathcal{M}}\langle p_{S}(\cdot,\mu',\ell)\phi(\boldsymbol{\xi},\mu\mid\cdot,\mu',\ell),p^{(c)}(\cdot,\mu',\ell)\rangle/\eta_{S}^{(c)}(\ell) \tag{8.5.9}$$

$$\eta_{S}^{(c)}(\ell) = \sum_{\mu'\in\mathcal{M}}\langle p_{S}(\cdot,\mu',\ell),p^{(c)}(\cdot,\mu',\ell)\rangle \tag{8.5.10}$$

$$\phi(\boldsymbol{\xi},\mu\mid\boldsymbol{\xi}',\mu',\ell)=\mathcal{N}(\boldsymbol{\xi};\boldsymbol{F}_{S}(\mu)\boldsymbol{\xi}',\boldsymbol{Q}_{S}(\mu))\tau(\mu\mid\mu') \tag{8.5.11}$$

$$p_{\gamma}(\boldsymbol{\xi},\mu,\ell) = \sum_{i=1}^{J_{\gamma}^{(\ell)}}\omega_{\gamma}^{(i)}(\mu)\mathcal{N}(\boldsymbol{\xi};\boldsymbol{m}_{\gamma}^{(i)}(\mu),\boldsymbol{P}_{\gamma}^{(i)}(\mu)) \tag{8.5.12}$$

式中：$p_{S}(\boldsymbol{\xi}',\mu',\ell)$为前一时刻标签状态$(\boldsymbol{\xi}',\mu',\ell)$的目标在 k 时刻存活的概率；$\boldsymbol{F}_{S}(\mu)$为运动模型 μ 的状态转移矩阵；$\boldsymbol{Q}_{S}(\mu)$为运动模型 μ 的协方差矩阵；$w_{\gamma}(L)$为新生目标具有标签集 L 的概率；$\omega_{\gamma}^{(i)}(\mu)$、$\boldsymbol{m}_{\gamma}^{(i)}(\mu)$和 $\boldsymbol{P}_{\gamma}^{(i)}(\mu)$分别为决定新生分布形状的权重、均值和协方差参数。

如果 GLMB 滤波器预测由式(3.3.38)给出，则 GLMB 更新公式可写成如下表达式

$$\pi(\mathrm{X}\mid Z) = \Delta(\mathrm{X})\sum_{c\in\mathbb{C}}\sum_{\theta}w_{Z}^{(c,\theta)}(\mathcal{L}(\mathrm{X}))[p^{(c,\theta)}(\cdot\mid Z)]^{\mathrm{X}} \tag{8.5.13}$$

其中，

$$w_{Z}^{(c,\theta)}(L) = \frac{\delta_{\theta^{-1}(\{0:|Z|\})}(L)[\eta_{Z}^{(c,\theta)}]^{L}w^{(c)}(L)}{\sum_{c\in\mathbb{C}}\sum_{\theta\in\Theta}\sum_{J\subseteq\mathbb{L}}\delta_{\theta^{-1}(\{0:|Z|\})}(J)[\eta_{Z}^{(c,\theta)}]^{J}w^{(c)}(J)} \tag{8.5.14}$$

$$p^{(c,\theta)}(\boldsymbol{\xi},\mu,\ell\mid Z)=p^{(c)}(\boldsymbol{\xi},\mu,\ell)\varphi_{Z}(\boldsymbol{\xi},\mu,\ell;\theta)/\eta_{Z}^{(c,\theta)}(\ell) \tag{8.5.15}$$

$$\eta_{Z}^{(c,\theta)}(\ell) = \sum_{\mu\in\mathcal{M}}\langle\varphi_{Z}(\cdot,\mu,\ell;\theta),p^{(c)}(\cdot,\mu,\ell)\rangle \tag{8.5.16}$$

$$\varphi_{Z}(\boldsymbol{\xi},\mu,\ell;\theta)=\begin{cases}p_{D}(\boldsymbol{\xi},\mu,\ell)g(z_{\theta(\ell)}\mid\boldsymbol{\xi},\mu,\ell)/\kappa(z_{\theta(\ell)}), & \theta(\ell)>0\\1-p_{D}(\boldsymbol{\xi},\mu,\ell), & \theta(\ell)=0\end{cases} \tag{8.5.17}$$

$$g(z\mid\boldsymbol{\xi},\mu,\ell)=\mathcal{N}(z;H(\mu)\boldsymbol{\xi},R(\mu)) \tag{8.5.18}$$

式中：Θ 为关联映射 $\theta:\mathbb{L}\rightarrow\{0:|Z|\}\stackrel{\text{def}}{=}\{0,1,\cdots,|Z|\}$ 的空间，满足 $\theta(i)=\theta(i')>0$时有 $i=i'$；$p_{D}(\boldsymbol{\xi},\mu,\ell)$为状态$(\boldsymbol{\xi},\mu,\ell)$的目标检测概率；$\kappa(\cdot)$为泊松

杂波强度；$\boldsymbol{H}(\mu)$ 和 $\boldsymbol{R}(\mu)$ 分别为以运动模型 μ 为条件的量测矩阵和量测协方差矩阵。

状态提取类似于单模型系统。为了对每个标签估计运动模型，选择使得该标签完全密度上模型的边缘概率最大化的运动模型，即对于分量为 $\boldsymbol{\xi}$ 的标签 ℓ，估计的运动模型 $\hat{\mu}$ 为

$$\hat{\mu} = \arg_{\mu}\max\int p^{(c)}(\boldsymbol{\xi},\mu,\ell)\mathrm{d}\boldsymbol{\xi} \tag{8.5.19}$$

在上述解决方案中，每条航迹的后验密度是高斯混合形式，每个混合分量与当前运动模型相关。对于一条特定的航迹，在每个新的时刻，对系统中所有运动模型前向预测后验密度，产生新的高斯混合。每个新分量的权重是父分量的权重乘以对应运动模型的切换概率。从而，混合分量的数量呈指数增长。因此，在更新步骤后，为保持计算可行，必须对每个 GLMB 假设中的每条航迹进行额外的剪枝和合并。

对于适度非线性运动模型和量测模型，可采用 UKF 来预测和更新每个混合高斯分量。也可调用粒子滤波来表示假设中每条航迹的后验密度，与高斯混合有所不同，密度通过粒子集表示，与高斯混合情形相同的是，后验密度中粒子数量在每次前向预测过程中呈指数增长。因此，需要执行重采样抛弃次要粒子，从而保持粒子总数可控。

8.6　小结

本章针对机动目标跟踪问题，基于跳跃马尔科夫系统，分别介绍了 RFS 框架下的多模型 PHD 滤波器、多模型 CBMeMBer 滤波器和多模型 GLMB 滤波器。本质上，这些多模型滤波器可认为是相应滤波器经过适当修改后的特殊情况，目标状态用模型索引参数扩维，因而，需修改相应滤波算法的预测和更新操作以便包含目标运动模型的不确定性。

需要说明的是，对于适度非机动目标，采用多模型方法可能降低了跟踪器性能，且增加了计算负担。然而，对于高度机动目标，多模型方法是需要的。判断多模型是否需要可基于机动指数（Maneuvering Index），其从过程噪声、传感器量测噪声和传感器采样间隔角度量化了目标的机动能力，文献[436]基于机动指数对 IMM 估计器和卡尔曼滤波器进行了比较，感兴趣的读者可进一步参考该文。

第 9 章　多普勒雷达目标跟踪

9.1　引言

第 8 章从运动模型角度对标准的 RFS 目标跟踪算法进行了扩展，从本章到第 12 章则从量测模型角度进行扩展。具体而言，第 10 章重点考虑含有幅度信息的量测模型，第 11 章重点考虑非标准的量测模型，第 12 章则重点考虑多传感器量测模型。

本章重点考虑含有多普勒信息的量测模型。多普勒雷达广泛用于机载预警、导航制导、卫星跟踪、战场侦察等方面，是重要的军事装备。例如，载有多普勒雷达的预警飞机，已成为对付低空轰炸机和巡航导弹的有效装备。多普勒雷达通过利用多普勒效应检测运动目标，相比常规雷达，其最大特点是除了能获得常规雷达具有的位置量测（如斜距、方位和俯仰）外，还能获得多普勒量测（也称为径向速度），因而，多普勒雷达目标跟踪的首要目的是如何充分利用这一维增量信息改善目标跟踪性能。然而，受多普勒雷达固有的多普勒盲区影响，多普勒雷达目标跟踪面临严重的航迹断续、短小航迹多、重起批等问题。

为了在随机有限集框架下充分发挥多普勒雷达的性能，本章首先研究多普勒信息对性能改善的增益，给出了带多普勒量测的 GM – CPHD 滤波器。然后，为缓解多普勒盲区对目标跟踪造成的断续问题，通过利用与多普勒盲区有关的最小可检测速度（MDV）信息，给出了带 MDV 和多普勒信息的 GM – PHD 滤波器。最后，考虑到多普勒雷达组网时可能存在的系统误差问题，给出了带配准误差的增广状态 GM – PHD 滤波器。

9.2　带多普勒量测的 GM – CPHD 滤波器

本节以 CPHD 滤波器为例，介绍引入多普勒信息的方法，给出了基于 GM – CPHD 的机载多普勒雷达多目标跟踪算法，简记带多普勒量测的 GM – CPHD（GM – CPHDwD）滤波器。该算法基于标准 GM – CPHD 算法，在使用位置量测更新状态后，再利用多普勒量测进行序贯更新，从而得到更精确的状态估计和似然函数。仿真结果验证了该算法的有效性,表明多普勒信息的引入可有效抑制杂波,显著改善杂波条件下的多目标跟踪性能。

9.2.1　多普勒量测模型

GM – CPHDwD 滤波器的模型假设与第5.4节的 GM – CPHD 滤波器基本相同,唯一的区别在量测模型上,因而,这里仅描述多普勒雷达量测模型。

记 k 时刻目标状态集合为 $X_k=\{\boldsymbol{x}_{k,1},\boldsymbol{x}_{k,2},\cdots,\boldsymbol{x}_{k,N_k}\}$,$N_k$ 为目标数量,量测集合为 $Z_k=\{\boldsymbol{z}_{k,1},\boldsymbol{z}_{k,2},\cdots,\boldsymbol{z}_{k,M_k}\}$,$M_k$ 为量测数量,在二维坐标系下,量测 $\boldsymbol{z}_{k,j}$ 来自于状态 $\boldsymbol{x}_{k,i}$ 的量测方程为

$$\boldsymbol{z}_{k,j}=[\boldsymbol{y}_{k,j}^{c};y_{k,j}^{d}]=h_k(\boldsymbol{x}_{k,i})+\boldsymbol{n}_{k,j}=\begin{bmatrix}x_{k,j}^{m}\\ y_{k,j}^{m}\\ y_{k,j}^{d}\end{bmatrix}=\begin{bmatrix}x_{k,i}\\ y_{k,i}\\ \dot{r}_{k,i}\end{bmatrix}+\begin{bmatrix}n_{k,j}^{x}\\ n_{k,j}^{y}\\ n_{k,j}^{d}\end{bmatrix}\tag{9.2.1}$$

$$\dot{r}_{k,i}=h_{d,k}(x_{k,i})=\frac{x_{k,i}\dot{x}_{k,i}+y_{k,i}\dot{y}_{k,i}}{\sqrt{x_{k,i}^{2}+y_{k,i}^{2}}}\tag{9.2.2}$$

式中:$\boldsymbol{x}_{k,i}=[x_{k,i}\quad y_{k,i}\quad \dot{x}_{k,i}\quad \dot{y}_{k,i}]^{\mathrm{T}}$,$\boldsymbol{n}_{k,j}\sim\mathcal{N}(\boldsymbol{n}_{k,j};\boldsymbol{0},\boldsymbol{R}_k)$ 为零均值、协方差 $\boldsymbol{R}_k=\mathrm{diag}(\sigma_x^2,\sigma_y^2,\sigma_d^2)=\mathrm{diag}(\boldsymbol{R}_{c,k},\sigma_d^2)$ 的高斯白噪声;$\boldsymbol{y}_{k,j}^{c}$、$\boldsymbol{y}_{k,j}^{d}$ 分别为位置量测与多普勒量测值,它们的似然函数分别为

$$g_k(\boldsymbol{y}_{k,j}^{c}\mid \boldsymbol{x}_{k,i})=\mathcal{N}(\boldsymbol{y}_{k,j}^{c};\boldsymbol{H}_{c,k}\boldsymbol{x}_{k,i},\boldsymbol{R}_{c,k})\tag{9.2.3}$$

$$g_k(y_{k,j}^{d}\mid \boldsymbol{x}_{k,i})=\mathcal{N}(y_{k,j}^{d};h_{d,k}(\boldsymbol{x}_{k,i}),\sigma_d^2)\tag{9.2.4}$$

其中,$\boldsymbol{H}_{c,k}=\mathrm{diag}(\boldsymbol{I}_2,\boldsymbol{0}_2)$ 为位置量测矩阵,$\boldsymbol{I}_n$、$\boldsymbol{0}_n$ 分别为 $n\times n$ 的单位矩阵和全零矩阵;$\boldsymbol{R}_{c,k}$ 为位置量测噪声协方差;$h_{d,k}(\cdot)$ 为非线性多普勒量测函数;σ_d^2 为多普勒量测噪声方差。假设位置量测 $\boldsymbol{y}_{k,j}^{c}$ 和多普勒量测 $y_{k,j}^{d}$ 不相关,且位置量测函数是线性的。对于非线性极坐标,量测矩阵 $\boldsymbol{H}_{c,k}$ 以及对应的协方差 $\boldsymbol{R}_{c,k}$ 可通过量测转换[38,437]得到。

9.2.2　带多普勒量测的序贯 GM – CPHD 算法

由于仅量测模型有所区别,因而,GM – CPHDwD 滤波器的预测步骤与第5.4.1节的标准 GM – CPHD 滤波器相同,这里不再赘述,下面给出更新步骤。

假设给定 k 时刻预测强度 $v_{k|k-1}$ 和预测势分布 $\rho_{k|k-1}$,且 $v_{k|k-1}$ 为高斯混合形式

$$v_{k|k-1}(\boldsymbol{x})=\sum_{i=1}^{J_{k|k-1}}w_{k|k-1}^{(i)}\mathcal{N}(\boldsymbol{x};\boldsymbol{m}_{k|k-1}^{(i)},\boldsymbol{P}_{k|k-1}^{(i)})\tag{9.2.5}$$

则更新势分布 ρ_k 由式(5.4.6)给出,更新强度 v_k 也为高斯混合形式,即[84]

$$v_k(\boldsymbol{x}) = \frac{\langle \Upsilon_k^{(1)}[w_{k|k-1}, Z_k], \rho_{k|k-1}\rangle}{\langle \Upsilon_k^{(0)}[w_{k|k-1}, Z_k], \rho_{k|k-1}\rangle}(1 - p_{D,k})v_{k|k-1}(\boldsymbol{x}) + \sum_{z_{k,m}\in Z_k}\sum_{j=1}^{J_{k|k-1}} w_k^{(j)}(z_{k,m})\mathcal{N}(\boldsymbol{x}; \boldsymbol{m}_{k|k}^{(j)}(z_{k,m}), \boldsymbol{P}_{k|k}^{(j)}(z_{k,m})) \tag{9.2.6}$$

其中,$\langle\cdot,\cdot\rangle$ 表示内积,$\Upsilon_k^{(u)}[w,Z](n)$ 参见式(9.2.24)。式(9.2.6)中的 $\boldsymbol{m}_{k|k}^{(j)}(z_{k,m})$ 和 $\boldsymbol{P}_{k|k}^{(j)}(z_{k,m})$ 分别由式(9.2.12)和式(9.2.13)得到,而 $w_k^{(j)}(z_{k,m})$ 由式(9.2.23)给出。

为了在 GM-CPHD 滤波器更新步骤中有效利用多普勒信息,采用序贯滤波方法,即首先利用位置量测进行状态更新,接着使用多普勒量测进一步更新状态,在得到更精确的状态估计和似然函数后,最后利用位置和多普勒量测信息计算权重。

步骤 1:利用位置量测 $\boldsymbol{y}_{k,m}^c$ 更新目标状态,

$$\boldsymbol{m}_{k|k}^{(j)}(\boldsymbol{y}_{k,m}^c) = [x_{k|k}^{(m,j)} \quad y_{k|k}^{(m,j)} \quad \dot{x}_{k|k}^{(m,j)} \quad \dot{y}_{k|k}^{(m,j)}]^{\mathrm{T}} = \boldsymbol{m}_{k|k-1}^{(j)} + \boldsymbol{G}_{c,k}^{(j)}\tilde{\boldsymbol{y}}_{k,m,j}^c \tag{9.2.7}$$

$$\boldsymbol{P}_{k|k}^{(j)}(\boldsymbol{y}_{k,m}^c) = [\boldsymbol{I} - \boldsymbol{G}_{c,k}^{(j)}\boldsymbol{H}_{c,k}]\boldsymbol{P}_{k|k-1}^{(j)} \tag{9.2.8}$$

其中,

$$\tilde{\boldsymbol{y}}_{k,m,j}^c = \boldsymbol{y}_{k,m}^c - \boldsymbol{H}_{c,k}\boldsymbol{m}_{k|k-1}^{(j)} \tag{9.2.9}$$

$$\boldsymbol{G}_{c,k}^{(j)} = \boldsymbol{P}_{k|k-1}^{(j)}\boldsymbol{H}_{c,k}^{\mathrm{T}}[\boldsymbol{S}_{c,k}^{(j)}]^{-1} \tag{9.2.10}$$

$$\boldsymbol{S}_{c,k}^{(j)} = \boldsymbol{H}_{c,k}\boldsymbol{P}_{k|k-1}^{(j)}\boldsymbol{H}_{c,k}^{\mathrm{T}} + \boldsymbol{R}_{c,k} \tag{9.2.11}$$

步骤 2:再利用多普勒量测 $y_{k,m}^d$ 对目标状态序贯更新,

$$\boldsymbol{m}_{k|k}^{(j)}(\boldsymbol{z}_{k,m}) = \boldsymbol{m}_{k|k}^{(j)}(\boldsymbol{y}_{k,m}^c) + \boldsymbol{G}_{d,k}^{(j)}(\boldsymbol{y}_{k,m}^c)\tilde{y}_{k,m,j}^d \tag{9.2.12}$$

$$\boldsymbol{P}_{k|k}^{(j)}(\boldsymbol{z}_{k,m}) = [\boldsymbol{I} - \boldsymbol{G}_{d,k}^{(j)}(\boldsymbol{y}_{k,m}^c)\boldsymbol{H}_{d,k}(\boldsymbol{y}_{k,m}^c)]\boldsymbol{P}_{k|k}^{(j)}(\boldsymbol{y}_{k,m}^c) \tag{9.2.13}$$

其中,多普勒量测残差为

$$\tilde{y}_{k,m,j}^d = y_{k,m}^d - \hat{y}_{k,m,j}^d \tag{9.2.14}$$

预测多普勒量测为

$$\hat{y}_{k,m,j}^d = \dot{r}_{k,j}(\boldsymbol{m}_{k|k}^{(j)}(\boldsymbol{y}_{k,m}^c)) \tag{9.2.15}$$

多普勒量测增益和新息协方差分别为

$$\boldsymbol{G}_{d,k}^{(j)}(\boldsymbol{y}_{k,m}^c) = \boldsymbol{P}_{k|k}^{(j)}(\boldsymbol{y}_{k,m}^c)\boldsymbol{H}_{d,k}^{\mathrm{T}}(\boldsymbol{y}_{k,m}^c)[\boldsymbol{S}_{d,k}^{(m,j)}]^{-1} \tag{9.2.16}$$

$$S_{d,k}^{(m,j)}=\boldsymbol{H}_{d,k}(\boldsymbol{y}_{k,m}^{c})\boldsymbol{P}_{k|k}^{(j)}(\boldsymbol{y}_{k,m}^{c})\boldsymbol{H}_{d,k}^{\mathrm{T}}(\boldsymbol{y}_{k,m}^{c})+\sigma_{d}^{2} \tag{9.2.17}$$

多普勒量测雅可比矩阵为

$$\boldsymbol{H}_{d,k}(\boldsymbol{y}_{k,m}^{c})=\nabla\dot{r}_{k,j}(\boldsymbol{y}_{k,m}^{c})=[h_1\quad h_2\quad h_3\quad h_4] \tag{9.2.18}$$

其中,

$$\begin{aligned}h_1&=\frac{\dot{x}_{k|k}^{(m,j)}}{[(x_{k|k}^{(m,j)})^2+(y_{k|k}^{(m,j)})^2]^{1/2}}-x_{k|k}^{(m,j)}\frac{x_{k|k}^{(m,j)}\dot{x}_{k|k}^{(m,j)}+y_{k|k}^{(m,j)}\dot{y}_{k|k}^{(m,j)}}{[(x_{k|k}^{(m,j)})^2+(y_{k|k}^{(m,j)})^2]^{3/2}}\\&=(\dot{x}_{k|k}^{(m,j)}-\hat{y}_{k,m,j}^{d}\cos\hat{a}_{k,m,j})/\hat{r}_{k,m,j}\end{aligned} \tag{9.2.19}$$

$$\begin{aligned}h_2&=\frac{\dot{y}_{k|k}^{(m,j)}}{[(x_{k|k}^{(m,j)})^2+(y_{k|k}^{(m,j)})^2]^{1/2}}-y_{k|k}^{(m,j)}\frac{x_{k|k}^{(m,j)}\dot{x}_{k|k}^{(m,j)}+y_{k|k}^{(m,j)}\dot{y}_{k|k}^{(m,j)}}{[(x_{k|k}^{(m,j)})^2+(y_{k|k}^{(m,j)})^2]^{3/2}}\\&=(\dot{y}_{k|k}^{(m,j)}-\hat{y}_{k,m,j}^{d}\sin\hat{a}_{k,m,j})/\hat{r}_{k,m,j}\end{aligned} \tag{9.2.20}$$

$$h_3=x_{k|k}^{(m,j)}/[(x_{k|k}^{(m,j)})^2+(y_{k|k}^{(m,j)})^2]^{1/2}\overset{\text{def}}{=}\cos\hat{a}_{k,m,j} \tag{9.2.21}$$

$$h_4=y_{k|k}^{(m,j)}/[(x_{k|k}^{(m,j)})^2+(y_{k|k}^{(m,j)})^2]^{1/2}\overset{\text{def}}{=}\sin\hat{a}_{k,m,j} \tag{9.2.22}$$

式中:$\hat{r}_{k,m,j}\overset{\text{def}}{=}[(x_{k|k}^{(m,j)})^2+(y_{k|k}^{(m,j)})^2]^{1/2}$。

步骤3:利用位置和多普勒量测 $\boldsymbol{z}_{k,m}=[\boldsymbol{y}_{k,m}^{c};y_{k,m}^{d}]$ 计算权重

$$w_k^{(j)}(\boldsymbol{z}_{k,m})=p_{D,k}w_{k|k-1}^{(j)}q_k^{(j)}(\boldsymbol{z}_{k,m})\frac{\langle 1,\kappa_k^c\kappa_k^d\rangle}{\kappa_k^c(\boldsymbol{y}_{k,m}^c)\kappa_k^d(y_{k,m}^d)}\frac{\langle \boldsymbol{Y}_k^{(1)}[w_{k|k-1},Z_k-\{\boldsymbol{z}_{k,m}\}],\rho_{k|k-1}\rangle}{\langle \boldsymbol{Y}_k^{(0)}[w_{k|k-1},Z_k],\rho_{k|k-1}\rangle} \tag{9.2.23}$$

式中:

$$\boldsymbol{Y}_k^{(\boldsymbol{u})}[w,Z](n)=\sum_{j=0}^{\min(|Z|,n)}(|Z|-j)!\rho_{C,k}(|Z|-j)\boldsymbol{P}_{j+u}^{n}\frac{(1-p_{D,k})^{n-(j+\boldsymbol{u})}}{\langle 1,w\rangle^{j+\boldsymbol{u}}}e_j(\Lambda_k(w,Z)) \tag{9.2.24}$$

$$\Lambda_k(w,Z)=\left\{\frac{\langle 1,\kappa_k^c\kappa_k^d\rangle}{\kappa_k^c(\boldsymbol{y}_{k,m}^c)\kappa_k^d(y_{k,m}^d)}p_{D,k}\boldsymbol{w}^{\mathrm{T}}\boldsymbol{q}_k(\boldsymbol{z}_{k,m}):\boldsymbol{z}_{k,m}\in Z_k\right\} \tag{9.2.25}$$

预测权重矢量为

$$\boldsymbol{w}_{k|k-1}=[w_{k|k-1}^{(1)},\cdots,w_{k|k-1}^{(J_{k|k-1})}]^{\mathrm{T}} \tag{9.2.26}$$

似然函数矢量为

$$\boldsymbol{q}_k(\boldsymbol{z}_{k,m})=[q_k^{(1)}(\boldsymbol{z}_{k,m}),\cdots,q_k^{(J_{k|k-1})}(\boldsymbol{z}_{k,m})]^{\mathrm{T}} \tag{9.2.27}$$

其中,第 j 个分量的似然函数为

$$q_k^{(j)}(\boldsymbol{z}_{k,m}) = q_{c,k}^{(j)}(\boldsymbol{y}_{k,m}^c)\, q_{d,k}^{(j)}(y_{k,m}^d) \tag{9.2.28}$$

位置分量和多普勒分量所对应的似然函数分别为

$$q_{c,k}^{(j)}(\boldsymbol{y}_{k,m}^c) = \mathcal{N}(\boldsymbol{y}_{k,m}^c;\boldsymbol{H}_{c,k}\boldsymbol{m}_{k|k-1}^{(j)},\boldsymbol{S}_{c,k}^{(j)}) \tag{9.2.29}$$

$$q_{d,k}^{(j)}(y_{k,m}^d) = \mathcal{N}(y_{k,m}^d;\hat{y}_{k,m,j}^d,S_{d,k}^{(m,j)}) \tag{9.2.30}$$

式中：$|\cdot|$为集合的势（集合中元素的数量）；$P_j^n = n!/(n-j)!$ 为排列系数；$\rho_{C,k}(\cdot)$为杂波的势分布；$\kappa_k^c(\boldsymbol{y}_{k,m}^c) = \lambda_c \cdot V \cdot u(\boldsymbol{y}_{k,m}^c)$为位置量测杂波强度，$\lambda_c$为杂波密度，$V$为监视区域体积，$u(\cdot)$表示均匀密度。假设杂波速度在$[-v_{\max}, v_{\max}]$范围内均匀分布，则多普勒杂波强度 $\kappa_k^d(y_{k,m}^d) = 1/(2v_{\max})$，其中，$v_{\max}$为传感器能检测的最大速度[243]。$e_j(Z)$为定义在实数有限集合 Z 上的阶为j 的基本对称函数（ESF），具体表达式见式（5.2.9）。

9.2.3 仿真分析

考虑 $x-y$ 平面内做匀速直线运动的多目标跟踪。设定目标的初始状态及其起始、终止时间如表 9.1 所列。传感器监视区域$[-1000\quad 1000]$(m) $\times$ $[-1000\quad 1000]$(m)，$V=4\times10^6\text{m}^2$，假设检测概率 $p_{D,k}=0.98$，$\boldsymbol{R}_{c,k}=\sigma_c^2\boldsymbol{I}_2$，$\sigma_c=10\text{m}$，$\sigma_d=0.5\text{m/s}$，$v_{\max}=35\text{m/s}$。在 GM－PHD 和 GM－CPHD 滤波器中，$p_{S,k}=0.99$，$\boldsymbol{F}_{k-1}=\begin{bmatrix}\boldsymbol{I}_2 & \Delta\cdot\boldsymbol{I}_2\\ \boldsymbol{0}_2 & \boldsymbol{I}_2\end{bmatrix}$，$\boldsymbol{Q}_{k-1}=\sigma_v^2\begin{bmatrix}\Delta^4\boldsymbol{I}_2/4 & \Delta^3\boldsymbol{I}_2/2\\ \Delta^3\boldsymbol{I}_2/2 & \Delta^2\boldsymbol{I}_2\end{bmatrix}$，$\Delta=1\text{s}$，$\sigma_v=5\text{m/s}$。目标新生强度设为 $\boldsymbol{m}_{\gamma,k}^{(1)}=[0\text{m},\ 0\text{m},\ 0\text{m/s},\ 0\text{m/s}]^{\text{T}}$，$\boldsymbol{m}_{\gamma,k}^{(2)}=[400\text{m},\ -600\text{m},\ 0\text{m/s},\ 0\text{m/s}]^{\text{T}}$，$\boldsymbol{m}_{\gamma,k}^{(3)}=[-200\text{m},\ 800\text{m},\ 0\text{m/s},\ 0\text{m/s}]^{\text{T}}$，$\boldsymbol{m}_{\gamma,k}^{(4)}=[-800\text{m},\ -200\text{m},\ 0\text{m/s},0\text{m/s}]^{\text{T}}$，$J_{\gamma,k}=4$，$w_{\gamma,k}^{(i)}=0.03$，$\boldsymbol{P}_{\gamma,k}^{(i)}=\text{blkdiag}(\sqrt{10}\text{m},\ \sqrt{10}\text{m},\ \sqrt{10}\text{m/s},\ \sqrt{10}\text{m/s})^2$，$i=1,2,3,4$。状态提取过程中用到的合并参数[83]有：权值阈值 $T=10^{-5}$，合并阈值 $U=4\text{m}$，最大高斯分量数量 $J_{\max}=100$。GM－CPHD 中势分布近似截取参数[84] $N_{\max}=100$。OSPA 中的阶参数和阈值参数（见第 3.8.3 节）分别设为 $p=2$ 和 $c=20\text{m}$。

表 9.1 各目标初始状态及其起始、终止时间

目标序号	起始时间	终止时间	初始状态$[x_0\quad y_0\quad \dot{x}_0\quad \dot{y}_0]^{\text{T}}$
1	1	70	（－800，－200，20，－5）
2	40	100	（－800，－200，12.5，7）
3	60	100	（－800，－200，2.5，10.5）

（续）

目标序号	起始时间	终止时间	初始状态$[x_0\quad y_0\quad \dot{x}_0\quad \dot{y}_0]^{\mathrm{T}}$
4	40	100	(-200, 800, 16, -9.7)
5	60	100	(-200, 800, -2.5, -14.6)
6	80	100	(-200, 800, 17.5, -5)
7	1	70	(0, 0, 0, -10)
8	20	100	(0, 0, 7.5, -5)
9	80	100	(0, 0, -20, -15)
10	1	100	(400, -600, -10.5, 5)
11	20	100	(400, -600, -2.5, 10.2)
12	20	100	(400, -600, -7.5, -4.5)

在$\lambda_c = 12.5\times10^{-6}\mathrm{m}^{-2}$条件下，图9.1直观显示了带多普勒信息的GM-CPHD（即GM-CPHDwD）算法某次多目标跟踪典型结果，图中，可看出算法很好地实现了杂波条件下多目标的跟踪。

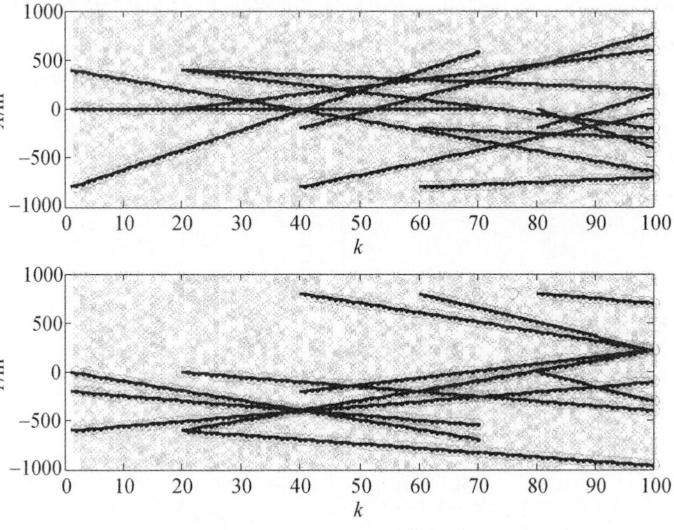

图9.1　GM-CPHDwD算法多目标跟踪典型结果（见彩图）

图9.2给出了该算法经100次蒙特卡罗统计得到的目标数量估计和OSPA跟踪性能，图9.2(a)中的虚线表示估计的标准差，可看出，该算法比较准确稳定地估计出目标数量，图9.2(b)反映出在目标数量稳定时，OSPA距离可维持在20m左右，而在目标数量变化期间，OSPA距离急剧波动。

为验证GM-CPHDwD中引入多普勒信息对杂波抑制和性能改善的能力，

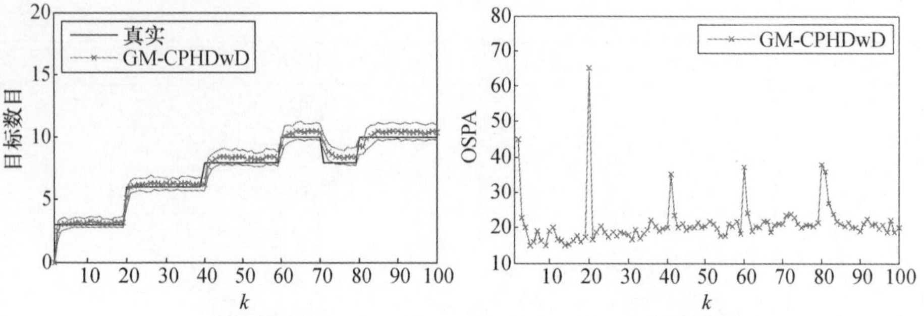

(a) 目标数量估计　　(b) OSPA

图 9.2　不同时刻下 GM－CPHDwD 算法跟踪性能

分别记不带多普勒信息的标准 GM－PHD[83] 和 GM－CPHD[84] 算法为 GM－PHDwoD 和 GM－CPHDwoD，以及文献［243］提出的带多普勒信息的 GM－PHD 算法为 GM－PHDwD。图 9.3 给出了 4 种算法在不同杂波密度条件下的 OSPA，以及 OSPA 中势（Cardinality）估计误差（OSPA Card）和定位（Localization）误差（OSPA Loc）（见第 3.8.3 节）。总体而言，多普勒信息的引入对 GM－PHD 和 GM－CPHD 均显著改善了性能，且杂波密度越高，性能改善越为明显，表明多普勒信息的利用可有效抑制杂波干扰；相比 GM－PHDwD，图 9.3（a）说明

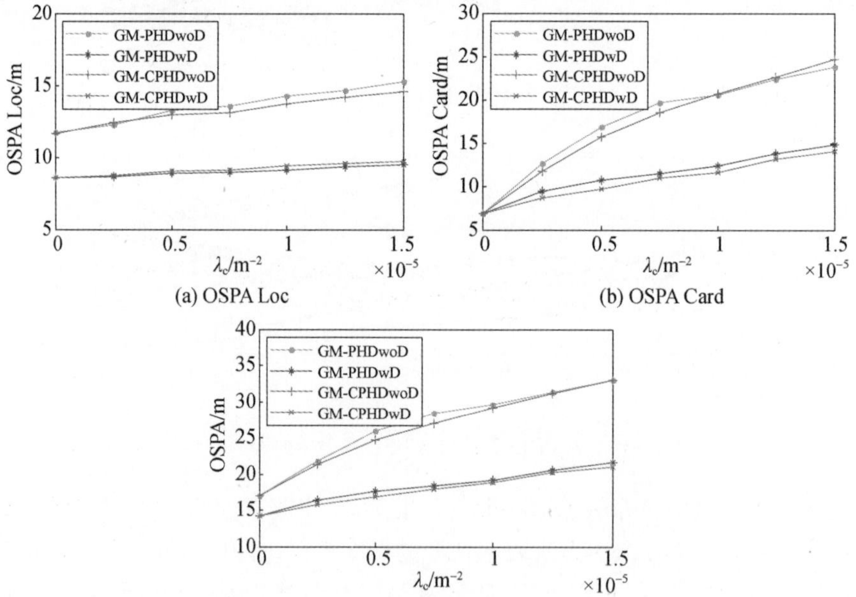

(a) OSPA Loc　　(b) OSPA Card

(c) OSPA

图 9.3　不同杂波密度下各算法跟踪性能比较

GM - CPHDwD在定位精度上稍差,但图9.3(b)表明其在势估计性能上又优于GM - PHDwD,从而,从整体OSPA角度而言,GM - CPHDwD优于GM - PHDwD,如图9.3(c)所示。

9.3 多普勒盲区存在下GM - PHD滤波器

多普勒盲区(DBZ)的存在增加了多普勒雷达多目标跟踪问题的复杂度,因为由此造成的连续漏检将严重恶化跟踪性能。一般而言,DBZ的宽度由最小可检测速度(MDV)决定,MDV是一个重要的跟踪参数,本节利用高斯混合概率假设密度(GM - PHD)滤波器跟踪多普勒盲区下的多目标。基于并入MDV的检测概率模型,通过将其代入标准GM - PHD更新式中,推导了DBZ存在下的GM - PHD更新公式,最终给出了GM - PHD更新的详细实现步骤。该算法充分利用了MDV及多普勒信息。通过与常规的仅带多普勒量测的GM - PHD算法的蒙特卡罗实验比较,验证了算法的性能,证明该算法可改善跟踪性能,特别是当MDV值较小时。

9.3.1 并入MDV的检测概率模型

令$\boldsymbol{x}_k=[x_k\quad y_k\quad z_k\quad \dot{x}_k\quad \dot{y}_k\quad \dot{z}_k]^{\mathrm{T}}$表示$k$时刻状态,其中,$(x_k,y_k,z_k)$为位置分量,$(\dot{x}_k,\dot{y}_k,\dot{z}_k)$为速度分量。类似地,$\boldsymbol{x}_k^s=[x_k^s\quad y_k^s\quad z_k^s\quad \dot{x}_k^s\quad \dot{y}_k^s\quad \dot{z}_k^s]^{\mathrm{T}}$表示传感器$s$的状态。令$\dot{r}_k$为多普勒表达式,$\dot{r}_{c,k}$为该状态所在位置处对应的背景杂波多普勒,从而有

$$\dot{r}_k=h_d(\boldsymbol{x}_k)=\frac{(x_k-x_k^s)(\dot{x}_k-\dot{x}_k^s)+(y_k-y_k^s)(\dot{y}_k-\dot{y}_k^s)+(z_k-z_k^s)(\dot{z}_k-\dot{z}_k^s)}{\sqrt{(x_k-x_k^s)^2+(y_k-y_k^s)^2+(z_k-z_k^s)^2}} \tag{9.3.1}$$

$$\dot{r}_{c,k}=-\frac{\dot{x}_k^s(x_k-x_k^s)+\dot{y}_k^s(y_k-y_k^s)+\dot{z}_k^s(z_k-z_k^s)}{\sqrt{(x_k-\boldsymbol{x}_k^s)^2+(y_k-y_k^s)^2+(z_k-z_k^s)^2}} \tag{9.3.2}$$

沿用文献[105],称传感器的目标多普勒速度相对于附近杂波多普勒速度之差为杂波凹口函数,记为n_c,定义为

$$n_c=n_c(\boldsymbol{x}_k)\overset{\text{def}}{=}\dot{r}_k-\dot{r}_{c,k}=\frac{\dot{x}_k(x_k-x_k^s)+\dot{y}_k(y_k-y_k^s)+\dot{z}_k(z_k-z_k^s)}{\sqrt{(x_k-x_k^s)^2+(y_k-y_k^s)^2+(z_k-z_k^s)^2}} \tag{9.3.3}$$

杂波凹口主要抑制杂波,但也影响多普勒速度较低的目标的检测。在第4.4.1节的标准GM - PHD滤波器中,式(4.4.4)假设检测概率与状态不相关。

然而,检测概率 $p_{D,k}(\boldsymbol{x})$ 通常是目标状态的函数。特别是,对 GMTI 雷达而言,由于传感器的多普勒盲区,检测概率受该盲区存在的强烈影响。具体而言,当 n_c 落于最小可检测速度(MDV)之内时,即 $n_c < \text{MDV}$,$p_{D,k}(\boldsymbol{x})$ 下降到 0;当远离杂波凹口时,即 $n_c \gg \text{MDV}$,$p_{D,k}(\boldsymbol{x})$ 达到饱和值 p_D。为此,将检测概率建模为[235]

$$p_{D,k}(\boldsymbol{x}) \approx p_D[1-\exp(-(n_c(\boldsymbol{x}_k)/\text{MDV})^2\log 2)] \tag{9.3.4}$$

式中:p_D 为目标多普勒速度在 DBZ 外,考虑天线方向图和传播影响的常规检测概率。

式(9.3.4)中检测概率为指数形式,为便于在后续 GM-PHD 框架下调用,需变换成高斯形式,对非线性凹口函数 n_c 在预测值 $\boldsymbol{x}_{k|k-1}=[\hat{x}_{k|k-1}\quad \hat{y}_{k|k-1}\quad \hat{z}_{k|k-1}\quad \hat{\dot{x}}_{k|k-1}\quad \hat{\dot{y}}_{k|k-1}\quad \hat{\dot{z}}_{k|k-1}]^{\mathrm{T}}$ 附近进行一阶泰勒扩展,可得

$$\begin{aligned}
n_c(\boldsymbol{x}_k) &\approx n_c(\hat{\boldsymbol{x}}_{k|k-1}) + \left.\frac{\partial n_c}{\partial \boldsymbol{x}_k}\right|_{\boldsymbol{x}_k=\hat{\boldsymbol{x}}_{k|k-1}}(\boldsymbol{x}_k-\hat{\boldsymbol{x}}_{k|k-1}) \\
&= n_c(\hat{\boldsymbol{x}}_{k|k-1}) - \left.\frac{\partial n_c}{\partial \boldsymbol{x}_k}\right|_{\boldsymbol{x}_k=\hat{\boldsymbol{x}}_{k|k-1}}\hat{\boldsymbol{x}}_{k|k-1} + \left.\frac{\partial n_c}{\partial \boldsymbol{x}_k}\right|_{\boldsymbol{x}_k=\hat{\boldsymbol{x}}_{k|k-1}}\boldsymbol{x}_k \\
&= y_f(\hat{\boldsymbol{x}}_{k|k-1}) - \boldsymbol{H}_f(\hat{\boldsymbol{x}}_{k|k-1})\boldsymbol{x}_k
\end{aligned} \tag{9.3.5}$$

其中,伪量测函数为

$$y_f = y_f(\hat{\boldsymbol{x}}_{k|k-1}) = n_c(\hat{\boldsymbol{x}}_{k|k-1}) + \boldsymbol{H}_f(\hat{\boldsymbol{x}}_{k|k-1})\hat{\boldsymbol{x}}_{k|k-1} \tag{9.3.6}$$

以及伪量测矩阵为

$$\boldsymbol{H}_f(\hat{\boldsymbol{x}}_{k|k-1}) = -\left.\frac{\partial n_c}{\partial \boldsymbol{x}_k}\right|_{\boldsymbol{x}_k=\hat{\boldsymbol{x}}_{k|k-1}} = [n_1\quad n_2\quad n_3\quad n_4\quad n_5\quad n_6]^{\mathrm{T}} \tag{9.3.7}$$

式中:

$$n_1 = -(\hat{\dot{x}}_{k|k-1}-\hat{n}_c\cos\hat{a}_k\cos\hat{e}_k)/\hat{r}_k,\; n_2 = -(\hat{\dot{y}}_{k|k-1}-\hat{n}_c\sin\hat{a}_k\cos\hat{e}_k)/\hat{r}_k,$$

$$n_3 = -(\hat{\dot{z}}_{k|k-1}-\hat{n}_c\sin\hat{e}_k)/\hat{r}_k,\; n_4 = -\cos\hat{a}_k\cos\hat{e}_k,\; n_5 = -\sin\hat{a}_k\cos\hat{e}_k,\; n_6 = -\sin\hat{e}_k,$$

$$\hat{r}_k \overset{\text{def}}{=} \sqrt{(\hat{x}_{k|k-1}-x_k^s)^2+(\hat{y}_{k|k-1}-y_k^s)^2+(\hat{z}_{k|k-1}-z_k^s)^2},$$

$$\hat{a}_k \overset{\text{def}}{=} \operatorname{atan2}[(\hat{y}_{k|k-1}-y_k^s),(\hat{x}_{k|k-1}-x_k^s)],$$

$$\hat{e}_k \overset{\text{def}}{=} \arctan[(\hat{z}_{k|k-1}-z_k^s)/\sqrt{(\hat{x}_{k|k-1}-x_k^s)^2+(\hat{y}_{k|k-1}-y_k^s)^2}],$$

$$n_c = n_c(\hat{\boldsymbol{x}}_{k|k-1}) = \frac{\hat{\dot{x}}_{k|k-1}(\hat{x}_{k|k-1}-x_k^s)+\hat{\dot{y}}_{k|k-1}(\hat{y}_{k|k-1}-y_k^s)+\hat{\dot{z}}_{k|k-1}(\hat{z}_{k|k-1}-z_k^s)}{\sqrt{(\hat{x}_{k|k-1}-x_k^s)^2+(\hat{y}_{k|k-1}-y_k^s)^2+(\hat{z}_{k|k-1}-z_k^s)^2}}。$$

将上述近似的 $n_c(\boldsymbol{x})$ 代入式(9.3.4)中可得

$$p_{D,k}(\boldsymbol{x}) = p_D \cdot [1 - c_f \mathcal{N}(y_f(\hat{\boldsymbol{x}}_{k|k-1}); \boldsymbol{H}_f(\hat{\boldsymbol{x}}_{k|k-1})\boldsymbol{x}, R_f)] \tag{9.3.8}$$

式中：$c_f = \text{MDV}\sqrt{\pi/\log 2}$为归一化因子；$R_f = \text{MDV}^2/(2\log 2)$为伪量测在多普勒域的方差。因此，式(9.3.8)中的杂波凹口信息作为伪量测，而 MDV 扮演了伪量测误差标准差的角色。

9.3.2 并入 MDV 和多普勒信息的 GM-PHD 滤波器

由式(9.2.3)和式(9.2.4)可知，对多普勒雷达而言，似然函数 $g_k(\boldsymbol{z}\mid\boldsymbol{x})$可建模为

$$g_k(\boldsymbol{z}\mid\boldsymbol{x}) = \mathcal{N}(\boldsymbol{y}_c; \boldsymbol{H}_{c,k}\boldsymbol{x}, \boldsymbol{R}_{c,k})\mathcal{N}(y_d; h_d(\boldsymbol{x}), \sigma_d^2) \tag{9.3.9}$$

式中：z为常规检测，其包括位置量测分量$\boldsymbol{y}_c$和多普勒量测分量y_d；$\boldsymbol{H}_{c,k}$为位置量测矩阵；$\boldsymbol{R}_{c,k}$为位置量测噪声协方差；$h_d(\cdot)$为非线性多普勒量测函数；σ_d为多普勒量测噪声标准差。

根据 PHD 递归式(4.2.1)和式(4.2.2)可知，检测概率和似然函数仅影响更新强度，而对预测强度无影响。因此，对于 PHD 滤波器的高斯混合实现而言，相关的预测公式与第4.4.2节的预测步骤完全相同，在此不再重复。接下来主要集中于并入 MDV 和多普勒信息的更新强度的推导。

假设k时刻预测强度是如下高斯混合形式：

$$v_{k|k-1}(\boldsymbol{x}) = \sum_{j=1}^{J_{k|k-1}} w_{k|k-1}^{(j)}\mathcal{N}(\boldsymbol{x}; \boldsymbol{m}_{k|k-1}^{(j)}, \boldsymbol{P}_{k|k-1}^{(j)}) \tag{9.3.10}$$

式中：$w_{k|k-1}^{(j)}$、$\boldsymbol{m}_{k|k-1}^{(j)}$和$\boldsymbol{P}_{k|k-1}^{(j)}$分别为预测分量的权重、状态和协方差。将式(9.3.8)的检测概率及式(9.3.9)的似然函数代入式(4.2.2)，连续应用引理5中的正态密度乘积公式，经整理后可得如下更新强度等式：

$$\begin{aligned}
v_k(\boldsymbol{x}) &= \sum_{j=1}^{J_{k|k}} w_{k|k}^{(j)}\mathcal{N}(\boldsymbol{x}; \boldsymbol{m}_{k|k}^{(j)}, \boldsymbol{P}_{k|k}^{(j)}) \\
&= \sum_{j=1}^{J_{k|k-1}} w_{k|k,0}^{(j)}\mathcal{N}(\boldsymbol{x}; \boldsymbol{m}_{k|k,0}^{(j)}, \boldsymbol{P}_{k|k,0}^{(j)}) + \sum_{z\in Z_k}\sum_{j=1}^{J_{k|k-1}} w_{k|k}^{(j)}(z)\mathcal{N}(\boldsymbol{x}; \boldsymbol{m}_{k|k}^{(j)}(z), \boldsymbol{P}_{k|k}^{(j)}(z)) + \\
&\quad \sum_{j=1}^{J_{k|k-1}} w_{k|k,f}^{(j)}\mathcal{N}(\boldsymbol{x}; \boldsymbol{m}_{k|k,f}^{(j)}, \boldsymbol{P}_{k|k,f}^{(j)}) + \sum_{z\in Z_k}\sum_{j=1}^{J_{k|k-1}} w_{k|k}^{(j)}(z_f)\mathcal{N}(\boldsymbol{x}; \boldsymbol{m}_{k|k}^{(j)}(z_f), \boldsymbol{P}_{k|k}^{(j)}(z_f))
\end{aligned} \tag{9.3.11}$$

其中，z_f代表增强量测，其包括常规量测分量z和伪量测分量y_f。这些分量$\{w_{k|k,0}^{(j)}, \boldsymbol{m}_{k|k,0}^{(j)}, \boldsymbol{P}_{k|k,0}^{(j)}\}$，$\{w_{k|k}^{(j)}(z), \boldsymbol{m}_{k|k}^{(j)}(z), \boldsymbol{P}_{k|k}^{(j)}(z)\}$，$\{w_{k|k,f}^{(j)}, \boldsymbol{m}_{k|k,f}^{(j)}, \boldsymbol{P}_{k|k,f}^{(j)}\}$和$\{w_{k|k}^{(j)}(z_f), \boldsymbol{m}_{k|k}^{(j)}(z_f), \boldsymbol{P}_{k|k}^{(j)}(z_f)\}$，分别由常规丢失量测、常规量测、伪量测和增强量测更新得到。

分量$\{w_{k|k,0}^{(j)},\boldsymbol{m}_{k|k,0}^{(j)},\boldsymbol{P}_{k|k,0}^{(j)}\}$由下述式子给出

$$w_{k|k,0}^{(j)}=(1-p_D)w_{k|k-1}^{(j)} \tag{9.3.12}$$

$$\boldsymbol{m}_{k|k,0}^{(j)}=\boldsymbol{m}_{k|k-1}^{(j)},\boldsymbol{P}_{k|k,0}^{(j)}=\boldsymbol{P}_{k|k-1}^{(j)} \tag{9.3.13}$$

分量$\{w_{k|k}^{(j)}(\boldsymbol{z}),\boldsymbol{m}_{k|k}^{(j)}(\boldsymbol{z}),\boldsymbol{P}_{k|k}^{(j)}(\boldsymbol{z})\}$通过序贯处理位置量测和多普勒量测得到，即

$$w_{k|k}^{(j)}(\boldsymbol{z})=\frac{p_D w_{k|k-1}^{(j)}q_k^{(j)}(\boldsymbol{z})}{\kappa_k(\boldsymbol{z})+w_{\text{sum}}} \tag{9.3.14}$$

$$\boldsymbol{m}_{k|k}^{(j)}(\boldsymbol{z})=\boldsymbol{m}_{k|k}^{(j)}(\boldsymbol{y}_c)+\boldsymbol{G}_{d,k}^{(j)}(\boldsymbol{y}_c)(\gamma_d-h_d(\boldsymbol{m}_{k|k}^{(j)}(\boldsymbol{y}_c))) \tag{9.3.15}$$

$$\boldsymbol{P}_{k|k}^{(j)}(\boldsymbol{z})=[\boldsymbol{I}-\boldsymbol{G}_{d,k}^{(j)}(\boldsymbol{y}_c)\boldsymbol{H}_d(\boldsymbol{m}_{k|k}^{(j)}(\boldsymbol{y}_c))]\boldsymbol{P}_{k|k}^{(j)}(\boldsymbol{y}_c) \tag{9.3.16}$$

其中，$\kappa_k(\boldsymbol{z})$、w_{sum}和$q_k^{(j)}(\boldsymbol{z})$分别由式(9.3.35)～式(9.3.37)给出，$\boldsymbol{m}_{k|k}^{(j)}(\boldsymbol{z})$和$\boldsymbol{P}_{k|k}^{(j)}(\boldsymbol{z})$分别表示用量测$\boldsymbol{z}$(其包括位置量测$\boldsymbol{y}_c$和多普勒量测$\gamma_d$)更新后的均值和协方差。类似地，$\boldsymbol{m}_{k|k}^{(j)}(\boldsymbol{y}_c)$和$\boldsymbol{P}_{k|k}^{(j)}(\boldsymbol{y}_c)$分别表示用位置量测$\boldsymbol{y}_c$更新得到的均值和协方差，即

$$\boldsymbol{m}_{k|k}^{(j)}(\boldsymbol{y}_c)=\boldsymbol{m}_{k|k-1}^{(j)}+\boldsymbol{G}_{c,k}^{(j)}(\boldsymbol{y}_c-\boldsymbol{H}_{c,k}\boldsymbol{m}_{k|k-1}^{(j)}) \tag{9.3.17}$$

$$\boldsymbol{P}_{k|k}^{(j)}(\boldsymbol{y}_c)=[\boldsymbol{I}-\boldsymbol{G}_{c,k}^{(j)}\boldsymbol{H}_{c,k}]\boldsymbol{P}_{k|k-1}^{(j)} \tag{9.3.18}$$

其中，位置量测增益和新息协方差分别为

$$\boldsymbol{G}_{c,k}^{(j)}=\boldsymbol{P}_{k|k-1}^{(j)}\boldsymbol{H}_{c,k}[\boldsymbol{S}_{c,k}^{(j)}]^{-1} \tag{9.3.19}$$

$$\boldsymbol{S}_{c,k}^{(j)}=\boldsymbol{H}_{c,k}\boldsymbol{P}_{k|k-1}^{(j)}\boldsymbol{H}_{c,k}^{\text{T}}+\boldsymbol{R}_{c,k} \tag{9.3.20}$$

在式(9.3.15)和式(9.3.16)中的多普勒量测增益$\boldsymbol{G}_{d,k}^{(j)}(\boldsymbol{y}_c)$为

$$\boldsymbol{G}_{d,k}^{(j)}(\boldsymbol{y}_c)=\boldsymbol{P}_{k|k}^{(j)}(\boldsymbol{y}_c)\boldsymbol{H}_d(\boldsymbol{m}_{k|k}^{(j)}(\boldsymbol{y}_c))[S_{d,k}^{(j)}(\boldsymbol{y}_c)]^{-1} \tag{9.3.21}$$

其中，多普勒量测新息协方差为

$$S_{d,k}^{(j)}(\boldsymbol{y}_c)=\boldsymbol{H}_d(\boldsymbol{m}_{k|k}^{(j)}(\boldsymbol{y}_c))\boldsymbol{P}_{k|k}^{(j)}(\boldsymbol{y}_c)[\boldsymbol{H}_d(\boldsymbol{m}_{k|k}^{(j)}(\boldsymbol{y}_c))]^{\text{T}}+\sigma_d^2 \tag{9.3.22}$$

在式(9.3.16)、式(9.3.21)和式(9.3.22)中，$\boldsymbol{H}_d(\boldsymbol{m}_{k|k}^{(j)}(\boldsymbol{y}_c))$为$\dot{r}_k$相对于$\boldsymbol{x}_k$在$\boldsymbol{m}_{k|k}^{(j)}(\boldsymbol{y}_c)$(对每一分量$j$)处计算得到的雅可比矩阵，即

$$\boldsymbol{H}_d(\boldsymbol{m}_{k|k}^{(j)}(\boldsymbol{y}_c))=\left.\frac{\partial\dot{r}_k}{\partial\boldsymbol{x}_k}\right|_{\boldsymbol{x}_k=\boldsymbol{m}_{k|k}^{(j)}(\boldsymbol{y}_c)}=[h_1^{(j)}\quad h_2^{(j)}\quad h_3^{(j)}\quad h_4^{(j)}\quad h_5^{(j)}\quad h_6^{(j)}] \tag{9.3.23}$$

其中，

$$\boldsymbol{m}_{k|k}^{(j)}(\boldsymbol{y}_c)=[\hat{x}_{k|k}^{(j)}\quad \hat{y}_{k|k}^{(j)}\quad \hat{z}_{k|k}^{(j)}\quad \hat{\dot{x}}_{k|k}^{(j)}\quad \hat{\dot{y}}_{k|k}^{(j)}\quad \hat{\dot{z}}_{k|k}^{(j)}]^{\text{T}},$$

$$h_1^{(j)} = [(\hat{\dot{x}}_{k|k}^{(j)} - \dot{x}_k^s) - h_d(\boldsymbol{m}_{k|k}^{(j)}(\boldsymbol{y}_c))\cos\hat{a}_k^{(j)}\cos\hat{e}_k^{(j)}]/\hat{r}_k^{(j)},$$

$$h_2^{(j)} = [(\hat{\dot{y}}_{k|k}^{(j)} - \dot{y}_k^s) - h_d(\boldsymbol{m}_{k|k}^{(j)}(\boldsymbol{y}_c))\sin\hat{a}_k^{(j)}\cos\hat{e}_k^{(j)}]/\hat{r}_k^{(j)},$$

$$h_3^{(j)} = [(\hat{\dot{z}}_{k|k}^{(j)} - \dot{z}_k^s) - h_d(\boldsymbol{m}_{k|k}^{(j)}(\boldsymbol{y}_c))\sin\hat{e}_k^{(j)}]/\hat{r}_k^{(j)},$$

$$h_4^{(j)} = \cos\hat{a}_k^{(j)}\cos\hat{e}_k^{(j)}, h_5^{(j)} = \sin\hat{a}_k^{(j)}\cos\hat{e}_k^{(j)}, h_6^{(j)} = \sin\hat{e}_k^{(j)},$$

$$\hat{r}_k^{(j)} = \sqrt{(\hat{x}_{k|k}^{(j)} - x_k^s)^2 + (\hat{y}_{k|k}^{(j)} - y_k^s)^2 + (\hat{z}_{k|k}^{(j)} - z_k^s)^2},$$

$$\hat{a}_k^{(j)} = \mathrm{atan2}[(\hat{y}_{k|k}^{(j)} - y_k^s), (\hat{x}_{k|k}^{(j)} - x_k^s)],$$

$$\hat{e}_k^{(j)} = \arctan[(\hat{z}_{k|k}^{(j)} - z_k^s)/((\hat{x}_{k|k}^{(j)} - x_k^s)^2 + (\hat{y}_{k|k}^{(j)} - y_k^s)^2)^{1/2}]。$$

注意到由于多普勒量测是非线性函数，在式(9.3.15)和式(9.3.16)的推导中，类似于 EKF 更新[438]，利用了以下关系：

$$\mathcal{N}(y_d; h_d(\boldsymbol{x}), \sigma_d^2)\mathcal{N}(\boldsymbol{x}; \boldsymbol{m}_{k|k}^{(j)}(\boldsymbol{y}_c), \boldsymbol{P}_{k|k}^{(j)}(\boldsymbol{y}_c))$$
$$\approx \mathcal{N}(y_d; h_d(\boldsymbol{m}_{k|k}^{(j)}(\boldsymbol{y}_c)), S_{d,k}^{(j)}(\boldsymbol{y}_c))\mathcal{N}(\boldsymbol{x}; \boldsymbol{m}_{k|k}^{(j)}(\boldsymbol{z}), \boldsymbol{P}_{k|k}^{(j)}(\boldsymbol{z})) \quad (9.3.24)$$

分量$\{w_{k|k,f}^{(j)}, \boldsymbol{m}_{k|k,f}^{(j)}, \boldsymbol{P}_{k|k,f}^{(j)}\}$由伪量测更新得到，即

$$w_{k|k,f}^{(j)} = \frac{p_D}{1-p_D} c_f \mathcal{N}(y_f(\boldsymbol{m}_{k|k-1}^{(j)}); \boldsymbol{H}_f(\boldsymbol{m}_{k|k-1}^{(j)})\boldsymbol{m}_{k|k-1}^{(j)}, S_{f,k}^{(j)}) w_{k|k,0}^{(j)} \quad (9.3.25)$$

$$\boldsymbol{m}_{k|k,f}^{(j)} = \boldsymbol{m}_{k|k-1}^{(j)} + \boldsymbol{K}_{f,k}^{(j)}(y_f(\boldsymbol{m}_{k|k-1}^{(j)}) - \boldsymbol{H}_f(\boldsymbol{m}_{k|k-1}^{(j)})\boldsymbol{m}_{k|k-1}^{(j)}) \quad (9.3.26)$$

$$\boldsymbol{P}_{k|k,f}^{(j)} = [\boldsymbol{I} - \boldsymbol{K}_{f,k}^{(j)}\boldsymbol{H}_f(\boldsymbol{m}_{k|k-1}^{(j)})]\boldsymbol{P}_{k|k-1}^{(j)} \quad (9.3.27)$$

其中，伪量测增益$\boldsymbol{K}_{f,k}^{(j)}$由下式获得

$$\boldsymbol{K}_{f,k}^{(j)} = \boldsymbol{P}_{k|k-1}^{(j)}\boldsymbol{H}_f(\boldsymbol{m}_{k|k-1}^{(j)})[S_{f,k}^{(j)}]^{-1} \quad (9.3.28)$$

式中：伪量测新息协方差为

$$S_{f,k}^{(j)} = \boldsymbol{H}_f(\boldsymbol{m}_{k|k-1}^{(j)})\boldsymbol{P}_{k|k-1}^{(j)}\boldsymbol{H}_f^{\mathrm{T}}(\boldsymbol{m}_{k|k-1}^{(j)}) + R_f \quad (9.3.29)$$

基于分量$\{w_{k|k}^{(j)}(\boldsymbol{z}), \boldsymbol{m}_{k|k}^{(j)}(\boldsymbol{z}), \boldsymbol{P}_{k|k}^{(j)}(\boldsymbol{z})\}$，分量$\{w_{k|k}^{(j)}(\boldsymbol{z}_f), \boldsymbol{m}_{k|k}^{(j)}(\boldsymbol{z}_f), \boldsymbol{P}_{k|k}^{(j)}(\boldsymbol{z}_f)\}$由伪量测进一步更新得到，即

$$w_{k|k}^{(j)}(\boldsymbol{z}_f) = -c_f \mathcal{N}(y_f(\boldsymbol{m}_{k|k}^{(j)}(\boldsymbol{z})); \boldsymbol{H}_f(\boldsymbol{m}_{k|k}^{(j)}(\boldsymbol{z}))\boldsymbol{m}_{k|k}^{(j)}(\boldsymbol{z}), S_{f,k}^{(j)}(\boldsymbol{z})) w_{k|k}^{(j)}(\boldsymbol{z}) \quad (9.3.30)$$

$$\boldsymbol{m}_{k|k}^{(j)}(\boldsymbol{z}_f) = \boldsymbol{m}_{k|k}^{(j)}(\boldsymbol{z}) + \boldsymbol{G}_{f,k}^{(j)}(\boldsymbol{z})(y_f(\boldsymbol{m}_{k|k}^{(j)}(\boldsymbol{z})) - \boldsymbol{H}_f(\boldsymbol{m}_{k|k}^{(j)}(\boldsymbol{z}))\boldsymbol{m}_{k|k}^{(j)}(\boldsymbol{z})) \quad (9.3.31)$$

$$\boldsymbol{P}_{k|k}^{(j)}(\boldsymbol{z}_f) = [\boldsymbol{I} - \boldsymbol{G}_{f,k}^{(j)}(\boldsymbol{z})\boldsymbol{H}_f(\boldsymbol{m}_{k|k}^{(j)}(\boldsymbol{z}))]\boldsymbol{P}_{k|k}^{(j)}(\boldsymbol{z}) \quad (9.3.32)$$

其中，对应的伪量测增益$\boldsymbol{G}_{f,k}^{(j)}(\boldsymbol{z})$为

$$G_{f,k}^{(j)}(z)=P_{k|k}^{(j)}(z)H_f(m_{k|k}^{(j)}(z))[S_{f,k}^{(j)}(z)]^{-1} \tag{9.3.33}$$

式中,对应的伪量测新息协方差为

$$S_{f,k}^{(j)}(z)=H_f(m_{k|k}^{(j)}(z))P_{k|k}^{(j)}(z)H_f^{\mathrm{T}}(m_{k|k}^{(j)}(z))+R_f \tag{9.3.34}$$

在式(9.3.14)分母中,杂波强度建模为

$$\kappa_k(z)=\kappa_{c,k}(\boldsymbol{y}_c)\kappa_{d,k}(y_d) \tag{9.3.35}$$

其中,$\kappa_{c,k}(\boldsymbol{y}_c)$和$\kappa_{d,k}(y_d)$分别为位置分量和多普勒分量的杂波强度,$w_{\mathrm{sum}}$由下式给出:

$$w_{\mathrm{sum}}=p_D\sum_{j=1}^{J_{k|k-1}}w_{k|k-1}^{(j)}q_k^{(j)}(z)-c_fp_D\sum_{j=1}^{J_{k|k-1}}w_{k|k-1}^{(j)}q_k^{(j)}(z_f) \tag{9.3.36}$$

式中:

$$q_k^{(j)}(z)=\mathcal{N}(y_c;H_{c,k}m_{k|k-1}^{(j)},S_{c,k}^{(j)})\mathcal{N}(y_d;h_d(m_{k|k}^{(j)}(y_c)),S_{d,k}^{(j)}(\boldsymbol{y}_c)) \tag{9.3.37}$$

$$q_k^{(j)}(z_f)=q_k^{(j)}(z)\mathcal{N}(y_f(m_{k|k}^{(j)}(z));H_f(m_{k|k}^{(j)}(z))m_{k|k}^{(j)}(z),S_{f,k}^{(j)}(z)) \tag{9.3.38}$$

因为高斯分量的数量将随时间递归不断增加,与标准的 GM - PHD 一样,在量测更新步骤后,还需执行“剪枝合并”步骤。后续仿真中,该步骤和多目标状态提取的参数设置同文献[83]。

将以上介绍的带多普勒和 MDV 信息的 GM - PHD 滤波器简称为 GM - PHD - D&MDV 滤波器,值得指出的是当 MDV =0 时,有 $c_f=0$,因此,GM - PHD - D&MDV 滤波器将退化为文献[243]给出的带多普勒信息的 GM - PHD(简记为 GM - PHD - D)滤波器。与 GM - PHD - D 滤波器相比可知,由于式(9.3.8)中检测概率由两部分组成,使得每一分量分裂成两个,因此,将检测概率代入更新强度式(4.2.2)最终得到了数量成倍增加的高斯分量。具体而言,除了 $J_{k|k-1}$ 个分量$\{w_{k|k,0}^{(j)},m_{k|k,0}^{(j)},P_{k|k,0}^{(j)}\}$和$|Z_k|J_{k|k-1}$个分量$\{w_{k|k}^{(j)}(z),m_{k|k}^{(j)}(z),P_{k|k}^{(j)}(z)\}$外,还获得了同样数量的额外的分量,包括 $J_{k|k-1}$ 个分量$\{w_{k|k,f}^{(j)},m_{k|k,f}^{(j)},P_{k|k,f}^{(j)}\}$和$|Z_k|J_{k|k-1}$个分量$\{w_{k|k}^{(j)}(z_f),m_{k|k}^{(j)}(z_f),P_{k|k}^{(j)}(z_f)\}$。因而,在 GM - PHD 滤波器中并入多普勒盲区信息导致了额外的高斯混合分量[105],由于在滤波更新步骤得到更多数量的分量,相比 GM - PHD - D 滤波器,GM - PHD - D&MDV 算法能以更复杂的方式解释滤波器行为。分量$\{w_{k|k,0}^{(j)},m_{k|k,0}^{(j)},P_{k|k,0}^{(j)}\}$处理常规丢失检测情况、$\{w_{k|k}^{(j)}(z),m_{k|k}^{(j)}(z),P_{k|k}^{(j)}(z)\}$处理常规量测情况,而$\{w_{k|k,f}^{(j)},m_{k|k,f}^{(j)},P_{k|k,f}^{(j)}\}$处理由于被多普勒盲区遮蔽的目标漏检,即伪量测情况,$\{w_{k|k}^{(j)}(z_f),m_{k|k}^{(j)}(z_f),$

$\boldsymbol{P}_{k|k}^{(j)}(z_f)\}$处理增强量测情况。对于第 3 种情况，当目标进入多普勒盲区时，根据式(9.3.25)将导致对应分量具有较大的权值，从而避免对应的航迹被剪枝阈值删除，因此，漏检是有价值的信息。对于最后情形，对应分量的权重 $w_{k|k}^{(j)}(z_f)$ 为负值(见式(9.3.30))。在具体执行过程中，这些分量将在"剪枝合并"步骤被删除，因为这些负权重必然小于正的剪枝阈值，不过考虑到所有权值之和表示目标势的平均值，将它们的权值分配给对应的正权值分量，即 $w_{k|k}^{(j)}(z) = w_{k|k}^{(j)}(z) + w_{k|k}^{(j)}(z_f)$。

另外，式(9.3.11)表明每一分量分裂成两个，不管该状态是否落于 DBZ。实际上，为了保留 DBZ 里的目标对应分量，只需在目标状态落入杂波凹口时才进行分裂，即状态($\boldsymbol{m}_{k|k-1}^{(i)}, \boldsymbol{P}_{k|k-1}^{(i)}$)满足条件 $n_c(\boldsymbol{m}_{k|k-1}^{(j)}) \leqslant \text{MDV} + \sqrt{S_{d,k}^{(j)}}$(其中，$S_{d,k}^{(j)} = \boldsymbol{H}_d(\boldsymbol{m}_{k|k-1}^{(j)})\boldsymbol{P}_{k|k-1}^{(j)}\boldsymbol{H}_d^{\mathrm{T}}(\boldsymbol{m}_{k|k-1}^{(j)}) + \sigma_d^2$)的分量才进行分裂，反之不分裂。下文，为简便称该近似滤波器为 GM－PHD－D&MDV1。为完整起见，表 9.2 总结了在多普勒盲区下带多普勒信息的 GM－PHD 滤波器(GM－PHD－D&MDV1)的更新关键步骤。

表 9.2　GM－PHD－D&MDV1 更新伪代码

```
输入：{w_{k|k-1}^{(j)}, m_{k|k-1}^{(j)}, P_{k|k-1}^{(j)}}_{j=1}^{J_{k|k-1}}，量测集 Z_k
输出：{w_{k|k}^{(j)}, m_{k|k}^{(j)}, P_{k|k}^{(j)}}_{j=1}^{J_{k|k}}
for j = 1,2,…,J_{k|k-1}
    η_{k|k-1}^{(j)} = H_{c,k} m_{k|k-1}^{(j)}，根据式(9.3.19)和式(9.3.20)计算 G_{c,k}^{(j)} 和 S_{c,k}^{(j)}，
        P_k^{(j)} = [I - G_{c,k}^{(j)} H_{c,k}] P_{k|k-1}^{(j)}
end
for j = 1,2,…,J_{k|k-1}
    w_{k|k}^{(j)} = (1 - p_D) w_{k|k-1}^{(j)}，
        m_{k|k}^{(j)} = m_{k|k-1}^{(j)}，P_{k|k}^{(j)} = P_{k|k-1}^{(j)}，S_{d,k}^{(j)} = H_d(m_{k|k-1}^{(j)}) P_{k|k-1}^{(j)} H_d^T(m_{k|k-1}^{(j)}) + σ_d^2
    if n_c(m_{k|k-1}^{(j)}) ≤ MDV + sqrt(S_{d,k}^{(j)})
        根据式(9.3.28)和式(9.3.29)计算 K_{f,k}^{(j)} 和 S_{f,k}^{(j)}
        m_{k|k}^{(J_{k|k-1}+j)} = m_{k|k-1}^{(j)} + K_{f,k}^{(j)}(y_f(m_{k|k-1}^{(j)}) - H_f(m_{k|k-1}^{(j)}) m_{k|k-1}^{(j)})，
            P_{k|k}^{(J_{k|k-1}+j)} = [I - K_{f,k}^{(j)} H_f(m_{k|k-1}^{(j)})] · P_{k|k-1}^{(j)}
        w_{k|k}^{(J_{k|k-1}+j)} = p_D/(1 - p_D) c_f N(y_f(m_{k|k-1}^{(j)}); H_f(m_{k|k-1}^{(j)}) m_{k|k-1}^{(j)}, S_{f,k}^{(j)}) w_{k|k}^{(j)}
    else (w_{k|k}^{(J_{k|k-1}+j)} = 0, m_{k|k}^{(J_{k|k-1}+j)} = m_{k|k-1}^{(j)}, P_{k|k}^{(J_{k|k-1}+j)} = P_{k|k-1}^{(j)})
    end
```

（续）

end

$l=0$

for $\boldsymbol{z}=[\boldsymbol{y}_c;y_d]\in Z_k$

　$l\leftarrow l+1$

　for $j=1,2,\cdots,J_{k|k-1}$

$$\boldsymbol{m}_{k|k}^{(l\cdot 2J_{k|k-1}+j)}=\boldsymbol{m}_{k|k-1}^{(j)}+\boldsymbol{G}_{c,k}^{(j)}(\boldsymbol{y}_c-\boldsymbol{\eta}_{k|k-1}^{(j)}),\boldsymbol{P}_{k|k}^{(l\cdot 2J_{k|k-1}+j)}=\boldsymbol{P}_k^{(j)}$$

$$\boldsymbol{H}_d(\boldsymbol{m}_{k|k}^{(l\cdot 2J_{k|k-1}+j)})=\frac{\partial \dot{r}_k}{\partial \boldsymbol{x}_k}\bigg|_{\boldsymbol{m}_k=\boldsymbol{m}_{k|k}^{(l\cdot 2J_{k|k-1}+j)}},\ \hat{y}_d^{(j)}=h_d(\boldsymbol{m}_{k|k}^{(l\cdot 2J_{k|k-1}+j)})$$

$$S_d=\boldsymbol{H}_d(\boldsymbol{m}_{k|k}^{(l\cdot 2J_{k|k-1}+j)})\boldsymbol{P}_{k|k}^{(l\cdot 2J_{k|k-1}+j)}\boldsymbol{H}_d^{\mathrm{T}}(\boldsymbol{m}_{k|k}^{(l\cdot 2J_{k|k-1}+j)})+\sigma_d^2,$$

$$\boldsymbol{G}_d=\boldsymbol{P}_{k|k}^{(l\cdot 2J_{k|k-1}+j)}\boldsymbol{H}_d(\boldsymbol{m}_{k|k}^{(l\cdot 2J_{k|k-1}+j)})S_d^{-1}$$

$$\boldsymbol{m}_{k|k}^{(l\cdot 2J_{k|k-1}+j)}=\boldsymbol{m}_{k|k}^{(l\cdot 2J_{k|k-1}+j)}+\boldsymbol{G}_d(y_d-\hat{y}_d^{(j)}),$$

$$\boldsymbol{P}_{k|k}^{(l\cdot 2J_{k|k-1}+j)}=[\boldsymbol{I}-\boldsymbol{G}_d\boldsymbol{H}_d(\boldsymbol{m}_{k|k}^{(l\cdot 2J_{k|k-1}+j)})]\boldsymbol{P}_{k|k}^{(l\cdot 2J_{k|k-1}+j)}$$

$$w_{k|k}^{(l\cdot 2J_{k|k-1}+j)}=p_D w_{k|k-1}^{(j)}\mathcal{N}(\boldsymbol{y}_c;\boldsymbol{\eta}_{k|k-1}^{(j)},\boldsymbol{S}_{c,k}^{(j)})\mathcal{N}(y_d;\hat{y}_d^{(j)},S_d)$$

　　if $n_c(\boldsymbol{m}_{k|k-1}^{(j)})\leqslant \mathrm{MDV}+\sqrt{S_d}$

$$S_f=\boldsymbol{H}_f(\boldsymbol{m}_{k|k}^{(l\cdot 2J_{k|k-1}+j)})\boldsymbol{P}_{k|k}^{(l\cdot 2J_{k|k-1}+j)}\boldsymbol{H}_f^{\mathrm{T}}(\boldsymbol{m}_{k|k}^{(l\cdot 2J_{k|k-1}+j)})+\boldsymbol{R}_f$$

$$\boldsymbol{G}_f=\boldsymbol{P}_{k|k}^{(l\cdot 2J_{k|k-1}+j)}\boldsymbol{H}_f(\boldsymbol{m}_{k|k}^{(l\cdot 2J_{k|k-1}+j)})S_f^{-1}$$

$$\boldsymbol{m}_{k|k}^{(l\cdot 2J_{k|k-1}+J_{k|k-1}+j)}=\boldsymbol{m}_{k|k}^{(l\cdot 2J_{k|k-1}+j)}+\boldsymbol{G}_f(y_f(\boldsymbol{m}_{k|k}^{(l\cdot 2J_{k|k-1}+j)})-\boldsymbol{H}_f(\boldsymbol{m}_{k|k}^{(l\cdot 2J_{k|k-1}+j)})\boldsymbol{m}_{k|k}^{(l\cdot 2J_{k|k-1}+j)})$$

$$\boldsymbol{P}_{k|k}^{(l\cdot 2J_{k|k-1}+J_{k|k-1}+j)}=[\boldsymbol{I}-\boldsymbol{G}_f\boldsymbol{H}_f(\boldsymbol{m}_{k|k}^{(l\cdot 2J_{k|k-1}+j)})]\boldsymbol{P}_{k|k}^{(l\cdot 2J_{k|k-1}+j)}$$

$$w_{k|k}^{(l\cdot 2J_{k|k-1}+J_{k|k-1}+j)}=-c_f w_{k|k}^{(l\cdot 2J_{k|k-1}+j)}\mathcal{N}(y_f(\boldsymbol{m}_{k|k}^{(l\cdot 2J_{k|k-1}+j)});\boldsymbol{H}_f(\boldsymbol{m}_{k|k}^{(l\cdot 2J_{k|k-1}+j)})\boldsymbol{m}_{k|k}^{(l\cdot 2J_{k|k-1}+j)},S_f),$$

　　else

$$(\boldsymbol{m}_{k|k}^{(l\cdot 2J_{k|k-1}+J_{k|k-1}+j)}=\boldsymbol{m}_{k|k}^{(l\cdot 2J_{k|k-1}+j)},$$

$$\boldsymbol{P}_{k|k}^{(l\cdot 2J_{k|k-1}+J_{k|k-1}+j)}=\boldsymbol{P}_{k|k}^{(l\cdot 2J_{k|k-1}+j)},$$

$$w_{k|k}^{(l\cdot 2J_{k|k-1}+J_{k|k-1}+j)}=0)$$

　　end

　end

　for $j=1,2,\cdots,2\cdot J_{k|k-1}$

$$w_{k|k}^{(l\cdot 2J_{k|k-1}+j)}=w_{k|k}^{(l\cdot 2J_{k|k-1}+j)}/[\kappa_{c,k}(\boldsymbol{y}_c)\kappa_{d,k}(y_d)+\sum_{i=1}^{2J_{k|k-1}}w_{k|k}^{(l\cdot 2J_{k|k-1}+i)}],$$

　end

（续）

34： end
35： for $j=1,2,\cdots,J_{k\mid k-1}$
$w_{k\mid k}^{(l\cdot 2J_{k\mid k-1}+j)}\leftarrow w_{k\mid k}^{(l\cdot 2J_{k\mid k-1}+j)}+w_{k\mid k}^{(l\cdot 2J_{k\mid k-1}+J_{k\mid k-1}+j)}$，$w_{k\mid k}^{(l\cdot 2J_{k\mid k-1}+J_{k\mid k-1}+j)}\leftarrow 0$
end
36： $J_{k\mid k}=2(l+1)J_{k\mid k-1}$

9.3.3 仿真分析

为了验证 GM－PHD－D&MDV1 滤波器的有效性，将其与 GM－PHD－D 进行比较。另外，使用 GM－PHD 滤波器（未带多普勒量测）和原始 GM－PHD－D&MDV 滤波器的性能作为参考。

为了便于说明，每一目标在 $x-y$ 平面内遵循线性高斯动态

$$\boldsymbol{x}_k=\boldsymbol{F}_{k-1}\boldsymbol{x}_{k-1}+\boldsymbol{v}_{k-1} \tag{9.3.39}$$

式中：$\boldsymbol{x}_k=[x_k\quad y_k\quad \dot{x}_k\quad \dot{y}_k]^{\mathrm{T}}$ 为目标 k 时刻状态。转移矩阵为

$$\boldsymbol{F}_{k-1}=\begin{bmatrix}1 & \tau_k\\ 0 & 1\end{bmatrix}\otimes\boldsymbol{I}_2 \tag{9.3.40}$$

式中：$\boldsymbol{I}_n$为 $n\times n$ 单位矩阵；$\tau_k=1\mathrm{s}$ 为时间间隔；$\otimes$ 表示克罗内克积（Kronecker product）；v_{k-1}为零均值白高斯过程噪声，其协方差为

$$\boldsymbol{Q}_{k-1}=\begin{bmatrix}\tau_k^4/4 & \tau_k^3/2\\ \tau_k^3/2 & \tau_k^2\end{bmatrix}\otimes\mathrm{blkdiag}(\sigma_x^2,\sigma_y^2) \tag{9.3.41}$$

式中：σ_x^2、σ_y^2分别为 x 轴和 y 轴方向的加速度过程噪声的方差；blkdiag 代表块对角矩阵。

每一目标的存活概率 $p_{S,k}=0.99$，其被检测概率为 $p_D=0.98$，量测遵循式（9.3.9）所示的量测模型，其中 $\boldsymbol{H}_{c,k}=[\boldsymbol{I}_2\quad \boldsymbol{O}_2]$，$\boldsymbol{R}_{c,k}=\sigma_c^2\boldsymbol{I}_2$，$\sigma_d=0.5\mathrm{m/s}$，$\sigma_c=10\mathrm{m}$ 为位置量测噪声标准差。

杂波在监视区域$[-1000,\ 1000](\mathrm{m})\times[-1000,\ 1000](\mathrm{m})$内服从均匀分布，对位置分量为 $\kappa_{c,k}(\cdot)=\lambda_c\cdot V\cdot u(\cdot)$，对多普勒分量为 $\kappa_{d,k}=1/(2v_{\max})$，其中，$\lambda_c$为单位体积内杂波平均数量，$V$ 为监视区域体积，$u(\cdot)$为监视区域的均匀密度，$v_{\max}=35\mathrm{m/s}$ 为传感器可检测最大速度。

为便于比较，所有滤波器都假设具有固定的起始位置。剪枝参数为 $T=10^{-5}$，合并阈值 $U=4$，以及高斯分量最大数量为 $J_{\max}=100$。多目标提取阈值为0.5。

9.3.3.1 二维静止传感器场景

首先考虑 $x-y$ 平面内位于原点的传感器跟踪两个目标的例子。目标的初始状态分别设为 $\boldsymbol{x}_{0,1}=[-500\text{m}\quad 200\text{m}\quad 10\text{m/s}\quad 0\text{m/s}]^{\mathrm{T}}$ 和 $\boldsymbol{x}_{0,2}=[-500\text{m}\quad -200\text{m}\quad 10\text{m/s}\quad 0\text{m/s}]^{\mathrm{T}}$，以及 $\sigma_x=\sigma_y=5\text{m/s}^2$。新生目标 RFS 为泊松分布，其强度为

$$v_{\gamma,k}(\boldsymbol{x}) = 0.1\times\sum_{j=1}^{2}\mathcal{N}(\boldsymbol{x};\boldsymbol{m}_{\gamma,k}^{(j)},\boldsymbol{P}_{\gamma,k}^{(j)}) \tag{9.3.42}$$

式中：$\boldsymbol{m}_{\gamma,k}^{(1)}=[-500\text{m},200\text{m},0\text{m/s},0\text{m/s}]^{\mathrm{T}}$，$\boldsymbol{m}_{\gamma,k}^{(2)}=[-500\text{m},-200\text{m},0\text{m/s},0\text{m/s}]^{\mathrm{T}}$，$\boldsymbol{P}_{\gamma,k}^{(j)}=\text{blkdiag}(100\text{m},100\text{m},25\text{m/s},25\text{m/s})^2$，$j=1,2$。

图 9.4 给出了传感器位置、目标真实航迹以及杂波。图 9.5 给出了在上述配置中两个目标的真实多普勒曲线以及最大可检测速度（MDV）与时间关系，可看出两目标在 $k=50$ 时刻切向飞行，因此，在该时刻它们的多普勒接近于 0，且 MDV 值越大，目标通过 DBZ 的时间越长，从而漏检数量越多。

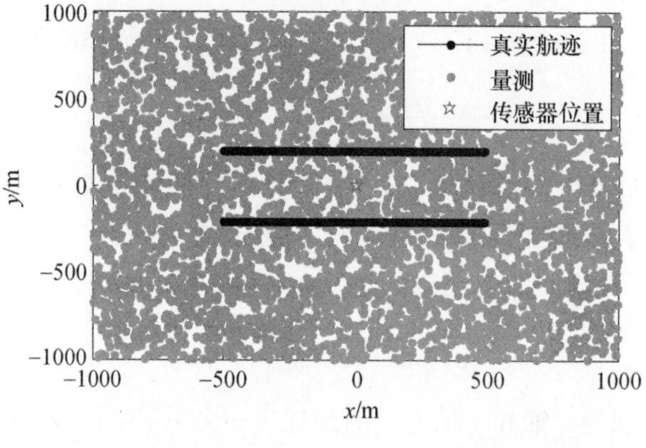

图 9.4 传感器/目标几何及杂波率为 12.5×10^{-6} 时的杂波分布（见彩图）

图 9.6 给出了目标真实航迹和 MDV = 1m/s 时不同算法的估计结果。在目标未抵达 DBZ 之前（第 1 阶段），所有滤波器均能成功跟踪两个目标，不过，GM－PHD的性能最差，而其他三者具有相似的性能。然而，当目标均在 DBZ 内（第 2 阶段）时，由于 MDV 导致的漏检，它们均不能跟踪到目标。注意到所有滤波器假设具有固定的新生位置，因此，由于一系列的丢失检测，GM－PHD 和 GM－PHD－D滤波器不能再次跟踪目标。然而，一旦目标飞出 DBZ（第 3 阶段），GM－PHD－D&MDV 和 GM－PHD－D&MDV1 均可再次跟踪上，这是由于它保存了对应在 DBZ 内目标的高斯分量。因此，通过并入额外的 MDV 信息，两算法能合理地处理丢失检测，进而维持航迹。

为评估性能，研究如下的航迹丢失性能——圆位置误差概率（Circular Posi-

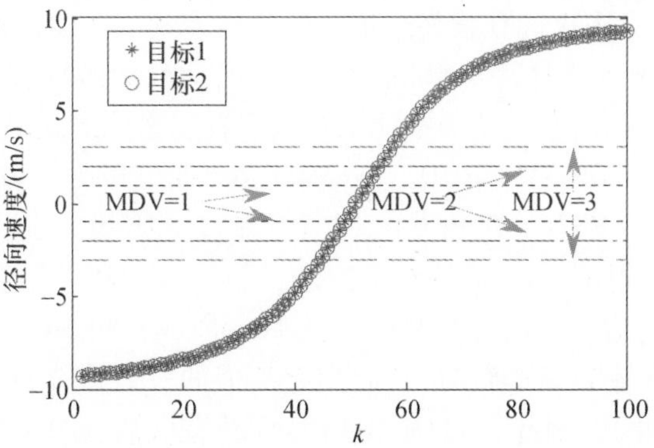

图9.5 两目标的多普勒与不同的MDVs与时间关系(见彩图)

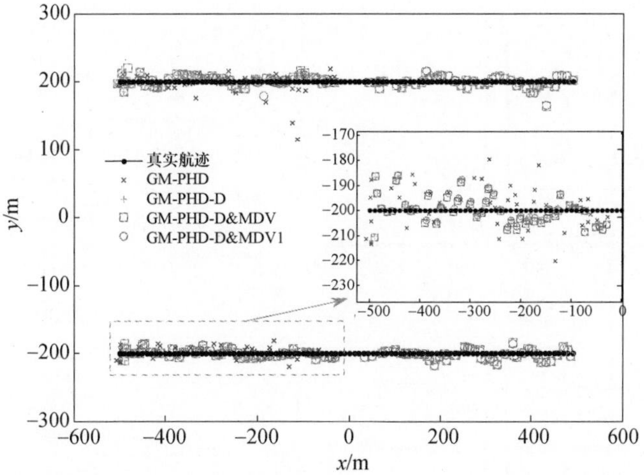

图9.6 真实航迹与不同算法的估计(MDV = 1m/s)(见彩图)

tion Error Probability, CPEP)[83]

$$\mathrm{CPEP}_k(r) = \frac{1}{|X_k|}\sum_{\boldsymbol{x}\in X_k}\alpha_k(\boldsymbol{x},r) \tag{9.3.43}$$

其中,对于某个位置误差半径 r,X_k是目标真实状态的集合,$\alpha_k(\boldsymbol{x},r) = \Pr\{\|\boldsymbol{H}\hat{\boldsymbol{x}} - \boldsymbol{H}\boldsymbol{x}\|_2 > r \text{ for all } \hat{\boldsymbol{x}} \in \hat{X}_k\}$,$\Pr(\cdot)$表示事件概率,$\boldsymbol{H} = [\boldsymbol{I}_2 \quad \boldsymbol{O}_2]$,$\|\cdot\|_2$是2范数。另外,也研究了最优子模式分配(OSPA)性能。

通过1000次蒙特卡罗运行,图9.7~图9.9给出了不同算法在不同MDV值下的跟踪性能。其中,CPEP半径为 $r = 20\mathrm{m}$,OSPA的阶参数和阈值参数分别设为 $p = 2$ 和 $c = 20\mathrm{m}$。在图9.7中,此时MDV = 1m/s,可看到由于多普勒信息的引入,这些引入多普勒信息的滤波器如GM - PHD - D、GM - PHD - D&MDV

和 GM - PHD - D&MDV1,有着类似的 CPEP 和 OSPA 性能,且它们优于未并入多普勒信息的 GM - PHD。在第 2 阶段,因为高斯分量的权重小于提取阈值,以致没有状态被提取,所有滤波器不能跟踪被多普勒盲区遮蔽的目标。不过,并入 MDV 信息的滤波器如 GM - PHD - D&MDV 和 GM - PHD - D&MDV1 与未包含 MDV 信息的 GM - PHD - D 和 GM - PHD 有着本质的区别。对 GM - PHD - D&MDV 和 GM - PHD - D&MDV1 而言,依据式(9.3.25)可能获得较剪枝阈值更高的权重,从而避免了航迹被删除。然而,对 GM - PHD - D 和 GM - PHD 而言,当目标被多普勒盲区遮蔽时,它们没有类似的有效保存目标的分量的机制,这些分量将被删除。因此,当目标飞出多普勒盲区后,GM - PHD - D&MDV 和 GM - PHD - D&MDV1 能再次跟踪目标,而 GM - PHD - D 和 GM - PHD 不再能跟踪目标。

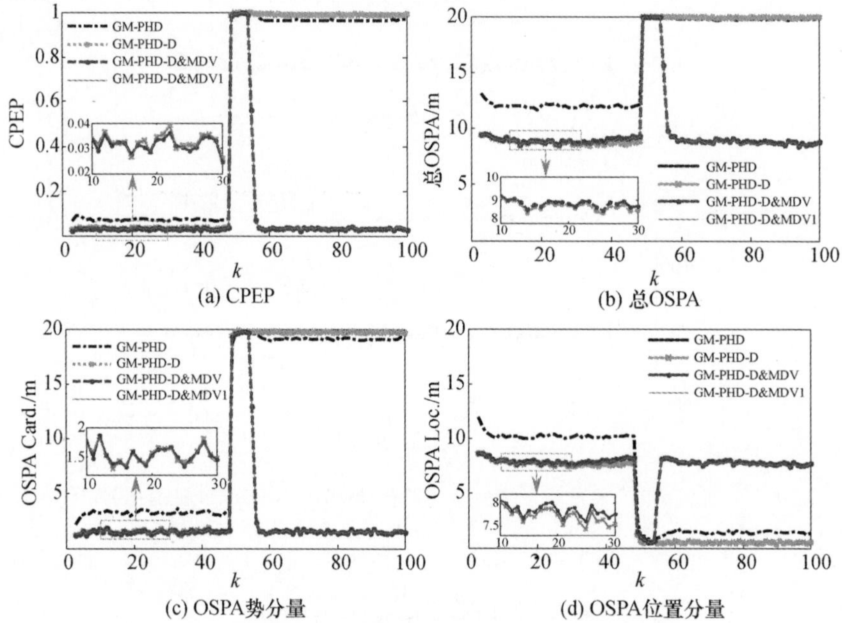

图 9.7 不同算法跟踪性能(MDV = 1m/s)(见彩图)

从图 9.8 和图 9.9 可看到类似的改善趋势。此外,通过图 9.7 ~ 图 9.9 的对比分析可知,对 GM - PHD - D&MDV 和 GM - PHD - D&MDV1 而言,有以下几点值得注意。第一,近似 GM - PHD - D&MDV1 的性能与原始的 GM - PHD - D&MDV 非常类似,另外,从图 9.10 可看到前者执行速度快于后者,图中,绝对时间指的是每次运行执行 100 步时 1000 次蒙特卡罗平均时间。比如,在 MDV = 1m/s 时,GM - PHD - D&MDV1 需要 11.05s,而 GM - PHD - D&MDV 则需要

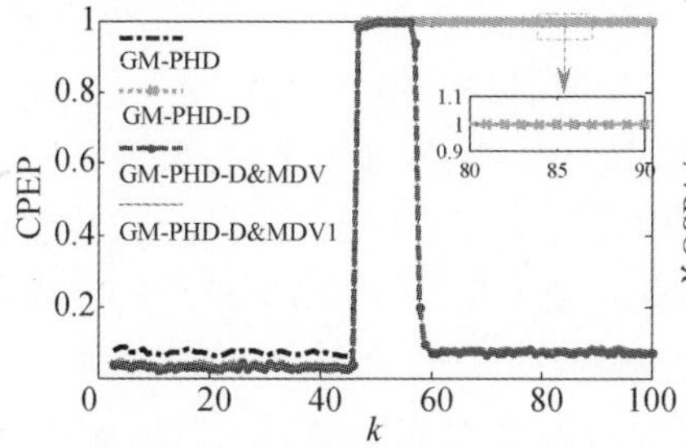

(a) CPEP

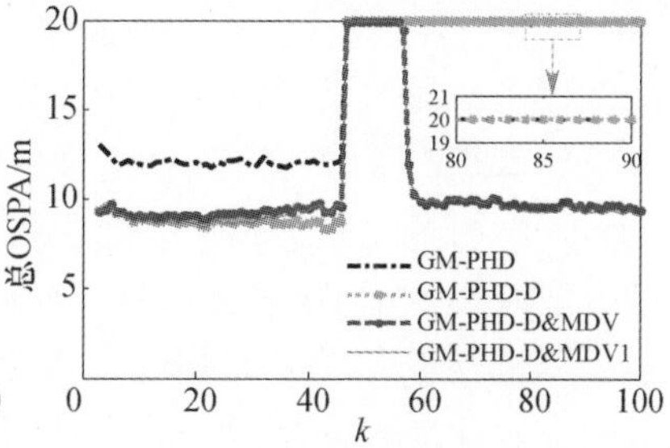

(b) 总OSPA

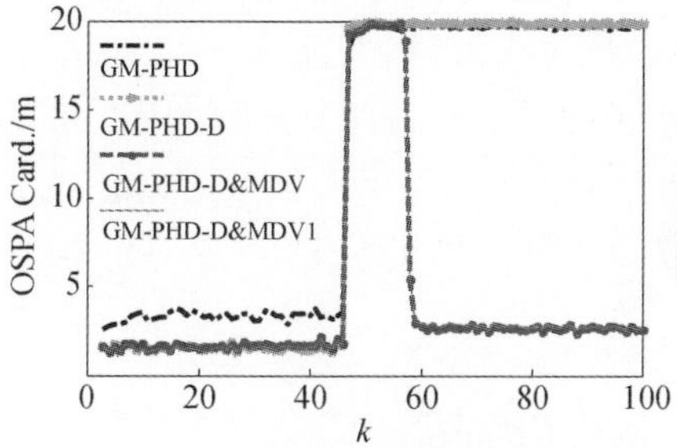

(c) OSPA势分量

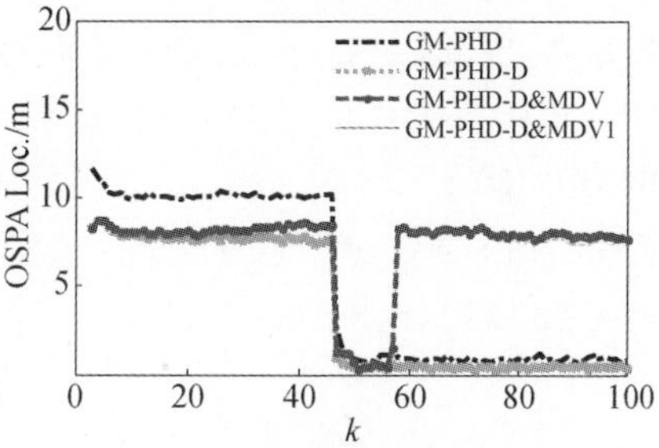

(d) OSPA位置分量

图9.8　不同算法跟踪性能(MDV＝2m/s)(见彩图)

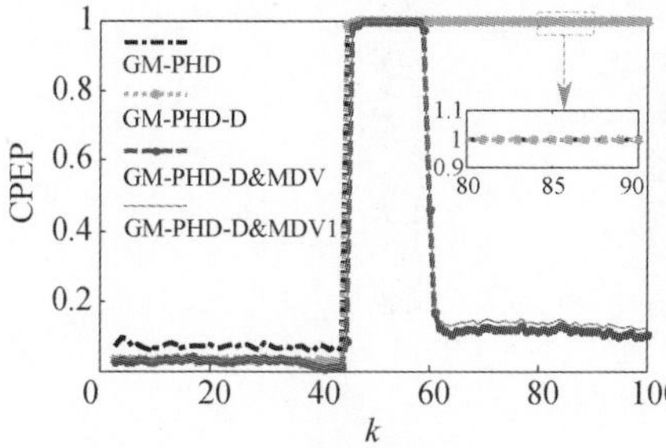

(a) CPEP

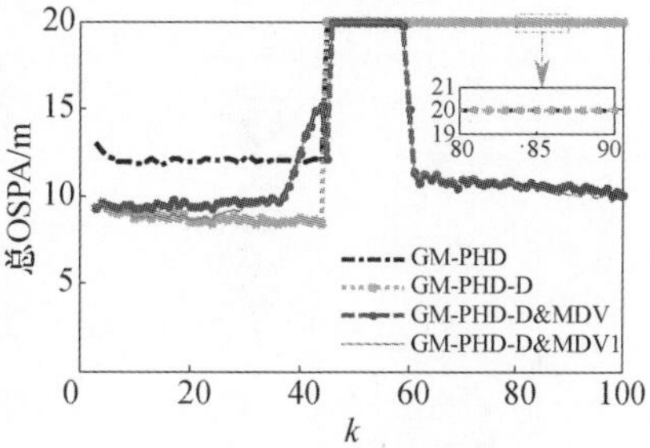

(b) 总OSPA

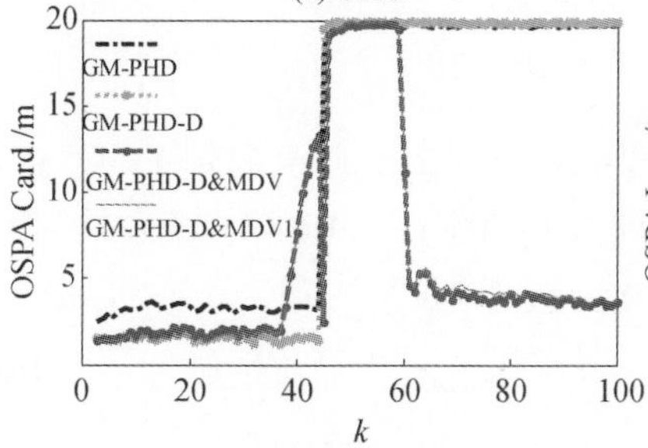

(c) OSPA势分量

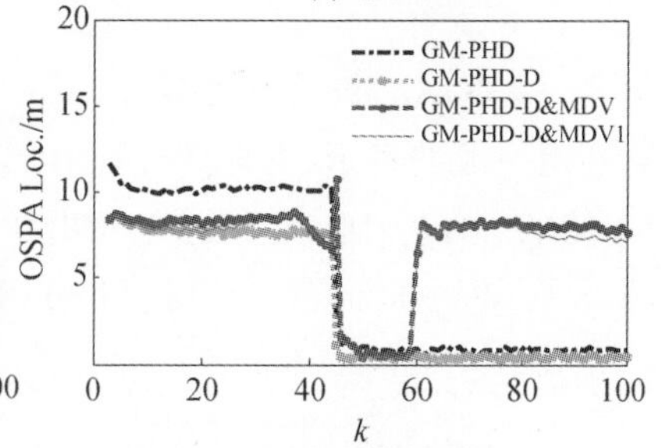

(d) OSPA位置分量

图9.9　不同算法跟踪性能(MDV＝3m/s)(见彩图)

22.87s。相对而言,前者消耗的时间仅为后者的48.29%。因此,近似方法能有效地降低计算量却并无明显的性能损失。第二,随着MDV值的增大,在多普勒盲区遮蔽后CPEP值没有降到最初第一阶段的水平,且第1阶段和第3阶段的CPEP差距变大,这是因为在更多的丢失检测后保存分量的难度加大,从而导致多普勒盲区遮蔽目标不能被跟踪的概率将升高。第三,随着MDV增大,由伪量测更新的分量权重大于提取阈值变得更为容易,因此,提取出的虚假航迹将增多,因此,在目标进入多普勒盲区前OSPA势性能变大。换言之,当MDV较大时,推荐滤波器的性能改善是以增加虚假航迹为代价。然而,当MDV值较小时,跟踪性能的改善并未增加虚假航迹的数量。另外,在第3阶段,GM-PHD和GM-PHD-D的OSPA定位性能看起来优于GM-PHD-D&MDV和GM-PHD-D&MDV1。实际上,这一现象是由对应的OSPA势性能接近阈值造成的。因而,GM-PHD-D和GM-PHD的总体OSPA性能仍然劣于GM-PHD-D&MDV和GM-PHD-D&MDV1。

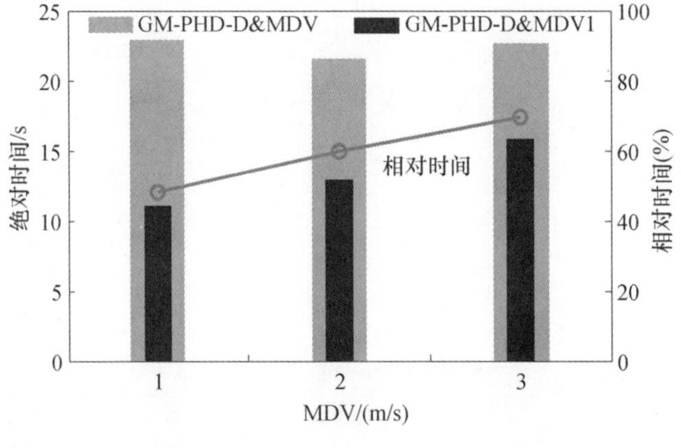

图9.10 绝对时间和相对时间比较

9.3.3.2 三维运动传感器场景

对于更一般的情形,考虑1个运动传感器跟踪2个目标的例子。传感器在$z=100\text{m}$的平面内做匀速圆周运动,其初始状态为$[600\text{m}\quad -150\text{m}\quad 10\text{m/s}\quad 0\text{m/s}]^{\mathrm{T}}$,转弯率为0.063rad/s。2个目标的初始状态分别设为$\boldsymbol{x}_{0,1}=[0\text{m}\ 0\text{m}\ 5\text{m/s}\ 5\text{m/s}]^{\mathrm{T}}$和$\boldsymbol{x}_{0,2}=[0\text{m}\ 0\text{m}\ 5\text{m/s}\ -5\text{m/s}]^{\mathrm{T}}$。过程噪声标准差设为$\sigma_x=\sigma_y=2\text{m/s}^2$。新生目标RFS为泊松分布,其强度为

$$v_{\gamma,k}(\boldsymbol{x})=0.1\mathcal{N}(\boldsymbol{x};\boldsymbol{m}_{\gamma,k},\boldsymbol{P}_{\gamma,k}) \tag{9.3.42}$$

式中:$\boldsymbol{m}_{\gamma,k}=[0\text{m},0\text{m},0\text{m/s},0\text{m/s}]^{\mathrm{T}}$,$\boldsymbol{P}_{\gamma,k}=\text{blkdiag}(100\text{m},100\text{m},25\text{m/s},25\text{m/s})^2$。

图9.11给出了传感器和目标的航迹。图9.12给出了在该配置下两目标的真实航迹与对应的DBZ与时间的关系，图中表明目标1和目标2在DBZ内的时间分别为43~53s和61~65s。

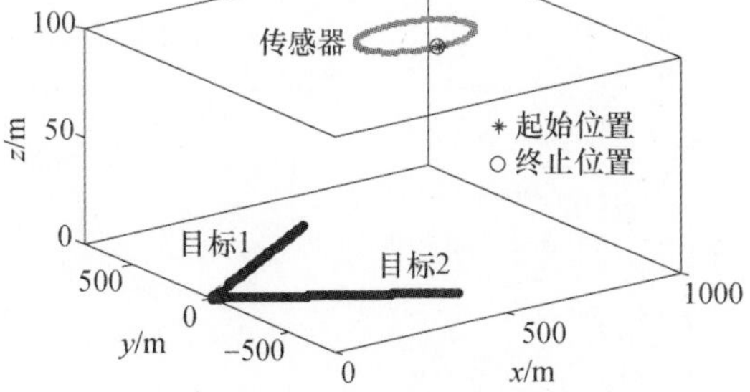

图9.11 传感器-目标相对几何

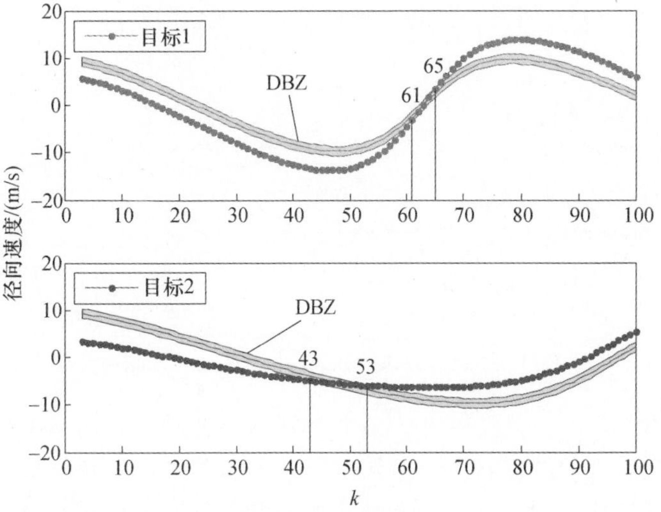

图9.12 两目标多普勒与对应的DBZ随时间变化曲线（MDV=1m/s）

通过1000次蒙特卡罗运行，图9.13给出了不同算法在MDV=1m/s条件下的跟踪性能。从中可看到，在目标2被DBZ遮蔽的时间段43~53s时间内，所有的传感器不能跟踪目标2但可跟踪目标1。因而，CEPE增加到0.5附近，总OSPA增加到一个更高水平。一旦目标2离开DBZ，GM-PHD-D&MDV和GM-PHD-D&MDV1滤波器的性能将得到改善，而GM-PHD和GM-PHD-D的性能仍保持不变，这表明前2个滤波器能再次跟踪目标2而后2个滤波器不能跟踪。类似地，在目标1被DBZ遮蔽的时间段61~65s内，GM-PHD和GM-PHD-D滤波器的CPEP和总的OSPA分别增加到1和20附近，这表明它们无法跟踪上目标 1 和目标 2。在该时间段内,GM - PHD - D&MDV 和 GM - PHD - D&MDV1 滤波器的 CPEP 和总的 OSPA 恢复到 43 ~ 53s 时的水平,因为目标 1 虽不能被跟踪但目标 2 仍被跟踪上。在 66s 以后,当目标 1 和目标 2 都在 DBZ 外时,它们可成功被 GM - PHD - D&MDV 和 GM - PHD - D&MDV1 跟踪。然而,GM - PHD 和 GM - PHD - D 无法对它们进行跟踪。

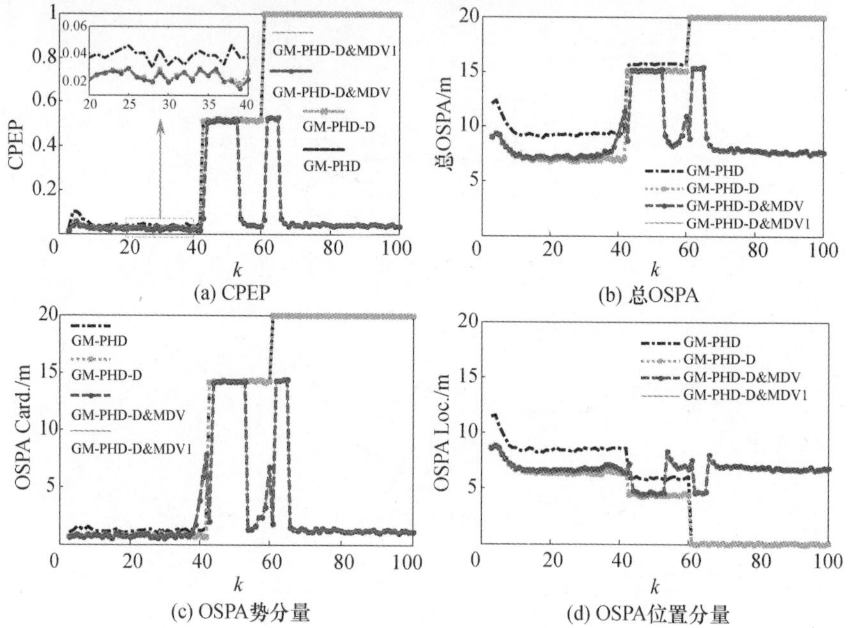

图 9.13 不同算法跟踪性能(MDV = 1m/s)(见彩图)

总之,由于并入了多普勒量测,在目标进入多普勒盲区前 GM - PHD - D 优于 GM - PHD。类似地,当 GM - PHD - D 并入 MDV 信息,导致的 GM - PHD - D&MDV 优于 GM - PHD - D。通过合理地处理额外的分量,进一步提出了近似的 GM - PHD - D&MDV1,其与最初的 GM - PHD - D&MDV 有着类似的性能,却大幅降低了计算量。

9.4 多普勒雷达组网时带配准误差的 GM - PHD 滤波器

多普勒雷达组网可有效改善多目标跟踪性能,然而,在进行多传感器融合时,数据关联和传感器配准是两个难题,传统方法将两者单独处理,实际上,两者相互影响。针对多普勒雷达组网时系统偏差影响多目标跟踪性能的问题,基于巧妙回避数据关联的 PHD 滤波器,介绍一种带配准误差的增广状态 GM - PHD

滤波器,增广状态由目标状态与传感器偏差构成。首先,构建增广状态的线性高斯动态和量测模型,然后,推导标准 GM - PHD 滤波器应用到该增广状态系统时的相关公式。为在增广状态 GM - PHD 中有效利用多普勒量测,采用序贯处理方法,即首先利用极坐标量测更新目标状态和传感器偏差,接着使用多普勒量测更新目标状态,最后,利用极坐标和多普勒量测计算权重。蒙特卡罗仿真结果验证推荐滤波器的有效性。

9.4.1　问题描述

令 $\boldsymbol{x}_{k,i}=[x_{k,i},y_{k,i},\dot{x}_{k,i},\dot{y}_{k,i}]^{\mathrm{T}}$ 表示为共同坐标系下目标 i 在 k 时刻的标准目标状态,其中,$(x_{k,i},y_{k,i})$ 表示目标位置,$(\dot{x}_{k,i},\dot{y}_{k,i})$ 为速度,每个目标动态建模为

$$\boldsymbol{x}_{k,i}=\boldsymbol{F}_{k-1}\boldsymbol{x}_{k-1,i}+\boldsymbol{v}_{k-1} \tag{9.4.1}$$

其中,转移矩阵为

$$\boldsymbol{F}_{k-1}=\begin{bmatrix}1 & \tau_k\\ 0 & 1\end{bmatrix}\otimes\boldsymbol{I}_2 \tag{9.4.2}$$

式中:$\boldsymbol{I}_n$ 为单位矩阵;τ_k 为时间间隔;$\otimes$ 表示克罗内克积;$\boldsymbol{v}_{k-1}$ 为零均值白高斯过程噪声,其协方差为

$$\boldsymbol{Q}_{k-1}=\begin{bmatrix}\tau_k^4/4 & \tau_k^3/2\\ \tau_k^3/2 & \tau_k^2\end{bmatrix}\otimes\mathrm{blkdiag}(\sigma_x^2,\sigma_y^2) \tag{9.4.3}$$

其中,σ_x^2 和 σ_y^2 分别为 x 和 y 方向的加速度过程噪声方差。

假设有 S 个失配传感器,它们的偏差相互独立,每一偏差动态建模为一阶 Gauss - Markov 过程[360],即

$$\boldsymbol{\theta}_{s,k}=\boldsymbol{\theta}_{s,k-1}+\boldsymbol{w}_{s,k-1},s=1,2,\cdots,S \tag{9.4.4}$$

式中:$\boldsymbol{w}_{s,k-1}$ 为传感器 s 的零均值、协方差为 $\boldsymbol{B}_{s,k-1}$ 的白高斯过程噪声。

令 $\bar{\boldsymbol{x}}_{k,i}=[\boldsymbol{x}_{k,i}^{\mathrm{T}},\boldsymbol{\theta}_{1,k}^{\mathrm{T}},\cdots,\boldsymbol{\theta}_{S,k}^{\mathrm{T}}]^{\mathrm{T}}$ 为增广状态,那么,根据式(9.4.1)和式(9.4.4),利用增广状态的系统动态模型可构建为

$$\bar{\boldsymbol{x}}_{k,i}=\overline{\boldsymbol{F}}_{k-1}\bar{\boldsymbol{x}}_{k-1,i}+\bar{\boldsymbol{v}}_{k-1} \tag{9.4.5}$$

其中,增广转移矩阵 $\overline{\boldsymbol{F}}_{k-1}=\mathrm{blkdiag}(\boldsymbol{F}_{k-1},\boldsymbol{I}_{n_1\times n_1},\cdots,\boldsymbol{I}_{n_S\times n_S})$,增广过程噪声为 $\bar{\boldsymbol{v}}_{k-1}=[\boldsymbol{v}_{k-1}^{\mathrm{T}},\boldsymbol{w}_{1,k-1}^{\mathrm{T}},\cdots,\boldsymbol{w}_{S,k-1}^{\mathrm{T}}]^{\mathrm{T}}$,其协方差为 $\overline{\boldsymbol{Q}}_{k-1}=\mathrm{blkdiag}(\boldsymbol{Q}_{k-1},\boldsymbol{B}_{1,k-1},\cdots,\boldsymbol{B}_{S,k-1})$。

传感器极坐标量测包含两类误差:系统误差(或偏差)和零均值加性随机噪声。对于源于目标 i 的极坐标量测 m,传感器 s 的非线性量测方程可表示为

$$\boldsymbol{y}_{k,m}^{s} = h(\boldsymbol{x}_{k,i}, \boldsymbol{x}_{s,k}) + \boldsymbol{\theta}_{s,k} + \boldsymbol{n}_{s,k} \tag{9.4.6}$$

式中：$\boldsymbol{x}_{s,k} = [x_{s,k}, y_{s,k}]^{\mathrm{T}}$ 为固定传感器 s 的已知位置；$\boldsymbol{n}_{s,k} \sim \mathcal{N}(\boldsymbol{n}_{s,k}; \boldsymbol{0}, \boldsymbol{R}_{s,p})$ 为零均值、协方差 $\boldsymbol{R}_{s,p} = \mathrm{blkdiag}(\sigma_{s,r}^2, \sigma_{s,a}^2)$ 的白高斯量测噪声，非线性量测函数为

$$h(\boldsymbol{x}_{k,i}, \boldsymbol{x}_{s,k}) = \begin{bmatrix} r_{k,i} \\ a_{k,i} \end{bmatrix} = \begin{bmatrix} \sqrt{(x_{k,i} - x_{s,k})^2 + (y_{k,i} - y_{s,k})^2} \\ \arctan((y_{k,i} - y_{s,k})/(x_{k,i} - x_{s,k})) \end{bmatrix} \tag{9.4.7}$$

为了获得线性量测等式，对 $h(\cdot)$ 在预测状态 $\hat{\boldsymbol{x}}_{k|k-1,i}$ 处进行一阶泰勒展开，可得

$$\begin{aligned} \boldsymbol{y}_{k,m}^{s} &\approx h(\hat{\boldsymbol{x}}_{k|k-1,i}, \boldsymbol{x}_{s,k}) + \boldsymbol{H}_{s,k}(\boldsymbol{x}_{k,i} - \hat{\boldsymbol{x}}_{k|k-1,i}) + \boldsymbol{\theta}_{s,k} + \boldsymbol{n}_{s,k} \\ &= \boldsymbol{H}_{s,k}\boldsymbol{x}_{k,i} + h(\hat{\boldsymbol{x}}_{k|k-1,i}, \boldsymbol{x}_{s,k}) - \boldsymbol{H}_{s,k}\hat{\boldsymbol{x}}_{k|k-1,i} + \boldsymbol{\theta}_{s,k} + \boldsymbol{n}_{s,k} \end{aligned} \tag{9.4.8}$$

式中：$\boldsymbol{H}_{s,k}$ 为非线性量测函数 $h(\cdot)$ 在 $\hat{\boldsymbol{x}}_{k|k-1,i}$ 处的雅可比矩阵。

根据式(9.4.8)，可得转换量测方程为

$$\begin{aligned} \boldsymbol{y}_{c,k,m}^{s} &= \boldsymbol{y}_{k,m}^{s} + \boldsymbol{H}_{s,k}\hat{\boldsymbol{x}}_{k|k-1,i} - h(\hat{\boldsymbol{x}}_{k|k-1,i}, \boldsymbol{x}_{s,k}) \\ &= \boldsymbol{H}_{s,k}\boldsymbol{x}_{k,i} + \boldsymbol{\theta}_{s,k} + \boldsymbol{n}_{s,k} \end{aligned} \tag{9.4.9}$$

其可进一步重写为

$$\begin{aligned} \boldsymbol{y}_{c,k,m}^{s} &= [\boldsymbol{H}_{s,k}, \boldsymbol{\Psi}_1, \cdots, \boldsymbol{\Psi}_S][\boldsymbol{x}_{k,i}^{\mathrm{T}}, \boldsymbol{\theta}_{1,k}^{\mathrm{T}}, \cdots, \boldsymbol{\theta}_{S,k}^{\mathrm{T}}]^{\mathrm{T}} + \boldsymbol{n}_{s,k} \\ &= \overline{\boldsymbol{H}}_{s,k}\bar{\boldsymbol{x}}_{k,i} + \boldsymbol{n}_{s,k} \end{aligned} \tag{9.4.10}$$

其中，

$$\boldsymbol{\Psi}_r = \begin{cases} \boldsymbol{I}_{n_r \times n_r}; r = s \\ \boldsymbol{0}_{n_r \times n_r}; r \neq s \end{cases} \tag{9.4.11}$$

对于多普勒雷达，多普勒量测方程定义为

$$y_{d,k,m}^{s} = \dot{r}_{k,i} + n_{d,k}^{s} \tag{9.4.12}$$

其中，$n_{d,k}^{s} \sim \mathcal{N}(n_{d,k}^{s}; 0, \sigma_{s,d}^2)$ 为多普勒量测噪声，它与 $\boldsymbol{n}_{s,k}$ 不相关，

$$\dot{r}_{k,i} = h_{d,k}(\boldsymbol{x}_{k,i}, \boldsymbol{x}_{s,k}) = \frac{\dot{x}_{k,i}(x_{k,i} - x_{s,k}) + \dot{y}_{k,i}(y_{k,i} - y_{s,k})}{\sqrt{(x_{k,i} - x_{s,k})^2 + (y_{k,i} - y_{s,k})^2}} \tag{9.4.13}$$

注意，式(9.4.12)假设多普勒量测不存在偏差。

令 $\boldsymbol{z}_{k,m}^{s} = [\boldsymbol{y}_{c,k,m}^{s}; y_{d,k,m}^{s}]$，从而有

$$\boldsymbol{z}_{k,m}^{s} = \begin{bmatrix} \overline{\boldsymbol{H}}_{s,k}\bar{\boldsymbol{x}}_{k,i} \\ \dot{r}_{k,i} \end{bmatrix} + \begin{bmatrix} \boldsymbol{n}_{s,k} \\ n_{d,k}^{s} \end{bmatrix} \tag{9.4.14}$$

基于随机有限集表述，可给出多个运动目标的增广动态模型和多个传感器的增广量测系统模型，后者包含来自于目标与杂波的斜距、方位和多普勒。令 N_{k-1} 为目标数量，它们在 $k-1$ 时刻的状态为 $\bar{\boldsymbol{x}}_{k-1,1},\cdots,\bar{\boldsymbol{x}}_{k-1,N_{k-1}}$。下一时刻，现有目标可能消失或者继续存在，新目标可能出现或者从现有目标中衍生。这导致 N_k 个新状态 $\bar{\boldsymbol{x}}_{k,1},\cdots,\bar{\boldsymbol{x}}_{k,N_k}$。假设传感器 s 在 k 时刻接收到 M_k^s 个量测 $\boldsymbol{z}_{k,1}^s,\cdots,\boldsymbol{z}_{k,M_k^s}^s$，仅有部分量测来自于目标，其余来自杂波。注意到目标状态和量测的对应集合没有顺序之分，可自然的表示为随机集，即

$$\bar{X}_k=\{\bar{\boldsymbol{x}}_{k,1},\cdots,\bar{\boldsymbol{x}}_{k,N_k}\} \tag{9.4.15}$$

$$Z_k^s=\{\boldsymbol{z}_{k,1}^s,\cdots,\boldsymbol{z}_{k,M_k^s}^s\} \tag{9.4.16}$$

给定 $k-1$ 时刻的多目标状态 $\bar{X}_{k-1}$，k 时刻的多目标状态 $\bar{X}_k$ 则为现存目标和新生目标的并集（为简便，此处忽视衍生目标情况）

$$\bar{X}_k=\bar{\boldsymbol{\Gamma}}_k\cup[\cup_{\bar{\boldsymbol{x}}_{k-1,i}\in\bar{X}_{k-1}}S_{k|k-1}(\bar{\boldsymbol{x}}_{k-1,i})] \tag{9.4.17}$$

式(9.4.17)假设并集内各 RFS 是彼此相互独立，其中，$\bar{\boldsymbol{\Gamma}}_k$ 表示 k 时刻新生目标 RFS，$S_{k|k-1}(\bar{\boldsymbol{x}}_{k-1,i})$ 为 k 时刻基于 $\bar{\boldsymbol{x}}_{k-1,i}$ 的存活目标的 RFS，当目标存活时，为 $\{\bar{\boldsymbol{x}}_{k,j}\}$，或者当目标消失时，为 ϕ，每一 $\bar{\boldsymbol{x}}_{k-1,i}\in\bar{X}_{k-1}$ 要么继续以概率 $p_{S,k}(\bar{\boldsymbol{x}}_{k-1,i})$ 存在，要么以概率 $1-p_{S,k}(\bar{\boldsymbol{x}}_{k-1,i})$ 消失。以目标存在为条件，状态由 $\bar{\boldsymbol{x}}_{k-1,i}$ 转移到 $\bar{\boldsymbol{x}}_{k,j}$ 的概率密度函数（PDF）为

$$\phi_{k|k-1}(\bar{\boldsymbol{x}}_{k,j}\mid\bar{\boldsymbol{x}}_{k-1,i})=\mathcal{N}(\bar{\boldsymbol{x}}_{k,j};\bar{\boldsymbol{F}}_{k-1}\bar{\boldsymbol{x}}_{k-1,i},\bar{\boldsymbol{Q}}_{k-1}) \tag{9.4.18}$$

假设存活概率与状态无关，即

$$p_{S,k}(\bar{\boldsymbol{x}}_{k-1,i})=p_{S,k} \tag{9.4.19}$$

给定多目标状态 $\bar{X}_k$，传感器接收到的多目标量测 Z_k^s 由目标量测和杂波的并集形成，即

$$Z_k^s=K_k^s\cup[\cup_{\bar{\boldsymbol{x}}_{k,i}\in\bar{X}_k}\boldsymbol{\Theta}_k^s(\bar{\boldsymbol{x}}_{k,i})] \tag{9.4.20}$$

式中假设组成并集内的各 RFS 也是相互独立的，其中，K_k^s 为杂波的 RFS，$\boldsymbol{\Theta}_k^s(\bar{\boldsymbol{x}}_{k,i})$ 为检测到的目标量测 RFS，当目标以检测概率 $p_{D,k}^s(\bar{\boldsymbol{x}}_{k,i})$ 被检测时，为 $\{\boldsymbol{z}_{k,m}^s\}$，或者当目标以概率 $1-p_{D,k}^s(\bar{\boldsymbol{x}}_{k,i})$ 漏检时，为 ϕ。以目标被检测为条件，由 $\bar{\boldsymbol{x}}_{k,i}$ 获得量测 $\boldsymbol{z}_{k,m}^s$ 的 PDF 为

$$g_k(\boldsymbol{z}_{k,m}^s\mid\bar{\boldsymbol{x}}_{k,i})=\mathcal{N}(\boldsymbol{y}_{c,k,m}^s;\bar{\boldsymbol{H}}_{s,k}\bar{\boldsymbol{x}}_{k,i},\boldsymbol{R}_{s,p})\mathcal{N}(y_{d,k,m}^s;\dot{r}_{k,i},\sigma_{s,d}^2) \tag{9.4.21}$$

假设检测概率与状态无关，即

$$p_{D,k}^s(\bar{\boldsymbol{x}}_{k,i})=p_{D,k}^s \tag{9.4.22}$$

9.4.2　带配准误差的增广状态 GM－PHD 滤波器

假设每一目标的演化和量测产生过程相互独立，预测的多目标 RFS 由泊松支配，杂波也服从泊松分布，并与目标量测独立。假设目标状态与传感器偏差不相关，且新生 RFS $\overline{\Gamma}_k$的强度为高斯混合形式，即

$$\begin{aligned} v_{\gamma,k}(\bar{\boldsymbol{x}}) &= \sum_{j=1}^{J_{\gamma,k}} w_{\gamma,k}^{(j)} \mathcal{N}(\bar{\boldsymbol{x}};\bar{\boldsymbol{m}}_{\gamma,k}^{(j)},\overline{\boldsymbol{P}}_{\gamma,k}^{(j)}) \\ &= \sum_{j=1}^{J_{\gamma,k}} w_{\gamma,k}^{(j)} \mathcal{N}(\boldsymbol{x};\boldsymbol{m}_{\gamma,k}^{(j)},\boldsymbol{P}_{\gamma,k}^{(j)}) \prod_{s=1}^{S} \mathcal{N}(\boldsymbol{\theta}_s;\boldsymbol{u}_{\gamma,k}^{(s,j)},\boldsymbol{\Xi}_{\gamma,k}^{(s,j)}) \end{aligned} \tag{9.4.23}$$

其中，$\bar{\boldsymbol{m}}_{\gamma,k}^{(j)}=[\boldsymbol{m}_{\gamma,k}^{(j)};\boldsymbol{u}_{\gamma,k}^{(1,j)};\cdots;\boldsymbol{u}_{\gamma,k}^{(S,j)}]^{\mathrm{T}}$，$\overline{\boldsymbol{P}}_{\gamma,k}^{(j)}=\mathrm{blkdiag}(\boldsymbol{P}_{\gamma,k}^{(j)},\boldsymbol{\Xi}_{\gamma,k}^{(1,j)},\cdots,\boldsymbol{\Xi}_{\gamma,k}^{(S,j)})$，分量数目 $J_{\gamma,k}$，分量权重 $w_{\gamma,k}^{(j)}$，状态分量的均值 $\boldsymbol{m}_{\gamma,k}^{(j)}$和协方差 $\boldsymbol{P}_{\gamma,k}^{(j)}$，传感器偏差分量的均值 $\boldsymbol{u}_{\gamma,k}^{(s,j)}$ 和协方差 $\boldsymbol{\Xi}_{\gamma,k}^{(s,j)}$（$j=1,2,\cdots,J_{\gamma,k}$，$s=1,2,\cdots,S$），是给定的模型参数，其决定新生强度的形状。

在推导增广状态 GM－PHD 滤波器过程中，为简便，忽略与第 4.4.1 节相同的假设。基于标准 GM－PHD 和带多普勒的 GM－PHD（GM－PHD－D）[243]，带配准误差的增广状态 GM－PHD 滤波器（GM－PHD－R－D）由预测和更新两步组成，具体过程如下。

9.4.2.1　预测

假设 $k-1$ 时刻先验强度 v_{k-1}是高斯混合形式，即

$$\begin{aligned} v_{k-1}(\bar{\boldsymbol{x}}) &= \sum_{j=1}^{J_{k-1}} w_{k-1}^{(j)} \mathcal{N}(\bar{\boldsymbol{x}};\bar{\boldsymbol{m}}_{k-1}^{(j)},\overline{\boldsymbol{P}}_{k-1}^{(j)}) \\ &= \sum_{j=1}^{J_{k-1}} w_{k-1}^{(j)} \mathcal{N}(\boldsymbol{x};\boldsymbol{m}_{k-1}^{(j)},\boldsymbol{P}_{k-1}^{(j)}) \prod_{s=1}^{S} \mathcal{N}(\boldsymbol{\theta}_s;\boldsymbol{u}_{k-1}^{(s,j)},\boldsymbol{\Xi}_{k-1}^{(s,j)}) \end{aligned} \tag{9.4.24}$$

其中，基于状态分量和传感器偏差分量彼此不相关假设，有 $\bar{\boldsymbol{m}}_{k-1}^{(j)}=[\boldsymbol{m}_{k-1}^{(j)};\boldsymbol{u}_{k-1}^{(1,j)};\cdots;\boldsymbol{u}_{k-1}^{(S,j)}]^{\mathrm{T}}$ 和 $\overline{\boldsymbol{P}}_{k-1}^{(j)}=\mathrm{blkdiag}(\boldsymbol{P}_{k-1}^{(j)},\boldsymbol{\Xi}_{k-1}^{(1,j)},\cdots,\boldsymbol{\Xi}_{k-1}^{(S,j)})$，则 k 时刻预测强度 $v_{k|k-1}$也是高斯混合形式，即[83]

$$v_{k|k-1}(\bar{\boldsymbol{x}}) = v_{\gamma,k}(\bar{\boldsymbol{x}}) + v_{S,k|k-1}(\bar{\boldsymbol{x}}) = \sum_{j=1}^{J_{k|k-1}} w_{k|k-1}^{(j)} \mathcal{N}(\bar{\boldsymbol{x}};\bar{\boldsymbol{m}}_{k|k-1}^{(j)},\overline{\boldsymbol{P}}_{k|k-1}^{(j)}) \tag{9.4.25}$$

其中，$v_{\gamma,k}(\bar{\boldsymbol{x}})$参见式（9.4.23），且

$$v_{S,k|k-1}(\bar{\boldsymbol{x}}) = p_{S,k} \sum_{j=1}^{J_{k-1}} w_{k-1}^{(j)} \mathcal{N}(\bar{\boldsymbol{x}};\bar{\boldsymbol{m}}_{S,k|k-1}^{(j)},\overline{\boldsymbol{P}}_{S,k|k-1}^{(j)}) \tag{9.4.26}$$

$$\bar{\boldsymbol{m}}_{S,k|k-1}^{(j)} = [\boldsymbol{m}_{S,k|k-1}^{(j)};\boldsymbol{u}_{k|k-1}^{(1,j)};\cdots;\boldsymbol{u}_{k|k-1}^{(S,j)}] = \overline{\boldsymbol{F}}_{k-1}\bar{\boldsymbol{m}}_{k-1}^{(j)} \tag{9.4.27}$$

$$\overline{\boldsymbol{P}}_{S,k|k-1}^{(j)}=\text{blkdiag}(\boldsymbol{P}_{S,k|k-1}^{(j)},\boldsymbol{\Xi}_{k|k-1}^{(1,j)},\cdots,\boldsymbol{\Xi}_{k|k-1}^{(S,j)})=\overline{\boldsymbol{F}}_{k-1}\overline{\boldsymbol{P}}_{k-1}^{(j)}\overline{\boldsymbol{F}}_{k-1}^{\mathrm{T}}+\overline{\boldsymbol{Q}}_{k-1}\tag{9.4.28}$$

对式(9.4.27)和式(9.4.28)展开可得

$$\boldsymbol{m}_{S,k|k-1}^{(j)}=\boldsymbol{F}_{k-1}\boldsymbol{m}_{k-1}^{(j)},\ \boldsymbol{P}_{S,k|k-1}^{(j)}=\boldsymbol{F}_{k-1}\boldsymbol{P}_{k-1}^{(j)}\boldsymbol{F}_{k-1}^{\mathrm{T}}+\boldsymbol{Q}_{k-1}\tag{9.4.29}$$

$$\boldsymbol{u}_{k|k-1}^{(s,j)}=\boldsymbol{u}_{k-1}^{(s,j)},\ \boldsymbol{\Xi}_{k|k-1}^{(s,j)}=\boldsymbol{\Xi}_{k-1}^{(s,j)}+\boldsymbol{B}_{s,k-1},\ s=1,2,\cdots,S\tag{9.4.30}$$

因此,式(9.4.26)可重写为

$$v_{S,k|k-1}(\bar{\boldsymbol{x}})=p_{S,k}\sum_{j=1}^{J_{k-1}}w_{k-1}^{(j)}\mathcal{N}(\boldsymbol{x};\boldsymbol{m}_{S,k|k-1}^{(j)},\boldsymbol{P}_{S,k|k-1}^{(j)})\prod_{s=1}^{S}\mathcal{N}(\boldsymbol{\theta}_s;\boldsymbol{u}_{k|k-1}^{(s,j)},\boldsymbol{\Xi}_{k|k-1}^{(s,j)})\tag{9.4.31}$$

将式(9.4.23)、式(9.4.31)代入式(9.4.25)可得

$$\begin{aligned}v_{k|k-1}(\bar{\boldsymbol{x}})=&\sum_{j=1}^{J_{\gamma,k}}w_{\gamma,k}^{(j)}\mathcal{N}(\boldsymbol{x};\boldsymbol{m}_{\gamma,k}^{(j)},\boldsymbol{P}_{\gamma,k}^{(j)})\prod_{s=1}^{S}\mathcal{N}(\boldsymbol{\theta}_s;\boldsymbol{u}_{\gamma,k}^{(s,j)},\boldsymbol{\Xi}_{\gamma,k}^{(s,j)})\\&+p_{S,k}\sum_{j=1}^{J_{k-1}}w_{k-1}^{(j)}\mathcal{N}(\boldsymbol{x};\boldsymbol{m}_{S,k|k-1}^{(j)},\boldsymbol{P}_{S,k|k-1}^{(j)})\prod_{s=1}^{S}\mathcal{N}(\boldsymbol{\theta}_s;\boldsymbol{u}_{k|k-1}^{(s,j)},\boldsymbol{\Xi}_{k|k-1}^{(s,j)})\end{aligned}\tag{9.4.32}$$

9.4.2.2 更新

假设有$R(R\subseteq S)$个传感器在k时刻工作,这里采用序贯传感器更新方法,即对每个传感器序贯应用GM-PHD滤波器更新等式。对传感器$r(r=1,2,\cdots,R)$,k时刻的后验强度$v_{k|k,r}$也是高斯混合形式,由下式给出[83]:

$$v_{k|k,r}(\bar{\boldsymbol{x}})=(1-p_{D,k}^{r})v_{k|k,r-1}(\bar{\boldsymbol{x}})+\sum_{z\in Z_k^r}v_{D,k,r}(\bar{\boldsymbol{x}};\boldsymbol{z})\tag{9.4.33}$$

其中,$v_{k|k,0}(\bar{\boldsymbol{x}})=v_{k|k-1}(\bar{\boldsymbol{x}})$,且

$$\begin{aligned}v_{D,k,r}(\bar{\boldsymbol{x}};\boldsymbol{z})&=\sum_{j=1}^{J_{k|k,r-1}}w_{k|k,r}^{(j)}(\boldsymbol{z})\mathcal{N}(\bar{\boldsymbol{x}};\bar{\boldsymbol{m}}_{k|k,r}^{(j)}(\boldsymbol{z}),\overline{\boldsymbol{P}}_{k|k,r}^{(j)})\\&\approx\sum_{j=1}^{J_{k|k,r-1}}w_{k|k,r}^{(j)}(\boldsymbol{z})\mathcal{N}(\boldsymbol{x};\boldsymbol{m}_{k|k,r}^{(j)}(\boldsymbol{z}),\boldsymbol{P}_{k|k,r}^{(j)})\prod_{s=1}^{S}\mathcal{N}(\boldsymbol{\theta}_s;\boldsymbol{u}_{k|k,r}^{(s,j)},\boldsymbol{\Xi}_{k|k,r}^{(s,j)})\end{aligned}\tag{9.4.34}$$

式中:$J_{k|k,0}=J_{k|k-1}$。$w_{k|k,r}^{(j)}(\boldsymbol{z})$、$\boldsymbol{m}_{k|k,r}^{(j)}(\boldsymbol{z})$、$\boldsymbol{P}_{k|k,r}^{(j)}$、$\boldsymbol{u}_{k|k,r}^{(s,j)}$、$\boldsymbol{\Xi}_{k|k,r}^{(s,j)}$的计算及取"≈"的原因见下文。

为了在增广状态GM-PHD滤波器中有效利用多普勒量测,采用序贯处理方法,即首先利用斜距、方位量测更新目标状态和传感器偏差;然后,利用多普勒量测序贯更新目标状态;最后,利用斜距、方位和多普勒量测计算权重。详细的执行步骤如下。

步骤 1：利用传感器 r 的量测 $\boldsymbol{y}_{c,k,m}^{r}(m=1,2,\cdots,M_k^r)$ 更新目标状态和传感器偏差

$$\bar{\boldsymbol{m}}_{k|k,r}^{(j)}(\boldsymbol{y}_{c,k,m}^{r})=\bar{\boldsymbol{m}}_{k|k,r-1}^{(j)}+\overline{\boldsymbol{G}}_{c,k,r}^{(j)}\tilde{\boldsymbol{y}}_{r,k}^{(m,j)} \tag{9.4.35}$$

$$\overline{\boldsymbol{P}}_{k|k,r}^{(j)}(\boldsymbol{y}_{c,k,m}^{r})=(\boldsymbol{I}-\overline{\boldsymbol{G}}_{c,k,r}^{(j)}\overline{\boldsymbol{H}}_{r,k}^{(j)})\overline{\boldsymbol{P}}_{k|k,r-1}^{(j)} \tag{9.4.36}$$

$$\overline{\boldsymbol{G}}_{c,k,r}^{(j)}=[\boldsymbol{G}_{c,k,r}^{(j)};\boldsymbol{K}_{1,k,r}^{(j)};\cdots;\boldsymbol{K}_{S,k,r}^{(j)}]=\overline{\boldsymbol{P}}_{k|k,r-1}^{(j)}\overline{\boldsymbol{H}}_{r,k}^{(j)}[\boldsymbol{S}_{c,k,r}^{(j)}]^{-1} \tag{9.4.37}$$

$$\overline{\boldsymbol{H}}_{r,k}^{(j)}=\overline{\boldsymbol{H}}_{r,k}\Big|_{\bar{\boldsymbol{m}}_{k|k,r-1}^{(j)}} \tag{9.4.38}$$

其中，记 $\boldsymbol{m}_{k|k,0}^{(j)}=\boldsymbol{m}_{k|k-1}^{(j)}$，$\boldsymbol{u}_{k|k,0}^{(s,j)}=\boldsymbol{u}_{k|k-1}^{(s,j)}$，$\boldsymbol{P}_{k|k,0}^{(j)}=\boldsymbol{P}_{k|k-1}^{(j)}$，$\boldsymbol{\varXi}_{k|k,0}^{(s,j)}=\boldsymbol{\varXi}_{k|k-1}^{(s,j)}$，$\bar{\boldsymbol{m}}_{k|k,r-1}^{(j)}=[\boldsymbol{m}_{k|k,r-1}^{(j)};\boldsymbol{u}_{k|k,r-1}^{(1,j)};\cdots;\boldsymbol{u}_{k|k,r-1}^{(S,j)}]$，$\bar{\boldsymbol{m}}_{k|k,r}^{(j)}(\boldsymbol{y}_{c,k,m}^{r})=[\boldsymbol{m}_{k|k,r}^{(j)};\ \boldsymbol{u}_{k|k,r}^{(1,j)};\cdots;\ \boldsymbol{u}_{k|k,r}^{(S,j)}](\boldsymbol{y}_{c,k,m}^{r})$，$\overline{\boldsymbol{P}}_{k|k,r-1}^{(j)}=\text{blkdiag}(\boldsymbol{P}_{k|k,r-1}^{(j)},\ \boldsymbol{\varXi}_{k|k,r-1}^{(1,j)},\ \cdots,\ \boldsymbol{\varXi}_{k|k,r-1}^{(S,j)})$，此外，根据式(9.4.36)，有

$$\overline{\boldsymbol{P}}_{k|k,r}^{(j)}(\boldsymbol{y}_{c,k,m}^{r})=(\boldsymbol{I}-\overline{\boldsymbol{G}}_{c,k,r}^{(j)}\overline{\boldsymbol{H}}_{r,k}^{(j)})\overline{\boldsymbol{P}}_{k|k,r-1}^{(j)}=\overline{\boldsymbol{P}}_{k|k,r-1}^{(j)}-\overline{\boldsymbol{G}}_{c,k,r}^{(j)}\overline{\boldsymbol{H}}_{r,k}^{(j)}\overline{\boldsymbol{P}}_{k|k,r-1}^{(j)} \tag{9.4.39}$$

展开式(9.4.39)，可得

$$\overline{\boldsymbol{P}}_{k|k,r}^{(j)}(\boldsymbol{y}_{c,k,m}^{r})=\begin{bmatrix}\boldsymbol{P}_{k|k,r-1}^{(j)}-\boldsymbol{G}_{c,k,r}^{(j)}\boldsymbol{H}_{r,k}^{(j)}\boldsymbol{P}_{k|k,r-1}^{(j)} & -\boldsymbol{G}_{c,k,r}^{(j)}\boldsymbol{\varPsi}_1\boldsymbol{\varXi}_{k|k,r-1}^{(1,j)} & \cdots & -\boldsymbol{G}_{c,k,r}^{(j)}\boldsymbol{\varPsi}_S\boldsymbol{\varXi}_{k|k,r-1}^{(S,j)}\\ -\boldsymbol{K}_{1,k,r}^{(j)}\boldsymbol{H}_{r,k}^{(j)}\boldsymbol{P}_{k|k,r-1}^{(j)} & \boldsymbol{\varXi}_{k|k,r-1}^{(1,j)}-\boldsymbol{K}_{1,k,r}^{(j)}\boldsymbol{\varPsi}_1\boldsymbol{\varXi}_{k|k,r-1}^{(1,j)} & \cdots & -\boldsymbol{K}_{1,k,r}^{(j)}\boldsymbol{\varPsi}_S\boldsymbol{\varXi}_{k|k,r-1}^{(S,j)}\\ \vdots & \vdots & & \vdots\\ -\boldsymbol{K}_{S,k,r}^{(j)}\boldsymbol{H}_{r,k}^{(j)}\boldsymbol{P}_{k|k,r-1}^{(j)} & -\boldsymbol{K}_{S,k,r}^{(j)}\boldsymbol{\varPsi}_1\boldsymbol{\varXi}_{k|k,r-1}^{(1,j)} & \cdots & \boldsymbol{\varXi}_{k|k,r-1}^{(S,j)}-\boldsymbol{K}_{S,k,r}^{(j)}\boldsymbol{\varPsi}_S\boldsymbol{\varXi}_{k|k,r-1}^{(S,j)}\end{bmatrix} \tag{9.4.40}$$

为了对目标状态误差和传感器偏差误差去耦，忽视互协方差项，将它们设为0，则有

$$\overline{\boldsymbol{P}}_{k|k,r}^{(j)}(\boldsymbol{y}_{c,k,m}^{r})\approx\text{blkdiag}(\boldsymbol{P}_{k|k,r}^{(j)},\boldsymbol{\varXi}_{k|k,r}^{(1,j)},\cdots,\boldsymbol{\varXi}_{k|k,r}^{(S,j)}) \tag{9.4.41}$$

展开式(9.4.37)可得

$$\boldsymbol{G}_{c,k,r}^{(j)}=\boldsymbol{P}_{k|k,r-1}^{(j)}(\boldsymbol{H}_{r,k}^{(j)})^{\mathrm{T}}(\boldsymbol{S}_{c,k,r}^{(j)})^{-1} \tag{9.4.42}$$

$$\boldsymbol{K}_{s,k,r}^{(j)}=\boldsymbol{\varXi}_{k|k,r-1}^{(s,j)}\boldsymbol{\varPsi}_s^{\mathrm{T}}(\boldsymbol{S}_{c,k,r}^{(j)})^{-1}=\begin{cases}\boldsymbol{\varXi}_{k|k,r-1}^{(s,j)}(\boldsymbol{S}_{c,k,r}^{(j)})^{-1}, & s=r\\ \boldsymbol{0}, & s\neq r\end{cases} \tag{9.4.43}$$

其中，

$$\boldsymbol{H}_{r,k}^{(j)}=\boldsymbol{H}_{r,k}\Big|_{\boldsymbol{m}_{k|k,r-1}^{(j)}} \tag{9.4.44}$$

$$\begin{aligned}\boldsymbol{S}_{c,k,r}^{(j)} &= \overline{\boldsymbol{H}}_{r,k}^{(j)}\overline{\boldsymbol{P}}_{k|k,r-1}^{(j)}(\overline{\boldsymbol{H}}_{r,k}^{(j)})^{\mathrm{T}} + \boldsymbol{R}_{r,p} \\ &= \boldsymbol{H}_{r,k}^{(j)}\boldsymbol{P}_{k|k,r-1}^{(j)}(\boldsymbol{H}_{r,k}^{(j)})^{\mathrm{T}} + \sum_{s=1}^{S}\boldsymbol{\Psi}_s\boldsymbol{\Xi}_{k|k,r-1}^{(s,j)}\boldsymbol{\Psi}_s^{\mathrm{T}} + \boldsymbol{R}_{r,p}\end{aligned} \tag{9.4.45}$$

将式(9.4.11)代入式(9.4.45)可得

$$\boldsymbol{S}_{c,k,r}^{(j)} = \boldsymbol{H}_{r,k}^{(j)}\boldsymbol{P}_{k|k,r-1}^{(j)}(\boldsymbol{H}_{r,k}^{(j)})^{\mathrm{T}} + \boldsymbol{\Xi}_{k|k,r-1}^{(r,j)} + \boldsymbol{R}_{r,p} \tag{9.4.46}$$

最终,根据式(9.4.35)和式(9.4.36),可获得对目标状态和传感器偏差去耦的更新式为

$$\boldsymbol{m}_{k|k,r}^{(j)}(\boldsymbol{y}_{c,k,m}^{r}) = \boldsymbol{m}_{k|k,r-1}^{(j)} + \boldsymbol{G}_{c,k,r}^{(j)}\tilde{\boldsymbol{y}}_{r,k}^{(m,j)} \tag{9.4.47}$$

$$\boldsymbol{P}_{k|k,r}^{(j)}(\boldsymbol{y}_{c,k,m}^{r}) = (\boldsymbol{I} - \boldsymbol{G}_{c,k,r}^{(j)}\boldsymbol{H}_{r,k}^{(j)})\boldsymbol{P}_{k|k,r-1}^{(j)} \tag{9.4.48}$$

$$\boldsymbol{u}_{k|k,r}^{(s,j)} = \boldsymbol{u}_{k|k,r-1}^{(s,j)} + \boldsymbol{K}_{s,k,r}^{(j)}\tilde{\boldsymbol{y}}_{r,k}^{(m,j)} \tag{9.4.49}$$

$$\boldsymbol{\Xi}_{k|k,r}^{(s,j)} = \boldsymbol{\Xi}_{k|k,r-1}^{(s,j)} - \boldsymbol{K}_{s,k,r}^{(j)}\boldsymbol{\Psi}_s\boldsymbol{\Xi}_{k|k,r-1}^{(s,j)},\ s = 1,2,\cdots,S \tag{9.4.50}$$

其中,

$$\begin{aligned}\tilde{\boldsymbol{y}}_{r,k}^{(m,j)} &= \boldsymbol{y}_{c,k,m}^{r} - \overline{\boldsymbol{H}}_{r,k}^{(j)}\boldsymbol{m}_{k|k,r-1}^{(j)} \\ &= \boldsymbol{y}_{c,k,m}^{r} - \boldsymbol{H}_{r,k}^{(j)}\boldsymbol{m}_{k|k,r-1}^{(j)} - \sum_{s=1}^{S}\boldsymbol{\Psi}_s\boldsymbol{u}_{k|k,r-1}^{(s,j)} \\ &= \boldsymbol{y}_{c,k,m}^{r} - \boldsymbol{H}_{r,k}^{(j)}\boldsymbol{m}_{k|k,r-1}^{(j)} - \boldsymbol{u}_{k|k,r-1}^{(r,j)}\end{aligned} \tag{9.4.51}$$

步骤 2:利用多普勒量测 $y_{d,k,m}^{r}$ 序贯更新目标状态,获得的目标状态分量 $(\boldsymbol{m}_{k|k,r}^{(j)}(\boldsymbol{y}_{c,k,m}^{r}),\boldsymbol{P}_{k|k,r}^{(j)}(\boldsymbol{y}_{c,k,m}^{r}))$ 进一步利用多普勒量测序贯更新,有

$$\boldsymbol{m}_{k|k,r}^{(j)}(\boldsymbol{z}_{k,m}^{r}) = \boldsymbol{m}_{k|k,r}^{(j)}(\boldsymbol{y}_{c,k,m}^{r}) + \boldsymbol{G}_{d,k,r}^{(j)}(\boldsymbol{y}_{c,k,m}^{r})\tilde{y}_{d,k,r}^{(m,j)} \tag{9.4.52}$$

$$\boldsymbol{P}_{k|k,r}^{(j)}(\boldsymbol{z}_{k,m}^{r}) = [\boldsymbol{I} - \boldsymbol{G}_{d,k,r}^{(j)}(\boldsymbol{y}_{c,k,m}^{r})\boldsymbol{H}_{d,k,r}^{(j)}(\boldsymbol{y}_{c,k,m}^{r})]\boldsymbol{P}_{k|k,r}^{(j)}(\boldsymbol{y}_{c,k,m}^{r}) \tag{9.4.53}$$

其中,

$$\tilde{y}_{d,k,r}^{(m,j)} = y_{d,k,m}^{r} - \hat{y}_{d,k,r}^{(m,j)} \tag{9.4.54}$$

$$\hat{y}_{d,k,r}^{(m,j)} = \dot{r}_k(\boldsymbol{m}_{k|k,r}^{(j)}(\boldsymbol{y}_{c,k,m}^{r})) \tag{9.4.55}$$

$$\boldsymbol{G}_{d,k,r}^{(j)}(\boldsymbol{y}_{c,k,m}^{r}) = \boldsymbol{P}_{k|k,r}^{(j)}(\boldsymbol{y}_{c,k,m}^{r})[\boldsymbol{H}_{d,k,r}^{(j)}(\boldsymbol{y}_{c,k,m}^{r})]^{\mathrm{T}}[S_{d,k,r}^{(m,j)}]^{-1} \tag{9.4.56}$$

$$S_{d,k,r}^{(m,j)} = \boldsymbol{H}_{d,k,r}^{(j)}(\boldsymbol{y}_{c,k,m}^{r})\boldsymbol{P}_{k|k,r}^{(j)}(\boldsymbol{y}_{c,k,m}^{r})[\boldsymbol{H}_{d,k,r}^{(j)}(\boldsymbol{y}_{c,k,m}^{r})]^{\mathrm{T}} + \sigma_{r,d}^{2} \tag{9.4.57}$$

$$\boldsymbol{H}_{d,k,r}^{(j)}(\boldsymbol{y}_{c,k,m}^{r}) = \nabla\dot{r}_k\Big|_{\boldsymbol{m}_{k|k,r}^{(j)}(\boldsymbol{y}_{c,k,m}^{r})} = [h_1\quad h_2\quad h_3\quad h_4] \tag{9.4.58}$$

$$h_1 = (\dot{x}_{k|k}^{(m,j)} - \hat{y}_{d,k,r}^{(m,j)}\cos\hat{a}_{k,m,j})/\hat{r}_{k,m,j} \tag{9.4.59}$$

$$h_2=(\dot{\boldsymbol{y}}_{k|k}^{(m,j)}-\hat{\dot{\boldsymbol{y}}}_{d,k,r}^{(m,j)}\sin\hat{a}_{k,m,j})/\hat{r}_{k,m,j} \tag{9.4.60}$$

$$h_3=(x_{k|k}^{(m,j)}-x_{r,k})/\hat{r}_{k,m,j}\overset{\text{def}}{=}\cos\hat{a}_{k,m,j} \tag{9.4.61}$$

$$h_4=(\boldsymbol{y}_{k|k}^{(m,j)}-y_{r,k})/\hat{r}_{k,m,j}\overset{\text{def}}{=}\sin\hat{a}_{k,m,j} \tag{9.4.62}$$

式中：$\hat{r}_{k,m,j}\overset{\text{def}}{=}\sqrt{(x_{k|k}^{(m,j)}-x_{r,k})^2+(y_{k|k}^{(m,j)}-y_{r,k})^2}$，$\boldsymbol{m}_{k|k,r}^{(j)}(\boldsymbol{y}_{c,k,m}^r)=[x_{k|k}^{(m,j)},y_{k|k}^{(m,j)},\dot{x}_{k|k}^{(m,j)},\dot{y}_{k|k}^{(m,j)}]^{\mathrm{T}}$，$(x_{r,k},y_{r,k})$是传感器 r 的位置。

步骤 3：利用位置和多普勒量测更新权重

$$w_{k|k,r}^{(j)}(\boldsymbol{z})=\frac{p_{D,k}^r w_{k|k,r-1}^{(j)}(\boldsymbol{z})q_{c,k}^{(j)}(\boldsymbol{y}_{c,k,m}^r)q_{d,k}^{(j)}(y_{d,k,m}^r)}{\kappa_{c,k}^r\kappa_{d,k}^r+p_{D,k}^r\sum_{j=1}^{J_{k|k,r-1}}w_{k|k,r-1}^{(j)}(\boldsymbol{z})q_{c,k}^{(j)}(\boldsymbol{y}_{c,k,m}^r)q_{d,k}^{(j)}(y_{d,k,m}^r)} \tag{9.4.63}$$

其中，$w_{k|k,0}^{(j)}=w_{k|k-1}^{(j)}$，以及

$$q_{c,k}^{(j)}(\boldsymbol{y}_{c,k,m}^r)=\mathcal{N}(\boldsymbol{y}_{c,k,m}^r;\boldsymbol{H}_{r,k}^{(j)}\boldsymbol{m}_{k|k,r-1}^{(j)}+\boldsymbol{u}_{k|k,r-1}^{(r,j)},\boldsymbol{S}_{c,k,r}^{(j)}) \tag{9.4.64}$$

$$q_{d,k}^{(j)}(y_{d,k,m}^r)=\mathcal{N}(y_{d,k,m}^r;\hat{y}_{d,k,r}^{(m,j)},S_{d,k,r}^{(m,j)}) \tag{9.4.65}$$

在式(9.4.63)中，在极坐标中的杂波强度为 $\kappa_{c,k}^r=\lambda_c^r\cdot V^r\cdot u^r$，$\lambda_c^r$表示传感器 r 每单位体积的杂波平均数量，V^r是传感器 r 监视区域的体积，u^r代表在监视区域服从均匀分布。假设杂波速度在范围$[-v_{\max},v_{\max}]$内均匀分布，从而有多普勒杂波强度为 $\kappa_{d,k}^r=1/(2v_{\max})$，其中，$v_{\max}$为传感器可检测的最大速度。

为完整起见，表 9.3 总结了带配准误差的增广状态 GM－PHD 滤波器。表 9.3 第 3～5 行是针对新生目标的目标状态与传感器偏差的预测；第 6～9 行的 for 循环是针对现存目标的目标状态和传感器偏差的预测；第 11～38 行为 k 时刻增广状态 GM－PHD 滤波器更新等式在 R 个传感器上依次应用的过程，其中，12～17 行对应 PHD 更新分量的构建过程，18～20 行处理漏检情形，而 22～36 行处理目标检测情况的更新。25 行根据式(9.4.9)计算变换后的极坐标量测，26～28 行是利用这些变换量测更新目标状态和传感器偏差，29～33 行利用多普勒量测序贯更新目标状态，第 34 行利用极坐标和多普勒量测计算每一分量的似然函数，第 36 行为权重计算。

表 9.3 增广状态 GM－PHD－R－D 伪代码

1：输入：$\{w_{k-1}^{(j)},(\boldsymbol{m}_{k-1}^{(j)},\boldsymbol{P}_{k-1}^{(j)}),\{\boldsymbol{u}_{k-1}^{(s,j)},\boldsymbol{\Xi}_{k-1}^{(s,j)}\}_{s=1}^S\}_{j=1}^{J_{k-1}}$，量测集$\{Z_k^r\}_{r=1}^R$
2：$i=0$，
3：for $j=1,2,\cdots,J_{\gamma,k}$

（续）

$$i \leftarrow i+1, w_{k|k-1}^{(i)} = w_{\gamma,k}^{(j)}, (\boldsymbol{m}_{k|k-1}^{(i)} = \boldsymbol{m}_{\gamma,k}^{(j)}, \boldsymbol{P}_{k|k-1}^{(i)} = \boldsymbol{P}_{\gamma,k}^{(j)}),$$
$$\{\boldsymbol{u}_{k|k-1}^{(s,i)} = \boldsymbol{u}_{\gamma,k}^{(s,j)}, \boldsymbol{\Xi}_{k|k-1}^{(s,i)} = \boldsymbol{\Xi}_{\gamma,k}^{(s,j)}\}_{s=1}^{S}$$

end

for $j = 1,2,\cdots,J_{k-1}$

$$i \leftarrow i+1,\ w_{k|k-1}^{(i)} = p_{S,k} w_{k-1}^{(j)}$$

$$(\boldsymbol{m}_{k|k-1}^{(i)} = \boldsymbol{F}_{k-1}\boldsymbol{m}_{k-1}^{(j)}, \boldsymbol{P}_{k|k-1}^{(i)} = \boldsymbol{F}_{k-1}\boldsymbol{P}_{k-1}^{(j)}\boldsymbol{F}_{k-1}^{\mathrm{T}} + \boldsymbol{Q}_{k-1}), \{\boldsymbol{u}_{k|k-1}^{(s,i)} = \boldsymbol{u}_{k-1}^{(s,j)},$$
$$\boldsymbol{\Xi}_{k|k-1}^{(s,i)} = \boldsymbol{\Xi}_{k-1}^{(s,j)} + \boldsymbol{B}_{s,k-1}\}_{s=1}^{S}$$

end

$$J_{k|k,0} = J_{k|k-1} = i$$

for $r = 1,2,\cdots,R$

for $j = 1,2,\cdots,J_{k|k,r-1}$

根据 $\boldsymbol{m}_{k|k,r-1}^{(j)}$ 计算 $\boldsymbol{H}_{r,k}^{(j)}$

$$\boldsymbol{\eta}_{k|k,r-1}^{(j)} = \boldsymbol{H}_{r,k}^{(j)}\boldsymbol{m}_{k|k,r-1}^{(j)} + \boldsymbol{u}_{k|k,r-1}^{(r,j)},$$
$$\boldsymbol{S}_{c,k,r}^{(j)} = \boldsymbol{H}_{r,k}^{(j)}\boldsymbol{P}_{k|k,r-1}^{(j)}(\boldsymbol{H}_{r,k}^{(j)})^{\mathrm{T}} + \sum_{s=1}^{S}\boldsymbol{\Psi}_s\boldsymbol{\Xi}_{k|k,r-1}^{(s,j)}\boldsymbol{\Psi}_s^{\mathrm{T}} + \boldsymbol{R}_{r,p}$$

$$(\boldsymbol{G}_{c,k,r}^{(j)} = \boldsymbol{P}_{k|k,r-1}^{(j)}(\boldsymbol{H}_{r,k}^{(j)})^{\mathrm{T}}(\boldsymbol{S}_{c,k,r}^{(j)})^{-1}, \boldsymbol{P}_{k|k,r}^{(j)}(\boldsymbol{y}_{c,k,m}^{r}) = (\boldsymbol{I} - \boldsymbol{G}_{c,k,r}^{(j)}\boldsymbol{H}_{r,k}^{(j)})\boldsymbol{P}_{k|k,r-1}^{(j)})$$

$$\{\boldsymbol{K}_{s,k,r}^{(j)} = \boldsymbol{\Xi}_{k|k,r-1}^{(s,j)}\boldsymbol{\Psi}_s^{\mathrm{T}}(\boldsymbol{S}_{c,k,r}^{(j)})^{-1}, \boldsymbol{\Xi}_{k|k,r}^{(s,j)} = \boldsymbol{\Xi}_{k|k,r-1}^{(s,j)} - \boldsymbol{K}_{s,k,r}^{(j)}\boldsymbol{\Psi}_s\boldsymbol{\Xi}_{k|k,r-1}^{(s,j)}\}_{s=1}^{S}$$

end

for $j = 1,2,\cdots,J_{k|k,r-1}$

$$w_{k|k,r}^{(j)} = (1 - p_{D,k}^{r})w_{k|k,r-1}^{(j)},\ (\boldsymbol{m}_{k|k,r}^{(j)} = \boldsymbol{m}_{k|k,r-1}^{(j)}, \boldsymbol{P}_{k|k,r}^{(j)} = \boldsymbol{P}_{k|k,r-1}^{(j)}),$$
$$\{\boldsymbol{u}_{k|k,r}^{(s,j)} = \boldsymbol{u}_{k|k,r-1}^{(s,j)}, \boldsymbol{\Xi}_{k|k,r}^{(s,j)} = \boldsymbol{\Xi}_{k|k,r-1}^{(s,j)}\}_{s=1}^{S}$$

end

$l = 0$

for each $\boldsymbol{z} \in Z_k^r$

$l \leftarrow l+1$

for $j = 1,2,\cdots,J_{k|k,r-1}$

$$\boldsymbol{y}_{c,k,m}^{r} = \boldsymbol{y}_{k,m}^{r} + \boldsymbol{H}_{r,k}^{(j)}\boldsymbol{m}_{k|k,r-1}^{(j)} - h(\boldsymbol{m}_{k|k,r-1}^{(j)}, \boldsymbol{x}_{s,k})$$

$$\boldsymbol{m}_{k|k,r}^{(l\cdot J_{k|k,r-1}+j)}(\boldsymbol{y}_{c,k,m}^{r}) = \boldsymbol{m}_{k|k,r-1}^{(j)} + \boldsymbol{G}_{c,k,r}^{(j)}(\boldsymbol{y}_{c,k,m}^{r} - \eta_{k|k,r-1}^{(j)})$$

$$\boldsymbol{P}_{k|k,r}^{(l\cdot J_{k|k,r-1}+j)}(\boldsymbol{y}_{c,k,m}^{r}) = \boldsymbol{P}_{k|k,r}^{(j)}(\boldsymbol{y}_{c,k,m}^{r})$$

$$\{\boldsymbol{u}_{k|k,r}^{(s,l\cdot J_{k|k,r-1}+j)} = \boldsymbol{u}_{k|k,r-1}^{(s,j)} + \boldsymbol{K}_{s,k,r}^{(j)}(\boldsymbol{y}_{c,k,m}^{r} - \boldsymbol{\eta}_{k|k,r-1}^{(j)}), \boldsymbol{\Xi}_{k|k,r}^{(s,l\cdot J_{k|k,r-1}+j)} = \boldsymbol{\Xi}_{k|k,r}^{(s,j)}\}_{s=1}^{S}$$

$$\boldsymbol{H}_{d,k,r}^{(j)}(\boldsymbol{y}_{c,k,m}^{r}) = \nabla \dot{r}_k \Big|_{\boldsymbol{m}_{k|k,r}^{(l\cdot J_{k|k,r-1}+j)}(\boldsymbol{y}_{c,k,m}^{r})}$$

（续）

30: $\hat{y}_{d,k,r}^{(m,j)} = \dot{r}_k\left(\boldsymbol{m}_{k|k,r}^{(l\cdot J_{k|k,r-1}+j)}\left(\boldsymbol{y}_{c,k,m}^r\right)\right),$

$S_{d,k,r}^{(m,j)} = \boldsymbol{H}_{d,k,r}^{(j)}\left(\boldsymbol{y}_{c,k,m}^r\right)\boldsymbol{P}_{k|k,r}^{(l\cdot J_{k|k,r-1}+j)}\left(\boldsymbol{y}_{c,k,m}^r\right)\left[\boldsymbol{H}_{d,k,r}^{(j)}\left(\boldsymbol{y}_{c,k,m}^r\right)\right]^{\mathrm{T}} + \sigma_{r,d}^2$

31: $\boldsymbol{G}_{d,k,r}^{(j)}\left(\boldsymbol{y}_{c,k,m}^r\right) = \boldsymbol{P}_{k|k,r}^{(l\cdot J_{k|k,r-1}+j)}\left(\boldsymbol{y}_{c,k,m}^r\right)\left[\boldsymbol{H}_{d,k,r}^{(j)}\left(\boldsymbol{y}_{c,k,m}^r\right)\right]^{\mathrm{T}}\left[S_{d,k,r}^{(m,j)}\right]^{-1}$

32: $\boldsymbol{m}_{k|k,r}^{(l\cdot J_{k|k,r-1}+j)}\left(\boldsymbol{z}_{k,m}^r\right) = \boldsymbol{m}_{k|k,r}^{(l\cdot J_{k|k,r-1}+j)}\left(\boldsymbol{y}_{c,k,m}^r\right) + \boldsymbol{G}_{d,k,r}^{(j)}\left(\boldsymbol{y}_{c,k,m}^r\right)\left(y_{d,k,m}^r - \hat{y}_{d,k,r}^{(m,j)}\right)$

33: $\boldsymbol{P}_{k|k,r}^{(l\cdot J_{k|k,r-1}+j)}\left(\boldsymbol{z}_{k,m}^r\right) = \left[\boldsymbol{I} - \boldsymbol{G}_{d,k,r}^{(j)}\left(\boldsymbol{y}_{c,k,m}^r\right)\boldsymbol{H}_{d,k,r}^{(j)}\left(\boldsymbol{y}_{c,k,m}^r\right)\right]\boldsymbol{P}_{k|k,r}^{(l\cdot J_{k|k,r-1}+j)}\left(\boldsymbol{y}_{c,k,m}^r\right)$

34: $w_{k|k,r}^{(l\cdot J_{k|k,r-1}+j)}(\boldsymbol{z}) = p_{D,k}^r w_{k|k,r-1}^{(j)}\mathcal{N}\left(\boldsymbol{y}_{c,k,m}^r;\boldsymbol{\eta}_{k|k,r-1}^{(j)},S_{c,k,r}^{(j)}\right)\mathcal{N}\left(y_{d,k,m}^r;\hat{y}_{d,k,r}^{(m,j)},S_{d,k,r}^{(m,j)}\right)$

35:   end

36: $w_{k|k,r}^{(l\cdot J_{k|k,r-1}+j)}(\boldsymbol{z}) = \dfrac{w_{k|k,r}^{(l\cdot J_{k|k,r-1}+j)}(\boldsymbol{z})}{\kappa_{c,k}^r\kappa_{d,k}^r + \sum_{i=1}^{J_{k|k,r-1}} w_{k|k,r}^{(l\cdot J_{k|k,r-1}+i)}(\boldsymbol{z})},\ \text{for } j = 1,2,\cdots,J_{k|k,r-1}$

37:   end

38: $J_{k|k,r} = (l+1)J_{k|k,r-1}$

39: end

40: $J_k = J_{k|k,R}$

41: 输出：$\left\{w_k^{(j)},\left(\boldsymbol{m}_k^{(j)},\boldsymbol{P}_k^{(j)}\right),\left\{\boldsymbol{u}_k^{(s,j)},\boldsymbol{\Xi}_k^{(s,j)}\right\}_{s=1}^S\right\}_{j=1}^{J_k} = \left\{w_{k|k}^{(j)},\left(\boldsymbol{m}_{k|k}^{(j)},\boldsymbol{P}_{k|k}^{(j)}\right),\left\{\boldsymbol{u}_{k|k}^{(s,j)},\right.\right.$
$\left.\left.\boldsymbol{\Xi}_{k|k}^{(s,j)}\right\}_{s=1}^S\right\}_{j=1}^{J_k}$

值得指出的是，文献[243]所提到的带多普勒的 GM – PHD 滤波器是单传感器版本，它未包含传感器偏差，因此，其是上述推荐算法的特殊情况。另外，推荐算法是文献[360]所提到的带配准误差的 GM – PHD(GM – PHD – R)滤波器的一般版本。如果多普勒量测不可获得，所提算法将退化到 GM – PHD – R。

由于传感器偏差对所有目标是相同的，因此它可由下式进行估计

$$\hat{\boldsymbol{\theta}}_{s,k} = \sum_{j=1}^{J_{k|k,R}}\frac{w_{k|k,R}^{(j)}\boldsymbol{u}_{k|k,R}^{(s,j)}}{\sum_{j=1}^{J_{k|k,R}} w_{k|k,R}^{(j)}},s = 1,2,\cdots,S \qquad (9.4.66)$$

9.4.3　仿真分析

为检验增广状态 GM – PHD – R – D 算法的有效性，以及分析多普勒信息对航迹估计精度的改善能力，将其与不带多普勒信息的 GM – PHD – R 滤波器[360]进行比较。

仿真设置 2 个传感器观测 4 个目标。第 1 个传感器(S1)和第 2 个传感器(S2)分别位于(0, –50)km 和(0,50)km。两个传感器的偏差分别设为(1km, 5°)。量测噪声的标准差设定为 $\sigma_{s,r} = 100\text{m}$，$\sigma_{s,a} = 0.5°$，$\sigma_{s,d} = 0.5\text{m/s}$（$s = 1$，

2)。

量测集总帧数为 $K=24$,两传感器异步工作:传感器 1 在 $k=1,3,\cdots,23$ 报告量测集,而传感器 2 在 $k=2,4,\cdots,24$ 报告量测集。在 $k-1$ 帧和 k 帧的时间间隔是常量,等于 3s。

每一目标在 $k=1$ 起始,存活概率为 $p_{S,k}=0.99$,遵循式(9.4.1)的线性高斯动态,其中在 $x-y$ 平面内的过程噪声标准差为 $\sigma_x=\sigma_y=5\text{m/s}^2$。表 9.4 给出了每一目标的初始状态。

表 9.4　目标初始状态

序号	初始状态$(x_0,y_0,\dot{x}_0,\dot{y}_0)$
1	(−100km, −5km, −120m/s, 150m/s)
2	(−100km, 5km, −120m/s, −150m/s)
3	(100km, −5km, 150m/s, 120m/s)
4	(100km, 5km, 150m/s, −120m/s)

传感器偏差遵循式(9.4.4)的一阶高斯－马尔科夫(Gauss－Markov)过程,其过程噪声协方差为 $\boldsymbol{B}_{s,k-1}=\text{blkdiag}(50\text{m},0.1°)^2(s=1,2)$。

杂波在$[60\text{km},200\text{km}]\times[0°,60°]\times[-350\text{m/s},350\text{m/s}]$(对 S1)和$[60\text{km},200\text{km}]\times[-60°,0°]\times[-350\text{m/s},350\text{m/s}]$(对 S2)的观测区域内均服从均匀分布。检测概率为 $p_{D,k}^s=0.98$,两个传感器每帧的杂波平均数量 $\lambda_c^s\cdot V^s$ 简记为 $\lambda_c\cdot V$。

新生目标 RFS 服从泊松分布,其强度为

$$v_{\gamma,k}(\bar{\boldsymbol{x}})=0.03\sum_{j=1}^{2}\mathcal{N}(\boldsymbol{x};\boldsymbol{m}_{\gamma,k}^{(j)},\boldsymbol{P}_{\gamma,k}^{(j)})\prod_{s=1}^{2}\mathcal{N}(\boldsymbol{\theta}_s;\boldsymbol{u}_{\gamma,k}^{(s,j)},\boldsymbol{\Xi}_{\gamma,k}^{(s,j)})\tag{9.4.67}$$

其中,$\boldsymbol{m}_{\gamma,k}^{(1)}=[100\text{km},-5\text{km},0\text{m/s},0\text{m/s}]^{\text{T}}$,$\boldsymbol{m}_{\gamma,k}^{(2)}=[100\text{km},5\text{km},0\text{m/s},0\text{m/s}]^{\text{T}}$,$\boldsymbol{u}_{\gamma,k}^{(1,j)}=[1\text{km},5°]^{\text{T}}$,$\boldsymbol{u}_{\gamma,k}^{(2,j)}=[-1\text{km},-5°]^{\text{T}}$,$\boldsymbol{P}_{\gamma,k}^{(j)}=\text{blkdiag}(100\text{m},100\text{m},50\text{m/s},50\text{m/s})^2$ 和 $\boldsymbol{\Xi}_{\gamma,k}^{(s,j)}=\text{blkdiag}(500\text{m},1°)^2$,$s,j=1,2$。剪枝参数设为 $T=10^{-5}$,合并阈值 $U=4$,高斯分量最大数量 $J_{\max}=100$。

图 9.14 给出了 $\lambda_c\cdot V=10$ 时的测试场景,其中,菱形和矩形分别代表来自于 S1 和 S2 的量测,图 9.14(b)是图 9.14(a)的局部放大图。"Tn"表示目标 n。图 9.15 为 GM－PHD－R 和 GM－PHD－R－D 的位置估计比较。尽管两方法都成功跟踪了目标,但可直观看出,后者在位置估计和目标数量估计精度上都优于前者。

为了获得统计性能,通过 1000 次蒙特卡罗(MC)实验,比较了多目标状态估

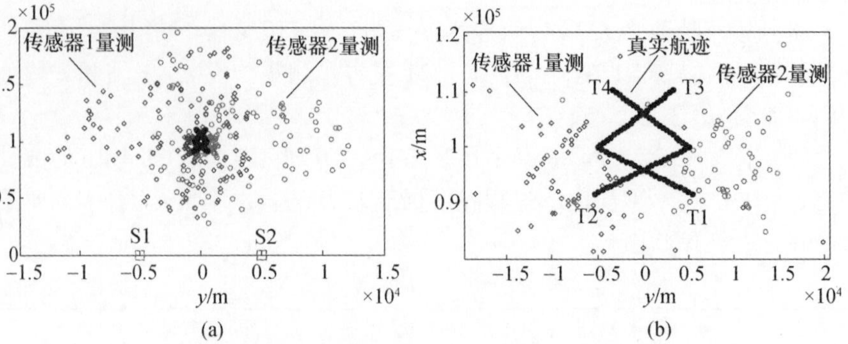

图 9.14 含 2 个传感器和 4 个目标的实验场景($\lambda_c \cdot V=10$)(见彩图)

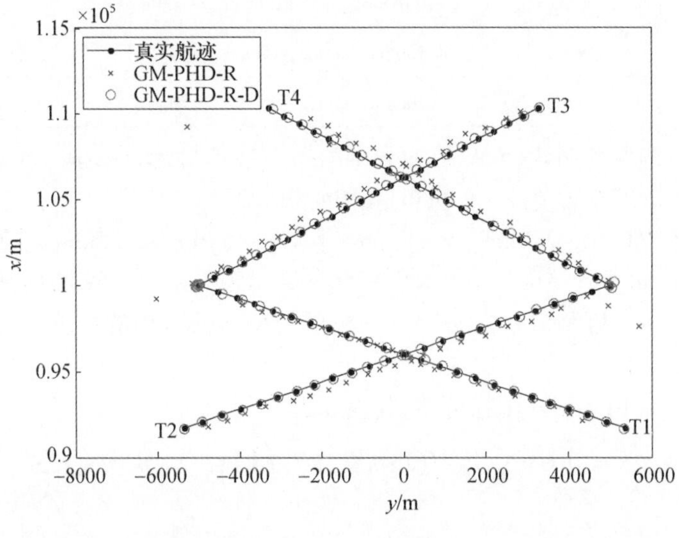

图 9.15 不同时间下某次位置估计比较($\lambda_c \cdot V=10$)(见彩图)

计的最优子模式分配误差(OSPA)以及传感器偏差的均方根(Root Mean Square, RMS)误差性能。

图 9.16 给出了阶 $p=2$ 和阈值 $c=2\text{km}$ 时的 OSPA 值,图 9.17 给出了传感器偏差误差 RMS。从图 9.16 可看出,额外的多普勒信息可显著改善 OSPA 值的定位("Localization",Loc.)和势("Cardinality",Card.)分量的性能,因此,GM－PHD－R 和 GM－PHD－R－D 两者之间总 OSPA 距离的间隔较大,图 9.17 的结果也验证了多普勒信息的引入可改善传感器偏差的估计精度。

图 9.18～图 9.21 给出了在 $\lambda_c \cdot V=20$ 时的结果,可看出具有类似的改善趋势。并且,通过在图 9.14～图 9.17 和图 9.18～图 9.21 的对比结果,可看到,随

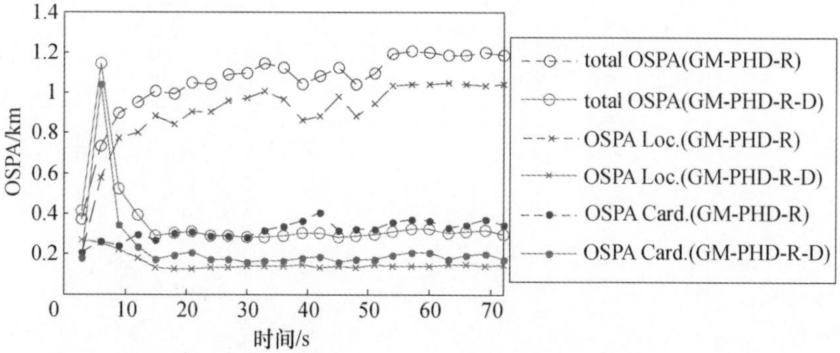

图 9.16　不同时刻下 1000 次 MC 平均 OSPA 误差比较($\lambda_c \cdot V = 10$)

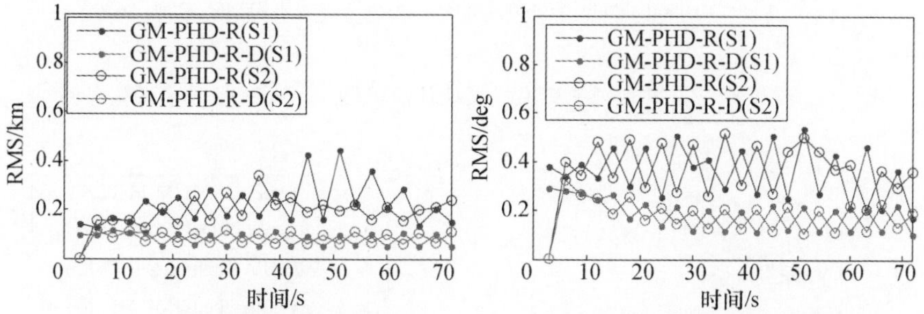

(a) 斜距偏差RMS误差　　(b) 方位偏差RMS误差

图 9.17　不同时刻下 1000 次 MC 平均传感器偏差 RMS 误差比较($\lambda_c \cdot V = 10$)

着杂波率的增加,GM - PHD - R 和 GM - PHD - R - D 的 OSPA 定位性能似乎保持类似结果,而相比于 GM - PHD - R - D,GM - PHD - R 的 OSPA 的势估计性能和传感器偏差估计能力下降更为明显,这表明多普勒信息的引入可有效抑制杂波的干扰,提高密集杂波环境下多传感器多目标跟踪能力。

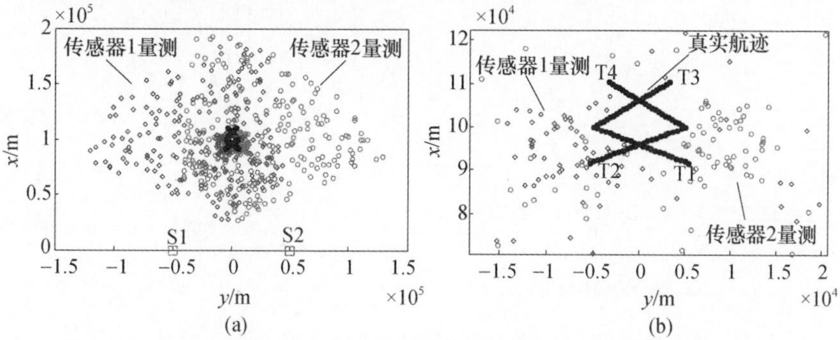

(a)　　(b)

图 9.18　含 2 个传感器和 4 个目标的实验场景($\lambda_c \cdot V = 20$)(见彩图)

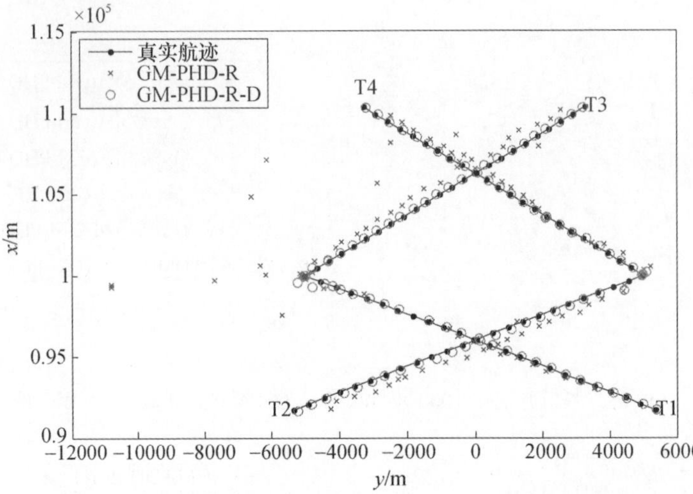

图 9.19 不同时间下某次位置估计比较($\lambda_c \cdot V=20$)(见彩图)

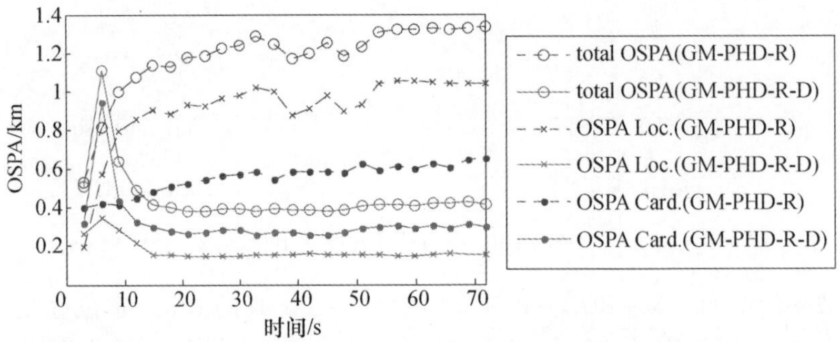

图 9.20 不同时刻下 1000 次 MC 平均 OSPA 误差比较($\lambda_c \cdot V=20$)

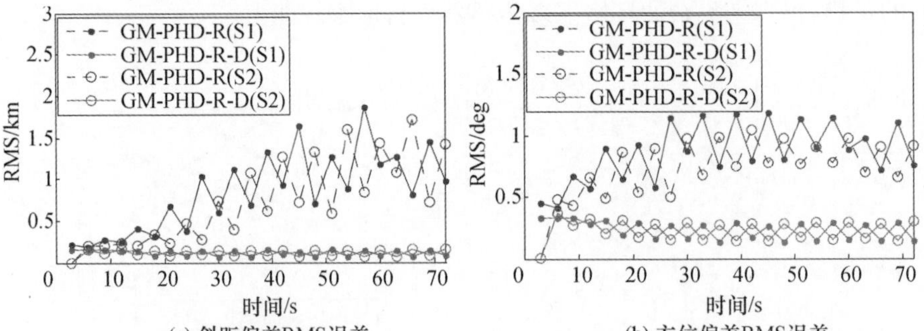

(a) 斜距偏差RMS误差　　(b) 方位偏差RMS误差

图 9.21 不同时刻下 1000 次 MC 平均传感器偏差 RMS 误差比较($\lambda_c \cdot V=20$)

图9.22和图9.23分别给出了不同杂波率下的时间平均OSPA误差和传感器偏差误差RMS。由图可知,对GM－PHD－R和GM－PHD－R－D而言,杂波主要影响OSPA的势分量和传感器偏差估计性能,不过,GM－PHD－R相比GM－PHD－R－D更为敏感,且在所有情况下,相比GM－PHD－R,GM－PHD－R－D由于多普勒信息的引入具有更优的性能。

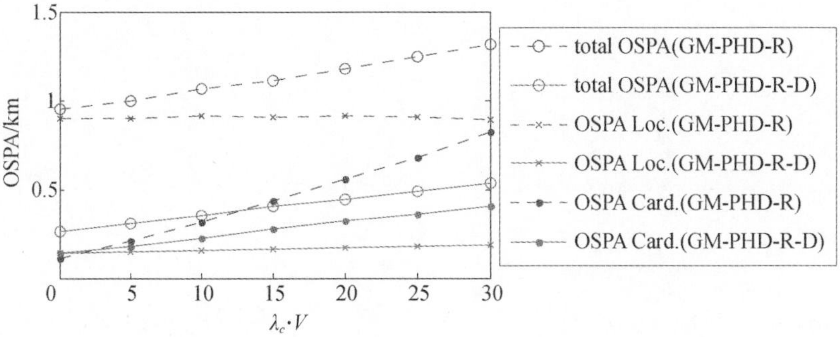

图9.22　不同杂波密度下的时间平均OSPA误差比较

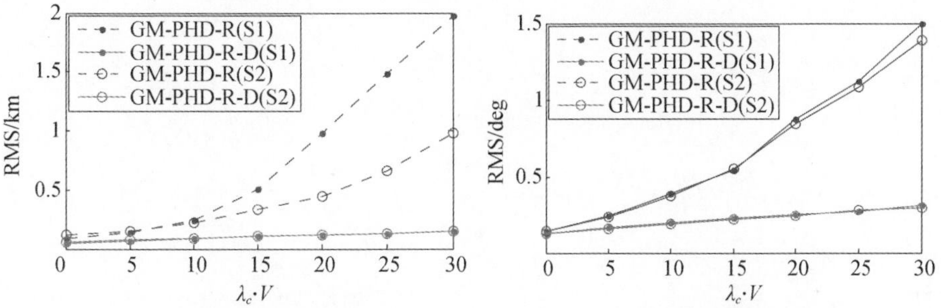

(a) 斜距偏差RMS误差　(b) 方位偏差RMS误差

图9.23　不同杂波密度下的时间平均传感器偏差RMS误差比较

在同步传感器情形下的仿真结果与异步条件类似,限于篇幅不再给出。因此,所提算法可适用于传感器同步和异步情况。

9.5　小结

针对多普勒雷达目标跟踪问题,本章在RFS框架下,分别给出了带多普勒量测的GM－CPHD滤波器、带最小可检测速度和多普勒量测的GM－PHD滤波器和多普勒雷达组网时带配准误差的增广状态GM－PHD滤波器。通过仿真表明,合理地利用多普勒信息以及与多普勒盲区有关的最小可检测速度参数,可显著改善多普勒盲区下的多普勒雷达目标跟踪性能。此外,利用带配准误差的增广状态 GM - PHD 滤波器,可有效解决多普勒雷达组网时系统误差对目标跟踪的不利影响。需要说明的是,尽管本章主要以 PHD 和 CPHD 两种滤波器为基础,然而,所介绍的方法原理上可以移植到其他随机集滤波器上。

第 10 章 弱小目标检测前跟踪

10.1 引言

检测前跟踪(TBD)是一种对弱目标进行检测和跟踪的有效技术。这种方法对单帧数据并不宣布目标有无的检测结果,而是在多帧数据中对假设的可能路径先进行跟踪,根据目标回波与杂波、噪声的不同特性,实现滤除杂波而对目标能量不断积累的效果,在检测目标的同时估计出航迹。由于 TBD 对单帧数据不设阈值或只设置较低阈值,因此最大限度地保留了弱目标的信息,避免了传统的先检测后跟踪(Detect Before Track,DBT)方法的目标丢失问题。从能量利用的观点出发,TBD 将检测和跟踪融合在一起,不但利用单次扫描脉冲串相参积累,而且也利用扫描间非相参积累,提高了能量利用率,因此 TBD 可以提高雷达对弱小目标的探测能力。

实现这一技术的算法有多种,比较典型的有时空域匹配滤波器[439]、投影变换[440]、多级假设检验[441]、粒子滤波[442]和动态规划[443]等,具体可分为两类:一类是批处理算法,这类算法对多帧量测数据采用联合处理的方式;另一类是递归处理算法,该类算法对多帧量测数据进行递归迭代处理。

然而,上述算法通常仅针对单目标情况,为解决多目标检测前跟踪问题,大部分研究将目光投向随机有限集算法。本章首先介绍多目标 TBD 量测模型,然后,基于量测似然可分离假设,分别给出了 4 种类型先验(泊松先验、IIDC 先验、多伯努利先验和 GLMB 先验)下多目标后验的解析特征,在此基础上,以后两者为例,分别介绍了基于多伯努利滤波器的 TBD 算法和基于标签 RFS 的 TBD 算法。

10.2 多目标 TBD 量测模型

10.2.1 TBD 量测似然及其可分离性

令 $\boldsymbol{x}_1,\cdots,\boldsymbol{x}_n \in \mathbb{X} \subseteq \mathbb{R}^d$ 表示状态(或参数)矢量,$Z=[\boldsymbol{z}^{(1)},\cdots,\boldsymbol{z}^{(m)}]$ 表示 TBD 量测,其包含 m 个单元(或像素)的值。根据具体应用,第 i 个像素值 $\boldsymbol{z}^{(i)}$ 可能是

实数或者矢量。比如,在灰度图中,每个像素值是实数,而在彩色图像中,每个像素值是表示 3 个颜色通道强度的三维矢量。给定量测 Z,检测前跟踪(TBD)考虑状态及其数量的联合估计问题。

记状态 $\boldsymbol{x}$ 的目标影响的像素集合为 $T(\boldsymbol{x})$,比如,$T(\boldsymbol{x})$ 可能是以目标位置为中心,周围一定距离之内的像素集合。由状态 $\boldsymbol{x}$ 的目标影响的像素 $i \in T(\boldsymbol{x})$,其取值服从分布 $p_T^{(i)}(\cdot \mid \boldsymbol{x})$,而没有被任何目标影响的像素 $i \notin T(\boldsymbol{x})$,取值服从分布 $p_C^{(i)}(\cdot)$。更准确地讲,给定状态 $\boldsymbol{x}$,像素 i 上取值 $z^{(i)}$ 的概率密度为

$$p(z^{(i)} \mid \boldsymbol{x}) = \begin{cases} p_T^{(i)}(z^{(i)} \mid \boldsymbol{x}), & i \in T(\boldsymbol{x}) \\ p_C^{(i)}(z^{(i)}), & i \notin T(\boldsymbol{x}) \end{cases} \tag{10.2.1}$$

比如,在 TBD 中通常有

$$p_C^{(i)}(z^{(i)}) = \mathcal{N}(z^{(i)};0,\sigma^2) \tag{10.2.2}$$

$$p_T^{(i)}(z^{(i)} \mid \boldsymbol{x}) = \mathcal{N}(z^{(i)};h^{(i)}(\boldsymbol{x}),\sigma^2) \tag{10.2.3}$$

式中:$\mathcal{N}(\cdot;\mu,\sigma^2)$为均值 μ 和方差 σ^2 的高斯密度;$h^{(i)}(\boldsymbol{x})$为状态 $\boldsymbol{x}$ 对像素 i 的贡献度,其取决于点扩散函数、目标位置以及反射能量等。注意到式(10.2.1)也适用于非加性模型。

基于如下假设:

(1) 以多目标状态为条件,像素值的分布是独立的。

(2) 目标影响的图像区域不相重叠(目标是否重叠如图 10.1 所示),即若 $\boldsymbol{x} \neq \boldsymbol{x}'$,则 $T(\boldsymbol{x}) \cap T(\boldsymbol{x}') = \varnothing$。

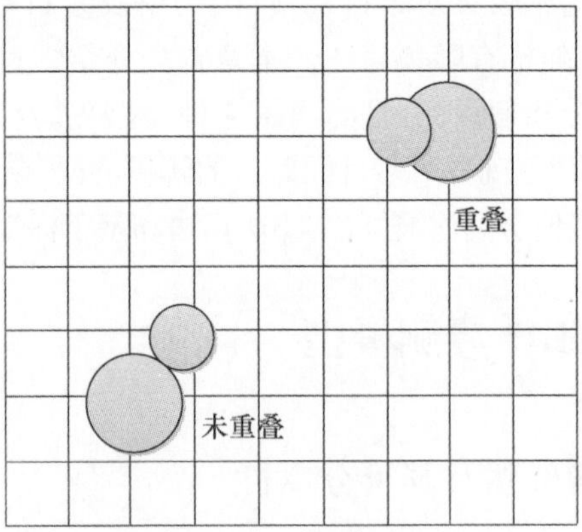

图 10.1　目标重叠示意[270]

则以多目标状态 X 为条件的多目标似然函数为

$$\begin{aligned} g(Z \mid X) &= \left(\prod_{\boldsymbol{x} \in X} \prod_{i \in T(\boldsymbol{x})} p_T^{(i)}(\boldsymbol{z}^{(i)} \mid \boldsymbol{x}) \right) \prod_{i \notin \cup_{\boldsymbol{x} \in X} T(\boldsymbol{x})} p_C^{(i)}(\boldsymbol{z}^{(i)}) \\ &= g_C(Z) \prod\nolimits_{\boldsymbol{x} \in X} g_Z(\boldsymbol{x}) \\ &= g_C(Z) g_Z^X \end{aligned} \tag{10.2.4}$$

其中，

$$g_Z(\boldsymbol{x}) = \prod\nolimits_{i \in T(\boldsymbol{x})} p_T^{(i)}(\boldsymbol{z}^{(i)} \mid \boldsymbol{x}) / p_C^{(i)}(\boldsymbol{z}^{(i)}) \tag{10.2.5}$$

$$g_C(Z) = \prod\nolimits_{i=1}^{m} p_C^{(i)}(\boldsymbol{z}^{(i)}) \tag{10.2.6}$$

称形如式(10.2.4)的多目标似然函数是可分离的(Separable)。一般地，真实多目标似然是不可分离的，然而，如果在量测空间中目标不相重叠，可分离似然假设是合理的近似。

10.2.2　典型的 TBD 量测模型

以雷达为例，考虑到目标回波起伏，将斯威林(Swerling)起伏模型并入似然函数中，假设雷达测量的目标回波遵循斯威林回波幅度起伏模型[444]。位于笛卡儿原点的雷达收集到 m 个距离—多普勒—方位单元的量测 $Z = [\boldsymbol{z}^{(1)}, \cdots, \boldsymbol{z}^{(m)}]$，其由信号能量组成

$$\boldsymbol{z}^{(i)} = | \boldsymbol{z}_A^{(i)} |^2 \tag{10.2.7}$$

式中：$\boldsymbol{z}_A^{(i)}$ 为单元 i 处的复信号，即

$$\boldsymbol{z}_A^{(i)} = \sum_{\boldsymbol{x} \in X} 1_{T(\boldsymbol{x})}(i) A(\boldsymbol{x}) h_A^{(i)}(\boldsymbol{x}) + \boldsymbol{n}^{(i)} \tag{10.2.8}$$

其中，$\boldsymbol{n}^{(i)}$ 为零均值具有方差 $2\sigma_{\boldsymbol{n}^{(i)}}^2$ 的循环对称复高斯(Circularly Symmetric Complex Gaussian，CSCG)噪声，$h_A^{(i)}(\boldsymbol{x})$ 为受目标状态 $\boldsymbol{x}$ 影响的单元 i 上的点扩散函数(Point Spread Function，PSF)，即

$$h_A^{(i)}(\boldsymbol{x}) = \exp\left(-\frac{(r_i - r(\boldsymbol{x}))^2}{2R} - \frac{(d_i - d(\boldsymbol{x}))^2}{2D} - \frac{(b_i - b(\boldsymbol{x}))^2}{2B} \right) \tag{10.2.9}$$

式中：$r(\boldsymbol{x}) = \sqrt{p_x^2 + p_y^2}$、$d(\boldsymbol{x}) = -(\dot{p}_x p_x + \dot{p}_y p_y)/r(\boldsymbol{x})$ 和 $b(\boldsymbol{x}) = \mathrm{atan2}(p_y, p_x)$ 分别表示给定目标状态 $\boldsymbol{x}$ 时的距离、多普勒和方位，$[p_x \quad p_y \quad \dot{p}_x \quad \dot{p}_y]$ 分别表示相应维度的位置和速度分量；R、D 和 B 分别为距离、多普勒和方位分辨力；r_i、d_i 和 b_i 是对应的单元中心。

$A(\boldsymbol{x})$ 为目标 $\boldsymbol{x}$ 的复回波，即

$$A(\boldsymbol{x}) = \bar{A}(\boldsymbol{x})\exp(\iota\theta) + a(\boldsymbol{x}) \tag{10.2.10}$$

式中：ι为复数单位；$\bar{A}(\boldsymbol{x})$为已知幅度；θ 为$[0,2\pi)$上均匀分布的未知相位；$a(\boldsymbol{x})$为零均值方差为 $\sigma_{a(\boldsymbol{x})}^2$ 的复高斯变量。对于非起伏（Swerling 0）目标模型，$A(\boldsymbol{x})$退化为

$$A(\boldsymbol{x}) = \bar{A}(\boldsymbol{x})\exp(\iota\theta) \tag{10.2.11}$$

令 $\hat{z}^{(i)} = |\hat{z}_A^{(i)}|^2$为单元 i 处仅由目标产生的功率回波，其中，

$$\hat{z}_A^{(i)} = \sum_{\boldsymbol{x}\in X} 1_{T(\boldsymbol{x})}(i)\bar{A}(\boldsymbol{x})h_A^{(i)}(\boldsymbol{x}) \tag{10.2.12}$$

则单元 i 上功率量测为

$$\begin{aligned} \boldsymbol{z}^{(i)} &= |\hat{z}_A^{(i)}\exp(\iota\theta) + \boldsymbol{n}^{(i)}|^2 \\ &= [\hat{z}_A^{(i)}\cos\theta + \mathcal{R}(\boldsymbol{n}^{(i)})]^2 + [\hat{z}_A^{(i)}\sin\theta + \mathcal{I}(\boldsymbol{n}^{(i)})]^2 \\ &= U_R^2 + U_I^2 \end{aligned} \tag{10.2.13}$$

其中，$U_R \sim \mathcal{N}(U_R;\hat{z}_A^{(i)}\cos\theta,\sigma_{\boldsymbol{n}^{(i)}}^2)$和 $U_I \sim \mathcal{N}(U_I;\hat{z}_A^{(i)}\sin\theta,\sigma_{\boldsymbol{n}^{(i)}}^2)$是统计独立的正态随机变量，$\mathcal{R}(\cdot)$和 $\mathcal{I}(\cdot)$分别表示取实部和虚部操作。从而，$|z_A^{(i)}| = \sqrt{U_R^2+U_I^2}$服从莱斯（Ricean）分布，当 $\hat{z}_A^{(i)}=0$ 时退化为瑞利分布。因此，量测似然为

$$p_T^{(i)}(\boldsymbol{z}^{(i)}|\boldsymbol{x}) = \frac{\sqrt{\boldsymbol{z}^{(i)}}}{\sigma_{\boldsymbol{n}^{(i)}}^2}\exp\left(-\frac{\boldsymbol{z}^{(i)}+\hat{\boldsymbol{z}}^{(i)}}{2\sigma_{\boldsymbol{n}^{(i)}}^2}\right)I_0\left(\frac{\sqrt{\boldsymbol{z}^{(i)}\hat{\boldsymbol{z}}^{(i)}}}{\sigma_{\boldsymbol{n}^{(i)}}^2}\right) \tag{10.2.14}$$

$$p_C^{(i)}(\boldsymbol{z}^{(i)}) = \frac{\sqrt{\boldsymbol{z}^{(i)}}}{\sigma_{\boldsymbol{n}^{(i)}}^2}\exp\left(-\frac{\boldsymbol{z}^{(i)}}{2\sigma_{\boldsymbol{n}^{(i)}}^2}\right) \tag{10.2.15}$$

式中：$p_T^{(i)}(\boldsymbol{z}^{(i)}|\boldsymbol{x})$为在单元 i 内目标 $\boldsymbol{x}$ 存在时的量测似然；$p_C^{(i)}(\boldsymbol{z}^{(i)})$为在没有目标假设下的似然；$I_0(\cdot)$为（0 阶）修正贝塞尔（Bessel）函数，即[60]

$$I_0(x) = \frac{1}{2\pi}\int_0^{2\pi}\exp(x\cos\theta)\,\mathrm{d}\theta = \sum_{j=0}^{\infty}\frac{(x^2/4)^j}{j!\Gamma(j+1)} \tag{10.2.16}$$

式中：$\Gamma(\cdot)$ 为伽马函数，有 $\Gamma(x) = \int_0^{\infty} t^{x-1}\exp(-t)\,\mathrm{d}t$，对于整数$j$，有 $\Gamma(j+1) = j!$。

令 SNR 为以 dB 形式定义的信噪比

$$\mathrm{SNR} = 10\log[\bar{A}^2(\boldsymbol{x})/(2\sigma_{\boldsymbol{n}^{(i)}}^2)] \tag{10.2.17}$$

当 $\sigma_{\boldsymbol{n}^{(i)}}^2 = 1$ 时，有 $\bar{A}(\boldsymbol{x}) = \sqrt{2\cdot 10^{\mathrm{SNR}/10}}$。因为$\sqrt{U_R^2+U_I^2} \sim \mathrm{Rice}(\hat{z}_A^{(i)},1)$，在每个单元的量测 $\boldsymbol{z}^{(i)}$ 遵循具有 2 自由度和非中心参数 $\hat{z}_A^{(i)}$ 的非中心卡方分布，在 $\hat{z}_A^{(i)}=0$情况下，其退化为 2 自由度的中心卡方分布。从而，单元 i 的似然比为

$$p_T^{(i)}(z^{(i)}\mid \boldsymbol{x})/p_C^{(i)}(z^{(i)}) = \exp(-0.5\hat{z}^{(i)})I_0(\sqrt{z^{(i)}\hat{z}^{(i)}}) \tag{10.2.18}$$

给定量测 Z,假设各单元内量测值独立分布,多目标状态 X 的似然函数是所有单元量测似然的乘积,即

$$\begin{aligned} g(Z\mid \mathrm{X}) &= g_C(Z)g_Z^X = g_C(Z)\prod\nolimits_{\boldsymbol{x}\in X} g_Z(\boldsymbol{x}) \\ &\propto \prod\nolimits_{i\in \cup_{\boldsymbol{x}\in X}T(\boldsymbol{x})} p_T^{(i)}(z^{(i)}\mid \boldsymbol{x})/p_C^{(i)}(z^{(i)}) \end{aligned} \tag{10.2.19}$$

其中,$g_C(Z)$ 和 $g_Z(\boldsymbol{x})$ 分别由式(10.2.6)和式(10.2.5)给出。

10.3　多目标后验的解析特征

由于量测模型对滤波器的预测步骤不产生影响,仅影响更新步骤,故下面只关注多目标贝叶斯更新。利用 FISST 积分和 FISST 密度的概念,多目标状态的后验概率密度 $\pi(\cdot\mid Z)$ 可利用以下贝叶斯规则根据先验 π 计算得到

$$\pi(X\mid Z) = \frac{g(Z\mid X)\pi(\mathrm{X})}{\int g(Z\mid X)\pi(\mathrm{X})\delta X} \tag{10.3.1}$$

式中:$g(Z\mid X)$ 为给定多目标状态 X 时量测 Z 的概率密度,即多目标似然函数,其具体表达式见式(10.2.4)。

根据式(10.2.4),在计算后验密度 $\pi(\cdot\mid Z)$ 时可抵消 $g_C(Z)$,从而多目标状态的后验概率密度变为

$$\pi(X\mid Z) = \frac{g_Z^X\pi(\mathrm{X})}{\int g_Z^{X'}\pi(X')\delta X'} \tag{10.3.2}$$

下面针对前述量测模型(式(10.2.4))以及 4 类多目标先验(分别为泊松、IIDC、多伯努利和 GLMB 分布),给出多目标后验分布的解析特征。首先给出可分离量测似然条件下后验 PGFl 的结论,它们允许对泊松、IIDC、多伯努利和广义标签多伯努利 RFS 的后验分布进行解析描述。

应用贝叶斯规则式(10.3.1)和 PGFl 的定义,可由先验 $\pi(\cdot)$ 获得后验概率密度 $\pi(\cdot\mid Z)$,其对应的 PGFl 为

$$\begin{aligned} G[h\mid Z] &= \int h^X\pi(Z\mid X)\delta X \\ &= \frac{\int h^X g(Z\mid X)\pi(\mathrm{X})\delta X}{\int g(Z\mid X')\pi(X')\delta X'} = \frac{g_C(Z)\int [hg_Z]^X\pi(\mathrm{X})\delta X}{g_C(Z)\int g_Z^{X'}\pi(X')\delta X'} \end{aligned}$$

$$= \frac{G[hg_Z]}{G[g_Z]} \tag{10.3.3}$$

因而,可得如下命题。

命题 28:假设 X 为$\mathbb{X}$上具有先验 PGFl G 的随机有限集,且量测 Z 具有可分离似然形(式(10.2.4)),那么,给定 Z 条件下 X 的后验 PGFl $G[\cdot|Z]$为

$$G[h|Z] = \frac{G[hg_Z]}{G[g_Z]} \tag{10.3.4}$$

10.3.1　泊松先验下闭合形式量测更新

对于由 PHD 完全描述的泊松 RFS 先验,设 X 服从 PHD 为 v 的泊松分布,其 PGFl 为 $G[h] = \exp(\langle v, h-1\rangle)$,根据命题 28,有

$$\begin{aligned} G[h|Z] &= \frac{G[hg_Z]}{G[g_Z]} = \frac{\exp(\langle v, hg_Z - 1\rangle)}{\exp(\langle v, g_Z - 1\rangle)} = \exp(\langle v, hg_Z - g_Z\rangle) \\ &= \exp(\langle vg_Z, h-1\rangle) \end{aligned} \tag{10.3.5}$$

因此,后验是 PHD 为 vg_Z的泊松型。从而,可得如下推论。

推论 5:基于命题 28,若 X 的先验分布是 PHD 为 v 的泊松型,则后验分布也是 PHD 为 $v(\cdot|Z)$的泊松型,且相应的强度为

$$v(\boldsymbol{x}|Z) = v(\boldsymbol{x})g_Z(\boldsymbol{x}) \tag{10.3.6}$$

推论 5 展示怎样用量测 Z 更新 PHD,即根据先验和量测怎样计算后验 PHD,它表明后验 PHD 等于 vg_Z,且后验 RFS 服从泊松分布。该结论能推广到由 PHD 和势分布完全表征的 IIDC 分布 RFS。

10.3.2　IIDC 先验下闭合形式量测更新

对于 IIDC 分布 RFS,有如下推论。

推论 6:基于命题 28,若 X 的先验分布是具有 PHD v 和势分布 ρ 的 IIDC,则后验分布也是具有 PHD $v(\cdot|Z)$和势分布 $\rho(\cdot|Z)$的 IIDC,其中,相应的 PHD 和势分布分别为(证明见附录 K)

$$v(\boldsymbol{x}|Z) = v(\boldsymbol{x})g_Z(\boldsymbol{x}) \frac{\sum_{i=0}^{\infty}(i+1)\rho(i+1)\langle v, g_Z\rangle^i / \langle v, 1\rangle^{i+1}}{\sum_{j=0}^{\infty}\rho(j)(\langle v, g_Z\rangle / \langle v, 1\rangle)^j} \tag{10.3.7}$$

$$\rho(n|Z) = \frac{\rho(n)(\langle v, g_Z\rangle / \langle v, 1\rangle)^n}{\sum_{j=0}^{\infty}\rho(j)(\langle v, g_Z\rangle / \langle v, 1\rangle)^j} \tag{10.3.8}$$

推论5是推论6的特例,其中,势服从泊松分布。推论5和推论6通过PHD和势分布来描述后验分布,推论7则通过存在概率和概率密度的集合来描述后验分布。

10.3.3 多伯努利先验下闭合形式量测更新

对于多伯努利RFS,设X为具有参数集$\{(\varepsilon^{(i)},p^{(i)})\}_{i=1}^{N}$的多伯努利,其PGFl为$G[h]=\prod_{i=1}^{N}(1-\varepsilon^{(i)}+\varepsilon^{(i)}\langle p^{(i)},h\rangle)$。根据命题28,有

$$\begin{aligned}G[h\mid Z]&=\frac{G[hg_Z]}{G[g_Z]}=\frac{\prod_{i=1}^{N}(1-\varepsilon^{(i)}+\varepsilon^{(i)}\langle p^{(i)},hg_Z\rangle)}{\prod_{i=1}^{N}(1-\varepsilon^{(i)}+\varepsilon^{(i)}\langle p^{(i)},g_Z\rangle)}\\&=\prod_{i=1}^{N}\frac{(1-\varepsilon^{(i)}+\varepsilon^{(i)}\langle p^{(i)}g_Z,h\rangle)}{(1-\varepsilon^{(i)}+\varepsilon^{(i)}\langle p^{(i)},g_Z\rangle)}\\&=\prod_{i=1}^{N}\left(1-\frac{\varepsilon^{(i)}\langle p^{(i)},g_Z\rangle}{1-\varepsilon^{(i)}+\varepsilon^{(i)}\langle p^{(i)},g_Z\rangle}\right.\\&\qquad\left.+\frac{\varepsilon^{(i)}\langle p^{(i)},g_Z\rangle}{1-\varepsilon^{(i)}+\varepsilon^{(i)}\langle p^{(i)},g_Z\rangle}\left\langle\frac{p^{(i)}g_Z}{\langle p^{(i)},g_Z\rangle},h\right\rangle\right)\end{aligned}\tag{10.3.9}$$

上述乘积中的第i项是伯努利RFS的PGFl。因此,后验是具有式(10.3.10)所给参数集的多伯努利,从而有如下推论。

推论7:基于命题28,若X的先验分布为具有参数集$\{(\varepsilon^{(i)},p^{(i)})\}_{i=1}^{N}$的多伯努利,则后验也是多伯努利,对应的参数集为

$$\left\{\left(\frac{\varepsilon^{(i)}\langle p^{(i)},g_Z\rangle}{1-\varepsilon^{(i)}+\varepsilon^{(i)}\langle p^{(i)},g_Z\rangle},\frac{p^{(i)}g_Z}{\langle p^{(i)},g_Z\rangle}\right)\right\}_{i=1}^{N}\tag{10.3.10}$$

只要传感器的似然函数是可分离的,且以多目标状态为条件的传感器相互独立,推论5~推论7易于推广到多传感器情况。假设两个条件独立传感器的量测为$Z^{(1)}$和$Z^{(2)}$,则多传感器多目标后验密度为

$$\begin{aligned}\pi(X\mid Z^{(1)},Z^{(2)})&\propto g(Z^{(2)}\mid X)g(Z^{(1)}\mid X)\pi(X)\\&\propto g(Z^{(1)}\mid X)g(Z^{(2)}\mid X)\pi(X)\end{aligned}\tag{10.3.11}$$

不同于针对点量测的PHD或多伯努利更新近似,推论5~推论7中的后验参数更新准确捕获了后验多目标密度的充要(充分和必要)统计量。同样地,对于多传感器更新,通过用传感器1更新先验参数,然后将更新的参数作为先验参数再使用传感器2进行更新,依次进行,可迭代计算准确后验参数。一直重复该

步骤,直到穷尽传感器列表。因为每次更新是准确的,最终的结果也是准确的,且与执行更新的顺序无关。

10.3.4 GLMB 先验下闭合形式量测更新

由上可知,泊松、IIDC 和多伯努利密度关于可分离多目标似然函数均是共轭的[270]。由于 GLMB 族是(无标签)多伯努利族的推广,该共轭性可推广到 GLMB 族,换言之,GLMB 族也是关于可分离似然函数的共轭先验。

给定量测 Z,设状态 X 的多目标似然与式(10.2.4)类似,具有以下可分离形式

$$g(Z \mid \mathrm{X}) \propto g_Z^{\mathrm{X}} = \prod_{\mathrm{x} \in \mathrm{X}} g_Z(\mathbf{x}) \tag{10.3.12}$$

如果多目标先验为式(3.3.38)所给的 GLMB 形式,根据多目标先验和多目标似然(式(10.3.12)),可得

$$\begin{aligned}
\pi(\mathrm{X} \mid Z) \propto \pi(\mathrm{X}) g_Z^{\mathrm{X}} &= \Delta(\mathrm{X}) \sum_{c \in \mathbb{C}} w^{(c)}(\mathcal{L}(\mathrm{X})) g_Z^{\mathrm{X}} [p^{(c)}]^{\mathrm{X}} \\
&= \Delta(\mathrm{X}) \sum_{c \in \mathbb{C}} w^{(c)}(\mathcal{L}(\mathrm{X})) [\eta_Z]^{\mathcal{L}(\mathrm{X})} \frac{[g_Z p^{(c)}]^{\mathrm{X}}}{[\eta_Z]^{\mathcal{L}(\mathrm{X})}} \\
&= \Delta(\mathrm{X}) \sum_{c \in \mathbb{C}} w_Z^{(c)}(\mathcal{L}(\mathrm{X})) [p^{(c)}(\cdot \mid Z)]^{\mathrm{X}}
\end{aligned} \tag{10.3.13}$$

其中,

$$w_Z^{(c)}(L) = [\eta_Z]^L w^{(c)}(L) \tag{10.3.14}$$

$$p^{(c)}(\boldsymbol{x}, \ell \mid Z) = p^{(c)}(\boldsymbol{x}, \ell) g_Z(\boldsymbol{x}, \ell) / \eta_Z(\ell) \tag{10.3.15}$$

$$\eta_Z(\ell) = \langle p^{(c)}(\cdot, \ell), g_Z(\cdot, \ell) \rangle \tag{10.3.16}$$

因而,可得如下推论。

推论 8:如果多目标先验为 GLMB 形式(3.3.38),且多目标似然具有形如式(10.3.12)的可分离形式,则多目标后验密度也是 GLMB 形式,即

$$\pi(\mathrm{X} \mid Z) \propto \Delta(\mathrm{X}) \sum_{c \in \mathbb{C}} w_Z^{(c)}(\mathcal{L}(\mathrm{X})) [p^{(c)}(\cdot \mid Z)]^{\mathrm{X}} \tag{10.3.17}$$

10.4 基于多伯努利滤波器的检测前跟踪

通过建模状态集合为随机有限集,本节在贝叶斯框架下描述从 TBD 量测中联合检测多个目标并估计其状态的问题。在由独立目标影响的量测区域不相重叠的假设下,基于第 10.3.3 节多伯努利先验下的后验分布解析表达式,介绍了

适用于低信噪比下的 TBD 量测的多目标滤波器——基于多伯努利滤波器的检测前跟踪,可根据 TBD 量测联合估计目标状态及其数量,最后,给出了该多目标滤波器的粒子实现。

除了使用前述的多伯努利更新(推论 7)开发针对 TBD 量测的多目标滤波算法,也可利用 PHD 更新(推论 5)或者 IIDC 更新(推论 6)开发类似的算法。不过,由于量测模型是高度非线性的,调用粒子实现来近似 PHD 时,需要使用聚类技术从粒子中提取待估计状态,该聚类步骤引入了额外的误差源,且计算量大,而多伯努利方法避免了上述问题,因此,这里仅介绍基于多伯努利的检测前跟踪方法,第 10.5 节再介绍更一般的基于标签 RFS 的检测前跟踪。

10.4.1　针对 TBD 量测模型的多伯努利滤波器

假设目标形态较小,且先验 π_{k-1} 为多伯努利分布,则预测的多目标密度 $\pi_{k|k-1}$ 也为多伯努利分布。此外,如果目标未重叠,则根据推论 7,可得更新的多目标密度 $\pi_k(\cdot\,|Z)$ 也是多伯努利分布。因此,预测和更新步骤如下。

多伯努利预测:由于 TBD 量测模型仅影响量测更新步骤,该步骤与标准 CBMeMBer 滤波器完全相同,详见命题 11。

多伯努利更新:给定预测多伯努利参数 $\pi_{k|k-1}=\{(\varepsilon_{k|k-1}^{(i)},p_{k|k-1}^{(i)})\}_{i=1}^{M_{k|k-1}}$,则更新的多伯努利参数为

$$\pi_k=\{(\varepsilon_k^{(i)},p_k^{(i)})\}_{i=1}^{M_{k|k-1}} \tag{10.4.1}$$

式中,

$$\varepsilon_k^{(i)}=\frac{\varepsilon_{k|k-1}^{(i)}\langle p_{k|k-1}^{(i)},g_Z\rangle}{1-\varepsilon_{k|k-1}^{(i)}+\varepsilon_{k|k-1}^{(i)}\langle p_{k|k-1}^{(i)},g_Z\rangle} \tag{10.4.2}$$

$$p_k^{(i)}=p_{k|k-1}^{(i)}g_Z/\langle p_{k|k-1}^{(i)},g_Z\rangle \tag{10.4.3}$$

考虑到目标非重叠假设,应合并重叠估计。一个简单的合并方式是,将状态估计落入给定阈值 T_{merge} 之内的假设目标的存在概率 $\varepsilon_k^{(i)}$ 和密度 $p_k^{(i)}$ 进行综合。

10.4.2　序贯蒙特卡罗实现

由于 TBD 量测似然(式(10.2.4))的强非线性,上述多伯努利预测步骤和更新步骤(式(10.4.1))一般采取序贯蒙特卡罗(SMC)实现方法,具体过程如下。

SMC 预测:该步骤与标准 CBMeMBer 滤波器 SMC 实现的预测步骤(详见第 6.4.1 节)也完全相同。

SMC 更新:给定 k 时刻预测多伯努利多目标密度 $\pi_{k|k-1}=\{(\varepsilon_{k|k-1}^{(i)},p_{k|k-1}^{(i)})\}_{i=1}^{M_{k|k-1}}$,每个 $p_{k|k-1}^{(i)},i=1,2,\cdots,M_{k|k-1}$ 由加权样本集 $\{(w_{k|k-1}^{(i,j)},\boldsymbol{x}_{k|k-1}^{(i,j)})\}_{j=1}^{L_{k|k-1}^{(i)}}$

组成,即

$$p_{k|k-1}^{(i)}(\boldsymbol{x}) = \sum_{j=1}^{L_{k|k-1}^{(i)}} w_{k|k-1}^{(i,j)} \delta_{\boldsymbol{x}_{k|k-1}^{(i,j)}}(\boldsymbol{x}) \tag{10.4.4}$$

则更新的多伯努利多目标密度(式(10.4.1))可计算如下:

$$\varepsilon_k^{(i)} = \frac{\varepsilon_{k|k-1}^{(i)} \eta_k^{(i)}}{1 - \varepsilon_{k|k-1}^{(i)} + \varepsilon_{k|k-1}^{(i)} \eta_k^{(i)}} \tag{10.4.5}$$

$$p_k^{(i)} = \frac{1}{\eta_k^{(i)}} \sum_{j=1}^{L_{k|k-1}^{(i)}} w_{k|k-1}^{(i,j)} g_{Z_k}(\boldsymbol{x}_{k|k-1}^{(i,j)}) \delta_{\boldsymbol{x}_{k|k-1}^{(i,j)}}(\boldsymbol{x}) \tag{10.4.6}$$

其中,

$$\eta_k^{(i)} = \sum_{j=1}^{L_{k|k-1}^{(i)}} w_{k|k-1}^{(i,j)} g_{Z_k}(\boldsymbol{x}_{k|k-1}^{(i,j)}) \tag{10.4.7}$$

与标准 CBMeMBer 滤波器的 SMC 实现一样,对于每个假设目标,在更新步骤后要重采样粒子,粒子的数量以与存在概率成比例的方式进行再分配,并限制在最大数 $L_{\max}$ 和最小数 $L_{\min}$ 之间。为降低不断增长的航迹(或者粒子)数量,需舍弃存在概率低于某个阈值 T_h 的粒子。

10.5 基于 Mδ-GLMB 滤波器的检测前跟踪

下面将边缘 δ-GLMB(Mδ-GLMB)应用到针对 TBD 量测模型的多目标跟踪上,其对多目标似然函数 $g(\cdot|\cdot)$ 没有假设任何特定结构。由于 TBD 量测模型仅影响量测更新步骤,预测步骤与标准 Mδ-GLMB 滤波器完全相同,详见第 7.5.2 节的 Mδ-GLMB 预测。

对于如下 Mδ-GLMB 形式的多目标预测密度

$$\pi_{k|k-1}(\mathrm{X}) = \Delta(\mathrm{X}) \sum_{I \in \mathcal{F}(\mathbb{L}_{0:k})} \delta_I(\mathcal{L}(\mathrm{X})) w_{k|k-1}^{(I)} [p_{k|k-1}^{(I)}]^{\mathrm{X}} \tag{10.5.1}$$

根据 TBD 量测似然 $g(Z|\mathrm{X})$,可得多目标后验密度为

$$\pi_k(\mathrm{X}|Z) = \Delta(\mathrm{X}) \sum_{I \in \mathcal{F}(\mathbb{L}_{0:k})} \delta_I(\mathcal{L}(\mathrm{X})) w_k^{(I)}(Z) p_k^{(I)}(\mathrm{X}|Z) \tag{10.5.2}$$

其中,

$$w_k^{(I)}(Z) \propto w_{k|k-1}^{(I)} \eta_Z(I) \tag{10.5.3}$$

$$p_k^{(I)}(\mathrm{X}|Z) = [p_{k|k-1}^{(I)}]^{\mathrm{X}} g(Z|\mathrm{X}) / \eta_Z(I) \tag{10.5.4}$$

$$\eta_Z(\{\ell_1, \cdots, \ell_n\}) = \int g(Z | \{(\boldsymbol{x}_1, \ell_1), \cdots, (\boldsymbol{x}_n, \ell_n)\}) \prod_{i=1}^{n} p_{k|k-1}^{(\{\ell_1, \cdots, \ell_n\})}(\boldsymbol{x}_i, \ell_i) \mathrm{d}(\boldsymbol{x}_1, \cdots, \boldsymbol{x}_n) \tag{10.5.5}$$

注意到,根据式(10.5.4),来自于先验 δ-GLMB 的每个多目标指数 $[p_{k|k-1}^{(I)}]^X$ 在更新后变为 $p_k^{(I)}(\mathrm{X}|Z)$,其不一定为多目标指数。因此,一般而言,

式(10.5.2)不再是 GLMB 密度。

1) 似然可分离情况

如果目标在量测空间中良好分开,可将似然函数近似为可分离似然,即 $g(Z \mid X) \propto g_Z^X$,从而根据推论 8 可得如下近似的 GLMB 后验:

$$\hat{\pi}_k(X \mid Z) = \Delta(X) \sum_{I \in \mathcal{F}(\mathbb{L}_{0:k})} \delta_I(\mathcal{L}(X)) \hat{w}_k^{(I)}(Z) [\hat{p}_k^{(I)}(\cdot \mid Z)]^X \tag{10.5.6}$$

其中,

$$\hat{w}_k^{(I)}(Z) \propto w_{k|k-1}^{(I)} [\boldsymbol{\eta}_Z]^I \tag{10.5.7}$$

$$\hat{p}_k^{(I)}(\boldsymbol{x}, \ell \mid Z) = p_{k|k-1}^{(I)}(\boldsymbol{x}, \ell) g_Z(\boldsymbol{x}, \ell) / \eta_Z(\ell) \tag{10.5.8}$$

$$\eta_Z(\ell) = \langle p_{k|k-1}^{(I)}(\cdot, \ell), g_Z(\cdot, \ell) \rangle \tag{10.5.9}$$

2) 一般情况

相反,如果目标相距较近,可分离似然假设将不再成立,那么必须直接近似式(10.5.2)的多目标后验,可写成如下形式:

$$\pi_k(X \mid Z) = \Delta(X) w_k^{(\mathcal{L}(X))}(Z) p_k^{(\mathcal{L}(X))}(X \mid Z) \tag{10.5.10}$$

根据命题 21,除了最小化库尔贝克 · 莱布勒(Kullback - Leibler)散度(KLD)外,还匹配上述多目标后验的势和 PHD 的多目标后验近似为

$$\hat{\pi}_k(X \mid Z) = \Delta(X) \sum_{I \in \mathcal{F}(\mathbb{L}_{0:k})} \delta_I(\mathcal{L}(X)) w_k^{(I)}(Z) [\hat{p}_k^{(I)}(\cdot \mid Z)]^X \tag{10.5.11}$$

其中,对于每个标签集合 $I = \{\ell_1, \cdots, \ell_n\}$,$\hat{p}_k^{(\{\ell_1, \cdots, \ell_n\})}(\cdot, \ell_i \mid Z)$,$i = 1, 2, \cdots, n$ 是式(10.5.4)所给 $p_k^{(\{\ell_1, \cdots, \ell_n\})}(\{(\cdot, \ell_1), \cdots, (\cdot, \ell_n)\} \mid Z)$ 的边缘密度。注意到,式(10.5.11)保留了式(10.5.3)给出的权重 $w_k^{(I)}(Z)$,其来自于真实后验(式(10.5.2))。

10.6 小结

本章在介绍多目标 TBD 量测模型基础上,以多目标似然函数可分离为条件,给出了泊松、IIDC、多伯努利和 GLMB 四种先验下具有解析形式的量测更新表达式,并介绍了随机有限集框架下两种代表性的 TBD 算法:基于多伯努利滤波器和 Mδ - GLMB 的 TBD。与经典的基于动态规划或粒子滤波的 TBD 算法(主要针对单目标)不同,这些算法具有天然的多目标跟踪能力,可对弱小多目标进行有效跟踪。

第 11 章　非标准量测目标跟踪

11.1　引言

多目标跟踪是基于被噪声、漏检和虚警污染的不完美传感器量测来估计目标的数量及其状态的过程，其中的挑战在于目标数量的不确定性和量测集与目标关联的不确定性，多目标跟踪希望滤除这三方面的影响以便获得真实目标状态的精确估计。这类问题的贝叶斯方法需要描述量测与潜在（未知）的目标状态间的关联模型。绝大多数传统跟踪器（如 JPDA 或 MHT）使用所谓的标准量测模型：在一个给定的时刻，每个目标产生最多一个量测且每个量测源于至多一个目标，也就是熟知的点目标模型（Point Target Model）。实际上，除传统跟踪器外，前面各章节介绍的随机有限集多目标跟踪算法也是基于标准量测模型。该模型假设大大简化了多目标跟踪器的开发，也符合大部分现实情况，然而，在一些特殊情况下，它却是真实量测过程的非现实表示，典型地表现在扩展目标跟踪和合并量测跟踪场景。

由于在这些条件下，量测模型违背了标准量测模型，前述基于标准量测的目标跟踪算法通常不再有效，此时需采用非标准量测目标跟踪算法。本章介绍随机有限集框架下两类主要的非标准量测目标跟踪算法：扩展目标跟踪和合并量测目标跟踪。考虑到扩展目标跟踪算法大体又分为未估计目标形态和估计目标形态的两类，分别介绍基于 GM－PHD 的扩展目标跟踪和基于伽马高斯逆威希特（GGIW）的扩展目标跟踪，前一算法较为简单，忽略了目标形态的估计，仅关注目标参考点，而后一算法更为复杂，通过利用 GGIW 分布可估计目标的形态。扩展目标量测表现在单个目标可能产生多个量测，相反，合并量测则表现在多个目标可能仅获得单个量测，为此，在介绍完扩展目标跟踪后，最后介绍合并量测目标跟踪算法。

11.2　基于 GM－PHD 滤波器的扩展目标跟踪

本节将扩展目标跟踪问题通过一定的假设进行简化，近似认为来自于一个目标的量测围绕目标参考点分布[282]，该参考中心可能是质心或者任何其他与目标形态(或形状)有关的点。尽管所有目标显然具有一定的空间形态，这里暂时忽略目标形态的估计，仅关注目标参考点，因而，状态矢量中没有目标大小(尺寸)和形状的信息。不过，必须强调的是这不会有损一般性，比如，类似于文献[445]，可使用扩展目标 GM - PHD(Extended Target GM - PHD, ET - GM - PHD)滤波器处理正方形或者椭圆形扩展目标的大小(尺寸)、形状和运动变量的联合估计。此外，为简单起见，这里未使用标签信息，不过，跟文献[446]类似，可并入标签以提供航迹连续性。

11.2.1　扩展目标跟踪问题

待估计的目标相关特征形成目标的状态矢量 $\boldsymbol{x}$。一般地，除了位置、速度和航向等运动变量外，状态矢量还可能包含有关目标空间形态的信息。如前所述，当目标的状态没有包含任何有关目标形态的变量时，尽管将目标当作点目标(即目标参考点)进行估计，算法仍然需要考虑源于一个目标的多个量测问题。因此，这里采用扩展目标的广义定义(其与是否需要估计目标形态无关)：扩展目标每一时刻可产生不止一个量测。

记 k 时刻待估计的目标状态集合为 $X_k = \{\boldsymbol{x}_k^{(i)}\}_{i=1}^{|X_k|}$，该时刻获得的量测集合为 $Z_k = \{\boldsymbol{z}_k^{(i)}\}_{i=1}^{|Z_k|}$，其中，$|X_k|$ 为未知的目标数量，$|Z_k|$ 为量测数量。在 RFS X_k 中，每个目标状态 $\boldsymbol{x}_k^{(i)}$ 的动态演化可利用下述线性高斯动态模型进行建模

$$\boldsymbol{x}_{k+1}^{(i)} = \boldsymbol{F}_k \boldsymbol{x}_k^{(i)} + \boldsymbol{\Gamma}_k \boldsymbol{v}_k^{(i)}, i = 1, 2, \cdots, |X_k| \tag{11.2.1}$$

式中：$\boldsymbol{v}_k^{(i)}$ 为具有协方差 $\boldsymbol{Q}_k^{(i)}$ 的零均值高斯白噪声。式(11.2.1)假设每个目标状态根据相同的动态模型进行演变。

在每一时刻，由第 i 个目标产生的量测数量是具有比率为每帧 $\gamma(\boldsymbol{x}_k^{(i)})$ 个量测的泊松分布随机变量，其中，$\gamma(\cdot)$ 为已知的定义在目标状态空间上的非负函数，则第 i 个目标产生至少一个量测的概率为

$$1 - \exp(-\gamma(\boldsymbol{x}_k^{(i)})) \tag{11.2.2}$$

令第 i 个目标被检测的概率为 $p_D(\boldsymbol{x}_k^{(i)})$，其中，$p_D(\cdot)$ 为已知的定义在目标状态空间上的非负函数，从而可得有效的检测概率为

$$(1 - \exp(-\gamma(x_k^{(i)})))p_D(\boldsymbol{x}_k^{(i)}) \tag{11.2.3}$$

假设每个目标产生的量测与其他目标独立，来自于第 i 个目标的量测与目标状态有关，将其建模为以下线性高斯模型

$$\boldsymbol{z}_k^{(j)} = \boldsymbol{H}_k \boldsymbol{x}_k^{(i)} + \boldsymbol{n}_k^{(j)} \tag{11.2.4}$$

式中：$\boldsymbol{n}_k^{(j)}$为具有协方差$\boldsymbol{R}_k$的零均值高斯白噪声。需要强调的是，在 RFS 框架下，量测集合Z_k和目标状态集合X_k均是未被标记的，因此，并未假设目标与量测的相互关系。

假设杂波量测在监视区域服从均匀分布，且每一时刻产生的杂波量测数量是具有比率为单位监视体积内κ_k个杂波量测的泊松分布随机变量。因此，如果监视区域体积为V_s，则杂波量测的期望数量为每帧$\kappa_k V_s$个。

现在的目标是：给定量测集合$Z^K = \{Z_k\}_{k=1}^K$，要得到目标状态集合$X^K = \{X_k\}_{k=1}^K$的估计，可通过使用 PHD 滤波器传递目标状态集合X_k的预测强度$v_{k|k-1}$和更新强度v_k来实现。

11.2.2 适用于扩展目标跟踪的 GM－PHD 滤波器

根据针对标准量测目标的 GM－PHD 滤波器的推导，可得扩展目标情况下 GM－PHD 递归。因为扩展目标 PHD 滤波器的预测方程与标准 PHD 滤波器相同，扩展目标 PHD 滤波器的高斯混合（GM）预测方程也与标准 GM－PHD 滤波器相同。因此，这里仅考虑扩展目标 GM－PHD（ET－GM－PHD）滤波器的量测更新公式。

假设预测强度（PHD）为如下 GM 形式：

$$v_{k|k-1}(\boldsymbol{x}) = \sum_{i=1}^{J_{k|k-1}} w_{k|k-1}^{(i)} \mathcal{N}(\boldsymbol{x}; \boldsymbol{m}_{k|k-1}^{(i)}, \boldsymbol{P}_{k|k-1}^{(i)}) \tag{11.2.5}$$

式中：$J_{k|k-1}$为分量预测数量；$w_{k|k-1}^{(i)}$为第i个分量的权重；$\boldsymbol{m}_{k|k-1}^{(i)}$和$\boldsymbol{P}_{k|k-1}^{(i)}$分别为第$i$个分量的预测均值和协方差。对于扩展目标泊松模型[284]，更新 PHD 由预测 PHD 和量测伪似然函数L_{Z_k}的乘积给出，即[294]

$$v_k(\boldsymbol{x}) = L_{Z_k}(\boldsymbol{x}) v_{k|k-1}(\boldsymbol{x}) \tag{11.2.6}$$

式中：量测伪似然函数L_{Z_k}为[115]

$$L_{Z_k}(\boldsymbol{x}) = 1 - [1 - \exp(-\gamma(\boldsymbol{x}))] p_D(\boldsymbol{x}) + \exp(-\gamma(\boldsymbol{x})) p_D(x) \cdot \sum_{\mathcal{P} \angle Z_k} w_{\mathcal{P}} \sum_{W \in \mathcal{P}} \frac{\gamma(\boldsymbol{x})^{|W|}}{\varpi_W} \prod_{z \in W} \frac{g(z \mid \boldsymbol{x})}{\lambda_k p_{C,k}(z)} \tag{11.2.7}$$

式中，$\lambda_k = \kappa_k V_s$为杂波量测的期望数量，$p_{C,k}(z) = 1/V_s$为监视区域上杂波的空间分布，符号$\mathcal{P} \angle Z_k$表示量测集合Z_k的分划$\mathcal{P}$，分划的解释详见第 11.2.3 节，$W \in \mathcal{P}$为组成分划$\mathcal{P}$的非空元胞W，对每个分划$\mathcal{P}$和元胞W，$w_{\mathcal{P}}$和ϖ_W分别为非负系数，$g(z \mid \boldsymbol{x})$为单目标量测的似然函数，这里假设为高斯密度。式（11.2.7）右边第一个求和运算遍历量测集合Z_k的所有分划$\mathcal{P}$，而第 2 个求和则遍历当前分划$\mathcal{P}$里的所有元胞W。

为推导 ET－GM－PHD 滤波器量测更新方程，遵循与第 4.4 节 GM－PHD

滤波器相同的 6 个假设,不过,对关于检测概率的第 5 个假设(A.5)放宽如下。

A.11:对所有 $\boldsymbol{x}$ 和 $i=1,2,\cdots,J_{k|k-1}$,检测概率函数 $p_D(\cdot)$ 的如下近似是成立的[115]:

$$p_D(\boldsymbol{x})\mathcal{N}(\boldsymbol{x};\boldsymbol{m}_{k|k-1}^{(i)},\boldsymbol{P}_{k|k-1}^{(i)})\approx p_D(\boldsymbol{m}_{k|k-1}^{(i)})\mathcal{N}(\boldsymbol{x};\boldsymbol{m}_{k|k-1}^{(i)},\boldsymbol{P}_{k|k-1}^{(i)}) \tag{11.2.8}$$

A.11 相比 A.5 更容易被满足,其中,当 $p_D(\cdot)$ 为常量即 $p_D(\cdot)=p_D$ 时,式(11.2.8)通常是成立的。一般地,当函数 $p_D(\cdot)$ 在由协方差 $\boldsymbol{P}_{k|k-1}^{(i)}$ 决定的目标不确定性区域未变化显著时,A.11 近似成立。此外,当 $p_D(\cdot)$ 为足够平滑的函数或者当信噪比(SNR)足够高使得 $\boldsymbol{P}_{k|k-1}^{(i)}$ 足够小时,A.11 也近似成立。需要注意的是,A.11 仅是为简化而不是近似起见,因为 $p_D(\cdot)$ 总能由二次函数的指数混合来近似(或等价近似为高斯),这无损更新 PHD 的高斯混合(GM)结构。不过,这将导致在更新 PHD 中高斯分量成倍增加,这反过来使得算法需要更复杂的剪枝与合并运算。在 GMTI 目标跟踪中,为了建模杂波凹口也可采取检测概率可变的类似方法[447]。

此外,还对源于目标的量测期望数 $\gamma(\cdot)$ 做了如下假设。

A.12:对所有 $\boldsymbol{x}$,$n=1,2,\cdots$ 和 $i=1,2,\cdots,J_{k|k-1}$,关于 $\gamma(\cdot)$ 的以下近似是成立的[115]:

$$\begin{aligned}&\exp(-\gamma(\boldsymbol{x}))\gamma^n(\boldsymbol{x})\mathcal{N}(\boldsymbol{x};\boldsymbol{m}_{k|k-1}^{(i)},\boldsymbol{P}_{k|k-1}^{(i)})\\&\approx\exp(-\gamma(\boldsymbol{m}_{k|k-1}^{(i)}))\gamma^n(\boldsymbol{m}_{k|k-1}^{(i)})\mathcal{N}(\boldsymbol{x};\boldsymbol{m}_{k|k-1}^{(i)},\boldsymbol{P}_{k|k-1}^{(i)})\end{aligned} \tag{11.2.9}$$

显然,$\gamma(\cdot)$ 为常量即 $\gamma(\cdot)=\gamma$ 是满足 A.12 的特殊情形。一般地,由于幂函数的存在,$\gamma(\cdot)$ 的高斯混合假设难以成立,满足 A.12 比满足 A.11 更为困难。不过,当 $\gamma(\cdot)$ 足够平滑或者当 SNR 足够强使得 $\boldsymbol{P}_{k|k-1}^{(i)}$ 足够小时,A.12 有希望近似成立。

在上述假设下,k 时刻后验强度为以下高斯混合(GM)形式[115]:

$$v_k(\boldsymbol{x}) = v_{M,k}(\boldsymbol{x}) + \sum_{\mathcal{P}\angle Z_k}\sum_{W\in\mathcal{P}} v_{D,k}(\boldsymbol{x};\boldsymbol{z}_W) \tag{11.2.10}$$

其中,$v_{M,k}(\boldsymbol{x})$ 对应处理漏检情况,即

$$v_{M,k}(\boldsymbol{x}) = \sum_{i=1}^{J_{k|k-1}} w_{k|k}^{(i)}\mathcal{N}(\boldsymbol{x};\boldsymbol{m}_{k|k}^{(i)},\boldsymbol{P}_{k|k}^{(i)}) \tag{11.2.11}$$

$$w_{k|k}^{(i)} = \{1-[1-\exp(-\gamma^{(i)})]p_D^{(i)}\}w_{k|k-1}^{(i)} \tag{11.2.12}$$

$$\boldsymbol{m}_{k|k}^{(i)}=\boldsymbol{m}_{k|k-1}^{(i)},\boldsymbol{P}_{k|k}^{(i)}=\boldsymbol{P}_{k|k-1}^{(i)} \tag{11.2.13}$$

式中:$\gamma^{(i)}$ 和 $p_D^{(i)}$ 分别为 $\gamma(\boldsymbol{m}_{k|k-1}^{(i)})$ 和 $p_D(\boldsymbol{m}_{k|k-1}^{(i)})$ 的简写。

$v_{D,k}(\boldsymbol{x};\boldsymbol{z}_W)$对应处理目标检测情况，即

$$v_{D,k}(\boldsymbol{x};\boldsymbol{z}_W) = \sum_{i=1}^{J_{k|k-1}} w_{k|k}^{(i)} \mathcal{N}(\boldsymbol{x};\boldsymbol{m}_{k|k}^{(i)}(\boldsymbol{z}_W),\boldsymbol{P}_{k|k}^{(i)}) \tag{11.2.14}$$

其中，权重$w_{k|k}^{(i)}$计算公式为

$$w_{k|k}^{(i)} = w_{\mathcal{P}} \frac{\Gamma^{(i)} p_D^{(i)}}{\varpi_W} \varphi_W^{(i)} w_{k|k-1}^{(i)} \tag{11.2.15}$$

式中：

$$w_{\mathcal{P}} = \frac{\prod_{W\in\mathcal{P}} \varpi_W}{\sum_{\mathcal{P}'\angle Z_k} \prod_{W'\in\mathcal{P}'} \varpi_{W'}} \tag{11.2.16}$$

$$\varpi_W = \delta_{|W|}(1) + \sum_{i=1}^{J_{k|k-1}} \Gamma^{(i)} p_D^{(i)} \varphi_W^{(i)} w_{k|k-1}^{(i)} \tag{11.2.17}$$

$$\Gamma^{(i)} = \exp(-\gamma^{(i)})(\gamma^{(i)})^{|W|} \tag{11.2.18}$$

$$\varphi_W^{(i)} = g_W^{(i)} \prod_{z\in W} [\lambda_k p_{C,k}(z)]^{-1} \tag{11.2.19}$$

其中，分划权重$w_{\mathcal{P}}$可解释为分划为真的概率，$|W|$为W里元素的数量，δ为克罗内克（Kronecker）德耳塔函数，系数$g_W^{(i)}$为

$$g_W^{(i)} = \mathcal{N}(\boldsymbol{z}_W;\boldsymbol{H}_W\boldsymbol{m}_{k|k-1}^{(i)},\boldsymbol{H}_W\boldsymbol{P}_{k|k-1}^{(i)}\boldsymbol{H}_W^{\mathrm{T}} + \boldsymbol{R}_W) \tag{11.2.20}$$

式中：$\boldsymbol{z}_W$、$\boldsymbol{H}_W$和$\boldsymbol{R}_W$分别定义为

$$\boldsymbol{z}_W \stackrel{\text{def}}{=} \bigoplus_{z\in W} \boldsymbol{z} \tag{11.2.21}$$

$$\boldsymbol{H}_W \stackrel{\text{def}}{=} [\underbrace{\boldsymbol{H}_k^{\mathrm{T}},\boldsymbol{H}_k^{\mathrm{T}},\cdots,\boldsymbol{H}_k^{\mathrm{T}}}_{|W|次}]^{\mathrm{T}} \tag{11.2.22}$$

$$\boldsymbol{R}_W \stackrel{\text{def}}{=} \mathrm{blkdiag}(\underbrace{\boldsymbol{R}_k,\boldsymbol{R}_k,\cdots,\boldsymbol{R}_k}_{|W|次}) \tag{11.2.23}$$

运算符$\oplus$表示列矢量拼接。

高斯分量的均值$\boldsymbol{m}_{k|k}^{(i)}(\boldsymbol{z}_W)$和协方差$\boldsymbol{P}_{k|k}^{(i)}$则利用标准卡尔曼量测更新方程进行更新，即

$$\boldsymbol{m}_{k|k}^{(i)}(\boldsymbol{z}_W) = \boldsymbol{m}_{k|k-1}^{(i)} + \boldsymbol{G}_k^{(i)}(\boldsymbol{z}_W - \boldsymbol{\eta}_{k|k-1}^{(i)}) \tag{11.2.24}$$

$$\boldsymbol{P}_{k|k}^{(i)} = (\boldsymbol{I} - \boldsymbol{G}_k^{(i)}\boldsymbol{H}_W)\boldsymbol{P}_{k|k-1}^{(i)} \tag{11.2.25}$$

$$\boldsymbol{G}_k^{(i)} = \boldsymbol{P}_{k|k-1}^{(i)}\boldsymbol{H}_W^{\mathrm{T}}(\boldsymbol{S}_{k|k-1}^{(i)})^{-1} \tag{11.2.26}$$

$$\boldsymbol{\eta}_{k|k-1}^{(i)} = \boldsymbol{H}_W\boldsymbol{m}_{k|k-1}^{(i)} \tag{11.2.27}$$

$$\boldsymbol{S}_{k|k-1}^{(i)} = \boldsymbol{H}_W\boldsymbol{P}_{k|k-1}^{(i)}\boldsymbol{H}_W^{\mathrm{T}} + \boldsymbol{R}_W \tag{11.2.28}$$

为保持高斯分量数量在计算可处理水平，同样需要进行剪枝合并。

11.2.3　量测集分划

由前可知,ET - GM - PHD 滤波器的一个必需步骤是分划量测集合。分划非常重要,因为同一个目标能产生不止一个量测。一个分划指将量测集划分成称为元胞的非空子集,每个元胞能解释成包含来自于相同源(或者某个目标,或者杂波源)的所有量测。从数学意义上严格而言,集合 A 的一个分划定义为 A 的两两不相交非空子集的互斥集合,且其并集等于 A。势为 n(具有 n 个元素)的集合的分划数量由第 n 个贝尔(Bell)数 B_n 给出[448],贝尔数来自组合数学,以数学家埃里克 · 坦普尔 · 贝尔(Eric Temple Bell)命名,其递归公式为 $B_{n+1} = \sum_{k=0}^{n} C_k^n B_k$。起始于 $B_0 = B_1 = 1$,前几项贝尔数为 1,1,2,5,15,52,203,877,4140,21147,115975,……。由此可知,贝尔数 B_n 随 n 的增大将迅速增大。不过,在多目标跟踪环境下,通常可消除许多可能性较小的分划。

为便于理解,以包含 3 个独立量测的量测集合 $Z_k = \{z_k^{(1)}, z_k^{(2)}, z_k^{(3)}\}$ 为例说明分划过程,该 3 元素集合可以以 $B_3 = 5$ 种不同的方式进行划分,即

$$\mathcal{P}_1 : W_1^1 = \{z_k^{(1)}, z_k^{(2)}, z_k^{(3)}\};$$

$$\mathcal{P}_2 : W_1^2 = \{z_k^{(1)}, z_k^{(2)}\}, W_2^2 = \{z_k^{(3)}\};$$

$$\mathcal{P}_3 : W_1^3 = \{z_k^{(1)}, z_k^{(3)}\}, W_2^3 = \{z_k^{(2)}\};$$

$$\mathcal{P}_4 : W_1^4 = \{z_k^{(2)}, z_k^{(3)}\}, W_2^4 = \{z_k^{(1)}\};$$

$$\mathcal{P}_5 : W_1^5 = \{z_k^{(1)}\}, W_2^5 = \{z_k^{(2)}\}, W_3^5 = \{z_k^{(3)}\}。$$

其中,$\mathcal{P}_i$ 为第 i 个分划,W_j^i 为分划 i 的第 j 个元胞,记 $|\mathcal{P}_i|$ 表示分划 i 中的元胞数量,$|W_j^i|$ 表示分划 i 里元胞 j 中的量测数。

注意到,前述集合符号暗示了既没考虑分划的顺序,也未考虑每个分划内元素的顺序。这意味着以下分划是相同的:$\{\{z_k^{(2)}\}, \{z_k^{(1)}, z_k^{(3)}\}\}$,$\{\{z_k^{(1)}, z_k^{(3)}\}, \{z_k^{(2)}\}\}$,$\{\{z_k^{(2)}\}, \{z_k^{(3)}, z_k^{(1)}\}\}$,$\{\{z_k^{(3)}, z_k^{(1)}\}, \{z_k^{(2)}\}\}$。

如前所述,随着量测集合维度的增加,可能的分划数量变得很大。为了获得计算可处理的目标跟踪方法,仅能考虑所有可能分划的一个子集,而为了实现良好的扩展目标跟踪结果,该子集又必须代表所有可能分划中最可能的那些分划。下面介绍基于量测距离的启发方法来找出分划的最可能子集(距离分划法)。

考虑量测集合 $Z = \{z^{(i)}\}_{i=1}^{|Z|}$,其中,$z^{(i)} \in \mathbb{Z}$,$\forall i$,$\mathbb{Z}$ 为量测空间,令 $d(\cdot, \cdot): \mathbb{Z} \times \mathbb{Z} \to [0, \infty)$ 为距离测度,对所有的 $z^{(i)}, z^{(j)} \in \mathbb{Z}$,其满足以下两个条件

$$\text{非负性}: d(z^{(i)}, z^{(j)}) \geqslant 0 \tag{11.2.29a}$$

$$\text{对称性}: d(z^{(i)}, z^{(j)}) = d(z^{(j)}, z^{(i)}) \tag{11.2.29b}$$

距离分划法依赖于下述命题[295]（证明见附录 L）。

命题 29：令 $T_l \geqslant 0$ 是任意的距离阈值，对于每个唯一量测集和每个唯一的距离阈值，当且仅当以下两个条件之一成立时，存在一个唯一的分划 $\mathcal{P}^*$，使得任意成对量测在同一个元胞中。

① 条件 1：

$$d(z^{(i)}, z^{(j)}) \leqslant T_l \tag{11.2.30}$$

② 条件 2：

存在一个非空子集 $\{z^{(r_1)}, z^{(r_2)}, \cdots, z^{(r_R)}\} \subset W - \{z^{(i)}, z^{(j)}\}$ 使得以下条件成立：

当 $R=1$ 时，有

$$d(z^{(i)}, z^{(r_1)}) \leqslant T_l \tag{11.2.31a}$$

$$d(z^{(r_1)}, z^{(j)}) \leqslant T_l \tag{11.2.31b}$$

否则，当 $R>1$ 时，有

$$d(z^{(i)}, z^{(r_1)}) \leqslant T_l \tag{11.2.31c}$$

$$d(z^{(r_s)}, z^{(r_{s+1})}) \leqslant T_l, s=1,2,\cdots,R-1 \tag{11.2.31d}$$

$$d(z^{(r_R)}, z^{(j)}) \leqslant T_l \tag{11.2.31e}$$

可从以下两个方面进行理解，当且仅当以下两个条件之一为真时，两个量测应该在相同的元胞里[115]：

(1) 它们之间的距离小于该阈值（式(11.2.30)）。

(2) 通过其他的量测“桥接”，两量测间可进行步进，并且，步进长度小于该阈值（式(11.2.31)）。

命题 29 表明，对于每个唯一量测集和每个唯一的距离阈值，分划是唯一的。即存在一个唯一的分划，使得在同一元胞中的所有量测对 (i,j) 满足 $d(z^{(i)}, z^{(j)}) \leqslant T_l$。

通过选择 N_T 个不同的阈值，该算法可用于产生量测集合 Z 的 N_T 个可选分划

$$\{T_l\}_{l=1}^{N_T},\ T_l < T_{l+1},\ l=1,2,\cdots,N_T-1 \tag{11.2.32}$$

随着 T_l 的增加，可供选择分划包含更少的元胞，因此，元胞中通常则包含更多的量测。

阈值 $\{T_l\}_{l=1}^{N_T}$ 可从以下集合中进行选取

$$\mathcal{T} \overset{\text{def}}{=} \{0\} \cup \{d(z^{(i)}, z^{(j)}) \mid 1 \leqslant i < j \leqslant |Z|\} \tag{11.2.33}$$

其中,$\mathcal{T}$ 的元素以升序排列。如果使用 $\mathcal{T}$ 中所有元素来形成可供选择分划,将获得 $|\mathcal{T}| = |Z|(|Z|-1)/2+1$ 个分划。根据这种选择得到的一些分划可能仍然是相同的,因此必须舍弃以使得最终的每个分划是唯一的。在得到的唯一分划中,第一个分划(对应于阈值 $T_1=0$)将包含 $|Z|$ 个元胞,此时,每个元胞仅有一个量测。最后的分划将具有一个元胞,其包含所有的 $|Z|$ 个量测。

上述分划策略可显著降低分划的数量,为进一步降低计算负担,可仅对阈值集合 $\mathcal{T}$ 的子集计算分划。该子集基于属于同一目标的量测间距离的统计属性进行确定。假设选取距离测度 $d(\cdot,\cdot)$ 为马氏(Mahalanobis)距离,即

$$d_M(z^{(i)}, z^{(j)}) = \sqrt{(z^{(i)} - z^{(j)})^{\mathrm{T}} \boldsymbol{R}^{-1} (z^{(i)} - z^{(j)})} \tag{11.2.34}$$

那么,对于由同一目标产生的两个量测 $z^{(i)}$ 和 $z^{(j)}$,$d_M(z^{(i)}, z^{(j)})$ 是自由度等于量测矢量维度的 χ^2(卡方)分布。对于一个给定的概率 p_G,利用逆累积 χ^2 分布函数 invchi2(·),可计算无量纲距离阈值为

$$T_{p_G} = \text{invchi2}(p_G) \tag{11.2.35}$$

业已表明[115],根据 $\mathcal{T}$ 中满足条件 $T_{p_L} < T_l < T_{p_U}$ 的距离阈值的子集,计算的分划能实现较好的目标跟踪结果,其中,较低概率 $p_L \leqslant 0.3$ 和较高概率 $p_U \geqslant 0.8$。

举一个简单的例子进行说明。如果存在 4 个目标,每个目标具有期望数量为 20 的量测,杂波量测数量均值为 $\lambda_k = \kappa_k V_s = 50$,那么,每个时刻收集到的量测期望数将是 130。对于 130 个量测,所有可能分划的数量由贝尔数 $B_{130} \propto 10^{161}$ 给出。使用集合 $\mathcal{T}$ 中的所有阈值,平均要计算 130 个不同的分划,而利用较低和较高概率 $p_L = 0.3$ 和 $p_U = 0.8$,蒙特卡罗仿真表明平均仅要计算 27 个分划[115],意味着计算复杂度降低了好几个数量级。

当多个(包括两个)扩展目标在空间上比较接近时,ET-GM-PHD 将表现出目标集合的势低估问题。究其原因,在于当目标彼此接近时,它们产生的量测也比较接近。因此,使用前述距离分划,在所有分划 $\mathcal{P}$ 中相同的元胞 W 里将包含来自于不止一个量测源的量测,从而,ET-GM-PHD 滤波器将把来自于多个目标的量测解释成量测仅来自于一个目标。尽管在考虑量测集合所有可能分划的理想场景中,将存在包含错误合并元胞的子集的可供选择的分划,该分划将支配 ET-GM-PHD 滤波器的输出,使其倾向于目标的正确估计数,但是由于使用距离分划法消除了这些分划,ET-GM-PHD 滤波器缺乏手段来校正目标的估计数。

该问题的补救方式之一是在执行距离分划后进行额外的子分划(Subpartitioning)，并将它们追加到 ET－GM－PHD 滤波器考虑的分划列表上。显然，这仅在合并属于不止一个目标的量测的风险存在时才进行，该风险是否存在将基于源于一个目标的量测的期望数来决定。

假设利用距离分划法已计算了一系列分划。对于每个生成的分划 $\mathcal{P}_i$，为每个元胞 W_j^i 计算目标数量的最大似然估计（Maximum Likelihood Estimation，MLE）$\hat{N}_x^j$。如果该估计大于 1，将元胞 W_j^i 分裂成 $\hat{N}_x^j$ 个更小的元胞，记为 $\{W_s^+\}_{s=1}^{\hat{N}_x^j}$。然后，将新的分划（由新的元胞以及 $\mathcal{P}_i$ 中的其他元胞组成）添加到由距离分划获得的分划列表上。

表 11.1 给出了子分划算法，其中，在一个元胞上的分裂操作由函数 split$(W_j^i,\hat{N}_x^j)$ 完成。

表 11.1　子分划算法

序号	输入：量测的分划集合 $\{\mathcal{P}_1,\cdots,\mathcal{P}_{N_\mathcal{P}}\}$，其中，$N_\mathcal{P}$ 是分划数量。	
1：	初始化：新分划计数器 $c=N_\mathcal{P}$	
2：	for $i=1:N_\mathcal{P}$	
3：	for $j=1:\lvert\mathcal{P}_i\rvert$	
4：	$\hat{N}_x^j=\text{argmax}_n p(\lvert W_j^i\rvert \mid N_x^j=n)$	
5：	if $\hat{N}_x^j>1$	
6：	$c=c+1$	% 增加分划计算器
7：	$\mathcal{P}_c=\mathcal{P}_i-W_j^i$	% 排除当前元胞的当前分划
8：	$\{W_k^+\}_{k=1}^{\hat{N}_x^j}=\text{split}(W_j^i,\hat{N}_x^j)$	% 分裂当前元胞
9：	$\mathcal{P}_c=\mathcal{P}_c\cup\{W_k^+\}_{k=1}^{\hat{N}_x^j}$	% 附加到当前分划
10：	end	
11：	end	
12：	end	

表 11.1 中，关键在于最大似然估计 $\hat{N}_x^j$ 的求解以及函数 split(·，·)的选择。

(1) 计算 $\hat{N}_x^j$。对于该步骤，假设一个目标产生量测的期望数 $\gamma(\cdot)$ 为常量，即 $\gamma(\cdot)=\gamma$。每个目标产生的量测与其他目标独立，且由每个目标产生的量测数服从泊松分布 $\mathcal{PS}(\cdot,\gamma)$，则对应元胞 W_j^i 的目标数的似然函数为

$$p(\lvert W_j^i\rvert \mid N_x^j=n)=\mathcal{PS}(\lvert W_j^i\rvert,\gamma n) \tag{11.2.36}$$

此外，假设被一个元胞覆盖的体积足够小，使得元胞中的虚警数可忽略，即

W_j^i中无虚警。从而,可计算最大似然估计 $\hat{N}_x^j$ 为

$$\hat{N}_x^j = \mathrm{argmax}_n \mathcal{PS}(\,|W_j^i|\,,\gamma n) \tag{11.2.37}$$

(2) split(·,·)函数。表 11.1 中子分划函数的另一重要部分是 split(·,·)函数,其用于将一个元胞中的量测划分成更小的元胞,可使用 K 均值聚类来分裂元胞中的量测,当然也可使用其他分裂量测的方法。

子分划限制:子分划算法可解释为仅是上述问题的一阶补救措施,因此,只具有有限的校正能力。这是因为,当添加新的分划时,并未考虑元胞的组合。

11.3 基于 GGIW 分布的扩展目标跟踪

如前所述,ET-GM-PHD 滤波器并未考虑目标形态估计问题,为估计扩展目标形态(如椭圆),可使用 GGIW 模型,下文在给出扩展目标 GGIW 模型的基础上,基于 GGIW 分布,分别介绍单扩展目标贝叶斯滤波和针对多个扩展目标的 CPHD 滤波器和 LMB 滤波器。

11.3.1 扩展目标 GGIW 模型

记$\mathbb{R}^+$表示正实数空间;$\mathbb{R}^n$表示 n 维实矢量空间;$\mathbb{S}_+^n$表示 $n\times n$ 对称正半定矩阵空间;$\mathbb{S}_{++}^n$表示 $n\times n$ 对称正定矩阵空间。对于单个扩展目标,将其建模为伽马高斯逆威希特(GGIW)概率分布。在介绍该分布之前,首先引入下述概率分布。

(1) $\mathcal{GAM}(x_{\mathcal{R}};\alpha,\beta)$:定义在 $x_{\mathcal{R}}\in\mathbb{R}^+$上,具有形状参数 $\alpha>0$ 和逆尺度参数 $\beta>0$ 的伽马(gamma)概率密度函数(PDF)

$$\mathcal{GAM}(x_{\mathcal{R}};\alpha,\beta) = \frac{\beta^\alpha}{\Gamma(\alpha)} x_{\mathcal{R}}^{\alpha-1}\exp(-\beta x_{\mathcal{R}}) \tag{11.3.1}$$

式中:$\Gamma(\cdot)$为伽马函数。

(2) $\mathcal{N}(\boldsymbol{x}_{\mathcal{K}};\boldsymbol{m},\boldsymbol{P})$:定义在 $\boldsymbol{x}_{\mathcal{K}}\in\mathbb{R}^n$上,具有均值 $\boldsymbol{m}\in\mathbb{R}^n$和协方差 $\boldsymbol{P}\in\mathbb{S}_+^n$ 的多维高斯 PDF

$$\mathcal{N}(\boldsymbol{x}_{\mathcal{K}};\boldsymbol{m},\boldsymbol{P}) = \left(\sqrt{(2\pi)^n|\boldsymbol{P}|}\right)^{-1}\exp[-(\boldsymbol{x}_{\mathcal{K}}-\boldsymbol{m})^{\mathrm{T}}\boldsymbol{P}^{-1}(\boldsymbol{x}_{\mathcal{K}}-\boldsymbol{m})/2] \tag{11.3.2}$$

式中:$|\boldsymbol{P}|$为矩阵 $\boldsymbol{P}$ 的行列式。

(3) $\mathcal{IW}_d(\boldsymbol{P}_\varepsilon;u,\boldsymbol{U})$:定义在矩阵 $\boldsymbol{P}_\varepsilon\in\mathbb{S}_{++}^d$上,具有自由度 $u>2d$ 和尺度矩阵 $\boldsymbol{U}\in\mathbb{S}_{++}^d$ 的逆威希特(IW)分布[300,449]

$$\mathcal{IW}_d(\boldsymbol{P}_\varepsilon;u,\boldsymbol{U})=\frac{2^{-d(u-d-1)/2}\,|\boldsymbol{U}|^{(u-d-1)/2}}{\Gamma_d((u-d-1)/2)\,|\boldsymbol{P}_\varepsilon|^{u/2}}\exp(-\mathrm{tr}(\boldsymbol{U}\boldsymbol{P}_\varepsilon^{-1})/2) \tag{11.3.3}$$

式中：$\Gamma_d(\cdot)$为多维伽马函数，有 $\Gamma_d(a)=\pi^{d(d-1)/4}\prod_{i=1}^{d}\Gamma(a+(1-i)/2)$；$\mathrm{tr}(\cdot)$ 为取矩阵的迹。

将扩展目标状态建模为如下三元组

$$\boldsymbol{x}=(x_{\mathcal{R}},\boldsymbol{x}_{\mathcal{K}},\boldsymbol{P}_\varepsilon)\in\mathbb{R}^+\times\mathbb{R}^n\times\mathbb{S}_{++}^d \tag{11.3.4}$$

式中：$x_{\mathcal{R}}\in\mathbb{R}^+$为泊松分布的量测比率参数，建模目标产生的量测数目；$\boldsymbol{x}_{\mathcal{K}}\in\mathbb{R}^n$为描述目标质心运动状态的矢量；$\boldsymbol{P}_\varepsilon\in\mathbb{S}_{++}^d$为描述质心周围目标形态的协方差矩阵。因而，扩展目标跟踪的目的是估计关于每个目标的这 3 种信息：其产生的量测平均数、运动状态（简称动态）以及形态。为构建扩展目标状态的概率分布，进行如下假设。

A.13：扩展目标由其形态上扩散的散射点数量表征[297]，并且，由每个扩展目标产生的量测数量服从泊松分布，而其比率参数（均值）$x_{\mathcal{R}}$服从伽马分布。

关于扩展目标动态和形态的如下假设首次由 Koch 提出，并已被广泛采用。

A.14：扩展目标动态 $\boldsymbol{x}_{\mathcal{K}}$（即位置、速度、加速度）和形态 $\boldsymbol{P}_\varepsilon$（即形状、尺寸）能被分解成随机矢量和随机矩阵[285, 297, 450]。

在该假设中，将形态建模为一个随机矩阵，意味着扩展目标限制为具有椭圆的形状，关于该模型合理性的评论可参考文献[285, 286, 297]。

A.15：量测比率 $x_{\mathcal{R}}$ 与 $\boldsymbol{x}_{\mathcal{K}}$ 和 $\boldsymbol{P}_\varepsilon$条件独立。

根据上述假设，并将比率参数、目标动态以及形态协方差的密度分别建模为伽马分布、高斯分布及逆威希特（Inverse Wishart）分布，可得扩展目标状态的密度是这三个分布的乘积，所得结果为空间$\mathbb{R}^+\times\mathbb{R}^n\times\mathbb{S}_{++}^d$上的伽马高斯逆威希特（GGIW）分布[285, 300]

$$\begin{aligned}p(\boldsymbol{x})&\overset{\text{def}}{=}\mathcal{GGIW}(\boldsymbol{x};\boldsymbol{\zeta})=p(x_{\mathcal{R}})p(\boldsymbol{x}_{\mathcal{K}}\mid\boldsymbol{P}_\varepsilon)p(\boldsymbol{P}_\varepsilon)\\&=\mathcal{GAM}(x_{\mathcal{R}};\alpha,\beta)\times\mathcal{N}(\boldsymbol{x}_{\mathcal{K}};\boldsymbol{m},\boldsymbol{P}\otimes\boldsymbol{P}_\varepsilon)\times\mathcal{IW}_d(\boldsymbol{P}_\varepsilon;u,\boldsymbol{U})\end{aligned} \tag{11.3.5}$$

式中：$\boldsymbol{\zeta}=(\alpha,\beta,\boldsymbol{m},\boldsymbol{P},u,\boldsymbol{U})$为封装了 GGIW 密度参数的数组，$\boldsymbol{A}\otimes\boldsymbol{B}$ 表示矩阵 $\boldsymbol{A}$ 和 $\boldsymbol{B}$ 的克罗内克积，高斯协方差为$(\boldsymbol{P}\otimes\boldsymbol{P}_\varepsilon)\in\mathbb{S}_+^n$，其中，$\boldsymbol{P}\in\mathbb{S}_+^{n/d}$。

11.3.2 基于 GGIW 分布的单扩展目标贝叶斯滤波

对于单个扩展目标的 GGIW 分布，贝叶斯预测和更新步骤如下。

11.3.2.1　GGIW 预测

在贝叶斯状态估计中,单个扩展目标的预测密度 $p_+(\cdot)$ 由如下查普曼—柯尔莫哥洛夫(C-K)方程给出

$$p_+(\boldsymbol{x}) = \int \phi(\boldsymbol{x} \mid \boldsymbol{x}')p(\boldsymbol{x}')\mathrm{d}\boldsymbol{x}' \tag{11.3.6}$$

式中:$p(\boldsymbol{x}') = \mathcal{GGIW}(\boldsymbol{x}';\boldsymbol{\zeta}')$ 为前一时刻具有参数 $\boldsymbol{\zeta}' = (\alpha',\beta',\boldsymbol{m}',\boldsymbol{P}',u',\boldsymbol{U}')$ 的后验密度;$\phi(\cdot \mid \cdot)$ 为从前一时刻到当前时刻的转移密度。式(11.3.6)一般没有闭合形式解,因此,需对 $p_+(\boldsymbol{x})$ 进行 GGIW 近似。假设扩展目标状态转移密度可写成下述乘积形式[285, 300]

$$\begin{aligned}\phi(\boldsymbol{x} \mid \boldsymbol{x}') &\approx \phi_{\mathcal{R}}(x_{\mathcal{R}} \mid x'_{\mathcal{R}})\phi_{\mathcal{K},\mathcal{E}}(\boldsymbol{x}_{\mathcal{K}},\boldsymbol{P}_{\varepsilon} \mid \boldsymbol{x}'_{\mathcal{K}},\boldsymbol{P}'_{\varepsilon}) \\ &\approx \phi_{\mathcal{R}}(x_{\mathcal{R}} \mid x'_{\mathcal{R}})\phi_{\mathcal{K}}(\boldsymbol{x}_{\mathcal{K}} \mid \boldsymbol{x}'_{\mathcal{K}},\boldsymbol{P}_{\varepsilon})\phi_{\varepsilon}(\boldsymbol{P}_{\varepsilon} \mid \boldsymbol{P}'_{\varepsilon})\end{aligned} \tag{11.3.7}$$

可得预测密度为

$$\begin{aligned}p_+(x) = &\int \mathcal{GAM}(x'_{\mathcal{R}};\alpha',\beta')\phi_{\mathcal{R}}(x_{\mathcal{R}} \mid x'_{\mathcal{R}})\mathrm{d}x'_{\mathcal{R}} \\ &\times \int \mathcal{N}(\boldsymbol{x}'_{\mathcal{K}};\boldsymbol{m}',\boldsymbol{P}' \otimes \boldsymbol{P}_{\varepsilon})\phi_{\mathcal{K}}(\boldsymbol{x}_{\mathcal{K}} \mid \boldsymbol{x}'_{\mathcal{K}},\boldsymbol{P}_{\varepsilon})\mathrm{d}\boldsymbol{x}'_{\mathcal{K}} \\ &\times \int \mathcal{IW}_d(\boldsymbol{P}'_{\varepsilon};u',\boldsymbol{U}')\phi_{\varepsilon}(\boldsymbol{P}_{\varepsilon} \mid \boldsymbol{P}'_{\varepsilon})\mathrm{d}\boldsymbol{P}'_{\varepsilon}\end{aligned} \tag{11.3.8}$$

若动态模型为下述线性高斯形式:

$$\phi_{\mathcal{K}}(\boldsymbol{x}_{\mathcal{K}} \mid \boldsymbol{x}'_{\mathcal{K}},\boldsymbol{P}_{\varepsilon}) = \mathcal{N}(\boldsymbol{x}_{\mathcal{K}};(\boldsymbol{F}\otimes\boldsymbol{I}_d)\boldsymbol{x}'_{\mathcal{K}},\boldsymbol{Q}\otimes\boldsymbol{P}_{\varepsilon}) \tag{11.3.9}$$

则运动分量(即式(11.3.8)中的第 2 行)能得到如下闭式解

$$\int \mathcal{N}(\boldsymbol{x}'_{\mathcal{K}};\boldsymbol{m}',\boldsymbol{P}' \otimes \boldsymbol{P}_{\varepsilon})\phi_{\mathcal{K}}(\boldsymbol{x}_{\mathcal{K}} \mid \boldsymbol{x}'_{\mathcal{K}},\boldsymbol{P}_{\varepsilon})\mathrm{d}\boldsymbol{x}'_{\mathcal{K}} = \mathcal{N}(\boldsymbol{x}_{\mathcal{K}};\boldsymbol{m},\boldsymbol{P} \otimes \boldsymbol{P}_{\varepsilon}) \tag{11.3.10}$$

式中:

$$\boldsymbol{m} = (\boldsymbol{F}\otimes\boldsymbol{I}_d)\boldsymbol{m}',\boldsymbol{P} = \boldsymbol{F}\boldsymbol{P}'\boldsymbol{F}^{\mathrm{T}} + \boldsymbol{Q} \tag{11.3.11}$$

$$\boldsymbol{F} = \begin{bmatrix} 1 & T_s & T_s^2/2 \\ 0 & 1 & T_s \\ 0 & 0 & \exp(-T_s/\theta) \end{bmatrix} \tag{11.3.12}$$

$$\boldsymbol{Q} = \sigma_a^2 \cdot [1 - \exp(-2T_s/\theta)] \cdot \mathrm{blkdiag}([0\ 0\ 1]) \tag{11.3.13}$$

式中:$\boldsymbol{I}_d$ 为维度为 d 的单位矩阵;T_s 为采样时间;σ_a 为标量加速度标准差;θ 为机动相关时间。

然而,对于量测比率和目标形态分量,不能直接获得闭合形式,还需要进行一定的近似。

对于量测比率分量,可利用以下近似

$$\int \mathcal{GAM}(x'_{\mathcal{R}};\alpha',\beta')\phi_{\mathcal{R}}(x_{\mathcal{R}} \mid x'_{\mathcal{R}})\mathrm{d}x'_{\mathcal{R}} \approx \mathcal{GAM}(x_{\mathcal{R}};\alpha,\beta) \tag{11.3.14}$$

其中,

$$\alpha = \alpha'/\mu,\beta = \beta'/\mu \tag{11.3.15}$$

式中,$\mu = 1/(1-1/w) = w/(w-1)$ 是具有窗口长度 $w>1$ 的指数遗忘因子。上述近似是基于启发式假设 $\mathrm{E}[x_{\mathcal{R}}] = \mathrm{E}[x'_{\mathcal{R}}]$ 和 $\mathrm{Var}[x_{\mathcal{R}}] = \mathrm{Var}[x'_{\mathcal{R}}] \times \mu$,即预测算子保留了密度的期望值,并通过因子 μ 对方差进行缩放。

对于形态分量,采用以下近似[285]

$$\int \mathcal{IW}_d(\boldsymbol{P}'_{\varepsilon};u',\boldsymbol{U}')\phi_{\varepsilon}(\boldsymbol{P}_{\varepsilon} \mid \boldsymbol{P}'_{\varepsilon})\mathrm{d}\boldsymbol{P}'_{\varepsilon} \approx \mathcal{IW}_d(\boldsymbol{P}_{\varepsilon};u,\boldsymbol{U}) \tag{11.3.16}$$

其中,

$$u = \exp(-T_s/\tau)u',\boldsymbol{U} = \frac{u-d-1}{u'-d-1}\boldsymbol{U}' \tag{11.3.17}$$

类似于量测比率,上述近似假设预测保留了期望值,并降低了密度的精度。对于逆威希特分布,自由度参数 u 与精度有关,较低的值产生精度较差的密度。因此,在式(11.3.17)中使用了时间衰减常数 τ,以便控制自由度的降低。基于 u 的计算值,$\boldsymbol{U}$ 的表达式经过预测保留了逆威希特分布的期望值。

以上式子即为预测 GGIW 密度 $p_+(\boldsymbol{x}) \approx \mathcal{GGIW}(\boldsymbol{x};\boldsymbol{\zeta})$ 的近似表达式,其中,$\boldsymbol{\zeta} = (\alpha,\beta,\boldsymbol{m},\boldsymbol{P},u,\boldsymbol{U})$ 是由式(11.3.10)、式(11.3.14)和式(11.3.16)定义的预测参数的数组。

11.3.2.2　GGIW 更新

利用每帧接收的不同量测子集,对每个扩展目标进行量测更新。对于由一个扩展目标产生的给定量测集合 W,下面描述具有预测密度 $p(\cdot) = \mathcal{GGIW}(\cdot;\zeta)$ 的单目标更新。需要说明的是,不同于 GGIW 预测,GGIW 更新具有准确的闭合形式,不需要任何近似。

假设 W 中的每个独立检测根据以下模型产生:

$$\boldsymbol{z}_k = (\boldsymbol{H} \otimes \boldsymbol{I}_d)\boldsymbol{x}_{\mathcal{K},k} + \boldsymbol{n}_k \tag{11.3.18}$$

其中,$\boldsymbol{H} = [1\ 0\ 0]$,$\boldsymbol{n}_k \sim \mathcal{N}(\boldsymbol{n}_k;\boldsymbol{0},\boldsymbol{P}_{\varepsilon,k})$ 是 IID 高斯量测噪声,其协方差由目标形态矩阵 $\boldsymbol{P}_{\varepsilon,k}$ 给定。如果检测到目标,目标根据模型式(11.3.18)产生量测集合

$W=\{z_1,\cdots,z_{|W|}\}$，其势 $|W|$ 服从泊松分布。基于该模型，单目标似然函数为[297]

$$\tilde{g}(W|\boldsymbol{x}) = \mathcal{PS}(|W|;x_{\mathcal{R}})\prod_{j=1}^{|W|}\mathcal{N}(z_j;(\boldsymbol{H}\otimes\boldsymbol{I}_d)\boldsymbol{x}_{\mathcal{K}},\boldsymbol{P}_\varepsilon) \tag{11.3.19}$$

式中：$\mathcal{PS}(\cdot;\lambda)$ 为具有均值 λ 的泊松 PDF。注意到，对于多扩展目标似然，需将式(11.3.19)代入式(11.3.85)。

假设预测密度 $p(\boldsymbol{x})$ 是由式(11.3.8)给出的 GGIW，通过贝叶斯规则可计算后验密度为

$$p(\boldsymbol{x}|W) = \frac{\tilde{g}(W|\boldsymbol{x})p(\boldsymbol{x})}{\int\tilde{g}(W|\boldsymbol{x}')p(\boldsymbol{x}')\mathrm{d}\boldsymbol{x}'} \tag{11.3.20}$$

式中分子为

$$\tilde{g}(W|\boldsymbol{x})p(\boldsymbol{x}) = \mathcal{PS}(|W|;x_{\mathcal{R}})\prod_{j=1}^{|W|}\mathcal{N}(z_j;(\boldsymbol{H}\otimes\boldsymbol{I}_d)\boldsymbol{x}_{\mathcal{K}},\boldsymbol{P}_\varepsilon) \times\mathcal{GAM}(x_{\mathcal{R}};\alpha,\beta)\mathcal{N}(\boldsymbol{x}_{\mathcal{K}};\boldsymbol{m},P\otimes\boldsymbol{P}_\varepsilon)\mathcal{IW}_d(\boldsymbol{P}_\varepsilon;u,\boldsymbol{U}) \tag{11.3.21}$$

由于量测比率和动态—形态分量是相互独立的，可单独处理，从而可得式(11.3.21)中量测比率分量为

$$\mathcal{PS}(|W|;x_{\mathcal{R}})\mathcal{GAM}(x_{\mathcal{R}};\alpha,\beta) = \eta_{\mathcal{R}}(W;\boldsymbol{\zeta})\mathcal{GAM}(x_{\mathcal{R}};\alpha_W,\beta_W) \tag{11.3.22}$$

其中，

$$\alpha_W = \alpha + |W| \tag{11.3.23}$$

$$\beta_W = \beta + 1 \tag{11.3.24}$$

$$\eta_{\mathcal{R}}(W;\boldsymbol{\zeta}) = \frac{1}{|W|!}\frac{\Gamma(\alpha_W)\beta^{\alpha}}{\Gamma(\alpha)(\beta_W)^{\alpha_W}} \tag{11.3.25}$$

因此，式(11.3.20)分母中相对于 $\boldsymbol{x}_{\mathcal{R}}$ 的积分为

$$\int\mathcal{PS}(|W|;x_{\mathcal{R}})\mathcal{GAM}(x_{\mathcal{R}};\alpha,\beta)\mathrm{d}x_{\mathcal{R}} = \eta_{\mathcal{R}}(W;\boldsymbol{\zeta}) \tag{11.3.26}$$

另外，式(11.3.21)中动态—形态联合分量为[297]

$$\prod_{j=1}^{|W|}\mathcal{N}(z_j;(\boldsymbol{H}\otimes\boldsymbol{I}_d)\boldsymbol{x}_{\mathcal{K}},\boldsymbol{P}_\varepsilon)\mathcal{N}(\boldsymbol{x}_{\mathcal{K}};\boldsymbol{m},\boldsymbol{P}\otimes\boldsymbol{P}_\varepsilon)\mathcal{IW}_d(\boldsymbol{P}_\varepsilon;u,\boldsymbol{U}) = \eta_{\mathcal{K},\varepsilon}(W;\boldsymbol{\zeta})\mathcal{N}(\boldsymbol{x}_{\mathcal{K}};\boldsymbol{m}_W,\boldsymbol{P}_W\otimes\boldsymbol{P}_\varepsilon)\mathcal{IW}_d(\boldsymbol{P}_\varepsilon;u_W,\boldsymbol{U}_W) \tag{11.3.27}$$

其中，

$$\eta_{\mathcal{K},\varepsilon}(W;\boldsymbol{\zeta})=\frac{(\pi^{|W|}\,|W|)^{-d/2}\,|\boldsymbol{U}|^{u/2}\Gamma_d(u_W/2)}{S^{d/2}\,|\boldsymbol{U}_W|^{u_W/2}\Gamma_d(u/2)} \tag{11.3.28}$$

$$\boldsymbol{m}_W=\boldsymbol{m}+(\boldsymbol{G}\otimes\boldsymbol{I}_d)\tilde{z} \tag{11.3.29}$$

$$\boldsymbol{P}_W=\boldsymbol{P}-\boldsymbol{G}S\boldsymbol{G}^{\mathrm{T}} \tag{11.3.30}$$

$$u_W=u+|W| \tag{11.3.31}$$

$$\boldsymbol{U}_W=\boldsymbol{U}+S^{-1}\tilde{z}\tilde{z}^{\mathrm{T}}+\boldsymbol{P}_U \tag{11.3.32}$$

以及

$$\tilde{z}=\bar{z}-(\boldsymbol{H}\otimes\boldsymbol{I}_d)\boldsymbol{m} \tag{11.3.33}$$

$$\boldsymbol{G}=\boldsymbol{P}\boldsymbol{H}^{\mathrm{T}}S^{-1} \tag{11.3.34}$$

$$S=\boldsymbol{H}\boldsymbol{P}\boldsymbol{H}^{\mathrm{T}}+1/|W| \tag{11.3.35}$$

$$\boldsymbol{P}_U=\sum_{z\in W}(z-\bar{z})(z-\bar{z})^{\mathrm{T}} \tag{11.3.36}$$

$$\bar{z}=\frac{1}{|W|}\sum_{z\in W}z \tag{11.3.37}$$

因而，式(11.3.27)相对于$\boldsymbol{x}_{\mathcal{K}}$和$\boldsymbol{P}_\varepsilon$的积分为

$$\iint\prod_{j=1}^{|W|}\mathcal{N}(z_j;(\boldsymbol{H}\otimes\boldsymbol{I}_d)\boldsymbol{x}_{\mathcal{K}},\boldsymbol{P}_\varepsilon)\mathcal{N}(\boldsymbol{x}_{\mathcal{K}};\boldsymbol{m},\boldsymbol{P}\otimes\boldsymbol{P}_\varepsilon)\mathcal{IW}_d(\boldsymbol{P}_\varepsilon;u,\boldsymbol{U})\mathrm{d}\boldsymbol{x}_{\mathcal{K}}\mathrm{d}\boldsymbol{P}_\varepsilon$$
$$=\eta_{\mathcal{K},\varepsilon}(W;\boldsymbol{\zeta}) \tag{11.3.38}$$

注意：式(11.3.25)中$\eta_{\mathcal{R}}(W;\boldsymbol{\zeta})$为量测集合和先验GGIW参数$\boldsymbol{\zeta}$的函数，实际上对应于负二项式PDF $p(|W|;\alpha,1-(\beta+1)^{-1})=C_{|W|+\alpha-1}^{\alpha-1}(1-(\beta+1)^{-1})^{\alpha}((\beta+1)^{-1})^{|W|}$，而式(11.3.28)中的$\eta_{\mathcal{K},\varepsilon}(W;\zeta)$正比于矩阵变量广义贝塔(beta)II型PDF，因而，式(11.3.20)中的分母(即完全GGIW贝叶斯更新的归一化常量)由乘积$\eta_{\mathcal{R}}(W;\boldsymbol{\zeta})\times\eta_{\mathcal{K},\varepsilon}(W;\boldsymbol{\zeta})$给出，其将用于滤波器更新步骤中后验密度分量权重的计算。

11.3.3 基于GGIW分布的CPHD滤波器

下面结合GGIW扩展目标模型，介绍基于GGIW分布的CPHD(GGIW-CPHD)滤波器，其能估计杂波中多个扩展目标的目标数量以及目标状态，这些状态包括运动状态(动态)、量测比率以及形态。

11.3.3.1 模型假设

为了推导GGIW-CPHD滤波器的预测和更新方程，除了第11.3.1节已经描述的扩展目标GGIW模型假设外，还需额外的假设。

A.16：每个目标的运动状态遵循线性高斯动态模型(式(11.3.9))。

A. 17：传感器具有线性高斯量测模型（式（11.3.18））。

A. 18：前一时刻估计 PHD $v_{k-1}(\cdot)$ 为未归一化的 GGIW 分布混合，即

$$v_{k-1}(\boldsymbol{x}) \approx \sum_{i=1}^{J_{k-1}} w_{k-1}^{(i)} \mathcal{GGIW}(\boldsymbol{x};\boldsymbol{\zeta}_{k-1}^{(i)}) \tag{11.3.39}$$

式中：J_{k-1} 为分量数量；$w_{k-1}^{(i)}$ 和 $\boldsymbol{\zeta}_{k-1}^{(i)}$ 分别为第 i 个分量的权重和密度参数。

A. 19：新生 RFS 的密度也为未归一化的 GGIW 分布混合。

A. 20：存活概率与状态独立，即 $p_{S,k}(\boldsymbol{x}) = p_{S,k}$。

A. 21：关于检测概率 $p_D(\cdot)$ 的下述近似成立

$$p_D(\boldsymbol{x})\mathcal{GGIW}(\boldsymbol{x};\boldsymbol{\zeta}_{k|k-1}^{(i)}) \approx p_D(\boldsymbol{\zeta}_{k|k-1}^{(i)})\mathcal{GGIW}(\boldsymbol{x};\boldsymbol{\zeta}_{k|k-1}^{(i)}) \tag{11.3.40}$$

假设 A. 21 与 A. 11 类似，当 $p_D(\cdot)$ 为常量即 $p_D(\cdot) = p_D$ 时，该假设是合理的。一般地，当函数 $p_D(\cdot)$ 在增广目标状态空间 $\boldsymbol{x}$（见式（11.3.4））中的不确定区域变化不大时，比如，当 $p_D(\cdot)$ 是足够平滑的函数，或者当信噪比足够高时将使得不确定区域较小时，A. 21 近似成立。

A. 22：假设独立量测似然为

$$g(\boldsymbol{z} \mid \boldsymbol{x}) = g(\boldsymbol{z} \mid \boldsymbol{x}_{\mathcal{K}}, \boldsymbol{P}_{\varepsilon}) = \mathcal{N}(\boldsymbol{z};(\boldsymbol{H}\otimes\boldsymbol{I}_d)\boldsymbol{x}_{\mathcal{K}}, \boldsymbol{P}_{\varepsilon}) \tag{11.3.41}$$

独立量测似然 $g(\boldsymbol{z} \mid \boldsymbol{x})$ 描述了由一个目标产生的量测 $\boldsymbol{z}$ 与对应的目标状态 $\boldsymbol{x}$ 间的关系。注意到，上述似然并不依赖于量测比率 $x_{\mathcal{R}}$，原因在于 CPHD 更新公式（11.3.50）已经使用与 $x_{\mathcal{R}}$ 有关的乘积项 $G_z^{(|W|)}(0 \mid \cdot)$，它为量测比率参数的更新提供了似然。

11.3.3.2　GGIW－CPHD 预测

GGIW－CPHD 滤波器与 CPHD 滤波器一样，也是传递后验强度 PHD v_k 和势分布 ρ_k。而且，在预测步骤中，GGIW－CPHD 势分布的预测与标准 GM－CPHD 完全相同，参见式（5.4.3），这里不再赘述，仅考虑后验强度 PHD $v_{k|k-1}$。为简便，这里忽略目标衍生情况，仅考虑式（5.4.2）中存活目标和新生目标对应的 PHD。对应 k 时刻新生目标的新生 PHD 为

$$v_{\gamma,k}(\boldsymbol{x}) = \sum_{i=1}^{J_{\gamma,k}} w_{\gamma,k}^{(i)} \mathcal{GGIW}(\boldsymbol{x};\boldsymbol{\zeta}_{\gamma,k}^{(i)}) \tag{11.3.42}$$

而对应存活目标的预测 PHD 为

$$v_{S,k|k-1}(\boldsymbol{x}) = \int p_{S,k}(\boldsymbol{x}')\phi_{k|k-1}(\boldsymbol{x} \mid \boldsymbol{x}')v_{k-1}(\boldsymbol{x}')\mathrm{d}\boldsymbol{x}' \tag{11.3.43}$$

利用式（11.3.7）、式（11.3.39）和 A. 20，上述积分简化为

$$v_{S,k|k-1}(\boldsymbol{x}) = p_{S,k}\sum_{j=1}^{J_{k-1}} w_{k-1}^{(j)} \int \phi_{\mathcal{R}}(x_{\mathcal{R}} \mid x'_{\mathcal{R}})\mathcal{GAM}(x'_{\mathcal{R}};\alpha_{k-1}^{(j)},\beta_{k-1}^{(j)})\mathrm{d}x'_{\mathcal{R}}$$
$$\cdot \int \phi_{\mathcal{K}}(\boldsymbol{x}_{\mathcal{K}} \mid \boldsymbol{x}'_{\mathcal{K}},\boldsymbol{P}_{\varepsilon})\mathcal{N}(\boldsymbol{x}_{\mathcal{K}};\boldsymbol{m}_{k-1}^{(j)},\boldsymbol{P}_{k-1}^{(j)}\otimes\boldsymbol{P}_{\varepsilon})\mathrm{d}\boldsymbol{x}'_{\mathcal{K}}$$

$$\cdot \int \phi_{\varepsilon}(\boldsymbol{P}_{\varepsilon} \mid \boldsymbol{P}'_{\varepsilon}) \mathcal{IW}_{d}(\boldsymbol{P}_{\varepsilon}; u_{k-1}^{(j)}, \boldsymbol{U}_{k-1}^{(j)}) \mathrm{d}\boldsymbol{P}'_{\varepsilon} \tag{11.3.44}$$

利用式(11.3.9)给出的线性高斯模型,运动状态部分的预测变为[285]

$$\int \phi_{\mathcal{K}}(\boldsymbol{x}_{\mathcal{K}} \mid \boldsymbol{x}'_{\mathcal{K}}, \boldsymbol{P}_{\varepsilon}) \mathcal{N}(\boldsymbol{x}_{\mathcal{K}}; \boldsymbol{m}_{k-1}^{(j)}, \boldsymbol{P}_{k-1}^{(j)} \otimes \boldsymbol{P}_{\varepsilon}) \mathrm{d}\boldsymbol{x}'_{\mathcal{K}} = \mathcal{N}(\boldsymbol{x}_{\mathcal{K}}; \boldsymbol{m}_{S,k|k-1}^{(j)}, \boldsymbol{P}_{S,k|k-1}^{(j)} \otimes \boldsymbol{P}_{\varepsilon}) \tag{11.3.45}$$

其中,

$$\boldsymbol{m}_{S,k|k-1}^{(j)} = (\boldsymbol{F} \otimes \boldsymbol{I}_d) \boldsymbol{m}_{k-1}^{(j)} \tag{11.3.46a}$$

$$\boldsymbol{P}_{S,k|k-1}^{(j)} = \boldsymbol{F} \boldsymbol{P}_{k-1}^{(j)} \boldsymbol{F}^{\mathrm{T}} + \boldsymbol{Q} \tag{11.3.46b}$$

对于量测比率预测,有

$$\alpha_{k|k-1}^{(j)} = \alpha_{k-1}^{(j)} / \mu_k \tag{11.3.47a}$$

$$\beta_{k|k-1}^{(j)} = \beta_{k-1}^{(j)} / \mu_k \tag{11.3.47b}$$

式中:指数遗忘因子 $\mu_k > 1$,其对应一个有效的窗口长度 $w_e = 1/(1 - 1/\mu_k) = \mu_k/(\mu_k - 1)$。

对于形态预测,预测的自由度和逆尺度矩阵可近似为[285]

$$u_{k|k-1}^{(j)} = \exp(-T_s/\tau) u_{k-1}^{(j)} \tag{11.3.48a}$$

$$\boldsymbol{U}_{k|k-1}^{(j)} = \frac{u_{k|k-1}^{(j)} - d - 1}{u_{k-1}^{(j)} - d - 1} \boldsymbol{U}_{k-1}^{(j)} \tag{11.3.48b}$$

式中:T_s 为采样时间;τ 为时间衰减常数。

因此,对应于存活目标的 PHD(式(11.3.43))为

$$v_{S,k|k-1}(\boldsymbol{x}) = \sum_{j=1}^{J_{k-1}} w_{k|k-1}^{(j)} \mathcal{GGIW}(\boldsymbol{x}; \boldsymbol{\zeta}_{k|k-1}^{(j)}) \tag{11.3.49}$$

其中,$w_{k|k-1}^{(j)} = p_{S,k} w_{k-1}^{(j)}$,预测参数 $\boldsymbol{\zeta}_{k|k-1}^{(j)}$ 由式(11.3.46)~式(11.3.48)给出。

完全的预测 PHD 为新生 PHD(式(11.3.42))和预测存活目标的 PHD(式(11.3.49))之和,因而,一共包含了 $J_{k|k-1} = J_{\gamma,k} + J_{k-1}$ 个 GGIW 分量。

11.3.3.3 GGIW-CPHD 更新

更新的 PHD $v_k(\boldsymbol{x})$ 和势分布 $\rho_k(n)$ 计算公式如下[299,300]

$$v_k(\boldsymbol{x}) = \begin{cases} \left(\begin{array}{l} \varpi(1 - p_D(\boldsymbol{x}) + p_D(\boldsymbol{x}) \boldsymbol{G}_z(0 \mid \boldsymbol{x})) \\ + \dfrac{p_D(\boldsymbol{x}) \sum\limits_{\mathcal{P} \angle Z_k} \sum\limits_{W \in \mathcal{P}} \sigma_{\mathcal{P},W} G_z^{(|W|)}(0 \mid \boldsymbol{x}) \prod\limits_{z' \in W} \dfrac{g(z' \mid \boldsymbol{x})}{p_{C,k}(z')}}{\sum_{\mathcal{P} \angle Z_k} \sum_{W \in \mathcal{P}} \iota_{\mathcal{P},W} \psi_{\mathcal{P},W}} \end{array} \right) p_{k|k-1}(\boldsymbol{x}), & |Z_k| \neq 0 \\ \varpi(1 - p_D(\boldsymbol{x}) + p_D(\boldsymbol{x}) \boldsymbol{G}_z(0 \mid \boldsymbol{x})) p_{k|k-1}(\boldsymbol{x}), & |Z_k| = 0 \end{cases} \tag{11.3.50}$$

$$\rho_k(n)=\begin{cases}\dfrac{\displaystyle\sum_{\mathcal{P}\angle Z_k}\sum_{W\in\mathcal{P}}\psi_{\mathcal{P},W}G_{k|k-1}^{(n)}(0)\left(\begin{aligned}&G_{\mathrm{FA}}(0)\frac{\eta_W}{|\mathcal{P}|}\frac{\varsigma^{n-|\mathcal{P}|}}{(n-|\mathcal{P}|)!}\delta_{n\geq|\mathcal{P}|}\\&+G_{\mathrm{FA}}^{(|W|)}(0)\frac{\varsigma^{n-|\mathcal{P}|+1}}{(n-|\mathcal{P}|+1)!}\delta_{n\geq|\mathcal{P}|-1}\end{aligned}\right)}{\sum_{\mathcal{P}\angle Z_k}\sum_{W\in\mathcal{P}}\iota_{\mathcal{P},W}\psi_{\mathcal{P},W}}, & |Z_k|\neq 0\\ \dfrac{\varsigma^n G_{k|k-1}^{(n)}(0)}{G_{k|k-1}(\varsigma)}, & |Z_k|=0\end{cases}\tag{11.3.51}$$

式中：$g(\cdot|\boldsymbol{x})$为以目标状态$\boldsymbol{x}$为条件的单个量测的似然；$p_{C,k}(\cdot)$为单个虚警的似然；$p_{k|k-1}(\boldsymbol{x})$为预测的单目标密度（式(11.3.59)）；函数$G_{k|k-1}(\cdot)$、$G_{\mathrm{FA}}(\cdot)$和$G_z(\cdot|\boldsymbol{x})$分别为预测状态、虚警和以状态$\boldsymbol{x}$为条件的量测的概率生成函数（PGF），PGF 的上标(n)为 PGF 的n阶导数；$\mathcal{P}\angle Z$为$\mathcal{P}$将量测集Z划分成非空子集，其在求和符号下使用表示该求和遍历所有可能的分划$\mathcal{P}$。$|\mathcal{P}|$表示在分划$\mathcal{P}$中非空子集的数量，非空子集由W表示，并被称为元胞，当$W\in\mathcal{P}$在求和符号下使用时，该求和遍历分划中的所有元胞，$|W|$表示元胞中量测的数量。此外，式(11.3.50)和式(11.3.51)使用的其他系数定义如下：

$$\varsigma=\langle p_{k|k-1}(\cdot),1-p_D(\cdot)+p_D(\cdot)G_z(0|\cdot)\rangle\tag{11.3.52}$$

$$\eta_W=\left\langle p_{k|k-1}(\cdot),p_D(\cdot)G_z^{(|W|)}(0|\cdot)\prod_{z'\in W}\frac{g(z'|\boldsymbol{x})}{p_{C,k}(z')}\right\rangle\tag{11.3.53}$$

$$\iota_{\mathcal{P},W}=G_{\mathrm{FA}}(0)G_{k|k-1}^{(|\mathcal{P}|)}(\varsigma)\frac{\eta_W}{|\mathcal{P}|}+G_{\mathrm{FA}}^{(|W|)}(0)G_{k|k-1}^{(|\mathcal{P}|-1)}(\varsigma)\tag{11.3.54}$$

$$\chi_{\mathcal{P},W}=G_{\mathrm{FA}}(0)G_{k|k-1}^{(|\mathcal{P}|+1)}(\varsigma)\frac{\eta_W}{|\mathcal{P}|}+G_{\mathrm{FA}}^{(|W|)}(0)G_{k|k-1}^{(|\mathcal{P}|)}(\varsigma)\tag{11.3.55}$$

$$\psi_{\mathcal{P},W}=\prod_{W'\in\mathcal{P}-W}\eta_{W'}\tag{11.3.56}$$

$$\varpi=\begin{cases}\dfrac{\sum_{\mathcal{P}\angle Z_k}\sum_{W\in\mathcal{P}}\chi_{\mathcal{P},W}\psi_{\mathcal{P},W}}{\sum_{\mathcal{P}\angle Z_k}\sum_{W\in\mathcal{P}}\iota_{\mathcal{P},W}\psi_{\mathcal{P},W}}, & |Z_k|\neq 0\\ N_{k|k-1}, & |Z_k|=0\end{cases}\tag{11.3.57}$$

$$\sigma_{\mathcal{P},W}=\frac{\psi_{\mathcal{P},W}}{|\mathcal{P}|}G_{\mathrm{FA}}(0)G_{k|k-1}^{(|\mathcal{P}|)}(\varsigma)+\frac{\prod_{W'\in\mathcal{P}-W}\psi_{\mathcal{P},W'}\iota_{\mathcal{P},W'}}{\eta_W}\tag{11.3.58}$$

$$p_{k|k-1}(\boldsymbol{x})=N_{k|k-1}^{-1}v_{k|k-1}(\boldsymbol{x})\tag{11.3.59}$$

$$N_{k|k-1}(\boldsymbol{x}) = \int v_{k|k-1}(\boldsymbol{x})\mathrm{d}\boldsymbol{x} \tag{11.3.60}$$

在实际计算更新的 PHD $v_k(\boldsymbol{x})$时,按以下步骤实施。

(1) 对于所有分量j和在Z_k的所有分划$\mathcal{P}$中的所有集合W,首先计算下述质心量测、散布矩阵(Scatter Matrix)、新息因子、增益矢量、新息矢量和新息协方差:

$$\bar{z}_k(W) = \frac{1}{|W|}\sum_{z_k \in W} z_k \tag{11.3.61}$$

$$\boldsymbol{P}_U(W) = \sum_{z_k \in W}[z_k - \bar{z}_k(W)][z_k - \bar{z}_k(W)]^{\mathrm{T}} \tag{11.3.62}$$

$$S_{k|k-1}^{(j)}(W) = \boldsymbol{H}\boldsymbol{P}_{k|k-1}^{(j)}\boldsymbol{H}^{\mathrm{T}} + \frac{1}{|W|} \tag{11.3.63}$$

$$\boldsymbol{G}_{k|k-1}^{(j)}(W) = \boldsymbol{P}_{k|k-1}^{(j)}\boldsymbol{H}^{\mathrm{T}}[S_{k|k-1}^{(j)}(W)]^{-1} \tag{11.3.64}$$

$$\tilde{z}_{k|k-1}^{(j)}(W) = \bar{z}_k(W) - (\boldsymbol{H}\otimes\boldsymbol{I}_d)\boldsymbol{m}_{k|k-1}^{(j)} \tag{11.3.65}$$

$$\boldsymbol{S}_{k|k-1}^{(j)}(W) = [S_{k|k-1}^{(j)}(W)]^{-1}\tilde{z}_{k|k-1}^{(j)}(W)[\tilde{z}_{k|k-1}^{(j)}(W)]^{\mathrm{T}} \tag{11.3.66}$$

接着,计算后验 GGIW 参数$\boldsymbol{\zeta}_{k|k}^{(j)}$的各分量:

$$\alpha_{k|k}^{(j)}(W) = \alpha_{k|k-1}^{(j)} + |W| \tag{11.3.67}$$

$$\beta_{k|k}^{(j)}(W) = \beta_{k|k-1}^{(j)} + 1 \tag{11.3.68}$$

$$\boldsymbol{m}_{k|k}^{(j)}(W) = \boldsymbol{m}_{k|k-1}^{(j)} + (\boldsymbol{G}_{k|k-1}^{(j)}(W)\otimes\boldsymbol{I}_d)\tilde{z}_{k|k-1}^{(j)}(W) \tag{11.3.69}$$

$$\boldsymbol{P}_{k|k}^{(j)}(W) = \boldsymbol{P}_{k|k-1}^{(j)} - \boldsymbol{G}_{k|k-1}^{(j)}(W)S_{k|k-1}^{(j)}(W)[\boldsymbol{G}_{k|k-1}^{(j)}(W)]^{\mathrm{T}} \tag{11.3.70}$$

$$u_{k|k}^{(j)}(W) = u_{k|k-1}^{(j)} + |W| \tag{11.3.71}$$

$$\boldsymbol{U}_{k|k}^{(j)}(W) = \boldsymbol{U}_{k|k-1}^{(j)} + \boldsymbol{S}_{k|k-1}^{(j)}(W) + \boldsymbol{P}_U(W) \tag{11.3.72}$$

(2) 根据式(11.3.52),计算

$$\varsigma = \sum_{j=1}^{J_{k|k-1}}\bar{w}_{k|k-1}^{(j)}(1 - p_D^{(j)} + p_D^{(j)}G_z(0,j)) \tag{11.3.73}$$

其中,$G_z(0,j)$为第j个分量不会导致任何检测的期望概率,$\bar{w}_{k|k-1}^{(j)}$为归一化的先验 PHD 权重,分别按以下式子计算:

$$G_z(0,j) = [\beta_{k|k-1}^{(j)}/(\beta_{k|k-1}^{(j)}+1)]^{\alpha_{k|k-1}^{(j)}} \tag{11.3.74}$$

$$\bar{w}_{k|k-1}^{(j)} = w_{k|k-1}^{(j)}/\sum_{i=1}^{J_{k|k-1}}w_{k|k-1}^{(i)},\, j = 1,2,\cdots,J_{k|k-1} \tag{11.3.75}$$

(3) 根据式(11.3.53),对在Z_k的所有分划$\mathcal{P}$中的所有集合W按下式计算:

$$\eta_W = \sum_{j=1}^{J_{k|k-1}}\bar{w}_{k|k-1}^{(j)}p_D^{(j)}\mathcal{L}_k^{(j)}(W)/\mathcal{L}_{\mathrm{FA}}(W) \tag{11.3.76}$$

其中，

$$\mathcal{L}_{\mathrm{FA}}(W) = \prod_{z \in W} p_{C,k}(z) \tag{11.3.77}$$

$$\mathcal{L}_k^{(j)}(W) = \eta_{k,\mathcal{R}}^{(j)} \eta_{k,\mathcal{K},\varepsilon}^{(j)} \tag{11.3.78}$$

$$\eta_{k,\mathcal{R}}^{(j)} = \frac{1}{|W|!} \frac{\Gamma(\alpha_{k|k}^{(j)}(W))(\beta_{k|k-1}^{(j)})^{\alpha_{k|k-1}^{(j)}}}{\Gamma(\alpha_{k|k-1}^{(j)})(\beta_{k|k}^{(j)}(W))^{\alpha_{k|k}^{(j)}(W)}} \tag{11.3.79}$$

$$\eta_{k,\mathcal{K},\varepsilon}^{(j)} = \frac{(\pi^{|W|}|W|)^{-d/2} |\boldsymbol{U}_{k|k-1}^{(j)}|^{u_{k|k-1}^{(j)}/2}}{(S_{k|k-1}^{(j)}(W))^{d/2} |\boldsymbol{U}_{k|k}^{(j)}(W)|^{u_{k|k}^{(j)}(W)/2}} \frac{\Gamma_d(u_{k|k}^{(j)}(W)/2)}{\Gamma_d(u_{k|k-1}^{(j)}/2)} \tag{11.3.80}$$

在 GIW 似然(式(11.3.80))中，$|\boldsymbol{U}|$ 表示矩阵 $\boldsymbol{U}$ 的行列式，$|W|$ 表示元胞 W 中量测的数量，请注意根据相应参数区分 $|\cdot|$ 的含义。GGIW 似然(式(11.3.78))是量测比率似然(式(11.3.79))和 GIW 似然(式(11.3.80))的乘积。

(4) 对所有集合 W 和所有分划 $\mathcal{P}$，利用公式(11.3.54)～式(11.3.58)，分别计算系数 $\iota_{\mathcal{P},W}$、$\chi_{\mathcal{P},W}$、$\psi_{\mathcal{P},W}$、ϖ 和 $\sigma_{\mathcal{P},W}$。

(5) 计算后验权重

$$w_{k|k,\mathcal{P},W}^{(j)} = \frac{\bar{w}_{k|k-1}^{(j)} p_D^{(j)} \sigma_{\mathcal{P},W} \mathcal{L}_k^{(j)}(W) / \mathcal{L}_{\mathrm{FA}}(W)}{\sum_{\mathcal{P} \angle Z_k} \sum_{W \in \mathcal{P}} \iota_{\mathcal{P},W} \psi_{\mathcal{P},W}} \tag{11.3.81}$$

最终，可得后验 PHD 是 GGIW 混合，即

$$v_k(\boldsymbol{x}) = v_{M,k}(\boldsymbol{x}) + \sum_{\mathcal{P} \angle Z_k} \sum_{W \in \mathcal{P}} \sum_{j=1}^{J_{k|k-1}} w_{k|k,\mathcal{P},W}^{(j)} \mathcal{GGIW}(\boldsymbol{x}; \boldsymbol{\zeta}_{k|k}^{(j)}) \tag{11.3.82}$$

其中，

$$\begin{aligned} v_{M,k}(\boldsymbol{x}) = {} & \varpi \sum_{j=1}^{J_{k|k-1}} \bar{w}_{k|k-1}^{(j)} (1 - p_D^{(j)}) \mathcal{GGIW}(\boldsymbol{x}; \boldsymbol{\zeta}_{k|k-1}^{(j)}) \\ & + \varpi \sum_{j=1}^{J_{k|k-1}} \bar{w}_{k|k-1}^{(j)} p_D^{(j)} (\beta_{k|k-1}^{(j)} / (\beta_{k|k-1}^{(j)} + 1))^{\alpha_{k|k-1}^{(j)}} \mathcal{GGIW}(\boldsymbol{x}; \bar{\boldsymbol{\zeta}}_{k|k-1}^{(j)}) \end{aligned} \tag{11.3.83}$$

式(11.3.83)等式右边的第一个求和对应目标未被检测的情况，第 2 个求和则处理目标被检测，但没有产生任何量测的情况。在第 2 个求和中 $\bar{\boldsymbol{\zeta}}_{k|k-1}^{(j)}$ 所有修正参数均与 $\boldsymbol{\zeta}_{k|k-1}^{(j)}$ 相同，只是 $\bar{\beta}_{k|k-1}^{(j)} = \beta_{k|k-1}^{(j)} + 1$。

将所得结果代入式(11.3.51)中，即可计算更新势分布。

为降低指数增长的 GGIW 分量数量，同样需要采用合并与剪枝技术。针对

GGIW 混合的合并方法可参考文献[300,450]。限于篇幅,不再赘述。

11.3.3.4 量测集分划改进

注意到这里的 GGIW - CPHD 滤波器,与第 11.2 节和文献[294]的 ET - GM - PHD 滤波器,在更新时都需要对当前量测集的所有分划。如前所述,随着量测总数的增加,可能的分划数量急剧增长。即使在少至 5 个量测情况下,也存在 120 个可能的分划,因此,考虑所有的分划不具计算可行性,需要进行一定的近似。前已表明,所有分划的集合能使用包含最有可能分划的分划子集进行有效近似。第 11.2.3 节介绍中的距离分划法对在一个分划 $\mathcal{P}$ 中的相同元胞 W 里的量测间距离施加了上界约束,该方法可将所要考虑的分划数目降低几个数量级,同时尽可能少地损失跟踪性能[115, 297, 445]。

仔细审查 *GGIW - CPHD* 滤波器更新方程,可看到其需要包含单个元胞中虚警的分划。举例说明,假设当前量测集由两个目标产生的两簇近距离量测和 10 个良好分隔的虚警量测组成,如图 11.1(a)所示。在此情况下,使用距离分划法很有可能获得由 12 个元胞组成的单个分划:两个元胞包含各自目标产生的量测,以及其他 10 个元胞包含虚警,12 个元胞在图中分别以不同的颜色表示,如图 11.1(b)所示。在势分布更新式(11.3.51)中,所有小于 $|\mathcal{P}|-1$ 的 n 的概率将变为 0。因此,结果将是严重不准确的势估计,将导致大量的虚假航迹。

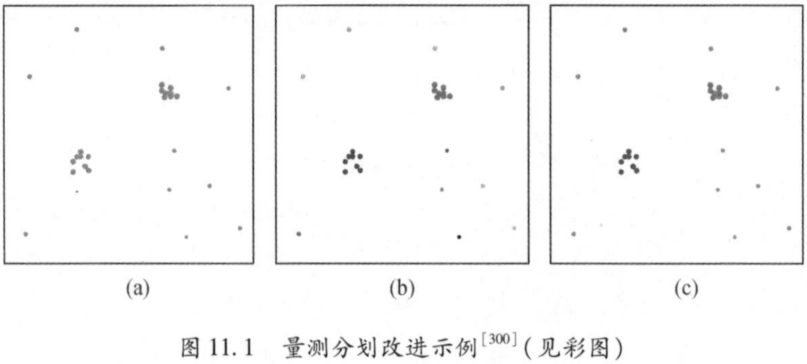

图 11.1 量测分划改进示例[300](见彩图)

造成该问题的主要原因是用基于距离的有限数量分划来近似所有分划集合。注意到,如果使用分划的完全集合,将总有一个分划,其将各个目标产生的量测放进各自元胞,而将所有杂波量测放进单个元胞。因而,该问题可使用以下方式解决,该方法是第 11.2.3 节距离分划法的改进,这里仅讨论必要的修正。如图 11.1(b)所示,改进的距离分划法将把虚警放进独立的元胞,这点没有改变。究其原因,在于它们是孤立量测,是远离目标产生的量测簇。因此,需要从修正分划的角度对该方法进行补救,补救方法是对由距离分划法计算的分划,将所有包含 $|W| \leqslant N_{\mathrm{low}}$ 的 n 个量测的所有元胞合并成单个元胞。图 11.1(c)解释

了 $N_{\text{low}}=1$ 的情况，图中，杂波量测均为相同的颜色。通过这种方式，对距离分划法得到的分划集合进一步处理以构成新的分划，以解决在较高虚警数量情况下的势高估问题。

11.3.4　基于 GGIW 分布的标签多伯努利滤波器

基于 GGIW 分布，可将标签随机集滤波器推广到适用于扩展目标跟踪。下面首先介绍多扩展目标的量测模型，在此基础上，分别介绍 GGIW－GLMB 滤波器和 GGIW－LMB 滤波器。

11.3.4.1　多个扩展目标的量测模型

扩展目标动态模型利用第 11.3.1 节的 GGIW 分布建模，而扩展目标量测模型基于以下三个假设。

A.23. 状态为 $(\boldsymbol{x},\ell)$ 的扩展目标检测概率为 $p_D(\boldsymbol{x},\ell)$，漏检概率为 $q_D(\boldsymbol{x},\ell)=1-p_D(\boldsymbol{x},\ell)$。

A.24. 如果检测到目标，状态为 $(\boldsymbol{x},\ell)$ 的扩展目标产生似然为式(11.3.19)所给 $\tilde{g}(W|\boldsymbol{x},\ell)$ 的检测集合 W，其与所有其他目标独立。

A.25. 传感器产生的虚警量测为具有强度函数 $\kappa(\cdot)$ 的泊松 RFS K，即 K 服从 $g_C(K)=\exp(-\langle\kappa,1\rangle)\kappa^K$ 的分布，且虚警与目标产生的量测独立。

用 $\mathcal{G}_i(Z)$ 表示将有限量测集合 Z 划分成正好包含 i 个元胞的所有分划的集合，$\mathcal{P}(Z)\in\mathcal{G}_i(Z)$ 则表示 Z 的一个特定分划。记多个扩展目标的标签 RFS 为 $\mathrm{X}=\{(\boldsymbol{x}_1,\ell_1),\cdots,(\boldsymbol{x}_{|\mathrm{X}|},\ell_{|\mathrm{X}|})\}$，对于给定的多目标状态 X，令 $\Theta(\mathcal{P}(Z))$ 表示满足 $\theta(\ell)=\theta(\ell')>0\Rightarrow\ell=\ell'$ 的关联映射 $\theta:\mathcal{L}(\mathrm{X})\rightarrow\{0,1,\cdots,|\mathcal{P}(Z)|\}$ 的空间，此外，用 $\mathcal{P}_{\theta(\ell)}(Z)$ 表示在映射 θ 下分划 $\mathcal{P}(Z)$ 中与标签 ℓ 对应的元素。

命题 30(证明见附录 M)：在假设 A.23、A.24 和 A.25 下，量测似然函数为

$$
\begin{aligned}
g(Z|\mathrm{X}) &= g_C(Z)\sum_{i=1}^{|\mathrm{X}|+1}\sum_{\substack{\mathcal{P}(Z)\in\mathcal{G}_i(Z)\\ \theta\in\Theta(\mathcal{P}(Z))}}[\varphi_{\mathcal{P}(Z)}(\cdot;\theta)]^{\mathrm{X}} \\
&= \exp(-\langle\kappa,1\rangle)\kappa^Z\sum_{i=1}^{|\mathrm{X}|+1}\sum_{\substack{\mathcal{P}(Z)\in\mathcal{G}_i(Z)\\ \theta\in\Theta(\mathcal{P}(Z))}}[\varphi_{\mathcal{P}(Z)}(\cdot;\theta)]^{\mathrm{X}} \quad (11.3.84)
\end{aligned}
$$

其中，

$$
\varphi_{\mathcal{P}(Z)}(\boldsymbol{x},\ell;\theta)=\begin{cases} p_D(\boldsymbol{x},\ell)\tilde{g}(\mathcal{P}_{\theta(\ell)}(Z)|\boldsymbol{x},\ell)/[\kappa]^{\mathcal{P}_{\theta(\ell)}(Z)}, & \theta(\ell)>0 \\ q_D(\boldsymbol{x},\ell), & \theta(\ell)=0 \end{cases} \quad (11.3.85)
$$

式中，$\tilde{g}(W\mid \boldsymbol{x})$见式(11.3.19)。

因为量测分划数和元胞—目标映射的集合数目极为巨大，似然式(11.3.84)的准确计算一般难以数值处理。不过，在许多实际条件中仅有必要考虑这些分划的较小子集即可实现良好性能[115, 297]。此外，利用排序分配算法能显著降低元胞—目标映射的集合，从而进一步减少似然中次要项的数量。

11.3.4.2　GGIW - GLMB 滤波器

基于上述量测似然和第 11.3.1 节的动态模型，可得适用于扩展目标的 GLMB 滤波器，其由预测和更新两步组成。因为对多目标动态使用标准的新生/消亡模型，预测步骤与标准 GLMB 滤波器相同，详见命题 15，不过，需要将命题 15 中的单目标转移内核函数 $\phi(\cdot\mid\cdot,\ell)$，替换为式(11.3.7)定义的针对扩展目标的 GGIW 转移内核，再仿照第 11.3.2.1 节和第 11.3.3.2 节进行类似推导即可，限于篇幅，不再赘述。因为量测似然函数具有不同的形式，扩展目标 GLMB 滤波器与标准 GLMB 滤波器之间的差异主要取决于量测更新步骤。

根据先验分布(式(3.3.38))和多目标似然函数(式(11.3.84))，可得

$$
\begin{aligned}
&\pi(\mathrm{X})g(Z\mid \mathrm{X})\\
&=\Delta(\mathrm{X})g_C(Z)\sum_{c\in\mathbb{C}}\sum_{i=1}^{|\mathrm{X}|+1}\sum_{\substack{\mathcal{P}(Z)\in\mathcal{G}_i(Z)\\ \theta\in\Theta(\mathcal{P}(Z))}}w^{(c)}(\mathcal{L}(\mathrm{X}))\left[p^{(c)}(\cdot)\varphi_{\mathcal{P}(Z)}(\cdot;\theta)\right]^{\mathrm{X}}\\
&=\Delta(\mathrm{X})g_C(Z)\sum_{c\in\mathbb{C}}\sum_{i=1}^{|\mathrm{X}|+1}\sum_{\substack{\mathcal{P}(Z)\in G_i(Z)\\ \theta\in\Theta(\mathcal{P}(Z))}}w^{(c)}(\mathcal{L}(\mathrm{X}))\left[p^{(c,\theta)}(\cdot\mid\mathcal{P}(Z))\eta^{(c,\theta)}_{\mathcal{P}(Z)}(\cdot)\right]^{\mathrm{X}}\\
&=\Delta(\mathrm{X})g_C(Z)\sum_{c\in\mathbb{C}}\sum_{i=1}^{|\mathcal{L}(\mathrm{X})|+1}\sum_{\substack{\mathcal{P}(Z)\in\mathcal{G}_i(Z)\\ \theta\in\Theta(\mathcal{P}(Z))}}w^{(c)}(\mathcal{L}(\mathrm{X}))\left[\eta^{(c,\theta)}_{\mathcal{P}(Z)}(\cdot)\right]^{\mathcal{L}(\mathrm{X})}\\
&\quad\left[p^{(c,\theta)}(\cdot\mid\mathcal{P}(Z))\right]^{\mathrm{X}}
\end{aligned}
\tag{11.3.86}
$$

其中，$\varphi_{\mathcal{P}(Z)}(\boldsymbol{x},\ell;\theta)$由式(11.3.85)给出，

$$
p^{(c,\theta)}(\boldsymbol{x},\ell\mid\mathcal{P}(Z))=p^{(c)}(\boldsymbol{x},\ell)\varphi_{\mathcal{P}(Z)}(\boldsymbol{x},\ell;\theta)/\eta^{(c,\theta)}_{\mathcal{P}(Z)}(\ell)\tag{11.3.87}
$$

$$
\eta^{(c,\theta)}_{\mathcal{P}(Z)}(\ell)=\langle p^{(c)}(\cdot,\ell),\varphi_{\mathcal{P}(Z)}(\cdot,\ell;\theta)\rangle\tag{11.3.88}
$$

采用简化符号$(\boldsymbol{x},\ell)_{1:j}\equiv((\boldsymbol{x}_1,\ell_1),\cdots,(\boldsymbol{x}_j,\ell_j))$，$\ell_{1:j}\equiv(\ell_1,\cdots,\ell_j)$，$\boldsymbol{x}_{1:j}\equiv(\boldsymbol{x}_1,\cdots,\boldsymbol{x}_j)$来表示矢量，而用$\{(\boldsymbol{x},\ell)_{1:j}\}$和$\{\ell_{1:j}\}$表示对应的集合，则式(11.3.86)关于 X 的集合积分为

$$
\begin{aligned}
&\int \pi(\mathrm{X}) g(Z \mid \mathrm{X}) \delta \mathrm{X} \\
&= g_C(Z) \sum_{c \in \mathbb{C}} \int \sum_{i=1}^{|\mathcal{L}(\mathrm{X})|+1} \sum_{\substack{\mathcal{P}(Z) \in \mathcal{G}_i(Z) \\ \theta \in \Theta(\mathcal{P}(Z))}} \Delta(\mathrm{X}) w^{(c)}(\mathcal{L}(\mathrm{X}))[\boldsymbol{\eta}_{\mathcal{P}(Z)}^{(c,\theta)}(\cdot)]^{\mathcal{L}(\mathrm{X})} \cdot \\
&\quad [p^{(c,\theta)}(\cdot \mid \mathcal{P}(Z))]^{\mathrm{X}} \delta \mathrm{X} \\
&= g_C(Z) \sum_{c \in \mathbb{C}} \sum_{j=0}^{\infty} \frac{1}{j!} \sum_{\ell_{1:j} \in \mathbb{L}^j} \sum_{i=1}^{j+1} \sum_{\substack{\mathcal{P}(Z) \in \mathcal{G}_i(Z) \\ \theta \in \Theta(\mathcal{P}(Z))}} \Delta(\{(\boldsymbol{x},\ell)_{1:j}\}) w^{(c)}(\{\ell_{1:j}\})[\boldsymbol{\eta}_{\mathcal{P}(Z)}^{(c,\theta)}(\cdot)]^{\{\ell_{1:j}\}} \\
&\quad \cdot \int [p^{(c,\theta)}(\cdot \mid \mathcal{P}(Z))]^{\{(\boldsymbol{x},\ell)_{1:j}\}} \mathrm{d}\boldsymbol{x}_{1:j} \\
&= g_C(Z) \sum_{c \in \mathbb{C}} \sum_{L \subseteq \mathbb{L}} \sum_{i=1}^{|L|+1} \sum_{\substack{\mathcal{P}(Z) \in \mathcal{G}_i(Z) \\ \theta \in \Theta(\mathcal{P}(Z))}} w^{(c)}(L)[\boldsymbol{\eta}_{\mathcal{P}(Z)}^{(c,\theta)}]^L
\end{aligned}
\tag{11.3.89}
$$

式中,第二个等式通过应用式(3.3.18)以及取所得积分外部仅与标签有关的部分得到,而最后一行的获得利用了以下结果:标签互异指示器(DLI)将在 j:0→∞ 和 $\ell_{1:j} \in \mathbb{L}^j$ 上的求和限制于在$\mathbb{L}$ 的子集上的求和。

将式(11.3.86)和式(11.3.89)代入式(3.5.5),可得后验密度为

$$
\pi(\mathrm{X} \mid \mathrm{Z}) = \Delta(\mathrm{X}) \sum_{c \in \mathbb{C}} \sum_{i=1}^{|\mathrm{X}|+1} \sum_{\substack{\mathcal{P}(Z) \in \mathcal{G}_i(Z) \\ \theta \in \Theta(\mathcal{P}(Z))}} w_{\mathcal{P}(Z)}^{(c,\theta)}(\mathcal{L}(\mathrm{X}))[p^{(c,\theta)}(\cdot \mid \mathcal{P}(Z))]^{\mathrm{X}}
\tag{11.3.90}
$$

式中:$p^{(c,\theta)}(\cdot \mid \mathcal{P}(Z))$由式(11.3.87)给出,

$$
w_{\mathcal{P}(Z)}^{(c,\theta)}(L) = \frac{w^{(c)}(L)[\boldsymbol{\eta}_{\mathcal{P}(Z)}^{(c,\theta)}]^L}{\sum_{c \in \mathbb{C}} \sum_{J \subseteq \mathbb{L}} \sum_{i=1}^{|J|+1} \sum_{\substack{\mathcal{P}(Z) \in \mathcal{G}_i(Z) \\ \theta \in \Theta(\mathcal{P}(Z))}} w^{(c)}(J)[\boldsymbol{\eta}_{\mathcal{P}(Z)}^{(c,\theta)}]^J}
\tag{11.3.91}
$$

因而,如果扩展多目标先验为 GLMB,那么,经扩展多目标似然函数(式(11.3.84))作用后,扩展多目标后验也是 GLMB(式(11.3.90))。该结论表明 GLMB 是关于扩展多目标量测似然函数的共轭先验。

11.3.4.3　GGIW – LMB 滤波器

为降低 GGIW – GLMB 的计算量,也可基于 LMB 滤波器得到适用于扩展目标的 GGIW – LMB 跟踪算法。LMB 滤波器的重要原理是简化每次迭代后的多目标密度表示,从而降低算法的计算复杂度,具体而言,它并不是保持从一个周期到下一个周期的完全 GLMB 后验分布,而是在量测更新步骤后将它近似为 LMB 分布。在后续迭代中,利用该 LMB 近似来实施预测,并且预测的 LMB 被转

换回 GLMB,以便为下一个量测更新做准备。因此,将 GGIW – GLMB 滤波器变换成 GGIW – LMB 滤波器需要 3 处修正:①用 LMB 预测替换 GLMB 预测;②将 LMB 转换成 GLMB 表达式;③将更新后的 GLMB 分布近似为 LMB。

(1) LMB 预测:该步骤与标准 LMB 滤波器相同,详见命题 19,不过,同样需要将命题 19 中的单目标转移内核函数 $\phi(\cdot \mid \cdot, \ell)$,替换为式(11.3.7)定义的针对扩展目标的 GGIW 转移内核。

(2) LMB 转换为 GLMB:更新步骤需要将预测多目标密度的 LMB 表达式转换成 GLMB 表达式。原理上,将预测 LMB $\boldsymbol{\pi}_+ = \{(\varepsilon_+^{(\ell)}, p_+^{(\ell)})\}_{\ell \in \mathbb{L}_+}$ 转换成 GLMB 涉及对 $\mathbb{L}_+$ 的所有子集计算 GLMB 权重,不过,实际上能通过近似降低分量数量并改善转换的有效性。

(3) 将 GLMB 近似为 LMB:在量测更新步骤后,由式(11.3.90)给出的后验 GLMB 能由与 PHD 匹配的 LMB 进行近似,对应的参数为

$$\varepsilon^{(\ell)} = \sum_{\substack{c \in \mathbb{C} \\ L \in \mathbb{L}_+}} \sum_{i=1}^{|L|+1} \sum_{\substack{\mathcal{P}(Z) \in \mathcal{G}_i(Z) \\ \theta \in \Theta(\mathcal{P}(Z))}} 1_L(\ell) w_{\mathcal{P}(Z)}^{(c,\theta)}(L) \tag{11.3.92}$$

$$p^{(\ell)}(\boldsymbol{x}) = \frac{1}{\varepsilon^{(\ell)}} \sum_{\substack{c \in \mathbb{C} \\ L \in \mathbb{L}_+}} \sum_{i=1}^{|L|+1} \sum_{\substack{\mathcal{P}(Z) \in \mathcal{G}_i(Z) \\ \theta \in \Theta(\mathcal{P}(Z))}} 1_L(\ell) w_{\mathcal{P}(Z)}^{(c,\theta)}(L) p^{(c,\theta)}(\boldsymbol{x}, \ell \mid \mathcal{P}(Z)) \tag{11.3.93}$$

对应每个标签的存在概率是包含该标签的 GLMB 分量的权重之和,并且,相应 PDF 变为来自于 GLMB 的对应 PDF 的加权和。因此,在 LMB 中的每条航迹的 PDF 变为 GGIW 密度的混合,其中,每个混合分量对应一个不同的量测关联历程。为了避免分量数量变得太大,有必要通过剪枝和合并过程降低该混合分量数量。上述介绍的 GGIW – GLMB 和 GGIW – LMB 算法的具体实现可参考文献[168]。

11.4 合并量测目标跟踪

合并量测目标跟踪也被称为不可分辨目标跟踪,Mahler 将多目标状态建模为点群的集合,首次提出了适用于不可分辨目标的 PHD 滤波器。该点群模型的似然函数包含有对量测集合的分划遍历求和,因此,直接实现在计算上不具可行性。此外,当目标在状态空间中彼此靠近使得量测变成合并的情况下,该点群模型是直观有吸引力的。然而,这隐性假定合并仅取决于目标状态,因而,该模型限制于目标仅在状态空间而不是量测空间彼此靠近时产生的合并量测。在一些

重要的情况，如纯方位跟踪、视频跟踪等，该假设太过严苛。在这些情况中，沿视线不可分辨的目标可能在状态空间中间隔了相当的距离。这一般发生在量测空间是状态空间的更低维投影情况（如纯方位跟踪）下，在状态空间分隔良好的点投影到量测空间后可能变得彼此靠近（不可分辨），从而，良好分离的状态可能潜在地产生近距离量测。另外，推荐的 PHD 滤波器不能提供带标签的航迹估计，即进行的是多目标滤波而不是多目标跟踪。

为解决这些问题，需要一个可适用于量测合并的似然函数，使其不仅适用于目标在状态空间接近的情况，也适用于更一般的量测空间临近的情况。为达成该目的，必须考虑目标集合的分划，此时，在一个分划中的每个群产生最多一个（合并）量测；而为了提供目标航迹信息，这里将 GLMB 滤波器进一步推广到包含合并量测的传感器模型，从而使它适用于更广泛的实际问题应用。通过考虑目标集合的可行分划，以及量测与这些分划中的目标群之间的可行分配，引入了多目标似然函数，其考虑了源于目标的量测可能合并情况。该方法的一个优势是能并行化，从而便于潜在的实时执行。针对合并量测的贝叶斯最优多目标跟踪器的准确形式是不可处理的，因此，介绍了计算更为经济的近似算法。

11.4.1　合并量测的多目标量测似然模型

合并量测的似然模型依赖于目标集合分划。基于分划概念，定义多目标量测似然模型为遍历目标集合分划的求和，即

$$g(Z \mid \mathrm{X}) = \sum_{\mathcal{P}(\mathrm{X}) \in \mathcal{G}(\mathrm{X})} \tilde{g}(Z \mid \mathcal{P}(\mathrm{X})) \tag{11.4.1}$$

式中：$\mathcal{G}(\mathrm{X})$ 为 X 的所有分划的集合（注意，这里的分划对象是目标集 X，而在扩展目标跟踪部分的分划对象是量测集 Z）；$\tilde{g}(Z \mid \mathcal{P}(\mathrm{X}))$ 为根据分划 $\mathcal{P}(\mathrm{X})$ 获得的以目标检测为条件的量测似然，见式（11.4.2）。这与文献[312]采用的方法类似，两者为了形成可分辨事件都考虑了目标分划，主要的差别在于这里将似然定义为目标状态集合而不是具有固定维度矢量的函数。从而，可利用 FISST 原理推导后验密度的表达式。

为获得 $\tilde{g}(Z \mid \mathcal{P}(\mathrm{X}))$ 的表达式，将式（3.4.20）的标准似然函数推广到目标群情况

$$\tilde{g}(Z \mid \mathcal{P}(\mathrm{X})) = \exp(-\langle \kappa, 1 \rangle)\kappa^{Z} \sum_{\theta \in \Theta(\mathcal{P}(\mathcal{L}(\mathrm{X})))} [\tilde{\varphi}_{Z}(\cdot;\theta)]^{\mathcal{P}(\mathrm{X})} \tag{11.4.2}$$

其中，为标注方便，用 $\mathcal{P}(\mathrm{X})$ 表示在标签集合 X 中的状态—标签的一个分划，用 $\mathcal{P}(\mathcal{L}(\mathrm{X}))$ 表示仅有标签的相关分划，$\Theta(\mathcal{P}(\mathcal{L}(\mathrm{X})))$ 被定义为 $\mathcal{P}(\mathcal{L}(\mathrm{X}))$ 中目

标标签群到 Z 中量测索引的所有一一映射的集合，即 $\theta:\mathcal{P}(\mathcal{L}(\mathrm{X}))\to\{0,1,\cdots,|Z|\}$，其中，$\theta(L)=\theta(J)>0\Rightarrow L=J$，$\tilde{\varphi}_Z(\mathrm{Y};\theta)$ 为"群似然"(Group Likelihood)，定义为

$$\tilde{\varphi}_Z(\mathrm{Y};\theta)=\begin{cases}\dfrac{\tilde{p}_D(\mathrm{Y})g(z_{\theta(\mathcal{L}(\mathrm{Y}))}\mid\mathrm{Y})}{\kappa(z_{\theta(\mathcal{L}(\mathrm{Y}))})}, & \theta(\mathcal{L}(\mathrm{Y}))>0\\ \tilde{q}_D(\mathrm{Y}), & \theta(\mathcal{L}(\mathrm{Y}))=0\end{cases} \tag{11.4.3}$$

式中：$\tilde{p}_D(\mathrm{Y})$ 为目标群 Y 的检测概率；$\tilde{q}_D(\mathrm{Y})=1-\tilde{p}_D(\mathrm{Y})$ 为群 Y 的漏检概率；$g(z_{\theta(\mathcal{L}(\mathrm{Y}))}\mid\mathrm{Y})$ 为给定目标群 Y 时量测 $z_{\theta(\mathcal{L}(\mathrm{Y}))}$ 的似然，该函数的形式一般依赖于传感器特征，为简单起见，可将 $g(\cdot\mid\mathrm{Y})$ 建模为高斯分布，其中心位于群均值，对应的标准差与群大小相关。注意到，在式(11.4.2)中，指数 $\mathcal{P}(\mathrm{X})$ 是目标集的一个集合，而基底 $\tilde{\varphi}_Z(\cdot;\theta)$ 是参数为目标集合的实值函数。

将式(11.4.2)代入式(11.4.1)，可得似然为

$$g(Z\mid\mathrm{X})=\exp(-\langle\kappa,1\rangle)\kappa^Z\sum_{\substack{\mathcal{P}(\mathrm{X})\in\mathcal{G}(\mathrm{X})\\ \theta\in\Theta(\mathcal{P}(\mathcal{L}(\mathrm{X})))}}[\tilde{\varphi}_Z(\cdot;\theta)]^{\mathcal{P}(\mathrm{X})} \tag{11.4.4}$$

11.4.2 合并量测跟踪器的一般形式

在状态空间 $\mathbb{X}$ 和离散标签空间 $\mathbb{L}$ 上的标签 RFS 混合密度由式(7.5.9)给出，注意标签 RFS 混合密度(式(7.5.9))不同于式(3.3.38)给出的 GLMB 密度，其中，每个 $p^{(c)}(\mathrm{X})$ 是 X 中所有目标的联合密度，而在式(3.3.38)中，它限制于单目标密度的乘积。实际上，任何标签 RFS 密度均能写成式(7.5.9)的混合形式，因而，式(7.5.9)的混合形式更具一般性。这里采用混合形式，因为它可方便给出合并量测跟踪器的更新步骤。

命题 31：如果多目标先验是具有形如式(7.5.9)的标签 RFS 混合密度，则经转移内核(式(3.4.13))作用后，预测多目标密度也是标签 RFS 混合密度，即

$$\pi_+(\mathrm{X}_+)=\Delta(\mathrm{X}_+)\sum_{c\in\mathbb{C}}\sum_{L\subseteq\mathbb{L}}w_{+,L}^{(c)}(\mathcal{L}(\mathrm{X}_+))p_{+,L}^{(c)}(\mathrm{X}_+) \tag{11.4.5}$$

其中，

$$w_{+,L}^{(c)}(J)=1_L(J\cap\mathbb{L})w_\gamma(J-\mathbb{L})w^{(c)}(L)\eta_S^{(c)}(L) \tag{11.4.6}$$

$$p_{+,L}^{(c)}(\mathrm{X}_+)=[p_\gamma(\cdot)]^{\mathrm{X}_+-\mathbb{X}\times\mathbb{L}}p_{S,L}^{(c)}(\mathrm{X}_+\cap\mathbb{X}\times\mathbb{L}) \tag{11.4.7}$$

$$p_{S,L}^{(c)}(\mathrm{S})=\int p_{\ell_{1:|L|}}^{(c)}(\boldsymbol{x}_{1:|L|})\prod_{i=1}^{|L|}\Phi(\mathrm{S};\boldsymbol{x}_i,\ell_i)\mathrm{d}\boldsymbol{x}_{1:|L|}/\eta_S^{(c)}(L) \tag{11.4.8}$$

$$\eta_S^{(c)}(L)=\iint p_{\ell_{1:|L|}}^{(c)}(\boldsymbol{x}_{1:|L|})\prod_{i=1}^{|L|}\Phi(\mathrm{S};\boldsymbol{x}_i,\ell_i)\mathrm{d}\boldsymbol{x}_{1:|L|}\delta S \tag{11.4.9}$$

$$p^{(c)}_{\ell_{1:|L|}}(\boldsymbol{x}_{1:|L|}) \overset{\text{def}}{=} p^{(c)}(\{(\boldsymbol{x}_1,\ell_1),\cdots,(\boldsymbol{x}_{|L|},\ell_{|L|})\}) \tag{11.4.10}$$

式中：w_γ和p_γ为新生密度π_γ（式(3.4.11)）的权重和密度参数，$\Phi(\mathrm{S};\boldsymbol{x},\ell)$定义见式(3.4.10)，对于任意函数$f:\mathcal{F}(\mathbb{X}\times\mathbb{L})\to\mathbb{R}$，采用简写$f_{\ell_{1:n}}(\boldsymbol{x}_{1:n})=f(\{(\boldsymbol{x}_1,\ell_1),\cdots,(\boldsymbol{x}_n,\ell_n)\})$表示给定标签$\ell_{1:n}$时在$\mathbb{X}^n$上定义的函数。

命题 32：如果先验是形如式(7.5.9)的标签 RFS 混合密度，则经似然函数（式(11.4.4)）作用后，更新（后验）多目标密度也是标签 RFS 混合密度，即

$$\pi(\mathrm{X}\mid Z) = \Delta(\mathrm{X})\sum_{c\in\mathbb{C}}\sum_{\substack{\mathcal{P}(\mathrm{X})\in\mathcal{G}(\mathrm{X})\\ \theta\in\Theta(\mathcal{P}(\mathcal{L}(\mathrm{X})))}} w_Z^{(c,\theta)}(\mathcal{P}(\mathcal{L}(\mathrm{X})))p^{(c,\theta)}(\mathcal{P}(\mathrm{X})\mid Z) \tag{11.4.11}$$

其中，

$$w_Z^{(c,\theta)}(\mathcal{P}(L)) = \frac{w^{(c)}(L)\boldsymbol{\eta}_Z^{(c,\theta)}(\mathcal{P}(L))}{\sum_{c\in\mathbb{C}}\sum_{J\subseteq\mathbb{L}}\sum_{\substack{\mathcal{P}(J)\in\mathcal{G}(J)\\ \theta\in\Theta(\mathcal{P}(J))}} w^{(c)}(J)\boldsymbol{\eta}_Z^{(c,\theta)}(\mathcal{P}(J))} \tag{11.4.12}$$

$$p^{(c,\theta)}(\mathcal{P}(\mathrm{X})\mid Z) = [\tilde{\varphi}_Z(\cdot;\theta)]^{\mathcal{P}(\mathrm{X})}p^{(c)}(\mathrm{X})/\boldsymbol{\eta}_Z^{(c,\theta)}(\mathcal{P}(\mathcal{L}(\mathrm{X}))) \tag{11.4.13}$$

$$\boldsymbol{\eta}_Z^{(c,\theta)}(\mathcal{P}(L)) = \int[\tilde{\varphi}_Z(\cdot;\theta)]^{\mathcal{P}(L)}p^{(c)}_{\ell_{1:|L|}}(\boldsymbol{x}_{1:|L|})\mathrm{d}\boldsymbol{x}_{1:|L|} \tag{11.4.14}$$

附录 N 给出了命题 31 和命题 32 的证明。技术上，由于标签 RFS 混合密度族在查普曼—柯尔莫哥洛夫（C－K）预测和贝叶斯更新下闭合，故可将其视为关于标准量测似然和合并量测似然的共轭先验。不过，这是一类非常一般的先验，通常难以实际处理。

尽管根据命题 31 或命题 32 获得了该滤波器的递归方程，但如果没有明确方法对目标群—量测关联空间$\Theta(\mathcal{P}(\mathcal{L}(\mathrm{X})))$上的求和进行剪枝，递归将迅速变得不可处理。原因在于在密度式(7.5.9)中的每个分量由包含所有目标的单个联合密度组成，这意味着不能应用标准排序分配技术。为获得合并量测似然条件下 GLMB 滤波器的可处理版本，下面介绍一种近似方法。

11.4.3　可处理近似

由于在先验（式(7.5.9)）中联合密度$p^{(c)}(\mathrm{X})$的存在，命题 31 和命题 32 给出的滤波器准确形式是不可处理的。为了获得实际可行的算法，用 GLMB 近似标签 RFS 混合先验。然而，将合并量测似然函数应用于 GLMB 先验将得到不再是 GLMB 的后验，而是标签 RFS 混合。不过，通过边缘化更新的联合密度，可以

将后验近似为 GLMB，从而实现递归滤波器。根据命题22，这里的 GLMB 近似保留了一阶矩和势分布。

对于 GLMB 形式的先验密度（式(3.3.38)），应用似然函数（式(11.4.4)）将得到以下标签 RFS 混合形式的后验

$$\pi(\mathrm{X}\mid Z)=\Delta(\mathrm{X})\sum_{c\in\mathbb{C}}\sum_{\substack{\mathcal{P}(\mathrm{X})\in\mathcal{G}(\mathrm{X})\\ \theta\in\Theta(\mathcal{P}(\mathcal{L}(\mathrm{X})))}}w_Z^{(c,\theta)}(\mathcal{P}(\mathcal{L}(\mathrm{X})))[p^{(c,\theta)}(\cdot\mid Z)]^{\mathcal{P}(\mathrm{X})} \tag{11.4.15}$$

其中，

$$w_Z^{(c,\theta)}(\mathcal{P}(L))=\frac{w^{(c)}(L)[\boldsymbol{\eta}_Z^{(c,\theta)}]^{\mathcal{P}(L)}}{\sum_{c\in\mathbb{C}}\sum_{J\subseteq\mathbb{L}}\sum_{\substack{\mathcal{P}(J)\in\mathcal{G}(J)\\ \theta\in\Theta(\mathcal{P}(J))}}w^{(c)}(J)[\boldsymbol{\eta}_Z^{(c,\theta)}]^{\mathcal{P}(J)}} \tag{11.4.16}$$

$$p^{(c,\theta)}(\mathrm{Y}\mid Z)=\tilde{\varphi}_Z(\mathrm{Y};\theta)\tilde{p}^{(c)}(\mathrm{Y})/\boldsymbol{\eta}_Z^{(c,\theta)}(\mathcal{L}(\mathrm{Y})) \tag{11.4.17}$$

$$\tilde{p}^{(c)}(\mathrm{Y})=[p^{(c)}(\cdot)]^{\mathrm{Y}} \tag{11.4.18}$$

$$\boldsymbol{\eta}_Z^{(c,\theta)}(L)=\langle\tilde{p}^{(c)}_{\ell_{1:|L|}}(\cdot),(\tilde{\varphi}_Z)_{\ell_{1:|L|}}(\cdot;\theta)\rangle \tag{11.4.19}$$

式中，$\tilde{\varphi}_Z(\mathrm{Y};\theta)$ 由式(11.4.3)给出。附录 N 给出了上述推导过程。

为了将后验密度转换回所需的 GLMB 形式，对标签 RFS 混合每个分量中的联合密度执行边缘化，即

$$p^{(c,\theta)}(\mathrm{Y}\mid Z)\approx[\hat{p}^{(c,\theta)}(\cdot\mid Z)]^{\mathrm{Y}} \tag{11.4.20}$$

$$\hat{p}^{(c,\theta)}(\boldsymbol{x}_i,\ell_i\mid Z)\stackrel{\mathrm{def}}{=}\int p^{(c,\theta)}_{\ell_{1:|L|}}(\boldsymbol{x}_{1:|L|}\mid Z)\,\mathrm{d}(\boldsymbol{x}_{1:i-1},\boldsymbol{x}_{i+1:|L|}) \tag{11.4.21}$$

边缘化操作后，分划 $\mathcal{P}(\mathrm{X})$ 中联合密度的乘积退化成 X 中独立密度的乘积，从而，可得如下近似

$$[p^{(c,\theta)}(\cdot\mid Z)]^{\mathcal{P}(\mathrm{X})}\approx[\hat{p}^{(c,\theta)}(\cdot\mid Z)]^{\mathrm{X}} \tag{11.4.22}$$

这导致多目标后验的如下 GLMB 近似

$$\pi(\mathrm{X}\mid Z)\approx\Delta(\mathrm{X})\sum_{c\in\mathbb{C}}\sum_{\substack{\mathcal{P}(\mathrm{X})\in\mathcal{G}(\mathrm{X})\\ \theta\in\Theta(\mathcal{P}(\mathcal{L}(\mathrm{X})))}}w_Z^{(c,\theta)}(\mathcal{P}(\mathcal{L}(\mathrm{X})))[\hat{p}^{(c,\theta)}(\cdot\mid Z)]^{\mathrm{X}} \tag{11.4.23}$$

显然，计算该后验仍然非常消耗计算量，因为它遍历先验分量、目标集合分划以及目标群—量测关联这三重嵌套求和。因而，需要相应的剪枝方法处理三层嵌套求和，以达成滤波器的有效实现。

计算式(11.4.23)中各项最自然的方法是列举目标集合的所有可能分划，

然后，在每个分划里产生量测到目标群的分配。显然，在大量目标情况下，由于分划数量指数增长，该步骤将不具可行性。不过，通过调用目标集合的群结构和传感器分辨力模型这两种信息，有可能删除掉许多不可能的分划。通过构造良好分离、不太可能共享量测的目标的互斥子集，对目标进行聚类，再对每个聚执行独立滤波器。于是，每个滤波器仅需要对较小的目标集合进行分划，从而显著降低要计算的分划总数[72]。

对每个聚类进一步减少分划的一个方法是使用传感器分辨力模型来删除可能性较低的分划。已经存在较多分辨模型来近似分辨力事件（或等价地，目标的一个分划）概率，通过仅保留超过某个最小概率阈值的分划，也可消除部分分划。为了删除不可能的分划，介绍一个较为简单的模型，该模型需要两个参数：量测空间里不可分辨群内目标的最大散度 $d^t_{\max}$，以及量测空间里不可分辨群质心之间的最小距离 $d^g_{\min}$。

如果以下任意条件之一为真，则称分划 $\mathcal{P}(X)$ 是不可行的

$$D_{\min}(\{\overline{Y};Y\in\mathcal{P}(X)\})<d^g_{\min} \tag{11.4.24}$$

$$\max(\{D_{\max}(Y);Y\in\mathcal{P}(X)\})>d^t_{\max} \tag{11.4.25}$$

式中：$\overline{Y}$ 为集合 Y 的均值；$D_{\min}(Y)$ 为 Y 中两点之间的最小距离；$D_{\max}(Y)$ 为 Y 中两点之间的最大距离。上述模型能分别应用于每个量测维度，如果条件式（11.4.24）在所有维度上成立或者条件式（11.4.25）在任意维度上成立，分划将被拒绝。直观上，该模型强加上了如下约束：任意不可分辨目标群不能散布太远，而可分辨目标群不能彼此太接近。通过应用该约束条件，将删除不可能分划，从而，允许滤波器将有限计算资源用于处理更可能的分划。

得到可行分划后，可计算后验 GLMB 密度。类似于标准 GLMB 滤波器，利用 Murty 算法产生可供选择的量测分配排序集合，算法的具体实现可参考文献[114]。只是，区别在于这里不是分配量测给独立目标，而是分配量测给每个分划里的目标群。

11.5　小结

本章针对扩展目标和合并量测（不可分辨）目标这两种特殊的目标，分别介绍了相应的非标准量测目标跟踪算法。对扩展目标跟踪，首先给出了基于 GM－PHD的扩展目标跟踪，该算法相对简单，忽略了扩展目标的形状，然而，其中的量测集分划是理解整个非标准量测目标跟踪，乃至后章多传感器目标跟踪的重要步骤。然后，为进一步估计扩展目标的形状，介绍了基于 GGIW 分布的扩

展目标跟踪算法,在给出扩展目标 GGIW 模型基础上,由易到难分别介绍了基于 GGIW 分布的单扩展目标贝叶斯滤波、针对多个扩展目标的 CPHD 滤波器和 LMB 滤波器。值得强调的是,不同于第 9 章的多普勒量测模型和第 10 章的 TBD 量测模型仅影响滤波器的更新步骤,在扩展目标模型中,由于 GGIW 模型对状态转移函数进行修改,因此,对于适用于扩展目标跟踪的随机有限集滤波器,不仅扩展目标量测模型使更新步骤发生变化,且 GGIW 模型使得预测步骤也要相应改变。最后,介绍了合并量测(不可分辨)目标跟踪,在合并量测的多目标似然模型基础上,给出了合并量测跟踪器的广义形式及其可处理近似。需要说明的是,这些算法利用了更复杂的非标准量测模型,放宽了标准多目标量测模型假设,但通常以计算复杂度增加为代价。

第 12 章　分布式多传感器目标跟踪

12.1　引言

前述章节介绍的 RFS 多目标跟踪算法主要针对单个传感器，传感器组网技术的最新进展导致了具有感知、通信和处理能力的互联节点（或代理）组成的大型传感器网络的发展。给定所有传感器数据，构建多目标状态的后验密度方式之一是将来自于所有感知系统的所有量测传送到中心站点进行融合。尽管这种集中式方案是最优的，但需要发送所有量测到单个站点，这可能导致沉重的通信负担。此外，该方法使得传感器网络较为脆弱，因为中心站点一旦失效整个网络就会停止工作。另一种方法是将每个感知系统当作分布式系统中的一个节点，这些节点在本地收集并处理量测，得到局部估计，再将这些局部估计（而不是原始量测）周期性地广播到其他节点来融合整个网络的数据，这种方式被称为分布式融合。

分布式融合具有许多潜在优势。在分布式数据融合中，融合是在整个网络上而不是单个中心位置进行，这具有一定的可靠性，如果单个节点失效，其他节点仍可继续工作，信息可通过网络的其他节点进行通信。此外，分布式融合系统具有较好的灵活性和伸缩性（相对于节点数量），具有不同的处理算法和感知系统的额外节点可根据需要随时进行添加或删除。

总之，分布式融合技术通过联合各个节点（通常具有有限的观测能力）的信息可建立起更全面的环境态势，并具有可伸缩性（Scalable）、灵活性（Flexible）以及可靠性（Reliable）等特点。然而，要发挥上述优势，需重新设计结构和算法来解决下述问题：

（1）缺乏中心融合节点。

（2）相对于网络规模是可伸缩的（即每个节点的计算负担与网络规模无关），具有可扩展处理能力。

（3）每个节点能在网络拓扑（如节点数量及节点之间的连接关系）未知条件下工作。

（4）每个节点可在对自身信息和从其他节点接收的信息之间相关性未知条件下工作。

为联合各个节点的有限信息,需要合适的信息融合步骤重构在周围环境中出现的目标状态。可扩展性的需要、融合中心的缺乏以及网络拓扑知识的缺失,要求采取一致性方法通过在相邻节点间迭代局部融合来实现网络上的总体融合。此外,由于"数据乱伦"(Data Incest)问题可能导致信息的重复计算,特别是网络循环存在时,通常需要稳健(但次优)的融合规则。

本章在 RFS 框架下,聚焦异质且地理分离的节点网络上的分布式多目标跟踪问题。如第 1 章所言,为融合由网络的不同节点计算的多目标密度,需采用广义协方差交叉(GCI),GCI 融合也被称为切尔诺夫(Chernoff)融合、KLA、指数混合密度(EMD)融合等。下面首先从系统模型和求解目标两个角度描述了分布式多目标跟踪问题;然后,基于单目标 KLA 和一致性算法,介绍相对简单的分布式单目标滤波与融合;接着,基于多目标 KLA,给出了 CPHD、Mδ - GLMB 和 LMB 密度的融合公式,最后,给出了 SMC - CPHD 滤波器的分布式融合和高斯混合随机集滤波器的分布式融合,后者包括了一致性 GM - CPHD 滤波器、一致性 GM - Mδ - GLMB 和一致性 GM - LMB 滤波器。

12.2　分布式多目标跟踪问题描述

12.2.1　系统模型

在分布式网络中,每个节点(代理)利用多目标动态和获得的本地量测局部更新(本地更新)多目标信息,通过通信与相邻节点交换这些信息,并联合所有相邻节点的信息进行融合。考虑如图 12.1 所示的跟踪节点网络,该网络由地理分散的具有感知、处理、通信能力的异质节点组成,具体而言,每个节点可以获得周围环境(监视区域)中与运动目标有关的运动变量的量测信息(如距离、角度、多普勒频移等),处理本地数据,与相邻节点交换数据。

从数学视角来看,上述网络可描述为一个有向图 $\mathcal{G}=(\mathcal{S},\mathcal{A})$,其中,$\mathcal{S}$ 为节点集合,记网络中节点的总数为 $|\mathcal{S}|$(即 $\mathcal{S}$ 的势),$\mathcal{A}\subseteq\mathcal{S}\times\mathcal{S}$ 为代表连接(或链路)的弧集合。具体而言,如果节点 j 能接收节点 i 的数据,则有 $(i,j)\in\mathcal{A}$。对于任意节点 $j\in\mathcal{S}$,记 $\mathcal{I}_j\overset{\text{def}}{=}\{i\in\mathcal{S}:(i,j)\in\mathcal{A}\}$ 表示 j 的内邻点(in - neighbour nodes)集合(包括节点 j 自身),即节点 j 能接收到数据的所有节点的集合。根据定义,对任意节点 j,有 $(j,j)\in\mathcal{A}$,因此,对所有 j,有 $j\in\mathcal{I}_j$。

12.2.2　求解目标

对于多传感器多目标场景,多目标运动模型和量测模型与第 3.4 节相同,主

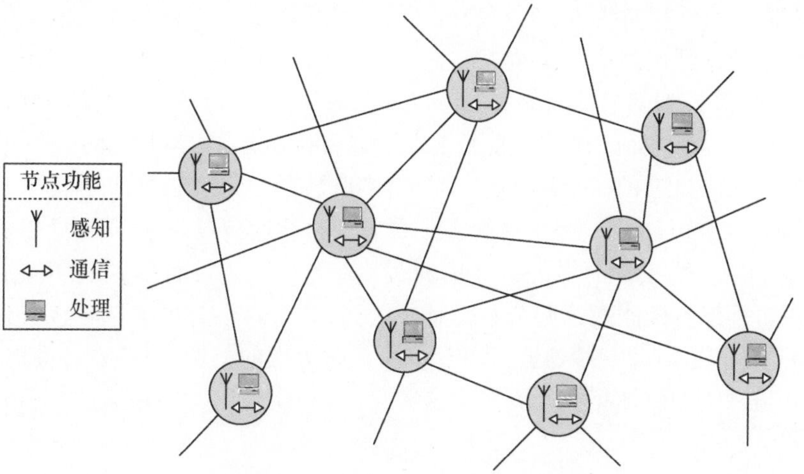

图 12.1　多传感器网络模型[112, 350]

要区别体现在多传感器上。记传感器 i 在 k 时刻接收的量测为 $Z_{k,i}$，直到 k 时刻的量测为 $Z_{1:k,i}=\{Z_{1,i},\cdots,Z_{k,i}\}$。给定所有传感器数据，这里的目标是构建多目标状态的后验密度，即

$$\pi_k(X_k \mid \{Z_{1:k,i}\}_{i\in\mathcal{S}}) \tag{12.2.1}$$

为方便阐述，考虑传感器融合网络中任意两个节点 i 和 j。在任意给定时刻，一个节点的更新仅使用网络中其他节点子集的信息，每个节点自身分别接收传感器信息并拥有后验分布 $\pi(X_k \mid Z_{1:k,i})$ 和 $\pi(X_k \mid Z_{1:k,j})$。节点 i 周期性地发送其后验给节点 j，节点 j 融合该后验并计算联合后验

$$\pi(X_k \mid Z_{1:k,i},Z_{1:k,j})=\pi(X_k \mid Z_{1:k,i}\cup Z_{1:k,j}) \tag{12.2.2}$$

在最优融合不同节点的信息时，不能简单假设 $\pi(X_k \mid Z_{1:k,i})$ 和 $\pi(X_k \mid Z_{1:k,j})$ 彼此条件独立，即 $\pi(X_k \mid Z_{1:k,i})$ 和 $\pi(X_k \mid Z_{1:k,j})$ 实际具有一定相关性。该相关性源于两个原因：一是当两节点跟踪相同目标时，将产生公共的过程噪声；二是当节点彼此交换各自的局部估计后，也将产生公共的量测噪声。为准确建模上述相关性，有

$$\pi(X_k \mid Z_{1:k,i},Z_{1:k,j})\propto\frac{\pi(X_k \mid Z_{1:k,i})\pi(X_k \mid Z_{1:k,j})}{\pi(X_k \mid Z_{1:k,i}\cap Z_{1:k,j})} \tag{12.2.3}$$

该更新式表明节点间公共信息必须被“除”出。对于不同的网络拓扑，对应有不同的公式[451]。然而，几乎在所有情况中，只有当某些全局管理者连续监视整个网络状态时，才能求解 $\pi(X_k \mid Z_{1:k,i}\cap Z_{1:k,j})$。唯一例外的情况是树状拓扑，此时，任意两两节点间存在单条路径。通过采用所谓的“通道滤波器”监视“弧”上流动的信息，可求解公共信息。然而，由于单个节点的失效将分割网络，树连接拓

扑具有固有的易脆弱性,因而,仅能在严苛条件下实现最优分布式数据融合算法。

假设传感器网络中每个节点 i 基于其获得的信息(本地收集或者来自其他节点)可计算得到多目标密度 $\pi_i(X)$。现在的目标是设计一个合适的分布式算法,可确保网络中所有节点达成关于未知多目标集合的多目标密度的一致性。设计的算法应具有的一个重要特征是可伸缩性,考虑到该原因,可排除上述最优(贝叶斯)融合方法[322],因为最优方法要求每对邻近节点(i,j)需知道以公共信息$Z_{1:k,i}\cap Z_{1:k,j}$为条件的多目标密度$\pi(X_k \mid Z_{1:k,i}\cap Z_{1:k,j})$,而在实际的网络中,不可能以可伸缩方式跟踪这些公共信息。因而,分布式融合的大部分优势仅能在"严格局部"条件(即每个节点仅知道其直接邻近点的特性)下实现。此时,节点无须知道网络的总体拓扑。为实现这些目的,必须采用一些稳健的多目标跟踪和次优分布式融合技术。

12.3 分布式单目标滤波与融合

为便于理解,首先描述较为简单的分布式单目标滤波和融合问题。设动态模型具有以下马尔科夫转移密度

$$\boldsymbol{\phi}_{k|k-1}(\boldsymbol{x}_k \mid \boldsymbol{x}_{k-1}) \tag{12.3.1}$$

对于每个节点 $i\in\mathcal{S}$,似然函数为

$$g_{k,i}(\boldsymbol{z}_{k,i} \mid \boldsymbol{x}_k) \tag{12.3.2}$$

令 $p_{k|k-1}$表示给定 $z_{1:k-1}\overset{\text{def}}{=}\{z_1,\cdots,z_{k-1}\}$ 时 $\boldsymbol{x}_k$ 的条件 PDF,类似地,$p_k(\boldsymbol{x}_k \mid z_k)$为给定 $z_{1:k}\overset{\text{def}}{=}\{z_1,\cdots,z_k\}$ 时 $\boldsymbol{x}_k$ 的条件 PDF。严格来说,$p_{k|k-1}$和 p_k 应分别写成 $p_{k|k-1}(\cdot \mid z_1,\cdots,z_{k-1})$ 和 $p_k(\cdot \mid z_1,\cdots,z_{k-1},z_k)$,但为简便起见,这里忽视其与量测历程的依赖性。

在集中式融合结构中,每个节点能够获得所有量测 $z_k=(z_{k,1},\cdots,z_{k,|\mathcal{S}|})$ 的信息,给定合适的初始分布 p_0,状态估计问题的解由以下贝叶斯滤波递归给出

$$p_{k|k-1}(\boldsymbol{x}_k)=\langle \boldsymbol{\phi}_{k|k-1}(\boldsymbol{x}_k \mid \cdot),p_{k-1}(\cdot \mid z_{k-1})\rangle \tag{12.3.3}$$

$$p_k(\boldsymbol{x}_k \mid z_k)=(g_k(z_k \mid \boldsymbol{x}_k)\oplus p_{k|k-1}(\boldsymbol{x}_k)) \tag{12.3.4}$$

其中,信息融合算子$\oplus$的定义见附录 O,假设各传感器量测与状态独立,$g_k(\cdot \mid \cdot)$为

$$g_k(\boldsymbol{z}_k \mid \boldsymbol{x}_k) = \prod_{i\in\mathcal{S}} g_{k,i}(\boldsymbol{z}_{k,i} \mid \boldsymbol{x}_k) \tag{12.3.5}$$

由上可知,多传感器量测似然对预测步骤无影响,仅作用于更新步骤。因而,在本章的多传感器目标跟踪中,只关注更新步骤,实际上,后文将看出,分布式融合主要对象是更新步骤后的后验密度。

另外，在分布式配置中，每个节点（代理）$i \in \mathcal{S}$ 通过适当融合子网络 $\mathcal{I}_i$（包括节点 i）提供的信息更新本地（局部）后验密度 $p_{k,i}$。因此，分布式估计的关键是以一种数学一致的方式融合由不同节点提供的感兴趣目标后验密度。基于库尔贝克—莱布勒散度（KLD）的库尔贝克—莱布勒均值（KLA）这一信息论概念[326]为 PDF 融合提供了一致性方式。

12.3.1 单目标 KLA

由于主要关注于后验密度的融合，后文只要不引起混淆，将省略表示时戳 k 的下标。给定单目标 PDF 及其相关权重的集合 $\{(\omega_i, p_i)\}_{i\in\mathcal{I}}$，其中，$\omega_i \geqslant 0$，$\sum_{i\in\mathcal{I}} \omega_i = 1$，加权 KLA $\bar{p}$ 定义为[452]

$$\bar{p} = \arg_p \inf \sum_{i\in\mathcal{I}} \omega_i \mathcal{D}_{\mathrm{KL}}(p \parallel p_i) \tag{12.3.6}$$

式中：inf 为下确界；$\mathcal{D}_{\mathrm{KL}}$ 为单目标密度 p 和 p_i 之间的 KLD，为

$$\mathcal{D}_{\mathrm{KL}}(p \parallel p_i) = \int p(\boldsymbol{x}) \log \frac{p(\boldsymbol{x})}{p_i(\boldsymbol{x})} \mathrm{d}\boldsymbol{x} \tag{12.3.7}$$

实际上，式（12.3.6）中的加权 KLA 与 PDF 的归一化加权几何均值（Normalized Weighted Geometric Mean，NWGM）是相等的[326]，即

$$\bar{p}(\boldsymbol{x}) \overset{\mathrm{def}}{=} \bigoplus_{i\in\mathcal{I}} (\omega_i \odot p_i(\boldsymbol{x})) = \frac{\prod_{i\in\mathcal{I}} p_i^{\omega_i}(\boldsymbol{x})}{\int \prod_{i\in\mathcal{I}} p_i^{\omega_i}(\boldsymbol{x}) \mathrm{d}\boldsymbol{x}} \tag{12.3.8}$$

其中，加权算子 $\odot$ 的定义见附录 O，式（12.3.8）即为有名的切尔诺夫融合规则[325]。对于未加权 KLA，即 $\omega_i = 1/|\mathcal{I}|$，有

$$\bar{p}(\boldsymbol{x}) = \bigoplus_{i\in\mathcal{I}} ((1/|\mathcal{I}|) \odot p_i(\boldsymbol{x})) \tag{12.3.9}$$

说明：高斯分布的加权 KLA 仍为高斯分布[326]。更具体地讲，令 $(\boldsymbol{u}, \boldsymbol{I}) \overset{\mathrm{def}}{=} (\boldsymbol{P}^{-1}m, \boldsymbol{P}^{-1})$ 表示与高斯 $\mathcal{N}(\cdot;\boldsymbol{m},\boldsymbol{P})$ 相关的矢量—矩阵信息二元组，则 KLA $\bar{p}(\cdot) = \mathcal{N}(\cdot;\bar{\boldsymbol{m}},\bar{\boldsymbol{P}})$ 的信息二元组 $(\bar{\boldsymbol{u}},\bar{\boldsymbol{I}})$ 为 $p_i(\cdot) = N(\cdot;\boldsymbol{m}_i,\boldsymbol{P}_i)$ 的信息二元组 $(\boldsymbol{u}_i,\boldsymbol{I}_i)$ 的加权算术平均。这实际对应熟知的协方差交叉（CI）融合规则。

建立了 PDF 融合的 KLA 概念后，下面为网络中每个节点介绍计算 KLA 的分布式且可伸缩的一致性算法。

12.3.2 一致性算法

一致性（Consensus）算法[320,453]是整个网络上分布式计算（如取最小、取最大、求平均等）经常采用的强有力工具，并已广泛应用于分布式参数/状态估计[454-457]。在其基本形式中，一致性算法可看作是整个网络上的分布式平均技

术,每个节点的目的是通过迭代的局部均值计算给定量的总体均值,其中,术语“总体”和“局部”分别意味着对所有网络节点和仅邻近节点而言。一致性算法的核心思想是通过每个节点迭代更新并传输其本地信息给邻近节点,从而在全体网络上达成集体认同。这些重复性的迭代局部(本地)操作提供了一种在整个网络上传递信息的机制。为获得可靠的可伸缩分布式多目标跟踪算法,在每个时刻 k,使用一致性对节点 $i \in \mathcal{S}$ 的后验密度 $p_{k,i}$ 的总体未加权 KLA 进行分布式计算。

首先简要介绍基础的平均一致性问题。令节点 i 提供给定量 θ 的估计 $\hat{\theta}_i$,现在的目的是得到一个算法,其可在每个节点上以分布式方式计算下述均值:

$$\bar{\theta} = \sum_{i \in S} \hat{\theta}_i / |\mathcal{S}| \tag{12.3.10}$$

令 $\hat{\theta}_{i,0} = \hat{\theta}_i$,则简单的一致性算法取以下迭代形式:

$$\hat{\theta}_{i,c} = \sum_{j \in \mathcal{I}_i} \omega_{i,j} \hat{\theta}_{j,c-1}, \quad \forall i \in \mathcal{S} \tag{12.3.11}$$

其中,下标 c 表示第 c 次迭代步骤,一致性权重满足以下条件:

$$\omega_{i,j} \geqslant 0 \quad \forall i,j \in \mathcal{S}; \quad \sum_{j \in \mathcal{I}_i} \omega_{i,j} = 1 \, \forall i \in \mathcal{S} \tag{12.3.12}$$

注意到,式(12.3.11)表明任意节点给定的一致性估计,通过邻近节点之前的一致性步骤估计的凸组合计算得到。换言之,迭代式(12.3.11)仅是节点 i 计算的区域均值,一致性目标是使得该区域均值收敛到总体均值(式(12.3.10))。值得强调的是,一致性权重对收敛属性具有重要影响[320, 453]。记 $\boldsymbol{\Omega}$ 为一致性矩阵,其元素 (i,j) 为一致性权重 $\omega_{i,j}$(如果 $j \notin \mathcal{I}_i$,则 $\omega_{i,j}$ 为 0),那么,如果一致性矩阵 $\boldsymbol{\Omega}$ 是素阵(Primitive Matrix)和双随机矩阵(Doubly Stochastic Matrix)①,一致性算法(式(12.3.11))渐进趋于均值(式(12.3.10)),即

$$\lim_{c \to \infty} \hat{\theta}_{i,c} = \bar{\theta}, \forall i \in \mathcal{S} \tag{12.3.13}$$

矩阵 $\boldsymbol{\Omega}$ 为素阵的一个必要条件是网络 $\mathcal{G}$ 是强连通(Strongly Connected)的[454],即对于任意对节点 $i,j \in \mathcal{S}$,存在一条从 i 到 j 的有向路径,反之亦然。对于 $\forall i \in \mathcal{S}, j \in \mathcal{I}_i$,当 $\omega_{i,j} > 0$ 时,可满足该条件。此外,当网络 $\mathcal{G}$ 是无向的(即节点 i 可接收节点 j 的信息,j 也能接收 i 的信息),为保证 $\boldsymbol{\Omega}$ 是素阵且为双随机矩阵,从而确保收敛到总体均值,可选择以下米特罗波利斯(Metropolis)权重[453, 454]

---

① 一个非负方阵 $\boldsymbol{\Omega}$ 的所有行和列之和为 1,则称 $\boldsymbol{\Omega}$ 是双随机矩阵。进一步,如果存在一个整数 m,使得 $\boldsymbol{\Omega}^m$ 的所有元素严格为正,则称 $\boldsymbol{\Omega}$ 是素阵。

$$\omega_{i,j} = \frac{1}{1 + \max\{|\mathcal{I}_i|, |\mathcal{I}_j|\}}, i \in \mathcal{S}, j \in \mathcal{I}_i, i \neq j \qquad (12.3.14)$$

$$\omega_{i,i} = 1 - \sum_{j \in \mathcal{I}_i, j \neq i} \omega_{i,j} \qquad (12.3.15)$$

12.3.3 基于一致性的单目标次优分布式融合

假设在 k 时刻，每个节点 i 从后验 p_i 开始，并将其作为初始迭代 $p_{i,0}$，再通过下式计算第 c 次一致性迭代

$$p_{i,c}(\boldsymbol{x}) = \bigoplus_{j \in \mathcal{I}_i} (\omega_{i,j} \odot p_{j,c-1}(\boldsymbol{x})) \qquad (12.3.16)$$

其中，$\omega_{i,j} \geqslant 0$ 是与节点 i 和节点 $j \in \mathcal{I}_i$ 相关的一致性权重，满足 $\sum_{j \in \mathcal{I}_i} \omega_{i,j} = 1$。利用算子 $\oplus$ 和 $\odot$ 的属性（见附录 O），可得[326]

$$p_{i,c}(\boldsymbol{x}) = \bigoplus_{j \in \mathcal{S}} (\omega_{i,j,c} \odot p_j(\boldsymbol{x})) \qquad (12.3.17)$$

式中：$\omega_{i,j,c}$ 为 $\boldsymbol{\Omega}^c$ 的第 (i,j) 项，$\boldsymbol{\Omega}$ 为行列相等的一致性方阵，其第 (i,j) 项为 $\omega_{i,j} 1_{\mathcal{I}_i}(j)$，可理解为只要 $\omega_{i,j,c} = 0$，在融合过程中可忽略 p_j。更重要的是，如果一致性矩阵 $\boldsymbol{\Omega}$ 为素阵且是双随机矩阵，则对于任意 $i,j \in \mathcal{S}$，有[320]

$$\lim_{c \to \infty} \omega_{i,j,c} = 1/|\mathcal{S}| \qquad (12.3.18)$$

换言之，如果一致性矩阵是素阵且为双随机矩阵，则网络中每个节点的一致性迭代将趋于整个网络后验密度的总体未加权 KLA[326]。

总之，为了计算给定时刻整个网络上的未加权 KLA，每个节点 $i \in \mathcal{S}$ 独立执行表 12.1 给出的步骤。

表 12.1　一致性单目标滤波（Consensus Single – Object Filtering，CSOF）

CSOF 步骤（节点 i，时刻 k）	
本地预测（Local Prediction）	▷见式（12.3.3）
本地更新（Local Update）	▷见式（12.3.4）
for $c = 1,2,\cdots,C$	
信息交换（Information Exchange）	
融合	▷见式（12.3.16）
end	

上述方法假设在监视区域仅存在唯一一个目标，然而，在大部分实际应用中，目标数量是未知且时变的，且量测也面临漏检、杂波和关联不确定性等问题。将一致性方法推广到如此一般的条件下并不容易。为处理多目标问题，需要多目标密度的概念，而随机有限集框架为多目标密度的处理提供了强大的工具。

12.4 多目标密度融合

随机有限集为多目标状态的概率密度提供了严格的概念,因此,可以以一种数学原则方式将第 12.3.1 节设计的单目标 KLA 概念(式(12.3.8))直接推广到多目标密度(包括标签多目标密度,对于标签 RFS 情况,只需将标签版本替换相应的无标签版本即可)。这里采用文献[82]给出的多目标密度的测度理论概念,其在涉及多目标密度指数乘积的积分中,不会面临量纲兼容性问题。

12.4.1 多目标 KLA

显然,需解决的首要问题是怎样定义局部多目标密度 $\pi_i(X)$ 的均值,借鉴已用于单目标 PDF 中的 KLA(式(12.3.7)),可以引入两个多目标密度间的 KLA 概念。首先将 KLD 概念推广到多目标密度 $\pi_i(X)$ 和 $\pi_j(X)$,即两个多目标密度 π_i 和 π_j 的 KLD 为

$$\mathcal{D}_{\mathrm{KL}}(\pi_i \parallel \pi_j) = \int \pi_i(X) \log \frac{\pi_i(X)}{\pi_j(X)} \delta X \tag{12.4.1}$$

式中积分为集合积分。从而,多目标密度 $\pi_i(X), i \in \mathcal{I}$ 的加权 KLA $\overline{\pi}(X)$ 定义为

$$\overline{\pi}(X) \stackrel{\text{def}}{=} \arg_\pi \inf \sum_{i \in \mathcal{I}} \omega_i \mathcal{D}_{\mathrm{KL}}(\pi \parallel \pi_i) \tag{12.4.2}$$

其中,参数 $\omega_i \in [0,1]$ 确定给每个分布分配的相对权重,满足

$$0 \leqslant \omega_i \leqslant 1, i \in \mathcal{I}, \text{且} \sum_{i \in \mathcal{I}} \omega_i = 1 \tag{12.4.3}$$

注意到,式(12.4.2)表明节点密度的加权 KLA 是使得这些密度的 KLD 加权和最小的密度[458],如果 $|\mathcal{I}|$ 为节点数量,且对 $i = 1,2,\cdots,|\mathcal{I}|$,有 $\omega_i = 1/|\mathcal{I}|$,式(12.4.2)即为(未加权)KLA。在贝叶斯统计中,KLD(式(12.4.1))被认为是从先验 $\pi_j(X)$ 移动到后验 $\pi_i(X)$ 时实现的信息增益。因而,根据式(12.4.2),平均 PDF 是使得初始多目标密度的信息增益之和最小的 PDF。因此,代表当前知识状态的最佳概率密度将产生尽可能小的信息增益,这与最小可判别信息原理(Principle of Minimum Discrimination Information, PMDI)是一致的(关于该原理及其与高斯原理和最大似然估计的关系讨论可参考文献[459])。遵循 PMDI 非常重要,以便应对所谓的"数据乱伦"现象,即由于网络内循环的存在,难以意识到对相同块信息的重复使用。换言之,这将避免任意网络拓扑中的重复计算或双计数问题[324]。

命题 33:式(12.4.2)定义的加权 KLA 是多目标密度 $\pi_i, i \in \mathcal{I}$的归一化加权

几何均值,为(证明见附录 P)

$$\overline{\pi}(X) \stackrel{\text{def}}{=} \bigoplus_{i\in\mathcal{I}}(\omega_i \odot \pi_i(X)) = \frac{\prod_{i\in\mathcal{I}}\pi_i^{\omega_i}(X)}{\int\prod_{i\in\mathcal{I}}\pi_i^{\omega_i}(X)\delta X} \tag{12.4.4}$$

对于标签 RFS 情况,仿照附录 P 的证明,可得到类似的结果,该结果在形式上只需将式(12.4.4)的无标签 X 替换为相应的标签 $\mathbf{X}$ 即可。

当 $\omega_i = 1/|\mathcal{I}|$ 时,式(12.4.4)为

$$\overline{\pi}(X) = \bigoplus_{i\in\mathcal{I}}((1/|\mathcal{I}|)\odot\pi_i(X)) \tag{12.4.5}$$

使用融合规则(式(12.4.4))获得了局部多目标密度的 KLA,实质上,融合规则(式(12.4.4))是切尔诺夫融合(式(12.3.8))的多目标版本,与 Mahler 为多目标融合首次提出的广义协方差交叉(GCI)[322] 相一致。具体而言,式(12.4.4)中的$\overline{\pi}(X)$显然就是节点(代理)多目标密度 $\pi_i(X)$,$i\in\mathcal{I}$的归一化加权几何均值,也被称为 GCI 和指数混合密度(EMD)[322,346]。名称 GCI 源于如下原因:协方差交叉(CI)是针对高斯 PDF 构建的(单目标)PDF 融合规则[322, 324],而式(12.4.4)是(单目标)PDF 融合规则的多目标版本,因而,属协方差交叉法的推广。对于 CI 而言,给定多个估计器对同一变量 $\boldsymbol{x}$ 的估计$\hat{\boldsymbol{x}}_i$、相关协方差 $\boldsymbol{P}_i$ 以及未知的相关性,则其协方差交叉(CI)融合为

$$\hat{\boldsymbol{x}} = \boldsymbol{P}\sum_i\omega_i\boldsymbol{P}_i^{-1}\hat{\boldsymbol{x}}_i,\quad \boldsymbol{P} = \left(\sum_i\omega_i\boldsymbol{P}_i^{-1}\right)^{-1} \tag{12.4.6}$$

从降低后验协方差矩阵的行列式(或融合分布的峰值比先验分布峰值更大)的角度来讲,CI 融合可获得信息增益。式(12.4.6)的独特性在于:对于满足式(12.4.3)的任意权重 ω_i,假设所有估计是一致的(Consistent),即

$$E[(\boldsymbol{x}-\hat{\boldsymbol{x}}_i)(\boldsymbol{x}-\hat{\boldsymbol{x}}_i)^{\mathrm{T}}] \leqslant \boldsymbol{P}_i,\ \forall i \tag{12.4.7}$$

则融合后的估计也是一致的,即

$$E[(\boldsymbol{x}-\hat{\boldsymbol{x}})(\boldsymbol{x}-\hat{\boldsymbol{x}})^{\mathrm{T}}] \leqslant \boldsymbol{P} \tag{12.4.8}$$

对于正态分布估计,易知式(12.4.6)等价于

$$\bar{p}(\boldsymbol{x}) = \frac{\prod_i p_i^{\omega_i}(\boldsymbol{x})}{\int\prod_i p_i^{\omega_i}(\boldsymbol{x})\mathrm{d}\boldsymbol{x}} \tag{12.4.9}$$

其中,$p_i(\cdot) \stackrel{\text{def}}{=} \mathcal{N}(\cdot;\hat{\boldsymbol{x}}_i,\boldsymbol{P}_i)$是具有均值$\hat{\boldsymbol{x}}_i$ 和协方差 $\boldsymbol{P}_i$ 的高斯 PDF。总之,注意到一致性属性是开发 CI 融合规则的主要动机,该属性实际上与多目标融合时考虑的 PMDI 是一致的。

12.4.2　CPHD 密度的加权 KLA

首先计算独立同分布群(IIDC)分布的 EMD,其可用于 CPHD 滤波器后验的

融合。

将目标集合建模为 IIDC 过程，即待融合的节点 i 的多目标密度具有如下形式

$$\pi_i(X) = |X|!\rho_i(|X|)\prod_{x\in X}p_i(\boldsymbol{x}) \tag{12.4.10}$$

式中：$(\rho_i(n), p_i(\boldsymbol{x}))$ 为节点 i 处 CPHD 滤波器输出的后验。

不失一般性，不妨以两个多目标分布为例。考虑以下两个 IIDC 分布 π_i 和 π_j：

$$\pi_i(X) = |X|!\rho_i(|X|)\prod_{x\in X}p_i(\boldsymbol{x}) \tag{12.4.11}$$

$$\pi_j(X) = |X|!\rho_j(|X|)\prod_{x\in X}p_j(\boldsymbol{x}) \tag{12.4.12}$$

根据式(12.4.4)，可得两者的融合密度为

$$\overline{\pi}(X) = \frac{\pi_i^{1-\omega}(X)\pi_j^{\omega}(X)}{\int\pi_i^{1-\omega}(X')\pi_j^{\omega}(X')\delta X'} \tag{12.4.13}$$

将式(12.4.11)和式(12.4.12)代入式(12.4.13)，有

$$\overline{\pi}(X) = \frac{1}{K}|X|!\rho_i^{(1-\omega)}(|X|)\rho_j^{\omega}(|X|)\prod_{x\in X}p_i^{(1-\omega)}(\boldsymbol{x})p_j^{\omega}(\boldsymbol{x}) \tag{12.4.14}$$

式中，归一化因子 K 是分子的集合积分，为

$$\begin{aligned}K &= \sum_{|X|=0}^{\infty}\rho_i^{(1-\omega)}(|X|)\rho_j^{\omega}(|X|)\left(\int p_i^{(1-\omega)}(\boldsymbol{x}')p_j^{\omega}(\boldsymbol{x}')\mathrm{d}\boldsymbol{x}'\right)^{|X|}\\ &= \sum_{|X|=0}^{\infty}\rho_i^{(1-\omega)}(|X|)\rho_j^{\omega}(|X|)\eta_{i,j}^{|X|}(\omega)\end{aligned} \tag{12.4.15}$$

其中，

$$\eta_{i,j}(\omega) = \langle p_i^{(1-\omega)}, p_j^{\omega}\rangle = \int p_i^{(1-\omega)}(\boldsymbol{x})p_j^{\omega}(\boldsymbol{x})\mathrm{d}x \tag{12.4.16}$$

对式(12.4.14)的分子和分母乘以 $\eta_{i,j}^{|X|}(\omega)$，有

$$\overline{\pi}(X) = |X|!\frac{\rho_i^{(1-\omega)}(|X|)\rho_j^{\omega}(|X|)\eta_{i,j}^{|X|}(\omega)}{K}\prod_{x\in X}\bar{p}(\boldsymbol{x}) \tag{12.4.17}$$

其中，$\bar{p}(\boldsymbol{x})$ 为单目标状态空间上的概率密度，为

$$\bar{p}(\boldsymbol{x}) = p_i^{(1-\omega)}(\boldsymbol{x})p_j^{\omega}(\boldsymbol{x})/\eta_{i,j}(\omega) \tag{12.4.18}$$

因而，融合分布的位置密度 $\bar{p}(\boldsymbol{x})$ 是输入位置密度 p_i 和 p_j 的 EMD。

进一步，将式(12.4.15)代入式(12.4.17)，式(12.4.17)可写成如下 IIDC 形式

$$\overline{\pi}(X) = |X|!\bar{\rho}(|X|)\prod_{x\in X}\bar{p}(\boldsymbol{x}) \tag{12.4.19}$$

式中，

$$\bar{\rho}(|X|)=\frac{\rho_i^{(1-\omega)}(|X|)\rho_j^{\omega}(|X|)\eta_{i,j}^{|X|}(\omega)}{\sum_{m=0}^{\infty}\rho_i^{(1-\omega)}(m)\rho_j^{\omega}(m)\eta_{i,j}^{m}(\omega)} \tag{12.4.20}$$

式(12.4.20)表明，融合的势密度是输入势的分数幂和融合位置密度得到的尺度因子（式(12.4.16)）的$|X|$次幂的缩放乘积。

运用归纳法，可将两个传感器推广到更一般的情况，从而有以下命题。

命题 34：由式(12.4.10)定义的 IIDC 分布多目标密度 $\pi_i, i\in\mathcal{I}$的 EMD 也为如下形式的 IIDC 分布

$$\bar{\pi}(X)=|X|!\bar{\rho}(|X|)\prod_{x\in X}\bar{p}(\boldsymbol{x}) \tag{12.4.21}$$

其中，

$$\bar{p}(\boldsymbol{x})=\frac{\prod_i p_i^{\omega_i}(\boldsymbol{x})}{\int\prod_i p_i^{\omega_i}(\boldsymbol{x})\mathrm{d}\boldsymbol{x}} \tag{12.4.22}$$

$$\bar{\rho}(n)=\frac{\prod_i\rho_i^{\omega_i}(n)\left[\int\prod_i p_i^{\omega_i}(\boldsymbol{x})\mathrm{d}\boldsymbol{x}\right]^n}{\sum_{j=0}^{\infty}\prod_i\rho_i^{\omega_i}(j)\left[\int\prod_i p_i^{\omega_i}(\boldsymbol{x})\mathrm{d}\boldsymbol{x}\right]^j} \tag{12.4.23}$$

命题 34 实际对应于 GCI 融合（式(12.4.4)）。根据命题 34 可融合 CPHD 滤波器传递的后验分布。式(12.4.21)～式(12.4.23)表明：IIDC 分布的融合结果仍为 IIDC 分布，其位置密度 $\bar{p}(\cdot)$是各节点位置密度 $p_i(\cdot)$的加权几何均值，而融合的势 $\bar{\rho}(\cdot)$则具有更为复杂的表达式(12.4.23)，其中涉及节点位置 PDF 和势 PMF。

对 PHD 和伯努利滤波器的分布式融合，仿照类似推导，可分别得到多目标泊松和（单目标）伯努利分布的相应结论，具体内容可参考附录 Q。此外，对于 Mδ－GLMB 和 LMB 密度，它们的 KLA 也分别是 Mδ－GLMB 和 LMB 密度，下面给出归一化加权几何均值的闭合形式解，这些结果对执行 Mδ－GLMB 和 LMB 跟踪滤波器的融合是必要的。

12.4.3　Mδ－GLMB 密度的加权 KLA

以下命题总结了 Mδ－GLMB 密度融合规则，换言之，应用该命题可获得 Mδ－GLMB 密度 $\pi_i, i\in\mathcal{I}$ 的 KLA（式(12.4.4)）。

命题 35（证明见附录 R）：令 $\pi_i(\mathrm{X})=\Delta(\mathrm{X})\sum_{I\in\mathcal{F}(\mathbb{L})}\delta_I(\mathcal{L}(\mathrm{X}))w_i^{(I)}[p_i^{(I)}]^{\mathrm{X}}, i\in\mathcal{I}$为式(7.5.16)定义的 Mδ－GLMB 密度，权重 ω_i 满足式(12.4.3)，则 Mδ－GLMB 密度的加权 KLA（归一化加权几何均值）也是 Mδ－GLMB 形

式,即

$$\bar{\pi}(\mathrm{X}) = \bigoplus_{i\in\mathcal{I}}(\omega_i \odot \pi_i(\mathrm{X})) = \Delta(\mathrm{X}) \sum_{I\in\mathcal{F}(\mathbb{L})} \delta_I(\mathcal{L}(\mathrm{X})) \bar{w}^{(I)} [\bar{p}^{(I)}]^{\mathrm{X}} \tag{12.4.24}$$

其中,

$$\bar{w}^{(I)} = \frac{\prod_{i\in\mathcal{I}} (w_i^{(I)})^{\omega_i} \left[\int \prod_{i\in\mathcal{I}} (p_i^{(I)}(\boldsymbol{x},\cdot))^{\omega_i} \mathrm{d}\boldsymbol{x} \right]^I}{\sum_{J\subseteq\mathbb{L}} \prod_{i\in\mathcal{I}} (w_i^{(J)})^{\omega_i} \left[\int \prod_{i\in\mathcal{I}} (p_i^{(J)}(\boldsymbol{x},\cdot))^{\omega_i} \mathrm{d}\boldsymbol{x} \right]^J} \tag{12.4.25}$$

$$\bar{p}^{(I)} = \bigoplus_{i\in\mathcal{I}}(\omega_i \odot p_i^{(I)}) = \frac{\prod_{i\in\mathcal{I}} (p_i^{(I)})^{\omega_i}}{\int \prod_{i\in\mathcal{I}} (p_i^{(I)})^{\omega_i} \mathrm{d}\boldsymbol{x}} \tag{12.4.26}$$

说明:变量 $\bar{w}^{(I)}$ 和 $\bar{p}^{(I)}$ 可根据式(12.4.25)和式(12.4.26)分别确定,因此,整个融合步骤是完全并行的。此外,注意式(12.4.26)实际是单目标 PDF 的切尔诺夫融合规则。

12.4.4 LMB 密度的加权 KLA

以下命题总结了 LMB 密度融合规则,换言之,应用该命题可获得 LMB 密度 $\{(\varepsilon_i^{(\ell)}, p_i^{(\ell)})\}_{\ell\in\mathbb{L}}, i\in\mathcal{S}$ 的 KLA(式(12.4.4))。

命题 36(证明见附录 S):令 $\pi_i = \{(\varepsilon_i^{(\ell)}, p_i^{(\ell)})\}_{\ell\in\mathbb{L}}, i\in\mathcal{I}$ 为式(3.3.35)定义的 LMB 密度,权重 ω_i 满足式(12.4.3),则 LMB 密度的加权 KLA(归一化加权几何均值)也是 LMB 形式,为

$$\bar{\pi}(\mathrm{X}) = \bigoplus_{i\in\mathcal{I}}(\omega_i \odot \pi_i(\mathrm{X})) = \{(\bar{\varepsilon}^{(\ell)}, \bar{p}^{(\ell)})\}_{\ell\in\mathbb{L}} \tag{12.4.27}$$

其中,

$$\bar{\varepsilon}^{(\ell)} = \frac{\int \prod_{i\in\mathcal{I}} (\varepsilon_i^{(\ell)} p_i^{(\ell)}(\boldsymbol{x}))^{\omega_i} \mathrm{d}\boldsymbol{x}}{\prod_{i\in\mathcal{I}} (1-\varepsilon_i^{(\ell)})^{\omega_i} + \int \prod_{i\in\mathcal{I}} (\varepsilon_i^{(\ell)} p_i^{(\ell)}(\boldsymbol{x}))^{\omega_i} \mathrm{d}\boldsymbol{x}} \tag{12.4.28}$$

$$\bar{p}^{(\ell)} = \bigoplus_{i\in\mathcal{I}}(\omega_i \odot p_i^{(\ell)}) \tag{12.4.29}$$

说明:每个伯努利分量 $(\bar{\varepsilon}^{(\ell)}, \bar{p}^{(\ell)})$ 可根据式(12.4.28)和式(12.4.29)分别确定,因此整个融合步骤是完全并行的。此外,同样注意到式(12.4.29)实际是单目标 PDF 的切尔诺夫融合规则。

12.5 SMC-CPHD 滤波器的分布式融合

基于 CPHD 密度的加权 KLA 的结论(见第 12.4.2 节),本节采用 CPHD 滤

波器方法进行分布式多目标跟踪。此时，节点将局部更新和融合势 PMF $\rho(\cdot)$ 和位置 PDF $p(\cdot)$，为简便起见，将两者合称为 CPHD。严格地讲，网络 $\mathcal{G}=(\mathcal{S},\mathcal{A})$ 上基于 CPHD 的分布式多目标跟踪问题可描述如下：给定节点 i 本地量测 $Z_{k,i}$ 和从所有相邻节点 $j\in\mathcal{I}_i\backslash i$ 接收的数据，在每个时刻 $k\in\{1,2,\cdots\}$，每个节点 $i\in\mathcal{S}$ 必须估计未知多目标集合 X_k 的 CPHD，使得估计二元组 $(\rho_{k|k,i}(n), p_{k|k,i}(\boldsymbol{x}))$ 尽可能地接近集中式 CPHD 同时处理所有节点信息时提供的估计。

基于指数混合密度（EMD）进行分布式融合实现时面临两个主要的挑战。第一个问题是 EMD 几乎不存在闭合形式解。例如，如果式（12.4.10）中 $p_i(\boldsymbol{x})$ 是高斯混合（GM）形式，则式（12.4.22）计算的加权几何均值一般将不再是 GM 形式。尽管可采用牛顿级数展开将其近似为 GM 形式，然而，级数展开可能使得数值不稳定，除非使用极大数量的分量，因此，需要稳健的计算方法。第二个问题是更新步骤需要考虑 ω 选择策略的影响，这是一个最优化过程，必须对不同的 ω 值重复计算更新的分布和散度值，因此，需要有效的计算方案。

考虑到 EMD 一般不存在闭合形式解，这里采用 CPHD 滤波器的 SMC 实现方式。此外，为融合其他传感器数据，必须能对大范围变化的 ω 值计算式（12.4.19）、式（12.4.18）和式（12.4.16）。然而，由于每个节点有各自的 SMC-CPHD 滤波器，因此这难以直接实现。因此，下面使用聚类技术来获得分布的连续近似，再根据这些分布进行抽样以计算 EMD。

12.5.1　局部信息融合表示

每个节点拥有局部 IIDC 分布，对于节点 $i\in\mathcal{S}$，将其记为 $\{\rho_{k|k,i}(n),\{w_{k|k,i}^{(m)},\boldsymbol{x}_{k|k,i}^{(m)},\ell_i^{(m)}\}_{m=1:M_i}\}$，其中，$\rho_{k|k,i}(n)$ 为势分布，而位置分布一共由 M_i 个粒子表示，余下的 3 项即储存与每个粒子相关的信息，$\boldsymbol{x}_{k|k,i}^{(m)}$ 是由位置分布产生的粒子，分量 $w_{k|k,i}^{(m)}$ 是与第 m 个粒子 $\boldsymbol{x}_{k|k,i}^{(m)}$ 相关的权重，$\ell_i^{(m)}$ 为粒子标签，通过标识粒子保持量测与粒子的关联性，这是因为标签可辨别产生粒子的量测，当融合来自不同节点的分布时可使用该信息。

给定 $w_{k|k,i}^{(m)}$ 和 $\boldsymbol{x}_{k|k,i}^{(m)}$ 这两个分量，位置分布可表示为

$$\hat{p}_{k|k,i}(\boldsymbol{x}) = \sum_{m=1}^{M_i} w_{k|k,i}^{(m)}\delta_{x_{k|k,i}^{(m)}}(\boldsymbol{x}) \tag{12.5.1}$$

目标的平均数量为

$$\mu_{k|k,i} = \sum_{n=0}^{n_{\max}} n\rho_{k|k,i}(n) \tag{12.5.2}$$

其中，$n_{\max}$ 为 $\rho_{k|k,i}(n)$ 的储存长度，PHD 为

$$\hat{v}_{k|k,i}(\boldsymbol{x}) = \mu_{k|k,i}\hat{p}_{k|k,i}(\boldsymbol{x}) \tag{12.5.3}$$

12.5.2 SMC-CPHD 的连续近似

因为每个节点使用其自身的 SMC 表示,各节点有其特有的粒子集,不能保证每个节点拥有的粒子支持域和数量均相同,因此,不能将节点 i 和节点 j 的强度(PHD)直接融合,为此,这里使用连续近似方法。该近似问题可通过内核密度估计(Kernel Density Estimation,KDE)方法求解[460]。Fraley 综述了用于密度估计的基于模型的聚类方法[461]。然而,这些方法对逸出值不够鲁棒,可能导致势分布的高度不确定性,从而产生许多混合分量。相反,这里调用标签技术来生成聚,将每个聚 $\ell \in \mathcal{L} \overset{\text{def}}{=} \{\ell_1, \cdots, \ell_L\}$ 与参数集 $\boldsymbol{C}_\ell$ 进行关联,并使用如下密度估计(为方便描述,这里省略了变量的下标 k,i)

$$\hat{p}(\boldsymbol{x}) = \frac{1}{M}\sum_{m=1}^{M} \mathcal{K}(\boldsymbol{x}, \boldsymbol{x}^{(m)}; \boldsymbol{C}_{\ell(m)}) \tag{12.5.4}$$

式中:$\mathcal{K}(\boldsymbol{x}, \boldsymbol{x}^{(m)}; \boldsymbol{C}_{\ell(m)})$ 为均值为 $\boldsymbol{x}^{(m)}$、协方差为 $\boldsymbol{C}_{\ell(m)}$ 的高斯密度。

为获得聚 ℓ(即 $\{\boldsymbol{x}^{(m')} \mid \ell^{(m')} = \ell\}$)的内核参数 $\boldsymbol{C}_\ell$,首先需要一个变换,其可对变换域中聚 ℓ 的经验协方差 $\boldsymbol{\Sigma}_\ell$ 进行对角化,从而使得多维内核参数问题退化为多个独立单维问题。该变换使用了经验协方差矩阵 $\boldsymbol{\Sigma}_\ell$ 的负平方根,即利用下述公式变换所有的 $\boldsymbol{x}^{(m')} \in \{\boldsymbol{x}^{(m')} \mid \ell^{(m')} = \ell\}$

$$\boldsymbol{y}^{(m')} = \boldsymbol{W}_\ell \boldsymbol{x}^{(m')} \tag{12.5.5}$$

$$\boldsymbol{W}_\ell = \boldsymbol{\Sigma}_\ell^{-1/2} \tag{12.5.6}$$

假设 $\boldsymbol{y}^{(m')}$ 的协方差是对角矩阵,则变换域中 D 维高斯内核可简化为

$$\mathcal{K}(\boldsymbol{y}, \boldsymbol{y}^{(m')}) = \prod_{d=1}^{D} \frac{1}{\sqrt{2\pi}B_d} \exp\left(-\frac{(\boldsymbol{y}_d - \boldsymbol{y}_d^{(m')})^2}{2B_d^2}\right) \tag{12.5.7}$$

式中:$\boldsymbol{y}_d$ 和 $\boldsymbol{y}_d^{(m')}$ 分别为 $\boldsymbol{y}$ 和 $\boldsymbol{y}^{(m')}$ 的第 d 维分量;D 为状态空间的维度;B_d 为一维高斯内核的带宽参数[460]。

每一维带宽 B_d 可利用下述经验法则(rule-of-thumb,RUT)得到[460,462]

$$B_d = \sigma_d \cdot (4/(3N))^{1/5} \tag{12.5.8}$$

式中:σ_d 为 $\boldsymbol{y}_d^{(m')}$ 的经验标准差;N 为这些点的数量。相比其他方法,该方法简易且具有较低的计算复杂度。

因此,对于聚 ℓ,可确定式(12.5.4)中协方差矩阵为

$$\boldsymbol{C}_\ell = \boldsymbol{T}_\ell \boldsymbol{\Lambda}_\ell \boldsymbol{T}_\ell^{\mathrm{T}} \tag{12.5.9}$$

其中,

$$\boldsymbol{T}_\ell = \boldsymbol{W}_\ell^{-1} \tag{12.5.10}$$

$$\boldsymbol{\Lambda}_\ell = \mathrm{blkdiag}(B_1^2, B_2^2, \cdots, B_D^2) \tag{12.5.11}$$

12.5.3　指数混合密度构建

下面考虑命题 34 中的 EMD,并对任意 $\omega \in [0,1]$ 引入蒙特卡罗方法来构建多目标 EMD。首先通过抽样步骤来产生代表式(12.4.18)所给融合位置密度 $\bar{p}(\boldsymbol{x})$ 的粒子。然后,在估计式(12.4.16)所给尺度因子 $\eta_{i,j}(\omega)$ 后求得融合势分布式(12.4.20)。

(1) 根据 EMD 位置分布进行抽样:利用分别代表 $p_i(\boldsymbol{x})$ 和 $p_j(\boldsymbol{x})$ 的等权重粒子集 $\{\boldsymbol{x}_i^{(m_i)}\}_{m_i=1:M_i}$ 和 $\{\boldsymbol{x}_j^{(m_j)}\}_{m_j=1:M_j}$ 与 KDE 参数 $\{\boldsymbol{C}_{\ell_i}\}_{\ell_i \in \mathcal{L}_i}$ 和 $\{\boldsymbol{C}_{\ell_j}\}_{\ell_j \in \mathcal{L}_j}$,根据融合的位置密度(式(12.4.18))抽取样本。

EMD 的一致性性质允许可使用 $p_i(\boldsymbol{x})$ 和 $p_j(\boldsymbol{x})$ 的混合作为重要性采样的建议密度。因为相比 $\bar{p}(\boldsymbol{x})$,该混合密度有着更严重的拖尾[463],其表达式为

$$p_q(\boldsymbol{x}) = \frac{M_i p_i(\boldsymbol{x}) + M_j p_j(\boldsymbol{x})}{M_i + M_j} \tag{12.5.12}$$

根据建议密度(式(12.5.12))进行抽样,得到 $\bar{M} = M_i + M_j$ 个样本组成的输入粒子集,即

$$P_U = \{\boldsymbol{x}_i^{(m_i)}\}_{m_i=1:M_i} \cup \{\boldsymbol{x}_j^{(m_j)}\}_{m_j=1:M_j} \tag{12.5.13}$$

因此,P_U 代表 $\bar{p}(\boldsymbol{x})$ 的粒子集,此时,对于 $\boldsymbol{x}^{(m')} \in P_U$,重要性采样(Importance Sampling,IS)权重为

$$w^{(m')} \propto \frac{p_i^{(1-\omega)}(\boldsymbol{x}^{(m')}) p_j^{\omega}(\boldsymbol{x}^{(m')})}{M_i p_i(\boldsymbol{x}^{(m')}) + M_j p_j(\boldsymbol{x}^{(m')})} \tag{12.5.14}$$

在 $M_i + M_j$ 次重采样 $\{w^{(m')}, \boldsymbol{x}^{(m')}\}_{m'=1:M_i+M_j}$ 后,获得近似从 $\bar{p}(\boldsymbol{x})$ 中产生的粒子。不过,为了计算 IS 权重(式(12.5.14)),均需计算 $p_i(\boldsymbol{x})$ 和 $p_j(\boldsymbol{x})$ 在 P_U 所有点处的值。为估计这些值,使用式(12.5.4)中的 KDE 参数 $\{\boldsymbol{C}_{\ell_i}\}_{\ell_i \in \mathcal{L}_i}$ 和 $\{\boldsymbol{C}_{\ell_j}\}_{\ell_j \in \mathcal{L}_j}$,并分别获得 KDE $\hat{p}_i(\boldsymbol{x})$ 和 $\hat{p}_j(\boldsymbol{x})$。然后,计算在 P_U 处的 $\hat{p}_i(\boldsymbol{x})$ 和 $\hat{p}_j(\boldsymbol{x})$。因此,$w^{(m')}$ 的可行估计通过代入这些量到式(12.5.14)中计算得到

$$\hat{w}^{(m')} \propto \frac{\hat{p}_i^{(1-\omega)}(\boldsymbol{x}^{(m')}) \hat{p}_j^{\omega}(\boldsymbol{x}^{(m')})}{M_i \hat{p}_i(\boldsymbol{x}^{(m')}) + M_j \hat{p}_j(\boldsymbol{x}^{(m')})} \tag{12.5.15}$$

对 $\{\hat{w}^{(m)}, \boldsymbol{x}^{(m)}\}$ 重采样后,即获得代表 $\bar{p}(\boldsymbol{x})$ 的等权重样本。

(2) EMD 势分布的构建。为了计算融合势分布(式(12.4.20)),需要估计式(12.4.16)给出的 $\eta_{i,j}(\omega)$。利用式(12.5.12)给出的建议密度 $p_q(\boldsymbol{x})$,$\eta_{i,j}(\omega)$ 的重要性采样(IS)估计为[463]

$$\tilde{\eta}_{i,j}(\omega) \stackrel{\text{def}}{=} \sum_{\boldsymbol{x} \in P_U} \frac{p_i^{(1-\omega)}(\boldsymbol{x}) p_j^{\omega}(\boldsymbol{x})}{M_i p_i(\boldsymbol{x}) + M_j p_j(\boldsymbol{x})} \tag{12.5.16}$$

将 KDE $\hat{p}_i(\boldsymbol{x})$ 和 $\hat{p}_j(\boldsymbol{x})$ 代入式(12.5.16),有

$$\hat{\eta}_{i,j}(\omega) \stackrel{\text{def}}{=} \sum_{\boldsymbol{x}\in P_U} \frac{\hat{p}_i^{(1-\omega)}(\boldsymbol{x})\,\hat{p}_j^{\omega}(\boldsymbol{x})}{M_i\,\hat{p}_i(\boldsymbol{x}) + M_j\,\hat{p}_j(\boldsymbol{x})} \tag{12.5.17}$$

估计出尺度因子后,可通过将 $\rho_i(n)$、$\rho_j(n)$ 和 $\hat{\eta}_{i,j}(\omega)$ 代入式(12.4.20)中构建出 $\bar{\rho}(n), n=0,1,\cdots,n_{\max}$。

12.5.4 加权参数确定

为确定融合密度,还需选择 EMD 权重。从必须指定混合参数 ω 的角度来看,EMD 融合规则不同于贝叶斯规则,具有一定的主观性。该参数控制了 π_i 和 π_j 的相对权重,假设 $J(\omega)$ 为代价函数,现在的目标是选择 ω 使得代价最小,即

$$\omega^* = \arg_{\omega\in[0,1]} \min J(\omega) \tag{12.5.18}$$

借鉴协方差交叉(CI)法的推导,$J(\omega)$ 的可能选择包括 $\overline{\pi}$ 的协方差的行列式或迹。然而,当 $\overline{\pi}$ 为多模分布时,协方差不一定能较好地表示不确定性。另一种可能的选择是考虑 $\overline{\pi}$ 的香农(Shannon)熵[323]。然而,该熵可能包含局部极小值,使得式(12.5.18)的最优问题难以求解[346]。此外,Herley 在 CI 的概率分析中提出了下述准则:$\overline{\pi}$ 与 π_i 和 π_j 得到的 Kullback - Leibler 散度(KLD)应是相同的[323]。具体而言,$J(\omega)$ 可选择为

$$J(\omega) = (\mathcal{D}_{\mathrm{KL}}(\overline{\pi}\,\|\,\pi_i) - \mathcal{D}_{\mathrm{KL}}(\overline{\pi}\,\|\,\pi_j))^2 \tag{12.5.19}$$

式中,KLD $\mathcal{D}_{KL}(\cdot\,\|\,\cdot)$ 的定义见式(12.4.1)。

尽管 Hurley 的结论严格而言仅适用于离散分布,Dabak 已将其推广到连续分布[464]。此外,已证明 $\mathcal{D}(\overline{\pi}\,\|\,\pi_i)$ 是 ω 的非降函数。因此,式(12.5.19)具有唯一的最小值,从而极大地简化了最优化问题。然而,使用该散度测度作为代价函数的信息论证明并不清楚。Hurley 认为该选择是基于所得分布与切尔诺夫信息有关。不过,其与二元分类问题有关联,但其与信息融合的相关性并不明确。因此,这里采用另一种测度——Renyi 散度(RD),其易于求解但是仍然传递了潜在有用的信息。

RD 的定义为

$$\mathcal{R}_{\alpha}(\pi_i\,\|\,\pi_j) = \frac{1}{\alpha-1}\int \log \pi_i^{1-\alpha}(X)\,\pi_j^{\alpha}(X)\,\delta X \tag{12.5.20}$$

相比 KLD,RD 在传感器管理问题中更为有用。RD 通过引入自由参数 α 对 KLD 进行了泛化,该参数可用于强调感兴趣分布间特定方面(如拖尾)的差异。当 $\alpha\to1$ 时,Renyi 散度收敛到 KLD,而当 $\alpha=0.5$ 时,其等于赫林格仿射变换(Hellinger affinity),且权重选择准则变为赫林格距离方程。

12.5.5 Renyi 散度计算

利用两个 IIDC 过程间 Renyi 散度公式(12.5.21),可得

$$\begin{aligned}\mathcal{R}_\alpha(\bar{\pi} \| \pi_i) &= \frac{1}{\alpha-1}\log\sum_{n=0}^{\infty}\bar{\rho}^{(1-\alpha)}(n)\rho_i^{\alpha}(n)\left[\int\bar{p}^{(1-\alpha)}(\boldsymbol{x})p_i^{\alpha}(\boldsymbol{x})\mathrm{d}\boldsymbol{x}\right]^n \\ &= \frac{1}{\alpha-1}\log\sum_{n=0}^{\infty}\bar{\rho}^{\alpha}(n)\rho_i^{(1-\alpha)}(n)\left[\frac{\eta_{i,j}(\alpha\omega)}{\eta_{i,j}^{\alpha}(\omega)}\right]^n \qquad (12.5.21)\end{aligned}$$

其中,$\eta_{i,j}(\alpha\omega)$和$\eta_{i,j}(\omega)$利用式(12.4.16)获得。

采取类似步骤,EMD 相对于$\pi_j(X)$的 Renyi 散度为

$$\mathcal{R}_\alpha(\bar{\pi} \| \pi_j) = \frac{1}{\alpha-1}\log\sum_{n=0}^{\infty}\bar{\rho}^{\alpha}(n)\rho_j^{(1-\alpha)}(n)\left[\frac{\eta_{j,i}(\alpha(1-\omega))}{\eta_{i,j}^{\alpha}(\omega)}\right]^n \qquad (12.5.22)$$

最终,式(12.5.19)的$J(\omega)$变为

$$J(\omega) = (\mathcal{R}_\alpha(\bar{\pi} \| \pi_i) - \mathcal{R}_\alpha(\bar{\pi} \| \pi_j))^2 \qquad (12.5.23)$$

式(12.5.23)的具体计算如下。给定α和ω,首先构建出 EMD 势$\bar{\rho}(n)$(见第12.5.3节)。为实现该目的,仅需在P_U处计算一次 KDE $\hat{p}_i(\boldsymbol{x})$和$\hat{p}_j(\boldsymbol{x})$。然后,利用这些结果,根据式(12.5.17)估计$\eta_{i,j}(\omega)$、$\eta_{i,j}(\alpha\omega)$和$\eta_{j,i}(\alpha(1-\omega))$,这些式子唯一的差别是式(12.5.17)左边下标参数的值有所区别。最终,将这些量代入式(12.5.21)~式(12.5.23)中。

关于$J(\omega)$的不同选择和不同的α值的进一步讨论可参考文献[346]。相比其他类型的代价测度,散度测度更易于实现,且对系统总体性能的影响最小。

12.5.6 SMC-CPHD 分布式融合算法

表12.2总结了 SMC-CPHD 分布式融合算法伪代码。算法的第一个输入是本地传感器i和来自传感器j的 IIDC 后验的粒子表示。第二个输入是 Renyi 散度参数α,其用于计算式(12.5.19)的代价$J(\omega)$。第三个输入为增量值Δ_ω,其用于穷尽搜索时找出最优 EMD 权重ω^*。

首先,求解粒子集的 KDE 参数。然后,根据建议密度构建出样本集合P_U,并在该集合里的粒子处计算输入位置密度的 KDE。一旦计算得到P_U处的 KDE,可计算出 EMD 相对于输入的 Renyi 散度以及代价(式(12.5.23)),同时,起始于$\omega=0$,ω随Δ_ω增加而变化。在由Δ_ω确定的格子上获得代价后,可得到最优 EMD 权重ω^*。在后续步骤中,可根据ω^*计算出建议样本的 IS 权重。

算法的输出是融合的势分布$\bar{\rho}^*(n)$和代表融合位置密度$\bar{p}^*(x)$的粒子集,整个算法中最耗费计算量的步骤是计算 KDE。不过,因为在 for 循环之前仅需

执行该步骤一次，穷尽搜索的计算代价仍然是可承受的。

表 12.2 本地传感器 i 处多目标 EMD 融合算法的序贯蒙特卡罗实现

输入：

- 本地传感器 i 和来自传感器 j 的 IIDC 后验粒子：
  $\{\rho_i(n),\{\boldsymbol{x}_i^{(m_i)},\ell_i^{(m_i)}\}_{m_i=1:M_i}\}$ 和 $\{\rho_j(n),\{\boldsymbol{x}_j^{(m_j)},\ell_j^{(m_j)}\}_{m_j=1:M_j}\}$
- Renyi 散度参数：α
- ω 增量：Δ_ω

计算第 12.5.2 节描述的 $\{\boldsymbol{C}_{\ell_i}\}_{\ell_i\in\mathcal{L}_i}$ 和 $\{\boldsymbol{C}_{\ell_j}\}_{\ell_j\in\mathcal{L}_j}$

形成式(12.5.13)给出的 P_U

根据 KDE 参数 $\{\boldsymbol{C}_{\ell_i}\}_{\ell_i\in\mathcal{L}_i}$ 和 $\{\boldsymbol{C}_{\ell_j}\}_{\ell_j\in\mathcal{L}_j}$ 计算式(12.5.4)中的 KDE 密度 $\hat{p}_i(\boldsymbol{x}),\boldsymbol{x}\in P_U$ 和 $\hat{p}_j(\boldsymbol{x}),\boldsymbol{x}\in P_U$
% 注意：在 for 循环之前已经计算出 $\hat{p}_i$ 和 $\hat{p}_j$

for $\omega=0,\Delta_\omega,\cdots,1$

  根据 $\hat{p}_i$ 和 $\hat{p}_j$ 估计式(12.5.17)的 $\hat{\eta}_{i,j}(\omega)$、$\hat{\eta}_{i,j}(\alpha\omega)$ 和 $\hat{\eta}_{j,i}(\alpha(1-\omega))$

  根据估计的 $\hat{\eta}_{i,j}(\omega)$ 计算式(12.4.20)的 $\bar{\rho}$

  根据 $\bar{\rho}$、估计的 $\hat{\eta}_{i,j}(\omega)$ 和 $\hat{\eta}_{i,j}(\alpha\omega)$，计算式(12.5.21)的 $\mathcal{R}_\alpha(\bar{\pi}\|\pi_i)$

  根据 $\bar{\rho}$、估计的 $\hat{\eta}_{i,j}(\omega)$ 和 $\hat{\eta}_{j,i}(\alpha(1-\omega))$，计算式(12.5.22)的 $\mathcal{R}_\alpha(\bar{\pi}\|\pi_j)$

  根据 $\mathcal{R}_\alpha(\bar{\pi}\|\pi_i)$ 和 $\mathcal{R}_\alpha(\bar{\pi}\|\pi_j)$，计算式(12.5.23)的 $J(\omega)$

end

计算 $\omega^*=\arg_{\omega\in\{0,\Delta_\omega,\cdots,1\}}\min J(\omega)$

根据 $\hat{p}_i$ 和 $\hat{p}_j$，对 $\omega=\omega^*$ 和每个 $x^{(m')}\in P_U$ 计算式(12.5.15)的 IS 权重 $\hat{w}^{(m')}$

存储标签 $\mathcal{L}=\mathcal{L}_i\cup\mathcal{L}_j$ 和 KDE 参数 $\mathcal{C}\stackrel{\text{def}}{=}\{\boldsymbol{C}_{\ell_i}\}_{\ell_i\in\mathcal{L}_i}\cup\{C_{\ell_j}\}_{\ell_j\in\mathcal{L}_j}$

输出：$\{\bar{\rho}^*(n),\{\hat{w}^{(m')},\boldsymbol{x}^{(m')},\ell^{(m')}\}_{m'=1:M_i+M_j}\}$ 和 $\mathcal{C}$ % $\bar{\rho}^*$ 已由 for 循环计算得到

12.6 高斯混合随机集滤波器的分布式融合

12.5 节给出了采用 SMC 方法的分布式多目标信息融合实现，其涉及狄拉克德耳塔函数凸组合，这需要额外的技术，如内核密度估计[111]、最小二乘估计[465]或者参数模型[466]方法，导致计算负担的增加。此外，相比 GM 实现，SMC 实现也需要更多的资源。

对于分布多目标跟踪，各节点具有有限的处理能力和能量资源，因此，尽可能地降低计算量和节点间数据通信量极为重要。在这个方面，GM 方法更为经济，为实现类似的跟踪性能，需要的高斯分量数量通常比粒子数量低几个数量级，因而更受欢迎。为此，这里介绍融合规则(式(12.4.4))的 GM 实现，其利用了一致性算法，从而能以完全分布式方式实施融合。

12.6.1　多目标背景下的一致性算法

整个网络上的全局(总体)KLA(式(12.4.4))需要获得所有局部多目标密度。通过迭代区域均值,可使用一致性算法[112, 326]以分布式和可伸缩方式计算全局 KLA

$$\pi_{i,c+1}(X) = \bigoplus_{j\in\mathcal{I}_i}(\omega_{i,j}\odot\pi_{j,c}(X)),\quad \forall i\in\mathcal{S} \tag{12.6.1}$$

其中,$\pi_{i,0}(X)=\pi_i(X)$,$\omega_{i,j}\geqslant 0$ 是与节点 i 和节点 $j\in\mathcal{I}_i$ 有关的一致性权重,满足 $\sum_{j\in\mathcal{I}_i}\omega_{i,j}=1$。一致性迭代式(12.6.1)是式(12.3.16)的多目标版本。

根据属性式(0.3)~式(0.8)可得①

$$\pi_{i,c}(X) = \bigoplus_{j\in\mathcal{S}}(\omega_{i,j,c}\odot\pi_j(X)),\quad \forall i\in\mathcal{S} \tag{12.6.2}$$

其中,$\omega_{i,j,c}$定义为矩阵 $\boldsymbol{\Omega}^c$ 的元素(i,j)。如前所言,选取一致性权重 $\omega_{i,j}$时要确保 $\boldsymbol{\Omega}$ 是双随机矩阵,从而有

$$\lim_{c\to\infty}\omega_{i,j,c}=1/|\mathcal{S}|,\quad \forall i,j\in\mathcal{S} \tag{12.6.3}$$

因而,类似于单目标情形,在 k 时刻,如果一致性矩阵是素阵且为双随机矩阵,随着 c 趋于无穷,网络中每个节点的局部(本地)多目标密度将收敛于多目标后验密度的全局未加权 KLA(式(12.4.5)),收敛性质可参考文献[326]。实际上,一般在某个有限的 c 处将停止迭代。

12.6.2　融合密度的高斯混合近似

设每个单目标密度 $p^{(*)}$可表示成 GM 形式

$$p^{(*)}(\boldsymbol{x}) = \sum_{j=1}^{J^{(*)}} w^{(j)}\mathcal{N}(\boldsymbol{x};\boldsymbol{m}^{(j)},\boldsymbol{P}^{(j)}) \tag{12.6.4}$$

式中:$(*)$为通配符,对 Mδ-GLMB 而言,$(*)$为(I);对 LMB 而言,$(*)$为(ℓ);而对 CPHD 而言,$(*)$可忽略。后文为方便描述,省略右上标通配符$(*)$。

为简便起见,考虑两个节点(标记为 a 和 b)的情形,两者具有如下 GM 位置密度

$$p_s(x) = \sum_{j=1}^{J_s} w_s^{(j)}\mathcal{N}(\boldsymbol{x};\boldsymbol{m}_s^{(j)},\boldsymbol{P}_s^{(j)}),\ s=a,b \tag{12.6.5}$$

自然地,首要问题是融合位置 PDF 是否仍是 GM 形式

---

① 注意到加权算子$\odot$仅对严格正标量有定义。然而,在式(12.6.2)中,可允许一些标量权重 $\omega_{i,j,c}$为0。可以这样理解:一旦 $\omega_{i,j,c}$等于0,在使用信息融合算子$\oplus$时将忽略对应的多目标密度 $\pi_j(X)$。这总是可行的,因为对每个 $i\in\mathcal{S}$和每个 c,总有一个权重 $\omega_{i,j,c}$严格为正。

$$\bar{p}(x) = \frac{p_a^{\omega}(\boldsymbol{x}) p_b^{1-\omega}(\boldsymbol{x})}{\int p_a^{\omega}(\boldsymbol{x}) p_b^{1-\omega}(\boldsymbol{x}) \mathrm{d}\boldsymbol{x}} \tag{12.6.6}$$

注意到:式(12.6.6)涉及 GM 的指数和乘积运算。因此,首先介绍关于高斯分量和高斯混合基本操作的下述结论。

(1) 高斯分量的指数也是高斯分量,即

$$[w\mathcal{N}(\boldsymbol{x};\boldsymbol{m},\boldsymbol{P})]^{\omega} = w^{\omega}\alpha(\omega,\boldsymbol{P})\mathcal{N}(x;m,\boldsymbol{P}/\omega) \tag{12.6.7}$$

其中,

$$\alpha(\omega,\boldsymbol{P}) = [\det(2\pi\boldsymbol{P}\omega^{-1})]^{1/2}/[\det(2\pi\boldsymbol{P})]^{\omega/2} \tag{12.6.8}$$

(2) 高斯分量的乘积也是高斯分量,即

$$w^{(i)}\mathcal{N}(\boldsymbol{x};\boldsymbol{m}^{(i)},\boldsymbol{P}^{(i)}) \cdot w^{(j)}\mathcal{N}(\boldsymbol{x};\boldsymbol{m}^{(j)},\boldsymbol{P}^{(j)}) = w^{(i,j)}\mathcal{N}(\boldsymbol{x};\boldsymbol{m}^{(i,j)},\boldsymbol{P}^{(i,j)}) \tag{12.6.9}$$

其中,

$$\boldsymbol{P}^{(i,j)} = [(\boldsymbol{P}^{(i)})^{-1} + (\boldsymbol{P}^{(j)})^{-1}]^{-1} \tag{12.6.10}$$

$$\boldsymbol{m}^{(i,j)} = \boldsymbol{P}^{(i,j)}[(\boldsymbol{P}^{(i)})^{-1}\boldsymbol{m}^{(i)} + (\boldsymbol{P}^{(j)})^{-1}\boldsymbol{m}^{(j)}] \tag{12.6.11}$$

$$w^{(i,j)} = w^{(i)}w^{(j)}\mathcal{N}(\boldsymbol{m}^{(i)} - \boldsymbol{m}^{(j)};\boldsymbol{0},\boldsymbol{P}^{(i)} + \boldsymbol{P}^{(j)}) \tag{12.6.12}$$

(3) 根据式(12.6.9)和分布式属性,GM 的乘积也是 GM。更具体地,如果 $p_a(\cdot)$和 $p_b(\cdot)$分别有 J_a 和 J_b 个高斯分量,则 $p_a(\cdot)p_b(\cdot)$将有 J_aJ_b 个分量。

(4) 然而 GM 的指数一般不再是 GM。

根据最后的结论,注意到融合规则(式(12.4.22)、式(12.4.26)和式(12.4.29))涉及式(12.6.4)中高斯混合的指数和乘积,其结果一般不再是高斯混合(GM)。因此,为在整个计算过程中仍保持位置 PDF 的 GM 形式,必须对 GM 指数进行合适的近似,可采用以下近似

$$\begin{aligned}\left[\sum_{j=1}^{J} w^{(j)}\mathcal{N}(\boldsymbol{x};\boldsymbol{m}^{(j)},\boldsymbol{P}^{(j)})\right]^{\omega} &\cong \sum_{j=1}^{J}[w^{(j)}\mathcal{N}(\boldsymbol{x};\boldsymbol{m}^{(j)},\boldsymbol{P}^{(j)})]^{\omega} \\ &= \sum_{j=1}^{J}(w^{(j)})^{\omega}\alpha(\omega,\boldsymbol{P}^{(j)})\mathcal{N}(\boldsymbol{x};\boldsymbol{m}^{(j)},\boldsymbol{P}^{(j)}/\omega)\end{aligned} \tag{12.6.13}$$

实际上,对所有 $\boldsymbol{x}$ 只要可忽略 GM 中不同项的交叉乘积,上述近似是合理的;等价地,假设高斯分量 $\boldsymbol{m}^{(i)}$ 和 $\boldsymbol{m}^{(j)}$ $(i\neq j)$ 良好分离,这可由相关的协方差 $\boldsymbol{P}^{(i)}$ 和 $\boldsymbol{P}^{(j)}$ 度量,上述近似也是成立的。从几何角度而言,高斯分量的置信椭球间隔越远,式(12.6.13)涉及的近似误差将越小;从数学角度来看,式(12.6.13)有效性的条件可表示成以下形式的马哈拉诺比斯(Mahalanobis)距离(即熟知的马氏距离)不等式[467]:

$$(\boldsymbol{m}^{(i)}-\boldsymbol{m}^{(j)})^{\mathrm{T}}(\boldsymbol{P}^{(i)})^{-1}(\boldsymbol{m}^{(i)}-\boldsymbol{m}^{(j)}) \gg 1 \tag{12.6.14}$$

$$(\boldsymbol{m}^{(i)}-\boldsymbol{m}^{(j)})^{\mathrm{T}}(\boldsymbol{P}^{(j)})^{-1}(\boldsymbol{m}^{(i)}-\boldsymbol{m}^{(j)}) \gg 1 \tag{12.6.15}$$

因为随机集滤波器高斯混合实现时需采用合并步骤，以对马氏（或其他类型的）距离小于给定阈值的高斯分量进行融合，因而，近似式(12.6.13)是合理的。

总之，根据式(12.6.13)，融合式(12.4.22)、式(12.4.26)和式(12.4.29)可近似为

$$\begin{aligned}\bar{p}^{(*)}(\boldsymbol{x}) &= \frac{\sum_{i=1}^{J_a^{(*)}}\sum_{j=1}^{J_b^{(*)}} w_{ab}^{(i,j)}\mathcal{N}(\boldsymbol{x};\boldsymbol{m}_{ab}^{(i,j)},\boldsymbol{P}_{ab}^{(i,j)})}{\left\langle \sum_{i=1}^{J_a^{(*)}}\sum_{j=1}^{J_b^{(*)}} w_{ab}^{(i,j)}\mathcal{N}(\boldsymbol{x};\boldsymbol{m}_{ab}^{(i,j)},\boldsymbol{P}_{ab}^{(i,j)}),1\right\rangle} \\ &= \frac{\sum_{i=1}^{J_a^{(*)}}\sum_{j=1}^{J_b^{(*)}} w_{ab}^{(i,j)}\mathcal{N}(\boldsymbol{x};\boldsymbol{m}_{ab}^{(i,j)},\boldsymbol{P}_{ab}^{(i,j)})}{\sum_{i=1}^{J_a^{(*)}}\sum_{j=1}^{J_b^{(*)}} w_{ab}^{(i,j)}}\end{aligned} \tag{12.6.16}$$

其中，

$$\boldsymbol{P}_{ab}^{(i,j)} = [\omega(\boldsymbol{P}_a^{(i)})^{-1}+(1-\omega)(\boldsymbol{P}_b^{(j)})^{-1}]^{-1} \tag{12.6.17}$$

$$\boldsymbol{m}_{ab}^{(i,j)} = \boldsymbol{P}_{ab}^{(i,j)}[\omega(\boldsymbol{P}_a^{(i)})^{-1}\boldsymbol{m}_a^{(i)}+(1-\omega)(\boldsymbol{P}_b^{(j)})^{-1}\boldsymbol{m}_b^{(j)}] \tag{12.6.18}$$

$$\begin{aligned}w_{ab}^{(i,j)} = &(w_a^{(i)})^{\omega}(w_b^{(j)})^{1-\omega}\alpha(\omega,\boldsymbol{P}_a^{(i)})\alpha(1-\omega,\boldsymbol{P}_b^{(j)}) \\ &\mathcal{N}(\boldsymbol{m}_a^{(i)}-\boldsymbol{m}_b^{(j)};\boldsymbol{0},\omega^{-1}\boldsymbol{P}_a^{(i)}+(1-\omega)^{-1}\boldsymbol{P}_b^{(j)})\end{aligned} \tag{12.6.19}$$

注意到，式(12.6.16)～式(12.6.19)等价于对由节点 a 的高斯分量和节点 b 的高斯分量形成的任意可能二元组执行切尔诺夫融合（CI 融合）。此外，得到的融合分量的系数 $w_{ab}^{(i,j)}$ 包括因子 $\mathcal{N}(\boldsymbol{m}_a^{(i)}-\boldsymbol{m}_b^{(j)};\boldsymbol{0},\omega^{-1}\boldsymbol{P}_a^{(i)}+(1-\omega)^{-1}\boldsymbol{P}_b^{(j)})$，其度量两个待融合的分量$(\boldsymbol{m}_a^{(i)},\boldsymbol{P}_a^{(i)})$和$(\boldsymbol{m}_b^{(j)},\boldsymbol{P}_b^{(j)})$的间隔。

在式(12.6.16)中，可适当删除系数 $w_{ab}^{(i,j)}$ 可忽略的高斯分量，这可通过对该系数设定阈值或者检验以下马氏距离是否低于给定的阈值来完成

$$\sqrt{(\boldsymbol{m}_a^{(i)}-\boldsymbol{m}_b^{(j)})^{\mathrm{T}}[\omega^{-1}\boldsymbol{P}_a^{(i)}+(1-\omega)^{-1}\boldsymbol{P}_b^{(j)}]^{-1}(\boldsymbol{m}_a^{(i)}-\boldsymbol{m}_b^{(j)})} \tag{12.6.20}$$

通过序贯应用$|\mathcal{S}|-1$ 次成对融合规则（式(12.6.17)、式(12.6.18)），可分别将融合式(12.6.6)推广到$|\mathcal{S}|>2$ 个节点。注意到，根据乘积算子的结合和可交换性质，可知最终结果与成对融合的顺序是无关的。

12.6.3　一致性 GM－CPHD 滤波器

表 12.3 给出了一致性 GM－CPHD（Consensus GM－CPHD，CGM－CPHD）滤波器算法，该表列出了网络中每个节点 $i\in\mathcal{S}$ 在每个采样时刻 k 执行运算的顺序。所有节点 $i\in\mathcal{S}$ 在每个采样间隔 k 以同样的方式并行工作，每个节点起始于

前一时刻的势 PMF 和具有 GM 形式的位置 PDF 估计：

$$\{\rho_{k-1|k-1,i}(n)\}_{n=0}^{n_{\max}},\{(w_i^{(j)},\boldsymbol{m}_i^{(j)},\boldsymbol{P}_i^{(j)})_{k-1|k-1}\}_{j=1}^{(N_i)_{k-1|k-1}} \tag{12.6.21}$$

并得到新的 CPHD 和目标集合估计，即

$$\{\rho_{k|k,i}(n)\}_{n=0}^{n_{\max}},\{(w_i^{(j)},\boldsymbol{m}_i^{(j)},\boldsymbol{P}_i^{(j)})_{k|k}\}_{j=1}^{(N_i)_{k|k}},\hat{X}_{k|k}^{i} \tag{12.6.22}$$

表 12.3　CGM－CPHD 伪代码

CGM－CPHD 步骤（节点 i，时刻 k）	
本地 GM－CPHD 预测（Local Prediction）	▷见命题 9
本地 GM－CPHD 更新（Local Update）	▷见命题 10
GM 合并（Merging）	▷见表 4.2
for $c=1,2,\cdots,C$	
信息交换（Information Exchange）	
GM－GCI 融合	▷见式（12.4.23）和式（12.6.16）
GM 合并（Merging）	▷见表 4.2
end	
剪枝（Pruning）	▷见表 4.2
估计提取（Estimate Extraction）	▷见表 4.3

CGM－CPHD 算法的步骤简要描述如下：

（1）首先，每个节点 i 根据多目标动态和本地量测集合 $Z_{k,i}$，执行本地（局部）GM－CPHD 滤波器更新。GM－CPHD 预测和更新的细节见第 5.4 节。在局部更新之后以及一致性阶段之前，为了降低高斯分量的数量，以缓解通信和计算负担，需实施合并步骤。

（2）然后，对每个节点 i 的内邻点 $\mathcal{I}_i$ 执行一致性算法。每个节点与相邻节点交换信息（即势 PMF 以及位置 PDF 的 GM 表达式）。更准确地讲，节点 i 将其数据发送给满足条件 $i\in\mathcal{I}_j$ 的节点 j，并一直等待直到接收到 $j\in\mathcal{I}_i\backslash\{i\}$ 的数据。接着，节点 i 在网络 $\mathcal{I}_i$ 上执行由式（12.4.23）和式（12.6.16）～式（12.6.19）所示的 GM－GCI 融合。最终，应用合并步骤为下个一致性步骤降低通信——计算联合负担。根据选定的一致性步骤数目 $C\geqslant1$，重复应用该步骤。

（3）在一致性步骤后，通过剪枝步骤（即仅保留最大可接受的前 $N_{\max}$ 个高斯分量，而删除其他 GM 分量），进一步简化得到的 GM。最终，根据势 PMF 和剪枝的位置 GM，通过与常规 GM－CPHD 相同的估计提取步骤可获得目标集合的估计。

12.6.4　一致性 GM－Mδ－GLMB 滤波器

基于 Mδ－GLMB 滤波器和 LMB 滤波器，根据命题 35、命题 36 以及一致性，可得到两个全新的完全分布式且可伸缩的多目标跟踪算法，分别为一致性高斯

混合 Mδ - GLMB(Consensus GM - Mδ - GLMB, CGM - Mδ - GLMB)滤波器和一致性高斯混合 LMB(Consensus GM - LMB, CGM - LMB)滤波器。对于 Mδ - GLMB 多目标密度,式(12.4.4)可通过式(12.4.25)和式(12.4.26)计算,而 LMB 密度通过式(12.4.28)和式(12.4.29)计算式(12.4.4)。

对于 CGM - Mδ - GLMB 滤波器,表 12.4 给出了网络中每个节点 $i \in \mathcal{S}$ 本地序贯实施的操作步骤。

表 12.4　CGM - Mδ - GLMB 滤波器

CGM - Mδ - GLMB 步骤(节点 i,时刻 k)	
本地预测(Local Prediction)	▷见表 7.2
本地更新(Local Update)	▷见表 7.3
边缘化(Marginalization)	▷见式(7.5.30)、式(7.5.31)
for $c = 1, 2, \cdots, C$	
信息交换(Information Exchange)	
GM - Mδ - GLMB 融合	▷见式(12.4.25)、式(12.4.26)
GM 合并	▷见表 4.2
end	
估计提取	▷见表 7.7

在每个采样间隔 k,各节点 i 起始于自身前一时刻的多目标分布 $\boldsymbol{\pi}_i$ 估计,其具有 GM 形式的位置 PDF $p_i^{(I)}(\boldsymbol{x}, \ell)$, $\forall \ell \in I, I \in \mathcal{F}(\mathbb{L})$,在序列操作最后时刻获得新的多目标分布 $\boldsymbol{\pi}_i = \boldsymbol{\pi}_{i,C}$,并将其作为一致性步骤的结果。CGM - M$\delta$ - GLMB 算法步骤总结如下:

(1) 每个节点 $i \in \mathcal{S}$ 本地执行 GM - δ - GLMB 预测和更新,两步骤的具体内容可见第 7.3.2 节。

(2) 在每个一致性步骤,节点 i 发送其数据给相邻节点 $j \in \mathcal{I}_i \setminus \{i\}$,并一直等待,直到接收到相邻节点的数据。接着,节点在 $\mathcal{I}_i$ 上执行命题 35 的融合规则,即利用本地信息和从 $\mathcal{I}_i$ 接收的信息计算式(12.4.4)。最终,对每个位置 PDF 应用合并步骤以降低下个一致性步骤的通信/计算负担。根据选定的一致性步骤数目 $C \geqslant 1$,重复应用该步骤。

(3) 在一致性步骤后,通过表 7.7 描述的估计提取步骤,可从势 PMF 和位置 PDF 中获得目标集合的估计。

12.6.5　一致性 GM - LMB 滤波器

表 12.5 给出了 CGM - LMB 滤波器算法,其由网络中每个节点 $i \in \mathcal{S}$ 本地序贯实施。CGM - LMB 步骤与上述 CGM - Mδ - GLMB 跟踪滤波器基本相同,只是

用 LMB 预测和更新替换了 Mδ－GLMB 预测和更新。

表 12.5 CGM－LMB 滤波器

CGM－LMB 步骤(节点 i,时刻 k)	
本地预测(Local Prediction)	▷见命题 19
本地更新(Local Update)	▷见第 7.4.2 节
for $c=1,2,\cdots,C$	
信息交换(Information Exchange)	
GM－LMB 融合	▷见式(12.4.28)、式(12.4.29)
GM 合并	▷见表 4.2
end	
估计提取	▷见表 7.6

12.7 小结

本章针对分布式多传感器多目标跟踪问题,在 RFS 框架下,基于多目标 KLA 结论和一致性原理,分别介绍了基于 SMC－CPHD 滤波器的分布式融合、一致性 GM－CPHD 滤波器、一致性 GM－Mδ－GLMB 以及一致性 GM－LMB 滤波器等分布式融合算法。不同于经典的非 RFS 多传感器融合方法,采用 RFS 框架,可为多目标状态提供多目标概率密度的概念(注意 MHT 和 JPDA 方法中并无该概念),从而允许将经典的分布式估计中针对单目标概率密度的现有工具直接推广到多目标情况,极大地促进了随机有限集多传感器融合算法的开发。

需要说明的是,尽管这些算法为多传感器多目标跟踪提供了初步的解决方案,然而,对于实际的多传感器多目标跟踪系统,还需解决一系列问题,如时空配准、“乱序”量测等,因此,对上述算法进行相应改进仍值得进一步研究。

附　录

A. 高斯函数乘积公式

引理 4　给定适当维度的 $\boldsymbol{F}$、$\boldsymbol{u}$、$\boldsymbol{Q}$、$\boldsymbol{m}$ 和 $\boldsymbol{P}$，且假设 $\boldsymbol{Q}$ 和 $\boldsymbol{P}$ 是正定的，则有

$$\int \mathcal{N}(\boldsymbol{x};\boldsymbol{F}\boldsymbol{\xi}+\boldsymbol{u},\boldsymbol{Q})\mathcal{N}(\boldsymbol{\xi};\boldsymbol{m},\boldsymbol{P})\mathrm{d}\boldsymbol{\xi} = \mathcal{N}(\boldsymbol{x};\boldsymbol{F}\boldsymbol{m}+\boldsymbol{u},\boldsymbol{Q}+\boldsymbol{F}\boldsymbol{P}\boldsymbol{F}^{\mathrm{T}}) \quad (\mathrm{A}.1)$$

引理 5　给定适当维度的 $\boldsymbol{H}$、$\boldsymbol{R}$、$\boldsymbol{d}$、$\boldsymbol{m}$ 和 $\boldsymbol{P}$，且假设 $\boldsymbol{R}$ 和 $\boldsymbol{P}$ 是正定的，则有

$$\mathcal{N}(\boldsymbol{z};\boldsymbol{H}\boldsymbol{x}+\boldsymbol{d},\boldsymbol{R})\mathcal{N}(\boldsymbol{x};\boldsymbol{m},\boldsymbol{P}) = \mathcal{N}(\boldsymbol{z};\boldsymbol{H}\boldsymbol{m}+\boldsymbol{d},\boldsymbol{S})\mathcal{N}(\boldsymbol{x};\tilde{\boldsymbol{m}},\tilde{\boldsymbol{P}}) \quad (\mathrm{A}.2)$$

其中，$\tilde{\boldsymbol{m}}=\boldsymbol{m}+\boldsymbol{G}(\boldsymbol{z}-\boldsymbol{H}\boldsymbol{m})$，$\tilde{\boldsymbol{P}}=\boldsymbol{P}-\boldsymbol{G}\boldsymbol{S}\boldsymbol{G}^{\mathrm{T}}$，$\boldsymbol{G}=\boldsymbol{P}\boldsymbol{H}^{\mathrm{T}}\boldsymbol{S}^{-1}$，$\boldsymbol{S}=\boldsymbol{H}\boldsymbol{P}\boldsymbol{H}^{\mathrm{T}}+\boldsymbol{R}$。

注：式(A.1)可由式(A.2)推导得到[231]。

B. 泛函导数和集合导数

泛函 $G[h]$ 以函数 $h(\boldsymbol{x})$ 为自变量，其在函数方向 ζ 上的梯度导数 $\frac{\partial G}{\partial \zeta}[h]$ 定义为

$$\frac{\partial G}{\partial \zeta}[h] = \lim_{\lambda\to 0^+}\frac{G[h+\lambda\zeta]-G[h]}{\lambda} \quad (\mathrm{B}.1)$$

式中：$\lambda\to 0^+$ 表示 λ 趋于 0 的右极限，式(B.1)也被称为泛函弗雷谢(Frechet)导数。特别地，将泛函在函数 $\zeta=\delta_x$ 方向上(即 $\boldsymbol{x}$ 处)的梯度导数称为泛函导数，即

$$\frac{\partial G}{\partial \delta_x}[h] = \lim_{\lambda\to 0^+}\frac{G[h+\lambda\delta_x]-G[h]}{\lambda} \quad (\mathrm{B}.2)$$

进一步，迭代泛函导数可按以下方式递归定义

$$\frac{\partial^n G}{\partial \delta_{x_n}\cdots\partial \delta_{x_1}}[h] = \frac{\partial}{\partial \delta_{x_n}}\frac{\partial^n G}{\partial \delta_{x_{n-1}}\cdots\partial \delta_{x_1}}[h] \quad (\mathrm{B}.3)$$

从而，在集合 $X=\{\boldsymbol{x}_1,\cdots,\boldsymbol{x}_n\}$ 处的泛函导数为

$$\frac{\partial G}{\partial X}[h] = \begin{cases} G[h], & X=\phi \\ \dfrac{\partial^n G}{\partial \delta_{x_n}\cdots\partial \delta_{x_1}}[h], & X=\{x_1,\cdots,x_n\},\ |X|=n \end{cases} \quad (\mathrm{B}.4)$$

每个泛函均可按下式生成相应的集合函数

$$\beta(S)=G[1_S] \tag{B.5}$$

实际上,上述集合函数在 RFS 理论中也被称为信任质量函数,给定集合函数 $\beta(S)$,其在 δ_x 方向上的集合导数定义为[13]

$$\begin{aligned}\frac{\partial\beta}{\partial\delta_x}(S)=\frac{\partial G}{\partial\delta_x}[1_S]&=\lim_{|\sigma_x|\to 0^+}\frac{G[1_{S\cup\sigma_x}]-G[1_S]}{|\sigma_x|}\\&=\lim_{|\sigma_x|\to 0^+}\frac{\beta[S\cup\sigma_x]-\beta[S]}{|\sigma_x|}\end{aligned} \tag{B.6}$$

式中:σ_x 为 $\boldsymbol{x}$ 处的极小邻域,其(超)体积为 $|\sigma_x|$。进一步,迭代集合导数可按以下方式递归定义

$$\frac{\partial^n\beta}{\partial\delta_{x_n}\cdots\partial\delta_{x_1}}(S)=\frac{\partial}{\partial\delta_{x_n}}\frac{\partial^n\beta}{\partial\delta_{x_{n-1}}\cdots\partial\delta_{x_1}}(S) \tag{B.7}$$

从而,在集合 $X=\{\boldsymbol{x}_1,\cdots,\boldsymbol{x}_n\}$ 处的集合导数为

$$\frac{\partial\beta}{\partial X}(S)=\begin{cases}\beta(S), & X=\phi\\ \dfrac{\partial^n\beta}{\partial\delta_{x_n}\cdots\partial\delta_{x_1}}(S), & X=\{\boldsymbol{x}_1,\cdots,\boldsymbol{x}_n\},\ |X|=n\end{cases} \tag{B.8}$$

因而,集合导数与泛函导数存在如下关系:

$$\frac{\partial\beta}{\partial X}(S)=\frac{\partial G}{\partial X}[1_S] \tag{B.9}$$

由式(B.9)可知,集合导数是一种特殊的泛函导数。更准确地讲,信任质量函数的集合导数是概率生成泛函的泛函导数的特例。

需要说明的是,这里介绍的集合导数与拉冬 - 尼科狄姆(Radon - Nikodym)导数是定义多目标密度的两种不同方式,但集合积分是集合导数而非拉冬 - 尼科狄姆导数的不定积分。

C. 概率生成函数和概率生成泛函

对于一般函数而言,积分变换法(如傅里叶变换、拉普拉斯变换、Z 变换等)具有强大的分析能力,这主要由于许多数学操作在时域表示较为困难,而在变换域中处理却非常简单,比如,利用积分变换法,两个信号在时域的卷积可变为相应信号在变换域中的乘积,或者,可将时域的求导或者积分运算转换为变换域中简单的代数运算。

在概率和统计学中,积分变换同样重要。比如,设随机变量 $\boldsymbol{y}$ 的密度函数为 $p(\boldsymbol{y})$,则其矩生成函数 $M(\boldsymbol{x})$ 为

$$M(\boldsymbol{x}) = \int_{-\infty}^{\infty} \exp(\boldsymbol{x}\boldsymbol{y}) p(\boldsymbol{y}) \mathrm{d}\boldsymbol{y} = \mathrm{E}(\exp(\boldsymbol{x}\boldsymbol{y})) \tag{C.1}$$

反过来,可通过下式从矩生成函数 $M(\boldsymbol{x})$ 恢复出 $\boldsymbol{y}$ 的 n 阶统计矩 $\boldsymbol{m}_n = \int_{-\infty}^{\infty} \boldsymbol{y}^n p(\boldsymbol{y}) \mathrm{d}\boldsymbol{y}$

$$\boldsymbol{m}_n = \frac{\mathrm{d}^n M}{\mathrm{d}\boldsymbol{x}^n}(0) \tag{C.2}$$

术语“矩生成函数”故得其名。

此外,令随机非负整数 n 的概率分布为 $\rho(n)$,则其概率生成函数(PGF)为

$$G(\boldsymbol{x}) = \sum_{n=0}^{\infty} \boldsymbol{x}^n \rho(n) = \mathrm{E}(\boldsymbol{x}^n) \tag{C.3}$$

同样地,也可通过下式从概率生成函数 $G(\boldsymbol{x})$ 中恢复出 n 的概率分布

$$\rho(n) = \frac{1}{n!} \frac{\mathrm{d}^n G}{\mathrm{d}\boldsymbol{x}^n}(0) \tag{C.4}$$

术语“概率生成函数”故得其名。

积分变换在多目标统计学中同样具有重要意义。随机有限集 X 的概率生成泛函(PGFl)$G[\cdot]$以非负实值函数 h 为自变量,定义为

$$G[h] \overset{\text{def}}{=} \mathrm{E}[h^X] = \int h^X \pi(X) \delta X \tag{C.5}$$

式中:$\pi(X)$为随机集 X 的密度函数。因而,概率生成泛函 $G[\cdot]$是概率生成函数 $G(\cdot)$在多目标统计学中的推广,可将概率生成泛函看作是概率密度函数的一种积分变换。另外,由于概率生成泛函和多目标概率密度之间的等价关系,因此,可由概率生成泛函得到多目标概率密度,术语“概率生成泛函”故得其名。

D. 标签 RFS 相关公式的证明

1) 引理 2 的证明

$$\int \Delta(\mathrm{X}) h(\mathcal{L}(\mathrm{X})) g^{\mathrm{X}} \delta \mathrm{X}$$

$$= \int \delta_{|\mathrm{X}|}(|\mathcal{L}(\mathrm{X})|) h(\mathcal{L}(\mathrm{X})) g^{\mathrm{X}} \delta \mathrm{X}$$

$$= \sum_{n=0}^{\infty} \frac{1}{n!} \sum_{(\ell_1,\cdots,\ell_n) \in \mathbb{L}^n} \delta_n(|\{\ell_1,\cdots,\ell_n\}|) h(\{\ell_1,\cdots,\ell_n\}) \int \left(\prod_{i=1}^{n} g(\boldsymbol{x}_i,\ell_i) \right) \mathrm{d}\boldsymbol{x}_1 \cdots \mathrm{d}\boldsymbol{x}_n$$

$$= \sum_{n=0}^{\infty} \frac{1}{n!} \sum_{(\ell_1,\cdots,\ell_n) \in \mathbb{L}^n} \delta_n(|\{\ell_1,\cdots,\ell_n\}|) h(\{\ell_1,\cdots,\ell_n\}) \prod_{i=1}^{n} \left(\int g(\boldsymbol{x}_i,\ell_i) \mathrm{d}\boldsymbol{x}_i \right)$$

$$= \sum_{n=0}^{\infty} \sum_{\{\ell_1,\cdots,\ell_n\} \in \mathcal{F}_n(\mathbb{L})} h(\{\ell_1,\cdots,\ell_n\}) \prod_{i=1}^{n} \left(\int g(\boldsymbol{x}_i,\ell_i) \mathrm{d}\boldsymbol{x}_i \right)$$

$$= \sum_{L\subseteq\mathbb{L}} h(L)\left[\int g(\boldsymbol{x},\cdot)\mathrm{d}\boldsymbol{x}\right]^{L} \tag{D.1}$$

其中,倒数第 2 行是由 $h(\{\ell_1,\cdots,\ell_n\})\prod_{i=1}^{n}\left(\int g(\boldsymbol{x}_i,\ell_i)\mathrm{d}\boldsymbol{x}_i\right)$ 关于 $(\ell_1,\cdots,\ell_n)$ 的对称性和引理 1 导出。最终,二重求和可以被组合为在 $\mathbb{L}$ 的子集上的单次求和,从而可得式(3.3.20)。

2）命题 1 的证明

根据式(3.2.13),无标签 RFS 的 PHD 为[13]

$$\begin{aligned} v(\boldsymbol{x}) &= \int\pi(\{\boldsymbol{x}\}\cup X)\delta X \\ &= \sum_{n=0}^{\infty}\frac{1}{n!}\int\pi(\{\boldsymbol{x}\}\cup\{\boldsymbol{x}_1,\cdots,\boldsymbol{x}_n\})\mathrm{d}(\boldsymbol{x}_1,\cdots,\boldsymbol{x}_n) \end{aligned} \tag{D.2}$$

而根据式(3.3.16),可得

$$\pi(\{\boldsymbol{x}\}\cup\{\boldsymbol{x}_1,\cdots,\boldsymbol{x}_n\}) = \sum_{(\ell,\ell_1,\cdots,\ell_n)\in\mathbb{L}^{n+1}}\pi(\{(\boldsymbol{x},\ell),(\boldsymbol{x}_1,\ell_1),\cdots,(\boldsymbol{x}_n,\ell_n)\}) \tag{D.3}$$

使用式(3.3.38)定义的广义标签多伯努利代替式(3.3.25)中的 π,再将积分移到 $\mathbb{C}$ 上的求和内,并利用每个 $p^{(c)}(\cdot,\ell_i)$ 积分为 1 的属性,可得

$$\begin{aligned} v(\boldsymbol{x}) &= \sum_{n=0}^{\infty}\frac{1}{n!}\sum_{c\in\mathbb{C}}\sum_{(\ell,\ell_1,\cdots,\ell_n)\in\mathbb{L}^{n+1}}\delta_{n+1}(|\{\ell,\ell_1,\cdots,\ell_n\}|)w^{(c)}(\{\ell,\ell_1,\cdots,\ell_n\})p^{(c)}(\boldsymbol{x},\ell) \\ &= \sum_{n=0}^{\infty}\frac{1}{n!}\sum_{c\in\mathbb{C}}\sum_{\ell\in\mathbb{L}}\sum_{(\ell_1,\cdots,\ell_n)\in\mathbb{L}^{n}}\delta_{n}(|\{\ell_1,\cdots,\ell_n\}|)(1-1_{\{\ell_1,\cdots,\ell_n\}}(\ell))\cdot \\ &\quad w^{(c)}(\{\ell,\ell_1,\cdots,\ell_n\})p^{(c)}(\boldsymbol{x},\ell) \end{aligned} \tag{D.4}$$

由于 $(1-1_{\{\ell_1,\cdots,\ell_n\}}(\ell))w^{(c)}(\{\ell,\ell_1,\cdots,\ell_n\})$ 作为 $(\ell_1,\cdots,\ell_n)$ 的函数,具有排列不变性,应用引理 1 可得

$$\begin{aligned} v(\boldsymbol{x}) &= \sum_{n=0}^{\infty}\sum_{c\in\mathbb{C}}\sum_{\ell\in\mathbb{L}}p^{(c)}(\boldsymbol{x},\ell)\sum_{L\in\mathcal{F}_n(\mathbb{L})}(1-1_L(\ell))w^{(c)}(\{\ell\}\cup L) \\ &= \sum_{c\in\mathbb{C}}\sum_{\ell\in\mathbb{L}}p^{(c)}(\boldsymbol{x},\ell)\sum_{L\subseteq\mathbb{L}}(1-1_L(\ell))w^{(c)}(\{\ell\}\cup L) \\ &= \sum_{c\in\mathbb{C}}\sum_{\ell\in\mathbb{L}}p^{(c)}(\boldsymbol{x},\ell)\sum_{L\subseteq\mathbb{L}}1_L(\ell)w^{(c)}(L) \end{aligned} \tag{D.5}$$

3）命题 2 的证明

类似于 PHD 的证明(即命题 1 的证明),使用式(3.3.38)定义的广义标签多伯努利代替式(3.3.25)中的 π,再将积分移到 $\mathbb{C}$ 上的求和内,根据引理 1 并利用每个 $p^{(c)}(\cdot,\ell_i)$ 积分为 1 的属性,可得

$$
\begin{aligned}
&\rho(|X| = n) \\
&= \frac{1}{n!}\sum_{(\ell_1,\cdots,\ell_n)\in\mathbb{L}^n}\delta_n(|\{\ell_1,\cdots,\ell_n\}|)\sum_{c\in\mathbb{C}}w^{(c)}(\{\ell_1,\cdots,\ell_n\})\cdot \\
&\quad\left[\int_{\mathbb{X}^n}\prod_{i=1}^{n}p^{(c)}(\boldsymbol{x}_i,\ell_i)\mathrm{d}(\boldsymbol{x}_1,\cdots,\boldsymbol{x}_n)\right] \\
&= \sum_{c\in\mathbb{C}}\frac{1}{n!}\sum_{(\ell_1,\cdots,\ell_n)\in\mathbb{L}^n}\delta_n(|\{\ell_1,\cdots,\ell_n\}|)w^{(c)}(\{\ell_1,\cdots,\ell_n\})\cdot \\
&\quad\left(\prod_{i=1}^{n}\int_{\mathbb{X}}p^{(c)}(\boldsymbol{x}_i,\ell_i)\mathrm{d}\boldsymbol{x}_i\right) \\
&= \sum_{c\in\mathbb{C}}\frac{1}{n!}\sum_{(\ell_1,\cdots,\ell_n)\in\mathbb{L}^n}\delta_n(|\{\ell_1,\cdots,\ell_n\}|)w^{(c)}(\{\ell_1,\cdots,\ell_n\}) \\
&= \sum_{c\in\mathbb{C}}\frac{1}{n!}n!\sum_{\{\ell_1,\cdots,\ell_n\}\in\mathcal{F}_n(\mathbb{L})}w^{(c)}(\{\ell_1,\cdots,\ell_n\}) \\
&= \sum_{L\in\mathcal{F}_n(\mathbb{L})}\sum_{c\in\mathbb{C}}w^{(c)}(L)
\end{aligned}
\tag{D.6}
$$

E. CPHD 递归的推导

令 $v_{k|k-1}$ 和 v_k 分别表示多目标状态的预测强度和后验强度，$\rho_{k|k-1}$ 和 ρ_k 分别表示多目标状态的后验强度和后验势分布，$G_{k|k-1}$ 和 G_k 分别表示 $\rho_{k|k-1}$ 和 ρ_k 的概率生成函数（PGF），$G_{\gamma,k}$ 和 $G_{C,k}$ 表示新生目标势分布 $\rho_{\gamma,k}$ 和杂波势分布 $\rho_{C,k}$ 的 PGF；$G^{(i)}(\cdot)$ 表示 $G(\cdot)$ 的 i 阶导数，并记 $\hat{G}^{(i)}(\cdot)=G^{(i)}(\cdot)/[G^{(1)}(1)]^i$[84]；$p_{C,k}(\boldsymbol{z})=\kappa_k(\boldsymbol{z})/\langle 1,\kappa_k\rangle$ 表示杂波密度，$q_{D,k}(\boldsymbol{x})=1-p_{D,k}(\boldsymbol{x})$ 表示漏检概率；$\sigma_j(Z)$ 表示 $e_j(\alpha_k(v_{k|k-1},Z))$。此外，对任意非归一化密度 v，令 $\bar{v}=v/\langle 1,v\rangle$。

1）命题 7 的证明

由文献[5]可知，CPHD 预测为

$$
v_{k|k-1}(\boldsymbol{x}) = \int p_{S,k}(\boldsymbol{\xi})\phi_{k|k-1}(\boldsymbol{x}|\boldsymbol{\xi})v_{k-1}(\boldsymbol{\xi})\mathrm{d}\boldsymbol{\xi} + v_{\gamma,k}(\boldsymbol{x}) \tag{E.1}
$$

$$
\rho_{k|k-1}(n) = \sum\nolimits_{j=0}^{n}\rho_{\gamma,k}(n-j)\left[G_{k-1}^{(j)}(1-\langle p_{S,k},\bar{v}_{k-1}\rangle)\langle p_{S,k},\bar{v}_{k-1}\rangle^j/j!\right] \tag{E.2}
$$

注意到强度预测式（E.1）与式（5.2.1）完全相同。为简化势预测式（E.2），利用 $\bar{v}_{k-1}=v_{k-1}/\langle 1,v_{k-1}\rangle$ 和 $G_{k-1}^{(j)}(y) = \sum\nolimits_{i=j}^{\infty}P_j^i\rho_{k-1}(i)y^{i-j}$[84]，其中，$P_j^i$ 表示排列系数 $i!/(i-j)!$，则式（E.2）中方括弧内的表达式简化为

$$
\begin{aligned}
&G_{k-1}^{(j)}(1-\langle p_{S,k},\bar{v}_{k-1}\rangle)\langle p_{S,k},\bar{v}_{k-1}\rangle^{j}/j!\\
&=\frac{1}{j!}\sum_{i=j}^{\infty}P_j^i\rho_{k-1}(i)\left[1-\frac{\langle p_{S,k},v_{k-1}\rangle}{\langle 1,v_{k-1}\rangle}\right]^{i-j}\left[\frac{\langle p_{S,k},v_{k-1}\rangle}{\langle 1,v_{k-1}\rangle}\right]^{j}\\
&=\sum_{i=j}^{\infty}C_j^i\frac{\langle p_{S,k},v_{k-1}\rangle^{j}(\langle 1,v_{k-1}\rangle-\langle p_{S,k},v_{k-1}\rangle)^{i-j}}{\langle 1,v_{k-1}\rangle^{i}}\rho_{k-1}(i)\\
&=\sum_{i=j}^{\infty}C_j^i\frac{\langle p_{S,k},v_{k-1}\rangle^{j}\langle 1-p_{S,k},v_{k-1}\rangle^{i-j}}{\langle 1,v_{k-1}\rangle^{i}}\rho_{k-1}(i)\\
&=\Psi_{k|k-1}[v_{k-1},\rho_{k-1}](j)
\end{aligned}
\tag{E.3}
$$

因此,将式(E.3)代入式(E.2)中,可获得 CPHD 势预测式(5.2.2)。

2) 命题 8 的证明

由文献[5]可知,CPHD 更新为

$$
\begin{aligned}
v_k(\boldsymbol{x})&=q_{D,k}(\boldsymbol{x})\left[\frac{\sum_{j=0}^{|Z_k|}G_{C,k}^{(|Z_k|-j)}(0)\cdot G_{k|k-1}^{(j+1)}(\langle q_{D,k},\bar{v}_{k|k-1}\rangle)\cdot\sigma_j(Z_k)}{\sum_{i=0}^{|Z_k|}G_{C,k}^{(|Z_k|-i)}(0)\cdot G_{k|k-1}^{(i)}(\langle q_{D,k},\bar{v}_{k|k-1}\rangle)\cdot\sigma_i(Z_k)}\right]v_{k|k-1}(\boldsymbol{x})+\\
&\quad p_{D,k}(\boldsymbol{x})\sum_{z\in Z_k}\frac{g_k(z\mid\boldsymbol{x})}{p_{C,k}(z)}\cdot\\
&\quad\left[\frac{\sum_{j=0}^{|Z_k|-1}G_{C,k}^{(|Z_k|-j-1)}(0)\cdot G_{k|k-1}^{(j+1)}(\langle q_{D,k},\bar{v}_{k|k-1}\rangle)\cdot\sigma_j(Z_k-\{z\})}{\sum_{i=0}^{|Z_k|}G_{C,k}^{(|Z_k|-i)}(0)\cdot G_{k|k-1}^{(i)}(\langle q_{D,k},\bar{v}_{k|k-1}\rangle)\cdot\sigma_i(Z_k)}\right]v_{k|k-1}(\boldsymbol{x})
\end{aligned}
\tag{E.4}
$$

$$
\rho_k(n)=\frac{\sum_{j=0}^{|Z_k|}G_{C,k}^{(|Z_k|-j)}(0)\cdot\frac{1}{(n-j)!}\hat{G}_{k|k-1}^{(j)(n-j)}(0)\cdot\langle q_{D,k},\bar{v}_{k|k-1}\rangle^{n-j}\cdot\sigma_j(Z_k)}{\sum_{i=0}^{|Z_k|}G_{C,k}^{(|Z_k|-i)}(0)\cdot G_{k|k-1}^{(i)}(\langle q_{D,k},\bar{v}_{k|k-1}\rangle)\cdot\sigma_i(Z_k)}
\tag{E.5}
$$

首先简化强度更新式(E.4)。注意到式(E.4)中两个方括弧内的分子和分母都可写成以下一般形式:

$$
\sum_{j=0}^{|Z|}G_{C,k}^{(|Z|-j)}(0)\cdot G_{k|k-1}^{(j+u)}(\langle q_{D,k},\bar{v}_{k|k-1}\rangle)\cdot\sigma_j(Z)
\tag{E.6}
$$

利用 $\bar{v}_{k|k-1}=v_{k|k-1}/\langle 1,v_{k|k-1}\rangle$, $G_{C,k}^{(j)}(0)=i!\,\rho_{C,k}(i)$, $\hat{G}_{k|k-1}^{(i)}(y)=\langle 1,v_{k|k-1}\rangle^{-i}\sum_{n=i}^{\infty}P_i^n\cdot\rho_{k|k-1}(n)\cdot y^{n-i}$[84] 以及对于任意整数 $n<i$,有 $P_i^n=0$,可将式(E.6)简化为

$$
\begin{aligned}
&\sum_{j=0}^{|Z_k|}(|Z_k|-j)!\rho_{C,k}(|Z_k|-j)\cdot\frac{\sigma_j(Z_k)}{\langle 1,v_{k|k-1}\rangle^{j+u}}\cdot\\
&\sum_{n=j+u}^{\infty}P_{j+u}^n\cdot\rho_{k|k-1}(n)\cdot(\langle q_{D,k},\bar{v}_{k|k-1}\rangle)^{n-(j+u)}
\end{aligned}
$$

$$= \sum_{j=0}^{|Z_k|} (|Z_k| - j)! \rho_{C,k}(|Z_k| - j) \cdot \frac{\sigma_j(Z_k)}{\langle 1, v_{k|k-1} \rangle^{j+u}} \sum_{n=j+u}^{\infty} P_{j+u}^{n} \cdot \rho_{k|k-1}(n) \cdot \frac{\langle q_{D,k}, v_{k|k-1} \rangle^{n-(j+u)}}{\langle 1, v_{k|k-1} \rangle^{n-(j+u)}}$$

$$= \sum_{j=0}^{|Z_k|} (|Z_k| - j)! \rho_{C,k}(|Z_k| - j) \cdot \sigma_j(Z_k) \sum_{n=j+u}^{\infty} P_{j+u}^{n} \cdot \rho_{k|k-1}(n) \cdot \frac{\langle q_{D,k}, v_{k|k-1} \rangle^{n-(j+u)}}{\langle 1, v_{k|k-1} \rangle^{n}}$$

$$= \sum_{j=0}^{\min(|Z_k|, n)} (|Z_k| - j)! \rho_{C,k}(|Z_k| - j) \cdot \sigma_j(Z_k) \sum_{n=0}^{\infty} P_{j+u}^{n} \cdot \rho_{k|k-1}(n) \cdot \frac{\langle q_{D,k}, v_{k|k-1} \rangle^{n-(j+u)}}{\langle 1, v_{k|k-1} \rangle^{n}}$$

$$= \sum_{n=0}^{\infty} \rho_{k|k-1}(n) \left[\sum_{j=0}^{\min(|Z_k|, n)} (|Z_k| - j)! \rho_{C,k}(|Z_k| - j) \cdot \sigma_j(Z_k) P_{j+u}^{n} \frac{\langle q_{D,k}, v_{k|k-1} \rangle^{n-(j+u)}}{\langle 1, v_{k|k-1} \rangle^{n}} \right] \tag{E.7}$$

由于式(E.7)最后一行内方括弧内表达式便是 $Y_k^{(u)}[v_{k|k-1}, Z](n)$(式(5.2.6))的定义,从而,式(E.6)可重写为

$$\sum_{n=0}^{\infty} \rho_{k|k-1}(n) Y_k^{(u)}[v_{k|k-1}, Z](n) = \langle \rho_{k|k-1}, Y_k^{(u)}[v_{k|k-1}, Z] \rangle \tag{E.8}$$

将 $Z = Z_k - \{z\}$ 和 $u = 1$ 代入式(E.8)可得式(E.4)中第1个方括号的分子,将 $Z = Z_k$ 和 $u = 1$ 代入式(E.8)可得式(E.4)中第2个方括号的分子,将 $Z = Z_k$ 和 $u = 0$ 代入式(E.8)可得式(E.4)中两个方括号里的分母,从而,可得到 CPHD 强度更新(式(5.2.4))。

下面简化势更新式(E.5)。利用 $G_{C,k}^{(j)}(0) = i!\ \rho_{C,k}(i)$ 和 $\hat{G}_{k|k-1}^{(j)(n-j)}(0) = \langle 1, v_{k|k-1} \rangle^{-j} n!\ \rho_{k|k-1}(n)$[84],可将式(E.5)中的分子简化为

$$\sum_{j=0}^{|Z_k|} G_{C,k}^{(|Z_k|-j)}(0) \cdot \frac{1}{(n-j)!} \hat{G}_{k|k-1}^{(j)(n-j)}(0) \cdot \langle q_{D,k}, \bar{v}_{k|k-1} \rangle^{n-j} \cdot \sigma_j(Z_k)$$

$$= \sum_{j=0}^{|Z_k|} \frac{(|Z_k| - j)! \rho_{C,k}(|Z_k| - j)}{(n-j)!} \frac{n! \rho_{k|k-1}(n)}{\langle 1, v_{k|k-1} \rangle^{j}} \cdot \frac{\langle q_{D,k}, v_{k|k-1} \rangle^{n-j}}{\langle 1, v_{k|k-1} \rangle^{n-j}} \cdot \sigma_j(Z_k)$$

$$= \sum_{j=0}^{|Z_k|} (|Z_k| - j)! \rho_{C,k}(|Z_k| - j) P_j^n \frac{\langle q_{D,k}, v_{k|k-1} \rangle^{n-j}}{\langle 1, v_{k|k-1} \rangle^{n}} \sigma_j(Z_k) \rho_{k|k-1}(n)$$

$$= Y_k^{(0)}[v_{k|k-1}, Z_k](n) \rho_{k|k-1}(n) \tag{E.9}$$

此外，由于式(E.5)中分母是式(E.8)的形式，从而可得到 CPHD 势更新(式(5.2.5))。

F. 多目标多伯努利后验势均值推导

命题 13 的证明：因为式(6.2.12)可重写为如下伯努利形式：

$$G_{L,k}^{(i)}[h]=1-\varepsilon_{L,k}^{(i)}+\varepsilon_{L,k}^{(i)}\langle p_{L,k}^{(i)},h\rangle \tag{F.1}$$

其中，$\varepsilon_{L,k}^{(i)}$和$p_{L,k}^{(i)}$由命题 12 给出。从而，式(6.2.11)中的乘积$\prod_{i=1}^{M_{k|k-1}}G_{L,k}^{(i)}[h]$对应遗留航迹集合，且为多伯努利 RFS，因此，遗留航迹的势均值为

$$\sum_{i=1}^{M_{k|k-1}}\varepsilon_{L,k}^{(i)} \tag{F.2}$$

式(6.2.11)中的乘积$\prod_{z\in Z_k}G_{U,k}[h;z]$对应量测更新航迹的集合，但并不是多伯努利 RFS。不过，可准确计算对应的势均值。实际上，将$h(\boldsymbol{x})=\boldsymbol{y}$代入 PGFl 式(6.2.13)、式(6.2.14)中，然后在$\boldsymbol{y}=1$处微分可得$G'_{U,k}[1;\boldsymbol{z}]=\varepsilon_{U,k}^{*}(\boldsymbol{z})$，其中，$\varepsilon_{U,k}^{*}(\boldsymbol{z})$由式(6.2.21)给出，右上撇表示一阶导数。从而，量测更新航迹的势均值为

$$\sum_{z\in Z_k}G'_{U,k}[1;\boldsymbol{z}] \tag{F.3}$$

根据式(6.2.11)可得后验势均值为遗留航迹势(式(F.2))和量测更新航迹势(式(F.3))之和，得证。

G. GLMB 递归的推导

1) 命题 15 的证明

根据查普曼－柯尔莫哥洛夫(C－K)方程，下一时刻存活多目标状态的密度为

$$\begin{aligned}\pi_S(\mathrm{S})&=\int\pi_S(\mathrm{S}\mid\mathrm{X})\pi(\mathrm{X})\delta\mathrm{X}\\&=\Delta(\mathrm{S})\int1_{\mathcal{L}(\mathrm{X})}(\mathcal{L}(\mathrm{S}))[\Phi(\mathrm{S};\cdot)]^{\mathrm{X}}\Delta(\mathrm{X})\sum_{c\in\mathbb{C}}w^{(c)}(\mathcal{L}(\mathrm{X}))[p^{(c)}]^{\mathrm{X}}\delta\mathrm{X}\\&=\Delta(\mathrm{S})\sum_{c\in\mathbb{C}}\int\Delta(\mathrm{X})1_{\mathcal{L}(\mathrm{X})}(\mathcal{L}(\mathrm{S}))w^{(c)}(\mathcal{L}(\mathrm{X}))[\Phi(\mathrm{S};\cdot)p^{(c)}]^{\mathrm{X}}\delta\mathrm{X}\\&=\Delta(\mathrm{S})\sum_{c\in\mathbb{C}}\sum_{I\subseteq\mathbb{L}}1_I(\mathcal{L}(\mathrm{S}))w^{(c)}(I)\prod_{\ell\in I}\langle\Phi(\mathrm{S};\cdot,\ell),p^{(c)}(\cdot,\ell)\rangle\end{aligned} \tag{G.1}$$

其中，$\pi_S(\mathrm{S}\mid\mathrm{X})$由式(3.4.9)给出，最后一行利用了引理 2。由于项$1_I(\mathcal{L}(\mathrm{S}))$的存在，仅需考虑$I\supseteq\mathcal{L}(\mathrm{S})$，此时有

$$\prod_{\ell\in I}\langle\Phi(\mathrm{S};\cdot,\ell),p^{(c)}(\cdot,\ell)\rangle$$
$$=\prod_{\ell\in\mathcal{L}(\mathrm{S})}\langle\Phi(\mathrm{S};\cdot,\ell),p^{(c)}(\cdot,\ell)\rangle\prod_{\ell\in I-\mathcal{L}(\mathrm{S})}\langle\Phi(\mathrm{S};\cdot,\ell),p^{(c)}(\cdot,\ell)\rangle$$
$$=\prod_{\ell\in\mathcal{L}(\mathrm{S})}\sum_{(\boldsymbol{x}_+,\ell_+)\in\mathrm{S}}\delta_\ell(\ell_+)\langle p_S(\cdot,\ell)\phi(\boldsymbol{x}_+\mid\cdot,\ell),p^{(c)}(\cdot,\ell)\rangle\cdot$$
$$\prod_{\ell\in I-\mathcal{L}(\mathrm{S})}\langle q_S(\cdot,\ell),p^{(c)}(\cdot,\ell)\rangle$$
$$=\prod_{\ell\in\mathcal{L}(\mathrm{S})}\sum_{(\boldsymbol{x}_+,\ell_+)\in\mathrm{S}}\delta_\ell(\ell_+)p_{+,S}^{(c)}(\boldsymbol{x}_+,\ell)\eta_S^{(c)}(\ell)\prod_{\ell\in I-\mathcal{L}(\mathrm{S})}q_S^{(c)}(\ell)$$
$$=\prod_{(\boldsymbol{x}_+,\ell)\in\mathrm{S}}p_{+,S}^{(c)}(\boldsymbol{x}_+,\ell)\eta_S^{(c)}(\ell)\prod_{\ell\in I-\mathcal{L}(\mathrm{S})}q_S^{(c)}(\ell)$$
$$=[p_{+,S}^{(c)}]^{\mathrm{S}}[\eta_S^{(c)}]^{\mathcal{L}(\mathrm{S})}[q_S^{(c)}]^{I-\mathcal{L}(\mathrm{S})}\tag{G.2}$$

将式(G.2)代入式(G.1),并利用式(7.2.3)的 $w_S^{(c)}(L)$,可得

$$\pi_S(\mathrm{S})=\Delta(\mathrm{S})\sum_{c\in\mathbb{C}}w_S^{(c)}(\mathcal{L}(\mathrm{S}))[p_{+,S}^{(c)}]^{\mathrm{S}}\tag{G.3}$$

对于预测多目标密度,利用新生密度式(3.4.11),并令 $\mathrm{B}=\mathrm{X}_+-\mathbb{X}\times\mathbb{L}$,$\mathrm{S}=\mathrm{X}_+\cap\mathbb{X}\times\mathbb{L}$,将式(3.4.13)代入式(3.5.4),可得

$$\pi_+(\mathrm{X}_+)=\int\phi(\mathrm{X}_+\mid\mathrm{X})\pi(\mathrm{X})\delta\mathrm{X}$$
$$=\pi_\gamma(\mathrm{B})\int\pi_S(\mathrm{S}\mid\mathrm{X})\pi(\mathrm{X})\delta\mathrm{X}$$
$$=\pi_\gamma(\mathrm{B})\pi_S(\mathrm{S})$$
$$=\Delta(\mathrm{B})\Delta(\mathrm{S})\sum_{c\in\mathbb{C}}w_\gamma(\mathcal{L}(\mathrm{B}))w_S^{(c)}(\mathcal{L}(\mathrm{S}))[p_\gamma]^{\mathrm{B}}[p_{+,S}^{(c)}]^{\mathrm{S}}$$
$$=\Delta(\mathrm{X}_+)\sum_{c\in\mathbb{C}}w_\gamma(\mathcal{L}(\mathrm{X}_+)-\mathbb{L})w_S^{(c)}(\mathcal{L}(\mathrm{X}_+)\cap\mathbb{L})[p_+^{(c)}]^{\mathrm{X}_+}$$
$$=\Delta(\mathrm{X}_+)\sum_{c\in\mathbb{C}}w_+^{(c)}(\mathcal{L}(\mathrm{X}_+))[p_+^{(c)}]^{\mathrm{X}_+}\tag{G.4}$$

2) 命题 16 的证明

对于多目标似然(式(3.4.20)),注意到 $\delta_{\theta^{-1}(\{0:|Z|\})}(\mathcal{L}(\mathrm{X}))$ 将求和限制成具有定义域 $\mathcal{L}(\mathrm{X})$ 的 θ,可将式(3.4.20)重写为以下形式[13]:

$$g(Z\mid\mathrm{X})=\exp(-\langle\kappa,1\rangle)\kappa^Z\sum_{\theta\in\Theta}\delta_{\theta^{-1}(\{0:|Z|\})}(\mathcal{L}(\mathrm{X}))[\varphi_Z(\cdot;\theta)]^{\mathrm{X}}\tag{G.5}$$

从而有

$$g(Z\mid\mathrm{X})\pi(\mathrm{X})$$
$$=\Delta(\mathrm{X})\exp(-\langle\kappa,1\rangle)\kappa^Z\sum_{c\in\mathbb{C}}\sum_{\theta\in\Theta}\delta_{\theta^{-1}(\{0:|Z|\})}\cdot$$
$$(\mathcal{L}(X))w^{(c)}(\mathcal{L}(X))[p^{(c)}\varphi_Z(\cdot;\theta)]^{\mathrm{X}}$$
$$=\Delta(\mathrm{X})\exp(-\langle\kappa,1\rangle)\kappa^Z\sum_{c\in\mathbb{C}}\sum_{\theta\in\Theta}\delta_{\theta^{-1}(\{0:|Z|\})}\cdot$$

$$(\mathcal{L}(\mathrm{X}))w^{(c)}(\mathcal{L}(\mathrm{X}))[\eta_Z^{(c,\theta)}]^{\mathcal{L}(\mathrm{X})}[p^{(c,\theta)}(\cdot|Z)]^{\mathrm{X}} \quad (\mathrm{G}.6)$$

式中,利用了式(7.2.10)所给关系

$$p^{(c)}(\boldsymbol{x},\ell)\varphi_Z(\boldsymbol{x},\ell;\theta)=\eta_Z^{(c,\theta)}(\ell)p^{(c,\theta)}(\boldsymbol{x},\ell|Z)$$

式(G.6)积分为

$$\begin{aligned}
&\int g(Z|\mathrm{X})\pi(\mathrm{X})\delta\mathrm{X} \\
&=\exp(-\langle\kappa,1\rangle)\kappa^Z\int\Delta(\mathrm{X})\sum_{c\in\mathbb{C}}\sum_{\theta\in\Theta}\delta_{\theta^{-1}(\{0:|Z|\})}\cdot \\
&\quad(\mathcal{L}(\mathrm{X}))w^{(c)}(\mathcal{L}(\mathrm{X}))[\eta_Z^{(c,\theta)}]^{\mathcal{L}(\mathrm{X})}[p^{(c,\theta)}(\cdot|Z)]^{\mathrm{X}}\delta\mathrm{X} \\
&=\exp(-\langle\kappa,1\rangle)\kappa^Z\sum_{c\in\mathbb{C}}\sum_{\theta\in\Theta}\int\Delta(\mathrm{X})\delta_{\theta^{-1}(\{0:|Z|\})}(\mathcal{L}(\mathrm{X}))w^{(c)}\cdot \\
&\quad(\mathcal{L}(\mathrm{X}))[\eta_Z^{(c,\theta)}]^{\mathcal{L}(\mathrm{X})}[p^{(c,\theta)}(\cdot|Z)]^{\mathrm{X}}\delta\mathrm{X}\cdot \\
&=\exp(-\langle\kappa,1\rangle)\kappa^Z\sum_{c\in\mathbb{C}}\sum_{\theta\in\Theta}\sum_{J\subseteq\mathbb{L}}\delta_{\theta^{-1}(\{0:|Z|\})}(J)w^{(c)}(J)[\eta_Z^{(c,\theta)}]^J
\end{aligned} \quad (\mathrm{G}.7)$$

其中,最后一行由引理 2 导出。因此,根据式(3.5.5),有

$$\begin{aligned}
\pi(\mathrm{X}|Z)&=\frac{g(Z|\mathrm{X})\pi(\mathrm{X})}{\int g(Z|\mathrm{X})\pi(\mathrm{X})\delta\mathrm{X}} \\
&=\frac{\Delta(\mathrm{X})\sum_{c\in\mathbb{C}}\sum_{\theta\in\Theta}\delta_{\theta^{-1}(\{0:|Z|\})}(\mathcal{L}(\mathrm{X}))w^{(c)}(\mathcal{L}(\mathrm{X}))[\eta_Z^{(c,\theta)}]^{\mathcal{L}(\mathrm{X})}[p^{(c,\theta)}(\cdot|Z)]^{\mathrm{X}}}{\sum_{c\in\mathbb{C}}\sum_{\theta\in\Theta}\sum_{J\subseteq\mathbb{L}}\delta_{\theta^{-1}(\{0:|Z|\})}(J)w^{(c)}(J)[\eta_Z^{(c,\theta)}]^J} \\
&=\Delta(\mathrm{X})\sum_{c\in\mathbb{C}}\sum_{\theta\in\Theta}w_Z^{(c,\theta)}(\mathcal{L}(\mathrm{X}))[p^{(c,\theta)}(\cdot|Z)]^{\mathrm{X}}
\end{aligned} \quad (\mathrm{G}.8)$$

式中,最后一行利用了式(7.2.9)。

H. δ -GLMB 递归的推导

1) 命题 17 的证明

根据命题 15 和定义 3,有

$$\pi_+(\mathrm{X}_+)=\Delta(\mathrm{X}_+)\sum_{(I,\vartheta)\in\mathcal{F}(\mathbb{L})\times\Xi}w_+^{(I,\vartheta)}(\mathcal{L}(\mathrm{X}_+))[p_+^{(\vartheta)}]^{\mathrm{X}_+} \quad (\mathrm{H}.1)$$

其中,

$$w_+^{(I,\vartheta)}(L)=w_\gamma(L-\mathbb{L})w_S^{(I,\vartheta)}(L\cap\mathbb{L}) \quad (\mathrm{H}.2)$$

$$w_S^{(I,\vartheta)}(J)=[\eta_S^{(\vartheta)}]^J\sum_{L\subseteq\mathbb{L}}1_L(J)\delta_I(L)[q_S^{(\vartheta)}]^{L-J}w^{(I,\vartheta)} \quad (\mathrm{H}.3)$$

注意,如果 $L=I$,则 $1_L(J)\delta_I(L)[q_S^{(\vartheta)}]^Lw^{(I,\vartheta)}=1_I(J)[q_S^{(\vartheta)}]^Iw^{(I,\vartheta)}$,否则为 0,因此,有

$$
\begin{aligned}
w_S^{(I,\vartheta)}(J) &= [\eta_S^{(\vartheta)}]^J 1_I(J)[q_S^{(\vartheta)}]^{I-J} w^{(I,\vartheta)} \\
&= [\eta_S^{(\vartheta)}]^J \sum\nolimits_{Y\subseteq I} \delta_Y(J)[q_S^{(\vartheta)}]^{I-J} w^{(I,\vartheta)} \\
&= \sum\nolimits_{Y\subseteq I} \delta_Y(J)[\eta_S^{(\vartheta)}]^J[q_S^{(\vartheta)}]^{I-J} w^{(I,\vartheta)} \\
&= \sum\nolimits_{Y\subseteq I} \delta_Y(J)[\eta_S^{(\vartheta)}]^Y[q_S^{(\vartheta)}]^{I-Y} w^{(I,\vartheta)}
\end{aligned} \tag{H.4}
$$

重写 $w_\gamma(L) = \sum_{J'\in\mathcal{F}(\mathbb{B})} \delta_{J'}(L) w_\gamma(J')$ 并将其代入式(H.2),可得

$$
\begin{aligned}
w_+^{(I,\vartheta)}(L) &= \sum_{Y\subseteq I} \delta_Y(L\cap\mathbb{L})[\eta_S^{(\vartheta)}]^Y[q_S^{(\vartheta)}]^{I-Y} w^{(I,\vartheta)} \sum_{J'\in\mathcal{F}(\mathbb{B})} \delta_{J'}(L-\mathbb{L}) w_\gamma(J') \\
&= w^{(I,\vartheta)} \sum_{J'\in\mathcal{F}(\mathbb{B})} w_\gamma(J') \sum_{Y\subseteq I} [\eta_S^{(\vartheta)}]^Y[q_S^{(\vartheta)}]^{I-Y} \delta_Y(L\cap\mathbb{L})\delta_{J'}(L-\mathbb{L}) \\
&= w^{(I,\vartheta)} \sum_{J'\in\mathcal{F}(\mathbb{B})} w_\gamma(J') \sum_{Y\subseteq I} [\eta_S^{(\vartheta)}]^Y[q_S^{(\vartheta)}]^{I-Y} \delta_{Y\cup J'}(L)
\end{aligned} \tag{H.5}
$$

其中,最后一行利用了关系 $L\cap\mathbb{L}=Y, L-\mathbb{L}=J' \Rightarrow L=Y\cup J'$。从而有

$$
\begin{aligned}
&\pi_+(\mathrm{X}_+) \\
&= \Delta(\mathrm{X}_+) \sum_{I\in\mathcal{F}(\mathbb{L})} \sum_{\vartheta\in\Xi} w^{(I,\vartheta)} \sum_{J'\in\mathcal{F}(\mathbb{B})} \sum_{Y\subseteq I} \delta_{Y\cup J'}(\mathcal{L}(\mathrm{X}_+)) w_\gamma(J') \cdot \\
&\quad [\eta_S^{(\vartheta)}]^Y[q_S^{(\vartheta)}]^{I-Y}[p_+^{(\vartheta)}]^{\mathrm{X}_+} \\
&= \Delta(\mathrm{X}_+) \sum_{I\in\mathcal{F}(\mathbb{L})} \sum_{\vartheta\in\Xi} w^{(I,\vartheta)} \sum_{J'\in\mathcal{F}(\mathbb{B})} \sum_{Y\in\mathcal{F}(\mathbb{L})} 1_I(Y)\delta_{Y\cup J'}(\mathcal{L}(\mathrm{X}_+)) \\
&\quad w_\gamma(J')[\eta_S^{(\vartheta)}]^Y[q_S^{(\vartheta)}]^{I-Y}[p_+^{(\vartheta)}]^{\mathrm{X}_+} \\
&= \Delta(\mathrm{X}_+) \sum_{Y\in\mathcal{F}(\mathbb{L})} \sum_{J'\in\mathcal{F}(\mathbb{B})} \sum_{\vartheta\in\Xi} \left(w_\gamma(J')[\eta_S^{(\vartheta)}]^Y \sum_{I\in\mathcal{F}(\mathbb{L})} 1_I(Y)[q_S^{(\vartheta)}]^{I-Y} w^{(I,\vartheta)} \right) \cdot \\
&\quad \delta_{Y\cup J'}(\mathcal{L}(\mathrm{X}_+))[p_+^{(\vartheta)}]^{\mathrm{X}_+} \\
&= \Delta(\mathrm{X}_+) \sum_{Y\in\mathcal{F}(\mathbb{L})} \sum_{J'\in\mathcal{F}(\mathbb{B})} \sum_{\vartheta\in\Xi} w_\gamma(J') w_S^{(\vartheta)}(Y)\delta_{Y\cup J'}(\mathcal{L}(\mathrm{X}_+))[p_+^{(\vartheta)}]^{\mathrm{X}_+} \\
&= \Delta(\mathrm{X}_+) \sum_{(I_+,\vartheta)\in\mathcal{F}(\mathbb{L}_+)\times\Xi} w_\gamma(I_+\cap\mathbb{B}) w_S^{(\vartheta)}(I_+\cap\mathbb{L})\delta_{I_+}(\mathcal{L}(\mathrm{X}_+))[p_+^{(\vartheta)}]^{\mathrm{X}_+} \\
&= \Delta(\mathrm{X}_+) \sum_{(I_+,\vartheta)\in\mathcal{F}(\mathbb{L}_+)\times\Xi} w_+^{(I_+,\vartheta)} \delta_{I_+}(\mathcal{L}(\mathrm{X}_+))[p_+^{(\vartheta)}]^{\mathrm{X}_+}
\end{aligned} \tag{H.6}
$$

其中,因为 $Y\subseteq\mathbb{L}, J'\subseteq\mathbb{B}$,且 $\mathbb{L}$ 和 $\mathbb{B}$ 不相交,从而 $Y=I_+\cap\mathbb{L}, J'=I_+\cap\mathbb{B}$,再通过设置 $I_+=Y\cup J'$ 可得式(H.6)倒数第 2 行。

2）命题 18 的证明

根据命题 16 和定义 3,有

$$
\pi(\mathrm{X}\mid Z) = \Delta(\mathrm{X}) \sum_{(I,\vartheta)\in\mathcal{F}(\mathbb{L})\times\Xi} \sum_{\theta\in\Theta(I)} w^{(I,\vartheta,\theta)}(\mathcal{L}(\mathrm{X})\mid Z)[p^{(\vartheta,\theta)}(\cdot\mid Z)]^{\mathrm{X}} \tag{H.7}
$$

式中，

$$w^{(I,\vartheta,\theta)}(L\mid Z)=\frac{\delta_{\theta^{-1}(\{0:|Z|\})}(L)\delta_I(L)[\eta_Z^{(\vartheta,\theta)}]^L w^{(I,\vartheta)}}{\sum_{(I,\vartheta)\in\mathcal{F}(\mathbb{L})\times\Xi}\sum_{\theta\in\Theta(I)}\sum_{J\subseteq\mathbb{L}}\delta_{\theta^{-1}(\{0:|Z|\})}(J)\delta_I(J)[\eta_Z^{(\vartheta,\theta)}]^J w^{(I,\vartheta)}} \tag{H.8}$$

其中，$p^{(\vartheta,\theta)}(\boldsymbol{x},\ell\mid Z)$和$\eta_Z^{(\vartheta,\theta)}(\ell)$由命题 18 给出。

对于$w^{(I,\vartheta,\theta)}(L\mid Z)$，注意有$\delta_{\theta^{-1}(\{0:|Z|\})}(L)\delta_I(L)=\delta_{\theta^{-1}(\{0:|Z|\})}(I)\delta_I(L)$，且分母中在$J\subseteq\mathbb{L}$上的求和为

$$\sum_{J\subseteq\mathbb{L}}\delta_{\theta^{-1}(\{0:|Z|\})}(J)\delta_I(J)[\eta_Z^{(\vartheta,\theta)}]^J w^{(I,\vartheta)}=\delta_{\theta^{-1}(\{0:|Z|\})}(I)[\eta_Z^{(\vartheta,\theta)}]^I w^{(I,\vartheta)} \tag{H.9}$$

从而有

$$\begin{aligned}w^{(I,\vartheta,\theta)}(L\mid Z)&=\frac{\delta_{\theta^{-1}(\{0:|Z|\})}(I)[\eta_Z^{(\vartheta,\theta)}]^I w^{(I,\vartheta)}}{\sum_{(I,\vartheta)\in\mathcal{F}(\mathbb{L})\times\Xi}\sum_{\theta\in\Theta(I)}\delta_{\theta^{-1}(\{0:|Z|\})}(I)[\eta_Z^{(\vartheta,\theta)}]^I w^{(I,\vartheta)}}\delta_I(L)\\&=w^{(I,\vartheta,\theta)}(Z)\delta_I(L)\end{aligned} \tag{H.10}$$

I. LMB 预测的推导

在证明命题 19 之前，首先引入下述引理。

引理 6：

$$\frac{(1-\varepsilon^{(\cdot)})^{\mathbb{L}}\eta_S^L}{(1-\eta_S)^L}\sum_{I\supseteq L}(1-\eta_S)^I\left(\frac{\varepsilon^{(\cdot)}}{1-\varepsilon^{(\cdot)}}\right)^I=(1-\varepsilon^{(\cdot)}\eta_S)^{\mathbb{L}}\left(\frac{\varepsilon^{(\cdot)}\eta_S}{1-\varepsilon^{(\cdot)}\eta_S}\right)^L \tag{I.1}$$

引理 6 的证明：令

$$f^{(L)}(I)=(1-\varepsilon^{(\cdot)})^{\mathbb{L}}\eta_S^L\frac{(1-\eta_S)^I}{(1-\eta_S)^L}\left(\frac{\varepsilon^{(\cdot)}}{1-\varepsilon^{(\cdot)}}\right)^I \tag{I.2}$$

则对任意$\ell\in L$，有

$$\begin{aligned}f^{(L-\{\ell\})}(I)&=(1-\varepsilon^{(\cdot)})^{\mathbb{L}}\eta_S^{L-\{\ell\}}\frac{(1-\eta_S)^I}{(1-\eta_S)^{L-\{\ell\}}}\left(\frac{\varepsilon^{(\cdot)}}{1-\varepsilon^{(\cdot)}}\right)^I\\&=(1-\varepsilon^{(\cdot)})^{\mathbb{L}}\eta_S^L\frac{1-\eta_S(\ell)}{\eta_S(\ell)}\frac{(1-\eta_S)^I}{(1-\eta_S)^L}\left(\frac{\varepsilon^{(\cdot)}}{1-\varepsilon^{(\cdot)}}\right)^I=\frac{1-\eta_S(\ell)}{\eta_S(\ell)}f^{(L)}(I)\\&=\frac{\varepsilon^{(\ell)}-\varepsilon^{(\ell)}\eta_S(\ell)}{\varepsilon^{(\ell)}\eta_S(\ell)}f^{(L)}(I)\end{aligned} \tag{I.3}$$

$$f^{(L-\{\ell\})}(I-\{\ell\})=\frac{\varepsilon^{(\ell)}-\varepsilon^{(\ell)}\eta_S(\ell)}{\varepsilon^{(\ell)}\eta_S(\ell)}f^{(L)}(I-\{\ell\})$$

$$= \frac{\varepsilon^{(\ell)} - \varepsilon^{(\ell)}\eta_S(\ell)}{\varepsilon^{(\ell)}\eta_S(\ell)}(1-\varepsilon^{(\cdot)})^{\mathbb{L}}\eta_S^L \frac{(1-\eta_S)^{I-\{\ell\}}}{(1-\eta_S)^L}\left(\frac{\varepsilon^{(\cdot)}}{1-\varepsilon^{(\cdot)}}\right)^{I-\{\ell\}}$$

$$= \frac{\varepsilon^{(\ell)} - \varepsilon^{(\ell)}\eta_S(\ell)}{\varepsilon^{(\ell)}\eta_S(\ell)}(1-\varepsilon^{(\cdot)})^{\mathbb{L}}\eta_S^L \cdot$$

$$\frac{1}{1-\eta_S(\ell)}\frac{(1-\eta_S)^I}{(1-\eta_S)^L}\left(\frac{\varepsilon^{(\cdot)}}{1-\varepsilon^{(\cdot)}}\right)^I\left(\frac{1-\varepsilon^{(\ell)}}{\varepsilon^{(\ell)}}\right)$$

$$= \frac{1-\varepsilon^{(\ell)}}{\varepsilon^{(\ell)}\eta_S(\ell)} f^{(L)}(I) \tag{I.4}$$

因此,式(I.3)和式(I.4)相加,可得

$$f^{(L-\{\ell\})}(I) + f^{(L-\{\ell\})}(I-\{\ell\}) = \frac{1-\varepsilon^{(\ell)}\eta_S(\ell)}{\varepsilon^{(\ell)}\eta_S(\ell)} f^{(L)}(I) \tag{I.5}$$

同时注意到,因为包含$\{\ell_1,\cdots,\ell_{n-1}\}$的集合由包含$\{\ell_1,\cdots,\ell_n\}$的集合$I$和集合$I-\{\ell_n\}$组成,从而,对任意函数$g:\mathcal{F}(\mathbb{L})\to\mathbb{R}$,有

$$\sum_{I\supseteq\{\ell_1,\cdots,\ell_{n-1}\}} g(I) = \sum_{I\supseteq\{\ell_1,\cdots,\ell_n\}} [g(I) + g(I-\{\ell_n\})] \tag{I.6}$$

因此,式(I.1)等式左边是$\sum_{I\supseteq L} f^{(L)}(I)$,并简记为$f(L)$。为证明引理6,通过归纳法需证明$f(L)$等于式(I.1)等式右边,该引理对$L=\mathbb{L}$是成立的。假设对于某个$L=\{\ell_1,\cdots,\ell_n\}$,该引理也是成立的,即

$$f(L) = (1-\varepsilon^{(\cdot)}\eta_S)^{\mathbb{L}}\left(\frac{\varepsilon^{(\cdot)}\eta_S}{1-\varepsilon^{(\cdot)}\eta_S}\right)^L$$

则有

$$f(L-\{\ell_n\}) = \sum_{I\supseteq L-\{\ell_n\}} f^{(L-\{\ell_n\})}(I) = \sum_{I\supseteq L}[f^{(L-\{\ell_n\})}(I) + f^{(L-\{\ell_n\})}(I-\{\ell_n)]$$

$$= \frac{1-\varepsilon^{(\ell_n)}\eta_S(\ell_n)}{\varepsilon^{(\ell_n)}\eta_S(\ell_n)}\sum_{I\supseteq L} f^{(L)}(I)$$

$$= \frac{1-\varepsilon^{(\ell_n)}\eta_S(\ell_n)}{\varepsilon^{(\ell_n)}\eta_S(\ell_n)}(1-\varepsilon^{(\cdot)}\eta_S)^{\mathbb{L}}\left(\frac{\varepsilon^{(\cdot)}\eta_S}{1-\varepsilon^{(\cdot)}\eta_S}\right)^L$$

$$= (1-\varepsilon^{(\cdot)}\eta_S)^{\mathbb{L}}\left(\frac{\varepsilon^{(\cdot)}\eta_S}{1-\varepsilon^{(\cdot)}\eta_S}\right)^{L-\{\ell_n\}} \tag{I.7}$$

式中第2行和第3行分别根据式(I.6)和式(I.5)得到。因此,通过归纳法,引理得证。

根据引理6,命题19的证明如下。

证明:枚举标签$\mathbb{L}=\{\ell_1,\cdots,\ell_M\}$,并将式(7.4.12)中的权重$w_S(L)$重写为

$$w_S(L) = \eta_S^L \sum_{I\supseteq L}[1-\eta_S]^{I-L} w(I)$$

$$
\begin{aligned}
&= \eta_S^L \sum_{I \supseteq L} [1-\eta_S]^{I-L} \prod_{i \in \mathbb{L}} (1-\varepsilon^{(i)}) \prod_{\ell \in I} \frac{1_{\mathbb{L}}(\ell)\varepsilon^{(\ell)}}{1-\varepsilon^{(\ell)}} \\
&= \eta_S^L \sum_{I \supseteq L} \frac{(1-\eta_S)^I}{(1-\eta_S)^L} (1-\varepsilon^{(\cdot)})^{\mathbb{L}} \left(\frac{\varepsilon^{(\cdot)}}{1-\varepsilon^{(\cdot)}} \right)^I \\
&= \sum_{I \supseteq L} (1-\varepsilon^{(\cdot)})^{\mathbb{L}} \eta_S^L \frac{(1-\eta_S)^I}{(1-\eta_S)^L} \left(\frac{\varepsilon^{(\cdot)}}{1-\varepsilon^{(\cdot)}} \right)^I \\
&= \sum\nolimits_{I \supseteq L} f^{(L)}(I)
\end{aligned} \tag{I.8}
$$

式中,$f^{(L)}(I)$由式(I. 2)给出。进一步,根据式(I. 1)可得

$$
\begin{aligned}
w_S(L) &= (1-\varepsilon^{(\cdot)}\eta_S)^{\mathbb{L}} \left(\frac{\varepsilon^{(\cdot)}\eta_S}{1-\varepsilon^{(\cdot)}\eta_S} \right)^L \\
&= \prod_{\ell' \in \mathbb{L}} (1-\varepsilon^{(\ell')}\eta_S(\ell')) \prod_{\ell \in L} \frac{1_{\mathbb{L}}(\ell)\varepsilon^{(\ell)}\eta_S(\ell)}{1-\varepsilon^{(\ell)}\eta_S(\ell)}
\end{aligned} \tag{I.9}
$$

由式(I. 9)可知,权重 $w_S(L)$具有 LMB 权重的形式。因为权重 $w_S(I_+ \cap \mathbb{L})$和 $w_\gamma(I_+ \cap \mathbb{B})$均具有 LMB 权重的形式,因而,$w_+(I_+) = w_S(I_+ \cap \mathbb{L}) w_\gamma(I_+ \cap \mathbb{B})$也具有 LMB 权重的形式。因此,预测密度的 LMB 分量由新生 LMB 分量$\{\varepsilon_\gamma^{(\ell)}, p_\gamma^{(\ell)}\}_{\ell \in \mathbb{B}}$和式(7. 4. 14)、式(7. 4. 15)给出的存活 LMB 分量$\{\varepsilon_{+,S}^{(\ell)}, p_{+,S}^{(\ell)}\}_{\ell \in \mathbb{L}}$组成。

J. Mδ –GLMB 近似

1) 命题 21 的证明

在证明命题 21 之前,首先介绍下述引理。

引理 7:令 $f:(\mathbb{X} \times \mathbb{Y})^n \to \mathbb{R}$ 是对称函数,则由下式给出的函数 $g:\mathbb{X}^n \to \mathbb{R}$ 也是 $\mathbb{X}^n$ 上的对称函数

$$
g(\boldsymbol{x}_1, \cdots, \boldsymbol{x}_n) = \int f((\boldsymbol{x}_1, \boldsymbol{y}_1), \cdots, (\boldsymbol{x}_n, \boldsymbol{y}_n)) \mathrm{d}(\boldsymbol{y}_1, \cdots, \boldsymbol{y}_n) \tag{J.1}
$$

证明:令 σ 为$\{1,2,\cdots,n\}$的排列,则有

$$
\begin{aligned}
g(\boldsymbol{x}_{\sigma(1)}, \cdots, \boldsymbol{x}_{\sigma(n)}) &= \int f((\boldsymbol{x}_{\sigma(1)}, \boldsymbol{y}_{\sigma(1)}), \cdots, (\boldsymbol{x}_{\sigma(n)}, \boldsymbol{y}_{\sigma(n)})) \mathrm{d}(\boldsymbol{y}_{\sigma(1)}, \cdots, \boldsymbol{y}_{\sigma(n)}) \\
&= \int f((\boldsymbol{x}_1, \boldsymbol{y}_1), \cdots, (\boldsymbol{x}_n, \boldsymbol{y}_n)) \mathrm{d}(\boldsymbol{y}_{\sigma(1)}, \cdots, \boldsymbol{y}_{\sigma(n)}) \\
&= \int f((\boldsymbol{x}_1, \boldsymbol{y}_1), \cdots, (\boldsymbol{x}_n, \boldsymbol{y}_n)) \mathrm{d}(\boldsymbol{y}_1, \cdots, \boldsymbol{y}_n) \\
&= g(\boldsymbol{x}_1, \cdots, \boldsymbol{x}_n)
\end{aligned}
$$

式中,倒数第二行利用了积分顺序可交换性质。

命题 21 的证明：根据引理 7，因为 $p_{\{\ell_1,\cdots,\ell_n\}}(\boldsymbol{x},\ell)$ 关于 $\ell_1,\cdots,\ell_n$ 是对称的，$\hat{p}^{(I)}(\boldsymbol{x},\ell)$ 实际是集合 I 的函数。证明过程利用了式(7.5.4)可改写成 $\hat{\boldsymbol{\pi}}(\mathrm{X})=\hat{w}(\mathcal{L}(\mathrm{X}))\hat{p}(\mathrm{X})$ 的事实，其中，$\hat{w}(L)=\hat{w}^{(L)}$，$\hat{p}(\mathrm{X})=\Delta(\mathrm{X})[\hat{p}^{(\mathcal{L}(\mathrm{X}))}]^{\mathrm{X}}$。

根据式(3.3.44)和式(3.3.41)，可得 $\hat{\boldsymbol{\pi}}$(7.5.4)的势分布和 PHD 分别为

$$\hat{\rho}(|\mathrm{X}|)=\sum_{L\subseteq\mathbb{L}}\delta_{|\mathrm{X}|}(|L|)\,\hat{w}^{(L)} \tag{J.2}$$

$$\hat{v}(\boldsymbol{x},\ell)=\sum_{L\subseteq\mathbb{L}}1_L(\ell)\,\hat{w}^{(L)}\,\hat{p}^{(L)}(\boldsymbol{x},\ell) \tag{J.3}$$

为了证明 $\hat{\boldsymbol{\pi}}$ 与 $\boldsymbol{\pi}$ 的势相等，注意到任意标签 RFS 的势分布可由标签的联合存在概率 $w(\cdot)$ 完全确定，即

$$\begin{aligned}\rho(|\mathrm{X}|)&=\frac{1}{|\mathrm{X}|!}\int\boldsymbol{\pi}(\{\mathbf{x}_1,\cdots,\mathbf{x}_{|\mathrm{X}|}\})\mathrm{d}(\mathbf{x}_1,\cdots,\mathbf{x}_{|\mathrm{X}|})\\&=\frac{1}{|\mathrm{X}|!}\sum_{(\ell_1,\cdots,\ell_{|\mathrm{X}|})\in\mathbb{L}^{|\mathrm{X}|}}\int w(\{\ell_1,\cdots,\ell_{|\mathrm{X}|}\})\cdot\\&\quad p(\{(\boldsymbol{x}_1,\ell_1),\cdots,(\boldsymbol{x}_n,\ell_{|\mathrm{X}|})\})\mathrm{d}(\boldsymbol{x}_1,\cdots,\boldsymbol{x}_{|\mathrm{X}|})\\&=\sum_{L\subseteq\mathbb{L}}\delta_{|\mathrm{X}|}(|L|)w(L)\end{aligned} \tag{J.4}$$

由于 $\hat{\boldsymbol{\pi}}$ 和 $\boldsymbol{\pi}$ 均具有相同的联合存在概率，即 $\hat{w}(L)=\hat{w}^{(L)}=w(L)$，因而，它们的势分布也是相同的。

为了证明 $\hat{\boldsymbol{\pi}}$ 与 $\boldsymbol{\pi}$ 的 PHD 是相同的，根据式(J.3)，并代入式(7.5.5)和式(7.5.8)可得 $\hat{\boldsymbol{\pi}}$ 的 PHD 为

$$\begin{aligned}\hat{v}(\boldsymbol{x},\ell)&=\sum_{n=0}^{\infty}\frac{1}{n!}\sum_{(\ell_1,\cdots,\ell_n)\in\mathbb{L}^n}\hat{w}^{(\{\ell,\ell_1,\cdots,\ell_n\})}\,\hat{p}^{(\{\ell,\ell_1,\cdots,\ell_n\})}(\boldsymbol{x},\ell)\\&=\sum_{n=0}^{\infty}\frac{1}{n!}\sum_{(\ell_1,\cdots,\ell_n)\in\mathbb{L}^n}w(\{\ell,\ell_1,\cdots,\ell_n\})\cdot\\&\quad\int p(\{(\boldsymbol{x},\ell),(\boldsymbol{x}_1,\ell_1),\cdots,(\boldsymbol{x}_n,\ell_n)\})\mathrm{d}(\boldsymbol{x}_1,\cdots,\boldsymbol{x}_n)\end{aligned} \tag{J.5}$$

注意到，上述等式右边即为集合积分 $\int\boldsymbol{\pi}(\{(\boldsymbol{x},\ell)\}\cup\mathrm{X})\delta\mathrm{X}=v(\boldsymbol{x},\ell)$。因此，$\hat{v}(\boldsymbol{x},\ell)=v(\boldsymbol{x},\ell)$。

为了证明 $\hat{\boldsymbol{\pi}}$ 和 $\boldsymbol{\pi}$ 的 KLD 具有最小值，注意到，$\boldsymbol{\pi}$ 和任意形如式(7.5.4)的 δ - GLMB 之间的 KLD 为

$$\begin{aligned}&\mathcal{D}_{\mathrm{KL}}(\boldsymbol{\pi}\parallel\hat{\boldsymbol{\pi}})\\&=\int\boldsymbol{\pi}(\mathrm{X})\log\frac{\boldsymbol{\pi}(\mathrm{X})}{\hat{\boldsymbol{\pi}}(\mathrm{X})}\delta\mathrm{X}=\int w(\mathcal{L}(\mathrm{X}))p(\mathrm{X})\log\frac{w(\mathcal{L}(\mathrm{X}))p(\mathrm{X})}{\hat{w}(\mathcal{L}(\mathrm{X}))\,\hat{p}(\mathrm{X})}\delta\mathrm{X}\\&=\sum_{n=0}^{\infty}\frac{1}{n!}\sum_{(\ell_1,\cdots,\ell_n)\in\mathbb{L}^n}w(\{\ell_1,\cdots,\ell_n\})\log\left(\frac{w^{(\{\ell_1,\cdots,\ell_n\})}}{\hat{w}^{(\{\ell_1,\cdots,\ell_n\})}}\right)\cdot\end{aligned}$$

$$\int p(\{(\boldsymbol{x}_1,\ell_1),\cdots,(\boldsymbol{x}_n,\ell_n)\})\mathrm{d}(\boldsymbol{x}_1,\cdots,\boldsymbol{x}_n)$$

$$+\sum_{n=0}^{\infty}\frac{1}{n!}\sum_{(\ell_1,\cdots,\ell_n)\in\mathbb{L}^n}w(\{\ell_1,\cdots,\ell_n\})\cdot$$

$$\int p(\{(\boldsymbol{x}_1,\ell_1),\cdots,(\boldsymbol{x}_n,\ell_n)\})\cdot$$

$$\log\left(\frac{p(\{(\boldsymbol{x}_1,\ell_1),\cdots,(\boldsymbol{x}_n,\ell_n)\})}{\prod_{i=1}^{n}\hat{p}^{(\{\ell_1,\cdots,\ell_n\})}(\boldsymbol{x}_i,\ell_i)}\right)\mathrm{d}(\boldsymbol{x}_1,\cdots,\boldsymbol{x}_n) \tag{J.6}$$

根据式(7.5.2)可知,以标签为条件的联合密度 $p(\{(\cdot,\ell_1),\cdots,(\cdot,\ell_n)\})$的积分为1,从而有

$$\mathcal{D}_{\mathrm{KL}}(\boldsymbol{\pi}\parallel\hat{\boldsymbol{\pi}})=\mathcal{D}_{\mathrm{KL}}(w\parallel\hat{w})+\sum_{n=0}^{\infty}\frac{1}{n!}\sum_{(\ell_1,\cdots,\ell_n)\in\mathbb{L}^n}w(\{\ell_1,\cdots,\ell_n\})\cdot$$
$$\mathcal{D}_{\mathrm{KL}}(p(\{(\cdot,\ell_1),\cdots,(\cdot,\ell_n)\})\parallel\prod_{i=1}^{n}\hat{p}^{(\{\ell_1,\cdots,\ell_n\})}(\cdot,\ell_i)) \tag{J.7}$$

因为$\hat{w}(I)=w(I)$,从而有 $\mathcal{D}_{\mathrm{KL}}(w\parallel\hat{w})=0$。此外,对于每个 n 和每个$\{\ell_1,\cdots,\ell_n\}$,$\hat{p}^{(\{\ell_1,\cdots,\ell_n\})}(\cdot,\ell_i)$,$i=1,2,\cdots,n$ 均是$p(\{(\cdot,\ell_1),\cdots,(\cdot,\ell_n)\})$的边缘概率。进而,根据文献[468],可得式(J.7)求和中每个 KLD 均是最小值。因此,$\mathcal{D}_{\mathrm{KL}}(\boldsymbol{\pi}\parallel\hat{\boldsymbol{\pi}})$是形如式(7.5.4)的$\delta$-GLMB 类上的最小值。

2) 命题 23 的证明

首先将式(3.3.55)的δ-GLMB 密度重写成标签 RFS 密度的一般形式[172],即 $\boldsymbol{\pi}(\mathrm{X})=w(\mathcal{L}(\mathrm{X}))p(\mathrm{X})$,其中,

$$\begin{aligned}w(\{\ell_1,\cdots,\ell_n\})&\stackrel{\text{def}}{=}\int_{\mathbb{X}^n}\boldsymbol{\pi}(\{(\boldsymbol{x}_1,\ell_1),\cdots,(\boldsymbol{x}_n,\ell_n)\})\mathrm{d}(\boldsymbol{x}_1,\cdots,\boldsymbol{x}_n)\\&=\sum_{I\in\mathcal{F}(\mathbb{L})}\delta_I(\{\ell_1,\cdots,\ell_n\})\sum_{\vartheta\in\Xi}w^{(I,\vartheta)}\cdot\\&\quad\int_{\mathbb{X}^n}p^{(\vartheta)}(\boldsymbol{x}_1,\ell_1)\cdots p^{(\vartheta)}(\boldsymbol{x}_n,\ell_n)\mathrm{d}\boldsymbol{x}_1\cdots\mathrm{d}\boldsymbol{x}_n\\&=\sum_{\vartheta\in\Xi}w^{(\{\ell_1,\cdots,\ell_n\},\vartheta)}\sum_{I\in\mathcal{F}(\mathbb{L})}\delta_I(\{\ell_1,\cdots,\ell_n\})\\&=\sum_{\vartheta\in\Xi}w^{(\{\ell_1,\cdots,\ell_n\},\vartheta)}\end{aligned} \tag{J.8}$$

以及

$$\begin{aligned}p(\{(\boldsymbol{x}_1,\ell_1),\cdots,(\boldsymbol{x}_n,\ell_n)\})&\stackrel{\text{def}}{=}\frac{\boldsymbol{\pi}(\{(\boldsymbol{x}_1,\ell_1),\cdots,(\boldsymbol{x}_n,\ell_n)\})}{w(\{\ell_1,\cdots,\ell_n\})}\\&=\frac{\Delta(\{(\boldsymbol{x}_1,\ell_1),\cdots,(\boldsymbol{x}_n,\ell_n)\})}{w(\{\ell_1,\cdots,\ell_n\})}\sum_{I\in\mathcal{F}(\mathbb{L})}\delta_I(\{\ell_1,\cdots,\ell_n\})\cdot\end{aligned}$$

$$\sum_{\vartheta\in\Xi} w^{(I,\vartheta)}\left[p^{(\vartheta)}\right]^{\{(x_1,\ell_1),\cdots,(x_n,\ell_n)\}} \tag{J.9}$$

从而,根据命题 21 可得匹配 PHD 和势的 Mδ - GLMB 近似参数$\hat{w}^{(I)}$和$\hat{p}^{(I)}$分别为

$$\hat{w}^{(I)} = w(I) = \sum\nolimits_{\vartheta\in\Xi} w^{(I,\vartheta)} \tag{J.10}$$

$$\begin{aligned}\hat{p}^{(I)}(\boldsymbol{x},\ell) &= 1_I(\ell)p_{I-\{\ell\}}(\boldsymbol{x},\ell)\\ &= 1_I(\ell)\int p(\{(\boldsymbol{x},\ell),(\boldsymbol{x}_1,\ell_1),\cdots,(\boldsymbol{x}_n,\ell_n)\})\mathrm{d}(\boldsymbol{x}_1,\cdots,\boldsymbol{x}_n)\end{aligned} \tag{J.11}$$

其中,$I=\{\ell,\ell_1,\cdots,\ell_n\}$,$I-\{\ell\}=\{\ell_1,\cdots,\ell_n\}$。将式(J.9)代入(J.11)可得

$$\begin{aligned}\hat{p}^{(I)}(\boldsymbol{x},\ell) &= \frac{1_I(\ell)\Delta(\{(\boldsymbol{x},\ell),(\boldsymbol{x}_1,\ell_1),\cdots,(\boldsymbol{x}_n,\ell_n)\})}{w(\{\ell,\ell_1,\cdots,\ell_n\})}\times\\ &\quad \sum_{J\in\mathcal{F}(\mathbb{L})}\delta_J(\{\ell,\ell_1,\cdots,\ell_n\})\sum_{\vartheta\in\Xi}w^{(J,\vartheta)}\cdot\\ &\quad \int\left[p^{(\vartheta)}\right]^{\{(\boldsymbol{x},\ell),(\boldsymbol{x}_1,\ell_1),\cdots,(\boldsymbol{x}_n,\ell_n)\}}\mathrm{d}(\boldsymbol{x}_1,\cdots,\boldsymbol{x}_n)\\ &= \frac{1_I(\ell)\Delta(\{(\boldsymbol{x},\ell),(\boldsymbol{x}_1,\ell_1),\cdots,(\boldsymbol{x}_n,\ell_n)\})}{w(\{\ell,\ell_1,\cdots,\ell_n\})}\cdot\\ &\quad \sum_{J\in\mathcal{F}(\mathbb{L})}\delta_J(\{\ell,\ell_1,\cdots,\ell_n\})\sum_{\vartheta\in\Xi}w^{(J,\vartheta)}p^{(\vartheta)}(\boldsymbol{x},\ell)\end{aligned} \tag{J.12}$$

注意到,式(J.12)在 J 上的求和中仅有一项是非零的,从而有

$$\hat{p}^{(I)}(\boldsymbol{x},\ell) = 1_I(\ell)\Delta(\{(\boldsymbol{x},\ell),(\boldsymbol{x}_1,\ell_1),\cdots,(\boldsymbol{x}_n,\ell_n)\})\frac{\sum_{\vartheta\in\Xi}w^{(I,\vartheta)}p^{(\vartheta)}(\boldsymbol{x},\ell)}{\sum_{\vartheta\in\Xi}w^{(I,\vartheta)}} \tag{J.13}$$

因此,根据命题 21,Mδ - GLMB 近似为

$$\begin{aligned}\pi(\mathrm{X}) &= \Delta(\mathrm{X})\sum\nolimits_{I\in\mathcal{F}(\mathbb{L})}\delta_I(\mathcal{L}(\mathrm{X}))\,\hat{w}^{(I)}\left[\hat{p}^{(I)}\right]^{\mathrm{X}}\\ &= \Delta(\mathrm{X})\sum\nolimits_{I\in\mathcal{F}(\mathbb{L})}\delta_I(\mathcal{L}(\mathrm{X}))\sum_{\vartheta\in\Xi}w^{(I,\vartheta)}\left[1_I(\cdot)\frac{\sum_{\vartheta\in\Xi}w^{(I,\vartheta)}p^{(\vartheta)}(\cdot,\cdot)}{\sum_{\vartheta\in\Xi}w^{(I,\vartheta)}}\right]^{\mathrm{X}}\\ &= \Delta(\mathrm{X})\sum\nolimits_{I\in\mathcal{F}(\mathbb{L})}\delta_I(\mathcal{L}(\mathrm{X}))w^{(I)}\left[p^{(I)}\right]^{\mathrm{X}}\end{aligned} \tag{J.14}$$

其中,$w^{(I)}$和 $p^{(I)}$分别由式(7.5.17)和式(7.5.18)给出。

K. IIDC 先验下 TBD 量测更新 PGFl 的推导

推论 6 的证明:因为 X 是具有 PHD v 和势分布 ρ 的 IIDC,其 PGFl 为

$$G[h]=G(\langle v,h\rangle/\langle v,1\rangle) \tag{K.1}$$

其中，$G(z)=\sum_{n=0}^{\infty}\rho(n)z^n$ 是 $|X|$ 的 PGF。根据命题 28，并利用$\langle v,g_Z\rangle=\langle vg_Z,1\rangle$，可得

$$G[h\mid Z]=\frac{G[hg_Z]}{G[g_Z]}=\frac{G(\langle vg_Z,h\rangle/\langle v,1\rangle)}{G(\langle v,g_Z\rangle/\langle v,1\rangle)}=\frac{\sum_{n=0}^{\infty}\rho(n)(\langle vg_Z,h\rangle/\langle v,1\rangle)^n}{\sum_{j=0}^{\infty}\rho(j)(\langle v,g_Z\rangle/\langle v,1\rangle)^j}$$

$$=\frac{\sum_{n=0}^{\infty}\rho(n)(\langle v,g_Z\rangle/\langle v,1\rangle)^n(\langle vg_Z,h\rangle/\langle vg_Z,1\rangle)^n}{\sum_{j=0}^{\infty}\rho(j)(\langle v,g_Z\rangle/\langle v,1\rangle)^j} \tag{K.2}$$

为了证明后验 RFS 确实是具有 PHD（式（10.3.7））和势分布（式（10.3.8））的 IIDC，需要证明后验 PGFl 式（K.2）具有形式 $G[h\mid Z]=G(\langle v(\cdot\mid Z),h\rangle/\langle v(\cdot\mid Z),1\rangle\mid Z)$。注意到，由式（10.3.7）可得$\langle vg_Z,h\rangle/\langle vg_Z,1\rangle=\langle v(\cdot\mid Z),h\rangle/\langle v(\cdot\mid Z),1\rangle$，将其代入式（K.2）中的（$\langle vg_Z,h\rangle/\langle vg_Z,1\rangle$），并利用式（10.3.8），可得

$$\begin{aligned}G[h\mid Z]&=\sum_{n=0}^{\infty}\frac{\rho(n)(\langle v,g_Z\rangle/\langle v,1\rangle)^n}{\sum_{j=0}^{\infty}\rho(j)(\langle v,g_Z\rangle/\langle v,1\rangle)^j}\left(\frac{\langle v(\cdot\mid Z),h\rangle}{\langle v(\cdot\mid Z),1\rangle}\right)^n\\&=\sum_{n=0}^{\infty}\rho(n\mid Z)(\langle v(\cdot\mid Z),h\rangle/\langle v(\cdot\mid Z),1\rangle)^n\\&=G(\langle v(\cdot\mid Z),h\rangle/\langle v(\cdot\mid Z),1\rangle\mid Z)\end{aligned} \tag{K.3}$$

因此，后验是具有 PHD（式（10.3.7））和势分布（式（10.3.8））的 IIDC 过程。

说明：后验 PHD（式（10.3.7））和势分布（式（10.3.8））可分别通过对后验 PGFl $G[\cdot\mid Z]$和 PGF $G(\cdot\mid Z)$微分获得。

L. 量测集分划的唯一性

命题 29 的证明：该证明由两部分组成。首先采用构造法证明存在一个满足命题 29 条件的分划。然后，通过反证法证明该分划是唯一的。

1）存在满足命题 29 条件的分划

考虑表 L.1 中的算法，在该算法中，首先形成由各量测的单元素集构成的分划，然后组合分划的元胞。显然，由表中算法产生的元胞数量随着迭代单调递减。因为元胞的数量是有下界的，容易看到该算法迭代次数至多为$|Z|-1$。

表 L.1 求解满足命题 29 条件的分划 $\mathcal{P}$

No.	输入：$Z=[z^{(1)},\cdots,z^{(\|Z\|)}]$
1:	设置 $\mathcal{P}_0=\{\{z^{(1)}\},\{z^{(2)}\},\cdots,\{z^{(\|Z\|)}\}\}$，即，设置 $W_j^0=\{z^{(j)}\}, j=1,2,\cdots,\|Z\|$
2:	设置 $i=1$
3:	% 计算 $\mathcal{P}_{i-1}$ 的元胞间所有成对距离
4:	$$\eta_{st}^{i-1}=\min_{z^{(m)}\in W_s^{i-1},z^{(n)}\in W_t^{i-1}} \mathrm{d}(z^{(m)},z^{(n)}) \quad (\mathrm{L.1})$$
5:	% 找出对应最小成对距离的元胞
6:	$$(s_*,t_*)=\underset{1\leqslant s\neq t\leqslant \|\mathcal{P}_{i-1}\|}{\arg\min}\ \eta_{st}^{i-1} \quad (\mathrm{L.2})$$
7:	若 $\eta_{s_*t_*}^{i-1}>T_l$，则停止算法，因为 $\mathcal{P}_{i-1}$ 是满足命题 29 条件的分划
8:	否则，形成新的单个元胞 $W_{s_*+t_*}^{i-1}=W_{s_*}^{i-1}\cup W_{t_*}^{i-1}$，并删除元胞 $W_{s_*}^{i-1}$ 和 $W_{t_*}^{i-1}$
9:	设置 $\mathcal{P}_i$ 为第 8 行获得的元胞的集合
10:	设置 $i=i+1$，跳到第 3 行

当算法停止，得到的分划将满足命题 29 的条件。这可通过数学归纳法证明。在第 1 次迭代中，所有的元胞是单元素的，命题 29 的条件自然满足。假设在第 i 次迭代开始时，该分划满足命题 29 条件。如果算法停止（表中第 7 行），那么，该分划自然满足命题 29 条件；如果算法没有停止，合并两个元胞，从而形成新的分划。没有合并的元胞保持不变，并且，对于这些元胞的任何一个，任意两个量测 $z^{(p)}$ 和 $z^{(q)}$ 也自然满足式（11.2.30）或式（11.2.31）。

在合并元胞中的量测也满足式（11.2.30）或式（11.2.31），证明如下。假设在第 i 次迭代，通过合并元胞 $W_{s_*}^{i-1}$ 和 $W_{t_*}^{i-1}$ 形成元胞 $W_{s_*+t_*}^{i-1}$（见表中第 8 行），令 $z^{(m_*)}$ 和 $z^{(n_*)}$ 是使得元胞合并的一对量测，即

$$(z^{(m_*)},z^{(n_*)})=\underset{\substack{z^{(m)}\in W_{s_*}^{i-1}\\ z^{(n)}\in W_{t_*}^{i-1}}}{\arg\min} d(z^{(m)},z^{(n)}) \tag{L.3}$$

令 $z^{(p)}$ 和 $z^{(q)}$ 是合并元胞 $W_{s_*+t_*}^{i-1}$ 中的两个量测，如果 $z^{(p)}$ 和 $z^{(q)}$ 均在 $W_{s_*}^{i-1}$ 内（或者在 $W_{t_*}^{i-1}$ 内），那么，它们自然满足式（11.2.30）或式（11.2.31）；如果 $z^{(p)}$ 在 $W_{s_*}^{i-1}$ 内而 $z^{(q)}$ 在 $W_{t_*}^{i-1}$ 内（反之亦然），在 $p\neq m_*$ 且 $q\neq n_*$ 假设下，以下 4 个关系之一必将成立。

（1）关系 1：

$$d(z^{(p)},z^{(m_*)})\leqslant T_l \tag{L.4a}$$

$$d(z^{(m_*)},z^{(n_*)})\leqslant T_l \tag{L.4b}$$

$$d(z^{(n_*)},z^{(q)})\leqslant T_l \tag{L.4c}$$

（2）关系 2：

$$d(z^{(p)},z^{(m_*)})\leqslant T_l \tag{L.5a}$$

$$d(z^{(m_*)},z^{(n_*)})\leqslant T_l \tag{L.5b}$$

$$d(z^{(n_*)},z^{(r_1)})\leqslant T_l \tag{L.5c}$$

$$d(z^{(r_a)},z^{(r_{a+1})})\leqslant T_l,\ a=1,2,\cdots,R-1 \tag{L.5d}$$

$$d(z^{(r_R)},z^{(q)})\leqslant T_l \tag{L.5e}$$

其中，$\{z^{(r_1)},z^{(r_2)},\cdots,z^{(r_R)}\}\subset W_{t_*}^{i-1}-\{z^{(q)},z^{(n_*)}\}$。

（3）关系3：

$$d(z^{(p)},z^{(r_1)})\leqslant T_l \tag{L.6a}$$

$$d(z^{(r_a)},z^{(r_{a+1})})\leqslant T_l,\ a=1,2,\cdots,R-1 \tag{L.6b}$$

$$d(z^{(r_R)},z^{(m_*)})\leqslant T_l \tag{L.6c}$$

$$d(z^{(m_*)},z^{(n_*)})\leqslant T_l \tag{L.6d}$$

$$d(z^{(n_*)},z^{(q)})\leqslant T_l \tag{L.6e}$$

其中，$\{z^{(r_1)},z^{(r_2)},\cdots,z^{(r_R)}\}\subset W_{s_*}^{i-1}-\{z^{(p)},z^{(m_*)}\}$。

（4）关系4：

$$d(z^{(p)},z^{(r_1)})\leqslant T_l \tag{L.7a}$$

$$d(z^{(r_a)},z^{(r_{a+1})})\leqslant T_l,a=1,2,\cdots,R-1 \tag{L.7b}$$

$$d(z^{(r_R)},z^{(m_*)})\leqslant T_l \tag{L.7c}$$

$$d(z^{(m_*)},z^{(n_*)})\leqslant T_l \tag{L.7d}$$

$$d(z^{(n_*)},z^{(c_1)})\leqslant T_l \tag{L.7e}$$

$$d(z^{(c_b)},z^{(c_{b+1})})\leqslant T_l,b=1,2,\cdots,B-1 \tag{L.7f}$$

$$d(z^{(c_B)},z^{(q)})\leqslant T_l \tag{L.7g}$$

其中，$\{z^{(r_1)},z^{(r_2)},\cdots,z^{(r_R)}\}\subset W_{s_*}^{i-1}-\{z^{(p)},z^{(m_*)}\}$，$\{z^{(c_1)},z^{(c_2)},\cdots,z^{(c_B)}\}\subset W_{t_*}^{i-1}-\{z^{(q)},z^{(n_*)}\}$。

对于 $p=m_*,q\neq n_*$ 和 $p\neq m_*,q=n_*$ 情况，可类似得到；而对于 $p=m_*,q=n_*$ 情况，有 $d(z^{(p)},z^{(q)})\leqslant T_l$，因此，$z^{(p)}$ 和 $z^{(q)}$ 满足式(11.2.30)。这表明合并元胞满足式(11.2.30)或式(11.2.31)，且该分划满足命题 29 条件。因此，表 L.1 中算法将停止于有限次数的迭代，且算法给出的分划满足命题 29 条件。

2）分划的唯一性

假设存在满足命题29 条件的两个不同分划 $\mathcal{P}_i$ 和 $\mathcal{P}_j$，那么，必然存在（至少）一个量测 $z^{(m)}\in Z$、一个元胞 $W_{m_i}^i\in\mathcal{P}_i$ 和一个元胞 $W_{m_j}^j\in\mathcal{P}_j$，使得 $z^{(m)}\in W_{m_i}^i$，$z^{(m)}\in W_{m_j}^j$ 且 $W_{m_i}^i\neq W_{m_j}^j$。这需要仅在 $W_{m_i}^i$ 和 $W_{m_j}^j$ 之一内的（至少）单个测量 $z^{(n)}\in Z$。不失一般性，假设 $z^{(n)}\in W_{m_i}^i$ 且 $z^{(n)}\notin W_{m_j}^j$。由于 $z^{(m)}$ 和 $z^{(n)}$ 均在 $W_{m_i}^i$ 中，或者 $d(z^{(m)},z^{(n)})\leqslant T_l$（而这与 $z^{(n)}\notin W_{m_j}^j$ 相矛盾），或者必然存在一个非空子集 $\{z^{(r_1)}$，

$z^{(r_2)},\cdots,z^{(r_R)}\}\subset W^i_{m_i}-\{z^{(m)},z^{(n)}\}$，使得以下条件成立：当 $R=1$ 时，有

$$d(z^{(m)},z^{(r_1)})\leqslant T_l \tag{L.8a}$$

$$d(z^{(r_1)},z^{(n)})\leqslant T_l \tag{L.8b}$$

否则，当 $R>1$ 时，有

$$d(z^{(m)},z^{(r_1)})\leqslant T_l \tag{L.8c}$$

$$d(z^{(r_s)},z^{(r_{s+1})})\leqslant T_l,s=1,2,\cdots,R-1 \tag{L.8d}$$

$$d(z^{(r_R)},z^{(n)})\leqslant T_l \tag{L.8e}$$

不过，式(L.2)中的条件意味着以下量测应该都在同一元胞内

$$\begin{cases}\{z^{(m)},z^{(r_1)},z^{(n)}\}, & R=1\\ \{z^{(m)},z^{(r_1)},z^{(r_2)},\cdots,z^{(r_R)},z^{(n)}\}, & R>1\end{cases} \tag{L.9}$$

对于 $\mathcal{P}_j$，该元胞为 $W^j_{m_j}$ 蕴含 $z^{(m)}$，这与 $z^{(n)}\notin W^j_{m_j}$ 相矛盾。因此，存在两个不同的分划满足命题 29 条件的初始假设是不成立的，从而完成了证明过程。

M. 扩展目标量测似然的推导

命题 30 的证明如下。

首先考虑没有虚警的情况(即所有量测均由目标产生)。根据假设 A.23 和 A.24，给定扩展目标的集合 X，量测集合 Y 的似然为[5]

$$g_D(Y\mid \mathrm{X}) = \sum_{(W_1,\cdots,W_{|\mathrm{X}|}):\uplus_{i=1}^{|X|}W_i=Y} g'(W_1\mid \boldsymbol{x}_1,\ell_1)\cdots g'(W_{|\mathrm{X}|}\mid \boldsymbol{x}_{|\mathrm{X}|},\ell_{|\mathrm{X}|}) \tag{M.1}$$

其中，$\uplus$ 表示集合取并，

$$g'(W\mid \boldsymbol{x},\ell)\propto\begin{cases}p_D(\boldsymbol{x},\ell)\tilde{g}(W\mid \boldsymbol{x},\ell), & W\neq\varnothing\\ q_D(\boldsymbol{x},\ell), & W=\varnothing\end{cases} \tag{M.2}$$

注意到，任意集合 S 的一个分划定义为 S 的非空子集的互斥集合，且其并集为 S，而在式(M.1)中，集合 $W_1,\cdots,W_{|\mathrm{X}|}$ 可能是空集或者是非空集，因此，它们不满足分划定义。然而，在 $W_1,\cdots,W_{|\mathrm{X}|}$ 中的非空集合确实组成了 Y 的一个分划，因此，通过将式(M.1)分解成空集和非空集合 W_i 上的乘积，可得

$$g_D(Y\mid \mathrm{X}) = [q_D]^{\mathrm{X}}\sum_{i=1}^{|\mathrm{X}|}\sum_{\mathcal{P}(Y)\in\mathcal{G}_i(Y)}\sum_{1\leqslant j_1\neq\cdots\neq j_i\leqslant|\mathrm{X}|}\prod_{k=1}^{i}\frac{p_D(\boldsymbol{x}_{j_k},\ell_{j_k})\tilde{g}(\mathcal{P}_k(Y)\mid \boldsymbol{x}_{j_k},\ell_{j_k})}{q_D(\boldsymbol{x}_{j_k},\ell_{j_k})} \tag{M.3}$$

其中，$\mathcal{P}_k(Y)$ 表示在分划 $\mathcal{P}(Y)$ 中的第 k 个元胞。类似文献[13][420]的推导，可将式(M.3)表示为

$$g_D(Y|\mathrm{X}) = [q_D]^{\mathrm{X}}\sum_{i=1}^{|\mathrm{X}|}\sum_{\mathcal{P}(Y)\in\mathcal{G}_i(Y)}\sum_{\theta\in\Theta(\mathcal{P}(Y))}\prod_{j:\theta(j)>0}\frac{p_D(\boldsymbol{x}_j,\ell_j)\tilde{g}(\mathcal{P}_{\theta(j)}(Y)\mid\boldsymbol{x}_j,\ell_j)}{q_D(\boldsymbol{x}_j,\ell_j)} \tag{M.4}$$

现在考虑虚警也可能存在的情况。根据假设 A. 25,虚警的集合 K 服从分布 $g_C(K)$,且集合 Y 和集合 K 是独立的,而总的量测集合为 $Z=Y\cup K$,因此,根据卷积公式,Z 服从如下分布

$$\begin{aligned} g(Z|\mathrm{X}) &= \sum_{W\subseteq Z}g_C(Z-W)g_D(W|\mathrm{X}) \\ &= \sum_{W\subseteq Z}\exp(-\langle\boldsymbol{\kappa},1\rangle)\boldsymbol{\kappa}^{Z-W}[q_D]^{\mathrm{X}}\cdot \\ &\quad \sum_{i=1}^{|\mathrm{X}|}\sum_{\substack{\mathcal{P}(W)\in\mathcal{G}_i(W)\\ \theta\in\Theta(\mathcal{P}(W))}}\prod_{j:\theta(j)>0}\frac{p_D(\boldsymbol{x}_j,\ell_j)\tilde{g}(\mathcal{P}_{\theta(j)}(W)\mid\boldsymbol{x}_j,\ell_j)}{q_D(\boldsymbol{x}_j,\ell_j)} \\ &= \exp(-\langle\boldsymbol{\kappa},1\rangle)\boldsymbol{\kappa}^{Z}[q_D]^{\mathrm{X}}\cdot \\ &\quad \sum_{W\subseteq Z}\sum_{i=1}^{|\mathrm{X}|}\sum_{\substack{\mathcal{P}(W)\in\mathcal{G}_i(W)\\ \theta\in\Theta(\mathcal{P}(W))}}\prod_{j:\theta(j)>0}\frac{p_D(\boldsymbol{x}_j,\ell_j)\tilde{g}(\mathcal{P}_{\theta(j)}(W)\mid\boldsymbol{x}_j,\ell_j)}{q_D(\boldsymbol{x}_j,\ell_j)[\boldsymbol{\kappa}]^{\mathcal{P}_{\theta(j)}(W)}} \end{aligned} \tag{M.5}$$

其中,因为 $\mathcal{P}(W)$是 W 的一个分划,最后一行利用了 $\boldsymbol{\kappa}^W = \prod_{j:\theta(j)>0}[\boldsymbol{\kappa}]^{\mathcal{P}_{\theta(j)}(W)}$ 的关系。

最终,通过将集合 $Z-W$ 视为附加到每个 $\mathcal{P}(W)$上的额外元素,从而,将它转换成 Z 的一个分划,可对式(M.5)进一步简化。在此过程中,对在 $W\subseteq Z$ 和 $i=1\to|X|$ 的分划 $\mathcal{P}(W)\in\mathcal{G}_i(W)$上的两次求和,能表示成 $i=1\to|X|+1$ 的 Z 的分划 $\mathcal{P}(Z)$上的一次求和,即

$$g(Z|\mathrm{X}) = g_C(Z)[q_D]^{\mathrm{X}}\sum_{i=1}^{|\mathrm{X}|+1}\sum_{\substack{\mathcal{P}(Z)\in\mathcal{G}_i(Z)\\ \theta\in\Theta(\mathcal{P}(Z))}}\prod_{j:\theta(j)>0}\frac{p_D(\boldsymbol{x}_j,\ell_j)\tilde{g}(\mathcal{P}_{\theta(j)}(Z)\mid\boldsymbol{x}_j,\ell_j)}{q_D(\boldsymbol{x}_j,\ell_j)[\boldsymbol{\kappa}]^{\mathcal{P}_{\theta(j)}(Z)}} \tag{M.6}$$

注意到,当 $\theta(j)>0$ 时,分母中的 $q_D(\boldsymbol{x}_j,\ell_j)$ 抵消了$[q_D]^{\mathrm{X}}$ 中的对应项,而对每个 $j:\theta(j)=0$,仅剩下 $q_D(\boldsymbol{x}_j,\ell_j)$ 项。因此,式(M.6)能等价表示成式(11.3.84)的形式。

N. 合并量测跟踪器的推导

1)命题 31 的证明

存活目标的密度为

$$
\begin{aligned}
\pi_S(\mathrm{S}) &= \int \phi_S(\mathrm{S}\mid \mathrm{X})\pi(\mathrm{X})\delta \mathrm{X}\\
&= \int \Delta(\mathrm{S})\Delta(\mathrm{X})1_{\mathcal{L}(X)}(\mathcal{L}(\mathrm{S}))[\boldsymbol{\Phi}(\mathrm{S};\cdot)]^{\mathrm{X}}\Delta(\mathrm{X})\sum_{c\in\mathbb{C}} w^{(c)}(\mathcal{L}(\mathrm{X}))p^{(c)}(\mathrm{X})\delta \mathrm{X}\\
&= \Delta(\mathrm{S})\sum_{c\in\mathbb{C}}\int \Delta(\mathrm{X})1_{\mathcal{L}(\mathrm{X})}(\mathcal{L}(\mathrm{S}))w^{(c)}(\mathcal{L}(\mathrm{X}))[\boldsymbol{\Phi}(\mathrm{S};\cdot)]^{\mathrm{X}}p^{(c)}(\mathrm{X})\,\delta \mathrm{X}\\
&= \Delta(\mathrm{S})\sum_{c\in\mathbb{C}}\sum_{L\subseteq\mathbb{L}} 1_L(\mathcal{L}(\mathrm{S}))w^{(c)}(L)\cdot\\
&\quad \int\prod_{i=1}^{|L|}\boldsymbol{\Phi}(\mathrm{S};\boldsymbol{x}_i,\ell_i)p^{(c)}(\{(\boldsymbol{x}_1,\ell_1),\cdots,(\boldsymbol{x}_{|L|},\ell_{|L|})\})\mathrm{d}\boldsymbol{x}_{1:|L|}\\
&= \Delta(\mathrm{S})\sum_{c\in\mathbb{C}}\sum_{L\subseteq\mathbb{L}} 1_L(\mathcal{L}(\mathrm{S}))w^{(c)}(L)\int\prod_{i=1}^{|L|}\boldsymbol{\Phi}(\mathrm{S};\boldsymbol{x}_i,\ell_i)p^{(c)}_{\ell_{1:|L|}}(\boldsymbol{x}_{1:|L|})\mathrm{d}\boldsymbol{x}_{1:|L|}\\
&= \Delta(\mathrm{S})\sum_{c\in\mathbb{C}}\sum_{L\subseteq\mathbb{L}} 1_L(\mathcal{L}(\mathrm{S}))w^{(c)}(L)\boldsymbol{\eta}_S^{(c)}(L)p^{(c)}_{S,L}(\mathrm{S})
\end{aligned}
\tag{N.1}
$$

其中,$\phi_S(\mathrm{S}\mid \mathrm{X})$、$\boldsymbol{\Phi}(\mathrm{S};\boldsymbol{x},\ell)$、$p^{(c)}_{S,L}(\mathrm{S})$ 和 $\boldsymbol{\eta}_S^{(c)}(L)$ 定义分别见式(3.4.9)、式(3.4.10)、式(11.4.8)和式(11.4.9),第 4 行通过对 $h(L)=1_L(\mathcal{L}(\mathrm{S}))w^{(c)}(L)$ 和 $g(\mathrm{X})=[\boldsymbol{\Phi}(\mathrm{S};\cdot)]^{\mathrm{X}}p^{(c)}(\mathrm{X})$ 应用引理 3 得到。

预测密度是新生密度和存活密度的乘积,即

$$
\begin{aligned}
\pi_+(\mathrm{X}_+) &= \pi_\gamma(\mathrm{B})\pi_S(\mathrm{S})\\
&= \Delta(\mathrm{B})\Delta(\mathrm{S})\sum_{c\in\mathbb{C}}\sum_{L\subseteq\mathbb{L}} 1_L(\mathcal{L}(\mathrm{S}))w_\gamma(\mathcal{L}(\mathrm{B}))w^{(c)}(L)\boldsymbol{\eta}_S^{(c)}(L)[p_\gamma(\cdot)]^{\mathrm{B}}p^{(c)}_{S,L}(\mathrm{S})\\
&= \Delta(\mathrm{X}_+)\sum_{c\in\mathbb{C}}\sum_{L\subseteq\mathbb{L}} 1_L(\mathcal{L}(\mathrm{X}_+)\cap\mathbb{L})w_\gamma(\mathcal{L}(\mathrm{X}_+)-\mathbb{L})w^{(c)}(L)\boldsymbol{\eta}_S^{(c)}(L)\cdot\\
&\quad p_\gamma^{\mathrm{X}_+-\mathbb{X}\times\mathbb{L}}p^{(c)}_{S,L}(\mathrm{X}_+\cap\mathbb{X}\times\mathbb{L})\\
&= \Delta(\mathrm{X}_+)\sum_{c\in\mathbb{C}}\sum_{L\subseteq\mathbb{L}} w^{(c)}_{+,L}(\mathcal{L}(\mathrm{X}_+))p^{(c)}_{+,L}(\mathrm{X}_+)
\end{aligned}
\tag{N.2}
$$

式中,新生密度 $\pi_\gamma(\cdot)$ 见式(3.4.11),$\mathrm{B}=\mathrm{X}_+-\mathbb{X}\times\mathbb{L}$,$\mathrm{S}=\mathrm{X}_+\cap\mathbb{X}\times\mathbb{L}$,$w^{(c)}_{+,L}$ 和 $p^{(c)}_{+,L}$ 分别由式(11.4.6)和式(11.4.7)给出。

2)命题 32 的证明

先验分布(式(7.5.9))和似然(式(11.4.4))的乘积为

$$
\begin{aligned}
\pi(\mathrm{X})g(Z\mid \mathrm{X}) &= \Delta(\mathrm{X})\exp(-\langle\boldsymbol{\kappa},1\rangle)\boldsymbol{\kappa}^Z\cdot\\
&\quad\sum_{c\in\mathbb{C}}\sum_{\substack{\mathcal{P}(\mathrm{X})\in\mathcal{G}(\mathrm{X})\\ \theta\in\Theta(\mathcal{P}(\mathcal{L}(\mathrm{X})))}} w^{(c)}(\mathcal{L}(\mathrm{X}))[\tilde{\varphi}_Z(\cdot;\theta)]^{\mathcal{P}(\mathrm{X})}p^{(c)}(\mathrm{X})\\
&= \Delta(\mathrm{X})\exp(-\langle\boldsymbol{\kappa},1\rangle)\boldsymbol{\kappa}^Z\cdot\\
&\quad\sum_{c\in\mathbb{C}}\sum_{\substack{\mathcal{P}(\mathrm{X})\in\mathcal{G}(\mathrm{X})\\ \theta\in\Theta(\mathcal{P}(\mathcal{L}(\mathrm{X})))}} w^{(c)}(\mathcal{L}(\mathrm{X}))\eta_Z^{(c,\theta)}(\mathcal{P}(\mathcal{L}(\mathrm{X})))p^{(c,\theta)}(\mathcal{P}(\mathrm{X})\mid Z)
\end{aligned}
\tag{N.3}
$$

其中，$p^{(c,\theta)}(\mathcal{P}(\mathrm{X})\mid Z)$ 和 $\eta_Z^{(c,\theta)}(\mathcal{P}(L))$ 定义分别见式(11.4.13)和式(11.4.14)。

式(N.3)关于多目标状态的积分为

$$\begin{aligned}
&\int \pi(\mathrm{X})g(Z\mid \mathrm{X})\delta \mathrm{X}\\
&=\int \Delta(\mathrm{X})\exp(-\langle \kappa,1\rangle)\kappa^Z\cdot\\
&\quad\sum_{c\in\mathbb{C}}\sum_{\substack{\mathcal{P}(\mathrm{X})\in\mathcal{G}(\mathrm{X})\\ \theta\in\Theta(\mathcal{P}(\mathcal{L}(\mathrm{X})))}} w^{(c)}(\mathcal{L}(\mathrm{X}))\eta_Z^{(c,\theta)}(\mathcal{P}(\mathcal{L}(\mathrm{X})))p^{(c,\theta)}(\mathcal{P}(\mathrm{X})\mid Z)\delta \mathrm{X}\\
&=\exp(-\langle \kappa,1\rangle)\kappa^Z\sum_{c\in\mathbb{C}}\sum_{n=0}^{\infty}\frac{1}{n!}\sum_{(\ell_{1:n})\in\mathbb{L}^n}\sum_{\substack{\mathcal{P}(\{\ell_{1:n}\})\in\mathcal{G}(\{\ell_{1:n}\})\\ \theta\in\Theta(\mathcal{P}(\{\ell_{1:n}\}))}} w^{(c)}(\{\ell_{1:n}\})\\
&\quad\times\eta_Z^{(c,\theta)}(\mathcal{P}(\{\ell_{1:n}\}))\times\int p^{(c,\theta)}(\mathcal{P}(\{(\boldsymbol{x}_1,\ell_1),\cdots,(\boldsymbol{x}_n,\ell_n)\})\mid Z)\mathrm{d}\boldsymbol{x}_{1:n}\\
&=\exp(-\langle \kappa,1\rangle)\kappa^Z\sum_{c\in\mathbb{C}}\sum_{n=0}^{\infty}\sum_{L\in\mathcal{F}_n(\mathbb{L})}\sum_{\substack{\mathcal{P}(L)\in\mathcal{G}(L)\\ \theta\in\Theta(\mathcal{P}(L))}} w^{(c)}(L)\eta_Z^{(c,\theta)}(\mathcal{P}(L))\\
&=\exp(-\langle \kappa,1\rangle)\kappa^Z\sum_{c\in\mathbb{C}}\sum_{L\subseteq\mathbb{L}}\sum_{\substack{\mathcal{P}(L)\in\mathcal{G}(L)\\ \theta\in\Theta(\mathcal{P}(L))}} w^{(c)}(L)\eta_Z^{(c,\theta)}(\mathcal{P}(L))
\end{aligned}\tag{N.4}$$

通过将式(N.3)和式(N.4)代入贝叶斯更新方程中可得结果式(11.4.11)。

3) 式(11.4.15)的推导

先验分布(式(3.3.38))和似然(式(11.4.4))的乘积为

$$\begin{aligned}
\pi(\mathrm{X})g(Z\mid \mathrm{X}) = \Delta(\mathrm{X})\exp(-\langle \kappa,1\rangle)\kappa^Z\times\\
\sum_{c\in\mathbb{C}}\sum_{\substack{\mathcal{P}(\mathrm{X})\in\mathcal{G}(\mathrm{X})\\ \theta\in\Theta(\mathcal{P}(\mathcal{L}(\mathrm{X})))}} w^{(c)}(\mathcal{L}(\mathrm{X}))[\tilde{\varphi}_Z(\cdot;\theta)]^{\mathcal{P}(\mathrm{X})}[p^{(c)}(\cdot)]^{\mathrm{X}}
\end{aligned}\tag{N.5}$$

利用式(11.4.18)，有

$$[\tilde{p}^{(c)}(\cdot)]^{\mathcal{P}(\mathrm{X})} = \prod_{\mathrm{Y}\in\mathcal{P}(\mathrm{X})}\tilde{p}^{(c)}(\mathrm{Y}) = \prod_{\mathrm{Y}\in\mathcal{P}(\mathrm{X})}[p^{(c)}(\cdot)]^{\mathrm{Y}} = [p^{(c)}(\cdot)]^{\mathrm{X}}\tag{N.6}$$

从而可得

$$\begin{aligned}
\pi(\mathrm{X})g(Z\mid \mathrm{X}) &= \Delta(\mathrm{X})\exp(-\langle \kappa,1\rangle)\kappa^Z\cdot\\
&\quad\sum_{c\in\mathbb{C}}\sum_{\substack{\mathcal{P}(\mathrm{X})\in\mathcal{G}(\mathrm{X})\\ \theta\in\Theta(\mathcal{P}(\mathcal{L}(\mathrm{X})))}} w^{(c)}(\mathcal{L}(\mathrm{X}))[\tilde{p}^{(c)}(\cdot)\tilde{\varphi}_Z(\cdot;\theta)]^{\mathcal{P}(\mathrm{X})}\\
&= \Delta(\mathrm{X})\exp(-\langle \kappa,1\rangle)\kappa^Z\cdot
\end{aligned}$$

$$\sum_{c\in\mathbb{C}}\sum_{\substack{\mathcal{P}(\mathrm{X})\in\mathcal{G}(\mathrm{X})\\ \theta\in\Theta(\mathcal{P}(\mathcal{L}(\mathrm{X})))}} w^{(c)}(\mathcal{L}(\mathrm{X}))\left[\eta_Z^{(c,\theta)}\right]^{\mathcal{P}(\mathcal{L}(\mathrm{X}))}\left[p^{(c,\theta)}(\cdot\mid Z)\right]^{\mathcal{P}(\mathrm{X})} \tag{N.7}$$

相应的积分为

$$\begin{aligned}
&\int\pi(\mathrm{X})g(Z\mid\mathrm{X})\delta\mathrm{X}\\
&=\exp(-\langle\kappa,1\rangle)\kappa^Z\sum_{c\in\mathbb{C}}\sum_{\substack{\mathcal{P}(\mathrm{X})\in\mathcal{G}(\mathrm{X})\\ \theta\in\Theta(\mathcal{P}(\mathcal{L}(\mathrm{X})))}}\int\Delta(\mathrm{X})w^{(c)}(\mathcal{L}(\mathrm{X}))\cdot\\
&\quad\left[\eta_Z^{(c,\theta)}\right]^{\mathcal{P}(\mathcal{L}(\mathrm{X}))}\left[p^{(c,\theta)}(\cdot\mid Z)\right]^{(\mathrm{X})}\delta\mathrm{X}\\
&=\exp(-\langle\kappa,1\rangle)\kappa^Z\sum_{c\in\mathbb{C}}\sum_{L\subseteq\mathbb{L}}\sum_{\substack{\mathcal{P}(L)\in\mathcal{G}(L)\\ \theta\in\Theta(\mathcal{P}(L))}} w^{(c)}(L)\left[\eta_Z^{(c,\theta)}\right]^{\mathcal{P}(L)}
\end{aligned} \tag{N.8}$$

通过将式(N.7)和式(N.8)代入贝叶斯更新方程中可得后验式(11.4.15)。

O. 信息融合算子和加权算子

定义针对多目标密度(包括单目标密度)的信息融合算子和加权算子。

给定两个多目标密度 $\pi_i(X)$ 和 $\pi_j(X)$,定义两者的信息融合运算为

$$\pi_i(X)\oplus\pi_j(X)\overset{\text{def}}{=}\frac{\pi_i(X)\pi_j(X)}{\langle\pi_i,\pi_j\rangle}=\frac{\pi_i(X)\pi_j(X)}{\int\pi_i(X)\pi_j(X)\delta X} \tag{O.1}$$

此外,给定正标量 ω 和多目标密度 $\pi(X)$,定义加权运算为

$$\omega\odot\pi(X)=\frac{\pi^\omega(X)}{\langle\pi^\omega,1\rangle}=\frac{\pi^\omega(X)}{\int\pi^\omega(X)\delta X} \tag{O.2}$$

根据这些定义,易得两个算子$\oplus$和$\odot$具有以下属性:

$$\pi_i\oplus\pi_j=\pi_j\oplus\pi_i \tag{O.3}$$

$$(\pi_i\oplus\pi_j)\oplus\pi_n=\pi_i\oplus(\pi_j\oplus\pi_n)=\pi_i\oplus\pi_j\oplus\pi_n \tag{O.4}$$

$$(\alpha\beta)\odot\pi=\alpha\odot(\beta\odot\pi) \tag{O.5}$$

$$1\odot\pi=\pi \tag{O.6}$$

$$\alpha\odot(\pi_i\oplus\pi_j)=(\alpha\odot\pi_i)\oplus(\alpha\odot\pi_j) \tag{O.7}$$

$$(\alpha+\beta)\odot\pi=(\alpha\odot\pi)\oplus(\beta\odot\pi) \tag{O.8}$$

式中:π 为多目标密度;α 和 β 为正的标量。

P. 多目标密度的加权 KLA 的推导

命题 33 的证明。

令

$$\tilde{\pi}(X) = \prod_i \pi_i^{\omega_i}(X), \quad c = \int \tilde{\pi}(X)\delta X \tag{P.1}$$

式(12.4.4)中的融合多目标密度可表示为 $\bar{\pi}(X) = \tilde{\pi}(X)/c$,那么,根据 KLA,最小代价为

$$\begin{aligned}
J(\pi) &= \sum_i \omega_i \mathcal{D}_{\mathrm{KL}}(\pi \parallel \pi_i) = \sum_i \omega_i \int \pi(X) \log \frac{\pi(X)}{\pi_i(X)} \delta X \\
&= \sum_i \omega_i \sum_{n=0} \frac{1}{n!} \int \pi(\{\boldsymbol{x}_1, \cdots, \boldsymbol{x}_n\}) \log \frac{\pi(\{\boldsymbol{x}_1, \cdots, \boldsymbol{x}_n\})}{\pi_i(\{\boldsymbol{x}_1, \cdots, \boldsymbol{x}_n\})} \mathrm{d}\boldsymbol{x}_1 \cdots \mathrm{d}\boldsymbol{x}_n \\
&= \sum_{n=0}^{\infty} \frac{1}{n!} \int \pi(\{\boldsymbol{x}_1, \cdots, \boldsymbol{x}_n\}) \sum_i \omega_i \log \frac{\pi(\{\boldsymbol{x}_1, \cdots, \boldsymbol{x}_n\})}{\pi_i(\{\boldsymbol{x}_1, \cdots, \boldsymbol{x}_n\})} \mathrm{d}\boldsymbol{x}_1 \cdots \mathrm{d}\boldsymbol{x}_n \\
&= \sum_{n=0}^{\infty} \frac{1}{n!} \int \pi(\{\boldsymbol{x}_1, \cdots, \boldsymbol{x}_n\}) \log \frac{\pi(\{\boldsymbol{x}_1, \cdots, \boldsymbol{x}_n\})}{\prod_i \pi_i^{\omega_i}(\{\boldsymbol{x}_1, \cdots, \boldsymbol{x}_n\})} \mathrm{d}\boldsymbol{x}_1 \cdots \mathrm{d}\boldsymbol{x}_n \\
&= \sum_{n=0}^{\infty} \frac{1}{n!} \int \pi(\{\boldsymbol{x}_1, \cdots, \boldsymbol{x}_n\}) \log \frac{\pi(\{\boldsymbol{x}_1, \cdots, \boldsymbol{x}_n\})}{\tilde{\pi}(\{\boldsymbol{x}_1, \cdots, \boldsymbol{x}_n\})} \mathrm{d}\boldsymbol{x}_1 \cdots \mathrm{d}\boldsymbol{x}_n \\
&= \sum_{n=0}^{\infty} \frac{1}{n!} \int \pi(\{\boldsymbol{x}_1, \cdots, \boldsymbol{x}_n\}) \log \frac{\pi(\{\boldsymbol{x}_1, \cdots, \boldsymbol{x}_n\})}{c \cdot \bar{\pi}(\{\boldsymbol{x}_1, \cdots, \boldsymbol{x}_n\})} \mathrm{d}\boldsymbol{x}_1 \cdots \mathrm{d}\boldsymbol{x}_n \\
&= \sum_{n=0}^{\infty} \frac{1}{n!} \int \pi(\{\boldsymbol{x}_1, \cdots, \boldsymbol{x}_n\}) \log \frac{\pi(\{\boldsymbol{x}_1, \cdots, \boldsymbol{x}_n\})}{\bar{\pi}(\{\boldsymbol{x}_1, \cdots, \boldsymbol{x}_n\})} \mathrm{d}\boldsymbol{x}_1 \cdots \mathrm{d}\boldsymbol{x}_n \\
&\quad - \log c \sum_{n=0}^{\infty} \frac{1}{n!} \int \pi(\{\boldsymbol{x}_1, \cdots, \boldsymbol{x}_n\}) \mathrm{d}\boldsymbol{x}_1 \cdots \mathrm{d}\boldsymbol{x}_n \\
&= \int \pi(X) \log \frac{\pi(X)}{\bar{\pi}(X)} \delta X - \log c \cdot \int \pi(X)\, \delta X \\
&= \mathcal{D}_{\mathrm{KL}}(\pi \parallel \bar{\pi}) - \log c
\end{aligned} \tag{P.2}$$

因为 KLD 总是非负的,并且当且仅当它的两个参数在几乎所有地方重合时为零,因而,式(12.4.4)定义的 $\bar{\pi}(X)$ 使得上述 $J(\pi)$ 最小化。

Q. PHD 后验的融合与伯努利后验的融合

1) PHD 后验的融合

将泊松势分布代入式(12.4.11)和式(12.4.12)中,根据式(12.4.19)可得

两个 PHD 滤波器的 EMD 融合。

推论 9：考虑式(12.4.11)和式(12.4.12)给出的多目标泊松分布，其中，$\rho_i(n)$ 和 $\rho_j(n)$ 分别是具有参数 μ_i 和 μ_j 的泊松密度，则对应的 EMD 也是多目标泊松，其中，位置分布由式(12.4.18)给出，而势分布 $\bar{\rho}$ 为具有如下参数 $\bar{\mu}$ 的泊松密度

$$\bar{\mu}=\mu_i^{(1-\omega)}\mu_j^{\omega}\eta_{i,j}(\omega) \tag{Q.1}$$

式中，$\eta_{i,j}(\omega)$ 由式(12.4.16)给出。

证明：当多目标泊松分布由具有泊松势的 IIDC 组成时，式(12.4.19)是成立的。代入泊松密度后，式(12.4.20)给出的 EMD 势分布为

$$\begin{aligned}\bar{\rho}(|X|) &= \frac{1}{K}[\mu_i^{|X|}\exp(-\mu_i)/|X|!]^{(1-\omega)}[\mu_j^{|X|}\exp(-\mu_j)/|X|!]^{\omega}\eta_{i,j}^{|X|}(\omega)\\ &= \frac{1}{K}\frac{[\mu_i^{(1-\omega)}\mu_j^{\omega}\eta_{i,j}(\omega)]^{|X|}}{|X|!}\exp[-\mu_i(1-\omega)-\mu_j\omega]\end{aligned} \tag{Q.2}$$

其中，分母 K 为

$$\begin{aligned}K &= \sum\nolimits_{|X|=0}^{\infty}[\mu_i^{|X|}\exp(-\mu_i)/|X|!]^{(1-\omega)}[\mu_j^{|X|}\exp(-\mu_j)/|X|!]^{\omega}\eta_{i,j}^{|X|}(\omega)\\ &= \exp[-\mu_i(1-\omega)-\mu_j\omega]\sum_{|X|=0}^{\infty}[\mu_i^{(1-\omega)}\mu_j^{\omega}\eta_{i,j}(\omega)]^{|X|}/|X|!\\ &= \exp[-\mu_i(1-\omega)-\mu_j\omega]\cdot\exp[\mu_i^{(1-\omega)}\mu_j^{\omega}\eta_{i,j}(\omega)]\end{aligned} \tag{Q.3}$$

将式(Q.3)代入式(Q.2)，有

$$\bar{\rho}(|X|)=[\mu_i^{(1-\omega)}\mu_j^{\omega}\eta_{i,j}(\omega)]^{|X|}\exp[-\mu_i^{(1-\omega)}\mu_j^{\omega}\eta_{i,j}(\omega)]/|X|! \tag{Q.4}$$

式(Q.4)即为具有由式(Q.1)给出参数的泊松分布，这表明 EMD 势分布是泊松类型。

2) 伯努利后验的融合

对于伯努利滤波器的 EMD 融合，将伯努利形式的势代入式(12.4.19)，可得如下推论。

推论 10：考虑由式(12.4.11)和式(12.4.12)给出的两个伯努利 RFS 分布，其中，$\rho_i(|X|)$ 和 $\rho_j(|X|)$ 分别是参数为 ε_i 和 ε_j 的伯努利密度，即

$$\rho_i(|X|)=\begin{cases}1-\varepsilon_i, & |X|=0\\ \varepsilon_i, & |X|=1\\ 0, & \text{其他}\end{cases} \tag{Q.5}$$

而 $\rho_j(|X|)$ 与式(Q.5)类似。对应的 EMD 也是伯努利 RFS 分布，其位置分布由式(12.4.18)给出，而势参数为

$$\bar{\varepsilon}=\frac{\varepsilon_i^{(1-\omega)}\varepsilon_j^{\omega}\eta_{i,j}(\omega)}{(1-\varepsilon_i)^{(1-\omega)}(1-\varepsilon_j)^{\omega}+\varepsilon_i^{(1-\omega)}\varepsilon_j^{\omega}\eta_{i,j}(\omega)} \tag{Q.6}$$

证明:对于伯努利 RFS 分布,当其由具有伯努利势的 IIDC 组成时,式(12.4.19)是成立的。将伯努利密度代入式(12.4.20),并计算 $\bar{\rho}(|X|)$, $|X|=0,1,2,\cdots$,易得

$$\bar{\rho}(|X|)=\begin{cases}(1-\varepsilon_i)^{(1-\omega)}(1-\varepsilon_j)^{\omega}/K, & |X|=0\\ \varepsilon_i^{(1-\omega)}\varepsilon_j^{\omega}\eta_{i,j}(\omega)/K, & |X|=1\\ 0, & \text{其他}\end{cases} \tag{Q.7}$$

式中,

$$K=(1-\varepsilon_i)^{(1-\omega)}(1-\varepsilon_j)^{\omega}+\varepsilon_i^{(1-\omega)}\varepsilon_j^{\omega}\eta_{i,j}(\omega) \tag{Q.8}$$

这表明 EMD 势分布是势参数为 $\bar{\varepsilon}$(式(Q.6))的伯努利。

R. Mδ -GLMB 密度的加权 KLA

命题 35 的证明:为简便起见,暂时仅考虑 2 个 Mδ-GLMB 密度情况,此时,根据式(12.4.4)可得

$$\begin{aligned}\overline{\pi}(\mathrm{X}) =& \frac{1}{K}\Big[\Delta(\mathrm{X})\sum_{L\in\mathcal{F}(\mathbb{L})}\delta_L(\mathcal{L}(\mathrm{X}))w_1^{(L)}[p_1^{(L)}]^{\mathrm{X}}\Big]^{\omega}\cdot\\ &\Big[\Delta(\mathrm{X})\sum_{L\in\mathcal{F}(\mathbb{L})}\delta_L(\mathcal{L}(\mathrm{X}))w_2^{(L)}[p_2^{(L)}]^{\mathrm{X}}\Big]^{1-\omega}\end{aligned} \tag{R.1}$$

注意到

$$\pi_i^{\omega}(\mathrm{X})=\begin{cases}\Delta(\mathrm{X})(w_i^{(L_1)})^{\omega}[(p_i^{(L_1)})^{\omega}]^{\mathrm{X}}, & \text{若 }\mathcal{L}(\mathrm{X})=L_1\\ \vdots & \vdots\\ \Delta(\mathrm{X})(w_i^{(L_n)})^{\omega}[(p_i^{(L_n)})^{\omega}]^{\mathrm{X}}, & \text{若 }\mathcal{L}(\mathrm{X})=L_n\end{cases},\ i=1,2 \tag{R.2}$$

式(R.1)变为

$$\begin{aligned}\overline{\pi}(\mathrm{X}) &= \frac{\Delta(\mathrm{X})}{K}\sum_{L\in\mathcal{F}(\mathbb{L})}\delta_L(\mathcal{L}(\mathrm{X}))(w_1^{(L)})^{\omega}(w_2^{(L)})^{1-\omega}[(p_1^{(L)})^{\omega}(p_2^{(L)})^{1-\omega}]^{\mathrm{X}}\\ &= \frac{\Delta(\mathrm{X})}{K}\sum_{L\in\mathcal{F}(\mathbb{L})}\delta_L(\mathcal{L}(\mathrm{X}))(w_1^{(L)})^{\omega}(w_2^{(L)})^{1-\omega}\cdot\\ &\quad\Big[\int(p_1^{(L)}(\cdot,\ell))^{\omega}(p_2^{(L)}(\cdot,\ell))^{1-\omega}\mathrm{d}\boldsymbol{x}\,\frac{(p_1^{(L)}(\boldsymbol{x},\ell))^{\omega}(p_2^{(L)}(\boldsymbol{x},\ell))^{1-\omega}}{\int(p_1^{(L)}(\cdot,\ell))^{\omega}(p_2^{(L)}(\cdot,\ell))^{1-\omega}\mathrm{d}\boldsymbol{x}}\Big]^{\mathrm{X}}\\ &= \frac{\Delta(\mathrm{X})}{K}\sum_{L\in\mathcal{F}(\mathbb{L})}\delta_L(\mathcal{L}(\mathrm{X}))(w_1^{(L)})^{\omega}(w_2^{(L)})^{1-\omega}\cdot\\ &\quad\Big[\int(p_1^{(L)}(x,\cdot))^{\omega}(p_2^{(L)}(x,\cdot))^{1-\omega}\mathrm{d}\boldsymbol{x}\Big]^{L}\cdot\end{aligned}$$

$$\left[\frac{(p_1^{(L)}(\cdot,\cdot))^{\omega}(p_2^{(L)}(\cdot,\cdot))^{1-\omega}}{\int(p_1^{(L)}(x,\cdot))^{\omega}(p_2^{(L)}(x,\cdot))^{1-\omega}\mathrm{d}\boldsymbol{x}}\right]^{\mathrm{X}}$$

$$= \frac{\Delta(\mathrm{X})}{K}\sum_{L\in\mathcal{F}(\mathbb{L})}\delta_L(\mathcal{L}(\mathrm{X}))(w_1^{(L)})^{\omega}(w_2^{(L)})^{1-\omega}\cdot$$

$$\left[\int(p_1^{(L)}(\boldsymbol{x},\cdot))^{\omega}(p_2^{(L)}(\boldsymbol{x},\cdot))^{1-\omega}\mathrm{d}\boldsymbol{x}\right]^{L}\cdot$$

$$[(\omega\odot p_1^{(L)})\oplus((1-\omega)\odot p_2^{(L)})]^{\mathrm{X}} \tag{R.3}$$

根据式(3.3.20)可得归一化常量 K 为

$$K = \int\Delta(\mathrm{X})\sum_{L\in\mathcal{F}(\mathbb{L})}\delta_L(\mathcal{L}(\mathrm{X}))(w_1^{(L)})^{\omega}(w_2^{(L)})^{1-\omega}[(p_1^{(L)})^{\omega}(p_2^{(L)})^{1-\omega}]^{\mathrm{X}}\delta\mathrm{X}$$

$$= \sum_{L\subseteq\mathbb{L}}(w_1^{(L)})^{\omega}(w_2^{(L)})^{1-\omega}\left[\int(p_1^{(L)}(\boldsymbol{x},\cdot))^{\omega}(p_2^{(L)}(\boldsymbol{x},\cdot))^{1-\omega}\mathrm{d}\boldsymbol{x}\right]^{L} \tag{R.4}$$

将式(R.4)代入式(R.3),可得

$$\overline{\pi}(\mathrm{X}) = \Delta(\mathrm{X})\sum_{L\in\mathcal{F}(\mathbb{L})}\delta_L(\mathcal{L}(\mathrm{X}))\overline{w}^{(L)}[\bar{p}^{(L)}]^{\mathrm{X}} \tag{R.5}$$

其中,

$$\overline{w}^{(L)} = \frac{(w_1^{(L)})^{\omega}(w_2^{(L)})^{1-\omega}\left[\int(p_1^{(L)}(\boldsymbol{x},\cdot))^{\omega}(p_2^{(L)}(\boldsymbol{x},\cdot))^{1-\omega}\mathrm{d}\boldsymbol{x}\right]^{L}}{\sum_{J\subseteq\mathbb{L}}(w_1^{(J)})^{\omega}(w_2^{(J)})^{1-\omega}\left[\int(p_1^{(J)}(\boldsymbol{x},\cdot))^{\omega}(p_2^{(J)}(\boldsymbol{x},\cdot))^{1-\omega}\mathrm{d}\boldsymbol{x}\right]^{J}} \tag{R.6}$$

$$\bar{p}^{(L)} = [(\omega\odot p_1^{(L)})\oplus((1-\omega)\odot p_2^{(L)})]^{\mathrm{X}} \tag{R.7}$$

通过归纳法将 2 个 Mδ - GLMB 密度情况推广到 N 个,可证明命题 35。

命题 35 的另一种证明过程如下。

基于式(7.5.19)的 Mδ - GLMB 形式,首先计算式(12.4.4)的分子,有

$$\begin{aligned}
\prod_{i\in\mathcal{I}}\pi_i^{\omega_i}(\mathrm{X}) &= \prod_{i\in\mathcal{I}}[\Delta(\mathrm{X})w_i^{(\mathcal{L}(\mathrm{X}))}[p_i^{(\mathcal{L}(\mathrm{X}))}]^{\mathrm{X}}]^{\omega_i}\\
&= \Delta(\mathrm{X})\prod_{i\in\mathcal{I}}[w_i^{(\mathcal{L}(\mathrm{X}))}]^{\omega_i}\prod_{i\in\mathcal{I}}[[p_i^{(\mathcal{L}(\mathrm{X}))}]^{\omega_i}]^{\mathrm{X}}\\
&= \Delta(\mathrm{X})\prod_{i\in\mathcal{I}}[w_i^{(\mathcal{L}(\mathrm{X}))}]^{\omega_i}[\boldsymbol{\eta}^{(\mathcal{L}(\mathrm{X}))}]^{\mathcal{L}(\mathrm{X})}\cdot\\
&\qquad\frac{\prod_{i\in\mathcal{I}}[(p_i^{(\mathcal{L}(\mathrm{X}))})^{\omega_i}]^{\mathrm{X}}}{\left[\int\prod_{i\in\mathcal{I}}[p_i^{(\mathcal{L}(\mathrm{X}))}(\boldsymbol{x},\ell)]^{\omega_i}\mathrm{d}\boldsymbol{x}\right]^{\mathrm{X}}}\\
&= \Delta(\mathrm{X})\prod_{i\in\mathcal{I}}[w_i^{(\mathcal{L}(\mathrm{X}))}]^{\omega_i}[\boldsymbol{\eta}^{(\mathcal{L}(\mathrm{X}))}]^{\mathcal{L}(\mathrm{X})}[\bar{p}^{(\mathcal{L}(\mathrm{X}))}]^{\mathrm{X}}\\
&= \sum_{J\in\mathcal{F}(\mathbb{L})}\prod_{i\in\mathcal{I}}[w_i^{(J)}]^{\omega_i}[\boldsymbol{\eta}^{(J)}]^{J}\Delta(\mathrm{X})\delta_J(\mathcal{L}(\mathrm{X}))[\bar{p}^{(J)}]^{\mathrm{X}}
\end{aligned} \tag{R.8}$$

式中，$\bar{p}^{(I)}$由式(12.4.26)定义，

$$\eta^{(J)}(\ell)=\int\prod_{i\in\mathcal{I}}[p_i^{(J)}(\boldsymbol{x},\ell)]^{\omega_i}\mathrm{d}\boldsymbol{x}\tag{R.9}$$

对式(R.1)积分，应用式(3.3.20)，并注意到$\int\bar{p}^{(J)}(\cdot,\ell)\mathrm{d}\boldsymbol{x}=1$，可得式(12.4.4)的分母为

$$\begin{aligned}\int\prod_{i\in\mathcal{I}}\pi_i^{\omega_i}(\mathrm{X})\delta\mathrm{X}&=\int\sum_{J\in\mathcal{F}(\mathbb{L})}\prod_{i\in\mathcal{I}}[w_i^{(J)}]^{\omega_i}[\eta^{(J)}]^J\Delta(\mathrm{X})\delta_J(\mathcal{L}(\mathrm{X}))[\bar{p}^{(J)}]^{\mathrm{X}}\delta\mathrm{X}\\&=\sum_{J\in\mathcal{F}(\mathbb{L})}\prod_{i\in\mathcal{I}}[w_i^{(J)}]^{\omega_i}[\eta^{(J)}]^J\int\Delta(\mathrm{X})\delta_J(\mathcal{L}(\mathrm{X}))[\bar{p}^{(J)}]^{\mathrm{X}}\delta\mathrm{X}\\&=\sum_{J\in\mathcal{F}(\mathbb{L})}\prod_{i\in\mathcal{I}}[w_i^{(J)}]^{\omega_i}[\eta^{(J)}]^J\sum_{L\in\mathcal{F}(\mathbb{L})}\delta_J(L)\\&=\sum_{J\in\mathcal{F}(\mathbb{L})}\prod_{i\in\mathcal{I}}[w_i^{(J)}]^{\omega_i}[\eta^{(J)}]^J\end{aligned}\tag{R.10}$$

将式(R.8)和式(R.10)代入式(12.4.4)，可得

$$\bar{\pi}(X)=\frac{\prod_{i\in\mathcal{I}}\pi_i^{\omega_i}(\mathrm{X})}{\int\prod_{i\in\mathcal{I}}\pi_i^{\omega_i}(\mathrm{X})\,\delta\mathrm{X}}=\Delta(\mathrm{X})\bar{w}^{(\mathcal{L}(\mathrm{X}))}[\bar{p}^{(\mathcal{L}(\mathrm{X}))}]^{\mathrm{X}}\tag{R.11}$$

式中，

$$\begin{aligned}\bar{w}^{(I)}&=\frac{\sum_{J\in\mathcal{F}(\mathbb{L})}\prod_{i\in\mathcal{I}}[w_i^{(J)}]^{\omega_i}[\eta^{(J)}]^J\delta_J(I)}{\sum_{J\in\mathcal{F}(\mathbb{L})}\prod_{i\in\mathcal{I}}[w_i^{(J)}]^{\omega_i}[\eta^{(J)}]^J}\\&=\frac{\prod_{i\in\mathcal{I}}[w_i^{(I)}]^{\omega_i}[\eta^{(I)}]^I}{\sum_{J\in\mathcal{F}(\mathbb{L})}\prod_{i\in\mathcal{I}}[w_i^{(J)}]^{\omega_i}[\eta^{(J)}]^J}\end{aligned}\tag{R.12}$$

式(R.12)即为式(12.4.25)。

S. LMB 密度的加权 KLA

在证明命题36之前，首先介绍以下引理。

引理8：令$\pi_1(\mathrm{X})=\{(\varepsilon_1^{(\ell)},p_1^{(\ell)})\}_{\ell\in\mathbb{L}}$和$\pi_2(\mathrm{X})=\{(\varepsilon_2^{(\ell)},p_2^{(\ell)})\}_{\ell\in\mathbb{L}}$是$\mathbb{X}\times\mathbb{L}$上的两个LMB密度，且$\omega\in(0,1)$，则有

$$K\overset{\mathrm{def}}{=}\int\pi_1^{\omega}(\mathrm{X})\pi_2^{1-\omega}(\mathrm{X})\delta\mathrm{X}=\langle\omega\odot\pi_1,(1-\omega)\odot\pi_2\rangle\tag{S.1a}$$

$$=[\tilde{\varepsilon}^{(\cdot)}+\tilde{q}^{(\cdot)}]^{\mathbb{L}}\tag{S.1b}$$

其中，

$$\tilde{\varepsilon}^{(\ell)} = \int (\varepsilon_1^{(\ell)} p_1^{(\ell)}(\boldsymbol{x}))^{\omega} (\varepsilon_2^{(\ell)} p_2^{(\ell)}(\boldsymbol{x}))^{1-\omega} \mathrm{d}\boldsymbol{x} \tag{S.2}$$

$$\tilde{q}^{(\ell)} = (1-\varepsilon_1^{(\ell)})^{\omega}(1-\varepsilon_2^{(\ell)})^{1-\omega} \tag{S.3}$$

证明:根据式(3.3.20),式(S.1a)变为

$$K = [\tilde{q}^{(\cdot)}]^{\mathbb{L}} \sum_{L\subseteq\mathbb{L}} (\tilde{\varepsilon}^{(\cdot)}/\tilde{q}^{(\cdot)})^{L} \tag{S.4}$$

对式(S.4)应用下述二项式(Binomial)定理[469]

$$\sum_{L\subseteq\mathbb{L}} f^{L} = (1+f)^{\mathbb{L}} \tag{S.5}$$

可得

$$K = [\tilde{q}^{(\cdot)}]^{\mathbb{L}}[1+\tilde{\varepsilon}^{(\cdot)}/\tilde{q}^{(\cdot)}]^{\mathbb{L}} = [\tilde{\varepsilon}^{(\cdot)}+\tilde{q}^{(\cdot)}]^{\mathbb{L}} \tag{S.6}$$

命题36的证明:为简便起见,暂时仅考虑2个LMB密度情况,此时,根据式(12.4.27)和引理8可得

$$\begin{aligned}
\overline{\pi}(\mathrm{X}) &= \frac{1}{K}[\Delta(\mathrm{X}) w_1(\mathcal{L}(\mathrm{X})) p_1^{\mathrm{X}}]^{\omega} [\Delta(\mathrm{X}) w_2(\mathcal{L}(\mathrm{X})) p_2^{\mathrm{X}}]^{1-\omega} \\
&= \frac{\Delta(\mathrm{X})}{K}[(1-\varepsilon_1^{(\cdot)})^{\omega}(1-\varepsilon_2^{(\cdot)})^{1-\omega}]^{\mathbb{L}} \cdot \\
&\quad \left[1_{\mathbb{L}}(\cdot)\left(\frac{\varepsilon_1^{(\cdot)}}{1-\varepsilon_1^{(\cdot)}}\right)^{\omega}\left(\frac{\varepsilon_2^{(\cdot)}}{1-\varepsilon_2^{(\cdot)}}\right)^{1-\omega}\right]^{\mathcal{L}(\mathrm{X})} [p_1^{\omega} p_2^{1-\omega}]^{\mathrm{X}} \\
&= \frac{\Delta(\mathrm{X})}{K}(\tilde{q}^{(\cdot)})^{\mathbb{L}}\left[1_{\mathbb{L}}(\cdot)\left(\frac{\varepsilon_1^{(\cdot)}}{1-\varepsilon_1^{(\cdot)}}\right)^{\omega}\left(\frac{\varepsilon_2^{(\cdot)}}{1-\varepsilon_2^{(\cdot)}}\right)^{1-\omega}\int p_1^{\omega}p_2^{1-\omega}\mathrm{d}\boldsymbol{x}\right]^{\mathcal{L}(\mathrm{X})} \\
&\quad \times [(\omega\odot p_1)\oplus((1-\omega)\odot p_2)]^{\mathrm{X}}
\end{aligned} \tag{S.7}$$

从而,利用式(S.2)和式(S.3),有

$$\begin{aligned}
\overline{w}(L) &= \frac{(\tilde{q}^{(\cdot)})^{\mathbb{L}}(1_{\mathbb{L}}(\cdot)\tilde{\varepsilon}^{(\cdot)}/\tilde{q}^{(\cdot)})^{L}}{(\tilde{q}^{(\cdot)}+\tilde{\varepsilon}^{(\cdot)})^{\mathbb{L}}} = \left[\frac{\tilde{q}^{(\cdot)}}{\tilde{q}^{(\cdot)}+\tilde{\varepsilon}^{(\cdot)}}\right]^{\mathbb{L}}\left[1_{\mathbb{L}}(\cdot)\frac{\tilde{\varepsilon}^{(\cdot)}}{\tilde{q}^{(\cdot)}}\right]^{L} \\
&= [1-\overline{\varepsilon}^{(\cdot)}]^{\mathbb{L}}\left[\frac{1_{\mathbb{L}}(\cdot)\overline{\varepsilon}^{(\cdot)}}{1-\overline{\varepsilon}^{(\cdot)}}\right]^{L}
\end{aligned} \tag{S.8}$$

$$\overline{p}^{(\ell)}(\boldsymbol{x}) = [(\omega\odot p_1^{(\ell)})\oplus((1-\omega)\odot p_2^{(\ell)})]^{\mathrm{X}} \tag{S.9}$$

其中,

$$\overline{\varepsilon}^{(\ell)} = \tilde{\varepsilon}^{(\ell)}/[\tilde{q}^{(\ell)}+\tilde{\varepsilon}^{(\ell)}] \tag{S.10}$$

通过归纳法将2个LMB密度情况推广到N个,可证明命题36。

命题36的另一种证明过程如下。

基于式(3.3.35)的LMB形式,首先计算式(12.4.4)的分子,有

$$\begin{aligned}
\prod_{i\in\mathcal{I}}\pi_i^{\omega_i}(\mathrm{X}) &= \prod_{i\in\mathcal{I}}[\Delta(\mathrm{X})w_i(\mathcal{L}(\mathrm{X}))p_i^{\mathrm{X}}]^{\omega_i} \\
&= \Delta(\mathrm{X})\prod_{i\in\mathcal{I}}[(1-\varepsilon_i^{(\cdot)})^{\mathbb{L}-\mathcal{L}(\mathrm{X})}(1_{\mathbb{L}}(\cdot)\varepsilon_i^{(\cdot)})^{\mathcal{L}(\mathrm{X})}]^{\omega_i}\prod_{i\in\mathcal{I}}[p_i^{\omega_i}]^{\mathrm{X}}
\end{aligned}$$

$$= \Delta(\mathrm{X})\left[\prod_{i\in\mathcal{I}}(1-\varepsilon_i^{(\cdot)})^{\omega_i}\right]^{\mathbb{L}-\mathcal{L}(\mathrm{X})}\left[1_{\mathbb{L}}(\cdot)\prod_{i\in\mathcal{I}}(\varepsilon_i^{(\cdot)})^{\omega_i}\right]^{\mathcal{L}(\mathrm{X})}\cdot$$

$$\eta^{\mathcal{L}(\mathrm{X})}\frac{\prod_{i\in\mathcal{I}}[p_i^{\omega_i}]^{\mathrm{X}}}{\left[\int\prod_{i\in\mathcal{I}}[p_i(\boldsymbol{x},\ell)]^{\omega_i}\mathrm{d}\boldsymbol{x}\right]^{\mathrm{X}}}$$

$$= \Delta(\mathrm{X})[\tilde{q}^{(\cdot)}]^{\mathbb{L}-\mathcal{L}(\mathrm{X})}\left[1_{\mathbb{L}}(\cdot)\left[\eta(\cdot)\prod_{i\in\mathcal{I}}(\varepsilon_i^{(\cdot)})^{\omega_i}\right]\right]^{\mathcal{L}(\mathrm{X})}\bar{p}^{\mathrm{X}}$$

$$= \Delta(\mathrm{X})[\tilde{q}^{(\cdot)}]^{\mathbb{L}-\mathcal{L}(\mathrm{X})}[1_{\mathbb{L}}(\cdot)\tilde{\varepsilon}^{(\cdot)}]^{\mathcal{L}(\mathrm{X})}\bar{p}^{\mathrm{X}} \tag{S.11}$$

式中，$\bar{p}(\boldsymbol{x},\ell)=\bar{p}^{(\ell)}(\boldsymbol{x})$由式(12.4.29)定义，

$$\eta(\ell) = \int\prod_{i\in\mathcal{I}}[p_i(\boldsymbol{x},\ell)]^{\omega_i}\mathrm{d}\boldsymbol{x} = \int\prod_{i\in\mathcal{I}}[p_i^{(\ell)}(\boldsymbol{x})]^{\omega_i}\mathrm{d}\boldsymbol{x} \tag{S.12}$$

$$\tilde{q}^{(\ell)} = \prod_{i\in\mathcal{I}}(1-\varepsilon_i^{(\ell)})^{\omega_i} \tag{S.13}$$

$$\tilde{\varepsilon}^{(\ell)} = \eta(\ell)\prod_{i\in\mathcal{I}}(\varepsilon_i^{(\ell)})^{\omega_i} \tag{S.14}$$

对式(S.11)积分，应用式(3.3.20)，并注意到$\int\bar{p}(\cdot,\ell)\mathrm{d}\boldsymbol{x}=1$，可得式(12.4.4)的分母为

$$\int\prod_{i\in\mathcal{I}}\pi_i^{\omega_i}(\mathrm{X})\,\delta\mathrm{X} = \int\Delta(\mathrm{X})[\tilde{q}^{(\cdot)}]^{\mathbb{L}-\mathcal{L}(\mathrm{X})}[1_{\mathbb{L}}(\cdot)\tilde{\varepsilon}^{(\cdot)}]^{\mathcal{L}(\mathrm{X})}\bar{p}^{\mathrm{X}}\delta\mathrm{X}$$

$$= \sum_{L\in\mathcal{F}(\mathbb{L})}[\tilde{q}^{(\cdot)}]^{\mathbb{L}-L}[\tilde{\varepsilon}^{(\cdot)}]^{L}$$

$$= [\tilde{q}^{(\cdot)}+\tilde{\varepsilon}^{(\cdot)}]^{\mathbb{L}} \tag{S.15}$$

其中，最后步骤利用了二项式定理[469]

$$\sum_{L\subseteq\mathbb{L}}g^{\mathbb{L}-L}f^{L} = [g+f]^{\mathbb{L}} \tag{S.16}$$

将式(S.11)和式(S.15)代入式(12.4.4)，可得

$$\overline{\pi}(\mathrm{X}) = \frac{\prod_{i\in\mathcal{I}}\pi_i^{\omega_i}(\mathrm{X})}{\int\prod_{i\in\mathcal{I}}\pi_i^{\omega_i}(\mathrm{X})\,\delta\mathrm{X}} = \frac{\Delta(\mathrm{X})[\tilde{q}^{(\cdot)}]^{\mathbb{L}-\mathcal{L}(\mathrm{X})}[1_{\mathbb{L}}(\cdot)\tilde{\varepsilon}^{(\cdot)}]^{\mathcal{L}(\mathrm{X})}\bar{p}^{\mathrm{X}}}{[\tilde{q}^{(\cdot)}+\tilde{\varepsilon}^{(\cdot)}]^{\mathbb{L}}}$$

$$= \Delta(\mathrm{X})\frac{[\tilde{q}^{(\cdot)}]^{\mathbb{L}-\mathcal{L}(\mathrm{X})}[1_{\mathbb{L}}(\cdot)\tilde{\varepsilon}^{(\cdot)}]^{\mathcal{L}(\mathrm{X})}}{[\tilde{q}^{(\cdot)}+\tilde{\varepsilon}^{(\cdot)}]^{\mathbb{L}-\mathcal{L}(\mathrm{X})}[\tilde{q}^{(\cdot)}+\tilde{\varepsilon}^{(\cdot)}]^{\mathcal{L}(\mathrm{X})}}\bar{p}^{\mathrm{X}}$$

$$= \Delta(\mathrm{X})\left(\frac{\tilde{q}^{(\cdot)}}{\tilde{q}^{(\cdot)}+\tilde{\varepsilon}^{(\cdot)}}\right)^{\mathbb{L}-\mathcal{L}(\mathrm{X})}\left(1_{\mathbb{L}}(\cdot)\frac{\tilde{\varepsilon}^{(\cdot)}}{\tilde{q}^{(\cdot)}+\tilde{\varepsilon}^{(\cdot)}}\right)^{\mathcal{L}(\mathrm{X})}\bar{p}^{\mathrm{X}}$$

$$= \Delta(X)(1-\bar{\varepsilon}^{(\cdot)})^{\mathbb{L}-\mathcal{L}(X)}(1_{\mathbb{L}}(\cdot)\bar{\varepsilon}^{(\cdot)})^{\mathcal{L}(X)}\bar{p}^{X}$$

$$= \Delta(X)\bar{w}(\mathcal{L}(X))\bar{p}^{X} \tag{S.17}$$

式中,

$$\bar{w}(\mathcal{L}(X)) = (1-\bar{\varepsilon}^{(\cdot)})^{\mathbb{L}-\mathcal{L}(X)}(1_{\mathbb{L}}(\cdot)\bar{\varepsilon}^{(\cdot)})^{\mathcal{L}(X)} \tag{S.18}$$

$$\bar{\varepsilon}^{(\cdot)} = \frac{\tilde{\varepsilon}^{(\cdot)}}{\tilde{q}^{(\cdot)}+\tilde{\varepsilon}^{(\cdot)}} \tag{S.19}$$

式(S. 19)即为式(12. 4. 28)。

缩略词表

英文缩写	英文全称	中文含义
CBMeMBer	Cardinality Balanced MeMBer	势平衡多目标多伯努利
CI	Covariance Intersection	协方差交叉
C－K	Chapman－Kolmogorov	查普曼－柯尔莫哥洛夫
CKF	Cubature Kalman Filtering	容积卡尔曼滤波
CPEP	Circular Position Error Probability	圆位置误差概率
CPHD	Cardinalized PHD	带势概率假设密度
CRLB	Cramer－Rao Lower Bound	克拉姆罗下界
DA	Data Association	数据关联
DBZ	Doppler Blind Zone	多普勒盲区
δ－GLMB	δ－Generalized Labeled Multi－Bernoulli	δ－广义标签多伯努利
DLI	Distinct Label Indicator	标签互异指示器
EAP	Expected A Posteriori	期望后验
EK－CPHD	Extended Kalman CPHD	扩展卡尔曼 CPHD
EKF	Extended Kalman Filtering	扩展卡尔曼滤波
EK－PHD	Extended Kalman PHD	扩展卡尔曼 PHD
EMD	Exponential Mixture Density	指数混合密度
ET	Extended Target	扩展目标
FISST	Finite Set Statistics	有限集统计
GCI	Generalized Covariance Intersection	广义协方差交叉
GGIW	Gamma Gaussian Inverse Wishart	伽马高斯逆威希特
GIF	Generalized Indicator Function	广义指示函数
GIW	Gaussian Inverse Wishart	高斯逆威希特
GLMB	Generalized Labeled Multi－Bernoulli	广义标签多伯努利
GM	Gaussian Mixture	高斯混合
GMTI	Ground Moving Target Indicator	地面运动目标指示
GSF	Gaussian Sum Filtering	高斯和滤波
IID	Independent and Identically Distributed	独立同分布
IIDC	IID Cluster	独立同分布群
IMM	Interacting Multiple Model	交互多模型

英文缩写	英文全称	中文含义
IPDA	Integrated PDA	一体化概率数据关联
ITS	Integrated Track Splitting	一体化航迹分裂
IW	Inverse Wishart	逆威希特
JIPDA	Joint IPDA	联合一体化概率数据关联
JM	Jump Markov	跳跃马尔科夫
JPDA	Joint PDA	联合概率数据关联
KDE	Kernel Density Estimation	内核密度估计
KF	Kalman Filtering	卡尔曼滤波
KLA	Kullback – Leibler Average	库尔贝克 – 莱布勒平均
KLD	Kullback – Leibler Divergence	库尔贝克 – 莱布勒散度
LG	Linear Gaussian	线性高斯
LGJM	Linear Gaussian Jump Markov	线性高斯跳跃马尔科夫
LGM	Linear Gaussian Multi – target	线性高斯多目标
LMB	Labeled Multi – Bernoulli	标签多伯努利
MAP	Maximum A Posteriori	最大后验
MB	Multi – Bernoulli	多伯努利
MCMC	Markov Chain Monte Carlo	马尔科夫链蒙特卡罗
Mδ – GLMB	Marginalized δ – GLMB	边缘 δ – GLMB
MDV	Minimum Detectable Velocity	最小可检测速度
MeMBer	Multi – Target Multi – Bernoulli	多目标多伯努利
MHT	Multiple Hypothesis Tracking	多假设跟踪
MM	Multiple Model	多模型
MoE	Multi – Object Exponential	多目标指数
MS	Multi – sensor	多传感器
MTT	Multi – target Tracking	多目标跟踪
NWGM	Normalized Weighted Geometric Mean	归一化加权几何均值
OSPA	Optimal Sub – Pattern Assignment	最优子模式分配
PDA	Probabilistic Data Association	概率数据关联
PDF	Probability Density Function	概率密度函数
PF	Particle Filtering	粒子滤波
PGF	Probability Generating Function	概率生成函数
PGFl	Probability Generating Functional	概率生成泛函
PHD	Probability Hypothesis Density	概率假设密度
PMF	Probability Mass Function	概率质量函数
RD	Renyi Divergence	Renyi 散度

英文缩写	英文全称	中文含义
RFS	Random Finite Set	随机有限集
SMC	Sequential Monte Carlo	序贯蒙特卡罗
SNR	Signal - to - Noise Ratio	信噪比
TBD	Track Before Detect	检测前跟踪
UK - CPHD	Unscented Kalman CPHD	不敏卡尔曼 CPHD
UKF	Unscented Kalman Filtering	不敏卡尔曼滤波
UK - PHD	Unscented Kalman PHD	不敏卡尔曼 PHD
UT	Unscented Transformation	不敏变换

符 号 列 表

符号	含义	符号	含义
x	状态矢量	θ	关联变量
X	状态集合	Θ	关联变量 θ 的空间
$\mathbf{x}$	标签状态矢量	ϑ	关联历程 $\vartheta=(\theta_0,\theta_1,\cdots,\theta_{k-1})$
$\mathbf{X}$	标签状态集合	$\varXi$	关联历程 ϑ 的空间
$\mathbb{X}$	状态空间	μ	模型变量
z	观测矢量	$\mathcal{M}$	运动模型集合
Z	观测集合	$\mathcal{F}$	有限子集
$\mathbb{Z}$	观测空间	$\mathcal{P}$	分划
f	状态变换函数或一般函数	$\mathcal{D}$	KLD 散度
ϕ	马尔科夫转移密度	$\varnothing$	空集
$\boldsymbol{F}$	状态转移矩阵	$\mathcal{O}$	运算复杂度
$\boldsymbol{v}$	过程噪声	exp	指数函数
$\boldsymbol{Q}$	过程噪声协方差	$\mathcal{N}(\cdot;\boldsymbol{m},\boldsymbol{P})$	均值 $\boldsymbol{m}$、协方差 $\boldsymbol{P}$ 的高斯密度
h	观测函数	$\lvert\cdot\rvert$	集合的势
g	似然函数	$\lVert\cdot\rVert_n$	n 范数
$\boldsymbol{H}$	观测矩阵	inf	下确界
n	观测噪声	sup	上确界
$\boldsymbol{R}$	观测噪声协方差	~	抽样
p	单目标后验密度	$\mathrm{E}[\cdot]$	取期望
π^*	多目标后验密度	$[\cdot]^{\mathrm{T}}$	矢量或矩阵转置
v^*	强度函数	blkdiag(·)	标量或矩阵构成的块对角矩阵
ρ^*	势分布	$n!$	n 阶乘
ε	存在概率	C_j^n	组合(二项式)系数 $\mathrm{C}_j^n=n!/(j!(n-j)!)$
w	权重	P_j^n	排列系数 $\mathrm{P}_j^n=n!/(n-j)!$
β	信任质量函数	$\langle\cdot,\cdot\rangle$	内积
$G(\cdot)$	概率生成函数(PGF)	h^X	多目标指数
$G[\cdot]$	概率生成泛函(PGFl)	$\otimes$	克罗内克积
κ	泊松杂波的强度函数	$\delta_x(y)$	狄拉克德耳塔函数
ℓ	航迹标签	$\delta_Y(X)$	广义克罗内克德耳塔函数
$\mathcal{L}$	标签投影函数	$1_Y(X)$	广义指示函数
$\mathbb{L}$	标签空间	$\Delta(\mathbf{X})$	标签互异指示器

* 注：$\pi(X)$为无标签多目标状态的后验密度，$\pi(\mathbf{X})$为标签多目标状态的后验密度；$v(X)$为无标签多目标状态的强度函数，$v(\mathbf{X})$为标签多目标状态的强度函数；$\rho(\lvert X\rvert)$为无标签多目标状态的势分布，$\rho(\lvert\mathbf{X}\rvert)$为标签多目标状态的势分布

参 考 文 献

[1] Garcia – Fernandez A F, Morelande M R, Grajal J. Bayesian sequential track formation [J]. IEEE Transactions on Signal Processing, 2014, 62(24):6366 – 6379.

[2] Mahler R. "Statistics 101" for multisensor, multitarget data fusion [J]. IEEE Magazine of Aerospace and Electronic Systems, 2004, 19(1):53 – 64.

[3] Mahler R. Multitarget Bayes filtering via first – order multitarget moments [J]. IEEE Transactions on Aerospace and Electronic Systems, 2003, 39(4):1152 – 1178.

[4] Mahler R. Multitarget moments and their application to multitarget tracking [C]. Proc. Workshop on Estimation, Tracking, and Fusion: A Tribute to Y. Bar – Shalom, Naval Postgraduate School, Monterey CA, 2001.

[5] Mahler R. PHD filters of higher order in target number [J]. IEEE Transactions on Aerospace and Electronic Systems, 2007, 43(4):1523 – 1543.

[6] Vo B – T. Random finite sets in multi – object filtering [D]. Ph. D. dissertation, School of Electrical, Electronic and Computer Engineering, The University of Western Australia, Australia, 2008.

[7] Vo B – T, Vo B, Cantoni A. The cardinality balanced multi – target multi – Bernoulli filter and its implementations [J]. IEEE Transactions on Signal Processing, 2009, 57(2):409 – 423.

[8] Farina A, Studer F. Radar data processing, Vols. Ⅰ and Ⅱ [M]. New York:John Wiley and Sons and Reseach Studies Press,1985.

[9] Blackman S S. Multiple target tracking with radar application [M]. Norwood, Artech House, 1986.

[10] Blackman S S, Popoli R. Design and analysis of modern tracking systems [M]. Norwood: Artech House, 1999.

[11] Popp R L, Kirubarajan T, Pattipati K R. Multitarget/multisensor tracking: applications and advances III [M], Norwood:Artech House, 2000.

[12] Bar – Shalom Y,Willett P K, Tian X. Tracking and data fusion:a handbook of algorithms [M]. Orlando. Academic Press, 2011.

[13] Mahler R. Statistical multisource – multitarget information fusion [M]. Norwood:Artech House, 2007.

[14] Mahler R. Advances in statistical multisource – multitarget information fusion [M]. Norwood: Artech House, 2014.

[15] Koch W. Tracking and sensor data fusion [M]. Berlin:Springer Verlag, 2014.

[16] 何友, 王国宏, 陆大琻,等. 多传感器信息融合及应用 [M]. 北京:电子工业出版社, 2010.

[17] 何友, 修建娟, 关欣,等. 雷达数据处理及应用[M]. 3 版. 北京:电子工业出版社, 2013.

[18] 周宏仁, 敬忠良, 王培德. 机动目标跟踪 [M]. 北京:国防工业出版社, 1991.

[19] 潘泉,梁彦,杨峰,等. 现代目标跟踪与信息融合 [M]. 北京:国防工业出版社, 2009.

[20] 韩崇昭, 朱洪艳, 段战胜,等. 多源信息融合[M]. 2 版. 北京:清华大学出版社, 2010.

[21] 吴顺君,梅晓春. 雷达信号处理和数据处理技术 [M]. 北京:电子工业出版社, 2008.
[22] 杨万海. 多传感器数据融合及其应用 [M]. 西安:西安电子科技大学出版社, 2004.
[23] 董志荣. 信息融合原理与算法 [M]. 2 版. 连云港:江苏自动化研究所, 2005.
[24] 朱自谦, 胡士强. 机载雷达多目标跟踪技术 [M]. 北京:国防工业出版社, 2013.
[25] 权太范. 目标跟踪新理论与技术 [M]. 北京:国防工业出版社, 2009.
[26] 康耀红. 数据融合理论与应用[M]. 2 版. 西安:西安电子科技大学出版社, 2006.
[27] 申功勋, 孙建峰. 信息融合理论在惯性/天文/GPS 组合导航系统中的应用 [M]. 北京:国防工业出版社, 2001.
[28] 石章松, 刘忠. 目标跟踪与数据融合理论及方法 [M]. 北京:国防工业出版社, 2010.
[29] 占荣辉. 非线性滤波理论与目标跟踪应用 [M]. 北京:国防工业出版社, 2013.
[30] 夏佩伦. 目标跟踪与信息融合 [M]. 北京:国防工业出版社, 2010.
[31] 刘同民, 夏祖勋, 解洪成. 数据融合技术及其应用 [M]. 北京:国防工业出版社, 1998.
[32] 赵宗贵. 信息融合概念、方法与应用 [M]. 北京:国防工业出版社, 2012.
[33] 江晶, 吴卫华. 运动传感器目标跟踪技术 [M]. 北京:国防工业出版社, 2017.
[34] Kalman R E. A new approach to linear filtering and prediction problems [J]. Trans. ASME J. Basic Engineering, 1960, 82(1):35 – 45.
[35] Zarchan P, Musoff H. Fundamentals of Kalman filtering: a practical approach[M]. third Edi. Virginia: American Institute of Aeronautics and Astronautics, 2009.
[36] Kulikov G Y, Kulikova M V. Accurate numerical implementation of the continuous – discrete extended Kalman filter [J]. IEEE Transactions on Automatic Control, 2014, 59 (1):273 – 279.
[37] Aidala V J. Kalman filter behavior in bearings – only tracking applications [J]. IEEE Transactions on Aerospace and Electronic Systems, 1979, 15(1):29 – 39.
[38] Lerro D, Bar – Shalom Y. Tracking with debiased consistent converted measurements versus EKF [J]. IEEE Transactions on Aerospace and Electronic Systems, 1993, 29(3):1015 – 1022.
[39] Schlosser M S, Kroschel K. Limits in tracking with extended Kalman filters [J]. IEEE Transactions on Aerospace and Electronic Systems, 2004, 40(4):1351 – 1359.
[40] Julier S J, Uhlmann J K. Unscented filtering and nonlinear estimation [J]. Proc. of the IEEE, 2004, 92 (3):401 – 422.
[41] Sarkka S. On unscented Kalman filtering for state estimation of continuous – time nonlinear systems [J]. IEEE Transactions on Automatic Control, 2007, 52 (9):1631 – 1641.
[42] Arasaratnam I, Haykin S. Cubature Kalman filters [J]. IEEE Transactions on Automatic Control, 2009, 54(6):1254 – 1269.
[43] Arasaratnam I, Haykin S, Hurd T R. Cubature Kalman filtering for continuous – discrete systems: theory and simulations [J]. IEEE Transactions on Signal Processing, 2010, 58(10):4977 – 4993.
[44] Arulampalam M S, Maskell S, Gordon N, et al. A tutorial on particle filters for online nonlinear/non – Gaussian bayesian tracking [J]. IEEE Transactions on Signal Processing, 2002, 50(2):174 – 188.
[45] Cappe O, Godsill S J, Eric Moulines. An overview of existing methods and recent advances in sequential Monte Carlo [J]. Proc. IEEE, 2007, 95 (5):899 – 924.
[46] Julier S, Uhlmann J, Durrant – Whyte H F. A new method for the nonlinear transformation of means and covariances in filters and estimators [J]. IEEE Transactions on Automatic Control, 2000, 45 (3):477 –

482.

[47] Orton M, Fitzgerald W. A Bayesian approach to tracking multiple targets using sensor arrays and particle filters [J]. IEEE Transactions on Signal Processing, 2002, 50(2):216 - 223.

[48] Chang C B, Whiting R H, Athans M. On the state and parameter estimation for maneuvering reentry vehicles [J]. IEEE Transactions on Automatic Control, 1977, 22(1):99 - 105.

[49] Bar - Shalom Y, Birmiwal K. Variable dimension filter for maneuvering target tracking [J]. IEEE Transactions on Aerospace and Electronic Systems, 1982, 18(5):611 - 619.

[50] Chan Y T, Plant J B, Bottomley J. A Kalman tracker with a simple input estimator [J]. IEEE Transactions on Aerospace and Electronic Systems, 1982, 18(2):235 - 241.

[51] Robert S. Estimating optimal tracking filter performance for manned maneuvering targets [J]. IEEE Transactions on Aerospace and Electronic Systems, 1970, 6(4):473 - 483.

[52] Ghosh S, Mukhopadhyay S. Tracking reentry ballistic targets using acceleration and jerk models [J]. IEEE Transactions on Aerospace and Electronic Systems, 2011, 47 (1):666 - 683.

[53] Li X R, Bar - shalom Y. Performance prediction of the interacting multiple model algorithm [J]. IEEE Transactions on Aerospace and Electronic Systems, 1993, 31(4):755 - 771.

[54] Houles A, Bar - shalom Y. Multisensor tracking of a maneuvering target in clutter [J]. IEEE Transactions on Aerospace and Electronic Systems, 1989, 25(2):176 - 189.

[55] Benoudnine H, Keche M, Ouamri A, et al. New efficient schemes for adaptive selection of the update time in the IMMJPDAF [J]. IEEE Transactions on Aerospace and Electronic Systems, 2012, 48 (1): 197 - 214.

[56] Blackman S S, Dempster R J, Busch M T, et al. IMM/MHT solution to radar benchmark tracking problem [J]. IEEE Transactions on Aerospace and Electronic Systems, 1999, 35(2):730 - 738.

[57] Olson M A. Simulation of a multitarget, multisensor, track - splitting tracker for maritime surveillance [D]. Naval Postgraduate School, 1999.

[58] Bar - Shalom Y, Daum F, Huang J. The probabilistic data association filter [J]. IEEE Control Systems, 2009, 29(6):82 - 100.

[59] Li X R, Bar - Shalom Y. Tracking in clutter with nearest neighbor filters: analysis and performance [J]. IEEE Transactions on Aerospace and Electronic Systems, 1996, 32 (3):995 - 1010.

[60] Deb S, Yeddanapudi M, Pattipati K, et al. A generalized S - D assignment algorithm for multisensor - multitarget state estimation [J]. IEEE Transactions on Aerospace and Electronic Systems, 1997, 33 (2): 523 - 538.

[61] Musicki D, Evans R, Stankovic A. Integrated probabilistic data association [J]. IEEE Transactions on Automatic Control, 1994, 39 (6):1237 - 1241.

[62] Fortmann T E, Bar - shalom Y, Scheffe M. Multi - target tracking using joint probabilistic data association [C]. 19th IEEE Conference on Decision and Control including the Symposium on Adaptive Processes, Albuquerque, USA, 1980.

[63] Musicki D, Evans R. Joint integrated probabilistic data association: JIPDA [J]. IEEE Transactions on Aerospace and Electronic Systems, 2004, 40 (3):1093 - 1099.

[64] Musicki D, Lascala B, Evans R J. Integrated track splitting filter - efficient multi - scan single target tracking in clutter [J]. IEEE Transactions on Aerospace and Electronic Systems, 2007, 43 (4):

1409 - 1425.

[65] Musicki D, Evans R J. Multiscan multitarget tracking in clutter with integrated track splitting filter [J]. IEEE Transactions on Aerospace and Electronic Systems, 2009, 45 (4):1432 - 1447.

[66] Kschischang F R, Frey B J, Loeliger H - A. Factor graphs and the sum - product algorithm [J]. IEEE Trans. Inf. Theory, 2001, 47(2):498 - 519.

[67] Loeliger H - A. An introduction to factor graphs [J]. IEEE Signal Process. Mag., 2004, 21(1): 28 - 41.

[68] Williams J L, Lau R. Approximate evaluation of marginal association probabilities with belief propagation [J]. IEEE Trans. Aerosp. Electron. Syst., 2014, 50(4):2942 - 2959.

[69] Florian Meyer, Paolo Braca, Peter Willett, et al. A scalable algorithm for tracking an unknown number of targets using multiple sensors [J]. IEEE Transactions on Signal Processing, 2017, 65(13):3478 - 3493.

[70] Songhwai O, Stuart Russell, Shankar Sastry. Markov chain monte carlo data association for multi - target tracking [J]. IEEE Transactions on Automatic Control, 2009, 54 (3):481 - 497.

[71] Christophe A, Arnaud D, Roman H. Particle Markov chain Monte Carlo methods [J]. Journal of the Royal Statistical Society, 2010, 72 (3):269 - 342.

[72] Reid D B. An algorithm for tracking multiple targets [J]. IEEE Transactions on Automatic Control, 1979, 24 (6):843 - 854.

[73] Popp R L, Pattipati K R, Bar - Shalom Y. M - best S - D assignment algorithm with application to multitarget tracking [J]. IEEE Transactions on Aerospace and Electronic Systems, 2001, 37 (1):22 - 39.

[74] Palkki R D, Lanterman A D, Blair W D. Addressing track hypothesis coalescence in sequential k - best multiple hypothesis tracking [J]. IEEE Transactions on Aerospace and Electronic Systems, 2011, 47 (3):1551 - 1563.

[75] Ronald Mahler. 多源多目标统计信息融合 [M]. 范红旗，卢大威，刘本源，等译. 北京:国防工业出版社, 2013.

[76] Ronald Mahler. 多源多目标统计信息融合进展 [M]. 范红旗，卢大威，蔡飞，等译. 北京:国防工业出版社, 2017.

[77] Ronald M. "Statistics 102" for multisource - multitarget detection and tracking [J]. IEEE Journal of Selected Topics in Signal Processing, 2013, 7(3):376 - 389.

[78] Singh S, Vo B - N, Baddeley A, et al. Filters for spatial point processes [J]. SIAM J. Control and Optimization, 2009, 48(4):2275 - 2295.

[79] Ouyang C, Ji H, Li C. Improved multi - target multi - Bernoulli filter [J]. Proc. IET Radar, Sonar Nav., 2012, 6(6):458 - 464.

[80] Vo B - T, Vo B - N, Hoseinnezhad R, et al. Robust multi - bernoulli filtering [J]. IEEE Journal of Selected Topics in Signal Processing, 2013, 7(3):399 - 409.

[81] Vo B - T, Vo B - N, Hoseinnezhad R, et al. Multi - Bernoulli filtering with unknown clutter intensity and sensor field - of - view [C]. Proc. IEEE Conf. Inf. Sci. Syst.. Baltimore, MD, USA, IEEE, 2011.

[82] Vo B - N, Singh S, Doucet A. Sequential Monte Carlo methods for multi - target filtering with random finite sets [J]. IEEE Transactions on Aerospace and Electronic Systems, 2005, 41(4):1224 - 1245.

[83] Vo B - N, Ma W - K. The Gaussian mixture probability hypothesis density filter [J]. IEEE Transactions on Signal Processing, 2006, 54(11):4091 - 4104.

[84] Vo B – T, Vo B – N, Cantoni A. Analytic implementations of the cardinalized probability hypothesis density filter [J]. IEEE Transactions on Signal Processing, 2007, 55(7):3553 – 3567.

[85] Clark D, Vo B – N. Convergence analysis of the Gaussian mixture PHD filter [J]. IEEE Transactions on Signal Processing, 2007, 55(4):1204 – 1212.

[86] Clark D, Bell J. Convergence results for the particle PHD filter [J]. IEEE Transactions on Signal Processing, 2006, 54(7):2652 – 2661.

[87] Johansen A M, Singh S, Doucet A, et al. Convergence of the SMC implementation of the PHD filter [J]. Methodology and Computing in Applied Probability, 2006,8(2):265 – 291.

[88] Lian F, Li C, Han C, et al. Convergence analysis for the SMC – MeMBer and SMC – CBMeMBer filters [J]. Journal of Applied Mathematics, 2012, 2012(3) :701 – 708.

[89] Vo B – T, Vo B – N. Labeled random finite sets and multi – object conjugate priors [J]. IEEE Transactions on Signal Processing, 2013, 61(13):3460 – 3475.

[90] Vo B – N, Vo B – T, Phung D. Labeled random finite sets and the Bayes multi – target tracking filter [J]. IEEE Trans. Signal Processing, 2014, 62(24):6554 – 6567.

[91] Reuter S, Vo B – T, Vo B – N, et al. The labeled multi – Bernoulli filter [J]. IEEE Transactions on Signal Processing, 2014, 62(12):3246 – 3260.

[92] Fantacci C, Vo B – T, Papi F, et al. The Marginalized δ – GLMB Filter[EB/OL]. 2015, https://arxiv. org/abs/1501. 00926.

[93] Vu T, Vo B – N, Evans R J. A particle marginal metropolis – hastings multitarget tracker [J]. IEEE Trans. Signal Processing, 2014, 62(15):3953 – 3964.

[94] Ronald M. A brief survey of advances in random – set fusion [C]. International Conference on Control, Automation and Informatica Sciences. Changshu, China, 2015.

[95] Branko R, Michael B, Claudio F. An overview of particle methods for random finite set models [J]. Information Fusion, 2016 , 31(C):110 – 126.

[96] Michael B, Ba T V, Ba – N V. A solution for large – scale multi – object tracking. 2018. [EB/OL]. Available:https://arxiv. org/abs/1804. 06622.

[97] Clark D, Ruiz I T, Petillot Y, et al. Particle PHD filter multiple target tracking in sonar image [J]. IEEE Transactions on Aerospace and Electronic Systems, 2007, 43(1):409 – 416.

[98] Georgescu R, Willett P. The GM – CPHD tracker applied to real and realistic multistatic sonar data sets [J]. IEEE Journal of Oceanic Engineering, 2012,37(2):220 – 235.

[99] Ma W K, Vo B – N, Singh S, et al. Tracking an unknown time – varying number of speakers using TDOA measurements:a random finite set approach [J]. IEEE Transactions on Signal Processing, 2006, 54(9): 3291 – 3304.

[100] Hoseinnezhad R, Vo B – N, Vo B – T. Visual tracking in background subtracted image sequences via Multi – Bernoulli filtering [J]. IEEE Transactions on Signal Processing, 2013, 61(2):392 – 397.

[101] Hoseinnezhad R, Vo B – N, Suter D, et al. Visual tracking of numerous targets via multi – Bernoulli filtering of image data [J]. Pattern Recognition, 2012, 45(10):3625 – 3635.

[102] Mullane J, Vo B – N, Adams M, et al. A random finite set approach to Bayesian SLAM [J]. IEEE Trans. Robotics, 2011, 27(2):268 – 282.

[103] Hendrik D, Stephan R, Klaus D. The labeled multi – bernoulli SLAM filter [J]. IEEE Signal Processing

Letters, 2015, 22 (10):1561 - 1565.

[104] Battistelli G, Chisci L, Morrocchi S, et al. Traffic intensity estimation via PHD filtering [C]. 5th European Radar Conf., Amsterdam, The Netherlands, 2008.

[105] Ulmke M, Erdinc O, Willett P. GMTI Tracking via the Gaussian mixture cardinalized probability hypothesis density filter [J]. IEEE Transactions on Aerospace and Electronic Systems, 2010, 46 (4): 1821 - 1833.

[106] Francesco P, Du Y K. A particle multi - target tracker for superpositional measurements using labeled random finite sets [J]. IEEE Transactions on Signal Processing, 2015, 63(6):4348 - 4358.

[107] Pikora K, Ehlers F. Analysis of the FKIE passive radar data set with GMPHD and GMCPHD [C]. 16th International Conference on Information Fusion. Istanbul, Turkey, ISIF, 2013.

[108] Wong S J, Vo B - T. Square root Gaussian mixture PHD filter for multi - target bearings only tracking [C]. Proc. 3rd Conf. Information Technology Applications in Biomedicine. Arlington, VA: IEEE, 2011.

[109] Glass J D, Lanterman A D. MIMO radar target tracking using the probability hypothesis density filter [C]. Proc. IEEE Conf. on Decision and Control. Shanghai, China, IEEE, 2012.

[110] Zhang X. Adaptive control and reconfiguration of mobile wireless sensor networks for dynamic multi - target tracking [J]. IEEE Transactions on Automatic Control, 2011, 56(10):2429 - 2444.

[111] Uney M, Clark D, Julier S. Distributed fusion of PHD filters via exponential mixture densities [J]. IEEE Journal of Selected Topics in Signal Processing, 2013, 7(3):521 - 531.

[112] Battistelli G, Chisci L, Fantacci C, et al. Consensus CPHD filter for distributed multitarget tracking [J]. IEEE Journal of Selected Topics in Signal Processing, 2013, 7(3):508 - 520.

[113] Mahler R. PHD filters for nonstandard targets, II:Unresolved targets [C]. 12th International Conference on Information Fusion. IEEE, 2009.

[114] Michael B, Ba - T V, Ba - N V. Bayesian multi - target tracking with merged measurements using labelled random finite sets [J]. IEEE Transactions on Signal Processing, 2015, 63(6):1433 - 1447.

[115] Karl G, Christian L, Umut O. Extended target tracking using a Gaussian - mixture PHD filter [J]. IEEE Transactions on Aerospace and Electronic Systems, 2012, 48 (4):3268 - 3286.

[116] Swain A, Clark D. The single - group PHD filter:An analytic solution [C]. Proc. Int. Conf. Inf. Fusion. Chicago, IL, USA, IEEE, 2011.

[117] Clark D, Godsill S. Group target tracking with the Gaussian mixture probability hypothesis density filter [C]. Proc. IEEE Conf. on Decision and Control. Shanghai, China, IEEE, 2007.

[118] Whiteley N, Singh S, Godsill S. Auxiliary particle implementation of probability hypothesis density filter [J]. IEEE Transactions on Aerospace and Electronic Systems, 2010, 46(3):1437 - 1454.

[119] Yoon J H, Kim D Y, Yoon K - J. Gaussian mixture importance sampling function for unscented SMC - PHD filter [J]. Signal Processing, 2013, 93(9):2664 - 2670.

[120] Vihola M. Rao - blackwellised particle filtering in random set multitarget tracking [J]. IEEE Transactions on Aerospace and Electronic Systems, 2007, 43(2):689 - 705.

[121] Sithiravel R, Chen X, Tharmarasa R, et al. The spline probability hypothesis density filter [J]. IEEE Transactions on Signal Processing, 2013, 61(24):6188 - 6203.

[122] Li Wenling, Jia Yingmin. Nonlinear Gaussian mixture PHD filter with an $H\infty$ Criterion [J]. IEEE

Trans. on Aerospace and Electronic Systems, 2016, 52(4):2004 - 2016.

[123] Yazdian - D M, Azimifar Z, Masnadi - S M A. Competitive Gaussian mixture probability hypothesis density filter for multiple target tracking in the presence of ambiguity and occlusion [J]. IET Radar, Sonar and Navigation, 2012, 6(4):251 - 262.

[124] Mahler R. Detecting, tracking, and classifying group targets: a unified approach[C]. Proc. SPIE, Orlando, 2001. 217 - 228.

[125] Yang W, Fu Y, Long J, et al. Joint detection, tracking, and classification of multiple targets in clutter using the PHD filter [J]. IEEE Transactions on Aerospace and Electronic Systems, 2012, 48(4):3594 - 3609.

[126] Panta K, Vo B - N, Singh S. Novel data association schemes for the probability hypothesis density filter [J]. IEEE Transactions on Aerospace and Electronic Systems, 2007, 43(2):556 - 570.

[127] Clark D E, Bell J. Multi - target state estimation and track continuity for the particle PHD filter [J]. IEEE Transactions on Aerospace and Electronic Systems, 2007, 43(4):1441 - 1453.

[128] Liu W, Han C, Lian F, et al. Multitarget State Extraction for the PHD Filter using MCMC Approach [J]. IEEE Transactions on Aerospace and Electronic Systems, 2010, 46(2):864 - 883.

[129] Tobias M, Lanterman A. Techniques for birth - particle placement in the probability hypothesis density particle filter applied to passive radar [J]. IET Radar, Sonar and Navigation, 2008, 2(5), 351 - 365.

[130] Tang X, Wei P. Multi - target state extraction for the particle probability hypothesis density filter [J]. IET Radar, Sonar Navig., 2011 5(8):877 - 883.

[131] Petetin Y, Desbouvries F. A mixed GM/SMC implementation of the probability hypothesis density filter [C]. 18th Mediterranean Conference on Control & Automation. Marrakech, Morocco, 2012.

[132] Clark D, Vo B - T, Vo B - N. Gaussian particle implementations of probability hypothesis density filters [C]. In: Proc. 3rd Conf. Information Technology Applications in Biomedicine, IEEE, 2011.

[133] Kusha P, Vo B - N, Singh S, et al. Probability hypothesis density filter versus multiple hypothesis tracking[C]. Proceedings of the SPIE, 2004, 284 - 295.

[134] Panta K, Clark D E, Vo B - N. Data association and track management for the Gaussian mixture probability hypothesis density filter [J]. IEEE Transactions on Aerospace and Electronic Systems, 2009, 45(3): 1003 - 1016.

[135] Lin L, Bar - Shalom Y, Kirubarajan T. Track labeling and PHD filter for multitarget tracking [J]. IEEE Transactions on Aerospace and Electronic Systems, 2006, 42(3):778 - 795.

[136] Papi F, Battistelli G, Chisci L, et al. Multitarget tracking via joint PHD filtering and multiscan association [C]. In: 12th International Conference on Information Fusion. Seattle, WA, USA, ISIF, 2009.

[137] Erdinc O, Willett P, Bar - Shalom Y. Probability hypothesis density filter for multitarget multisensor tracking [C]. 8th International Conference on Information Fusion. IEEE, 2005.

[138] Ángel F. García - F, Ba - N V. Derivation of the PHD and CPHD filters based on direct Kullback - Leibler divergence minimisation [J]. IEEE Transactions on Signal Processing, 2015, 63 (21): 5812 - 5820.

[139] Franken D, Schmidt M, Ulmke M. "Spooky action at a distance" in the cardinalized probability hypothesis density filter [J]. IEEE Trans. on Aerospace and Electronic Systems, 2009, 45(4):1657 - 1664.

[140] Ouyang C, Ji H - B, Tian Y. Improved Gaussian mixture CPHD tracker for multitarget tracking [J].

IEEE Transactions on Signal Processing, 2013, 49(2):1177 - 1191.

[141] Jones B A, Gehly S, Axelrad P. Measurement - based birth model for a space object cardinalized probability hypothesis density filter [C]. Proc. AIAA/AAS Astrodynamics Specialist Conference, 2014.

[142] Lundgren M, Svensson L, Hammarstrand L. A CPHD filter for tracking with spawning models [J]. IEEE J. Sel. Topics Signal Process., 2013, 7(3):496 - 507.

[143] Daniel S. B, Emmanuel D D, Steven G, et al. The CPHD filter with target spawning [J]. IEEE Transactions on Signal Processing, 2017, 65 (5):1324 - 1338.

[144] Charalambides C A. Enumerative combinatorics [M]. BocaRaton:CRC Press, 2002.

[145] Jing P, Zou J, Duan Y, et al. Generalized CPHD filter modeling spawning targets [J]. Signal Process., 2016, 128:48 - 56,.

[146] Challa S, Vo B - N, Wang X. Bayesian approaches to track existence - IPDA and random sets [C]. in Proc. 5th IEEE Int. Conf. Inf. Fusion, 2002.

[147] Erkan B, Michael M, Thia K, et al. A joint multitarget estimator for the joint target detection and tracking filter [J]. IEEE Transactions on Signal Processing, 2015, 63(15):3857 - 3871.

[148] Erkan B, Thia K, Murat E, et al. A novel joint multitarget estimator for multi - Bernoulli models [J]. IEEE Trans. Signal Processing, 2016, 64 (19):5038 - 5051.

[149] Vo B - T, See C - M, Ma N, et al. Multi - sensor joint detection and tracking with the Bernoulli filter [J]. IEEE Transactions on Aerospace and Electronic Systems, 2012, 48(2):1385 - 1402.

[150] Ristic B, Vo B - T, Vo B - N, et al. A tutorial on Bernoulli filters:theory, implementation and applications [J]. IEEE Transactions on Signal Processing, 2013, 61(13):3406 - 3430.

[151] Vo B - T, Clark D, Vo B - N, et al. Bernoulli forward - backward smoothing for joint target detection and tracking [J]. IEEE Transactions on Signal Processing, 2011, 59(9):4473 - 4477.

[152] Baser E, Kirubarajan T, Efe M, et al. Improved MeMBer filter with modeling of spurious targets [J]. IET Radar, Sonar, Navig., 2015, 10(2):285 - 298.

[153] Jason L W. An efficient, variational approximation of the best fitting multi - Bernoulli filter [J]. IEEE Trans. Signal Processing, 2015, 63(1):258 - 273.

[154] Svensson L, Svensson D, Guerriero M, et al. Set JPDA filter for multitarget tracking [J]. IEEE Transactions on Signal Processing, 2011, 59(10):4677 - 4691.

[155] Reuter S, Wilking B, Wiest J, et al. Real - time multi - object tracking using random finite sets[J]. IEEE Transactions on Aerospace and Electronic Systems, 2013, 49(4):2666 - 2678.

[156] Zhang H, Jing Z, Hu S. Gaussian mixture CPHD filter with gating technique [J]. Signal Processing, 2009, 89(8):1521 - 1530.

[157] Macagnano D, Freitas de A G. Adaptive gating for multitarget tracking with gaussian mixture filters [J]. IEEE Transactions on Signal Processing, 2012, 60(3):1533 - 1538.

[158] Mahler R. Linear - complexity CPHD filters [C]. Proc. 13th Int. Conf. Information Fusion. Edinburgh, UK, IEEE:2010.

[159] Daniel S. Bryant, Ba - T V, Ba - N V, et al. A generalized labeled multi - Bernoulli filter with object spawning[EB/OL], 2017. Available:https://arxiv. org/abs/1705. 01614.

[160] Ba T V, Ba N V. A multi - scan labeled random finite set model for multi - object state estimation[EB/OL], 2018. Available:https://arxiv. org/abs/1805. 10038.

[161] Hadi S M, Zohreh A. N – scan δ – generalized labeled multi – bernoulli – based approach for multi – target tracking [C]. Artificial Intelligence and Signal Processing Conference (AISP), IEEE, Shiraz, Iran, 2017.

[162] Ronald M. A generalized labeled multi – Bernoulli filter for correlated multitarget systems [C]. Proc. SPIE 10646, Signal Processing, Sensor/Information Fusion, and Target Recognition XXVII, 2018.

[163] Ronald M. Integral – transform derivations of exact closed – form multitarget trackers [C]. 19th International Conference on Information Fusion. IEEE, Heidelberg, Germany, 2016.

[164] David F C. On implementing 2D rectangular assignment algorithms [J]. IEEE Transactions on Aerospace and Electronic Systems, 2016, 52 (4):1679 – 1696.

[165] Hoang H G, Vo B – T, Vo B – N. A Generalized labeled multi – Bernoulli filter implementation using Gibbs Sampling[EB/OL]. 2015, [Online]. Available:http://arxiv. org/abs/1506. 00821.

[166] Ba – N V, Ba – T V, Hung G H. An efficient implementation of the generalized labeled multi – Bernoulli filter [J]. IEEE Transactions on Signal Processing, 2017, 65(8):1975 – 1987.

[167] Du Y K, Ba – N Vo, Ba – T V. Multi – object Particle Filter Revisited [C]. 2016 International Conference on Control, Automation and Information Sciences (ICCAIS), Ansan, Korea, 2016.

[168] Michael B, Stephan R, Karl G, et al. Multiple Extended Target Tracking With Labeled Random Finite Sets [J]. IEEE Transactions on Signal Processing, 2016, 64(7):1638 – 1653.

[169] Claudio F, Francesco P. Scalable multisensor multitarget tracking using the marginalized δ – GLMB density [J]. IEEE Signal Processing Letters, 2016, 23(6):863 – 867.

[170] Amirali K G, Reza H, Alireza B – H. Sensor control for multi – object tracking using labeled multi – Bernoulli filter [C]. 17th International Conference on Information Fusion, IEEE, Salamanca, Spain, 2014.

[171] Suqi L, Wei Y, Reza H, et al. Multi – object Tracking for generic observation model using labeled random finite Sets [J]. IEEE Transactions on Signal Processing, 2018, 66(2):368 – 383.

[172] Papi F, Vo B – N, Vo B – T, et al. Generalized labeled multi – Bernoulli approximation of multi – object Densities [J]. IEEE Transactions on Signal Processing, 2015, 63(20):5487 – 5497.

[173] Reuter S. Multi – object tracking using random finite sets [D]. Diss. Zugl.: Ulm, Ulm University, 2014.

[174] Ulm University. Project homepage autonomous driving[EB/OL]. 2014, https://www. uni – ulm. de/in/automatisiertes – fahren.

[175] Ping W, Liang M, Kai X. Efficient approximation of the labeled multi – Bernoulli filter for online multitarget tracking [J]. Mathematical Problems in Engineering, 2017, 2017(3):1 – 9.

[176] Andreas D, Stephan R, Klaus D. The adaptive labeled multi – Bernoulli filter [C]. 19th International Conference on Information Fusion. IEEE, Heidelberg, Germany, 2016.

[177] Kullback S, Leibler R. On information and sufficiency [J]. Annals of Mathematical Statistics, 1951, 22 (1):79 – 86.

[178] Shannon C. E. A mathematical theory of communication [J]. The Bell System Technical Journal, 1948, 27(3):379 – 423.

[179] Yi W, Li S. Enhanced approximation of labeled multi – object density based on correlation analysis [C]. 19th International Conference on Information Fusion. IEEE, Heidelberg, Germany, 2016.

[180] Lu Z, Hu W, Thia K. Labeled random finite sets with moment approximation [J]. IEEE Transactions on

Signal Processing, 2017, 65(13):3384 - 3398.

[181] Boers Y, Sviestins E, Driessen H. Mixed labelling in multitarget particle filtering [J]. IEEE Transactions on Aerospace and Electronic Systems, 2010, 46(2):792 - 802.

[182] Beard M, Vo B - T, Vo B - N, et al. A partially uniform target birth model for Gaussian mixture PHD/CPHD filtering [J]. IEEE Transactions on Aerospace and Electronic Systems, 2013, 49 (4): 2835 - 2844.

[183] Ristic B, Clark D, Vo B - N, et al. Adaptive target birth intensity for PHD and CPHD filters [J]. IEEE Transactions on Aerospace and Electronic Systems, 2012, 48(2):1656 - 1668.

[184] Brandon A. Jones. CPHD filter birth modeling using the probabilistic admissible region [J]. IEEE Transactions on Aerospace and Electronic Systems, 2018, 54(3):1456 - 1469.

[185] Maggio I E, Taj M, Cavallaro A. Efficient multi - target visual tracking using random finite sets [J]. IEEE Trans. Circuits Syst. Video Technol., 2008, 18(8):1016 - 1027.

[186] Houssineau J, Laneuville D. PHD filter with diffuse spatial prior on the birth process with applications to GM - PHD filter [C]. Proc. 13th Int. Conf. on Information Fusion, Edinburgh, 2010.

[187] Baehoon C, Seongkeun P, Euntai K. A newborn track detection and state estimation algorithm using bernoulli random finite sets [J]. IEEE Transactions on Signal Processing, 2016, 64 (10):2660 - 2674.

[188] Shoufeng L, Ba T V, Sven E N. Measurement driven birth model for the generalized labeled multi - Bernoulli filter [C]. International Conference on Control, Automation and Information Sciences (ICCAIS), Ansan, Korea, 2016.

[189] Ristic B, Clark D, Vo B N. Improved SMC implementation of the PHD filter [C]. Proc. 13th Int. Conf. on Information Fusion, Edinburgh, July 2010.

[190] Zhu Y, Zhou S, Zou H, et al. Probability hypothesis density filter with adaptive estimation of target birth intensity [J]. IET Radar, Sonar & Navigation, 2016, 10(5):901 - 911.

[191] Lian F, Han C, Liu W. Estimating unknown clutter intensity for PHD filter [J]. IEEE Transactions on Aerospace and Electronic Systems, 2010, 46(4):2066 - 2078.

[192] Chen X, Tharmarasa R, Pelletier M, et al. Integrated clutter estimation and target tracking using poison point processes [J]. IEEE Transactions on Aerospace and Electronic Systems, 2012, 48 (2): 1210 - 1235.

[193] Mahler R, Vo B - T, Vo B - N. CPHD filtering with unknown clutter rate and detection profile [J]. IEEE Trans. Signal Processing, 2011, 59(8):3497 - 3513.

[194] Beard M, Vo B - T, Vo B - N. Multitarget filtering with unknown clutter density using a bootstrap GM-CPHD filter [J]. IEEE Signal Processing Letters, 2013, 20(4):323 - 326.

[195] C Yuan, Wang, J Lei P, et al. Multi - target tracking based on multi - Bernoulli filter with amplitude for unknown clutter Rate [J]. Sensors, 2015, 15(12):30385 - 30402.

[196] Chang C B, Athans M. State estimation for dicrete system with switching parameters [J]. IEEE Transactions on Aerospace and Electronic Systems, 1978, 14(3):418 - 425.

[197] Pasha A, Vo B - N, Tuan H D, et al. Closed - form PHD filtering for linear jump Markov models [C]. Proc. 9 th Int. Conf. on Information Fusion. Florence, Italy, IEEE, 2006.

[198] Pasha S A, Vo B - N, Tuan H D, et al. A Gaussian mixture PHD filter for jump Markov system models [J]. IEEE Transactions on Aerospace and Electronic Systems, 2009, 45(3):919 - 936.

[199] Vo B – N, Ma W – K. Joint detection and tracking of multiple maneuvering targets in clutter using random finite sets [C]. Proceedings of the 8th International Conference on Control, Automation, Robotics and Vision. Kunming, China, 2004.

[200] Peng dong, zhongliang jing, minzhe li, et al. The variable structure multiple model GM – PHD filter based on likely – model set algorithm [C]. 19th International Conference on Information Fusion. IEEE, Heidelberg, Germany, 2016.

[201] Wood T M. Interacting methods for manoeuvre handling in the GM – PHD filter [J]. IEEE Transactions on Aerospace and Electronic Systems, 2011, 47(4):3021 – 3025.

[202] Li W, Jia Y. Gaussian mixture PHD filter for jump Markov models based on best – fitting Gaussian approximation [J]. Signal Processing, 2011, 91(4):1036 – 1042.

[203] Georgescu R, Willett P. The multiple model CPHD tracker [J]. IEEE Transactions on Signal Processing, 2012, 60(4):1741 – 1751.

[204] Seyed H R, Stephen G, Ba T V, et al. Multi – target tracking with time – varying clutter rate and detection profile: application to time – lapse cell microscopy sequences [J]. IEEE Transactions on Medical Imaging, 2015, 34(6):1336 – 1348.

[205] Vo B, Pasha A, Tuan H D. A Gaussian mixture PHD filter for nonlinear jump Markov models [C]. Proceedings of the 45th IEEE Conference on Decision and Contol. IEEE, San Diego, CA, USA, 2006.

[206] Pasha S A, Tuan H D , Apkarian P. Nonlinear jump Markov models in multi – target tracking [C]. Proc. 48 th IEEE Conf. on Decision and Control. Shanghai, China, IEEE, 2009.

[207] Rajiv S, Michael M, Bhashyam B, et al. Multiple model spline probability hypothesis density filter [J]. IEEE Transactions on Aerospace and Electronic Systems, 2016; 52 (3):1210 – 1226.

[208] Punithakumar K, Kirubarajan T, Sinha A. Multiple – model probability hypothesis density filter for tracking maneuvering targets [J]. IEEE Transactions on Aerospace and Electronic Systems, 2008, 44(1): 87 – 98.

[209] Punithakumar K, Kirubarajan T, Sinha A. A multiple model probability hypothesis density filter for tracking maneuvering targets [C]. Signal and Data Processing of Small Targets. Proc. of SPIE, 2004.

[210] Ronald M. On multitarget jump – Markov filters [C]. 15th International Conference on Information Fusion, IEEE, Singapore, 2012.

[211] Wei Y, Yaowen F, Jianqian L, et al. Random finite sets – based joint manoeuvring target detection and tracking filter and its implementation [J]. IET Signal Processing, 2012, 6(7):648 – 660.

[212] Dunne D, Kirubarajan T. Multiple model multi – Bernoulli filters for manoeuvering targets [J]. IEEE Transactions on Aerospace and Electronic Systems, 2013, 49(4):2679 – 2692.

[213] Yuan X, Lian F, Han C Z. Multiple – model cardinality balanced multi – target multi – Bernoulli filter for tracking maneuvering targets [J]. Journal of Applied Mathematics, 2013, 1 – 16.

[214] Yang J – L, Ji H – B, Ge H – W. Multi – model particle cardinality – balanced multi – target multi – Bernoulli algorithm for multiple manoeuvring target tracking [J]. IET Radar, Sonar and Navigation, 2013, 7 (2):101 – 112.

[215] Stephan R, Alexander S, Klaus D. The multiple model labeled multi – Bernoulli filter [C]. 18th International Conference on Information Fusion. IEEE, Washington, DC, 2015.

[216] Yuthika P, Ba – N V, Ba – T V. A Generalized labeled multi – Bernoulli filter for maneuvering targets

[C]. 19th International Conference on Information Fusion, IEEE, Heidelberg, Germany, 2016.

[217] Wei Y, Meng J, Reza H. The multiple model Vo – Vo filter [J]. IEEE Transactions on Aerospace and Electronic Systems, 2017, 53(2):1045 – 1054.

[218] Yeom S – W, Kirubarajan T, Bar – shalom Y. Track segment association, fine – step IMM and initialization with Doppler for improved track performance [J]. IEEE Transactions on Aerospace and Electronic Systems, 2004, 40(1):293 – 309.

[219] Wang X, Musicki D, Ellem R. Fast track confirmation for multi – target tracking with Doppler measurements [C]. 3rd International Conference on Intelligent Sensors, Sensor Networks and Information, Melbourne, Qld. , Australia, 2007.

[220] Wang X, Musicki D, Ellem R, et al. Efficient and enhanced multi – target tracking with Doppler measurements [J]. IEEE Transactions on Aerospace and Electronic Systems, 2009, 45(4):1400 – 1417.

[221] Georgescu R, Willett P. Predetection fusion with Doppler measurements and amplitude information [J]. IEEE J. Ocean. Eng. , 2012, 37(1):56 – 65.

[222] Zollo S, Ristic B. On polar and versus Cartesian coordinates for target tracking [C]. Proceedings of the fifth International Symposium on Signal Processing and Its Applications, Salisbury, SA, Australia, 1999.

[223] Mallick M, Arulampalam S. Comparison of nonlinear filtering algorithms in ground moving target indicator (GMTI) tracking [C]. Signal and Data Processing of Small Targets, San Diego, USA, SPIE, 2003.

[224] Kirubarajan T, Bar – shalom Y. Tracking evasive move – stop – move targets with a GMTI radar using a VS – IMM estimator [J]. IEEE Transactions on Aerospace and Electronic Systems, 2003, 39 (3): 1098 – 1103.

[225] Wang J, He P, Long T. Use of the radial velocity measurement in target tracking [J]. IEEE Transactions on Aerospace and Electronic Systems, 2003, 39 (2):401 – 413.

[226] Zhang S, Bar – shalom Y. Track segment association for GMTI tracks of evasive move – stop – move maneuvering targets [J]. IEEE Transactions on Aerospace and Electronic Systems, 2011, 47 (3): 1899 – 1914.

[227] Bar – Shalom Y. Negative correlation and optimal tracking with Doppler measurements [J]. IEEE Transactions on Aerospace and Electronic Systems, 2001, 37(3):1117 – 1120.

[228] Wu W, Jiang J, Liu W, et al. A sequential converted measurement Kalman filter in the ECEF coordinate system for airborne Doppler radar [J]. Aerospace Science & Technology,2016, 51:11 – 17.

[229] Mallick M, La Scala B F. Comparison of single – point and two – point difference track initiation algorithms using position measurements [C]. Proceedings of International Colloquium on Information Fusion, Xian, China, 2007.

[230] Musicki D, Song T L. Track initialization: prior target velocity and acceleration moments [J]. IEEE Transactions on Aerospace and Electronic Systems, 2013, 49(1):655 – 670.

[231] Ristic B, Arulampalam S, Gordon N J. Beyond the Kalman filter: particle filters for tracking applications [M]. Norwood: Artech House, 2004.

[232] Longbin M, Xiaoquan S, Yiyu Z, et al. Unbiased converted measurements for tracking [J]. IEEE Transactions on Aerospace and Electronic Systems, 1998, 34(2):1023 – 1027.

[233] Mahendra M, Yaakov B – S, Thia K, et al. An improved single – point track initiation using GMTI measurements [J]. IEEE Transactions on Aerospace and Electronic Systems. 2015, 51 (4):2697 – 2714.

[234] Koch W. On exploiting ‘negative’ sensor evidence for target tracking and sensor data fusion [J]. Information Fusion, 2007, 8(1):28 - 39.

[235] Koch W, Klemm R. Ground target tracking with STAP radar [J]. IEE Proc. - Radar, Sonar Navig., 2001, 148(3):173 - 185.

[236] Mertens M, Koch W, Kirubarajan T. Exploiting Doppler blind zone information for ground moving target tracking with bistatic airborne radar [J]. IEEE Transactions on Aerospace and Electronic Systems, 2016, 52(3):1408 - 1420.

[237] Gordon N, Ristic B. Tracking airborne targets occasionally hidden in the blind Doppler [J]. Digital Signal Processing, 2002, 12(12):383 - 393.

[238] Du S, Shi Z, Zang W, et al. Using interacting multiple model particle filter to track airborne targets hidden in blind Doppler [J]. Journal of Zhejiang University Science A, 2007, 8(8):1277 - 1282.

[239] Clark J, Kountouriotis P, Vinter R. A new Gaussian mixture algorithm for GMTI tracking under a minimum detectable velocity constraint [J]. IEEE Trans. on Automatic Control, 2009, 54(12):2745 - 2756.

[240] Yu M, Liu C, Li B, et al. An Enhanced Particle Filtering Method for GMTI Radar Tracking[J]. IEEE Transactions on Aerospace and Electronic Systems, 2002, 12(12):383 - 393.

[241] Zhang S, Bar - Shalom Y. Tracking move - stop - move targets with state - dependent mode transition probabilities [J]. IEEE Transactions on Aerospace and Electronic Systems, 2011, 47(3):2037 - 2054.

[242] Lin L, Bar - Shalom Y, Kirubarajan T. New assignment - based data association for tracking move - stop - move targets [J]. IEEE Transactions on Aerospace and Electronic Systems, 2004, 40(2):714 - 725.

[243] Yoon J H, Kim D Y, Bae S H, et al. Joint initialization and tracking of multiple moving objects using doppler information [J]. IEEE Transactions on Signal Processing, 2011, 59 (7), 3447 - 3452.

[244] 吴卫华, 江 晶, 冯讯, 等. 基于高斯混合势化概率假设密度的脉冲多普勒雷达多目标跟踪算法[J]. 电子与信息学报,2015, 37(6):1490 - 1494.

[245] Saurav S, Yimin D Z, Moeness G A, et al. Group sparsity based multi - target tracking in passive multi - static radar systems using doppler - only measurements [J]. IEEE Transactions on Signal Processing. 2016, 64(4):3619 - 3634.

[246] Francesco P. Multi - sensor δ - GLMB filter for multi - target tracking using Doppler only measurements [C]. European Intelligence and Security Informatics Conference, Manchester, UK, 2015.

[247] Kohlleppel R. Ground target tracking with signal adaptive measurement error covariance matrix [C]. 15th International Conference on Information Fusion. Singapore, IEEE, 2012.

[248] Mallick M, Krishnamurthy V, Vo B - N. Integrated tracking, classification, and sensor management [M]. New York:John Wiley & Sons, Inc., 2013.

[249] Wu W, Liu W, Jiang J, et al. GM - PHD filter - based multi - target tracking in the presence of Doppler blind zone [J]. Digital Signal Processing,2016, 52(C):1 - 12.

[250] Wu W, Jiang J, Liu W, et al. Augmented state GM - PHD filter with registration errors for multi - target tracking by Doppler radars [J]. Signal Processing. 2016, 120(3):117 - 128.

[251] Colegrove S B, Davis A W, Ayliffe J K. Track initiation and nearest neighbours incorporated into probabilistic data association [J]. J. Electr. Electron. Eng. Austral., 1986, 6(3):191 - 198.

[252] van Keuk G. Multihypothesis tracking using incoherent signal – strength information [J]. IEEE Trans. Aerosp. Electron. Syst. , 1996, 32(3):1164 – 1170.

[253] Barniv Y. Dynamic programming solution for detecting dim moving targets [J]. IEEE Transactions on Aerospace and Electronic Systems, 1985, 21(1):144 – 156.

[254] Lee R M, Jeffrey S, Peter L. A multi – dimensional Hough transform – based track – before – detect technique for detecting weak targets in strong clutter backgrounds [J]. IEEE Transactions on Aerospace and Electronic Systems, 2011, 47(4):3062 – 3068.

[255] Boers Y, Driessen J N. Multitarget particle filter track before detect application [J]. IEE Proc. – Radar Sonar Navig. , 2004, 151 (6):351 – 357.

[256] Pulford G W, Scala B F L. Multihypothesis Viterbi data association: algorithm development and assessment [J]. IEEE Transactions on Aerospace and Electronic Systems, 2010, 46(2):583 – 609.

[257] Tonissen S M, Bar – Shalom Y. Maximum likelihood track – before – detect with fluctuating target amplitude [J]. IEEE Transactions on Aerospace and Electronic Systems, 1998, 34(3):796 – 806.

[258] Davey S J, Rutten M G, Cheung B. A comparison of detection performance for several track – before – detect algorithms [C]. International Conference on Information Fusion, Cologne, Germany, 2008.

[259] Clark D, Ristic B, Vo B – N, et al. Bayesian multi – object filtering with amplitude feature likelihood for unknown object SNR [J]. IEEE Transactions on Signal Processing, 2010, 58(1):26 – 37.

[260] Samuel P. Ebenezer, Antonia Papandreou – Suppappola. Generalized Recursive Track – Before – Detect With Proposal Partitioning for Tracking Varying Number of Multiple Targets in Low SNR [J]. IEEE Transactions on Signal Processing, 2016, 64 (11):2819 – 2834.

[261] Wei Yi, Mark R M, Kong L, et al. An efficient multi – frame track – before – detect algorithm for multi – target tracking [J]. IEEE Journal of Selected Topics in Signal Processing, 2013, 7(3):421 – 434.

[262] Buzzi S, Lops M, Venturino L, et al. Track – before – detect procedures in a multi – target environment [J]. IEEE Trans. Aerosp. Electron. Syst. , 2008, 44(3):1135 – 1150.

[263] Castanon D A. Efficient algorithms for finding the best *K* paths through a trellis [J]. IEEE Trans. Aerosp. Electron. Syst. , 1990, 26(2):405 – 410.

[264] Emanuele G, Marco L, Luca V. A novel dynamic programming algorithm for track – before – detect in radar systems [J]. IEEE Transactions on Signal Processing, 2013, 61 (10):2608 – 2619.

[265] Emanuele G, Marco L, Luca V. A heuristic algorithm for track – before – detect with thresholded observations in radar systems [J]. IEEE Signal Processing Letters, 2013, 20 (8):811 – 814.

[266] Emanuele G, Marco L, Luca V. A track – before – detect algorithm with thresholded observations and closely – spaced targets [J]. IEEE Signal Processing Letters, 2013, 20(12):1171 – 1174.

[267] Angelo A, Emanuele G, Marco L, et al. Track – before – detect for sea clutter rejection: tests with real data [J]. IEEE Transactions on Aerospace and Electronic Systems, 2016, 52 (3):1035 – 1045.

[268] Wong S, Ba T V, Francesco P. Bernoulli forward – backward smoothing for track – before – detect [J]. IEEE Signal Processing Letters, 2014, 21(6):727 – 731.

[269] Papi F, Kyovtorov V, Giuliani R, et al. Bernoulli filter for track – before – detect using MIMO radar [J]. IEEE Signal Processing Letters, 2014, 21(9):1145 – 1149.

[270] Vo B – N, Vo B – T, Pham N – T, et al. Joint detection and estimation of multiple objects from image observations [J]. IEEE Trans. Signal Procesing, 2010, 58(10):5129 – 5241.

[271] Wong J, Vo B – T, Vo B – N, et al. Multi – Bernoulli based track – before – detect with road constraints [C]. Proc. 15th Annual Conf. Information Fusion, Singapore, 2012.

[272] Francesco P, Ba – T V, Melanie B Li S, et al. Multi – target track – before – detect using labeled random finite set [C]. International Conference on Control, Automation and Information Sciences, Vietnam, 2013.

[273] Yi Yw, Wang B, et al. Labeled multi – object tracking algorithms for generic observation model [C]. 19th International Conference on Information Fusion, IEEE, Heidelberg, Germany, 2016.

[274] Yuthika P F P, Hoseinnezhad R. Multiple target tracking in video data using labeled random finite set [C]. International Conference on Control, Automation and Information Sciences, 2014.

[275] Tharindu R, Amirali K G, Reza H, et al. Labeled multi – Bernoulli track – before – detect for multi – target tracking in video [C]. 18th International Conference on Information Fusion Washington, DC. IEEE, 2015.

[276] Li M, Li J, Zhou Y. Labeled RFS – based track – before – detect for multiple maneuvering targets in the infrared focal plane array [J]. Sensors, 2015, 15 (12):30839 – 30855.

[277] Angel F. Garcia – F. Track – before – detect labeled multi – Bernoulli particle filter with label switching [J]. IEEE Transactions on Aerospace and Electronic Systems, 2016, 52(5):2123 – 2138.

[278] Mélanie B. Labeled random finite sets in multi – target track – before – detect[EB/OL]. 2017, https://ris. utwente. nl/ws/portalfiles/portal/5091241/ASSL_1994_Pollnau. pdf.

[279] Nannuru S,Coates M, Mahler R. Computationally – tractable approximate PHD and CPHD filters for superpositional sensors [J]. IEEE J. Sel. Topics Signal Process. , 2013, 7(3):410 – 420.

[280] Francesco P. Constrained δ – GLMB filter for multi – target track – before – detect using radar measurements [C]. European Intelligence and Security Informatics Conference, IEEE, 2015.

[281] Papi F, Bocquel M, Podt M, et al. Fixed – lag smoothing for Bayes optimal knowledge exploitation in target tracking [J]. IEEE Trans. Signal Process. , 2014, 62(12):3143 – 3152.

[282] Gilholm K, Salmond D. Spatial distribution model for tracking extended objects [J]. IEE Proceedings – Radar, Sonar and Navigation, 2005, 152(5):364 – 371.

[283] Kim D – Y, Vo B – T, Vo B – N. Data fusion in 3D vision using a RGB – D data via switching observation model and its application to people tracking [C]. Proc. Int. Conf. Control Aut. & Info Sciences, Vietnam, 2013.

[284] Kevin G, Simon G, Simon M, et al. Poisson models for extended target and group tracking [C]. Proceedings of SPIE, Signal and Data Processing of Small Targets, San Diego, CA, 2005.

[285] Koch J W. Bayesian approach to extended object and cluster tracking using random matrices [J]. IEEE Trans. Aerosp. Electron. Syst. , 2008, 44(3):1042 – 1059.

[286] Feldmann M, Fränken D, Koch J W. Tracking of extended objects and group targets using random matrices [J]. IEEE Trans. Signal Process. , 2011, 59(4):1409 – 1420.

[287] Monika W, Wolfgang K. Probabilistic tracking of multiple extended targets using random matrices [C]. Proceedings of SPIE, Signal and Data Processing of Small Targets, Orlando, Florida, United States, 2010.

[288] Baum M, Hanebeck U. Extended object tracking with random hypersurface models [J]. IEEE Transactions on Aerospace and Electronic Systems, 2014, 50(1):149 – 159.

[289] Baum M, Feldmann M, Fraenken D, et al. Extended object and group tracking: A comparison of random matrices and random hypersurface models [J]. Information Fusion, 2011:904 – 906.

[290] Lundquist C, Granstrom K, Orguner U. Estimating the shape of targets with a PHD filter [C]. Proceedings of the 14th International Conference on Information Fusion. Chicago, IL, IEEE, 2011.

[291] Wahlstrom N, Ozkan E. Extended target tracking using Gaussian processes [J]. IEEE Transanctions on Signal Processing, 2015, 63(16):4165 – 4178.

[292] Vo B – T, Vo B – N, Cantoni A. Bayesian filtering with random finite set observations [J]. IEEE Transactions on Signal Processing, 2008, 56(4):1313 – 1326.

[293] Ristic B, Sherrah J. Bernoulli filter for joint detection and tracking of an extended object in clutter [J]. IET Radar, Sonar, Navig., 2013, 7(1):26 – 35.

[294] Mahler R. PHD filters for nonstandard targets, I: Extended targets [C]. 12th International Conference on Information Fusion. Seattle, WA, IEEE, 2009.

[295] Karl G, Umut O, Ronald M, et al. Corrections on: "Extended Target Tracking Using a Gaussian – Mixture PHD Filter" [J]. IEEE Transactions on Aerospace and Electronic Systems, 2017, 53 (2): 1055 – 1058.

[296] Tang X, Chen X, Michael M, et al. A multiple – detection probability hypothesis density filter [J]. IEEE Transactions on Signal Processing, 2015, 63 (8):2007 – 2019.

[297] Granstrom K, Orguner U. A PHD filter for tracking multiple extended targets using random matrices [J]. IEEE Transactions on Signal Processing, 2012, 60(11):5657 – 5671.

[298] Karl G, Antonio N, Paolo B, et al. Gamma Gaussian inverse Wishart probability hypothesis density for extended target tracking using X – band marine radar data [J]. IEEE Transactions on Geoscience and Remote Sensing, 2015, 53 (12):6617 – 6631.

[299] Swain A, Clark D. Extended object filtering using spatial independent cluster processes [C]. In: 13th International Conference on Information Fusion, Edinburgh, U. K., IEEE, 2010.

[300] Lundquist C, Granstrom Karl, Orguner U. An extended target CPHD filter and a gamma Gaussian inverse Wishart implementation [J]. IEEE Journal of Selected Topics in Signal Processing, 2013, 7(3): 472 – 483.

[301] Granstrom K, Fatemi M, Svensson L. Poisson multi – Bernoulli conjugate prior for multiple extended object estimation[EB/OL]. 2016, https://arxiv.org/abs/1605.06311.

[302] Jason L W. Marginal multi – Bernoulli filters: RFS derivation of MHT, JIPDA, and association – based MeMBer [J]. IEEE Transactions on Aerospace and Electronic Systems, 2015, 51 (3):1664 – 1687.

[303] Karl G, Maryam F, Lennart S. Gamma Gaussian inverse – Wishart Poisson multi – Bernoulli filter for extended target tracking [C]. 19th International Conference on Information Fusion. IEEE, Heidelberg, Germany, 2016.

[304] Alexander S, Stephan R, Klaus D. Using separable likelihoods for laser – based vehicle tracking with a labeled multi – Bernoulli filter [C]. 19th International Conference on Information Fusion, Heidelberg, Germany, 2016.

[305] Tobias H, Alexander S, Stephan R, et al. Multiple extended object tracking using Gaussian processes [C]. 19th International Conference on Information Fusion, IEEE, Heidelberg, Germany, 2016.

[306] Zhu H, Han C, Li C. An extended target tracking method with random finite set observations [C]. Pro-

ceedings of the 14th International Conference on Information Fusion. Chicago, IL, IEEE, 2011.
[307] Baum M, Hanebeck U D. Random hypersurface models for extended object tracking [C]. Proceedings of the IEEE International Symposium on Signal Processing and Information Technology, Ajman, United Arab Emirates, 2009.
[308] Karl G, Marcus B, Stephan R. Extended object tracking: introduction, overview and applications [EB/OL]. 2016, https://arxiv.org/abs/1604.00970.
[309] Chang K - C, Bar - Shalom Y. Joint probabilistic data association for multitarget tracking with possibly unresolved measurements and maneuvers [J]. IEEE Trans. Autom. Control, 1984, 29(7):585 - 594.
[310] Blom H A P, Bloem E A. Bayesian tracking of two possibly unresolved maneuvering targets [J]. IEEE Trans. Aerosp. Electron. Syst., 2007, 43(2):612 - 627.
[311] Jeong S, Tugnait J K. Tracking of two targets in clutter with possibly unresolved measurements [J]. IEEE Trans. Aerosp. Electron. Syst., 2008, 44(2):748 - 765.
[312] Svensson D, Ulmke M, Hammarstrand L. Multitarget sensor resolution model and joint probabilistic data association [J]. IEEE Trans. Aerosp. Electron. Syst., 2012, 48(4):3418 - 3434.
[313] Koch W, Keuk G v. Multiple hypothesis track maintenance with possibly unresolved measurements [J]. IEEE Trans. Aerosp. Electron. Syst., 1997, 33(3):883 - 892.
[314] Kirubarajan T, Bar - Shalom Y, Pattipati K R. Multiassignment for tracking a large number of overlapping objects [J]. IEEE Trans. Aerosp. Electron. Syst., 2001, 37(1):2 - 21.
[315] Khan Z, Balch T, Dellaert F. Multitarget tracking with split and merged measurements [C]. Proc. IEEE Conf. Comput. Vis. Pattern Recogn., 2005.
[316] Davey S J. Tracking possibly unresolved targets with PMHT [C]. Proc. Inf., Decision, Control, 2007.
[317] Musicki D, Morelande M. Finite resolution multitarget tracking [C]. Proc. SPIE Signal Data Process. Small Targets, 2005.
[318] Musicki D, Koch W. Multi scan target tracking with finite resolution sensors [C]. Proc. of 11th Int. Conf. Inf. Fusion, Cologne, Germany, 2008.
[319] Lian F, Han C, Liu W, et al. Unified cardinalized probability hypothesis density filters for extended targets and unresolved targets [J]. Signal Processing, 2012, 92(7):1729 - 1744.
[320] Olfati - Saber R, Fax J A, Murray R. Consensus and cooperation in networked multi - agent systems [J]. Proc. of the IEEE, 2007, 95(1):215 - 233.
[321] Giorgio B, Luigi C, Claudio F, et al. Consensus - based multiple - model Bayesian filtering for distributed tracking [J]. IET Radar Sonar Navig., 2015, 9(4):401 - 410.
[322] Mahler R P S. Optimal/robust distributed data fusion: a unified approach [C]. Proc. of SPIE Signal Processing, Sensor Fusion, and Target Recognition IX, Orlando, FL, USA, 2000.
[323] Hurley M B. An information - theoretic justification for covariance intersection and its generalization [C]. Proc. FUSION Conf., 2002.
[324] Julier S J. Fusion without independence [C]. IET seminar on target tracking and data fusion: algorithms and applications, Birmingham, UK, 2008.
[325] Chang K C, Chong C - Y, Mori S. Analytical and computational evaluation of scalable distributed fusion algorithms [J]. IEEE Trans. on Aerospace and Electronic Systems, 2010, 46(4):2022 - 2034.
[326] Battistelli G, Chisci L. Kullback - Leibler average, consensus on probability densities, and distributed

state estimation with guaranteed stability [J]. Automatica, 2014, 50(3):707 -718.

[327] Mahler R. The multisensor PHD filter - Part I: General solution via multitarget calculus [C]. Proc. SPIE - Signal Process. Sensor Fusion Target Recognit. XVIII,2009.

[328] Mahler R. The multisensor PHD filter - Part II: Erroneous solution via Poisson magic [C]. Proc. SPIE - Signal Process. Sensor Fusion Target Recognit. XVIII, 2009.

[329] Jian X, Huang F - M, Huang Z - L. The multi - sensor PHD filter: analytic implementation via Gaussian mixture and effective binary partition [C]. Proceedings of the International Conference on Information Fusion, Istanbul, Turkey, 2013.

[330] Delande E, Duflos E, Heurguier D, et al. Multi - target PHD filtering: proposition of extensions to the multi - sensor case [R]. INRIA, Research Report RR - 7337, 2010.

[331] Paolo B, Stefano M, Vincenzo M, et al. Asymptotic efficiency of the PHD in multitarget/multisensor estimation [J]. IEEE Journal of Selected Topics in Signal Processing, 2013, 7(3):553 -564.

[332] Santosh N, Stephane B, Mark C, et al. Multisensor CPHD Filter [J]. IEEE Transactions on Aerospace and Electronic Systems, 2016, 52(4):1834 -1854.

[333] Delande E, Duflos E, Vanheeghe P, et al. Multi - Sensor PHD: construction and implementation by space partitioning [C]. IEEE International Conference on Acoustics, Speech and Signal Processing. 2011.

[334] Pham N T, Huang W, Ong S H. Multiple sensor multiple object tracking with GMPHD filter [C]. 10th International Conference on Information Fusion, Quebec, Que. , IEEE, 2007.

[335] Nagappa S, Clark D E. On the ordering of the sensors in the iterated - corrector probability hypothesis density (PHD) filter [C]. Proceedings SPIE international conference on signal processing, sensor Fusion, Target Recognition, Orlando, FL, 2011.

[336] Battistelli G, Chisci L, Morrocchi S, et al. Robust multisensor multitarget tracker with application to passive multistatic radar tracking [J]. IEEE Trans. Aerosp. Electron. Syst. , 2012, 48(4):3450 -3472.

[337] Mahler, R. Approximate multisensor CPHD and PHD filters [C]. Proceedings of the International Conference on Information Fusion, Edinburgh, United Kingdom, 2010.

[338] Ouyang C, Ji H. Scale unbalance problem in product multisensor PHD filter [J]. Electronics Letters, 2011, 47(22), 1247 -1249.

[339] Ristic B, Farina A. Target tracking via multi - static Doppler shifts [J]. IET Proc. Radar, Sonar Navig, 2013, 7(5):508 -516.

[340] Guldogan M B. Consensus Bernoulli filter for distributed detection and tracking using multi - static doppler shifts [J]. IEEE Signal Process. Lett. , 2014, 21(6):672 -676.

[341] Augustin - A S, Mark C, Michael R. A multisensor multi - Bernoulli filter [J]. IEEE Transactions on Signal Processing, 2017, 65(20):5495 -5509.

[342] Battistelli G, Chisci L, Fantacci C, et al. Distributed fusion of multitarget densities and consensus PHD/CPHD filters [C]. SPIE Signal Processing, Sensor/Information Fusion, and Target Recognition, XXIV, 2015.

[343] Li T, Juan M C, Sun S. Partial consensus and conservative fusion of Gaussian mixtures for distributed PHD Fusion[EB/OL]. 2017,http: arxiv. org/abs/1711. 10783.

[344] Li T. Distributed SMC - PHD fusion for partial, arithmetic average consensus. 2017, CoRR abs/1712. 06128.

[345] Clark D, Julier S, Mahler R, et al. Robust multi – object sensor fusion with unknown correlations [C]. in Proc. Sensor Signal Processing for Defence, London, UK, 2010.

[346] Üney M, Clark D, Julier S. Information measures in distributed multitarget tracking [C]. Proc. 14th Int. Conf. Inf. Fusion, 2011.

[347] Claudio F. Distributed multi – object tracking over sensor networks: a random finite set approach[EB/OL]. 2015, https://arxiv.org/abs/1508.04158.

[348] Ba – N V, Ba – T V. An implementation of the multi – sensor generalized labeled multi – Bernoulli filter via Gibbs sampling [C]. 20th International Conference on Information Fusion. IEEE, Xi ′an, China, 2017.

[349] Ba N V, Ba T V. Multi – sensor multi – object tracking with the generalized labeled multi – Bernoulli filter [EB/OL]. 2017. https://arxiv.org/abs/1702.08849.

[350] Claudio F, Ba – N V, Ba – T V, et al. Consensus labeled random finite set filtering for distributed multi – object tracking[EB/OL]. 2015. https://arxiv.org/pdf/1501.01579.

[351] Wang B L, Yi W, Li S Q, et al. Distributed fusion of labeled multi – object densities via label spaces matching[EB/OL]. 2016,http://arxiv.org/1603.08336.

[352] Wang B, Yi W, Reza H, et al. Distributed fusion with multi – Bernoulli filter based on generalized covariance intersection [J]. IEEE Transactions on Signal Processing, 2017, 65(1):242 – 255.

[353] Li S, Yi W, Reza H, et al. Robust distributed fusion with labeled random finite sets [J]. IEEE Transactions on Signal Processing, 2018, 66(2):278 – 293.

[354] Jiang M, Yi W, Reza H, et al. Distributed multi – sensor fusion using generalized multi – Bernoulli densities [C]. 19th International Conference on Information Fusion. IEEE, Heidelberg, Germany, 2016.

[355] Li Z, Chen S, Leung H. Joint data association, registration, and fusion using EM – KF [J]. IEEE Transaction on Aerospace and Electronic Systems, 2010, 46(2):496 – 507.

[356] Lian F, Han C, Liu W, et al. Joint spatial registration and multi – target tracking using an extended probability hypothesis density filter [J]. IET Radar, Sonar & Navigation, 2011, 5(4):441 – 448.

[357] Mahler R, El – Fallah A. Bayesian unified registration and tracking[C]. Proc. SPIE Orlando, 2011.

[358] Ristic B, Clark D, Gordon N. Calibration of multi – target tracking algorithms using non – cooperative targets [J]. IEEE Transactions on Signal Processing, 2013, 7(3):390 – 398.

[359] Ristic B, Clark D. Particle filter for joint estimation of multi – object dynamic state and multi – sensor bias [C]. Proc. IEEE Int. Conf. Acoust., Speech, Signal Process. Kyoto, Japan, IEEE, 2012.

[360] Li W, Jia Y, Du J, et al. Gaussian mixture PHD filter for multi – sensor multi – target tracking with registration errors [J]. Signal Process., 2013, 93(1):86 – 99.

[361] Bishop A N. Gaussian – sum – based probability hypothesis density filtering with delayed and out – of – sequence measurements [C]. 18th Mediterranean Conference on Control & Automation, Marrakech, Morocco, 2010.

[362] Mahler R P S, Zajic T R. Probabilistic objective functions for sensor management[C]. Proceedings of SPIE, Orlando,2004, 233 – 244.

[363] Hoang H G, Vo B T. Sensor management for multi – target tracking via multi – Bernoulli filtering [J]. Automatica, 2014, 50(4):1135 – 1142.

[364] Amirali K G, Reza H, Alireza B – Hadiashar. Multi – Bernoulli sensor control via minimization of expec-

ted estimation errors [J]. IEEE Transactions on Aerospace and Electronic Systems, 2015, 51(3): 1762 - 1773.

[365] Amirali K G, Reza H, Alireza B - H. Multi - Bernoulli sensor - selection for multi - target tracking with unknown clutter and detection profiles [J]. Signal Processing, 2015:28 - 42.

[366] Cover T M, Thomas J A. Elements of information theory [M]. New York: Wiley - Interscience, 1991.

[367] Mahler R P S. Global posterior densities for sensor management[C]. Proceedings of SPIE, Orlando, 1998, 252 - 263.

[368] Ristic B, Arulampalam S. Bernoulli particle filter with observer control for bearings - only tracking in clutter [J]. IEEE Transactions on Aerospace and Electronic Systems, 2012, 48(3):1 - 11.

[369] Ristic B, Vo B - N. Sensor control for multi - object state - space estimation using random finite sets [J]. Automatica, 2010, 46(11):1812 - 1818.

[370] Hung G H, Ba - N V, Ba - T V, et al. The Cauchy - Schwarz divergence for Poisson point processes [J]. IEEE Transactions on Information Theory, 2015, 61(8):4475 - 4485.

[371] Michael B, Ba - T V, Ba - N V, et al. Void probabilities and Cauchy - Schwarz divergence for generalized labeled multi - Bernoulli models [J]. IEEE Transactions on Signal Processing, 2017, 65(19): 5047 - 5061.

[372] Tichavsky P, Muravchik C, Nehorai A. Posterior Cramér - Rao bounds for discrete time nonlinear filtering [J]. IEEE Trans. Signal Process, 1998, 46 (5):1386 - 1396.

[373] Tong H S, Zhang H, Meng H D, et al. A comparison of error bounds for a nonlinear tracking system with detection probability $P_d < 1$ [J]. Sensors, 2012, 12(12):17390 - 17413.

[374] Rezaeain M, Vo B - N. Error bounds for joint detection and estimation of a single object with random finite set observation [J]. IEEE Transactions on Signal Processing, 2010, 58(3):1493 - 1506.

[375] Hernandez M, Ristic B, Farina A. PCRLB for tracking in cluttered environments: measurement sequence conditioning approach [J]. IEEE Trans. Aerosp. Electr. Syst. 2006, 42(2), 680 - 704.

[376] Hernandez M, Ristic B, Farina A, et al. A comparison of two Cramér - Rao bounds for nonlinear filtering with Pd < 1 [J]. IEEE Trans. Signal Process, 2004, 52(9):2361 - 2370.

[377] Tong H, Zhang H, Meng H, et al. The recursive form of error bounds for RFS state and observation with Pd < 1 [J]. IEEE Transactions on Signal Processing, 2013, 61(10):2632 - 2646.

[378] Lian F, Zhang G, Duan Z, et al. Multi - target joint detection and estimation error bound for the sensor with clutter and missed detection [J]. Sensors, 2016, 16(2):1 - 18.

[379] Hoffman J, Mahler R. Multitarget miss distance via optimal assignment [J]. IEEE Transactions on Systems, Man and Cybernetics, 2004, 34(3):327 - 336.

[380] Schuhmacher D, Vo B - T, Vo B - N. A consistent metric for performance evaluation of multi - object filters [J]. IEEE Transactions on Signal Processing, 2008, 56(8):3447 - 3457.

[381] Ristic B, Vo B - N, Clark D, et al. A metric for performance evaluation of multi - target tracking algorithms [J]. IEEE Transactions on Signal Processing, 2011, 59(7):3452 - 3457.

[382] Edson H A, Pranab K M, Lennart S, et al. Labeling uncertainty in multitarget tracking [J]. IEEE Transactions on Aerospace and Electronic Systems, 2016, 52(3):1006 - 1020.

[383] He X, Tharmarasa R, Kirubarajan T, et al. A track quality based metric for evaluating performance of multitarget filters [J]. IEEE Transactions on Aerospace and Electronic Systems, 2013, 49(1):

610 – 616.

[384] Michael B, Ba T V, Ba – N V. OSPA(2):Using the OSPA metric to evaluate multi – target tracking performance [C]. International Conference on Control, Automation and Information Sciences (ICCAIS), Chiang Mai, Thailand, 2017.

[385] Mahler R. Divergence detectors for multitarget tracking algorithms [C]. Proceedings SPIE Signal Processing, Sensor Fusion, and Target Recognition XXII, 2013.

[386] Stephan R, Ba – T V, Benjamin W, et al. Divergence detectors for the δ – generalized labeled multi – Bernoulli filter [C]. Workshop on Sensor Data Fusion:Trends, Solutions, Applications, Bonn, Germany, 2013.

[387] Vo B – N, Vo B – T, Mahler R. Closed form solutions to forward – backward smoothing [J]. IEEE Trans. Signal Processing, 2012, 60(1):2 – 17.

[388] Anderson B D, Moore J B. Optimal filtering [M]. NJ:Prentice – Hall, 1979.

[389] Mahler R P S, Vo B – T, Vo B – N. Forward – backward probability hypothesis density smoothing [J]. IEEE Transactions on Aerospace and Electronic Systems, 2012, 48(1):707 – 728.

[390] Nandakumaran N, Kirubarajan T, Lang T, et al. Multitarget tracking using probability hypothesis density smoothing [J]. IEEE Transactions on Aerospace and Electronic Systems, 2011, 47(4):2344 – 2360.

[391] Vo B – N, Vo B – T, Mahler R P S. Closed – form solutions to forward – backward smoothing [J]. IEEE Transactions Signal Processing, 2012, 60(1):2 – 17.

[392] Sharad N, Emmanuel D D, Daniel E C, et al. A tractable forward – backward CPHD smoother [J]. IEEE Transactions on Aerospace and Electronic Systems, 2017, 53(1):201 – 217.

[393] Li D, Hou C, Yi D. Multi – Bernoulli smoother for multi – target tracking [J]. Aerospace Science and Technology, 2016, 48:234 – 245.

[394] Michael B, Ba T V, Ba – N V. Generalised labelled multi – Bernoulli forward – backward smoothing [C]. 19th International Conference on Information Fusion. IEEE, Heidelberg, Germany, 2016.

[395] Keith Y K Leung, Felipe I, Martin A. Relating random vector and random finite set estimation in navigation, mapping, and tracking [J]. IEEE Transactions on Signal Processing, 2017, 65(17):4609 – 4623.

[396] Erdinc O, Willett P, Bar – Shalom Y. The bin – occupancy filter and its connection to the PHD filters [J]. IEEE Trans. Signal Processing, 2009, 57(11):4232 – 4246.

[397] Ronald M. Measurement – to – track association and finite – set statistics[EB/OL]. 2017. Available:https://arxiv.org/abs/1701.07078.

[398] Song T L, Musicki D, Kim D S, et al. Gaussian mixtures in multi – target tracking:a look at Gaussian mixture probability hypothesis density and integrated track splitting [J]. IET Radar, Sonar and Navigation, 2012, 6(5):359 – 364.

[399] Svensson D, Wintenby J, Svensson L. Performance evaluation of MHT and GM – CPHD in a ground target tracking scenario [C]. In:12th International Conference on Information Fusion. Seattle, WA, USA, IEEE, 2009.

[400] Pollard E, Pannetier B, Rombaut M. Hybrid algorithms for multitarget tracking using MHT and GM – CPHD [J]. IEEE Transactions on Aerospace and Electronic Systems, 2011, 47(2):832 – 847.

[401] Li X R, Jilkov V P. Survey of maneuvering target tracking. Part I:dynamic models [J]. IEEE Transactions on Aerospace and Electronic Systems, 2003, 39 (4):1333 – 1364.

[402] Alspach D L, Sorenson H W. Nonlinear Bayesian estimation using Gaussian sum approximations [J]. IEEE Trans. Autom. Control, 1972, 17(4):439 - 448.

[403] Runnalls A. Kullback - Leibler approach to Gaussian mixture reduction [J]. IEEE Trans. Aerospace & Electronic Systems, 2007, 43(3):989 - 999.

[404] Salmond D. Mixture reduction algorithms for point and extended object tracking in clutter [J]. IEEE Trans. Aerospace & Electronic Systems, 2009, 45(2):667 - 686.

[405] Doucet A, de Freitas N, Gordon N J. Sequential Monte Carlo methods in practice [M]. New York: Springer - Verlag, 2001, 17 - 41.

[406] Liu J S, Chen R. Sequential Monte Carlo methods for dynamical systems [J]. J. Amer. Statist. Assoc., 1998, 93(443):1032 - 1044.

[407] Pitt M, Shephard N. Filtering via simulation: auxiliary particle filters [J]. J. Amer. Statist. Assoc., 1999, 94(446):590 - 599.

[408] Christophe A, Arnaud D, Roman H. Particle Markov chain Monte Carlo methods [J]. J. R. Statist. Soc., 2010, 72(3):269 - 342.

[409] Bolic M, Djuric P, Hong S. Resampling algorithms and architectures for distributed particle filters [J]. IEEE Trans. Signal Processing, 2005, 53(7):2442 - 2450.

[410] Miguez J. Analysis of parallelizable resampling algorithms for particle filtering [J]. Elsevier Signal Processing, 2007, 87(12):3155 - 3174.

[411] Chen R, Liu J. Mixture Kalman filters [J]. Journal of the Royal Statistical Society: Series B (Methodological), 2000, 62(3):493 - 508.

[412] Kotecha J H, Djuric P M. Gaussian particle filtering [J]. IEEE Trans. Signal Processing, 2003, 51(10):2592 - 2601.

[413] Kotecha J H, Djuric P M. Gaussian sum particle filtering [J]. IEEE Trans. Signal Processing, 2003, 51(10):2602 - 2612.

[414] Goodman I, Mahler R, Nguyen H. Mathematics of data fusion [M]. Norwell, MA: Kluwer Academic, 1997.

[415] Daley D, Vere - Jones D. An Introduction to the theory of point processes [M]. Berlin, Germany: Springer - Verlag, 1988.

[416] Stoyan D, Kendall D, Mecke J. Stochastic geometry and its applications [M]. New York: John Wiley & Sons, 1995.

[417] Moller J, Waagepetersen R. Statistical inference and simulation for spatial point processes [M]. Boston, MA: Chapman & Hall, 2004.

[418] Stein M C, Winter C L. An additive theory of Bayesian evidence accrual [R]. Los Alamos National Laboratotries Report, LA - UR - 93 - 3336, 1987. Available: https://fas.org/sgp/othergov/doe/lanl/dtic/ADA364591.pdf.

[419] Gilks W, Berzuini C. Following a moving target - Monte Carlo inference for dynamic Bayesian models [J]. Journal of the Royal Statistical Society, Series B, 2001, 63:127 - 146.

[420] Green P J. Reversible jump MCMC computation and Bayesian model determination [J]. Biometrika, 1995, 82(4):711 - 732.

[421] Matheron G. Random sets and integral geometry [M]. New York: Wiley, 1975.

[422] Drummond O E. Methodologies for performance evaluation of multitarget multisensor tracking [C]. Proc. SPIE, Signal and Data Processing of Small Targets, 1999.

[423] Drummond O E, Fridling B E. Ambiguities in evaluating performance of multiple target tracking algorithms [C]. Proc. SPIE, Signal and Data Processing of Small Targets, 1992.

[424] Whiteley N, Singh S, Godsill S. Auxiliary particle implementation of the probability hypothesis density filter [J]. IEEE Trans. Aerospace & Electronic Systems, 2010, 46(3):1437 - 1454.

[425] Beard M, Vo B - T, Vo B - N. Multi - target filtering with unknown clutter density using a bootstrap GM - CPHD filter [J]. IEEE Signal Processing Letters, 2013, 20(4):323 - 326.

[426] Eppstein D. Finding the k shortest paths [J]. SIAM J. Comput., 1998, 28(2):652 - 673.

[427] Bellman R. On a routing problem [J]. Quarterly of Applied Mathematics, 1958, 16:87 - 90.

[428] Munkres J. Algorithms for the assignment and transportation problems [J]. Journal of the Society for Industrial and Applied Mathematics, 1957, 5(1):32 - 38.

[429] Jonker R, Volgenant T. A shortest augmenting path algorithm for dense and sparse linear assignment problems [J]. Computing, 1987, 38(11):325 - 340.

[430] Cox I, Miller M. On finding ranked assignments with application to multitarget tracking and motion correspondence [J]. IEEE Trans. Aerospace & Electronic Systems, 1995, 32(1):486 - 489.

[431] Miller M, Stone H, Cox I. Optimizing Murty's ranked assignment method [J]. IEEE Trans. Aerospace & Electronic Systems, 1997, 33(3):851 - 862.

[432] Pedersen C, Nielsen L, Andersen K. An algorithm for ranking assignments using reoptimization [J]. Computers & Operations Research, 2008, 35(11):3714 - 3726.

[433] Remy L, Patrick D. Low - complexity IMM smoothing for jump Markov nonlinear systems [J]. IEEE Transactions on Aerospace and Electronic Systems, 2017, 53 (3):1261 - 1272.

[434] Li X - R, Jilkov V. Survey of maneuvering target tracking. Part V:Multiple - model methods [J]. IEEE Transactions on Aerospace and Electronic Systems, 2005, 41(4):1255 - 1321.

[435] Kingman J F C. Poisson Processes [M]. London:Oxford University Press, 1993.

[436] Kirubarajan T, Bar - Shalom Y. Kalman filter versus IMM estimator:When do we need the latter? [J]. IEEE Transactions on Aerospace and Electronic Systems, 2003, 39(4):1452 - 1457.

[437] Bordonaro S V, Willett P, Bar - Shalom Y. Unbiased tracking with converted measurements [C]. Proc. IEEE Radar Conference, 2012:0741 - 0745.

[438] Kay S M. Fundamentals of statistical signal processing, estimation theory, vol. I [M]. New Jersey, Prentice Hall, 1993.

[439] Chen Y. On suboptimal detection of 3 - dimensional moving targets [J]. IEEE Trans. on AES,1989, 25 (3):343 - 350.

[440] Chu P L. Optimal projection for multidimensional signal detection [J]. IEEE Trans. on Acoustics, Speech and Signal Processing. 1988, 36(5):775 - 786.

[441] Blostein S D, Huang T S. Detecting small, moving objects in image sequences using sequential hypothesis testing [J]. IEEE Trans. on Signal Processing. 1991, 39(7):1611 - 1629.

[442] Rollason M, Samond D J. A particle filter for track - before - detect of a target with unknown amplitude [C]. In IEE Target Tracking:Algorithms and Applications, Enschede, Netherlands, 2002.

[443] Leigh A J, Vikram K. Performance analysis of a dynamic programming track before detect algorithm [J].

IEEE Transactions on Aerospace and Electronic Systems, 2002, 38(1):228 - 242.

[444] Alexandre L, Olivier R, Francois L G. Multitarget likelihood computation for track - before - detect applications with amplitude fluctuations of type swerling 0, 1, and 3 [J]. IEEE Transactions on Aerospace and Electronic Systems, 2016, 52(3):1089 - 1107.

[445] Granstrom K, Lundquist C, Orguner U. Tracking rectangular and elliptical extended targets using laser measurements [C]. In Proceedings of the International Conference on Information Fusion, Chicago, IL, 2011.

[446] Clark D, Panta K, Vo B - N. The GM - PHD filter multiple target tracker [C]. Proceedings of the International Conference on Information Fusion, Florence, Italy, 2006.

[447] Ulmke M, Erdinc O, Willett P. Gaussian mixture cardinalized PHD filter for ground moving target tracking [C]. In Proceedings of the International Conference on Information Fusion, Quebec, Canada, 2007.

[448] Rota, G - C. The number of partitions of a set [J]. The American Mathematical Monthly, 1964, 71(5): 498 - 504.

[449] Gupta A, Nagar D. Matrix variate distributions [M]. London:Chapman & Hall, 2000.

[450] Granström K, Orguner U. On the reduction of Gaussian inverse Wishart mixtures [C]. 15th Int. Conf. Inf. Fusion, Singapore, 2012.

[451] Liggins II, Chong C - Y, Kadar I, et al. Distributed fusion architectures and algorithms for target tracking [J]. Proc. IEEE, 1997, 85(2):95 - 107.

[452] Ong L - L, Bailey T, Durrant - Whyte H. Decentralised particle filtering for multiple target tracking in wireless sensor networks [C]. Proc. 11th Int. Conf. Inf. Fusion, Cologne, Germany, 2008.

[453] Xiao L, Boyd L S, Lall S. A scheme for robust distributed sensor fusion based on average consensus [C]. Proc. 4th Int. Symp. Inf. Process. Sens. Netw., 2005.

[454] Calafiore G C, Abrate F. Distributed linear estimation over sensor networks [J]. Int. J. Control, 2009, 82(5):868 - 882.

[455] Carli R, Chiuso A, Schenato L, et al. Distributed Kalman filtering based on consensus strategies [J]. IEEE J. Sel. Areas Commun., 2008, 26(4):622 - 633.

[456] Stankovic S S, Stankovic M S, Stipanovic D M. Consensus based overlapping decentralized estimation with missing observations and communication faults [J]. Automatica, 2009, 45(6):1397 - 1406.

[457] Farina M, Ferrari - Trecate G, Scattolini R. Distributed moving horizon estimation for linear constrained systems [J]. IEEE Trans. Autom. Control, 2010, 55(11):2462 - 2475.

[458] Heskes T. Selecting weighting factors in logarithmic opinion pools [C]. in Advances in Neural Information Processing Systems. Cambridge, MA, USA:MIT Press, 1998.

[459] Campbell L. Equivalence of Gauss's principle and minimum discrimination information estimation of probabilities [J]. Ann. Math. Statist., 1970, 41(3):1011 - 1015.

[460] Silverman B. Density estimation for statistics and data analysis [M]. London:Chapman & Hall, 1986.

[461] Fraley C, Raftery A W. Model based clustering, discriminant analysis, and density estimation [J]. J. Amer. Statist. Assoc., 2002, 97(458):611 - 631.

[462] Jones M C, Marron J S, Sheather S J. A brief survey of bad - width selection for density estimation [J]. J. Amer. Statist. Assoc., 1996, 91(433):401 - 407.

[463] Robert C P, Casella G. Monte Carlo statistical methods [M]. New York:Springer, 2004.

[464] Dabak A. A geometry for detection theory [D]. Ph. D. dissertation, Rice Univ. , Houston, USA, 1993. Available: https://scholarship. rice. edu/bitstream/handle/1911/16613/9408610. PDF? sequence = 1.

[465] Hlinka O, Hlawatsch F, Djuric P M. Consensus - based Distributed Particle Filtering With Distributed Proposal Adaptation [J]. IEEE Trans. Signal Process. , 2014, 62(12):3029 - 3041.

[466] Coates M. Distributed particle filters for sensor networks [C]. Proceedings of the 3rd International Symposium on Information Processing in Sensor Networks, Berkeley, CA, USA, 2004.

[467] Mahalanobis P C. Analysis of race mixture in Bengal [J]. J. Asiat. Soc. , 1927, 23:301 - 310.

[468] Cardoso J, Lee T. Dependence, correlation and Gaussianity in independent component analysis [J]. Journal of Machine Learning Research, 2004, 4 (7 - 8):1177 - 1203.

[469] Abramowitz M, Stegun I A. Handbook of mathematical functions: with formulas, graphs, and mathematical tables [EB/OL]. 2012, http://people. math. sfu. ca/ ~ cbm/aands/abramowitz_and_stegun. pdf.

内 容 简 介

本书是介绍随机有限集(RFS)目标跟踪方面的专著,是作者对国内外近10年以来该领域研究进展的总结,系统、深入地论述了当前研究的主要方法,包括概率假设密度(PHD)、带势概率假设密度(CPHD)、多伯努利(MB)、标签多伯努利(LMB)、δ-广义标签多伯努利(δ-GLMB)、边缘δ-GLMB(Mδ-GLMB)等滤波器及其高斯混合和序贯蒙特卡罗实现。同时,介绍了这些方法的扩展和具体应用,涵盖机动目标跟踪、多普勒雷达目标跟踪、弱小目标检测前跟踪、非标准量测目标跟踪、分布式多传感器目标跟踪等。

本书可供具有一定数据处理和信息融合基础的工程技术人员、高等院校师生学习参考。

The present book is a monograph in respect of target tracking with random finite sets (RFS). It is a summary of international and domestic advances in this research field in latest 10 years. The current main approaches are discussed systematically and thoroughly in this book including the following filters: the probability hypothesis density (PHD), cardinalized PHD (CPHD), multi-Bernoulli (MB), labeled multi-Bernoulli (LMB), δ-generalized LMB (δ-GLMB), marginalized δ-GLMB (Mδ-GLMB), together with their Gaussian mixture (GM) and sequential Monte Carlo (SMC) implementations. Additionally, this book covers such extensions and applications of these filters as: maneuvering target tracking, target tracking for Doppler radars, track-before-detect for dim targets, target tracking with non-standard measurements, target tracking with multiple distributed sensors, etc.

It is suitable for the practical engineers and the teachers and students from the advanced colleges and universities, who have certain foundation of data processing and information fusion, to view as a reference material.

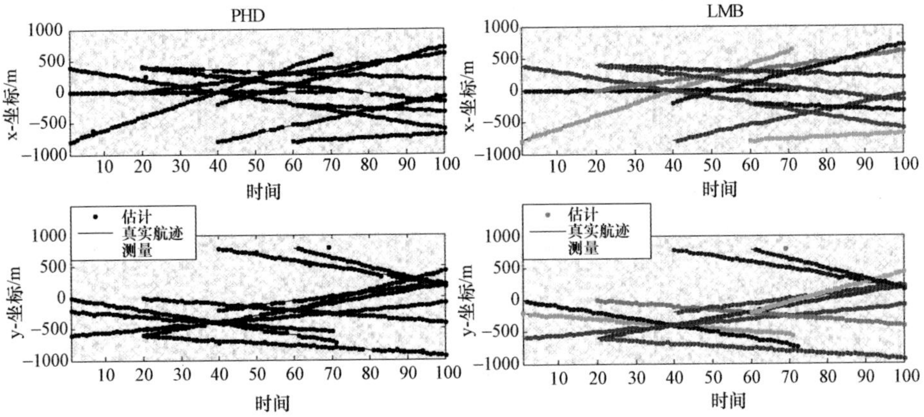

图 7.5　多目标状态估计结果

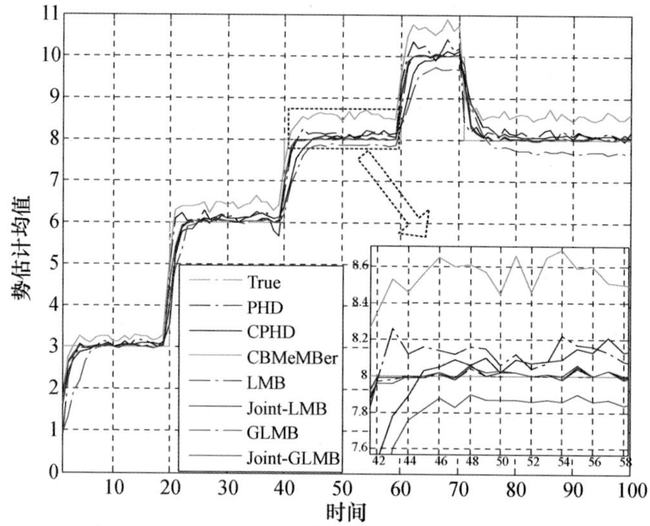

(a) 势估计均值

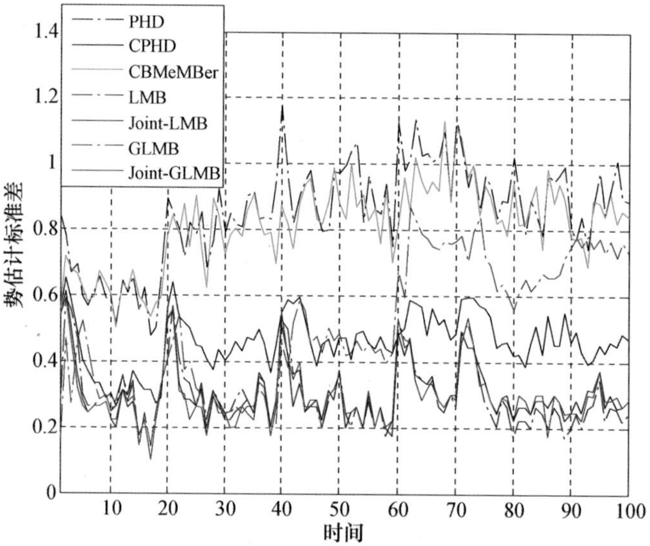

(b) 势估计标准差

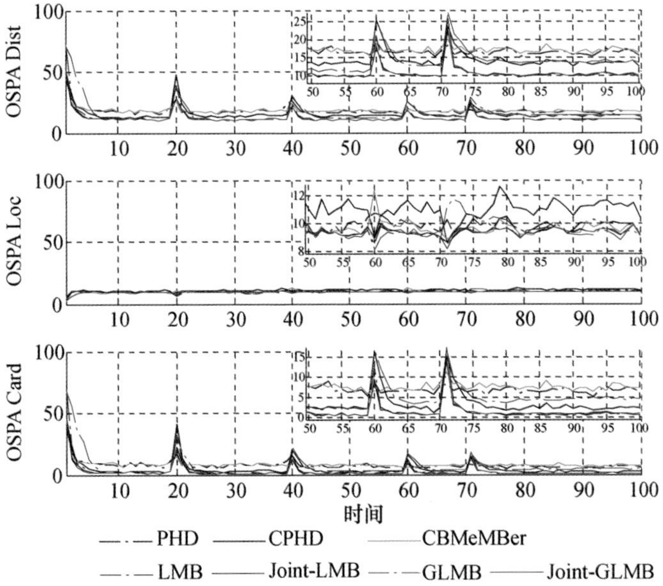

(c) OSPA

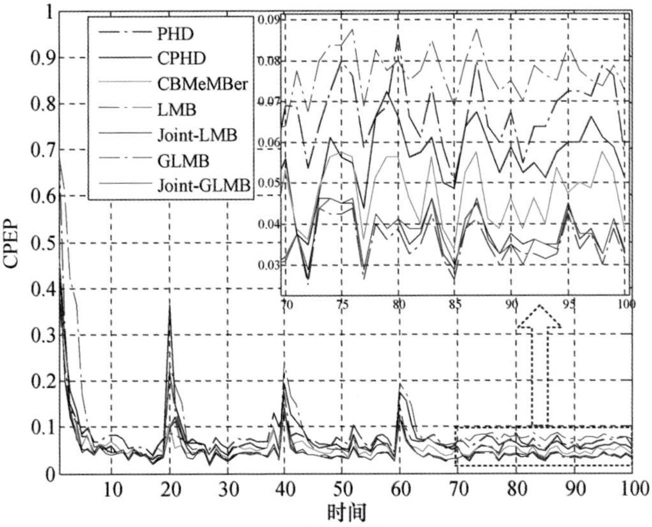

(d) CPEP

图 7.6　各滤波器多目标状态估计统计性能

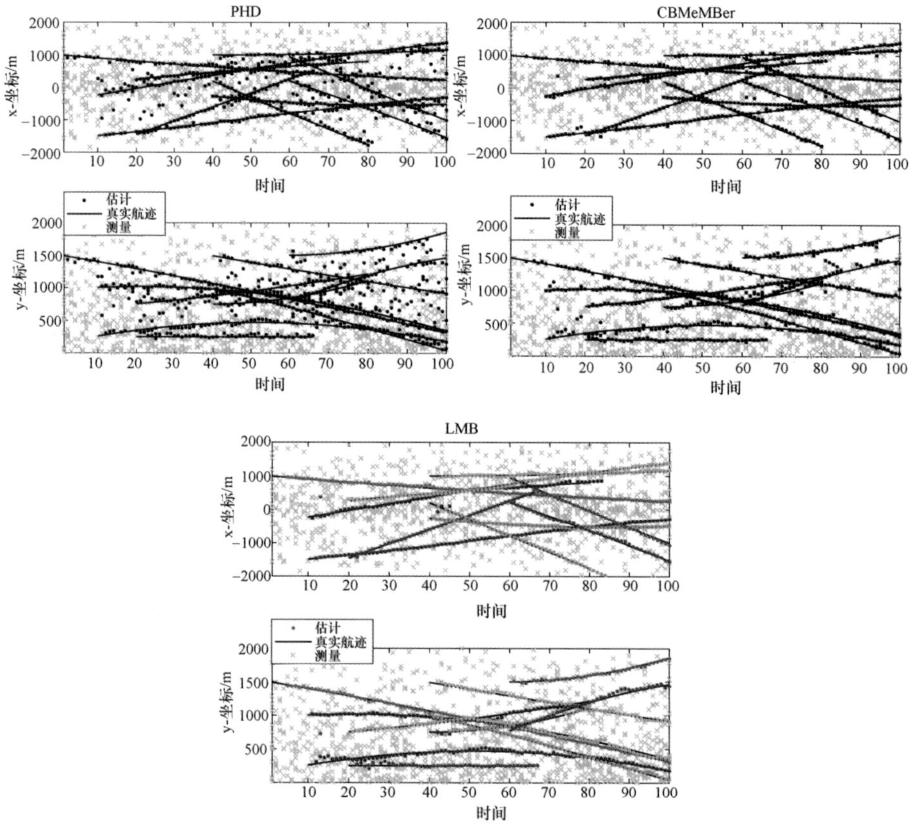

图 7.9　单次跟踪典型结果

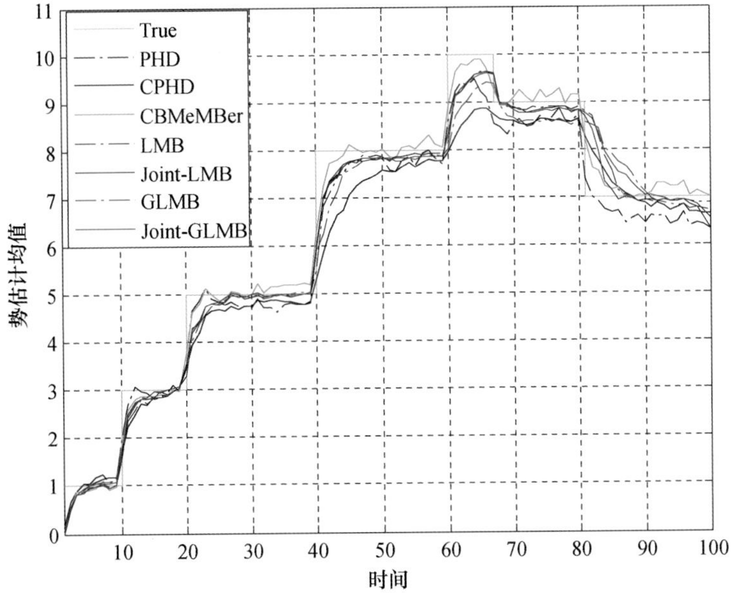

(a) 势估计均值

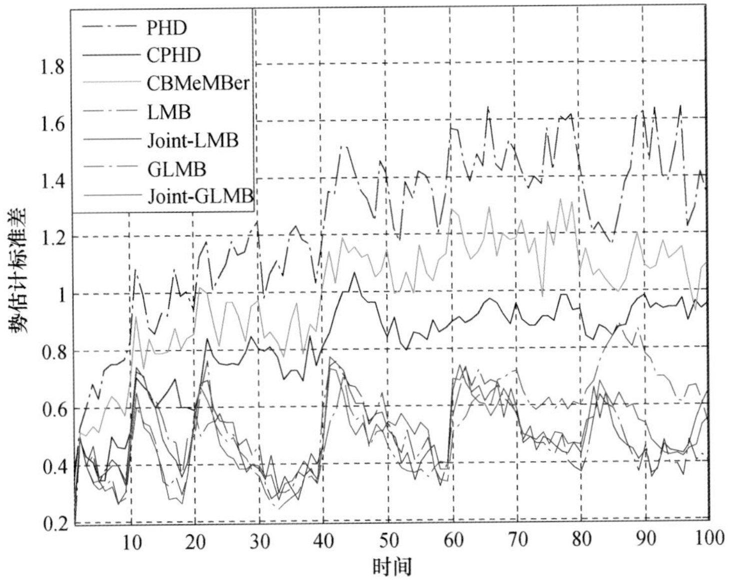

(b) 势估计标准差

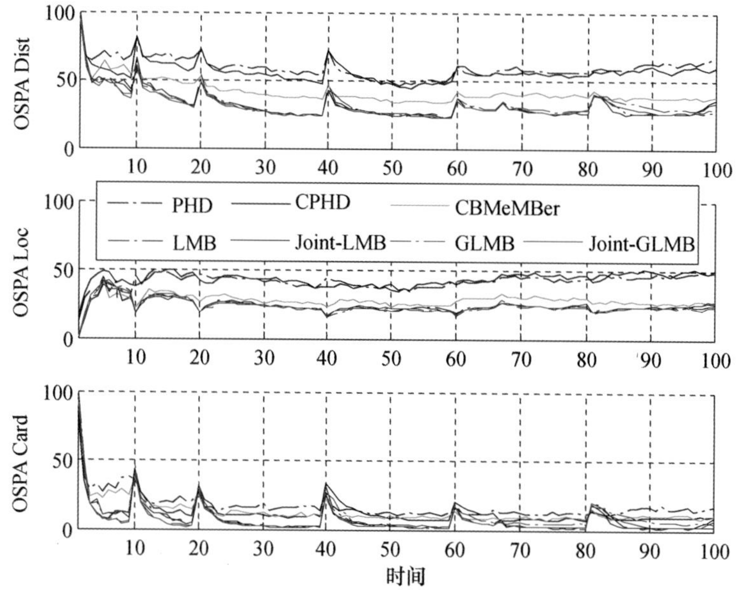

(c) OSPA

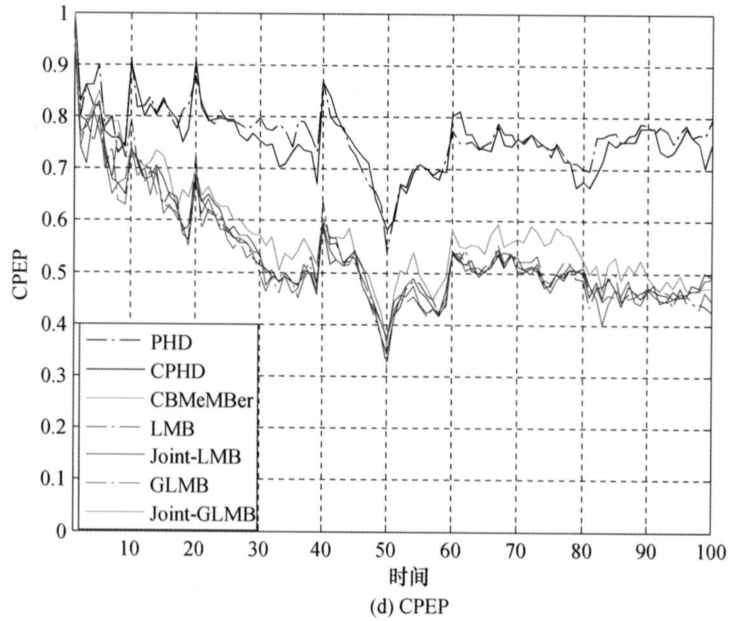

(d) CPEP

图 7.10　各滤波器多目标状态估计统计性能

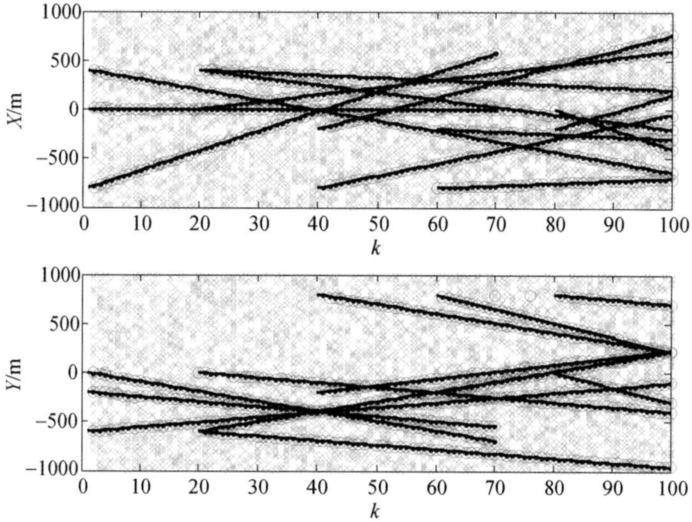

图 9.1 GM－CPHDwD 算法多目标跟踪典型结果

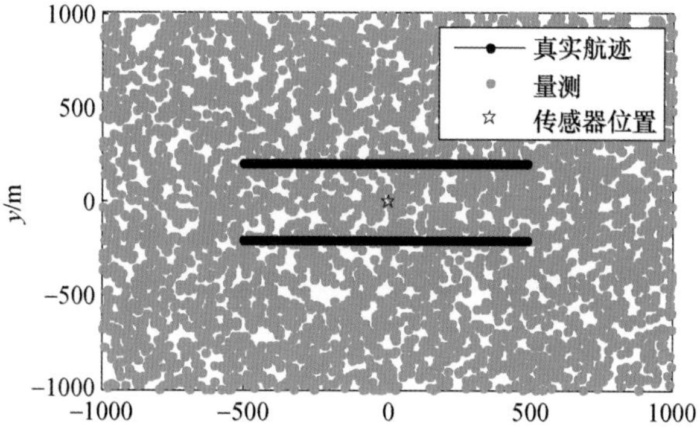

图 9.4 传感器/目标几何及杂波率为 12.5×10^{-6}时的杂波分布

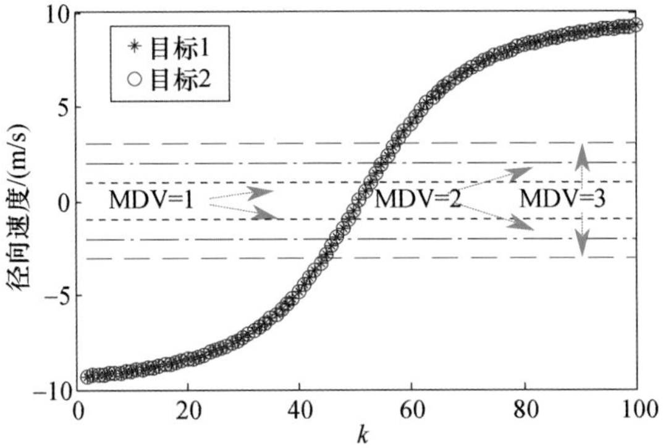

图 9.5　两目标的多普勒与不同的 MDVs 与时间关系

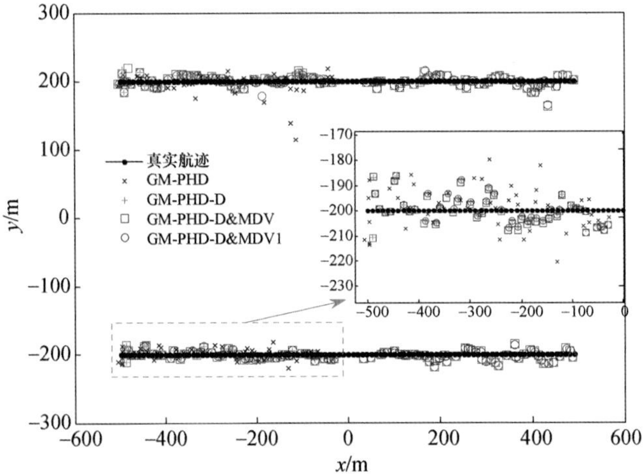

图 9.6　真实航迹与不同算法的估计(MDV = 1m/s)

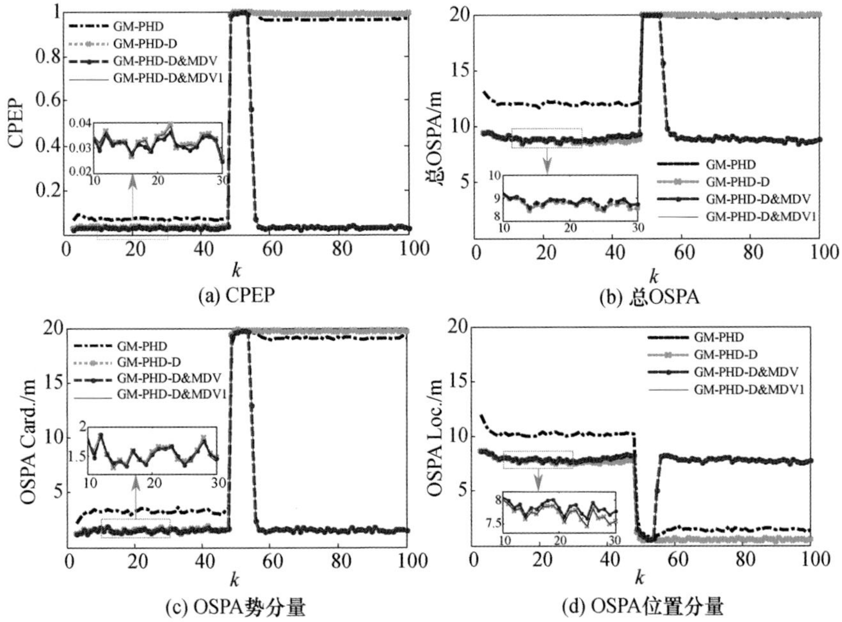

(a) CPEP (b) 总OSPA
(c) OSPA势分量 (d) OSPA位置分量

图 9.7 不同算法跟踪性能(MDV = 1m/s)

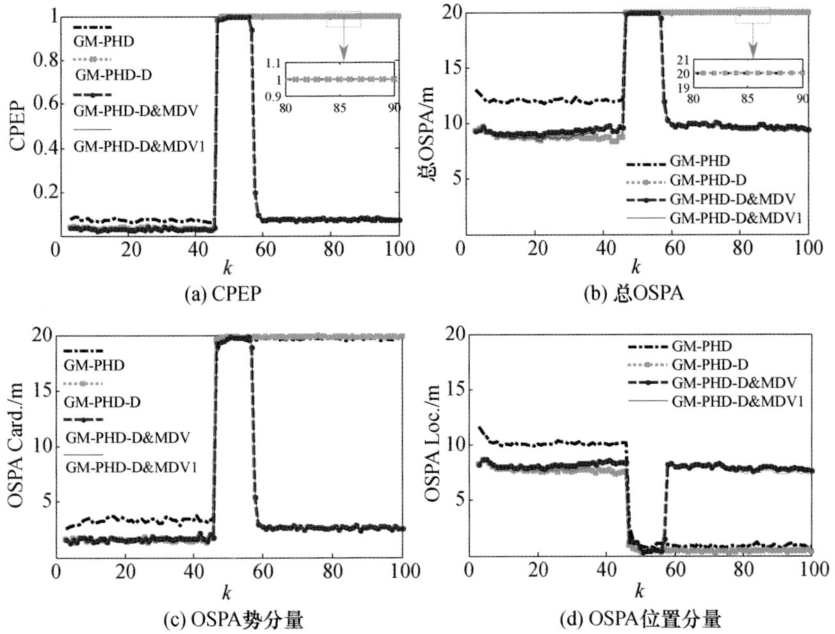

(a) CPEP (b) 总OSPA
(c) OSPA势分量 (d) OSPA位置分量

图 9.8 不同算法跟踪性能(MDV = 2m/s)

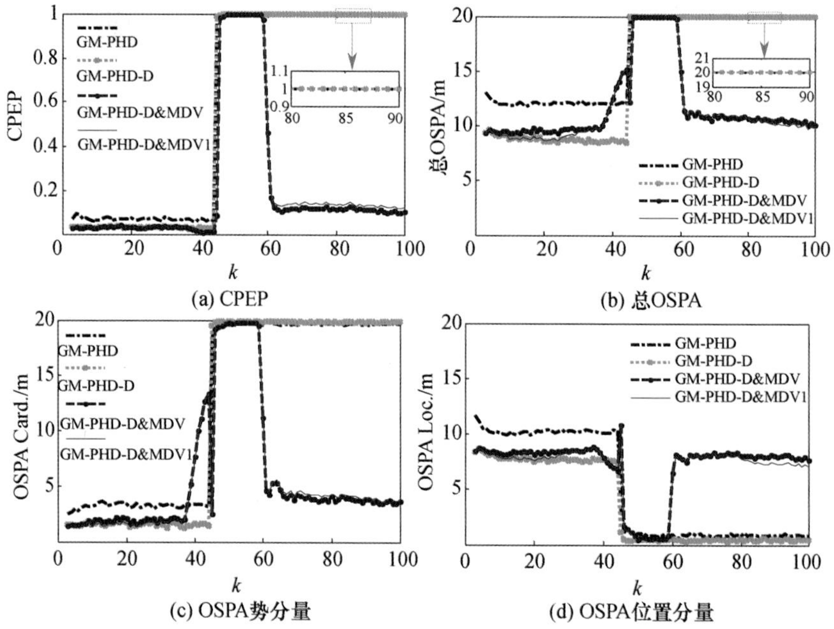

图 9.9 不同算法跟踪性能(MDV = 3m/s)

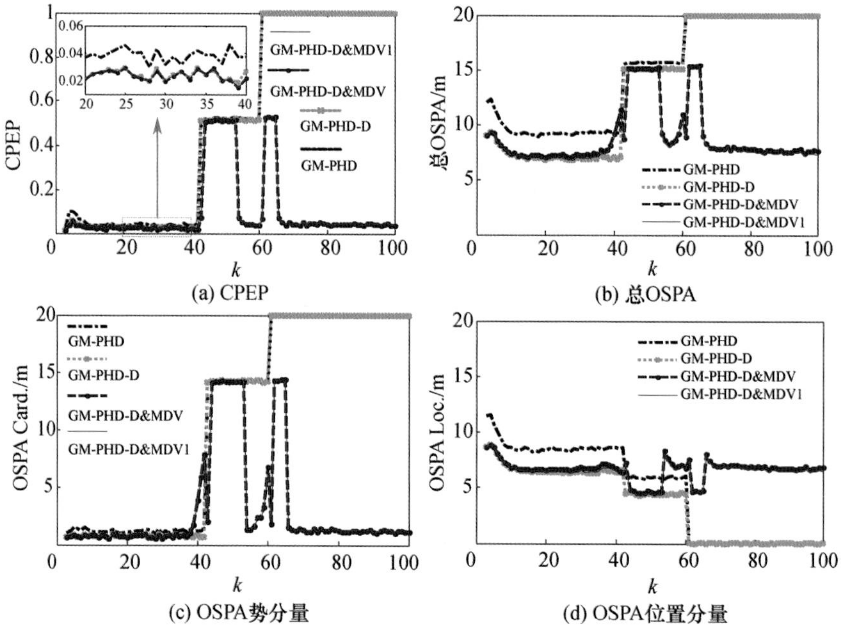

图 9.13 不同算法跟踪性能(MDV = 1m/s)

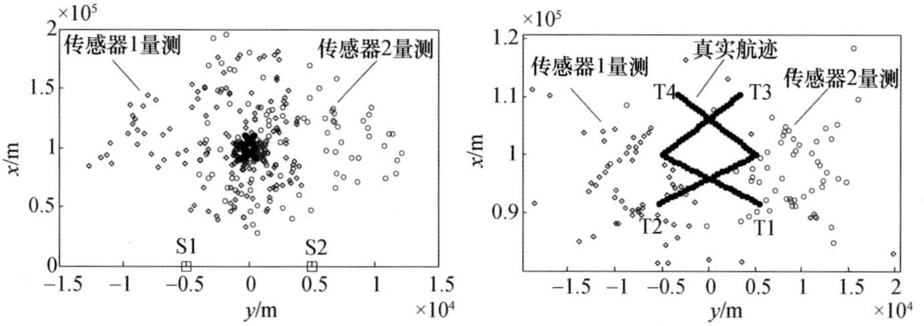

(a) (b)

图 9.14　含 2 个传感器和 4 个目标的实验场景($\lambda_c \cdot V = 10$)

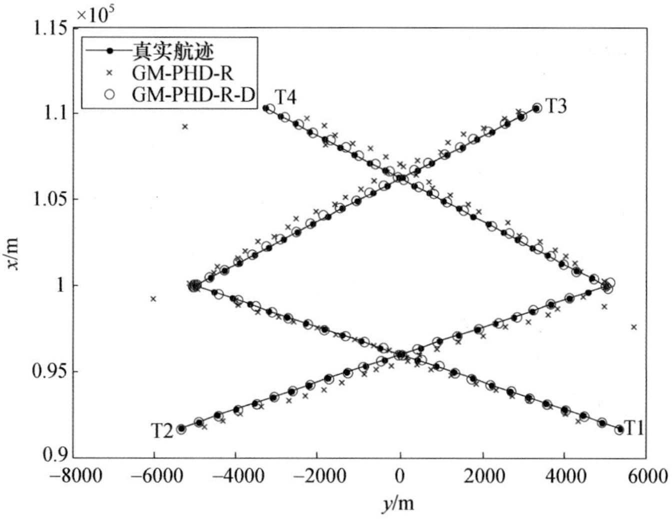

图 9.15　不同时间下某次位置估计比较($\lambda_c \cdot V = 10$)

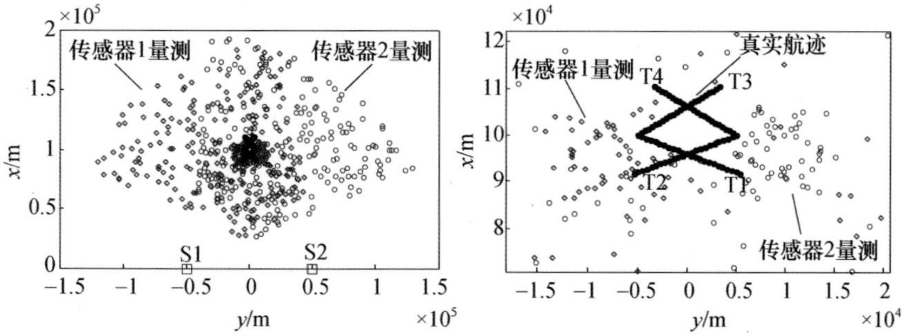

(a) (b)

图 9.18　含 2 个传感器和 4 个目标的实验场景($\lambda_c \cdot V = 20$)

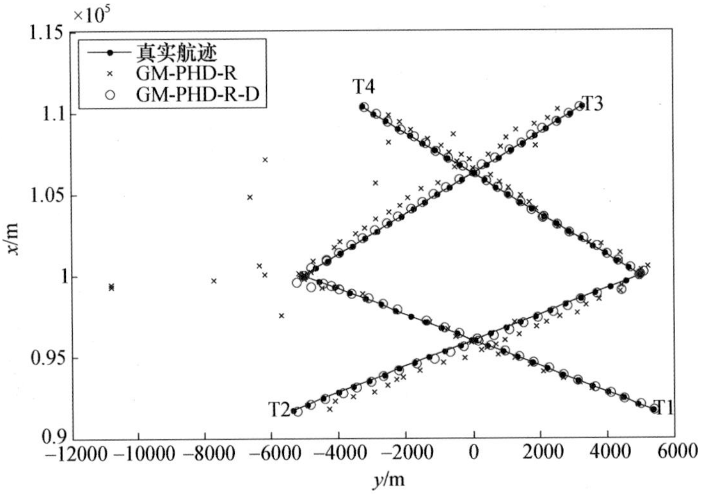

图 9.19　不同时间下某次位置估计比较($\lambda_c \cdot V=20$)

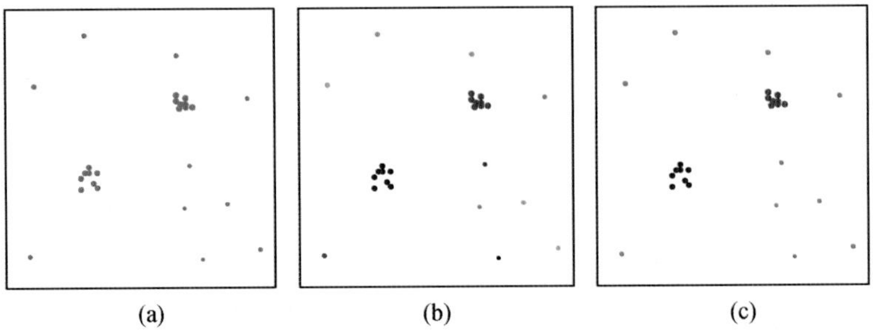

图 11.1　量测分划改进示例[300]